TECHNISCH-PHYSIKALISCHE MONOGRAPHIEN

HERAUSGEGEBEN VON

PROF. DR. DR. H. C. PAUL GÖRLICH, JENA

BAND 18

LEIPZIG 1966

AKADEMISCHE VERLAGSGESELLSCHAFT

GEEST & PORTIG K.-G.

KERNRESONANZ IM FESTKÖRPER

VON

DR. RER. NAT. INES EBERT, BERLIN

UND

DR. RER. NAT. GERHARD SEIFERT, BERLIN

MIT 38 BILDERN UND 10 TABELLEN

LEIPZIG 1966

AKADEMISCHE VERLAGSGESELLSCHAFT

GEEST & PORTIG K.-G.

Printed in the German Democratic Republic
VLN 276-105/48/66 · ES 18 B 7
Gesamtherstellung: Druckerei Fortschritt Erfurt, Werk IV

Vorwort

Die 1946 von BLOCH, HANSEN und PACKARD und gleichzeitig von PURCELL, TORREY und POUND entdeckte „kernmagnetische Resonanz" hat sich neben der auf dem gleichen Prinzip beruhenden jüngeren Methode, der von DEHMELT und KRÜGER eingeführten „reinen Kernquadrupolresonanz", und den Methoden der „Elektron-Kern-Doppelresonanz", die auf Arbeiten von OVERHAUSER und FEHER zurückgehen, zu einer unentbehrlichen Untersuchungsmethode für die Festkörperphysik entwickelt. Ein Beweis für die Fruchtbarkeit dieser Methode ist wohl die große Zahl der Arbeiten, die sich mit der Kernresonanz im Festkörper befassen und von denen ein sehr großer Teil in den Tabellen am Schluß dieses Buches zitiert ist.

Das Ziel dieses Buches ist es, vor allem den Festkörperphysikern und -chemikern, aber auch den Mineralogen und Kristallographen, den Metallurgen und überhaupt allen denen, deren Spezialgebiet die Festkörperphysik zur Grundlage hat, die Anwendungsmöglichkeiten der Kernresonanz aufzuzeigen und sie mit der theoretischen Auswertung der Spektren bekannt zu machen.

Das dem Buch zugrunde liegende Manuskript war ursprünglich als Übersichtsartikel für eine Zeitschrift geschrieben. Die Anregung dazu verdanken wir Herrn Prof. Dr. KLEBER. Da sich die Fülle des Stoffes aber nicht in den Umfang eines solchen Artikels zwingen ließ, wurde es auf Vorschlag von Herrn Prof. Dr. Dr. h. c. GÖRLICH zur vorliegenden Monographie erweitert. Dabei wurden der Gesamtaufbau sowie Darstellung und Inhalt der meisten Kapitel im wesentlichen unverändert beibehalten und lediglich einzelne Abschnitte ergänzt bzw. zusätzlich eingefügt. Daher ist der Gesamtaufbau nicht ganz einheitlich, und der jetzige Umfang der einzelnen Kapitel entspricht vielleicht nicht immer ihrer Bedeutung.

Damit das Buch eine möglichst vollständige Übersicht über das gesamte Gebiet gibt, sein Umfang aber in erträglichen Grenzen blieb, mußte sich in allen Kapiteln die Darstellung des Stoffes auf das unbedingt Nötige beschränken, und alle — auch wesentliche — Einzelheiten und Schlußfolgerungen, die uns für das Verständnis der Wechselwirkungen oder der Interpretation der Ergebnisse nicht unbedingt erforderlich erschienen, mußten weggelassen werden. Ebenso konnte auf die dem Festkörperphysiker ohnehin bekannten Theorien des Festkörpers, etwa die Elektronentheorie der Metalle, die Bändertheorie der Halbleiter, die mikroskopische Theorie der Supraleiter, die Spinwellentheorie der Ferro- und Antiferromagnetika oder die Theorie der stochastischen Prozesse, die auch den Theorien der Wechselwirkungen zwischen den Kernen und der Umgebung im Festkörper zugrunde liegen, nicht näher eingegangen werden.

Im ersten Kapitel werden kurz die Grundlagen der drei Methoden, der Kernspinresonanz, der Kernquadrupolresonanz und der ENDOR-Technik — erstere etwas ausführlicher als die beiden anderen —, und die Einflüsse der durch den Festkörper bedingten Wechselwirkungen auf die Form der Spektren und die daraus folgenden Anwendungsmöglichkeiten dargelegt. Da dieses Kapitel als Einführung gedacht ist, werden in ihm die physikalischen Zusammenhänge in möglichst einfacher Weise rein qualitativ dargestellt.

In den Kapiteln 2 bis 4 wird versucht, einen Überblick über die theoretischen Grundlagen der Kernresonanz und die schon erwähnten Wechselwirkungen zwischen den Atomkernen und dem Gitter zu geben. Da diese Wechselwirkungen sehr zahlreich und sehr verschiedenartig sind, ist es hier nur möglich, die wesentlichsten Theorien kurz darzulegen und bei der Ableitung der Beziehungen die wichtigsten Schritte aufzuzeigen. Eingehendere Darstellungen der Theorien sind in den zitierten Originalarbeiten und zu einem großen Teil in dem ausgezeichneten Buch von Slichter zu finden. Die mathematische Behandlung der verschiedenen Wechselwirkungen ist oft sehr kompliziert und durchaus noch nicht immer befriedigend. Wir sind auch nicht in der Lage, alle Theorien dieses großen Gebietes zu bewerten, und möchten daher um Nachsicht der Leser bitten. Ebenso sind wir für korrigierende Hinweise — auch bezüglich der anderen Kapitel — dankbar.

Im fünften Kapitel werden Anwendungen beschrieben, aufgegliedert nach der Art der Ergebnisse bzw. nach den besonderen physikalischen Eigenschaften der untersuchten Substanzen. Das Kapitel soll einen Überblick über die vielen Aussagen vermitteln, die bisher aus Kernresonanzuntersuchungen der Festkörper gewonnen wurden. Als Beispiele wurden häufig untersuchte Substanzen gewählt oder solche, die die Vielfalt der möglichen Aussagen demonstrieren, wobei allerdings nicht behauptet werden soll, daß diese Auswahl immer befriedigend ist. Wegen der Fülle des Materials war in diesem Kapitel eine besonders starke Beschränkung in der Auswahl und der Darstellung nötig, so daß die uns wesentlich erscheinenden Ergebnisse der zitierten Arbeiten oft nur kurz referiert werden konnten. Um diese etwas unvollkommene Darstellung der Anwendung zu ergänzen, haben wir die uns zugänglichen Arbeiten, die in den Bereich der Festkörperphysik fallen, in Tabellen zusammengefaßt, am Schluß des Buches zitiert. Diese Tabellen sind nach den gleichen Gesichtspunkten gegliedert wie die Unterabschnitte des Kapitels 5 und nach Verbindungen geordnet. Die Tabelle 10 gibt eine Übersicht über die Größe der bekannten Kernmomente und die Häufigkeit der betreffenden Isotope.

Im sechsten Kapitel werden die experimentellen Methoden zur Untersuchung der Kernresonanz in Festkörpern kurz beschrieben. Dieses Kapitel soll keine Bauanleitungen und keine Meßvorschriften geben, sondern nur zum Verständnis der Geräte und der experimentellen Methoden beitragen und eine Vorstellung von dem apparativen Aufwand vermitteln.

Ohne die Mithilfe des Informationsbüros für Spektroskopie am Institut für Optik und Spektroskopie der Deutschen Akademie der Wissenschaften wäre es uns nicht möglich gewesen, die große Anzahl von Veröffentlichungen auszuwerten und zu zitieren, und wir möchten Frau Hesse und ihren Mitarbeiterinnen für diese Hilfe herzlich danken.

Außerdem danken wir Frau Reich für die mühevolle Abschrift des Manuskriptes, Frau Plate für ihre Mithilfe beim Schreiben der Tabellen und Herrn Bussat für die Anfertigung der Zeichnungen und seine Hilfe bei der Zusammenstellung der Tabelle der Kernmomente.

Herrn Prof. Dr. Kriegsmann sei herzlich gedankt für die Unterstützung, die er uns gewährte, und nicht zuletzt der Akademischen Verlagsgesellschaft Geest & Portig K.-G. für die gute Zusammenarbeit.

Berlin, Frühjahr 1965

DIE VERFASSER

Inhalt

1. Einführung

1.1. Die Prinzipien der kernmagnetischen Resonanz, der Kernquadrupolresonanz und der Elektron-Kern-Doppelresonanz (ENDOR)

1.1.1. Kernmomente

Ein Drehimpuls und ein damit verbundenes magnetisches Dipolmoment wurden dem Atomkern erstmalig von PAULI [168] zugeschrieben, um die Hyperfeinstruktur der Atomspektren zu deuten. Diese erklärt sich dann aus den Energieunterschieden der verschiedenen erlaubten Einstellungen des magnetischen Kernmomentes in dem durch die Bahnbewegung der Elektronen am Kern verursachten Magnetfeld. Aus der Hyperfeinstruktur der Atomspektren wurden dann in der Folgezeit für zahlreiche Kerne die Werte für den Kernspin und das Kernmoment bestimmt. Die so gefundenen Werte für die Kernmomente waren allerdings recht ungenau, da einmal die Wechselwirkungsenergie zwischen dem Kerndipolmoment und dem magnetischen Bahnmoment der Elektronen sehr klein gegenüber der Anregungsenergie der Elektronen ist und zum anderen das von der Bahnbewegung der Elektronen am Kernort verursachte Magnetfeld nur näherungsweise berechnet werden kann.

Genauere Werte für die Kernmomente sollten solche Methoden liefern, bei denen das nur ungenau bekannte innere Magnetfeld durch ein genau meßbares äußeres Magnetfeld ersetzt werden kann. Dazu ist Voraussetzung, daß keine inneratomaren Magnetfelder vorhanden sind, daß also die Untersuchungen an Atomen oder Molekülen mit abgeschlossenen Elektronenschalen durchgeführt werden, bei denen sowohl der Gesamtbahndrehimpuls $\mathfrak{L}$ als auch der Gesamtelektronenspin $\mathfrak{S}$ gleich Null ist.

Eine solche Methode ist die 1924 von STERN und GERLACH [169] zum Nachweis der Richtungsquantelung der Atome in einem Magnetfeld benutzte Atomstrahlmethode. Bei ihr werden bekanntlich die Atome eines Atomstrahls in einem inhomogenen äußeren Magnetfeld abgelenkt. Größe und Richtung der Ablenkung hängen von der Stärke des äußeren Feldes und der Einstellung der magnetischen Momente der Atome hinsichtlich der Richtung des äußeren Feldes ab. FRISCH und STERN [170] und ESTERMANN und STERN [171] wandten diese Methode 1933 erstmalig zur Bestimmung des Protonenmomentes aus der Ablenkung der Moleküle eines Wasserstoffmolekülstrahls an. Sie konnten damit das Protonenmoment auf 10% genau bestimmen.

Das den Elektronen entsprechende magnetische Verhalten der Kerne ließ die Frage nach einem Kernparamagnetismus entstehen, der sich in diamagnetischen Verbindungen nachweisen lassen müßte. Dieser Nachweis gelang 1937 LASAREV und ŠUBNIKOV [172], die die statische Magnetisierung festen Wasserstoffs zwischen 1,76 und 4,22 °K maßen und aus deren Temperaturabhängigkeit den diamagnetischen Anteil vom paramagnetischen trennen konnten. Diese Messungen ergaben das Protonenmoment innerhalb einer Fehlergrenze von 10% und zeigten außerdem, daß in einer festen Substanz auch bei diesen tiefen Temperaturen die Verteilung der Kerneinstellungen dem von der Boltzmannstatistik geforderten thermodynamischen Gleichgewicht entspricht.

Als Einheit für die magnetischen Kernmomente wird das dem Bohrschen Magneton $\mu_B = e\hbar/2m_e c$ entsprechende Kernmagneton $\mu_K = e\hbar/2M_p c$ benutzt, in dem die Elektronenmasse m_e durch die Protonenmasse M_p ersetzt ist. Da letztere 1836mal so groß ist wie die Elektronenmasse, ist das Kernmagneton um den gleichen Faktor kleiner als das Bohrsche Magneton. Die Momente μ_I der verschiedenen Kerne können größer oder kleiner als das Kernmagneton sein und sind keine ganzen Vielfachen oder rationalen Brüche dieser Größe.

Jedes atomare magnetische Moment ist mit einem Drehimpuls $\mathfrak{J}$ verbunden, der ein ganz- oder halbzahliges Vielfaches des durch 2π geteilten Planckschen Wirkungsquantums und jenem proportional ist. Ist der Drehimpuls der Eigendrehimpuls dieses Kernes, so ist $\mathfrak{J}/\hbar = \mathfrak{I}$ der Kernspin, dessen Größe durch die Spinquantenzahl I bestimmt ist. I kann ganz- oder halbzahlig sein und liegt für die verschiedenen Kerne zwischen 0 und 6 (^{50}V). Sie ist durch die Konfiguration der Protonen und Neutronen bestimmt, aus denen sich der Kern zusammensetzt. I ist für Kerne mit gerader Nukleonenzahl ganzzahlig, für solche mit ungerader Nukleonenzahl halbzahlig und Null für Kerne mit gerader Nukleonen- und gerader Protonenzahl. Der Betrag des Kerndrehimpulses ist $[I(I+1)]^{1/2}\hbar$, seine größte meßbare Komponente $I\hbar$. Da das magnetische Moment dem Spin proportional ist, so ist $\boldsymbol{\mu}_I = g_I \mu_K \mathfrak{I} = \hbar\gamma_N \mathfrak{I}$. g_I wird als Kern-g-Faktor bezeichnet, γ_N als gyromagnetisches Verhältnis des Kernes.

Neben dem magnetischen Dipolmoment können Kerne mit einem Spin $I > 1/2$ auch ein elektrisches Quadrupolmoment besitzen. Für die Möglichkeit des Auftretens elektrischer und magnetischer Multipolmomente gelten die beiden Regeln:

1. Elektrische Multipolmomente der Ordnung 2^l können nur für geradzahlige l, magnetische Multipolmomente nur für ungeradzahlige l auftreten.

2. Das elektrische oder magnetische Multipolmoment der höchsten Ordnung, das auftreten kann, ist das der Ordnung 2^l mit $l = 2I$.

Die erste Regel folgt aus Paritätsbetrachtungen, die zweite aus der Orthogonalität der Kugelfunktionen, in die ja jedes Potential entwickelt werden kann. Danach kann ein Atomkern ein magnetisches Dipolmoment, ein elektrisches Quadrupolmoment, ein magnetisches Oktupolmoment usw. haben. Bisher sind nur Kernmomente bis zur Ordnung 2^3 experimentell nachgewiesen worden, wobei das magnetische Oktupolmoment in jedem Fall so klein ist, daß es bei Kernresonanzuntersuchungen vernachlässigt werden kann.

1.1.2. Kernspinresonanz

Die Einstellungen des magnetischen Momentes eines atomaren Systems im Magnetfeld sind gequantelt. Die Komponenten des Momentes in Magnetfeldrichtung können nur die Werte $\hbar \gamma_N m$ annehmen. Der Wertebereich der magnetischen Quantenzahl m läuft von $+I$ bis $-I$, wobei sich aufeinanderfolgende Werte von m nur um 1 unterscheiden können. Es sind demnach $(2I + 1)$ Einstellungen möglich, die durch die magnetischen Quantenzahlen $m = I, I - 1, \ldots, 1 - I, -I$ charakterisiert sind. $m = I$ entspricht einer Ausrichtung des magnetischen Momentes parallel zum Feld, $m = -I$ entspricht der antiparallelen Einstellung.

Die allgemein übliche Formulierung „parallele und antiparallele Einstellung“ des Kernmomentes zum Feld bedeutet, daß der Vektor des quantenmechanischen Mittelwertes des Kernmomentes parallel oder antiparallel zum Magnetfeld gerichtet ist. Die Energie eines magnetischen Dipols mit dem Dipolmoment $\boldsymbol{\mu}$ in einem Magnetfeld $\mathfrak{H}$ ist gleich dem negativen Produkt aus der Feldstärke H und der Komponente von $\boldsymbol{\mu}$ in Feldrichtung, also durch m bestimmt: $E_m = -\hbar \gamma_N H m$. Da sich aufeinanderfolgende Werte von m jeweils um 1 unterscheiden, sind die Energieniveaus äquidistant, und der Energieunterschied zweier benachbarter Niveaus beträgt $\Delta E_{m,\, m\pm 1} = \pm \hbar \gamma_N H$ oder, durch den Kern-g-Faktor ausgedrückt, $\Delta E_{m,\, m\pm 1} = \pm g_I \mu_K H$.

In der Atomspektroskopie macht sich der Einfluß eines Magnetfeldes auf das mit dem Spin verbundene magnetische Moment des Leuchtelektrons durch die Zeemanaufspaltung der Emissionslinie bemerkbar. Diese Zeemanaufspaltung beruht bekanntlich darauf, daß sich beim Übergang des Leuchtelektrons aus dem angeregten Zustand in den Grundzustand gleichzeitig die Einstellung des magnetischen Momentes des Elektrons zum Magnetfeld ändert, d. h., daß gleichzeitig ein Übergang des Elektronenmomentes zwischen zwei Zeemanenergieniveaus stattfinden kann. Für diesen Zeemaneffekt gilt die Auswahlregel $\Delta m = 0$ oder ± 1 für die magnetische Quantenzahl des Elektronenspins. Das emittierte Licht ist in der zum Magnetfeld senkrechten Ebene zirkular polarisiert. Diese Polarisation entsteht durch die Präzessionsbewegung des magnetischen Momentes des Leuchtelektrons um die Magnetfeldrichtung. Die klassische Bewegungsgleichung eines Kreisels in einem homogenen Magnetfeld, der ein seinem Drehimpuls proportionales magnetisches Moment hat, liefert nämlich ebenso wie die dazu analoge quantenmechanische Bewegungsgleichung für den Mittelwert des magnetischen Dipolmomentes als Lösung eine Rotation der zum Feld senkrechten Komponente des magnetischen Dipolmomentes mit der Larmorfrequenz $\omega_0 = \gamma H$, worin γ das gyromagnetische Verhältnis des magnetischen Momentes ist (siehe Abschnitt 2.1). Der Frequenzabstand zweier Zeemanlinien ist mit der Larmorfrequenz identisch, und die der Larmorfrequenz äquivalente Energie $\hbar\omega_0 = \hbar\gamma H$ entspricht gerade der Energiedifferenz zweier benachbarter Zeemanniveaus, die sich in ihrer magnetischen Quantenzahl m um 1 unterscheiden.

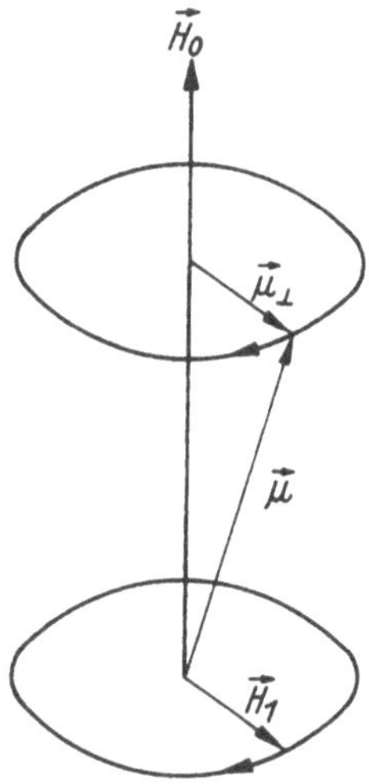

Bild 1. Gleichfeld, präzessierendes magnetisches Moment und rotierendes Magnetfeld, letztere ungekoppelt

Im Gegensatz zur Emissionsspektroskopie der Atome, die man am häufigsten zur Untersuchung des Zeemaneffektes benutzt, ist die Kernspinresonanz eine Absorptionsspektroskopie, bei der eine außerhalb erzeugte Strahlung vom Kern absorbiert wird und Übergänge des magnetischen Kernmomentes zwischen zwei Zeemanniveaus induziert, ohne daß dabei der Kern in einen angeregten Zustand übergeht. Da für die Absorption die gleichen Auswahlregeln wie für die Emission gelten, muß die Frequenz der Strahlung gleich der Larmorfrequenz sein, und die Strahlung muß außerdem, wie das von einem Atom im Magnetfeld emittierte Licht, in einer zum Magnetfeld senkrechten Ebene polarisiert sein. Da sich beim Übergang zwischen zwei Zeemanniveaus nur die Komponente des magnetischen Momentes in Feldrichtung ändert, kann dieser Übergang nur durch den magnetischen Vektor der Strahlung induziert werden, und zwar nur dann, wenn dieser im gleichen Sinne wie das Kernmoment und mit der gleichen Geschwindigkeit rotiert. Wenn das rotierende Magnetfeld $\mathfrak{H}_1$ (Bild 1) klein gegenüber dem Feld $\mathfrak{H}_0$ ist, dann wird die Larmorfrequenz des magnetischen Momentes $\boldsymbol{\mu}$ praktisch nur durch $\mathfrak{H}_0$ bestimmt. Rotiert $\mathfrak{H}_1$ mit der gleichen Frequenz wie $\boldsymbol{\mu}$, d. h. mit der Larmorfrequenz, dann ist die Wechselwirkung zwischen $\boldsymbol{\mu}$ und $\mathfrak{H}_1$ stationär, d. h., von $\mathfrak{H}_1$ wird dauernd eine Kraft auf das Moment $\boldsymbol{\mu}$ ausgeübt, die dieses in die

Richtung von $\mathfrak{H}_1$ umzukippen sucht, also Übergänge induziert. Stimmen Larmorfrequenz ω_0 und Rotationsfrequenz ω von $\mathfrak{H}_1$ nicht überein oder rotiert $\mathfrak{H}_1$ entgegengesetzt zu $\boldsymbol{\mu}$, so ändert sich die von $\mathfrak{H}_1$ auf $\boldsymbol{\mu}$ ausgeübte Kraft sowohl in ihrer Größe als in ihrer Richtung mit der Zeit. Liegen ω und ω_0 genügend weit auseinander, ändert sich die Kopplung zwischen $\boldsymbol{\mu}$ und $\mathfrak{H}_1$ so rasch, daß die Zeit, während der die Kopplung stark genug ist und im richtigen Sinne wirkt, nicht ausreicht, um $\boldsymbol{\mu}$ umzukippen. Die Präzessionsbewegung der Kerne wird dann nur etwas gestört, aber sonst nicht beeinflußt. In die Sprache der Quantenmechanik übersetzt, heißt das: Wenn eine Strahlung auf ein System von Atomkernen einwirkt, die sich in einem Magnetfeld $\mathfrak{H}_0$ befinden, so ist die Übergangswahrscheinlichkeit für induzierte Übergänge der magnetischen Kernmomente zwischen benachbarten Energieniveaus nur dann von Null verschieden, wenn die Energie $h\nu$ der Strahlungsquanten mit der Energiedifferenz $\hbar\gamma_N H_0$ benachbarter Zeemanniveaus der Kerne übereinstimmt und der magnetische Vektor der Strahlung eine zu $\mathfrak{H}_0$ senkrechte Komponente hat. (Eine solche läßt sich immer in zwei entgegengesetzt rotierende Komponenten zerlegen, von denen eine in gleicher Richtung wie die zu $\mathfrak{H}_0$ senkrechten Komponenten der Kernmomente rotiert; s. Abschn. 2.1.)

Durch Einführung dieses Resonanzeffektes konnten Rabi [173] und seine Mitarbeiter die Molekülstrahlmethode zu einer Präzisionsmethode für die Bestimmung von Kernmomenten ausbauen. Rabi ordnete hinter dem ersten inhomogenen Magnetfeld noch ein zweites gleichgroßes an, aber mit entgegengesetztem Feldgradienten, so daß die Ablenkung der Moleküle im ersten Feld wieder rückgängig gemacht wurde und alle Moleküle wieder auf einen in der Achse der Molekülstrahlquelle hinter dem zweiten Feld liegenden Auffänger auftrafen. Zwischen den beiden inhomogenen Feldern befand sich ein homogenes Magnetfeld bekannter Feldstärke und ein zu diesem senkrechtes magnetisches Wechselfeld variabler Frequenz. Da Größe und Richtung der Ablenkung der Moleküle in den inhomogenen Magnetfeldern von der Richtung der Kernmomente in bezug auf die Feldrichtung abhängen und sich im homogenen Feld zwar die Larmorfrequenz der Momente, nicht aber deren Richtung zum Feld ändert, so müssen ohne Einwirkung eines Wechselfeldes alle Moleküle den Auffänger erreichen. Werden aber die Moleküle beim Durchfliegen des homogenen Feldbereiches einem Wechselfeld ausgesetzt, so klappt, wenn die Frequenz des Wechselfeldes mit der Larmorfrequenz der Kerne übereinstimmt, ein Teil der Kernmomente in eine andere Richtung um, und die Ablenkung dieser Moleküle im ersten inhomogenen Magnetfeld kann dann durch das zweite nicht mehr rückgängig gemacht werden. Die Zahl der den Auffänger erreichenden Moleküle nimmt sehr stark ab.

Wenn man vom Tritium absieht, hat das Proton das größte gyromagnetische Verhältnis, nämlich $\gamma({}^1\mathrm{H}) = 4{,}257595$ kHz/Oe. In einem Feld von $6 \cdot 10^3$ Oe — das ist ein für Kernresonanzexperimente üblicher Wert — ist daher die Resonanzfrequenz der Protonen 25,545 MHz. Im gleichen

Feld ist die Resonanzfrequenz des ^{197}Au, das nach Tabelle 10 von allen stabilen Kernen das kleinste gyromagnetische Verhältnis, nämlich $\gamma(^{197}\mathrm{Au}) = 0{,}0726\,\mathrm{kHz/Oe}$, hat, etwa 436 kHz. Die Frequenzen liegen also im Hochfrequenzgebiet. Die Kernresonanz fällt daher unter den Begriff der Hochfrequenzspektroskopie.

Das Kernresonanzphänomen wurde nach vergeblichen Versuchen von GORTER (1936) [174] und von GORTER und BROER (1942) [175] erstmalig 1946 und fast gleichzeitig und unabhängig voneinander von BLOCH, HANSEN und PACKARD [38] und von PURCELL, TORREY und POUND [176] an kondensierter Materie beobachtet. Die erste Gruppe verwendete zum Nachweis des Resonanzeffektes die in einer um die Wasserprobe gelegten Spule durch die rotierenden Protonenmomente induzierte Spannung, die nur dann auftritt, wenn die Frequenz des äußeren Wechselfeldes mit der Larmorfrequenz der Kerne übereinstimmt. Wenn die in Bild 1 dargestellte, zu $\mathfrak{H}_0$ senkrechte Komponente $\boldsymbol{\mu}_\perp$ von $\boldsymbol{\mu}$ um einen Winkel φ dem rotierenden Magnetfeld $\mathfrak{H}_1$ vor- oder nacheilte, so würde die von $\mathfrak{H}_1$ auf $\boldsymbol{\mu}$ ausgeübte Kraft auch den Winkel φ zu verkleinern suchen, wenn Larmorfrequenz und Rotationsfrequenz von $\mathfrak{H}_1$ übereinstimmen, da dann die Phasenbeziehung zwischen $\boldsymbol{\mu}$ und $\mathfrak{H}_1$ stationär ist. Ohne hochfrequentes Magnetfeld sind die Anfangsphasen aller Kernmomente der Probe statistisch verteilt. Die zu $\mathfrak{H}_0$ senkrechten Komponenten der einzelnen Kernmomente bedecken also den gesamten Winkelbereich von 0 bis 2π, bezogen auf eine willkürliche Richtung senkrecht zu $\mathfrak{H}_0$, gleichmäßig und heben sich daher gegenseitig auf, so daß keine makroskopische Magnetisierung senkrecht zu $\mathfrak{H}_0$ auftritt. Ein mit der Larmorfrequenz rotierendes Magnetfeld $\mathfrak{H}_1$ ordnet aber die Phasen der einzelnen Kernmomente so, daß ihr Phasenwinkel zu $\mathfrak{H}_1$ verkleinert wird. Daraus resultiert eine in Richtung von $\mathfrak{H}_1$ liegende und mit $\mathfrak{H}_1$ rotierende Komponente der makroskopischen Magnetisierung, die in einer in der Rotationsebene von $\mathfrak{H}_1$ liegenden Spule eine Spannung der Larmorfrequenz induziert. BLOCH nennt seine Methode daher „Kerninduktion".

PURCELL und seine Mitarbeiter wiesen dagegen den Resonanzeffekt durch die von den Protonen der Probe — einem Paraffinblock — dem Hochfrequenzfeld entzogene Energie nach. Man bezeichnet daher diese jetzt wohl am häufigsten verwendete Methode als „Kernresonanzabsorption". Da die Übergangsswahrscheinlichkeiten zwischen zwei Energieniveaus für induzierte Übergänge in beiden Richtungen gleich sind, ist eine Energieabsorption aus dem Strahlungsfeld nur möglich, wenn das tiefer liegende Energieniveau stärker besetzt ist als das höher liegende. Im thermodynamischen Gleichgewicht hat das Spinsystem die Temperatur T_G seiner Umgebung angenommen, und die einzelnen Zeemanniveaus sind nach einer Boltzmannverteilung $N_m = N_0 \exp(\hbar\gamma_N H_0 m/kT)$ besetzt. N_m ist die Zahl der Kernmomente, die sich im m-ten Zeemanniveau befinden, N_0 die Zahl aller Kernmomente. Die Boltzmannverteilung gilt immer für Kerne mit der Spinquantenzahl $I = 1/2$, bei denen also nur zwei Energieniveaus auftreten, für Kerne mit größeren Spinquantenzahlen, bei denen die Zahl der Zeemanniveaus größer als zwei ist, gilt sie nur unter besonderen Voraussetzungen (s. S. 83). Die Energieniveaus sind also um so stärker besetzt, je tiefer sie liegen. Da die Energieunterschiede der Zeemanniveaus sehr klein sind, sind auch die Unterschiede in den Besetzungszahlen gering. Für Protonen mit dem Spin 1/2 ergibt sich bei einem Magnetfeld von 6000 Oe eine Differenz der Besetzungszahlen der beiden Zeemanniveaus von etwa $5 \cdot 10^{-6}$ Spins bei Zimmertemperatur. Das ist ein sehr kleiner Wert, der aber trotzdem eine meßbare Resonanzabsorption zuläßt.

Die Anzahl der Übergänge pro Zeiteinheit von einem Niveau in ein anderes ist der Übergangswahrscheinlichkeit w für induzierte Übergänge, der Besetzungszahl des Ausgangsniveaus und der Energiedichte ϱ des angelegten Wechselfeldes der Resonanzfrequenz proportional. Da die Übergangswahrscheinlichkeiten w_{12} für die Absorption und w_{21} für die Emission für induzierte Übergänge zwischen den beiden durch die Quantenzahlen m_1 und $m_2 < m_1$ gekennzeichneten Niveaus gleich sind ($w_{12} = w_{21} = w$), so ist die Zahl der Übergänge, bei denen Energie absorbiert wird, gleich $n_{12} = w\varrho N_1$ und die Zahl der Übergänge, bei denen Energie in das Strahlungsfeld emittiert wird, gleich $n_{21} = w\varrho N_2$. Die vom Spinsystem absorbierte oder emittierte Leistung ist dann gleich der Differenz dieser beiden Zahlen, multipliziert mit der bei jedem Übergang absorbierten bzw. emittierten Energie $\hbar\omega_0$: $P = (n_{12} - n_{21})\,\hbar\omega_0 = (N_1 - N_2) \times w\varrho\hbar\omega_0$. Energieabsorption findet statt, wenn die Zahl der Übergänge vom unteren in das obere Niveau größer ist als die der inversen Übergänge, wenn also – wie im thermodynamischen Gleichgewicht – $N_1 > N_2$ ist. Da $\hbar\gamma_N H_0 m/kT \ll 1$ ist, ergibt sich aus dem linearen Glied der Entwicklung der Exponentialfunktion für die Differenz der Besetzungszahlen der beiden Energieniveaus $m = \pm 1/2$ ($I = 1/2$):

$$N_1 - N_2 \approx N_0 \hbar\,\omega_0/kT.$$

Da w von ω_0 und von T unabhängig ist, ist die absorbierte Leistung dem Quadrat der Larmorfrequenz und der reziproken Temperatur proportional.

Durch die vom Spinsystem aus dem hochfrequenten Magnetfeld absorbierte Energie wird aber das thermodynamische Gleichgewicht gestört. Die Besetzungszahl des oberen Niveaus wird erhöht, die des unteren erniedrigt, so daß sich die Differenz der Besetzungszahlen nach kurzer Zeit ausgleichen müßte und keine weitere Absorption mehr stattfinden könnte. Eine gleichmäßige Besetzung der beiden Energieniveaus entspricht aber der Boltzmannverteilung bei unendlich hoher Temperatur. Man kann daher dem Spinsystem eine eigene Temperatur, die Spintemperatur T_S, zuordnen, die im thermodynamischen Gleichgewicht mit der Temperatur T_G der Umgebung (da im Festkörper die Umgebung das Kristallgitter ist, wird die Umgebung allgemein als Gitter und T_G als Gittertemperatur bezeichnet, auch in Flüssigkeiten) übereinstimmt, nach Energieabsorption aus einem Wechselfeld aber erheblich über T_G liegen kann. Damit sich ohne äußeres Wechselfeld das thermodynamische Gleichgewicht zwischen Spinsystem und Gitter einstellen kann und unter dem Einfluß eines magnetischen Wechselfeldes der Resonanzfrequenz eine stetige Energieaufnahme des Spinsystems möglich ist, muß eine Wechselwirkung zwischen dem Spinsystem und dem als Wärmebad wirkenden Gitter vorhanden sein, die die Temperaturdifferenz $(T_S - T_G)$ auszugleichen sucht. Diese Wechselwirkung, auf die im Abschnitt 1.2. näher eingegangen wird, kann sehr verschiedene Ursachen haben und daher auch verschieden stark sein. Je stärker sie ist, desto schneller wird eine Temperaturdifferenz zwischen Spinsystem und Gitter ausgeglichen, desto größer kann also die eingestrahlte Leistung und damit auch die absorbierte Leistung sein. Ist die Energiedichte des Wechselfeldes so groß, daß die vom Spinsystem absorbierte Leistung durch die Wechselwirkung zwischen Spinsystem und Gitter, die sogenannte Spin-Gitter-Wechselwirkung, nicht mehr vollständig an das Gitter abgeführt werden kann, erhöht sich der Temperaturgradient zwischen Spinsystem und Gitter so lange, bis wieder Gleichgewicht zwischen aufgenommener und abgegebener Leistung eintritt. Da eine höhere Spintemperatur gleichbedeutend mit einer kleineren Differenz der Besetzungszahlen ist, so ist die absorbierte Leistung kleiner, als sie dem thermodynamischen Gleichgewicht entsprechen würde. Diese Erscheinung wird bei starkem Ausgleich der Besetzungszahlen Sättigung genannt.

Ein Maß für die Stärke der Spin-Gitter-Wechselwirkung ist die Zeit, in der das thermodynamische Gleichgewicht zwischen Spinsystem und Gitter nach einer Störung wiederhergestellt wird. Bezeichnet man die Differenz der Besetzungszahlen im Nichtgleichgewicht mit n, im thermodynamischen Gleichgewicht mit n_0, so wird die zeitliche Änderung $\mathrm{d}n/\mathrm{d}t$ von n proportional zu $(n_0 - n)$ sein: $n = (n_0 - n)/T_1$. Die Zeitkonstante T_1 wird als „Spin-Gitter-Relaxationszeit" bezeichnet. T_1 ist in vielen, aber nicht in allen Fällen eine Funktion der Temperatur und kann unter Umständen so groß sein, daß schon bei Zimmertemperatur eine Beobachtung der Kernresonanzabsorption unmöglich ist.

Mit der Einstellung des thermodynamischen Gleichgewichtes ist die Ausbildung einer makroskopischen Magnetisierung in Feldrichtung verbunden, da die Zahl der in Feldrichtung orientierten magnetischen Kernmomente die Zahl der entgegengesetzt orientierten überwiegt. Da die Ausbildung dieser makroskopischen Magnetisierung M_z ebenfalls durch T_1 beschrieben wird, nennt man T_1 auch longitudinale Relaxationszeit im Gegensatz zur transversalen Relaxationszeit T_2^*, die die Abnahme der transversalen, mit der Larmorfrequenz rotierenden Komponente der makroskopischen Magnetisierung nach Abschalten des hochfrequenten Wechselfeldes beschreibt. Auf Seite 18 wurde dargelegt, wie das mit ω_0 rotierende Magnetfeld $\mathfrak{H}_1$ die Phasen der einzelnen Kernmomente so ordnet, daß eine mit $\mathfrak{H}_1$ mitrotierende Komponente der makroskopischen Magnetisierung auftritt. Nach Abschalten des $\mathfrak{H}_1$-Feldes gehen diese Phasenbeziehungen mit der Zeit wieder verloren, und die transversale Komponente der makroskopischen Magnetisierung verschwindet. Dieses Auseinanderstreben der Phasen der einzelnen Kernmomente ist auf die nicht ganz gleichen Larmorfrequenzen der einzelnen Kerne der Probe zurückzuführen. Das Magnetfeld $\mathfrak{H}_0$ ist ja nicht völlig homogen, so daß Kerne, die sich an verschiedenen Orten der Probe befinden, etwas verschiedenen Magnetfeldern ausgesetzt sind. Außerdem wirken auf jeden Kern noch die von den Kerndipolen der Umgebung herrührenden Magnetfelder, deren zu $\mathfrak{H}_0$ parallel oder antiparallel gerichtete z-Komponenten (die z-Richtung stimmt mit der Richtung von $\mathfrak{H}_0$ überein) sich zu dem äußeren Feld am Ort des betrachteten Kerns addieren, so daß das „wahre Feld“ am Kernort von Kern zu Kern verschieden ist und einer Verteilungsfunktion, etwa annähernd einer Fehlerkurve mit dem Maximum bei H_0, entspricht. Diese Feldverteilung führt zu einer gleichen Verteilung der Larmorfrequenzen, so daß man keine unendlich schmale Resonanzlinie, sondern eine Linie endlicher Breite erwarten muß. Die Verteilung der Larmorfrequenzen bzw. der inneren Felder beschreibt man durch eine Linienformfunktion $g(\omega)$ bzw. $g(H)$. Die Resonanzlinie wird um so breiter, je größer die Wechselwirkung der einzelnen Kerndipole ist. Unterscheiden sich die Präzessionsfrequenzen zweier Kerne um $\delta\omega$, so ist die Phasenbeziehung zwischen diesen beiden Kernen etwa nach einer Zeit $t_2^* = 1/\delta\omega$ nach Abschalten des H_1-Feldes zerstört. Da die mittlere Differenz der Larmorfrequenzen aller Kerne gleich der halben Linienbreite $\frac{1}{2}\Delta\omega$ der Resonanzlinie ist, kann man die Beziehung für den Zerfall der transversalen Magnetisierung durch $T_2^* = 2/\Delta\omega$ ersetzen.

Neben der von den Wechselwirkungen innerhalb des Spinsystems abhängigen transversalen Relaxationszeit T_2^* gibt es noch eine weitere, ebenfalls von diesen Wechselwirkungen abhängige Relaxationszeit, die Spin-Spin-Relaxationszeit T_2. T_2 ist die für den Ausgleich örtlicher Energieunterschiede innerhalb des Spinsystems maßgebende Zeitkonstante. Bei diesem Energieausgleich innerhalb des Spinsystems ändert sich die Gesamtenergie des Systems nicht, im Gegensatz zu dem durch T_1 beschriebenen Energieausgleich zwischen Spinsystem und Gitter. Die Gleichgewichtseinstellung innerhalb des Spinsystems wird durch sogenannte Spin-flip-flop-Prozesse bewirkt. Die mit der Larmorfrequenz rotierende, senkrecht auf $\mathfrak{H}_0$ stehende Komponente eines Kernmomentes erzeugt an den Nachbarkernen ein ebenfalls senkrecht zu $\mathfrak{H}_0$ orientiertes magnetisches Wechselfeld der Larmorfrequenz, das einen Zeemanübergang an einem Nachbarkern induzieren kann. Das gleiche Wechselfeld wird natürlich auch vom Nachbarkern am betrachteten Kern verursacht, so daß auch an diesem ein Zeemanübergang induziert werden kann. Durch diese dynamische Dipol-Dipol-Wechselwirkung können also benachbarte

Kerne ihre Momente gegenseitig umklappen. Da sich bei diesem Vorgang die Gesamtenergie des Spinsystems nicht ändern darf, ist dies nur möglich, wenn die beiden Kernmomente antiparallel gerichtet sind und das Umklappen beider Momente gleichzeitig geschieht. Der Ausgleich örtlicher Energieunterschiede des Systems, d. h. örtlicher Differenzen der Spintemperatur bzw. der Besetzungszahlen, durch diesen Vorgang wird als Spindiffusion bezeichnet.

Durch die Spin-flip-flop-Prozesse und durch die Spin-Gitter-Wechselwirkung, bei der sich durch Spin-Übergänge die Besetzungszahlen ändern, wird die Lebensdauer der Spinzustände begrenzt. Das führt nach der Heisenbergschen Unschärferelation zu einer Verbreiterung der Energieniveaus. Durch die Spin-Gitter-Relaxationszeit T_1 und die Spin-Spin-Relaxationszeit T_2 wird daher die natürliche Linienbreite der Kernresonanzlinie bestimmt.

1.1.3. Kernquadrupolresonanz

Die Kernquadrupolresonanz wurde 1949 von Dehmelt und Krüger [177] an ^{35}Cl-Kernen im festen Dichloräthylen entdeckt, nachdem Nierenberg und Ramsey [178] die dieser Resonanzmethode äquivalente Molekularstrahlmethode im Nullfeld an Natriumhalogeniden durchgeführt hatten. Die Energieniveaus, zwischen denen durch ein magnetisches Wechselfeld magnetische Dipolübergänge induziert werden, sind hier durch die Wechselwirkung der Kernquadrupolmomente mit einem elektrischen Feldgradienten bestimmt, der durch das elektrische Kristall- oder Molekülfeld erzeugt wird, in welchem sich der Kern befindet. Zur Erklärung der Aufspaltung soll ein Quadrupol mit der in Bild 2 dargestellten Ladungsverteilung angenommen werden, der sich in einem zu seiner Achse parallelen elektrischen Feldgradienten befindet (Bild 2a). Denkt man sich den Quadrupol durch eine zu seiner Achse senkrechte Spiegelebene in zwei elektrische Dipole gleicher Größe, aber entgegengesetzter Richtung aufgeteilt, so sieht man, daß die Energie des oberen, in Richtung der Zunahme des elektrischen Feldes liegenden Dipols positiv und dem Betrag nach größer ist als die des unteren, entgegengesetzt gerichteten Dipols, dessen Energie im Feld negativ ist. Die gesamte Wechselwirkungsenergie zwischen dem Quadrupol und dem Feldgradienten ist daher positiv. Ist dagegen – wie in Bild 2b dargestellt – die Achse des Quadrupols senkrecht zum Feldgradienten orientiert, so ist die Wechselwirkungsenergie gleich Null. Bei Richtungen des Quadrupols zwischen diesen beiden Extremlagen sind für die Wechselwirkungsenergie die Projektionen der beiden Dipole des Quadrupols auf die Feldgradientenrichtung maßgebend. Die damit verbundene Winkelabhängigkeit der Energie läßt ein Drehmoment entstehen, das die Achse des Quadrupolmomentes in die Richtung des Feldgradienten zu kippen sucht. Der mit dem Quadrupolmoment gekoppelte Drehimpuls und das magnetische

Dipolmoment des Kernes, die beide in Richtung der Figurenachse liegen, präzessieren daher um die Feldgradientenrichtung, wie es in Bild 2c dargestellt ist. Ein magnetisches Wechselfeld, das mit der Quadrupolpräzession gleichläuft, kann daher durch Kopplung mit dem magnetischen Dipolmoment Übergänge zwischen den durch die Quadrupolwechselwirkung festgelegten Energieniveaus induzieren, die unter den gleichen Bedingungen wie bei der kernmagnetischen Resonanz dem Wechselfeld Energie entziehen. Der Resonanzeffekt selbst beruht also genau wie bei der kernmagnetischen Resonanz auf einer magnetischen Wechselwirkung,

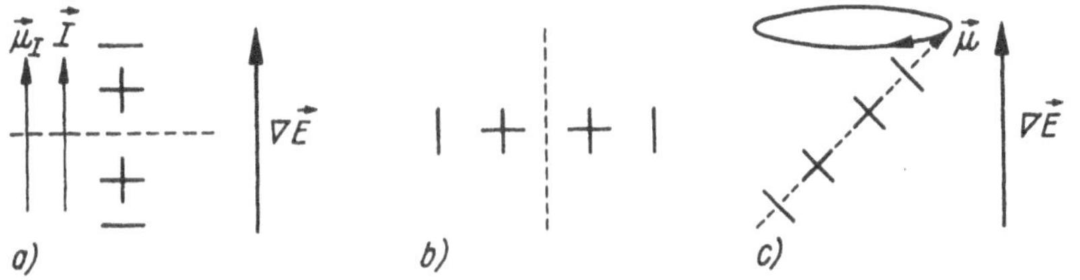

Bild 2. Elektrischer Quadrupol a) parallel zur Feldgradientenrichtung, b) senkrecht dazu, c) um die Feldgradientenrichtung präzessierend

und es gelten daher für die induzierten Übergänge die gleichen Auswahlregeln ($\Delta m = \pm 1$) wie dort. Da der Abstand der Energieniveaus aber durch die Quadrupolwechselwirkung bestimmt ist, wird diese Resonanz „reine Kernquadrupolresonanz" oder kurz „Kernquadrupolresonanz" genannt.

Die einzelnen Energieniveaus können wieder durch die magnetische Quantenzahl m beschrieben werden, da die Komponenten des Quadrupolmomentes Funktionen der Komponenten des Drehimpulses und damit des Spins sind. Eine Drehung des Quadrupols um 180°, die einem Übergang von $m = +I$ nach $m = -I$ entspricht, führt wieder zur gleichen Lage des Quadrupols relativ zum Feldgradienten, wie Bild 2a zeigt, und damit zur gleichen Wechselwirkungsenergie. Die Energieniveaus sind also zweifach entartet. Lediglich das der Einstellung in Bild 2b entsprechende Energieniveau mit $m = 0$ ist einfach. Da die Präzessionsrichtungen für die beiden Quantenzahlen m und $-m$ eines entarteten Niveaus gerade entgegengesetzt sind, induzieren hier beide entgegengesetzt rotierenden Komponenten eines linear polarisierten magnetischen Wechselfeldes, das senkrecht zum elektrischen Feldgradienten gerichtet ist, Übergänge zwischen den Energieniveaus.

Wirkt auf die Atomkerne noch ein zusätzliches magnetisches Gleichfeld, dessen Projektion in Richtung des elektrischen Feldgradienten $H \cos \theta$ ist, so wird durch dieses Feld die Entartung der Energieniveaus aufgehoben. Jedes von ihnen spaltet in zwei Niveaus auf, deren Abstände $2\,\gamma_N \hbar H \cos \theta$ sind (s. dazu Abschn. 5.2).

Ebenso wie ein senkrecht zu $\mathfrak{H}_0$ stehendes magnetisches Wechselfeld der Larmorfrequenz durch Kopplung mit den zu $\mathfrak{H}_0$ senkrechten Komponenten des magnetischen Kernmomentes Übergänge zwischen benachbarten Energieniveaus induzieren kann, kann auch ein auf $\nabla\mathfrak{E}$ senkrecht stehender wesentlich kleinerer elektrischer Feldgradient $\nabla\mathfrak{E}'$, der sich periodisch mit der Präzessionsfrequenz des Quadrupols ändert, durch Kopplung mit den zu $\nabla\mathfrak{E}$ senkrechten Komponenten des Quadrupols Übergänge induzieren. Für diese Quadrupolübergänge gilt die Auswahlregel $\Delta m = \pm 1$ oder ± 2. Diese Kopplung zwischen einem zeitperiodischen elektrischen Feldgradienten und den zur Quantisierungsrichtung (Richtung von $\nabla\mathfrak{E}$) senkrechten Komponenten des Quadrupolmomentes ist natürlich nicht an die Art der Wechselwirkung gebunden, die die Quantisierungsrichtung und die Abstände der Energieniveaus bestimmt. Sie kann daher auch bei der normalen Kernresonanz auftreten, wenn die Kerne ein Quadrupolmoment haben und periodisch veränderliche elektrische Feldgradienten auf sie einwirken.

Periodische Feldgradienten werden in Ionenkristallen durch die Gitterschwingungen verursacht, die die Ionenabstände periodisch verändern. In Verbindungen mit stark kovalentem Charakter erzeugen die Bindungselektronen, deren Bahnen in bezug auf einen Kern sehr unsymmetrisch sind, Feldgradienten an den Kernen. Die Elektronenbahnen und damit auch die Feldgradienten werden durch die Wechselwirkung der Bindungselektronen mit dem elektrischen Kristallfeld im Takt der Gitterschwingungen moduliert. Da die Frequenzen der Gitterschwingungen um mehrere Größenordnungen höher liegen als die Präzessionsfrequenzen der Kerne, können die mit ihnen modulierten Feldgradienten keine Übergänge induzieren (direkte Prozesse). Durch Interferenz zweier benachbarter Gitterschwingungen entstehen aber Schwebungen, deren Frequenzen im Bereich der Präzessionsfrequenzen der Kerne liegen und die daher Spinübergänge induzieren können. Dabei wird die vom Kernspinsystem aufgenommene Energie den Gitterschwingungen entzogen bzw. die vom Spinsystem abgegebene Energie von den Gitterschwingungen aufgenommen. Durch diese Prozesse wird also die Spin-Gitter-Relaxationszeit verkürzt. Man kann den beschriebenen Vorgang auch so formulieren, daß ein Gitterphonon der Energie $\hbar\omega_{G1}$ an einem Kernspin unter Umklappen desselben gestreut wird, wobei vom Phonon der Energiebetrag $\hbar\omega_0$ an den Kern abgegeben oder von ihm aufgenommen wird und das gestreute Phonon die Energie $\hbar\omega_{G2} = \hbar\omega_{G1} \pm \hbar\omega_0 \approx \hbar\omega_{G1}$ hat (Ramanprozesse). Der Streuquerschnitt des Kernes wird durch die Stärke der Quadrupolwechselwirkung bestimmt. Da letztere infolge der oft sehr großen elektrischen Feldgradienten meist wesentlich stärker ist als die magnetische Dipol-Dipol-Wechselwirkung zwischen benachbarten Kernen, die, da sie vom Abstand der Kerne abhängig ist, ebenfalls mit den Gitterschwingungen moduliert ist und daher Relaxationsprozesse verursacht, sind die Spin-Gitter-Relaxationszeiten für Kerne mit großem Quadrupolmoment in der Regel sehr viel kürzer als die für Kerne ohne Quadrupolmoment. Weil die Quadrupolrelaxation im wesentlichen über Ramanprozesse verläuft, deren Häufigkeit von der siebenten Potenz der absoluten Temperatur abhängt, muß auch die reziproke Spin-Gitter-Relaxationszeit diese Temperaturabhängigkeit haben.

Bei der Kernquadrupolresonanz werden die Energieabstände der einzelnen Niveaus und damit die Resonanzfrequenzen (die Abstände sind hier nicht mehr äquidistant wie bei der Zeemanaufspaltung) durch die Größe des elektrischen Feldgradienten und den Wert des Kernquadrupolmomentes bestimmt. Die Resonanzfrequenzen liegen zwischen 1 MHz (die untere Grenze wird durch die Nachweisbarkeit der mit abnehmender Frequenz immer kleiner werdenden Signale bestimmt) und etwa 2 GHz für Kerne mit großem Quadrupolmoment in stark kovalenten Verbindungen (s. dazu auch Abschn. 5.2).

1.1.4. Elektron-Kern-Doppelresonanz (ENDOR-Technik)

Die ENDOR-Technik wurde erstmalig von Feher [35] zur Untersuchung der Donatoren in Silizium angewendet. Die kernmagnetische Resonanz wird hier über die Elektronenspinresonanz nachgewiesen. Das ist nur möglich, wenn in der zu untersuchenden Substanz gebundene ungepaarte Elektronen vorhanden sind, die in Hyperfeinwechselwirkung mit den Atomkernen stehen. Die ungepaarten Elektronen können die der *d*- oder *f*-Schalen von Ionen der Übergangsmetalle sein, oder sie können an Gitterdefekte gebunden sein (F-Zentren, durch energiereiche Strahlung erzeugte paramagnetische Defekte usw.). Die beiden Energieniveaus des Momentes eines einzelnen Elektrons im Feld (das Elektronenmoment kann wegen der Spinquantenzahl $S = 1/2$ nur parallel oder antiparallel zum Feld gerichtet sein) werden durch die Wechselwirkung mit den Kernen in so viele Niveaus aufgespalten, wie das Kernmoment Einstellungsmöglichkeiten im Magnetfeld hat. Für Kerne mit der Spinquantenzahl $I = 1/2$, die hier der Einfachheit halber nur betrachtet werden sollen, spaltet ein jedes Elektronenniveau in zwei neue Niveaus auf, deren Lage in Bild 3 schematisch für den Fall dargestellt ist, daß die Zeemanaufspaltung der Elektronenniveaus groß gegenüber der Hyperfeinwechselwirkung $A\mathfrak{J}\mathfrak{S}$ und diese groß gegenüber der Zeemanaufspaltung der Kerne ist. Dann werden die Aufspaltung der Kernniveaus und die Quantisierungsrichtung für das Kernmoment im wesentlichen durch das Magnetfeld bestimmt, das durch das magnetische Moment des Elektrons am Kern verursacht wird. Da sich das Elektronenmoment nur parallel ($m_S = 1/2$) oder antiparallel ($m_S = -1/2$) zum äußeren Feld einstellen kann, stimmt die Richtung des von ihm herrührenden Feldes entweder mit der des äußeren überein oder ist ihr entgegengesetzt. Man kann daher das Produkt $\mathfrak{J}\mathfrak{S}$ in der Hyperfeinwechselwirkungsenergie durch das Produkt der magnetischen Quantenzahlen $m_I m_S$ ersetzen. Die Energieterme des

Elektron-Kern-Systems sind dann durch $E_{m_I m_S} = -g\mu_B H_0 m_S - g_I \mu_K H_0 m_I + A_{m_I m_S}$ gegeben und führen zu dem in Bild 3 dargestellten Termschema.

Sättigt man jetzt z. B. den Elektronenübergang $m_S = 1/2$, $m_I = -1/2$ $\leftrightarrow m_S = -1/2$, $m_I = -1/2$ durch Einstrahlung der entsprechenden Elektronenresonanzfrequenz ν' möglichst vollständig, so gleichen sich die Besetzungszahlen dieser beiden Niveaus fast aus. Die Besetzungszahlen

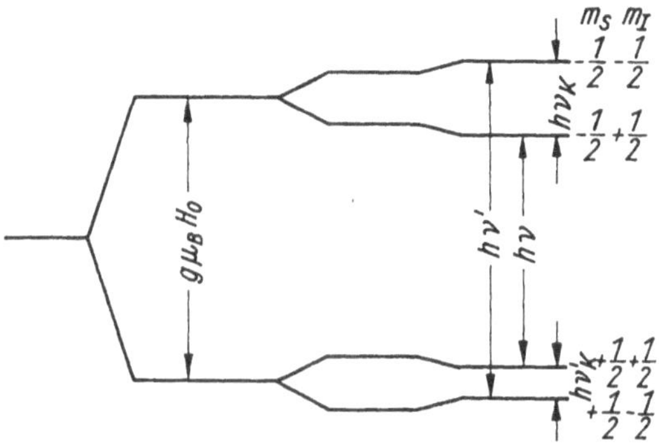

Bild 3. Aufspaltung der Elektronenspin-Niveaus durch die Hyperfeinwechselwirkung mit Kernen der Spinquantenzahl 1/2 und Verschiebung der Niveaus durch den Kern-Zeemaneffekt. Die Pfeile geben die ENDOR-Übergänge an

der beiden am Elektronenübergang nicht beteiligten Niveaus bleiben aber erhalten. Da die Zeemanaufspaltung der Kernniveaus durch die Hyperfeinwechselwirkung und das äußere Magnetfeld klein gegenüber der Zeemanaufspaltung der Elektronen ist, sind die Besetzungszahlen der beiden unteren und der beiden oberen Niveaus im thermodynamischen Gleichgewicht fast gleich. Durch die Sättigung des einen Elektronenresonanzüberganges verarmt aber das tiefste Niveau, während die Besetzungszahl des höchsten Niveaus vergrößert wird. Das tiefste Energieniveau ist jetzt also schwächer besetzt als das etwas höher liegende Niveau, das zur entgegengesetzten Einstellung des Kernmomentes gehört. Sättigt man jetzt die Kernresonanzübergänge zwischen den beiden tiefsten Niveaus durch Einstrahlung eines zweiten Hochfrequenzfeldes der Frequenz ν'_K, so wird die Differenz der Besetzungszahlen dieser beiden Niveaus ausgeglichen, d. h., die des tiefsten Niveaus wird wieder vergrößert. Dadurch wird aber die Sättigung der Elektronenresonanz aufgehoben, und das Elektronenresonanzsignal erscheint wieder. Statt die Kernresonanz zu sättigen, kann man auch – wie es Feher tat – den Kernresonanzbereich in einer gegenüber der Kernspin-Gitter-Relaxationszeit kleinen Zeit mit hoher Wechselfeldstärke überstreichen. Dabei kehren sich die

Besetzungszahlen der beiden tiefsten Niveaus um, und das Elektronenresonanzsignal erscheint in doppelter Größe.

Durch Variation der Frequenz ν'_K kann man die Resonanzen aller der Kerne abtasten, mit denen das ungepaarte Elektron in Wechselwirkung steht. Immer, wenn ν'_K mit der Resonanzfrequenz eines Kernes übereinstimmt, tritt ein Elektronenresonanzsignal auf. Da die Energiequanten für die Zeemanübergänge der Elektronen um etwa drei bis vier Größenordnungen größer sind als die der Kerne und da durch die Sättigung der Elektronenresonanz die Differenz der Besetzungszahlen der Kernniveaus um eine bis drei Größenordnungen erhöht wird (man bezeichnet diesen von Overhauser entdeckten Effekt als dynamische Kernpolarisation), ist die Nachweisempfindlichkeit der ENDOR-Methode um mehrere Größenordnungen höher als die der üblichen Kernresonanzmethode. Man kann daher mit der ENDOR-Technik noch die Resonanzen von Kernen messen, die nur in geringer Konzentration in der Probe vorhanden sind und die daher mit den normalen Methoden keine meßbaren Signale mehr ergeben.

Das Magnetfeld am Kernort wird, wie vorausgesetzt, im wesentlichen durch die Hyperfeinwechselwirkung bestimmt. Ist das ungepaarte Elektron ein *s*-Elektron, dann bestimmt die Kontaktwechselwirkung, die dem Quadrat des Betrages der Wellenfunktion am Kernort proportional ist, das am Kern wirkende Magnetfeld und damit die Resonanzfrequenz des Kernes. Aus dieser läßt sich daher $|\psi_0|^2$ berechnen, und durch Vergleich mit dem Wert des freien Ions oder Atoms, der aus der Hyperfeinstruktur der optischen Spektren berechenbar ist, lassen sich Rückschlüsse auf die Beeinflussung der *s*-Bahn durch das Kristallfeld ziehen. Ist das ungepaarte Elektron über einen größeren Gitterbereich verschmiert, etwa wie beim F-Zentrum in Alkalihalogeniden, so hängt das Feld an den verschiedenen Kernen der Umgebung des F-Zentrums von der Aufenthaltswahrscheinlichkeit des Elektrons an dem betreffenden Ion ab, die damit aus dem ENDOR-Spektrum ermittelt werden kann.

Ist das ungepaarte Elektron kein *s*-Elektron – sondern etwa ein *d*- oder *f*-Elektron eines paramagnetischen Ions der Übergangsmetalle –, so ist die Hyperfeinwechselwirkung zwischen dem Elektron und dem Kern dieses Ions die innere Dipolwechselwirkung der magnetischen Momente von Kern und Elektron, die vom Mittelwert der dritten Potenz des reziproken Abstandes $\langle r^{-3}\rangle = \int \psi^* r^{-3} \psi \, d\tau$ abhängt, der demnach aus dem ENDOR-Spektrum bestimmt werden kann. Da das ungepaarte Elektron eines paramagnetischen Ions an diesem stark lokalisiert ist, so ist im allgemeinen die Dipolwechselwirkungsenergie mit Nachbarkernen kleiner als die Zeemanaufspaltung der Kernniveaus. In diesem Fall tritt keine dynamische Kernpolarisation auf, und die ENDOR-Technik ist nicht anwendbar.

Haben die Kerne ein Quadrupolmoment ($I > 1/2$) und hat das Kristallfeld eine solche Symmetrie, daß am Kernort ein genügend großer elektrischer Feldgradient auftritt, dann erleiden die Kernniveaus durch die Quadrupolwechselwirkung eine Verschiebung, so daß ihre Abstände nicht mehr äquidistant sind. Jede der ENDOR-Linien spaltet daher in $2I$ Linien auf, deren Abstände von der Größe des elektrischen Feldgradienten und dessen Richtung zum äußeren Magnetfeld (Quantisierungsrichtung) abhängen.

Um die bei der ENDOR-Technik notwendige Sättigung der Elektronenresonanz zu erreichen, muß die Spin-Gitter-Relaxationszeit der ungepaarten Elektronen genügend groß sein. Das ist oft erst bei sehr tiefen Temperaturen der Fall, und die meisten ENDOR-Experimente werden daher bei der Temperatur des flüssigen Heliums durchgeführt.

Da durch die Sättigung der Elektronenresonanz die Differenz der Besetzungszahlen der Kern-Zeemanniveaus stark vergrößert wird, muß auch das Kernresonanzsignal selbst größer werden, wenn man statt der Elektronenresonanz die Kernresonanz nach einem der üblichen Verfahren beobachtet. Dieser Effekt wurde von Overhauser [179], nach dem er auch benannt ist, für Metalle theoretisch vorausgesagt und von Carver und Slichter [180] an metallischem Lithium nachgewiesen, indem sie das ^{7}Li-Kernresonanzsignal beobachteten, während sie die Spinresonanz der Leitungselektronen sättigten.

1.2. Die die Kernresonanzspektren beeinflussenden Wechselwirkungen und daraus ableitbare Aussagen über den Festkörper

In den vorangehenden Abschnitten wurde schon erwähnt, daß die Larmorfrequenzen der einzelnen Kerne einer Probe nicht genau übereinstimmen, sondern infolge der Wechselwirkungen innerhalb der Probe über einen gewissen Bereich verteilt sind, und daß diese Verteilung durch eine Linienformfunktion beschrieben wird. Auf einige dieser Wechselwirkungen, nämlich die zwischen den Kerndipolen, zwischen den Kernmomenten und den magnetischen Momenten ungepaarter Elektronen paramagnetischer Ionen oder Kristallstörungen und zwischen den Kernquadrupolmomenten und im Probeninneren vorhandenen elektrischen Feldgradienten wurde ebenfalls schon mehr oder weniger eingegangen. Auch bei der Behandlung der ENDOR-Technik wurde auf einige Aussagen über den Festkörper hingewisen, die man aus den durch Hyperfeinwechselwirkung und Quadrupolwechselwirkung bestimmten Spektren gewinnen kann. Neben diesen schon erwähnten Wechselwirkungen können noch eine ganze Reihe weiterer auftreten. Innere Magnetfelder werden beispielsweise auch von induzierten Bahnmomenten der Elektronenhüllen der Atome, Ionen oder Moleküle, denen die Kerne angehören, verursacht. Der Paramagnetismus der Leitungselektronen in Metallen, Halbleitern und Supraleitern erzeugt ebenfalls Magnetfelder an den Kernen, die zur Verschiebung der Resonanzlinie – der Knight-shift – führen.

Über die Hyperfeinwechselwirkung beeinflussen auch die inneren Magnetfelder in ferro-, antiferro- und ferrimagnetischen Substanzen die Kernresonanz. Neben der schon erwähnten direkten Dipol-Dipol-Wechselwirkung gibt es eine weitere, durch Elektronen vermittelte indirekte Wechselwirkung zwischen den Atomkernen, die das Spektrum beeinflußt. In Molekülen sind es die Bindungselektronen, die die Kernspins koppeln, in Metallen, Halbleitern und Supraleitern die Leitungselektronen, in ferro- und antiferromagnetischen Substanzen die Spinwellen der ungepaarten Elektronen oder die durch diese Spinwellen polarisierten Leitungselektronen; in einigen nichtleitenden Kristallen können es ebenfalls Leitungselektronen sein, die an einem Kern aus dem Valenzband in das Leitungsband gestreut werden und an einem weiteren Kern vom Leitungsband wieder zurück in das Valenzband.

Die in der Quantisierungsrichtung (das ist die durch die größte Wechselwirkung – einschließlich der mit dem äußeren Feld – bestimmte Vorzugsrichtung) liegenden Komponenten der statischen, d. h. zeitunabhängigen Anteile der inneren Magnetfelder bzw. der elektrischen Feldgradienten führen zu einer Linienverbreiterung, wenn ihre Größe oder Richtung an den einzelnen Kernen einer statistischen Verteilung genügt. Das ist z. B. bei den von Gitterdefekten herrührenden elektrischen Feldgradienten der Fall. Die Verbreiterungen können so stark sein, daß einige oder auch alle Linien, die zu den einzelnen Übergängen zwischen benachbarten Energieniveaus gehören, nicht mehr meßbar sind.

Ist die innere Wechselwirkung für alle Kerne gleich, so führt sie zu einer Verschiebung der Resonanzlinie, wenn trotz der Wechselwirkung die Äquidistanz der Zeemanniveaus erhalten bleibt, andernfalls führt sie zu einer Aufspaltung und eventuellen Verschiebung. Zu den Wechselwirkungen der ersten Art gehört die zwischen den Kernen und den inneren Magnetfeldern, die durch den Paramagnetismus der Leitungselektronen, durch die ungepaarten Elektronen der Atome in den Domänen ferromagnetischer Metalle (nicht Legierungen) oder durch die ungepaarten Elektronen paramagnetischer Ionen am eigenen Kern verursacht werden. Eine Wechselwirkung der zweiten Art ist die Quadrupolwechselwirkung in nichtkubischen Ioneneinkristallen.

Sind die inneren Wechselwirkungen für einige Gruppen von Kernen gleich, so spaltet die Linie in eine der Zahl der Gruppen entsprechende Anzahl von Einzellinien auf, wenn sich die Wechselwirkungen in den einzelnen Gruppen genügend stark unterscheiden. Die Aufspaltung ist dann ein Maß für die relativen Unterschiede der Wechselwirkungsenergien der Gruppen. Sind diese Unterschiede nur klein, dann wird die Linie – eventuell unsymmetrisch – verbreitert. Eine Wechselwirkung dieser Art ist die direkte Dipol-Dipol-Wechselwirkung in Zwei-, Drei- oder Vierspinsystemen, das sind Anordnungen, bei denen der Abstand zwischen zwei, drei oder vier Kernen klein ist im Vergleich zu dem Abstand zwischen den Kernen dieser Gruppe und den Kernen der Nachbargruppen.

Zu diesen Wechselwirkungen zählen auch die der Kerne eines Moleküls mit den induzierten Bahnmomenten der Elektronenhülle, die durch die Bindungselektronen vermittelte Kopplung zwischen den Kernen innerhalb eines Moleküls, die Wechselwirkung zwischen den Kernen und den inneren Magnetfeldern der beiden Untergitter ferri- oder antiferromagnetischer Substanzen und schließlich die Wechselwirkung zwischen den elektrischen Feldgradienten in einem Einkristall und den Quadrupolmomenten von Kernen, die auf chemisch oder physikalisch inäquivalenten Plätzen der Einheitszelle sitzen (vgl. S. 47 ff.).

Die zur Quantisierungsrichtung senkrechten Komponenten der zeitabhängigen Anteile der inneren Magnetfelder bzw. elektrischen Feldgradienten bestimmen durch ihre Wechselwirkung mit den Kernen deren Spin-Gitter-Relaxationszeit. Wie schon in den Abschnitten 1.1.2 und 1.1.3 erwähnt wurde, induzieren diese Felder bzw. Feldgradienten Kernspinübergänge, wenn sie zeitperiodisch sind und ihre Frequenz im Bereich der Resonanzfrequenzen der Kerne bzw. von deren ersten Harmonischen liegen. Zeitperiodische Störungen – als Störung soll jede Art von Wechselwirkung bezeichnet werden, die nicht die Quantisierungsrichtung bestimmt – können durch die Gitterschwingungen verursacht werden. Diese können die Abstände der wechselwirkenden Partner periodisch ändern und damit periodische Störungen erzeugen, da die Wechselwirkungen in den meisten Fällen abstandsabhängig sind. Zum Beispiel werden durch die Gitterschwingungen die direkte Dipol-Dipol-Wechselwirkung zwischen den Kernen, die Dipol-Dipol-Wechselwirkung zwischen den magnetischen Momenten der ungepaarten Elektronen paramagnetischer Ionen und den Kernen in der Umgebung der Ionen und die Austauschwechselwirkung $\tilde{A}\mathfrak{I}\mathfrak{S}$ über die Abstandsabhängigkeit des Austauschintegrals beeinflußt. Das gleiche gilt für die Wechselwirkungen zwischen den Kernquadrupolmomenten und den elektrischen Feldgradienten des Kristallfeldes in Ionenkristallen und denjenigen Feldgradienten, die von den Bindungselektronen herrühren, deren Bahnen mit den Gitterschwingungen moduliert sind.

Aus der Verteilungsfunktion des Debyespektrums der Gitterschwingungen ergibt sich, daß auch noch bei sehr tiefen Temperaturen die Zahl der Gitterphononen mit Frequenzen, die in der Größenordnung der Larmorfrequenzen der Kerne liegen ($\nu_0 \approx 10^7 \mathrm{s}^{-1}$ im Vergleich zur Debyegrenzfrequenz von $\approx 10^{13} \mathrm{s}^{-1}$), verschwindend gering ist. Daher ist die sich aus der Abstandsmodulation durch die Gitterschwingungen selbst ergebende Störung, die Kernspinübergänge induzieren kann, sehr klein und beeinflußt im allgemeinen die Spin-Gitter-Relaxationszeit nicht. Da aber das Spektrum der Gitterschwingungen sehr dicht ist, können aus dem mit großer Intensität vorhandenen, wesentlich höherfrequenten Anteil viele eng benachbarte Gitterschwingungen miteinander interferieren und Schwebungen im Frequenzbereich der Larmorfrequenzen der Kerne bilden.

Die im Takt dieser Schwebungen auftretenden Abstandsänderungen der Wechselwirkungspartner können bei genügend starker Wechselwirkung so viele Spinübergänge induzieren, daß durch sie die Spin-Gitter-Relaxation bestimmt wird. Die Kopplung zwischen den Kernquadrupolmomenten und den mit den Schwebungen modulierten Feldgradienten ist eine solche Störung. Wie schon im Abschnitt 1.1.3 erwähnt wurde, kann man diese Art der Wechselwirkung zwischen den Kernen und den Gitterschwingungen auch als Ramanstreuung eines Gitterphonons an einem Kern betrachten, bei der der Kern unter Absorption oder Emission der Energie $\hbar\omega_0 = \hbar\gamma_N H_0$ in ein Niveau übergeht, dessen magnetische Quantenzahl sich von der des Ausgangsniveaus um $\Delta m = \pm 1$ unterscheidet. Da die Zeemanenergie $\hbar\omega_0$ eines Kernes sehr klein gegenüber der Energie der Gitterquanten ist, sind die Energien von einfallendem und gestreutem Gitterphonon praktisch gleich.

Die Ramanstreuung bestimmt auch die Spin-Gitter-Relaxationszeit in antiferromagnetischen Substanzen bei Temperaturen, die weit unter dem Néelpunkt liegen und bei denen die Spinwellennäherung erlaubt ist. Da die durch die Anisotropietemperatur bestimmte tiefste Frequenz im Spinwellenspektrum weit über der Larmorfrequenz liegt, gilt für sie das gleiche wie für die Gitterschwingungen. Kernspinübergänge zwischen benachbarten Niveaus können nur durch simultane Absorption einer Spinwelle der Energie $\hbar\omega_S$ und Emission einer zweiten der Energie $\hbar(\omega_S \mp \omega_0)$, d. h. durch Ramanstreuung einer Spinwelle, induziert werden.

Neben den rein periodischen Vorgängen im Gitter, wie den Gitterschwingungen und den Spinwellen, können auch statistisch von der Zeit abhängende Vorgänge, sogenannte stochastische Prozesse, über die inneren Wechselwirkungen Kernspinübergänge induzieren. Die Zahl der pro Zeiteinheit induzierten Kernspinübergänge hängt einmal von der Stärke der Wechselwirkung, zum anderen vom Frequenzspektrum des stochastischen Prozesses ab, der den zeitabhängigen Anteil der Wechselwirkung bestimmt. Nur wenn dieses Frequenzspektrum die Larmorfrequenz bzw. deren erste Harmonische enthält, können Kernspinübergänge induziert werden, deren Zahl der Spektraldichte der Schwankung für diese Frequenzen proportional ist.

Das Schwankungsspektrum eines stochastischen Prozesses ist dadurch charakterisiert, daß die Amplitude der Schwankung zur Zeit t von derjenigen zur Zeit $(t - \tau)$ abhängt, wenn τ kleiner als eine bestimmte Zeit τ_c, die Korrelationszeit, ist. Für $\tau > \tau_c$ sind die Schwankungsamplituden voneinander unabhängig, also unkorreliert; für Zeitdifferenzen $\tau < \tau_c$ sind sie dagegen korreliert. Wenn $G(t)$ die Schwankungsgröße ist, dann ist ihr Mittelwert $\overline{G(t)}^t = \lim_{T \to \infty} \frac{1}{T} \int_{-T}^{+T} G(t)\, dt$ gleich Null (Bild 4a), während der Mittelwert des Quadrates der Schwankungsgröße $\overline{[G(t)]^2}^t$ (Bild 4b) ungleich Null und ein Maß für die Größe der Schwankung ist. Die Abhängigkeit der Amplitude der Schwankung zur Zeit t von derjenigen zu einer früheren Zeit $(t - \tau)$ wird durch die Korrelationsfunktion $K(\tau) = \overline{G(t - \tau)\, G(t)}^t = \overline{G(t)\, G(t + \tau)}^t = \overline{G(0) G(\tau)}^t$ beschrieben, deren Wert nur von τ, aber nicht von t abhängt, vorausgesetzt,

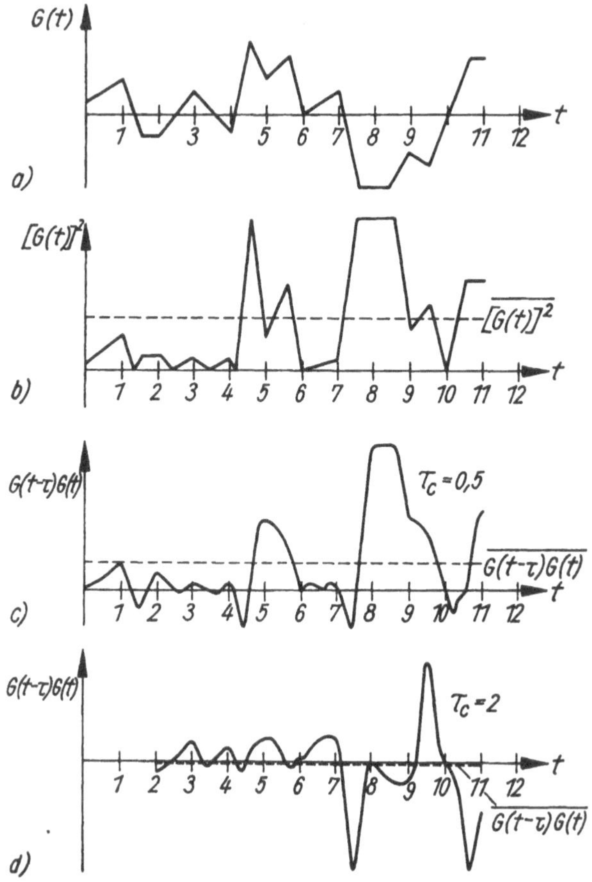

Bild 4. Schwankungsfunktion (a) mit ihrem Quadrat und dessen zeitlichem Mittelwert (b) sowie die Funktion $\overline{G(t - \tau)\, G(t)}^t$ und deren zeitliche Mittelwerte für die Korrelationszeiten $\tau_c = 0{,}5$ s (c) und $\tau_c = 2$ s (d)

daß der die Schwankung verursachende Prozeß stationär ist (Bild 4c und 4d). $K(\tau)$ strebt mit wachsendem τ sehr schnell gegen Null und hat für $\tau = 0$ seinen größten Wert, nämlich $K(0) = \overline{G(t)^2}^t$. $K(\tau)$ ist in τ

symmetrisch, d. h. $K(\tau) = K(-\tau) = K(|\tau|)$, und immer positiv. (Der negative Wert von $K(\tau)$ für $\tau = 2$ in Bild 4d kommt dadurch zustande, daß über eine zu geringe Zahl von Schwankungen gemittelt wurde.) Die Korrelationsfunktion wird durch die Art der Bewegung bestimmt und hat für sehr viele stochastische Prozesse die Exponentialform $K(\tau) = A \exp(-|\tau|/\tau_c)$, in der τ_c die schon erwähnte Korrelationszeit ist, die natürlich ebenfalls von der Art der Bewegung abhängt.

Mittels der Korrelationsfunktion läßt sich die Schwankung in ihr Fourierspektrum zerlegen. Die Spektraldichte $J(\omega)$, d. h. die Amplitude, mit der die zur Frequenz ω gehörige Schwingung $\exp(i\omega t)$ in der Schwankung auftritt, ist die Fouriertransformierte der Korrelationsfunktion: $J(\omega) = \int_{-\infty}^{+\infty} K(\tau)\, e^{i\omega\tau} d\tau$. Die Spektraldichten der Schwankung $J(\omega_0)$ und $J(2\omega_0)$ der Larmorfrequenz und ihrer ersten Harmonischen bestimmen, wie schon erwähnt, über die inneren Wechselwirkungen die Zahl der durch diese induzierten Spinübergänge und damit die Spin-Gitter-Relaxationszeit.

Da die gleichen Wechselwirkungen durch ihren zeitunabhängigen Anteil die statische Linienbreite bestimmen, letzterer aber der Spektraldichte für die Frequenz $\omega = 0$ proportional ist, lassen sich sowohl die statische Linienbreite bzw. die Linienform als auch die Spin-Gitter-Relaxationszeit aus dem Schwankungsspektrum der inneren Bewegungsvorgänge bestimmen. Die statische Linienbreite hängt von der Größe der Diagonalelemente der Energiematrix und der Spektraldichte $J(\omega = 0)$ der Störung ab, die Spin-Gitter-Relaxationszeit von der Größe der Nichtdiagonalelemente und den Spektraldichten $J(\omega_0)$ und $J(2\omega_0)$.

Wird – etwa durch Temperaturerhöhung – $J(\omega = 0)$ kleiner, so nimmt auch der statische Wechselwirkungsanteil ab, und die Kernresonanzlinie wird schmaler. Nehmen $J(\omega_0)$ und $J(2\omega_0)$ stark zu, dann wird T_1 kleiner. Wenn $1/T_1$ größer als die statische Linienbreite $\Delta\omega_0$ wird, dann bestimmt T_1 die Linienbreite, die dann größer als die statische ist. In diesem Fall wird die Lebensdauer eines Spinzustandes und damit die Unschärfe der Energieniveaus durch die Spin-Gitter-Relaxation bestimmt.

Bei den statistisch von der Zeit abhängenden Wechselwirkungen lassen sich zwei Gruppen unterscheiden. Die erste Gruppe umfaßt die Wechselwirkungen, deren Zeitabhängigkeit direkt durch eine stochastische Bewegung der Gitterbausteine, z. B. durch die Gitterdiffusion, bestimmt ist. Dazu gehören im wesentlichen die direkte Dipol-Dipol-Wechselwirkung zwischen den Kernen, bei der sich – etwa durch Diffusion von Gitterlücken – der Abstand zwischen je zwei Kernen nach Betrag und Richtung im Laufe der Zeit statistisch ändert, und die Wechselwirkung zwischen den Kernquadrupolmomenten und den von diffundierenden Gitterdefekten verursachten Feldgradienten. Für beide Wechselwirkungen gilt, daß sie die Spin-Gitter-Relaxationszeit dann am stärksten beeinflussen, wenn die mittlere Sprungfrequenz der Gitterbausteine (bei der Dipol-Dipol-Wechselwirkung) bzw. der Gitterdefekte (bei der Quadrupolwechselwirkung) etwa mit der Larmorfrequenz der Kerne übereinstimmt. Dann hat das Schwankungsspektrum die durch Kurve *c* in Bild 5 dargestellte Frequenzverteilung mit einem Maximum für die Larmorfrequenz. Ist die Sprungfrequenz sehr niedrig, d. h. klein gegen die Larmorfrequenz, dann liegt das Maximum des „Rauschens" ebenfalls bei tiefen Frequenzen, und der allein wirksame Anteil dicht

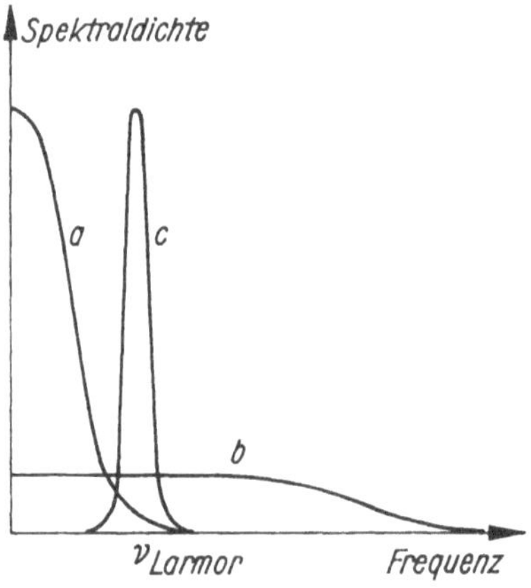

Bild 5. Frequenzspektrum für niederfrequentes Rauschen (Kurve *a*), weißes Rauschen (Kurve *b*) und Bewegungsvorgänge mit einer mittleren Sprungfrequenz $\nu = \nu_{\text{Larmor}}$ (Kurve *c*)

um die Larmorfrequenz liegt in den sehr kleinen Ausläufern der Verteilungsfunktion (Bild 5, Kurve *a*). Das gleiche gilt für ein sehr hochfrequentes Schwankungsspektrum, dessen Maximum bei einer weit oberhalb der Larmorfrequenz liegenden Sprungfrequenz liegt. Auch der Spinübergänge induzierende Frequenzanteil eines sehr breiten Rauschspektrums (Bild 5, Kurve *b*), etwa des weißen Rauschens, ist sehr klein. Weil die mittlere Sprungfrequenz und damit der Schwerpunkt des Schwankungsspektrums temperaturabhängig sind, gibt es eine bestimmte Temperatur, für die das Maximum der Verteilungsfunktion des Rauschens mit der Larmorfrequenz zusammenfällt und bei der daher die Zahl der durch die Spin-Gitter-Relaxation induzierten Spinübergänge ihren größten Wert erreicht. T_1 durchläuft dort ein Minimum. Da die Sprungfrequenz exponentiell von der Temperatur abhängt, lassen sich aus den beiden Temperaturen $T(\omega_{01})$ und $T(\omega_{02})$, für die T_1 bei zwei verschiedenen Larmorfrequenzen ω_{01} und ω_{02} ein Minimum wird, leicht die Aktivierungsenergie für den Diffusionsmechanismus und aus der Sprungfrequenz $\bar{\nu}$ und dem Sprungweg l über die Diffusionsgleichung

$l^2 = 6D/\bar{\nu}$ die Diffusionskonstante bestimmen. Wegen der relativ niedrigen Larmorfrequenz ist es mit dieser Methode möglich, Aktivierungsenergie und Diffusionskonstante bei wesentlich tieferen Temperaturen zu bestimmen als aus der Diffusion radioaktiver Isotope oder aus der Ionenleitfähigkeit.

Zur zweiten Gruppe der statistisch von der Zeit abhängenden Wechselwirkungen gehören die zwischen den magnetischen Kernmomenten und den Schwankungskomponenten der magnetischen Momente ungepaarter Elektronen, die über die Spin-Bahn-Wechselwirkung durch die Gitterschwingungen verursacht werden. Zu diesen Wechselwirkungen zählen die äußere Dipol-Dipol-Wechselwirkung zwischen den Kernen und paramagnetischen Ionen in paramagnetischen Substanzen oder auch in diamagnetischen Substanzen, die aber paramagnetische Verunreinigungen enthalten, die innere Dipol-Dipol-Wechselwirkung zwischen einem ungepaarten Elektron, dessen Wellenfunktion keinen s-Anteil besitzt, und dem Kern eines paramagnetischen Ions, die Kontaktwechselwirkung zwischen s-Elektronen und Kernen – auch zwischen Leitungselektronen und Kernen – und die Wechselwirkung zwischen den Kernen und den ungepaarten Elektronen in den Blochwänden ferromagnetischer Substanzen. Auch die Austauschwechselwirkung zwischen Kern- und Elektronenspin kann unter diese Gruppe fallen. In paramagnetischen Substanzen werden die Schwankungskomponenten des Elektronenmomentes allerdings oft nur indirekt durch die Gitterschwingungen bestimmt. Diese bewirken das Umklappen eines Spins, das infolge der sehr starken Austauschwechselwirkung zwischen den Elektronenspins in diesen Substanzen eine große Anzahl von sich anschließenden flip-flop-Prozessen der Elektronenspins zur Folge hat. Ebenso kann die Blochwandanregung in ferromagnetischen Substanzen statt durch Gitterphononen in bestimmten Temperaturbereichen durch Spinwellen in den Domänen geschehen.

Bei allen diesen Wechselwirkungen der zweiten Gruppe ist der Energieaustausch zwischen dem Elektronenspinsystem und dem Gitter der primäre Vorgang. Dieser Energieaustausch wird durch die Spin-Gitter-Relaxationszeit T_{1e} der Elektronen beschrieben. Die Kernspin-Gitter-Relaxationszeit T_1 ist dann eine Funktion von T_{1e} und hat deren Temperaturabhängigkeit.

In den folgenden Abschnitten sollen nun die einzelnen Wechselwirkungen, ihre Einflüsse auf das Kernresonanzspektrum und sich daraus ergebende Rückschlüsse auf bestimmte Festkörpereigenschaften oder Vorgänge im Kristall gesondert behandelt werden.

1.2.1. Wechselwirkungen der Kerne untereinander

Die Wechselwirkung der Kerne untereinander ist eine rein magnetische Wechselwirkung zwischen ihren Dipolmomenten. Die von einem magnetischen Dipol mit dem Moment $\boldsymbol{\mu}_1$, das parallel oder antiparallel zum Feld $\mathfrak{H}_0$ liegen soll, am Ort eines zweiten magnetischen Dipols mit dem Dipolmoment $\boldsymbol{\mu}_2$, der vom ersten den Abstand r_{12} hat, erzeugte Feldkomponente in Richtung von $\mathfrak{H}_0$ ist $\pm\, \mu_1 r_{12}^{-3}(3\cos^2\theta - 1)$. θ ist der Winkel zwischen der Richtung von $\mathfrak{H}_0$ und dem Abstandsvektor $\mathfrak{r}_{12}$. Die quantenmechanische Rechnung zeigt, daß für gleiche Kerne zu diesem Feld noch ein weiteres genau halb so großes hinzukommt, das von den flip-flop-Prozessen der beiden Kerne herrührt, so daß das gesamte Dipolfeld $\Delta H = \mp \frac{3}{2} \mu_1 r_{12}^{-3} (3\cos^2\theta - 1)$ ist. Je nach Einstellung des ersten Dipols ist also das Gesamtfeld am anderen Dipol gleich $H_0 \pm \frac{3}{2} \mu_1 r_{12}^{-3}(3\cos^2\theta - 1)$. Da parallele und antiparallele Einstellungen der Kerndipole zum äußeren Feld (für $I = 1/2$) praktisch gleich häufig vorkommen, treten in einem Einkristall, der sogenannte Zweispinsysteme enthält, bei denen in erster Näherung nur die Wechselwirkung zweier sehr eng benachbarter Dipole berücksichtigt werden muß, zwei Kernresonanzlinien der Frequenzen $\omega_1 = \gamma_N H_0 + \frac{3}{4} \frac{\hbar\gamma_N^2}{r_{12}^3} (3\cos^2\theta - 1)$ und $\omega_2 = \gamma_N H_0 - \frac{3}{4} \frac{\hbar\gamma_N^2}{r_{12}^3} (3\cos^2\theta - 1)$ auf, deren Abstand also $\frac{3}{2} \gamma_N^2 \hbar r_{12}^{-3}(3\cos^2\theta - 1)$ ist, wenn alle Zweispinsysteme die gleiche relative Lage zum äußeren Magnetfeld haben. Die Linienbreite dieser beiden Einzellinien wird durch die sehr viel schwächere Wechselwirkung der Kernpaare mit den Nachbarkernen der Umgebung bestimmt. Die Aufspaltung ist für $\cos^2\theta = 1$, d. h. für $\theta = 0$, am größten, nämlich $3\gamma_N^2 \hbar r_{12}^{-3}$. Aus dieser größten Aufspaltung läßt sich leicht der Dipolabstand ermitteln. Außerdem geht aus der Orientierung der Kristallachsen zum äußeren Feld die Lage der Verbindungsgeraden der beiden Dipole in der Elementarzelle hervor.

Solche Zweispinsysteme sind z. B. die Kristallwassermoleküle. Aus der orientierungsabhängigen Aufspaltung der Protonenresonanz lassen sich bei mehreren nichtäquivalenten Kristallwassermolekülen deren Lagen in der Elementarzelle und die Protonenabstände bestimmen. Bei einem Protonenabstand von 0,158 nm ist die maximale Aufspaltung 21,6 Oe oder $\approx$ 92 kHz. Eine Änderung dieses Abstandes um 0,001 nm läßt sich aus der Änderung der Aufspaltung noch gut bestimmen. Vergrößerungen des Protonenabstandes können von schwachen Bindungsanteilen der Protonen an andere Gitterbausteine herrühren, die den Bindungswinkel der H—O—H-Bindung etwas vergrößern und sich in einer Verkleinerung der Aufspaltung bemerkbar machen.

Liegt die Substanz in polykristalliner Form vor, dann kommen alle Winkel θ zwischen 0 und π gleichmäßig vor und mitteln sich teilweise aus. Da aber der Maximalwert von $(3\cos^2\theta - 1)$ gleich 2, der

Minimalwert gleich -1 ist, fallen die Schwerpunkte der beiden Linien nicht zusammen, und es tritt auch in polykristallinen Substanzen noch eine Aufspaltung auf, aus der der Protonenabstand bestimmt werden kann.

In ähnlich einfacher Weise lassen sich auch die Spektren der Dreispinsysteme, in denen die Kerne die Ecken von gleichseitigen Dreiecken besetzen (z. B. CH_3-Gruppen), und der Vierspinsysteme, deren Kerne in den Ecken von Tetraedern sitzen (z. B. NH_4-Gruppen), bestimmen. Da sich die Einzellinien (beim Dreispinsystem z. B. drei Linienpaare) infolge ihrer endlichen Breite bei diesen Systemen stark überlappen, beobachtet man nur die Einhüllende, die manchmal noch schwache Andeutungen der Aufspaltung zeigt. In diesen Fällen ist es günstiger – ebenso wie bei Vielspinsystemen, die z. B. auch aus allen Kernen gleicher Art eines Einkristalls bestehen können, – Rückschlüsse aus dem zweiten Moment der Linie zu ziehen. Dieses zweite Moment und ebenso das vierte Moment können bei bekannter Gittersymmetrie und bekannten Gitterparametern aus diesen berechnet werden (s. Abschn. 3.1). Durch Vergleich der berechneten Momente mit den durch Integration aus der Linie gewonnenen lassen sich dann Rückschlüsse ziehen, inwieweit das zugrunde gelegte Gittermodell richtig ist oder nicht.

Ebenso wie für einen Einkristall lassen sich auch (durch Mittelung über alle Winkel) die Momente von polykristallinen Proben bestimmen.

Vielspinsysteme bilden u. a. auch die Protonen von OH-Gruppen in Metallhydroxiden. Da ihre Abstände voneinander wesentlich größer sind als die Protonenabstände in den Kristallwassermolekülen, sind die Kernresonanzlinien dieser Protonen wesentlich schmaler und nicht aufgespaltet. Aus dem Kernresonanzspektrum läßt sich daher bestimmen, ob eine Substanz Kristallwasser oder OH-Gruppen oder beide gleichzeitig enthält (ob z. B. ein Metalloxidhydrat oder ein Metallhydroxid vorliegt), und in vielen Fällen läßt sich auch das Mengenverhältnis von H_2O-Molekülen und OH-Molekülionen ermitteln.

Da die Protonen große gyromagnetische Verhältnisse haben, sind die Intensitäten und Aufspaltungen der Resonanzlinien sehr groß, und man kann aus den Spektren leicht die Lage der röntgenographisch nicht nachweisbaren Protonen in der Elementarzelle bestimmen.

Die auch zur statischen Dipol-Dipol-Wechselwirkung beitragenden Kernspin-flip-flop-Prozesse sind nur zwischen gleichartigen Kernen möglich, da nur bei gleichen oder nahezu gleichen Larmorfrequenzen beider Kerne das von einem Kern am Ort des anderen erzeugte Wechselfeld, das von der zu $\mathfrak{H}_0$ senkrechten mit der Larmorfrequenz rotierenden Komponente des Kernmomentes herrührt, Kernspinübergänge induzieren kann. In Kristallen, die zwei oder auch mehr verschiedene Kernarten enthalten, setzt sich dann die Dipol-Dipol-Wechselwirkungsenergie additiv aus den Beiträgen der Wechselwirkungen innerhalb der Systeme gleicher Kerne, für die die flip-flop-Prozesse berücksichtigt werden müssen, und aus den Beiträgen der Wechselwirkungen zwischen den ungleichen Kernen zusammen. Dementsprechend addieren sich auch die Beiträge der einzelnen Wechselwirkungen zum zweiten Moment der Linie einer Kernart.

Neben der direkten Dipol-Dipol-Wechselwirkung kann in diamagnetischen Substanzen eine über die Elektronen gekoppelte indirekte Spin-Spin-Wechselwirkung auftreten, die die Form einer Austauschwechselwirkung hat. Diese „Pseudoaustauschwechselwirkung" beeinflußt bei gleichen Kernen das zweite Moment nicht, vergrößert aber das vierte Moment. Ein vergrößertes viertes Moment bei gleichbleibendem zweiten Moment und gleichbleibender Fläche unter der Linie bedeutet aber eine solche Änderung der Verteilung der Resonanzfrequenzen, d. h. der Linienformfunktion, daß die für das vierte Moment besonders wirksamen Ausläufer der Linie auf Kosten des mittleren Teiles wachsen. Dadurch tritt eine Verschmälerung des mittleren Teiles der Linie ein, die Linienbreite nimmt also ab, und die Form der Linie nähert sich stark einer Lorentzkurve. Die Pseudoaustauschwechselwirkung zwischen ungleichen Kernen führt dagegen zu einer Vergrößerung des zweiten Momentes und damit zu einer größeren Linienbreite. Die Linie kann dadurch unter Umständen so stark verbreitert werden, daß sie nicht mehr nachweisbar ist. Die Pseudoaustauschwechselwirkung tritt bei Isotopen des gleichen Elementes auf, deren gyromagnetische Verhältnisse sich nur wenig voneinander unterscheiden.

In den bisherigen Betrachtungen wurde ein starres Gitter vorausgesetzt. Bewegungen der Gitterbausteine wurden also vernachlässigt. Diese Voraussetzung ist meist schon bei nicht sehr tiefen Temperaturen erfüllt, da der Einfluß der Gitterschwingungen auf die sehr schwache Dipol-Dipol-Wechselwirkung der Kerne zu vernachlässigen ist. Die aus der Modulation der Kernabstände durch die Gitterschwingungen berechneten Spin-Gitter-Relaxationszeiten liegen um mehrere Größenordnungen über den gemessenen. Bewegungsformen, die die Dipol-Dipol-Wechselwirkung merklich beeinflussen können, sind die Rotation von Kerngruppen, etwa Kristallwassermolekülen oder NH_4-Gruppen, und die Selbstdiffusion.

Der Rotationseinfluß läßt sich am einfachsten an einem Zweispinsystem darstellen. Es soll angenommen werden, daß das Dipolpaar $\boldsymbol{\mu}_1$, $\boldsymbol{\mu}_2$ in Bild 6 um die zum Abstandsvektor $\mathfrak{r}_{12}$ senkrechte z'-Achse rotiert. Der Richtungskosinus $(\cos\theta)$ zwischen $\mathfrak{H}_0$ und $\mathfrak{r}_{12}$ läßt sich durch die Winkel ϑ und φ ausdrücken: $\cos\theta = \sin\vartheta\cos\varphi$. Die vom Dipol $\boldsymbol{\mu}_1$ am Dipol $\boldsymbol{\mu}_2$ erzeugte Feldkomponente in Richtung von $\mathfrak{H}_0$ ist dann $\Delta H_z = \pm\frac{3}{2}\mu_1 r_{12}^{-3}(3\sin^2\vartheta\cos^2\varphi - 1)$.

Bei genügend schneller Rotation ist für das Zusatzfeld nur noch das Zeitmittel von $\cos^2\varphi = \cos^2\Omega_{\text{rot}}t$, nämlich $\overline{\cos^2\varphi}^{\,t} = 1/2$, maßgebend. Das maximale Feld, das für $\vartheta = 90°$, d. h. $\mathfrak{H}_0$ in der Rotationsebene, erreicht wird, ist dann $\pm \frac{3}{4} \mu_1 r_{12}^{-3}$, also nur noch halb so groß wie ohne Rotation des Dipolpaares. Die Aufspaltung geht daher auf die Hälfte zurück. Ebenso werden das zweite Moment und bei Mehrspinsystemen, bei denen experimentell keine Aufspaltung mehr beobachtet werden kann, die Linienbreite kleiner. Man nennt diesen Vorgang „Bewegungsverschmälerung der Kernresonanzlinie". Diese Bewegungsverschmälerung tritt dann ein, wenn die Rotationsfrequenz $\Omega_{\text{rot}}/2\pi$ größer oder gleich der Linienbreite des starren Gitters ist.

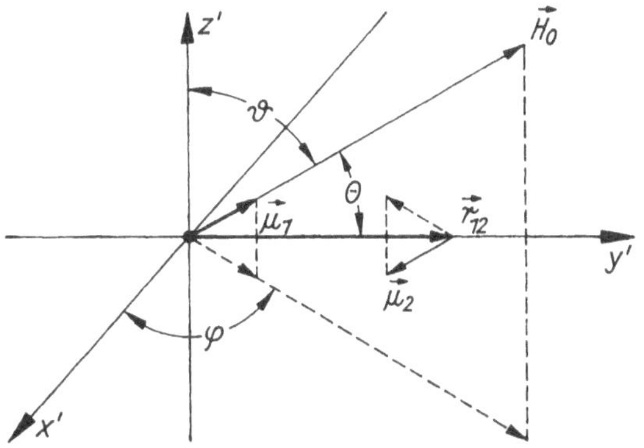

Bild 6. Lage eines Dipolpaares relativ zum äußeren Feld $\mathfrak{H}_0$ und zu einem inneren Koordinatensystem mit y'-Achse in Richtung des Verbindungsvektors der Dipole

Die meisten Rotationen im Gitter sind gehemmte Rotationen. Es muß erst eine gewisse Schwellenenergie überwunden werden, bevor die Bewegung einsetzen kann. Daher beginnt die Rotation erst oberhalb einer bestimmten Temperatur. Unterhalb dieser ist die Rotation eingefroren. Aus der Temperatur, bei der die Linienverschmälerung einsetzt, und aus dem Temperaturbereich, in dem die Linienbreite abnimmt, lassen sich die Aktivierungsenergie und die Höhe der Potentialbarriere für die gehemmte Rotation bestimmen.

Da die Dipol-Dipol-Wechselwirkungsenergie auch nichtdiagonale Matrixelemente enthält, die Zustände mit $\Delta m = \pm 1$ und $\Delta m = \pm 2$ miteinander verbinden (s. S. 98), induziert der zeitabhängige Wechselwirkungsanteil Spinübergänge zwischen diesen Zuständen. Die Zahl dieser Übergänge wird besonders groß, wenn die mittlere Rotationsfrequenz mit der Larmorfrequenz übereinstimmt, da dann die Spektraldichte der Störung ein Maximum bei der Larmorfrequenz hat (Bild 5, Kurve *c*). Die Spin-Gitter-Relaxationszeit wird dann ein Minimum. Auch daraus kann man, wie auf Seite 34 beschrieben, die Aktivierungsenergie bestimmen.

Bildet die Rotationsachse mit der Magnetfeldrichtung einen Winkel von $\approx 50° 40'$, so ist $\frac{3}{2} \sin^2 \vartheta - 1 = 0$. Bei genügend schneller Rotation der Probe mittelt sich dann die Dipol-Dipol-Wechselwirkung aus, und die Linie wird sehr schmal. Dann lassen sich von wesentlich schwächeren Wechselwirkungen herrührende Einflüsse auf die Kernresonanzlinie untersuchen, die sonst in der Dipolverbreiterung untergehen. Allerdings ist das Verfahren auf Linien beschränkt, die an sich schon sehr schmal sind, da sonst die erforderliche Drehzahl der Probe nicht mehr verwirklicht werden kann.

Eine Ausmittelung der Dipol-Dipol-Wechselwirkung erfolgt von selbst, wenn die Rotationsachse ihre Lage rasch verändert und dabei alle Winkel ϑ hinsichtlich des äußeren Feldes annehmen kann. Dann ist für die in Richtung von $\mathfrak{H}_0$ liegende Komponente des Dipolfeldes nur noch der Mittelwert von $\left(\frac{3}{2} \sin^2 \vartheta - 1\right)$ wirksam, der aber Null ist. Diese vollständige Ausmittelung tritt dann ein, wenn die Korrelationszeit τ_c für die Lagenänderung der Rotationsachse kleiner oder gleich der reziproken Linienbreite der rotationsverschmälerten Linie ist.

Eine so rasche Richtungsänderung der Rotationsachse ist im Festkörper dann möglich, wenn mehrere energetisch gleichwertige Orientierungen der Moleküle existieren und die Potentialschwelle, die für den Übergang von einer stabilen Richtung in eine andere überwunden werden muß, niedrig ist. Ein solcher Fall liegt z. B. bei den Ammoniumhalogeniden in dem Temperaturbereich vor, in dem diese Verbindungen im NaCl-Gitter existieren. Das Wasserstofftetraeder kann um eine der Rotationsachsen *1* bis *4* in Bild 7 rotieren. Die Rotation erfolgt um diejenige Achse, die mit einer der kubischen Achsen des Cl-Untergitters zusammenfällt. Aus dem Bild ist ersichtlich, daß sechs gleichwertige Lagen für die Rotationsachse möglich sind. In der gezeichneten Stellung, in der das Proton *4* unterhalb der [$\bar{1}$00]-Achse liegt, kann das Tetraeder leicht umklappen, so daß dann das Proton *4* auf der [$\bar{1}$00]-Achse liegt und die mögliche Rotationsachse *4* mit der [$\bar{1}$00]-Richtung zusammenfällt.

Wie durch Rotation kann die Linienbreite auch durch Selbstdiffusion der Gitterbausteine geändert werden. Diese Änderung ist in starkem Maße vom Diffusionsmechanismus abhängig. Hier soll zur Erläuterung nur der Fall behandelt werden, daß die Diffusion von Gitterbausteinen über Gitterlücken erfolgt. Hat in einem Gitter ein Kern n gleiche Kerne als Nachbarn, so haben die n Kerne in der Umgebung einer Lücke eine andere Dipol-Dipol-Wechselwirkung als die übrigen Kerne, denen keine Lücke benachbart ist. Springt ein Gitterbaustein in die Lücke, so ändert sich für diesen die Umgebung nicht, da ihm die Lücke wieder benachbart ist, wohl aber für die übrigen $(n - 1)$ Kerne. Ist $\bar{\nu}_\square$ die Sprungfrequenz der Gitterlücke und $N_\square$ die Zahl der Lücken, so werden pro Sekunde im Mittel $(n - 1)\, \bar{\nu}_\square N_\square$ Kerne durch die Lückendiffusion beeinflußt. Ändert sich für jeden der N_0 Kerne des Gitters die Umgebung $\bar{\nu}_G$-mal pro Sekunde, so muß $\bar{\nu}_G N_0 = (n - 1)\,\bar{\nu}_\square N_\square$ sein. Die mittlere Frequenz $\bar{\nu}_G$ des zeitabhängigen Anteils der Dipol-Dipol-Wechselwirkung ist also $\bar{\nu}_G = (n - 1)\,\bar{\nu}_\square c_\square$, worin $c_\square = N_\square / N_0$ die Lückenkonzentration ist. Wird

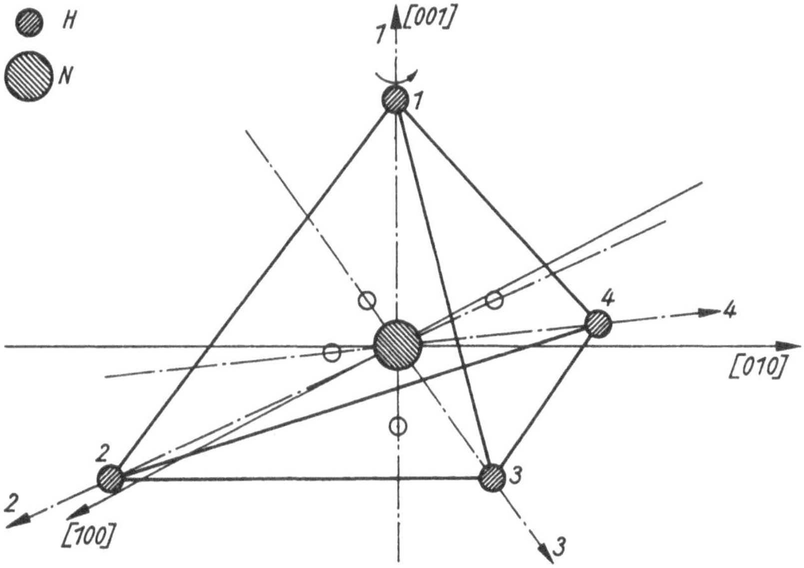

Bild 7. Lage der Rotationsachsen des NH_4-Tetraeders in der Elementarzelle eines Ammoniumhalogenideinkristalls mit NaCl-Struktur

$\bar{\nu}_G$ größer oder gleich $\Delta\omega$, der Linienbreite des starren Gitters, dann setzt eine Bewegungsverschmälerung der Kernresonanzlinie ein. (Die Auffassung und Darstellung dieses Prozesses ist bei verschiedenen Autoren nicht einheitlich. Vergleiche mit dieser Darstellung die auf Seite 235 für den gleichen Prozeß beschriebene.)

Da sowohl die Lückenkonzentration als auch die Sprungfrequenz der Lücken temperaturabhängig sind, läßt sich aus der Bewegungsverschmälerung nur das Produkt $\bar{\nu}_\square c_\square$ bestimmen. Da weiter die thermische Fehlordnung im allgemeinen klein ist, tritt die Linienverschmälerung erst bei höheren Temperaturen auf. Man kann die Sprungfrequenz allein bestimmen, wenn man für eine konstante, weit oberhalb der thermischen Fehlordnung liegende Lückenkonzentration sorgt. In Ionenkristallen läßt sich das bekanntlich durch Dotieren mit Ionen erreichen, deren Wertigkeit sich von der der ersetzten Wirtsgitterionen unterscheidet. Aus den Temperaturen, bei denen für zwei verschiedene Lückenkonzentrationen die Linienverschmälerung einsetzt, lassen sich dann bei

Annahme einer exponentiellen Abhängigkeit der Sprungfrequenz von der reziproken Temperatur in einfacher Weise die Aktivierungsenergie und über die Diffusionsgleichung auch die Diffusionskonstante bestimmen.

Die Spektraldichte der Schwankungen für die Larmorfrequenz wird auch bei der Diffusion besonders groß, wenn Larmorfrequenz und $\bar{\nu}_G$ annähernd übereinstimmen. Dann wird T_1 ein Minimum, und man kann auch aus diesem, wie schon beschrieben, die Aktivierungsenergie für die Diffusion bestimmen.

Sowohl für die Bewegungsverschmälerung als auch für die Spin-Gitter-Relaxation sind nur die diffundierenden Lücken maßgebend. Bei Dotierung des Kristalls mit Fremdionen anderer Wertigkeit zur Erhöhung der Lückenkonzentration kann es aber vorkommen, daß sich – vor allem bei tiefer Temperatur und hoher Dotierungskonzentration – infolge der elektrostatischen Anziehung der beiden entgegengesetzten Überschußladungen der Lücken und Fremdionen ein Teil der Lücken vorwiegend in der Umgebung der Fremdionen aufhält. Diese praktisch festsitzenden Lücken tragen nicht oder nur sehr wenig zur Linienverschmälerung und zur Spin-Gitter-Relaxation bei. Aus der Temperatur- und der Konzentrationsabhängigkeit der Linienverschmälerung oder der Spin-Gitter-Relaxationszeit ist es dann oft möglich, auch die Assoziationsenergie für die Fremdionen-Lücken-Komplexe zu bestimmen.

1.2.2. Quadrupolwechselwirkung

Bei der Quadrupolwechselwirkung müssen zwei Fälle unterschieden werden, nämlich daß entweder die Zeemanenergie der Kerne im äußeren Magnetfeld groß gegenüber der Quadrupolwechselwirkungsenergie ist oder umgekehrt. Der nur schwierig zu behandelnde Fall, daß beide Energien gleiche Größenordnung haben, soll hier ausgeschlossen werden. Im ersten Fall werden die Größe der Aufspaltung und die Quantisierungsrichtung durch das äußere Magnetfeld bestimmt. Der Einfluß der Quadrupolwechselwirkung auf die Lage der Zeemanniveaus wird durch eine Störungsrechnung berücksichtigt. Das Ergebnis dieser Störungsrechnung ist in erster Näherung eine von m^2 abhängige Verschiebung der Zeemanniveaus, durch die die Äquidistanz dieser Niveaus verlorengeht (s. Bild 24). Die Größe dieser Verschiebung ist dem Quadrupolmoment und der in Richtung von $\mathfrak{H}_0$ (z-Richtung) liegenden Komponente $V_{zz} = \partial^2 V/\partial z^2$ des Feldgradiententensors proportional. Da die Verschiebung von m^2 abhängt, ist sie für die beiden zum gleichen Betrag von m gehörenden Niveaus gleich groß und erfolgt in der gleichen Richtung. Die Kernresonanzlinie spaltet infolgedessen in $2I$ Einzellinien auf, die symmetrisch zur Larmorfrequenz ω_0 der ursprünglichen Linie liegen, wobei für Kerne mit halbzahligem Spin bei ω_0 noch eine von dem Übergang $m = 1/2 \leftrightarrow m = -1/2$ herrührende Linie auftritt, die für Kerne mit ganzzahligem Spin nicht existiert. Die Intensitäten der

Einzellinien verhalten sich wie die Quadrate der Matrixelemente für die einzelnen Übergänge von m nach $(m - 1)$. Die unverschobene Linie mit der Kreisfrequenz ω_0, die bei Kernen mit halbzahligem Spin auftritt und die durch die Quadrupolstörung erster Ordnung nicht beeinflußt wird, bezeichnet man als Zentrallinie, die verschobenen Linien als Satellitenlinien.

Ist die Quadrupolwechselwirkung nicht mehr sehr klein, so müssen in der Störungsrechnung auch die Glieder zweiter und gegebenenfalls noch die dritter Ordnung berücksichtigt werden. Diese Störungsanteile führen zu zusätzlichen Gliedern in den Diagonalelementen der Energiematrix, denen dadurch auch andere Komponenten des Feldgradiententensors zugemischt werden. Das bedeutet, daß der Schwerpunkt des Spektrums verschoben und die Symmetrie des Spektrums aufgehoben wird, und es tritt eine Verschiebung der Zentrallinie ein.

Eine Aufspaltung, wie sie soeben beschrieben wurde, ist natürlich nur möglich, wenn sich alle gleichwertigen Kerne des Gitters im gleichen Feldgradienten befinden. Man wird daher ein solches Spektrum nur in einem weitgehend idealen Einkristall erwarten, der eine solche Symmetrie hat, daß diese Bedingung erfüllt ist. Die Symmetrie der Umgebung eines Kernes muß außerdem geringer als die kubische sein, da sich bei kubischer Symmetrie die von den Gitterplätzen der Umgebung herrührenden Feldgradienten gegenseitig aufheben.

Da die Richtung des Feldgradienten durch die Kristallsymmetrie bestimmt ist, sind die Größen der für die Aufspaltung maßgebenden, d. h. der auf das durch die Richtungen von $\mathfrak{H}_0$ und $\mathfrak{H}_1$ festgelegte äußere Koordinatensystem bezogenen Komponenten des Feldgradiententensors von der Orientierung der Kristallachsen zum äußeren Feld abhängig. Aus der Abhängigkeit der Aufspaltung von der Orientierung der Kristallachsen zum Magnetfeld läßt sich daher analog zur Dipolwechselwirkung die Lage der Feldgradientenrichtung relativ zu den Kristallachsen bestimmen. Aus der größten Aufspaltung ergibt sich die Stärke der Quadrupolwechselwirkung und damit bei bekanntem Quadrupolmoment die Größe des Feldgradienten.

Enthält die Elementarzelle mehrere nichtäquivalente Gitterplätze, an denen die Feldgradienten verschieden sind, so besteht das Spektrum aus der Überlagerung der von den Kernen mit verschiedener Umgebung herrührenden Einzelspektren, die nur verschiedene Orientierungsabhängigkeit haben, wenn sich die Feldgradienten in ihren Richtungen unterscheiden. Aus der Zahl der maximal auftretenden Linien läßt sich die Zahl der nichtäquivalenten Gitterplätze bestimmen. Für n nichtäquivalente Gitterplätze müßten bei Kernen mit ganzzahligem Spin $n 2 I$ Linien, für Kerne mit halbzahligem Spin $n(2I - 1) + 1$ Linien auftreten, wenn nur die Quadrupolstörung erster Ordnung berücksichtigt zu werden braucht (das trifft in den weitaus meisten Fällen zu), da die Zentrallinien bei ω_0 für alle Kerne zusammenfallen. Je nach Kristallsymmetrie und Richtung der Feldgradienten können mehrere dieser Linien bei bestimmten Orientierungen zusammenfallen, so daß die maximale Zahl der experimentell zu messenden Linien kleiner als die theoretisch erwartete sein kann. Die Bestimmung der Anzahl nichtäquivalenter Gitterplätze und deren Lage in der Elementarzelle aus der Orientierungsabhängigkeit der Quadrupolaufspaltung der Kernresonanzlinien wird bei Strukturbestimmungen häufig zur Entscheidung zwischen mehreren röntgenographisch möglichen Strukturen angewandt. Da die Bestimmung der Lagen und der Feldgradienten der nichtäquivalenten Plätze aus der orientierungsabhängigen Aufspaltung (in der englischen Literatur als rotation pattern bezeichnet) sehr schwierig ist, geht man meist so vor, daß man für die möglichen Strukturen die Orientierungsabhängigkeit der Aufspaltung berechnet (die Richtungen der Feldgradienten können aus der Symmetrie der Elementarzelle bestimmt werden) und diese mit der experimentell gefundenen vergleicht.

Die Stärke der Quadrupolwechselwirkung wird durch die Quadrupolkopplungskonstante eQq beschrieben. e ist die Elementarladung, Q das Kernquadrupolmoment, dessen Definition in Gl. (4.6a) gegeben ist, und q ist die z'-Komponente des auf Hauptachsen (die im allgemeinen nicht mit den Achsen des äußeren Koordinatensystems übereinstimmen) transformierten Feldgradiententensors, die bei axialer Symmetrie die einzige von Null verschiedene Komponente ist. Abweichungen von der axialen Symmetrie lassen sich – wenn sie klein sind – durch einen „Asymmetrieparameter" η [s. Gl. (4.10)] beschreiben.

Die Feldgradienten haben in Ionengittern ihren Ursprung in den Ladungen der punktförmig angenommenen Ionen. Existiert außer der überwiegenden Ionenbindung zwischen den Ionen noch ein geringer kovalenter Bindungsanteil, so tritt ein zusätzlicher von den Bahnen der Bindungselektronen herrührender Feldgradient auf. Da die Bahnen dem Kern sehr nahe kommen, sind die von ihnen verursachten Feldgradienten auch bei nur geringem kovalentem Anteil sehr groß und bestimmen dann oft die Quadrupolwechselwirkung.

Ebenso wie kovalente Bindungsanteile können auch Überlappungen der Elektronenhüllen benachbarter Ionen zu zusätzlichen Feldgradienten führen. In Molekülkristallen rühren die Feldgradienten von den Bahnen der Bindungselektronen im Molekül her.

In idealen Einkristallen, in denen die Feldgradienten an allen äquivalenten Plätzen gleich sind, wird die Linienbreite durch die Dipolwechselwirkung bestimmt. In Realkristallen dagegen ist für die Breite der Satellitenlinien oft die Wechselwirkung zwischen den Kernquadrupolmomenten und den von Gitterdefekten herrührenden Feldgradienten verantwortlich, während die Breite der Zentrallinie weiterhin durch die Dipol-Dipol-Wechselwirkung bestimmt wird. Nur in sehr stark gestörten Gittern tritt auch eine Quadrupolverbreiterung der Zentrallinie auf. Dann ist aber die Quadrupolverbreiterung der Satellitenlinien durch Gitterstörungen so stark, daß diese Linien nicht mehr meßbar sind.

Die Quadrupolwechselwirkungsenergie zwischen einem Kern und einem Ion der Ladung e im Abstand r ist e^2Q/r^3, wenn der Abstandsvektor $\mathfrak{r}$ in der $\mathfrak{H}_0$-Richtung liegt. Die Wechselwirkungsenergie zwischen zwei gleichen Kerndipolen vom Dipolmoment $\boldsymbol{\mu}$, deren Abstandsvektor nach Betrag und Lage der gleiche wie im Fall der Quadrupolwechselwirkung sein soll, ist proportional zu μ^2/r^3. Der Proportionalitätsfaktor liegt in der Größenordnung von 1. Das Verhältnis von Quadrupolwechselwirkungsenergie zu Dipolwechselwirkungsenergie ist demnach annähernd gleich e^2Q/μ^2 und liegt im allgemeinen zwischen 10 und 10^3. Daraus ist erkennbar, daß die Quadrupolwechselwirkung die Dipolwechselwirkung überwiegt.

In polykristallinen Proben führt die statistische Verteilung der Kristallorientierungen zu einer sehr breiten Linie, die noch Andeutungen einer Aufspaltung zeigen kann, aber oft nicht mehr nachweisbar ist. Die Aussagekraft dieser sogenannten „powder pattern" ist sehr gering.

In kubischen Ionenkristallen können Feldgradienten an den Gitterplätzen nur von Gitterdefekten verursacht werden. Man muß dabei zwischen solchen Defekten unterscheiden, die nur Gitterverzerrungen verursachen und dadurch die Symmetrie erniedrigen, so daß sich die Feldgradienten an den Gitterplätzen nicht mehr aufheben, und solchen Gitterdefekten, die gegenüber dem Gitter eine Überschußladung tragen. Zur ersten Gruppe zählen Versetzungen, mechanische Verspannungen und Fremdionen, die ein Gitterion ersetzen und die gleiche Wertigkeit haben wie das ersetzte Ion. In die zweite Gruppe fallen Fremdionen auf Gitterplätzen, die eine vom ersetzten Wirtsgitterion abweichende Wertigkeit haben, Gitterlücken und Zwischengitterionen sowie außerhalb der Gleitebenen liegende Sprünge in Stufenversetzungen (jogs), die halbzahlige Überschußladungen tragen. Allen diesen Gitterstörungen ist gemeinsam, daß sie im Gitter örtlich begrenzt sind und ihre Verteilung statistisch ist. (Versetzungsreihen, die eine Mosaikgrenze bilden, sollen hier ausgeschlossen werden, da man die Mosaikgrenzen als Kristallitoberflächen betrachten kann und da im allgemeinen die Anzahl der von den Oberflächen beeinflußten Kerne gegenüber der im Volumen befindlichen Zahl der unbeeinflußten Kerne vernachlässigbar klein ist.) Dadurch haben auch die Feldgradienten an den einzelnen Kernen eine statistische Verteilung, so daß die Verschiebung der Zeemanniveaus von Kern zu Kern variiert. Durch die Quadrupolwechselwirkung erster Ordnung werden daher die Satellitenlinien verbreitert. Die Zentrallinie bleibt bei kleiner Störstellenkonzentration unbeeinflußt. Ihre Breite wird weiterhin durch die Dipol-Dipol-Wechselwirkung bestimmt. In vielen Fällen läßt sich die Quadrupolverbreiterung der Satellitenlinien durch folgendes einfache Modell beschreiben: Die von einer punktförmigen Gitterstörung ausgehenden Feldgradienten nehmen mit der dritten

Potenz des reziproken Abstandes von der Störstelle ab. Daher wird es um jede Störstelle nur einen eng begrenzten kugelförmigen Bereich geben, in dem eine merkliche Quadrupolwechselwirkung der Kerne vorhanden ist. Man nimmt nun an, daß alle Kerne innerhalb dieser Kugel eine so große Verschiebung ihrer Zeemanniveaus aufweisen, daß ihre Satellitenlinien außerhalb des beobachtbaren Bereiches liegen, während für alle Kerne außerhalb dieser Kugel die Frequenzverschiebungen der Satellitenlinien unbeobachtbar klein sein sollen. (Benutzt man als Kriterium für die Unbeobachtbarkeit der Satellitenlinien die Bedingung, daß ihre Verschiebung $\omega_Q \geqq 3\Delta\omega_D$ sein soll, wenn $\Delta\omega_D$ die Dipolbreite der Linie ist, und daß die Linien für Verschiebungen $\omega_Q \leqq \Delta\omega_D$ noch voll zur beobachtbaren Linie beitragen, dann ergibt sich für die Radien r_1 und r_2 der beiden aufeinanderfolgenden, mit gleichartigen Ionen besetzten Kugelflächen, zwischen denen der Radius der Wirkungssphäre liegt, die Abschätzung $r_2 = (11/9)r_1$.) Man kann sich dann um jeden Kern eine Kugel gelegt denken, die eine bestimmte Anzahl von Gitterplätzen enthält. Wird ein Gitterplatz innerhalb der Kugel von einer Störstelle besetzt, so sind die Satellitenlinien dieses Kernes unbeobachtbar, wird keiner dieser Gitterplätze von einer Störstelle besetzt, so ist die Linie dieses Kernes nicht merkbar aufgespaltet.

Aus dem Modell folgt, daß die Intensität der Kernresonanzlinie bei wachsender Störstellenkonzentration c mit $(1 - c)^p$ abnimmt, ohne daß eine merkliche Verbreiterung der Linie auftritt. Der Exponent p ist identisch mit der Zahl der Gitterplätze innerhalb der oben definierten Kugel (s. S. 199). Aus der Konzentrationsabhängigkeit der Intensitätsabnahme läßt sich dann diese Zahl berechnen. Das Modell ist nicht nur auf Ionenkristalle anwendbar; es leistet vor allem bei der Deutung der Intensitätsabnahme der Kernresonanzlinie des Grundmetalls in Legierungen mit kleinen Zusatzkonzentrationen gute Dienste. Aus der Zahl der beeinflußten Kerne bei verschiedenen Legierungsbestandteilen lassen sich Rückschlüsse auf die Änderung der Leitungselektronendichte in der Umgebung der gelösten Atome ziehen (s. S. 251 ff.). Das gleiche Modell läßt sich auch zur Deutung der Intensitätsabnahme der Zentrallinie anwenden, da diese für große Kernquadrupolkopplungskonstanten ebenfalls verschoben wird.

Die Ursachen einer Quadrupolverbreiterung können also recht komplex sein (Versetzungen, Fremdionen und Fehlordnung können z. B. gleichzeitige Ursachen einer Quadrupolverbreiterung sein). Daher ist die Deutung nicht immer ganz einfach. Andererseits lassen sich aber gerade wegen dieser Vielzahl von möglichen Ursachen Aussagen über die verschiedenartigsten Gitterdefekte machen. Beispiele dafür sind in den Abschnitten 5.3 bis 5.7 zu finden.

Der zeitlich veränderliche Anteil der Feldgradienten beeinflußt ähnlich wie bei der Dipolwechselwirkung die Linienbreite und die Spin-Gitter-Relaxation. Wird die Korrelationszeit τ_c des Bewegungsvorganges

(z. B. die reziproke Sprungfrequenz von Gitterfehlstellen oder die reziproke Rotationsfrequenz von Molekülen) kleiner als die reziproke Quadrupolbreite der Linie im starren Gitter, dann mitteln sich die Feldgradienten ganz oder teilweise aus, und die Linie wird schmaler, bzw. ihre Intensität nimmt zu, da dann die Satellitenlinien wieder zur beobachtbaren Linie beitragen. Kommt die reziproke Korrelationszeit $1/\tau_c$ in die Größenordnung der Larmorfrequenz, so wird wieder die Spektraldichte der Schwankungskomponenten der Feldgradienten für diese Frequenz am größten und damit die Spin-Gitter-Relaxationszeit am kleinsten. (Daß für $\omega_0\tau_c = 1$ die Spektraldichte $J(\omega_0)$ ihren größten Wert hat, erkennt man leicht, wenn man in Gl. (2.101) für $K_i(\tau)$ die spezielle Korrelationsfunktion $K_i(\tau) = \exp(-|\tau|/\tau_c)$ einsetzt und das Maximum des Integrals bezüglich τ_c bestimmt.) Daher lassen sich aus der Quadrupolwechselwirkung ebenso wie aus der Dipol-Dipol-Wechselwirkung analoge Rückschlüsse auf Bewegungsvorgänge im Gitter ziehen. Beispiele dafür finden sich in Abschnitt 5.3. Wegen der gegenüber der Dipol-Dipol-Wechselwirkung wesentlich stärkeren Quadrupolwechselwirkung ist hier die Verkürzung der Spin-Gitter-Relaxationszeit manchmal so groß, daß sie zu einer Linienverbreiterung führt. Da die von Bindungselektronen herrührenden elektrischen Feldgradienten wesentlich größer sind als die durch Gitterverzerrungen oder Überschußladungen erzeugten, lassen sich vor allem über die Spin-Gitter-Relaxationszeit schwache kovalente Bindungsanteile zwischen bestimmten Atomen oder Ionen der Elementarzelle nachweisen.

Der Fall, daß die Quadrupolwechselwirkungsenergie groß gegenüber der Zeemanenergie der Kerne ist, wurde schon bei der Beschreibung der Kernquadrupolresonanz (Abschn. 1.1.3) etwas eingehender behandelt, so daß hier eine kurze Ergänzung genügt. Die reine Kernquadrupolresonanz läßt sich im allgemeinen nur an Molekülkristallen beobachten, da nur die Bindungselektronen genügend große Feldgradienten erzeugen können. Mit einer besonderen Technik gelingt es manchmal auch, die reine Kernquadrupolresonanz von Kernen, die in Ionenkristallen in unmittelbarer Umgebung eines Gitterdefektes sitzen, nachzuweisen. Die größten Feldgradienten werden von Schalenelektronen mit ungepaarten p-Funktionen erzeugt; denn für diese ist die Änderung der Elektronendichte am Kernort am größten. Nur für diese Feldgradienten ist die Kernquadrupolresonanzfrequenz so hoch und damit die Signalintensität groß genug, um die Resonanzen nachweisen zu können. Die Größe des Feldgradienten ist von der Zumischung anderer Funktionen zur p-Funktion abhängig, außerdem vom Ionencharakter der Bindung, von Doppelbindungsanteilen und von Überlappungen der Elektronenhüllen.

Aus der Zahl der Kernquadrupolresonanzlinien läßt sich die Zahl der chemisch inäquivalenten Gitterplätze in der Elementarzelle bestimmen. Chemisch inäquivalente Gitterplätze sind solche, an denen der Feldgradient infolge anderer Bindungspartner verschiedene Größe hat.

Da die Quantisierungsrichtung der Kerne durch die Feldgradientenrichtung bestimmt wird, wirkt von einem äußeren Magnetfeld nur die in Feldgradientenrichtung liegende Komponente auf die Kerne ein. Die Zeemanaufspaltung der entarteten Niveaus ist daher von der Orientierung des Feldgradienten, dessen Richtung mit der Bindungsrichtung übereinstimmt, und bei einem Einkristall daher von der Orientierung der Kristallachsen zum äußeren Magnetfeld abhängig. Aus der Winkelabhängigkeit der Zeemanaufspaltung lassen sich die Zahl der physikalisch inäquivalenten Gitterplätze – das sind solche Gitterplätze, an denen die Feldgradienten zwar dem Betrag nach gleich sind, aber verschiedene Richtungen besitzen – und die Bindungsrichtungen bestimmen. Wegen der Spiegelsymmetrie der Kernquadrupolmomente sind Gitterplätze mit antiparallelen Feldgradientenrichtungen physikalisch äquivalent, also nicht unterscheidbar. Das bedeutet aber, daß die Kernquadrupolresonanz nur die Bestimmung einer der elf geraden Kristallklassen zuläßt.

Wegen der Richtungsabhängigkeit der Zeemanaufspaltung werden in polykristallinen Proben die Kernquadrupolresonanzlinien unter dem Einfluß eines äußeren Magnetfeldes so stark verbreitert, daß sie nicht mehr meßbar sind. Dies benutzt man für eine Amplitudenmodulation des Resonanzsignals (s. Abschn. 6.4.2), um damit die Nachweisempfindlichkeit zu steigern. Natürlich kann man aus den Kernquadrupolresonanzspektren polykristalliner Proben nur die Zahl der chemisch nichtäquivalenten Plätze bestimmen und aus der Größe ihrer Quadrupolkopplungskonstanten Rückschlüsse auf die Art der Bindung ziehen. Die chemisch äquivalenten Plätze eines Moleküls, auf denen etwa die drei Cl-Atome im CCl_3COCl oder die vier Cl-Atome im $SiCl_4$ sitzen, müssen in den aus diesen Molekülen gebildeten Kristallen nicht mehr chemisch äquivalent sein, da sich z. B. durch Nebenvalenzen zu den Nachbarmolekülen oder durch andere Störungen der Molekülsymmetrie die Feldgradienten an den verschiedenen Atomen in verschiedener Weise ändern können. Die Kernquadrupolresonanzspektroskopie gibt daher Aufschluß über Änderungen der Molekülsymmetrie oder der Bindung beim Zusammentritt der Moleküle zum Gitter.

Bewegungen, z. B. Torsionsschwingungen und gehemmte Rotationen, machen sich in einer Verbreiterung der Kernquadrupolresonanzlinie bemerkbar. Die Ursachen dieser Verbreiterung sind die gleichen wie bei der Quadrupolrelaxationsverbreiterung der Kernresonanzlinien.

1.2.3. Wechselwirkungen zwischen Kern und Elektronenhülle

Die Wechselwirkung zwischen den Kernen und den Hüllenelektronen eines Atoms, Ions oder Moleküls führt einmal zu einer geringen Verschiebung der Kernresonanzfrequenz gegenüber der theoretischen Frequenz $\omega_0 = \gamma_N H_0$ und zum anderen zu einer Kopplung der Spins mehrerer Kerne eines Moleküls. Der zuletzt genannte Effekt spielt nur in Ausnahmefällen bei der Kernquadrupolresonanz eine gewisse Rolle. Er kann hier zu einer zusätzlichen Aufspaltung der Quadrupolresonanzlinien führen.

Die als „chemische Verschiebung" (chemical shift) bezeichnete Abweichung der Resonanzfrequenz eines Kernes vom theoretischen, allein durch H_0 bestimmten Wert hat ihre Ursache in dem zusätzlichen Magnetfeld, das von den Bahnmomenten der Elektronenhülle am Kern hervorgerufen wird. Da die Bahnmomente von s-Elektronen und von abgeschlossenen Schalen Null sind, erzeugen diese Elektronen keine Magnetfelder, wenn kein weiterer Einfluß auf die abgeschlossene Schale oder die Bahnen der s-Elektronen wirkt. In einem äußeren Magnetfeld rotiert aber die Elektronenhülle als Ganzes mit einer dem Magnetfeld proportionalen Rotationsfrequenz. Der dadurch bedingte Kreisstrom ruft am Kern ein schwaches Magnetfeld hervor, das der Rotationsfrequenz und damit dem äußeren Feld proportional, aber letzterem entgegengesetzt gerichtet ist, es also abschirmt. Ist σ_d die Proportionalitätskonstante, dann ist das Feld am Kern $H_i = (1 - \sigma_d) H_0$, und die Resonanzfrequenz ω_0' unterscheidet sich von der unbeeinflußten um $-\sigma_d \omega_0$. Die wirkliche Resonanzfrequenz liegt also etwas niedriger als die nur dem äußeren Feld entsprechende. σ_d wird als Abschirmungskonstante bezeichnet. Da man immer nur die Kernresonanzfrequenzen von Atomen oder Ionen messen kann, die Abschirmung also immer vorhanden ist, sind experimentell nur Änderungen der Abschirmungskonstanten zu erfassen.

Enthält ein Atom Elektronen, die Bahnmomente haben (p-, d-, f-Elektronen in nicht abgeschlossenen Schalen), so ist das von diesen herrührende Magnetfeld um ein bis zwei Größenordnungen größer als die üblicherweise von außen angelegten Felder. Verbindungen, die solche Atome enthalten, sollten daher einen starken Bahnparamagnetismus aufweisen und Kernresonanzuntersuchungen nicht zugänglich sein. Die Erfahrung lehrt aber, daß die meisten Moleküle und Festkörper diamagnetisch sind und der Paramagnetismus verschiedener Substanzen auf Elektronen mit ungepaarten Spins zurückzuführen ist. Beim Zusammentritt der Atome zu Molekülen oder zum Festkörper müssen also die Bahnmomente dieser Elektronen getilgt werden. Diese Tilgung entsteht durch die elektrostatische Wechselwirkung zwischen den Elektronen und den Kristall- bzw. Molekülfeldern. Durch ein Feld mit genügend niedriger Symmetrie wird die Bahnentartung des Elektronenzustandes ganz oder teilweise aufgehoben. Der Zustand hat daher kein definiertes Bahnmoment mehr; denn zur gleichen Bahnquantenzahl l gehören jetzt verschiedene Energieniveaus, die durch die Orientierungsquantenzahl m_l charakterisiert sind. Die den aufgespalteten Energieniveaus zugeordneten Wellenfunktionen sind Linearkombinationen der zu den verschiedenen m_l gehörenden Funktionen, wobei die zu entgegengesetzt gleichen m_l gehörenden Funktionen mit gleichen Anteilen in der

Linearkombination vertreten sind. Zu entgegengesetzten Quantenzahlen m_l gleicher Größe gehören aber geometrisch gleiche Bahnen mit entgegengesetztem Umlaufsinn. Sind beide Bahnen gleichstark vertreten, so heben sich die von ihnen erzeugten Magnetfelder gegenseitig auf. Wirkt jetzt auf ein solches Atom, dessen Bahnmoment getilgt ist, ein Magnetfeld ein, so stellen sich die Bahnmomente ähnlich wie die Spinmomente in diesem Feld ein. Da die Energie für die Einstellung parallel zum Magnetfeld kleiner ist als für die antiparallel zum Magnetfeld, ist der energetisch günstigere Zustand der, bei dem der Bahnanteil, der ein in Richtung des äußeren Feldes liegendes Magnetfeld erzeugt, etwas stärker in der Linearkombination der Ausgangswellenfunktionen vertreten ist als der Anteil, der ein dem äußeren entgegengesetzt gerichtetes Feld erzeugt. Die Tilgung des Bahnmomentes wird also durch das äußere Magnetfeld zu einem geringen Teil aufgehoben, und zwar um so stärker, je größer das äußere Feld ist. Das induzierte Bahnmoment und damit auch das von diesem am Kern hervorgerufene Magnetfeld, das in Richtung des äußeren Feldes liegt, ist dem äußeren Feld proportional. Die Proportionalitätskonstante σ_p bezeichnet man paradoxerweise ebenfalls als Abschirmungskonstante, und zwar als „paramagnetische Abschirmungskonstante" – im Gegensatz zu σ_d, der „diamagnetischen Abschirmungskonstante" –. Das gesamte Feld am Kernort ist also $H_i = (1 - \sigma_d + \sigma_p) H_0 = (1 - \sigma) H_0$. σ kann positiv oder negativ sein, je nachdem, ob σ_d oder σ_p überwiegt.

Die Bedingung, daß das Kristall- oder Molekülfeld genügend geringe Symmetrie haben muß, ist nicht entscheidend. Durch eine Aufhebung der Entartung wird mindestens einer der Zustände abgesenkt, liegt also energetisch tiefer als der nichtentartete Zustand. Ist die Symmetrie des Kristallfeldes zu groß, um die Entartung aufzuheben, so kann durch eine kleine Verrückung der Gitterbausteine oder in Molekülen durch eine kleine Veränderung der Bindungswinkel die Symmetrie und dadurch die Entartung aufgehoben werden, weil die zur Verrückung der Bausteine aufgewandte Energie durch den Energiegewinn bei der Aufhebung der Entartung überkompensiert wird. Dieser Vorgang wird als Jahn-Teller-Effekt bezeichnet.

Das äußere Magnetfeld, das die Tilgung des Bahnmomentes wieder teilweise rückgängig macht, wird bei paramagnetischen Ionen durch das Magnetfeld ersetzt, das vom magnetischen Eigenmoment des ungepaarten Elektrons herrührt. Dieses Magnetfeld wirkt natürlich auch auf die Bahn des ungepaarten Elektrons selbst ein. Umgekehrt wirkt das so induzierte Bahnmoment wieder auf das mit dem Elektronenspin gekoppelte magnetische Moment zurück. Durch diese Spin-Bahn-Kopplung wird also die Tilgung des Bahnmomentes teilweise aufgehoben, und die Energie des Elektrons in einem äußeren Magnetfeld hängt dann nicht nur von der Einstellung seines Spins zum Feld, sondern auch von der Einstellung des Restbahnmomentes zum Feld ab.

In der Elektronenresonanz macht sich das Bahnmoment durch eine Verschiebung der Resonanzfrequenz bemerkbar, der durch den sogenannten „spektroskopischen Aufspaltungsfaktor" – kurz *g*-Faktor genannt – Rechnung getragen wird.

Die Abschirmungskonstante σ_p hängt von der Art der Wellenfunktion ab und wird z. B. für ein *p*-Elektron auf einer bindenden oder lockernden Bahn in einem Molekül einen anderen Wert haben als für das gleiche *p*-Elektron in einem Atom oder Ion, das nur dem Kristallfeld ausgesetzt ist. σ_p hängt also vom Bindungscharakter ab. Es ist aber auch von der Orientierung der Bahnen bzw. der Bindungsrichtungen zum äußeren Magnetfeld, die durch die Kristallsymmetrie bestimmt sind, abhängig. σ_p und damit auch σ sind daher im allgemeinsten Fall Tensoren. σ_p ,aber auch σ_d sind um so größer, je ausgedehnter die Elektronenhülle ist. Daher sind die Abschirmungskonstanten σ für die schwereren Elemente größer als für die leichten.

Der maximale Wert für die Abschirmungskonstante von Protonen liegt bei 10^{-5}, kann aber von schwereren Kernen durchaus in die Größenordnung von 10^{-3} bis 10^{-2} kommen. Wegen der verhältnismäßig großen Breiten der Kernresonanzlinien in Festkörpern, die für Protonen ungefähr zwischen 1 Oe und 22 Oe liegen – bei einem äußeren Feld von 10^4 Oe also etwa in der Größenordnung 10^{-4} bis $2 \cdot 10^{-3}$ –, lassen sich die chemischen Verschiebungen der Protonen im Festkörper nicht nachweisen. Bei schwereren Kernen ist dies aber durchaus möglich. Aus der chemischen Verschiebung der Kernresonanzlinie in Ionenkristallen relativ zu den als Standard benutzten Linien der gleichen Ionen in wäßriger Lösung können Aussagen über kovalente Bindungsanteile und Überlappungen der Elektronenschalen gewonnen werden. Es ist für solche Untersuchungen günstig, wenn man, wie etwa bei den Alkalihalogeniden (vgl. Abschn. 5.1), parallel dazu auch aus der Quadrupolwechselwirkung Aussagen über die von den kovalenten Bindungsanteilen oder den Ionenüberlappungen herrührenden Feldgradienten erhält.

1.2.4. Wechselwirkungen zwischen Kernen und quasifreien Ladungsträgern (Leitungselektronen und Löchern)

Die Wechselwirkung zwischen den Leitungselektronen der Metalle und den Atomkernen beeinflußt sowohl die Resonanzfrequenz der Kerne als auch ihre Spin-Gitter-Relaxationszeit und über die indirekte Spin-Spin-Wechselwirkung auch die Linienbreite. Da die Wellenfunktionen der Leitungselektronen in Metallen vorwiegend *s*-Charakter haben, ist die maßgebliche Wechselwirkung die Kontaktwechselwirkung. Die Einelektronenwellenfunktionen des Leitungsbandes sind die Blochfunktionen $\psi_k = u_k(\mathfrak{r}) \exp (i\mathfrak{k}\mathfrak{r})$. Ihr gitterperiodischer Anteil $u_k(\mathfrak{r})$ ist an den Atomen stark lokalisiert, und das Quadrat seines Betrages für $\mathfrak{r} = 0$ gibt die Aufenthaltswahrscheinlichkeit des Elektrons an einem Atomkern an.

Die Kontaktwechselwirkung $-\frac{16\pi}{3}\mu_B \hbar\gamma_N \mathfrak{I}\mathfrak{S}\,|u_k(0)|^2$ ist dieser Aufenthaltswahrscheinlichkeit proportional. Der Ausbreitungsvektor $\mathfrak{k}$ der ebenen Welle exp $(i\mathfrak{k}\mathfrak{r})$, die das quasifreie Verhalten des Elektrons im Leitungsband beschreibt, ist eine Funktion der kinetischen Energie des Elektrons. Im einfachsten Fall kugelförmiger Energieflächen besteht zwischen dem Betrag von $\mathfrak{k}$ und der zugehörigen Energie die Beziehung $E_k = \hbar^2 k^2/2m^*$, in der m^* die effektive Elektronenmasse bedeutet. Zur Beschreibung der Spinrichtung des Elektrons muß die Blochfunktion noch mit einer Spinfunktion ψ_s multipliziert werden. Die Gesamtwellenfunktion des Leitungsbandes, die eine bestimmte Linearkombination aller Einelektronenwellenfunktionen ist, muß das Pauli-Prinzip erfüllen, d. h., jedes Energieniveau E_k des Leitungsbandes darf höchstens mit zwei Elektronen entgegengesetzter Spinrichtung besetzt sein. Der Gesamtspin $\mathfrak{S}$ dieses Zustandes ist Null, und eine Kontaktwechselwirkung kann nicht auftreten. Da das Elektronengas im Metall hochgradig entartet ist, sind alle Zustände bis fast zur Fermigrenze voll besetzt, und nur in einem Energiebereich der Breite kT um die Fermienergie gibt es Energieniveaus, die mit nur einem Elektron besetzt sind. Diese ungepaarten Elektronen sind es, die über die Kontaktwechselwirkung die Kerne beeinflussen. Da die Wechselwirkungsenergie eines Kernes im Magnetfeld H_z gleich $-\gamma_N \hbar H_z I_z$ ist, läßt sich die Kontaktwechselwirkung auch so interpretieren, daß das Elektron am Kern ein in Richtung von $\mathfrak{S}$ liegendes Magnetfeld der Größe $\frac{16\pi}{3}\mu_B |u_k(0)|^2\,\mathfrak{S}$ verursacht, in welchem sich das Kernmoment einstellt. Da die Elektronen über den ganzen Kristall verschmiert sind, wirkt auf alle Kerne gleichzeitig das von allen ungepaarten Elektronen herrührende Hyperfeinfeld. Weil kT sehr klein gegenüber der Fermienergie ist, liegen die Zustände mit ungepaarten Elektronen in einem so engen Bereich um die Fermienergie, daß sich der Betrag des Ausbreitungsvektors $\mathfrak{k}$ und damit die Amplituden $u_k(0)$ der Wellenfunktionen in diesem Bereich so wenig ändern, daß $|u_k(0)|^2$ durch den Mittelwert $\langle|u_k(0)|^2\rangle_F$ an der Fermigrenze ersetzt werden kann. Das heißt aber, daß alle ungepaarten Elektronen praktisch ein dem Betrag nach gleiches Hyperfeinfeld an den Kernen erzeugen. Ohne äußeres Magnetfeld sind die Leitungselektronen nicht polarisiert, d. h., alle Spinrichtungen kommen gleich häufig vor. Das resultierende Hyperfeinfeld ist daher Null. In einem äußeren Magnetfeld erfolgt eine Parallel- oder Antiparallelstellung der ungepaarten Elektronen, wobei die energetisch günstigeren Zustände mit paralleler Einstellung des Spins etwas stärker besetzt sind als die mit antiparalleler Spinrichtung. Ist N die Differenz der Besetzungszahlen, dann ist das von allen Hyperfeinwechselwirkungen herrührende Feld gleich $N \cdot 2\,\mu_B S_z \frac{8\pi}{3}\langle|u_k(0)|^2\rangle_F$. $N \cdot 2\mu_B S_z$ ist aber gerade das mittlere Gesamtmoment $\bar{\mu}_z$ der Leitungselektronen und damit gleich dem Produkt aus der Suszeptibilität χ_e^s der Leitungselektronen und dem polarisierenden Feld H_0. Das Magnetfeld an einem Kern ist daher $\mathfrak{H}_i = \mathfrak{H}_0\left(1 + \frac{8\pi}{3} \langle|u_k(0)|^2\rangle_F \chi_e^s\right)$, und die Resonanzfrequenz der Kerne ist nach höheren Frequenzen verschoben. Diese dem äußeren Feld proportionale Verschiebung, die Knights-hift, ist wie die Spinsuszeptibilität χ_e^s temperaturunabhängig.

Während in einem reinen Metall die Aufenthaltswahrscheinlichkeit eines Elektrons an jedem Kern die gleiche ist, ist das in Legierungen nicht mehr der Fall. In diesen wird sich die Elektronendichte an einem gestörten Atom von der an den Wirtsgitteratomen unterscheiden. Geben die gelösten Atome die gleiche Zahl von Elektronen an das Leitungsband ab wie die Wirtsgitteratome, dann bleibt die mittlere Elektronendichte konstant, und die Aufenthaltswahrscheinlichkeit der Elektronen an den Wirtsgitteratomen muß sich um

$$\Delta\langle|u_k(0)|^2\rangle_F^G = \frac{c}{1-c}\left[\langle|u_k(0)|^2\rangle_F^G - \langle|u_k(0)|^2\rangle_F^L\right]$$

ändern. c ist die Konzentration der gelösten Atome, die Indizes G und L bezeichnen die beiden Atomarten. Aus der resultierenden Änderung der Knight-shift kann man daher Rückschlüsse auf die Änderungen der Elektronendichten im Leitungsband von Legierungen ziehen.

Die Knight-shift der Supraleiter sollte nach der Theorie von Bardeen, Cooper und Schrieffer mit der Temperatur abnehmen und am absoluten Nullpunkt verschwinden, da dort keine ungepaarten Elektronen mehr vorhanden sind. Eine Abnahme der Knight-shift mit der Temperatur konnte zwar experimentell beobachtet werden, doch ergibt eine Extrapolation noch einen endlichen Wert am absoluten Nullpunkt.

In Halbleitern tritt ebenfalls eine Knight-shift auf, doch ist sie wegen der gegenüber Metallen wesentlich kleineren Trägerkonzentrationen in den meisten Fällen unmeßbar klein. Bisher ist es nur bei wenigen Substanzen gelungen, sie nachzuweisen. Im Gegensatz zu den Metallen ist die Knight-shift von Halbleitern temperaturabhängig, da die Trägerkonzentration temperaturabhängig ist. Für p-Halbleiter muß die Knight-shift wesentlich kleiner sein als für n-Halbleiter, da die Valenzbandwellenfunktionen p-Funktionen sind und die innere Dipol-Dipol-Wechselwirkung zwischen ungepaarten p-Elektronen und Kernen wesentlich schwächer ist als die Kontaktwechselwirkung.

Die Schwankungen der Elektronenspins um ihren zeitlichen Mittelwert $\bar{S}_z$, also die Komponenten $S_x(t)$ und $S_y(t)$, verursachen an den Kernen statistisch schwankende Hyperfeinfelder, die senkrecht zu $\mathfrak{H}_0$ gerichtet sind und Spinübergänge induzieren, d. h. die Spin-Gitter-Relaxationszeit verkleinern. In Metallen und Supraleitern wird T_1 durch diese Wechselwirkung bestimmt. Da sowohl Knight-shift wie Spin-Gitter-Relaxation in Metallen durch den gleichen Wechselwirkungsmechanismus bestimmt sind, besteht zwischen beiden eine enge Beziehung (s. S. 136). Sind die Wellenfunktionen der Leitungselektronen keine reinen s-Funktionen, dann gilt die von KORRINGA [45] aufgestellte Beziehung zwischen Knight-shift und Spin-Gitter-Relaxationszeit nicht mehr. Aus der Knight-shift und aus T_1 lassen sich daher Rückschlüsse auf den Charakter der Wellenfunktionen des Leitungsbandes ziehen. Die Spin-Gitter-Relaxationszeit von Supraleitern wird noch von der Unschärfe der Energielücke beeinflußt.

In Metallen und Halbleitern, aber auch in nichtleitenden Kristallen kann eine Kopplung zweier Kernspins über Leitungselektronen stattfinden, die sich als Ramanstreuung des Leitungselektrons an den beiden Kernen darstellen läßt. Ein Leitungselektron wird an einem Kern unter Umklappen des Kernspins aus einem Zustand $|ks\rangle$ in einen virtuellen Zustand $|k's'\rangle$ gestreut, aus dem es dann, nachdem es im Leitungsband eine Strecke zurückgelegt hat, an einem anderen Kern in den Ausgangszustand $|ks\rangle$ zurückgestreut wird, wobei ein Spinübergang dieses Kernes induziert wird. Sind die Wellenfunktionen der Leitungselektronen s-Funktionen, so ist für die Streuung wieder die Kontaktwechselwirkung verantwortlich. Die indirekte Spin-Spin-Kopplung hat dann die Form einer Austauschkopplung und wird daher auch als Pseudoaustauschkopplung bezeichnet. Die Kopplungskonstante hängt in starkem Maße von der Form der Energieflächen des Leitungsbandes ab. Für kugelförmige Energieflächen variiert sie periodisch mit dem Abstand R der beiden gekoppelten Kerne und nimmt für große Abstände mit $\cos^2 k_F R/R^3$ ab (k_F ist die der Fermienergie entsprechende Wellenzahl).

Sind die Wellenfunktionen der Leitungselektroden keine s-Funktionen oder sind den s-Elektronenzuständen noch andere Zustände beigemischt, so hat die durch diese Wellenfunktionen vermittelte indirekte Spin-Spin-Kopplung die Form der normalen Dipol-Dipol-Wechselwirkung. Die Kopplungskonstante hängt auch in diesem Fall von R^{-3} ab. Beide Arten der indirekten Spin-Spin-Wechselwirkung addieren sich noch zu der Dipol-Dipol-Wechselwirkung der Kerne und beeinflussen damit Linienform und -breite. Die Pseudo-Dipol-Dipol-Kopplung führt immer zu einer Verbreiterung der Linie, während die Pseudo-Austauschkopplung bei gleichartigen Kernen eine Verschmälerung, bei ungleichartigen Kernen eine Verbreiterung verursacht.

Die indirekte Spin-Spin-Kopplung in Isolatoren erfolgt durch Streuung eines Valenzelektrons an einem Kern über die verbotene Zone hinweg in das Leitungsband und Rückstreuung in das Valenzband an einem anderen Kern. Da eine Rückstreuung nur möglich ist, wenn sich die Wellenzahlen des Leitungselektrons und des Defektelektrons in der Zeit zwischen den beiden Streuprozessen nicht ändern, ist die Reichweite der indirekten Dipol-Dipol-Kopplung in Isolatoren nur gering und nimmt exponentiell mit dem Abstand der beiden koppelnden Kerne ab.

1.2.5. Wechselwirkungen zwischen Kernen und paramagnetischen Ionen

In einem äußeren Magnetfeld stellen sich die Spins der ungepaarten Elektronen paramagnetischer Ionen in Feldrichtung oder entgegengesetzt dazu ein. Wegen der kurzen Spin-Gitter-Relaxationszeit der Elektronen wechseln diese Einstellungen sehr rasch, und an den Kernen wird nur ein dem mittleren Moment $\langle \mu_z \rangle$ des Ions entsprechendes Magnetfeld wirksam. Da $\langle \mu_z \rangle$ mit abnehmender Temperatur größer wird, nehmen die statischen Wechselwirkungen mit sinkender Temperatur zu. Sind die paramagnetischen Ionen in eine diamagnetische Substanz eingebaut, so erzeugen sie an den Kernen ihrer Umgebung ein zusätzliches, dem äußeren Feld parallel gerichtetes Feld der Größe $\langle \mu_z \rangle \, r^{-3}(3 \cos^2 \theta - 1)$. r ist der Abstand zwischen dem punktförmig angenommenen paramagnetischen Ion und dem betrachteten Kern und θ der Winkel zwischen der Feldrichtung und dem Abstandsvektor $\mathfrak{r}$. Da r und θ von Kern zu Kern variieren, so variiert auch das wirksame Feld, das sich aus dem äußeren Feld, dem Dipolfeld des Ions und den von den Kernen der Umgebung herrührenden Feldern zusammensetzt. Die Kernresonanzlinie wird dadurch verbreitert. Da um so mehr Kerne von den Dipolfeldern der paramagnetischen Ionen erfaßt werden, je größer deren Zahl ist, so ist die Verbreiterung konzentrationsabhängig.

Dem statischen Dipolfeld des paramagnetischen Ions überlagert sich ein senkrecht zum äußeren Feld liegendes, statistisch schwankendes Magnetfeld, das von den zeitabhängigen Komponenten S_x und S_y des Elektronenspins herrührt. Das Schwankungsspektrum dieser Komponenten enthält einen für die Spin-Gitter-Relaxation unwirksamen hochfrequenten Anteil, der von Elektronenspinübergängen herrührt und in einem Frequenzbereich von T_{1e}^{-1} (T_{1e} ist die Spin-Gitter-Relaxationszeit der Elektronen) um die Larmorfrequenz der Elektronen liegt, und einen von Elektronenspin-flip-flop-Prozessen herrührenden niederfrequenten Anteil, der Kernspinübergänge induziert und, wenn außer der Wechselwirkung zwischen den magnetischen Kernmomenten keine weiteren Wechselwirkungen mehr vorhanden sind, die Spin-Gitter-Relaxationszeit der Kerne bestimmt. Diese hängt von T_{1e} ab. Da T_{1e} temperatur- und feldabhängig ist, so ist es auch T_1. Der Relaxationsmechanismus ist nur für die Kerne der unmittelbaren Umgebung eines paramagnetischen Ions wirksam. Der Energieausgleich zwischen beeinflußten und unbeeinflußten Kernen geschieht über die Kernspin-flip-flop-Prozesse durch die Spindiffusion.

In paramagnetischen Verbindungen setzt sich das innere Feld am Kern eines nichtparamagnetischen Ions aus den Dipolfeldern der dieses Ion umgebenden paramagnetischen Ionen zusammen, wenn keine kovalente Bindung zwischen den diamagnetischen und den paramagnetischen Ionen vorhanden ist. Bei genügend tiefen Temperaturen, bei denen die von den paramagnetischen Ionen herrührenden Felder die Felder der Nachbarkerne weit überwiegen, kann in Einkristallen eine Aufspaltung der Resonanzlinie auftreten, die von der Struktur der Einheitszelle abhängt.

Bei kovalenter oder teilweise kovalenter Bindung zwischen einem Atom oder Ion mit ungepaartem Elektron und einem unmagnetischen Atom oder Ion wird die Elektronenhülle des unmagnetischen Partners teilweise polarisiert. Dadurch entsteht am Kern des unmagnetischen Atoms ein Zusatzfeld, dessen Größe von der Art der Bindung abhängt. Die Resonanzfrequenz dieser Kerne wird durch dieses Feld verschoben, und aus der Größe der Verschiebung lassen sich Rückschlüsse auf die Bindung ziehen.

1.2.6. Wechselwirkungen zwischen Kernen und einem Elektronenspin-Gitter

In magnetisch geordneten, also ferro-, ferri- oder antiferromagnetischen Substanzen bestimmt die Hyperfeinwechselwirkung die Resonanzfrequenz der Kerne der magnetischen Ionen. In den ferromagnetischen Metallen und Legierungen ist das im wesentlichen die Kontaktwechselwirkung, die von den $4s$-Funktionen der polarisierten Leitungselektronen und den wegen der Bandüberlappung den $3d$-Funktionen zugemischten Anteilen der $4s$-Funktionen herrührt. Da das innere Feld sehr groß ist, wird die Resonanzfrequenz durch dieses bestimmt. Weil die inneren Felder in den Blochwänden von denen in den Domänen abweichen, sind die Resonanzfrequenzen für Kerne in den Blochwänden verschieden von denen für Kerne in den Domänen. Das zur Beobachtung der Kernresonanz nötige äußere Wechselfeld verursacht geringe Oszillationen der Elektronenspins mit der Frequenz des Wechselfeldes. Diese Oszillationen rufen über die Kontaktwechselwirkung wesentlich stärkere Hyperfeinfelder gleicher Frequenz hervor. Da diese Felder von einer zu S_z senkrechten Komponente von $\mathfrak{S}$ herrühren, stehen sie ebenfalls senkrecht auf dem inneren Feld, und die starken Hyperfeinfelder erzeugen ein großes, gut beobachtbares Kernresonanzsignal, wenn die Frequenz des Wechselfeldes mit der Larmorfrequenz $\gamma_N H_i$ der Kerne im inneren Feld übereinstimmt. Mit Hilfe der Kernresonanz lassen sich also unmittelbar die inneren Felder ausmessen. Die Intensität des Resonanzsignals, das von den Kernen in den Blochwänden herrührt, nimmt unter dem Einfluß eines äußeren magnetischen Gleichfeldes mit wachsender Feldstärke ab und verschwindet oberhalb eines kritischen Feldes. Dieses Verhalten ist auf das Auswandern der Blochwände zurückzuführen.

Form und Breite der Kernresonanzlinien werden durch eine indirekte Kopplung des Kernspins bestimmt, die über die Ramanstreuung der Spinwellen an den Kernen zustande kommt. Das zweite Moment der Kernresonanzlinie ist von dem Hyperfeinfeld, der Austauschwechselwirkungskonstante der $3d$-Elektronen, dem Anisotropiefeld und für die Linien der Kerne in den Blochwänden auch von der Sättigungsmagnetisierung und der Wandsteifigkeit abhängig. Die Linien der Kerne in den Blochwänden sind durch die ungleichförmige Magnetisierung innerhalb der Wände asymmetrisch verbreitert.

Die Spin-Gitter-Relaxationszeit der Kerne in den Domänen wird wie in anderen Metallen durch die Fluktuation der Polarisation der Leitungselektronen bestimmt, in den Blochwänden dagegen durch die Blochwandanregung und durch die Spindiffusion zwischen Blochwand und Domäne.

Die inneren Felder an den Kernen nichtmagnetischer Ionen in ferri- und antiferromagnetischen Substanzen rühren von dem Dipolfeld der ungepaarten d-Elektronen der magnetischen Ionen und bei teilweise kovalenter Bindung von dem durch die Polarisation der Elektronenhülle des nichtmagnetischen Ions verursachten Hyperfeinfeld her. Da die diamagnetischen Ionen je nach Struktur der Einheitszelle auf nichtäquivalenten Gitterplätzen sitzen können, d. h. in verschiedenen inneren Feldern, können mehrere Resonanzfrequenzen auftreten.

Die Linienbreite der Kernresonanzlinie wird auch in antiferromagnetischen Substanzen oft durch die indirekte Spin-Spin-Wechselwirkung über die Spinwellen bestimmt. Die Wechselwirkung der Kerne mit den Spinwellen ist auch für die Spin-Gitter-Relaxationszeit maßgebend. Aus T_1 lassen sich daher Rückschlüsse auf das Spinwellenspektrum ziehen.

Die theoretische Behandlung der Wechselwirkungen in magnetischen Substanzen ist recht kompliziert, und die Ergebnisse sind zum Teil noch recht problematisch. Trotzdem haben Kernresonanzuntersuchungen an diesen Substanzen die Kenntnisse über deren magnetische Strukturen und ihre Störungen und über die in ihnen auftretenden elektronischen Wechselwirkungen beträchtlich erweitert.

2. Grundlagen der Theorie der Kernresonanz

2.1. Bewegung eines Spins im Magnetfeld

Bei der Kernresonanz wird ein System von Teilchen (Atomkerne) mit einem Spin $\mathfrak{J}$ und einem damit verbundenen magnetischen Moment

$$\boldsymbol{\mu}_I = g_I \mu_K \mathfrak{J} = \hbar \gamma_N \mathfrak{J} \tag{2.1}$$

einem magnetischen Gleichfeld $\mathfrak{H}_0$ und einem dazu senkrecht stehenden magnetischen Wechselfeld $2\mathfrak{H}_1 \cos \omega t$ mit einer Frequenz, die durch das Kernsystem bestimmt ist, ausgesetzt. Im allgemeinen ist $|2\mathfrak{H}_1| \ll |\mathfrak{H}_0|$. Es hat sich eingebürgert, die Richtung von $\mathfrak{H}_0$ in die z-Richung, die von $\mathfrak{H}_1$ in die x-Richtung eines ortsfesten rechtwinkligen Koordinatensystems zu legen. In Gl. (2.1) ist μ_K das Kernmagneton

$$\mu_K = \frac{e\hbar}{2Mc} = (0{,}505038 \pm 0{,}000018) \cdot 10^{-23}\,\mathrm{erg} \cdot \mathrm{Oe}^{-1}.$$

M ist die Protonenruhemasse, g_I der Kern-g-Faktor und γ_N das gyromagnetische Verhältnis. g_I und γ_N sind für die Kerne verschiedener Elemente verschieden. Eine Tabelle der Kernmomente und der gyromagnetischen Verhältnisse für alle Isotope ist im Tabellenanhang zu finden.

Die klassische Bewegungsgleichung für ein Teilchen mit dem Drehimpuls $\mathfrak{J}$ und dem magnetischen Moment $\boldsymbol{\mu}_I$ in einem statischen Magnetfeld $\mathfrak{H}_0$ lautet

$$\dot{\mathfrak{J}} = \boldsymbol{\mu}_I \times \mathfrak{H}_0 . \tag{2.2}$$

Wegen $\mathfrak{J} = \hbar \mathfrak{J}$ und Gl. (2.1) folgt daraus durch Multiplikation mit γ_N

$$\dot{\boldsymbol{\mu}}_I = \boldsymbol{\mu}_I \times (\gamma_N \mathfrak{H}_0) . \tag{2.3}$$

Man führt jetzt ein mit der Winkelgeschwindigkeit $\boldsymbol{\Omega}$ rotierendes Koordinatensystem ein und transformiert (2.3) in dieses System. Da für die Transformation der Ableitung einer zeitabhängigen Vektorfunktion $\mathfrak{A}(t)$ aus dem festen in das rotierende Koordinatensystem

$$\dot{\mathfrak{A}} = \frac{\partial \mathfrak{A}}{\partial t} + \boldsymbol{\Omega} \times \mathfrak{A} \tag{2.4}$$

gilt – $\partial\mathfrak{A}/\partial t$ ist die zeitliche Ableitung im rotierenden System –, folgt aus (2.3) und (2.4)

$$\dot{\boldsymbol{\mu}}_I = \boldsymbol{\mu}_I \times (\gamma_N \mathfrak{H}_0) = \frac{\partial \boldsymbol{\mu}_I}{\partial t} + \boldsymbol{\Omega} \times \boldsymbol{\mu}_I \tag{2.5a}$$

oder

$$\frac{\partial \boldsymbol{\mu}_I}{\partial t} = \boldsymbol{\mu}_I \times (\gamma_N \mathfrak{H}_0 + \boldsymbol{\Omega}). \tag{2.5b}$$

Im rotierenden Koordinatensystem hat also die Bewegungsgleichung die gleiche Form wie im festen Koordinatensystem, wenn $\mathfrak{H}_0$ durch das effektive Feld

$$\mathfrak{H}_{eff} = \mathfrak{H}_0 + \frac{\boldsymbol{\Omega}}{\gamma_N} \tag{2.6}$$

ersetzt wird. Wenn $\boldsymbol{\Omega}$ so gewählt wird, daß $\partial\boldsymbol{\mu}_I/\partial t$ verschwindet, dann ist ein mit der Winkelgeschwindigkeit $\boldsymbol{\Omega}$ rotierendes Moment $\boldsymbol{\mu}_I(t)$ eine Lösung von (2.3). $\partial\boldsymbol{\mu}_I/\partial t$ verschwindet, wenn

$$\boldsymbol{\Omega} = -\gamma_N \mathfrak{H}_0 \tag{2.7}$$

ist. $\boldsymbol{\mu}_I$ rotiert dann um die z-Achse des raumfesten Koordinatensystems mit einer Winkelsgeschwindigkeit $|\boldsymbol{\Omega}| = \omega_0 = \gamma_N H_0$. ω_0 wird Larmorfrequenz genannt.

Die klassische Behandlung der Bewegung des Kernmomentes ist berechtigt, wenn die Quantenmechanik für den Erwartungswert $\langle\boldsymbol{\mu}_I\rangle$ die gleiche Bewegungsgleichung liefert. Die Wechselwirkungsenergie zwischen einem magnetischen Moment $\boldsymbol{\mu}_I$ und einem Magnetfeld $\mathfrak{H}_0$ ist $-\ \boldsymbol{\mu}_I \mathfrak{H}_0$. Der Hamiltonoperator lautet daher

$$\mathbf{H} = -\boldsymbol{\mu}_I \mathfrak{H}_0 = -\gamma_N \hbar H_0 \boldsymbol{I}_z. \tag{2.8}$$

$\boldsymbol{I}_z$ ist der Operator der z-Komponente des Kernspinoperators $\mathfrak{I}$.

Die Energieeigenwerte von $\mathbf{H}$ sind [1, 10]

$$\begin{aligned} E_m &= \langle m'| - \gamma_N \hbar H_0 \boldsymbol{I}_z|m\rangle = -\gamma_N \hbar H_0 \langle m'|\boldsymbol{I}_z|m\rangle \\ &= -\gamma_N \hbar H_0 m\ \langle m|m\rangle = -\gamma_N \hbar H_0 m. \end{aligned} \tag{2.9}$$

Die magnetische Quantenzahl m kann die $2I+1$ Werte von $m = I$, $I-1, \ldots$ bis $m = -I$ durchlaufen. Die Energieniveaus sind also äquidistant, und zwei benachbarte haben einen Abstand

$$\Delta E = \gamma_N \hbar H_0 \tag{2.10}$$

voneinander. Eine zeitabhängige periodische Störung, die Übergänge zwischen benachbarten Energieniveaus induziert, muß daher der Bedingung

$$\omega = \frac{\Delta E}{\hbar} = \gamma_N H_0 \tag{2.11}$$

genügen. Spinübergänge können also nur induziert werden, wenn die Frequenz des Störfeldes mit der klassisch berechneten Larmorfrequenz (2.7) übereinstimmt.

Zur Berechnung der zeitlichen Änderung des Erwartungswertes von $\boldsymbol{\mu}_I$ geht man von der quantenmechanischen Bewegungsgleichung

$$\frac{\mathrm{d}}{\mathrm{d}t}\boldsymbol{A} = \frac{\mathrm{i}}{\hbar}[\mathbf{H}, \boldsymbol{A}]$$

für einen nicht explizit von der Zeit abhängigen Operator $\boldsymbol{A}$ aus. Setzt man hier für $\boldsymbol{A}$ den Spin $\mathfrak{I}$ und $\mathbf{H}$ aus (2.8) ein, so folgt

$$\dot{\mathfrak{I}} = -\gamma_N H_0 \mathrm{i}[\boldsymbol{I}_z, \mathfrak{I}] = -\gamma_N H_0 \mathrm{i}\{\mathfrak{i}[\boldsymbol{I}_z, \boldsymbol{I}_x] + \mathfrak{j}[\boldsymbol{I}_z, \boldsymbol{I}_y] + \mathfrak{k}[\boldsymbol{I}_z, \boldsymbol{I}_z]\},$$

woraus sich unter Verwendung der Vertauschungsrelationen

$$\dot{\mathfrak{I}} = \gamma_N H_0\{\mathfrak{i}\boldsymbol{I}_y - \mathfrak{j}\boldsymbol{I}_x\} = \mathfrak{I} \times (\gamma_N \mathfrak{H}_0)$$

ergibt.

Durch Multiplikation der Gleichung mit $\gamma_N \hbar$ und Bildung der Matrixelemente folgt die Bewegungsgleichung des Erwartungswertes von $\boldsymbol{\mu}_I$

$$\frac{\mathrm{d}\langle\boldsymbol{\mu}_I\rangle}{\mathrm{d}t} = \langle\boldsymbol{\mu}_I\rangle \times (\gamma_N \mathfrak{H}_0). \tag{2.12}$$

Da (2.12) mit (2.3) übereinstimmt, beschreibt also die klassische Bewegungsgleichung die zeitliche Änderung des Erwartungswertes.

Von der Bewegungsgleichung für den Erwartungswert eines Spins kann ohne weiteres zur Bewegungsgleichung für die makroskopische Magnetisierung $\mathfrak{M}$ eines Spinsystems übergegangen werden, wenn vorausgesetzt wird, daß keine Wechselwirkung zwischen den einzelnen Spins auftritt. Die makroskopische Magnetisierung ist gleich der Vektorsumme der Einzelmomente $\boldsymbol{\mu}_k$:

$$\mathfrak{M} = \sum_k \boldsymbol{\mu}_k.$$

Für $\mathfrak{M}$ folgt dann die Bewegungsgleichung

$$\frac{\mathrm{d}\mathfrak{M}}{\mathrm{d}t} = \mathfrak{M} \times (\gamma_N \mathfrak{H}_0). \tag{2.13}$$

Der Einfluß eines zusätzlichen magnetischen Wechselfeldes $2\mathfrak{H}_1 \cos \omega_z t$ in x-Richtung läßt sich am einfachsten übersehen, wenn dieses Feld durch zwei entgegengesetzt rotierende Komponenten dargestellt wird:

$$\begin{aligned} \mathfrak{i}\, 2H_1 \cos \omega_z t = {} & (\mathfrak{i}H_1 \cos \omega_z t + \mathfrak{j}H_1 \sin \omega_z t) \\ & + (\mathfrak{i}H_1 \cos \omega_z t - \mathfrak{j}H_1 \sin \omega_z t). \end{aligned} \tag{2.14}$$

Von diesen beiden Komponenten ist im wesentlichen nur diejenige wirksam, die im gleichen Sinne wie $\langle \boldsymbol{\mu}_I \rangle$ rotiert. Welche der beiden Komponenten wirksam ist, hängt vom Vorzeichen von γ_N ab, das sowohl positiv als negativ sein kann. Ohne Verlust an Allgemeingültigkeit kann daher die erste Klammre als wirksames Feld angenommen werden.

Das Gesamtfeld ist

$$\mathfrak{H}(t) = \mathfrak{i} H_1 \cos \omega_z t + \mathfrak{j} H_1 \sin \omega_z t + \mathfrak{k} H_0, \tag{2.15}$$

und der Hamiltonoperator lautet

$$\begin{aligned} \mathbf{H} &= -\boldsymbol{\mu}_I \mathfrak{H}(t) = -\gamma_N \hbar \{ H_0 \boldsymbol{I}_z + H_1 (\boldsymbol{I}_x \cos \omega_z t + \boldsymbol{I}_y \sin \omega_z t) \} \\ &= -\hbar \{ \omega_0 \boldsymbol{I}_z + \omega_1 (\boldsymbol{I}_x \cos \omega_z t + \boldsymbol{I}_y \sin \omega_z t) \}. \end{aligned} \tag{2.16}$$

Der zeitabhängige Anteil des Operators läßt sich leicht in die übliche Exponentialform überführen. Aus dem Operator

$$\boldsymbol{I}_{x'}(t) = \mathrm{e}^{-\mathrm{i}\,\omega_z t \boldsymbol{I}_z} \boldsymbol{I}_x \mathrm{e}^{\mathrm{i}\,\omega_z t \boldsymbol{I}_z} \tag{2.17}$$

mit zeitunabhängigem $\boldsymbol{I}_x$ folgt durch Differentiation nach $\omega_z t$ unter Verwendung der Vertauschungsrelationen

$$\frac{\mathrm{d}\boldsymbol{I}_{x'}}{\mathrm{d}(\omega_z t)} = \mathrm{e}^{-\mathrm{i}\,\omega_z t \boldsymbol{I}_z} \boldsymbol{I}_y \mathrm{e}^{\mathrm{i}\,\omega_z t \boldsymbol{I}_z} = \boldsymbol{I}_{y'}(t), \tag{2.18a}$$

$$\frac{\mathrm{d}^2\boldsymbol{I}_{x'}}{\mathrm{d}(\omega_z t)^2} = -\mathrm{e}^{-\mathrm{i}\,\omega\, t \boldsymbol{I}_z} \boldsymbol{I}_x \mathrm{e}^{\mathrm{i}\,\omega_z t \boldsymbol{I}_z} = -\boldsymbol{I}_{x'}(t). \tag{2.18b}$$

Die Lösung der letzten Differentialgleichung ist

$$\boldsymbol{I}_{x'}(t) = A \cos \omega_z t + B \sin \omega_z t. \tag{2.19}$$

Für $t = 0$ ergibt sich aus (2.17) und (2.19) $A = \boldsymbol{I}_x$ und nach Differentiation von (2.19) mit (2.18a) $B = \boldsymbol{I}_y$, so daß die Lösung

$$\boldsymbol{I}_{x'}(t) = \mathrm{e}^{-\mathrm{i}\,\omega_z t \boldsymbol{I}_z} \boldsymbol{I}_x \mathrm{e}^{\mathrm{i}\,\omega_z t \boldsymbol{I}_z} = \boldsymbol{I}_x \cos \omega_z t + \boldsymbol{I}_y \sin \omega_z t \tag{2.20}$$

lautet.

Damit nimmt der Hamiltonoperator die Form

$$\mathbf{H} = -\hbar \{ \omega_0 \boldsymbol{I}_z + \omega_1 \boldsymbol{I}_{x'}(t) \} \tag{2.21}$$

an.

Für die Lösung der Schrödingergleichung

$$-\frac{\hbar}{\mathrm{i}} \frac{\partial \psi}{\partial t} = -\hbar \{ \omega_0 \boldsymbol{I}_z + \omega_1 \boldsymbol{I}_{x'}(t) \} \psi \tag{2.22}$$

transformiert man die Zeitabhängigkeit des Operators durch den Ansatz

$$\begin{aligned} \psi &= \mathrm{e}^{-\mathrm{i}\,\omega_z t \boldsymbol{I}_z} \psi' \\ \psi' &= \mathrm{e}^{\mathrm{i}\,\omega_z t \boldsymbol{I}_z} \psi \end{aligned} \tag{2.23}$$

in die Wellenfunktion, mit der dann (2.22) in

$$-\frac{\hbar}{\mathrm{i}}\frac{\partial\psi'}{\partial t} = -\hbar\{(\omega_0 + \omega_z)\,\boldsymbol{I}_z + \omega_1\boldsymbol{I}_x\}\,\psi' = \mathbf{H}'\psi'$$

übergeht.

$\mathbf{H}'$ ist zeitunabhängig. Mit ihm kann der Erwartungswert von $\boldsymbol{\mu}_I$ aus

$$\frac{\mathrm{d}\mathfrak{J}}{\mathrm{d}t} = \frac{\mathrm{i}}{\hbar}\,[\mathbf{H}', \mathfrak{J}]$$

berechnet werden. Die Rechnung verläuft analog der für das statische Feld durchgeführten und führt zu

$$\frac{\mathrm{d}\mathfrak{J}}{\mathrm{d}t} = \mathfrak{J}\times\{\mathfrak{k}(\omega_z + \omega_0) + \mathfrak{i}\,\omega_1\},$$

woraus durch Bildung der Matrixelemente

$$\frac{\mathrm{d}\langle\boldsymbol{\mu}_I\rangle}{\mathrm{d}t} = \langle\boldsymbol{\mu}_I\rangle\times\gamma_N\left\{\mathfrak{k}\left(\frac{\omega_z}{\gamma_N} + H_0\right) + \mathfrak{i}\,H_1\right\} \tag{2.24}$$

folgt.

Die Bewegung von $\langle\boldsymbol{\mu}_I\rangle$ erfolgt so, als wirkte auf $\boldsymbol{\mu}_I$ das effektive Feld

$$\mathfrak{H}_{\text{eff}} = \mathfrak{k}\left(\frac{\omega_z}{\gamma_N} + H_0\right) + \mathfrak{i}H_1. \tag{2.25}$$

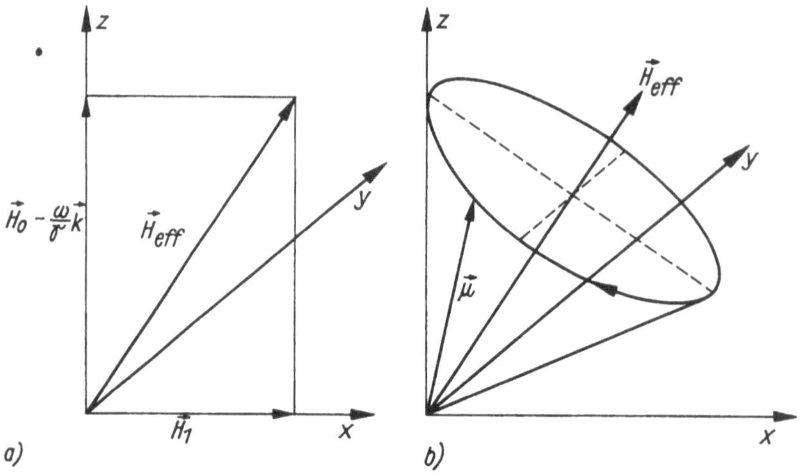

Bild 8. Richtung und Größe des effektiven Feldes (a) und Bewegung des magnetischen Momentes $\boldsymbol{\mu}$ im rotierenden Koordinatensystem (b)

Die Bewegung ist eine Rotation von $\boldsymbol{\mu}_I$ auf einem Kegelmantel um $\mathfrak{H}_{\text{eff}}$ (Bild 8) mit der Larmorfrequenz

$$\omega_L = \gamma_N H_{\text{eff}} = \gamma_N \sqrt{\left(H_0 + \frac{\omega_z}{\gamma_N}\right)^2 + H_1^2}\,. \tag{2.26}$$

Wenn $H_1 \ll H_0$ ist, fällt die Richtung des effektiven Feldes praktisch mit der von $\mathfrak{H}_0$ zusammen, d. h., die Quantisierungsrichtung bleibt erhalten und damit auch die Energiedifferenz $\gamma_N \hbar H_0$ zwischen den Energieniveaus. Resonanz findet für $\omega_z = -\gamma_N H_0$ statt.

2.2. Relaxationszeiten, Blochsche Gleichungen, Suszeptibilitäten

Ohne ein äußeres Magnetfeld sind die Spinniveaus entartet. Die Verteilung der Spinrichtungen aller Spins der Probe ist isotrop; eine makroskopische Magnetisierung tritt nicht auf. Die Energie des Spinsystems ist Null. Beim Anlegen eines äußeren Magnetfeldes $\mathfrak{H}_0$ wird die Spinentartung aufgehoben. Wenn das Spinsystem isoliert ist, kann sich die Energie desselben nicht ändern, d. h., sie muß weiterhin Null bleiben. Da die Energie des Spinsystems im Magnetfeld

$$E = -\mathfrak{M}\mathfrak{H}_0$$

ist, muß auch $\mathfrak{M}$ weiterhin Null bleiben. Das entspricht einer Gleichverteilung aller Spins auf die $2I + 1$ Energieniveaus. Damit sich eine makroskopische Magnetisierung aufbauen kann, müssen Spinübergänge von den oberen in die unteren Energieniveaus erfolgen, so daß die Besetzung der letzteren auf Kosten der ersteren zunimmt. Das ist nur möglich, wenn das Spinsystem Energie abgeben kann. Es muß daher in schwacher Wechselwirkung mit einem Wärmebad stehen, das diese Energie aufnimmt. Die Erhaltung der Energie des Gesamtsystems (Spinsystem + Wärmebad) erfordert dann, daß simultan mit einem Spinübergang $m - 1 \to m$ unter Abgabe der Energie $\Delta E_{m-1,m}$ im Wärmebad ein Übergang vom energieärmeren Zustand a in den Zustand b höherer Energie stattfindet, wobei der Energiebetrag $\Delta E_{a,b} = \Delta E_{m-1,m}$ vom Wärmebad aufgenommen wird. Die Wahrscheinlichkeit, daß ein solcher Übergang hier möglich ist, hängt von den Besetzungszahlen in den Zuständen a und b ab. Da das Wärmebad als makroskopisches System der Maxwell-Boltzmann-Statistik genügt, ist das Verhältnis der Besetzungszahlen der Zustände a und b

$$\frac{N_a}{N_b} = e^{\Delta E_{a,b}/kT}\,. \tag{2.27}$$

Für ein Spinsystem mit zwei Energieniveaus ($I = 1/2$), deren Besetzungszahlen $N_{1/2}$ und $N_{-1/2}$ sind, und für das betrachtete Wärmebad

[Spinsystem und Wärmebad stehen in schwacher Wechselwirkung miteinander (Bild 9)] ist die Zahl der Übergänge des Gesamtsystems vom Zustand $|-1/2, a\rangle$ in den Zustand $|+1/2, b\rangle$

$$N\left(-\frac{1}{2}, a \to +\frac{1}{2}, b\right) = N_{-1/2} N_a W_{-1/2, a \to +1/2, b}$$

und vom Zustand $|+1/2, b\rangle$ in den Zustand $|-1/2, a\rangle$

$$N\left(+\frac{1}{2}, b \to -\frac{1}{2}, a\right) = N_{+1/2} N_b W_{1/2, b \to -1/2, a}.$$

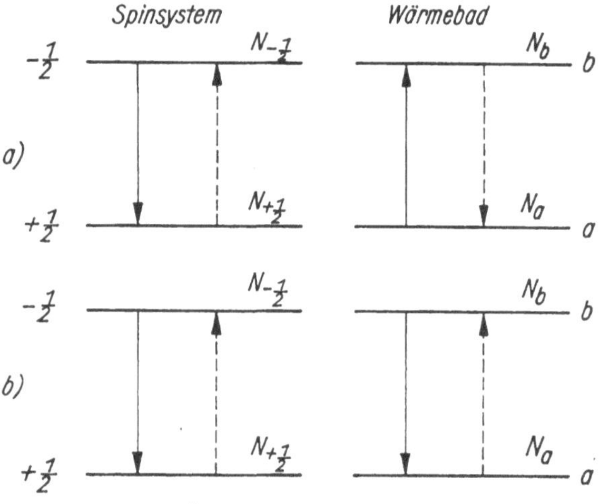

Bild 9. Simultane Übergänge in Kernspinsystem und Wärmebad.
a) Erlaubte Übergänge, Gesamtenergie von Spinsystem und Wärmebad bleibt konstant;
b) verbotene Übergänge, Gesamtenergie bleibt nicht erhalten

Im thermischen Gleichgewicht ist

$$N_{-1/2} N_a W_{-1/2, a \to 1/2, b} = N_{1/2} N_b W_{1/2, b \to -1/2, a}. \tag{2.28}$$

Da die Übergangswahrscheinlichkeiten a-priori-Wahrscheinlichkeiten sind, gilt $W_{-1/2, a \to 1/2, b} = W_{1/2, b \to -1/2, a} = W$, und es ist

$$\frac{N_{-1/2}}{N_{+1/2}} = \frac{N_b}{N_a}. \tag{2.29}$$

Die Besetzungszahlen der Spinniveaus gehorchen für $I = 1/2$ ebenfalls einer Boltzmannverteilung.

Für das Gleichgewicht des Spinsystems muß gelten

$$N_{1/2} W_{\uparrow} = N_{-1/2} W_{\downarrow}.$$

$W_{\uparrow}$ und $W_{\downarrow}$ sind dabei die thermischen Übergangswahrscheinlichkeiten des Spinsystems von $1/2 \to -1/2$ bzw. von $-1/2 \to 1/2$, die sich für das oben beschriebene einfache Modell aus (2.28) zu

$$W_{\uparrow} = N_b W, \quad W_{\downarrow} = N_a W, \quad \frac{W_{\uparrow}}{W_{\downarrow}} = \mathrm{e}^{-\Delta E_{1/2,-1/2}/kT} \tag{2.30}$$

ergeben. $W_{\uparrow}$ und $W_{\downarrow}$ sind also nicht gleich.

Für die zeitlichen Änderungen von $N_{1/2}$ und $N_{-1/2}$ gelten die kinetischen Gleichungen

$$\dot{N}_{1/2} = -N_{1/2} W_{\uparrow} + N_{-1/2} W_{\downarrow}, \quad \dot{N}_{-1/2} = N_{1/2} W_{\uparrow} - N_{-1/2} W_{\downarrow},$$

die durch die Substitutionen $N_{1/2} + N_{-1/2} = N$, $N_{1/2} - N_{-1/2} = n$ zu der einen Differentialgleichung

$$n = N(W_{\downarrow} - W_{\uparrow}) - n(W_{\downarrow} + W_{\uparrow})$$

zusammengefaßt werden können.

Im Gleichgewicht ist $\dot{n} = 0$, und es ergibt sich für den Gleichgewichtswert n_0 von n

$$n_0 = N \frac{W_{\downarrow} - W_{\uparrow}}{W_{\downarrow} + W_{\uparrow}} = N T_1 (W_{\downarrow} - W_{\uparrow}) \tag{2.31}$$

mit

$$T_1^{-1} = W_{\downarrow} + W_{\uparrow}.$$

Der Nichtgleichgewichtszustand wird dann durch

$$n = \frac{n_0 - n}{T_1} \tag{2.32a}$$

bzw.

$$n = n_0 + A \mathrm{e}^{-t/T_1} \tag{2.32b}$$

beschrieben. Da die z-Komponente M_z der makroskopischen Magnetisierung gleich $n\langle\mu_z\rangle$ ist, ergibt sich aus (2.24) und (2.32a) im rotierenden Koordinatensystem

$$\begin{aligned} \dot{M}_z &= n\,\langle\dot{\mu}_z\rangle + \langle\mu_z\rangle\,\dot{n} \\ &= \gamma_N (\mathfrak{M} \times \mathfrak{H}_{\mathrm{eff}})_z + \frac{M_0 - M_z}{T_1} \\ &= -\gamma_N M_y H_1 + \frac{M_0 - M_z}{T_1}. \end{aligned} \tag{2.33a}$$

M_0 ist die Gleichgewichtsmagnetisierung, die proportional zu H_0 ist:

$$M_0 = \chi_0 H_0. \tag{2.34}$$

χ_0 ist die statische magnetische Suszeptibilität. Sie ergibt sich aus der Langevinschen Formel für $\Delta E \ll kT$ zu

$$\chi_0 = N \frac{\mu_I^2}{3kT} = N \frac{\gamma_N^2 \hbar^2 I(I+1)}{3kT}. \tag{2.35}$$

Wenn nur das statische Feld $\mathfrak{H}_0$ auf das Spinsystem wirkt, so ist im thermischen Gleichgewicht $M_x = M_y = 0$. Eine durch ein der Resonanzbedingung genügendes magnetisches Wechselfeld aufgebaute Quermagnetisierung muß also nach Abschalten des Wechselfeldes mit einer Zeitkonstante T_2 wieder verschwinden. Für M_x und M_y lassen sich analog zu M_z die Differentialgleichungen

$$\dot{M}_x = \gamma_N (\mathfrak{M} \times \mathfrak{H}_{\text{eff}})_x - \frac{M_x}{T_2} = \gamma_N M_y \left(\frac{\omega_z}{\gamma_N} + H_0\right) - \frac{M_x}{T_2} \tag{2.33b}$$

und

$$\dot{M}_y = \gamma_N (\mathfrak{M} \times \mathfrak{H}_{\text{eff}})_y - \frac{M_y}{T_2} = \gamma_N M_z H_1 - \gamma_N M_x \left(\frac{\omega_z}{\gamma_N} + H_0\right) - \frac{M_y}{T_2} \tag{2.33c}$$

im rotierenden Koordinatensystem aufstellen. Die Gleichungen (2.33 a–c) sind die „Blochschen Gleichungen".

Die beiden Relaxationszeiten T_1 und T_2 haben verschiedenen Charakter. Während eine Änderung von M_z immer mit einer Energieübertragung zwischen Spinsystem und Wärmebad verbunden ist, ist das bei einer Änderung von M_x und M_y nicht der Fall, da M_x und M_y senkrecht auf $\mathfrak{H}_0$ stehen und diese Komponenten daher nichts zur Energie des Spinsystems im statischen Feld beitragen. (Für die Kernresonanz in Festkörpern mit großen Wechselfeldern gilt das allerdings nicht mehr. Siehe dazu S. 201.) M_x und M_y können sich also nur durch Wechselwirkungen innerhalb des Spinsystems ändern. Da die Relaxationsprozesse für M_x und M_y qualitativ von denen für M_z verschieden sind, unterscheiden sich auch die longitudinale Relaxationszeit T_1 und die transversale Relaxationszeit T_2.

Zur näherungsweisen Lösung der Bewegungsgleichungen ersetzt man in (2.33c) M_z durch seinen Gleichgewichtswert M_0 und addiert die mit i multiplizierte Gleichung (2.33c) zur Gleichung (2.33b). Man erhält für $H_1 \ll H_0$ eine Gleichung für $M_+ = M_x + \mathrm{i} M_y$, nämlich

$$\dot{M}_+ = -M_+ \alpha + \mathrm{i} \gamma_N M_0 H_1, \tag{2.36}$$

worin

$$\alpha = T_2^{-1} + \mathrm{i}(\omega_z + \gamma_N H_0)$$

ist. Die Lösung von (2.36) ist

$$M_+ = A\,\mathrm{e}^{-\alpha t} + \frac{\mathrm{i}\gamma_N M_0 H_1}{T_2^{-1} + \mathrm{i}(\omega_z + \gamma_N H_0)}.$$

Bei Vernachlässigung des ersten, das Übergangsverhalten beschreibenden Terms folgt daraus mit den Substitutionen $\omega_z = -\omega$, $\gamma_N H_0 = \omega_0$ und $M_0 = \chi_0 H_0$

$$M_x = \chi_0 \omega_0 T_2 \frac{(\omega_0 - \omega) T_2}{1 + (\omega_0 - \omega)^2 T_2^2} H_1, \tag{2.37 a}$$

$$M_y = \chi_0 \omega_0 T_2 \frac{1}{1 + (\omega_0 - \omega)^2 T_2^2} H_1. \tag{2.37 b}$$

Eine genauere Lösung, die zwar ebenfalls thermisches Gleichgewicht, d. h. $\mathrm{d}M_z/\mathrm{d}t = 0$ und kleine H_1-Felder, aber nicht mehr $M_z \approx M_0$ voraussetzt, führt auf [1, 4, 5]

$$M_x = \chi_0 \omega_0 T_2 \frac{(\omega_0 - \omega)\, T_2}{1 + (\omega_0 - \omega)^2 T_2^2 + \gamma_N^2 H_1^2 T_1 T_2} H_1, \tag{2.37 c}$$

$$M_y = \chi_0 \omega_0 T_2 \frac{1}{1 + (\omega_0 - \omega)^2\, T_2^2 + \gamma_N^2 H_1^2 T_1 T_2} H_1. \tag{2.37 d}$$

M_x und M_y sind also im rotierenden Koordinatensystem konstante Größen, d. h., sie rotieren im ortsfesten System mit der Winkelgeschwindigkeit ω. Rücktransformation von (2.37c) und (2.37d) in das ortsfeste Koordinatensystem liefert für die X-Komponente der Magnetisierung

$$M_X = M_x \cos \omega t + M_y \sin \omega t. \tag{2.38}$$

Üblicherweise schreibt man das rotierende Feld in der komplexen Form

$$H_X(t) = 2 H_1 \mathrm{e}^{\mathrm{i}\omega t}$$

und führt durch

$$\chi = \chi' - \mathrm{i}\chi'' \tag{2.39}$$

die komplexe Suszeptibilität χ ein. Dann ist

$$M_X(t) = \mathrm{Re}(\chi H_X(t)) = 2 H_1 \{\chi'' \sin \omega t + \chi' \cos \omega t\} \tag{2.40}$$

mit

$$\chi' = \frac{1}{2} \chi_0 \omega_0 T_2 \frac{(\omega_0 - \omega)\, T_2}{1 + (\omega_0 - \omega)^2 T_2^2 + \gamma_N^2 H_1^2 T_1 T_2} \tag{2.41 a}$$

und

$$\chi'' = \frac{1}{2} \chi_0 \omega_0 T_2 \frac{1}{1 + (\omega_0 - \omega)^2 T_2^2 + \gamma_N^2 H_1^2 T_1 T_2}. \tag{2.41 b}$$

Die vom Spinsystem pro Volumeneinheit aus dem HF-Feld absorbierte Leistung

$$P = \frac{\omega}{2\pi V} \int_0^{2\pi/\omega} \mathrm{Re}\,\{H_X(t)\, \mathrm{d}M_X(t)\}$$

$$= \frac{4 H_1^2 \omega^2}{2\pi} \int_0^{2\pi/\omega} [-\chi' \cos \omega t \sin \omega t + \chi'' \cos^2 \omega t]\, \mathrm{d}t \tag{2.42}$$

$$= 2 H_1^2 \omega \chi'' \approx 2 H_1^2 \omega_0 \chi''$$

(V ist das Volumen der Probe) hängt also nur von χ'' ab. Die Absorptionslinie hat die Form einer Lorentzkurve mit einer Halbwertsbreite von

$$\Delta\omega_H = \frac{2}{T_2} \sqrt{1 + \gamma_N^2 H_1^2 T_1 T_2} = \frac{2}{T_2} \sqrt{s}. \tag{2.43}$$

s nennt man den „Sättigungsfaktor". Für $s \approx 1$ erhält man die wahre Linienbreite $\Delta\omega_H = 2 T_2^{-1}$, aus der man dann Rückschlüsse auf die inneren Wechselwirkungen ziehen kann. Die Linienintensität an der Resonanzstelle $\omega = \omega_0$ nimmt für kleine H_1, für die $s \approx 1$ ist, quadratisch mit H_1 zu und nähert sich für große H_1 dem Grenzwert

$$P_{\max} = \frac{\chi_0 H_0^2}{T_1} = \frac{M_0 H_0}{T_1}. \tag{2.44}$$

Solange $s \approx 1$ ist, d. h. solange noch keine Sättigung eintritt, gelten für χ' und χ'' die Kramers-Kronig-Beziehungen

$$\chi'(\omega) - \chi'(\infty) = \frac{1}{\pi} \int_{-\infty}^{+\infty} \frac{\omega' \chi''(\omega')}{\omega'^2 - \omega^2}\, \mathrm{d}\omega',$$

$$\chi''(\omega) = -\frac{\omega}{\pi} \int_{-\infty}^{+\infty} \frac{\chi'(\omega) - \chi'(\infty)}{\omega'^2 - \omega^2}\, \mathrm{d}\omega'. \tag{2.45 a}$$

Im allgemeinen ist $\chi'(\infty) = 0$, und da nur diejenigen ω'-Werte zum Integral beitragen, die in der Umgebung von ω liegen, lassen sich die

Beziehungen (2.45a) umformen in

$$\chi'(\omega) = \frac{1}{2\pi} \int_{-\infty}^{+\infty} \frac{\chi''(\omega')}{\omega' - \omega} \, d\omega',$$
$$\chi''(\omega) = -\frac{1}{2\pi} \int_{-\infty}^{+\infty} \frac{\chi'(\omega')}{\omega' - \omega} \, d\omega'. \tag{2.45b}$$

Aus (2.41a) folgt weiter für $\omega = 0$

$$\chi_0 \approx 2\chi'(0) = \frac{1}{\pi} \int_{-\infty}^{+\infty} \frac{\chi''(\omega')}{\omega'} \, d\omega'. \tag{2.45c}$$

Da $\chi''(\omega)$ nur in der Umgebung von $\omega = \omega_0$ merklich von Null verschieden ist, kann ω' im Nenner durch ω_0 ersetzt werden, und man erhält, da χ'' eine gerade Funktion ist,

$$\chi_0 \approx \frac{2}{\pi\omega_0} \int_0^{\infty} \chi''(\omega) \, d\omega = \frac{2}{\pi\omega_0} A. \tag{2.46}$$

Das Integral ist im wesentlichen die Fläche A unter der Absorptionskurve. Aus ihr kann daher in einfacher Weise die statische Suszeptibilität bestimmt werden.

2.3. Theorie der Linienform und der Relaxation

Die Blochschen Gleichungen ergeben für die Linienform der Absorptionslinie eine Lorentzkurve, deren Breite für $s \to 1$ nur durch T_2 bestimmt ist. Über die Wechselwirkungen innerhalb des Spinsystems, für deren Stärke T_2 ein Maß ist, wird stillschweigend vorausgesetzt, daß sie die Larmorfrequenz ungeändert lassen und nur eine Verbreiterung der Energieniveaus infolge der verkürzten Lebensdauer der Spinzustände bewirken. Dazu müßten aber die für diese Wechselwirkung maßgeblichen inneren Felder im Zeitmittel verschwinden, oder exakter, sie dürften keine statische Komponente in z-Richtung haben. Diese Voraussetzung ist im Festkörper nur in seltenen Fällen erfüllt, und man kann im allgemeinen als Linienform keine Lorentzkurve mehr erwarten, sondern es können beträchtliche Abweichungen von dieser Kurvenform auftreten.

Man führt daher zur Beschreibung der Linie eine normierte Linienformfunktion $g(\omega)$ ein mit

$$\int_{-\infty}^{+\infty} g(\Omega)\, d\Omega = \int_{-\infty}^{+\infty} g(\omega - \omega_0)\, d(\omega - \omega_0) = \int_{-\infty}^{+\infty} g(\omega)\, d\omega = 1. \qquad (2.47)$$

Mit dieser Linienformfunktion definiert man die Momente einer Linie

$$\langle(\Delta\Omega)^n\rangle = \langle(\omega - \omega_0)^n\rangle = \int_{-\infty}^{+\infty} (\omega - \omega_0)^n\, g(\omega - \omega_0)\, d(\omega - \omega_0)$$

$$= \int_{-\infty}^{+\infty} \Omega^n\, g(\Omega)\, d\Omega. \qquad (2.48)$$

$g(\Omega)$ gibt die normierte Intensität der Linie bei der Frequenz $\omega - \omega_0$ an. ω ist die Frequenz der Kerne, die sich im Gesamtfeld $(H_{ges})_z = H_0 + H_{iz}$ befinden. H_{iz} ist die z-Komponente des inneren Feldes, das z. B. von den Magnetfeldern der Kerne in der Umgebung eines betrachteten Kernes herrühren kann. Da die Probe zwar sehr viele, aber nicht unendlich viele Kerne enthält, ist auch das Energiespektrum nicht kontinuierlich, sondern quasikontinuierlich, und das Integral ist eigentlich eine Summe über sehr viele, sehr eng benachbarte diskrete Frequenzen. $g(\omega)$ ist dann die Wahrscheinlichkeit, mit der die diskrete Frequenz $\omega = \omega_{mm'}$, d. h. der Übergang vom Energieniveau m zum Niveau m' auftritt. Diese Wahrscheinlichkeit ist aber gerade die dem Quadrat des Matrixelementes $\langle m\,|\boldsymbol{I}_x|\,m'\rangle$ von $\boldsymbol{I}_x$ proportionale normierte Übergangswahrscheinlichkeit. (2.48) kann daher in der Form

$$\langle(\Delta\omega)^n\rangle = \frac{\sum\limits_{m,m'} (\omega_{mm'} - \omega_0)^n\, |\langle m\,|\boldsymbol{I}_x|\, m'\rangle|^2}{\sum\limits_{m,m'} |\langle m|\boldsymbol{I}_x|\, m'\rangle|^2} = \langle(\Delta\Omega)^n\rangle \qquad (2.49)$$

geschrieben werden. In dieser Form lassen sich die Momente quantenmechanisch aus der inneren Wechselwirkung berechnen. Bei einer symmetrischen Linie gilt für das besonders wichtige zweite Moment

$$\langle(\Delta\omega)^2\rangle = \langle(\omega_{mm'} - \omega_0)^2\rangle = \langle(\omega_{mm'})^2\rangle - \omega_0^2. \qquad (2.50)$$

Da $\omega_{mm'} = (E_m - E_{m'})/\hbar$ und E_m und $E_{m'}$ durch die Matrixelemente

$$E_m = \langle m\,|\mathbf{H}'|\, m\rangle,$$

$$E_{m'} = \langle m'|\mathbf{H}'|\, m'\rangle$$

gegeben sind ($\mathbf{H}' = \mathbf{H}_0 + \mathbf{H}^{11}$; $\mathbf{H}_0 = -\gamma_N \hbar H_0 \boldsymbol{I}_z$ ist der Operator der Wechselwirkung zwischen dem äußeren Feld $\mathfrak{H}_0$ und der z-Komponente des Gesamtspins $\boldsymbol{I}_z = \sum\limits_i \boldsymbol{I}_{zi}$ und $\mathbf{H}^{11}$ der Säkularteil des Operators für die Wechselwirkung zwischen dem Kernspinsystem und den inneren Feldern), folgt aus (2.49)

$$\langle(\Delta\omega)^2\rangle = \frac{\sum\limits_{m,m'} (\langle m|\mathbf{H}'|m\rangle - \langle m'|\mathbf{H}'|m'\rangle)^2 |\langle m|\boldsymbol{I}_x|m'\rangle|^2}{\hbar^2 \sum\limits_{m,m'} |\langle m|\boldsymbol{I}_x|m'\rangle|^2} - \omega_0^2$$

$$= \frac{\sum\limits_{m,m\pm 1} (\langle m|\mathbf{H}'|m\rangle - \langle m\pm 1|\mathbf{H}'|m\pm 1\rangle)^2 |\langle m|\boldsymbol{I}_x|m\pm 1\rangle|^2}{\hbar^2 \sum\limits_{m,m\pm 1} |\langle m|\boldsymbol{I}_x|m\pm 1\rangle|^2} - \omega_0^2; \tag{2.51}$$

denn $\boldsymbol{I}_x$ hat nur nichtverschwindende Matrixelemente für $m' = m \pm 1$ [1, 10, 11, 12]. Der Zähler in (2.51) ist aber gerade gleich $-\mathrm{Sp}[\mathbf{H}', \boldsymbol{I}_x]^2$ und der Nenner gleich $\mathrm{Sp}|\boldsymbol{I}_x|^2$ [1, 12, 15], so daß sich für das zweite Moment endgültig

$$\langle(\Delta\omega)^2\rangle = -\frac{\mathrm{Sp}[\mathbf{H}', \boldsymbol{I}_x]^2}{\hbar^2\,\mathrm{Sp}\,|\boldsymbol{I}_x|^2} - \omega_0^2 \tag{2.52}$$

ergibt. In entsprechender Weise findet man für das vierte Moment

$$\langle(\Delta\omega)^4\rangle = (\hbar^2\,\mathrm{Sp}|\boldsymbol{I}_x|^2)^{-1}\{\hbar^{-2}\,\mathrm{Sp}[\mathbf{H}',[\mathbf{H}', \boldsymbol{I}_x]]^2 + 6\,\omega_0^2\,\mathrm{Sp}[\mathbf{H}', \boldsymbol{I}_x]^2\} + 5\,\omega_0^4. \tag{2.53}$$

Zwischen den Momenten einer Linie und der Form der Linie besteht ein enger Zusammenhang: Aus der Fouriertransformierten

$$\Gamma(t) = \int\limits_{-\infty}^{+\infty} g(\Omega)\,\mathrm{e}^{\mathrm{i}\Omega t}\,\mathrm{d}\Omega \tag{2.54}$$

der Linienformfunktion $g(\Omega) = g(\omega - \omega_0)$ folgt durch n-malige Differentiation nach t

$$\frac{\mathrm{d}^n}{\mathrm{d}t^n}\,\Gamma(t) = \mathrm{i}^n \int\limits_{-\infty}^{+\infty} \Omega^n g(\Omega)\,\mathrm{e}^{\mathrm{i}\Omega t}\,\mathrm{d}\Omega.$$

Für $t \to 0$ ergibt sich daraus

$$\langle(\Delta\omega)^n\rangle = \mathrm{i}^{-n}\left[\frac{\mathrm{d}^n}{\mathrm{d}t^n}\,\Gamma(t)\right]_{t=0}. \tag{2.55}$$

Der physikalische Zusammenhang zwischen $\Gamma(t)$ und dem durch (2.17) eingeführten Heisenbergoperator $\boldsymbol{I}_{x'}(t)$ bzw. dem daraus folgenden

Heisenbergoperator $\boldsymbol{M}_x(t) = \gamma_N \hbar \boldsymbol{I}_{x'}(t)$ der x-Komponente der Kernmagnetisierung geht aus der folgenden quantenmechanischen Ableitung der vom Spinsystem absorbierten Leistung hervor:

Es sei V das Volumen der Probe, E_n die Energie im Zustand $|n\rangle$, P_n die Besetzungswahrscheinlichkeit für diesen Zustand, $w_{nm} = w_{mn} = w$ die Wahrscheinlichkeit für induzierte Übergänge zwischen den Zuständen n und m. Dann ist die vom Spinsystem pro Volumeneinheit absorbierte Leistung

$$P = V^{-1} \sum_{m,n} (P_n - P_m)(E_m - E_n)\, w_{nm}$$

$$= \frac{1}{2} V^{-1} \sum_{m,n} (P_n - P_m)(E_m - E_n)(w_{nm} + w_{mn}). \tag{2.56}$$

Hierin ist nur über solche Zustände $|m\rangle$ und $|n\rangle$ zu summieren, für die $(E_m - E_n)/\hbar = \omega$, der Kreisfrequenz des eingestrahlten H_1-Feldes, ist. Die quantenmechanische Übergangswahrscheinlichkeit w_{nm} ist [1, 12, 13]

$$w_{nm} = 2\pi \gamma_N^2 H_1^2 \,|\langle m\,|\boldsymbol{I}_x|\, n\rangle|^2\, g(\omega). \tag{2.57}$$

Wählt man für $g(\omega)$ die δ-Funktion $g(\omega) = \delta[(E_m - E_n)/\hbar - \omega]$, die man üblicherweise durch das Fourierintegral

$$\delta(x) = \frac{1}{2\pi} \int_{-\infty}^{+\infty} \mathrm{e}^{\mathrm{i}xt}\, \mathrm{d}t \tag{2.58}$$

darstellt, so läßt sich die Beschränkung der Zustände $|m\rangle$ und $|n\rangle$ bei der Summation vermeiden.

Die Besetzungswahrscheinlichkeiten P_i sind die Diagonalelemente

$$\varrho_{ii} = \frac{\exp(-E_i/kT)}{\sum_l \exp(-E_l/kT)} = \frac{\exp(-E_i/kT)}{\mathrm{Sp}[\exp(-\mathbf{H}/kT)]} \tag{2.59a}$$

der Dichtematrix

$$\boldsymbol{\varrho} = \frac{\exp(-\mathbf{H}/kT)}{\mathrm{Sp}[\exp(-\mathbf{H}/kT)]} = \frac{\exp(-\mathbf{H}/kT)}{Z}, \tag{2.59b}$$

in der $\mathbf{H}$ ein Operator mit der Spur Null ist.

$\mathrm{Sp}[\exp(-\mathbf{H}/kT)]$ ist die Zustandssumme Z. Für $(E_m - E_n) < kT$, eine Bedingung, die bei der Kernresonanz immer erfüllt ist, folgt näherungsweise

$$P_n - P_m \approx \frac{\hbar\omega}{kT} \frac{\exp(-E_m/kT)}{\mathrm{Sp}[\exp(-\mathbf{H}/kT)]}. \tag{2.60}$$

(2.57), (2.58) und (2.60) in (2.56) eingesetzt, ergibt für die absorbierte Leistung

$$P(\omega) = \frac{H_1^2 \omega^2}{2ZkTV} \int\limits_{-\infty}^{+\infty} e^{-i\omega t} \sum_{m,n} e^{-E_m/kT} \left\{ e^{iE_m t/\hbar} \langle m | \boldsymbol{M}_x | n \rangle e^{-iE_n t/\hbar} \langle n | \boldsymbol{M}_x | m \rangle \right.$$

$$\left. + \langle n | \boldsymbol{M}_x | m \rangle e^{iE_m t/\hbar} \langle m | \boldsymbol{M}_x | n \rangle e^{-iE_n t/\hbar} \right\} dt$$

$$= \frac{H_1^2 \omega^2}{2ZkTV} \int\limits_{-\infty}^{+\infty} e^{-i\omega_0 t} \operatorname{Sp}\left\{ e^{-\mathbf{H}/kT} [\boldsymbol{M}_{x'}(t) \boldsymbol{M}_x + \boldsymbol{M}_x \boldsymbol{M}_{x'}(t)] \right\} e^{-i\Omega t} \, dt.$$

Der zweite Ausdruck folgt aus dem ersten durch Anwendung der Identität

$$e^{\alpha E_m} = e^{\alpha \langle m, \mathbf{H} | m \rangle} = \langle m | e^{\alpha \mathbf{H}} | m \rangle,$$

wie man durch Reihenentwicklung der Exponentialfunktion leicht beweisen kann. Mit den Abkürzungen

$$\{\boldsymbol{A}, \boldsymbol{B}\} = \frac{1}{2} (\boldsymbol{AB} + \boldsymbol{BA}) \tag{2.61}$$

für das symmetrische Produkt zweier Operatoren und

$$\overline{\langle \boldsymbol{A} \rangle} = \operatorname{Sp}(\varrho \boldsymbol{A}) = \frac{\operatorname{Sp}(e^{-\mathbf{H}/kT} \boldsymbol{A})}{\operatorname{Sp}(e^{-\mathbf{H}/kT})} \tag{2.62}$$

für das Scharmittel des Erwartungswertes des Operators $\boldsymbol{A}$ erhält man für $P(\Omega)$ die Darstellung

$$P(\Omega) = \frac{H_1^2 \omega_0^2}{kTV} \int\limits_{-\infty}^{+\infty} e^{-i\omega_0 t} \, \overline{\langle \{ \boldsymbol{M}_{x'}(t), \boldsymbol{M}_x \} \rangle} \, e^{-i\Omega t} \, dt. \tag{2.63}$$

$\boldsymbol{M}_x'(t)$ ist der Heisenbergoperator $e^{i\mathbf{H}t/\hbar} \boldsymbol{M}_x e^{-i\mathbf{H}t/\hbar}$ der x-Komponente der makroskopischen Magnetisierung.

Aus (2.54) folgt als Umkehrung

$$g(\Omega) = \frac{1}{2\pi} \int\limits_{-\infty}^{+\infty} \Gamma(t) \, e^{-i\Omega t} \, dt. \tag{2.64}$$

Da $g(\Omega)$ der absorbierten Leistung $P(\Omega)$ proportional ist, erhält man durch Vergleich von (2.63) und (2.64) für $\Gamma(t)$

$$\Gamma(t) = C \, e^{-i\omega_0 t} \, \overline{\langle \{ \boldsymbol{M}_{x'}(t), \boldsymbol{M}_x \} \rangle}. \tag{2.65}$$

Wegen der Normierung von $g(\Omega)$ muß für $t = 0$ $\Gamma(0) = 1$ sein. Daraus folgt $C = (\overline{\langle|\boldsymbol{M}_x|^2\rangle})^{-1}$, so daß $\Gamma(t)$ die endgültige Form

$$\Gamma(t) = e^{-i\omega_0 t} \frac{\overline{\langle\{\boldsymbol{M}_{x'}(t), \boldsymbol{M}_x\}\rangle}}{\overline{\langle|\boldsymbol{M}_x|^2\rangle}} \tag{2.66}$$

annimmt.

Aus (2.42) und (2.63) folgt weiterhin

$$\chi''(\Omega) = \frac{\omega_0}{2kTV} \overline{\langle|\boldsymbol{M}_x|^2\rangle} \int\limits_{-\infty}^{+\infty} \Gamma(t)\, e^{-i\Omega t}\, dt. \tag{2.67 a}$$

Anstelle von $\Gamma(t)$ benutzt man üblicherweise

$$G(t) = e^{i\omega_0 t}\Gamma(t) = \frac{\overline{\langle\{\boldsymbol{M}_{x'}(t), \boldsymbol{M}_x\}\rangle}}{\overline{\langle|\boldsymbol{M}_x|^2\rangle}}. \tag{2.68}$$

(2.67 a) geht dann über in

$$\chi''(\omega) = \frac{\omega_0}{2kTV} \overline{\langle|\boldsymbol{M}_x|^2\rangle} \int\limits_{-\infty}^{+\infty} G(t)\, e^{-i\omega t}\, dt. \tag{2.67 b}$$

Wenn $G(t)$ und damit $\Gamma(t)$ bekannt sind, lassen sich daraus mit (2.64) die Linienform und mit (2.55) die Momente der Linie bestimmen. Die allgemeine Theorie der Linienform, deren Grundzüge hier in Anlehnung an die Darstellung von PAKE ([13], S. 135ff.) kurz dargelegt wurde, läuft also letzten Endes auf die Bestimmung von $G(t)$ hinaus.

Diese von KUBO und TOMITA [8] entwickelte allgemeine Theorie der magnetischen Resonanz ist eine Anwendung der Quantenstatistik irreversibler Prozesse auf die magnetischen Erscheinungen. Die Theorie untersucht mittels der Störungsrechnung erster Ordnung das Verhalten des magnetischen Systems unter dem Einfluß einer zeitabhängigen Störung. Sie ist also eine lineare Theorie.

Die Darstellungen von $g(\omega)$ oder $P(\omega)$ oder $\chi''(\omega)$ als Fouriertransformierte von $G(t)$ haben den Vorzug, daß sie nicht nur für rein periodische Störungen, sondern für Störungen beliebiger Zeitabhängigkeit gelten. Insbesondere gelten sie auch für solche Störungen, die statistisch von der Zeit abhängen. Solche von einem stochastischen Prozeß herrührenden Störungen sind die in den Kap. 3 und 4 behandelten inneren Wechselwirkungen, die das Relaxationsverhalten von $\boldsymbol{M}_x$ bestimmen.

$\boldsymbol{M}_{x'}(t)$ ist dann, da es dem Störfeld proportional ist, ebenfalls eine stochastische Variable und $G(t)$ eine Korrelationsfunktion. Die Spektraldichte des durch $\boldsymbol{M}_{x'}(t)$ beschriebenen stochastischen Prozesses ist die Fouriertransformierte von $G(t)$:

$$J(\omega) = \int\limits_0^{\infty} G(t) \cos \omega t\, dt = \frac{1}{2}\int\limits_{-\infty}^{+\infty} G(t)\, e^{-i\omega t}\, dt. \tag{2.69 a}$$

Umgekehrt ist $G(t)$ die Fouriertransformierte von $J(\omega)$:

$$G(t) = \frac{2}{\pi}\int_0^\infty J(\omega)\cos\omega t\,d\omega = \frac{1}{\pi}\int_{-\infty}^{+\infty} J(\omega)\,e^{i\omega t}\,d\omega. \tag{2.69b}$$

Wenn das Spektrum aus einzelnen, weit voneinander getrennten scharfen Resonanzlinien besteht, die sich nicht überschneiden, und wenn die zeitabhängige Störung $\mathbf{H}'$ so klein ist, daß diese Trennung aufrechterhalten bleibt und die Dichtematrix von $\mathbf{H}'$ praktisch nicht beeinflußt wird, läßt sich $G(t)$ in eine Summe zerlegen, deren einzelne Glieder den getrennten Resonanzlinien zuzuordnen sind. Der Kleinheit von $\mathbf{H}'$ soll dadurch Rechnung getragen werden, daß man $\mathbf{H}'$ einer kleinen Wechselwirkungskonstante ε proportional setzt. Im Falle unendlich scharfer Resonanzlinien, der nur für $\varepsilon = 0$ möglich ist, setzt sich dann $g(\omega)$ aus einer Summe von δ-Funktionen $\delta(\omega - \omega_\alpha)$ zusammen, die den einzelnen Spektrallinien entsprechen, und $G(t)$ ist eine Summe von Exponentialfunktionen

$$\lim_{\varepsilon\to 0} G(t) = \sum_\alpha G_\alpha e^{i\omega_\alpha t}$$

mit zeitunabhängigen Koeffizienten G_α. Für $\varepsilon \neq 0$ werden dann als Folge der Störung diese Koeffizienten zeitabhängig:

$$\begin{aligned} &G(\varepsilon, t) = \sum_\alpha G_\alpha(\varepsilon, t) e^{i\omega_\alpha t},\\ &\lim_{\varepsilon\to 0} G_\alpha(\varepsilon, t) = G_\alpha. \end{aligned} \tag{2.70}$$

Die für $\varepsilon = 0$, $G_\alpha \neq 0$ auftretenden Resonanzlinien nennt man „Hauptlinien" oder „Linien nullter Ordnung". Durch die Störung werden diese Linien verbreitert und verschoben, und es treten durch Glieder höherer Ordnung noch zusätzliche Resonanzlinien, die „Satellitenlinien", auf.

Setzt man die Zeitabhängigkeit von $G_\alpha(\varepsilon, t)$ in der Form

$$G_\alpha(\varepsilon, t) = G_\alpha(\varepsilon, 0) e^{\psi_\alpha(\varepsilon, t)} \tag{2.71}$$

an, so wird $\psi_\alpha(\varepsilon, t)$ in ε stetig sein, wenn es $G_\alpha(\varepsilon, t)$ ist. $\psi_\alpha(\varepsilon, t)$ läßt sich dann aus der Potenzreihenentwicklung von $G_\alpha(\varepsilon, t)$ nach ε durch eine Störungsrechnung bestimmen. Die Linienformfunktion ergibt sich so mit (2.71), (2.70) und (2.68) aus (2.64) zu

$$g(\omega) = \frac{1}{2\pi}\sum_\alpha G_\alpha(\varepsilon, 0)\int_{-\infty}^{+\infty} e^{-[i\omega t - \psi_\alpha(\varepsilon, t)]}\,dt, \tag{2.72}$$

einer Darstellung der Linienformfunktion, die gelegentlich in der Literatur benutzt wird.

Die Berechnung von $G(t)$ muß auf die Berechnung von $\boldsymbol{M}_{x'}(t)$ zurückgeführt werden. $\boldsymbol{M}_{x'}(t)$ genügt der Bewegungsgleichung

$$\mathrm{i}\hbar\dot{\boldsymbol{M}}_{x'}(t) = [\boldsymbol{M}_{x'}(t), \mathbf{H}] = [\boldsymbol{M}_{x'}(t), (\mathbf{H}_z + \mathbf{H}_{st})]. \tag{2.73}$$

$\mathbf{H}_z$ soll der säkulare Teil des Hamiltonoperators, $\mathbf{H}_{st}$ der Störoperator sein. Transformiert man diese Gleichung, indem man

$$\boldsymbol{M}_{x'}(t) = \mathrm{e}^{-\mathrm{i}\,\mathbf{H}_z t/\hbar}\,\boldsymbol{M}_t\,\mathrm{e}^{\mathrm{i}\,\mathbf{H}_z t/\hbar} \tag{2.74}$$

setzt, in die Wechselwirkungsdarstellung, dann ergibt sich für $\boldsymbol{M}_t$ die Bewegungsgleichung

$$\mathrm{i}\hbar\dot{\boldsymbol{M}}_t = [\boldsymbol{M}_t, \mathbf{H}'(t)] \tag{2.75}$$

mit

$$\mathbf{H}'(t) = \mathrm{e}^{\mathrm{i}\,\mathbf{H}_z t/\hbar}\,\mathbf{H}\,\mathrm{e}^{-\mathrm{i}\,\mathbf{H}_z t/\hbar}, \tag{2.76}$$

deren Lösung

$$\boldsymbol{M}_t - \boldsymbol{M}_0 = (\mathrm{i}\hbar)^{-1}\int_0^t [\boldsymbol{M}_t, \mathbf{H}'(t')]\,\mathrm{d}t' \tag{2.77}$$

ist. Setzt man als erste Näherung

$$\boldsymbol{M}_t^{(1)} - \boldsymbol{M}_0 = (\mathrm{i}\hbar)^{-1}\int_0^t [\boldsymbol{M}_0, \mathbf{H}'(t')]\mathrm{d}t',$$

so erhält man durch Iteration

$$\boldsymbol{M}_t^{(2)} = \boldsymbol{M}_0 + (\mathrm{i}\hbar)^{-1}\int_0^t [\boldsymbol{M}_0, \mathbf{H}'(t')]\,\mathrm{d}t' + (\mathrm{i}\hbar)^{-2}\int_0^t\int_0^{t'} [[\boldsymbol{M}_0, \mathbf{H}'(t')], \mathbf{H}'(t'')]\,\mathrm{d}t'\mathrm{d}t''$$

und so weiter. Man kann daher $\boldsymbol{M}_t$ durch die Reihe

$$\boldsymbol{M}_t = \boldsymbol{M}_0 + \boldsymbol{M}' + \boldsymbol{M}'' + \cdots + \boldsymbol{M}^{(n)} + \cdots$$

und nach Rücktransformation $\boldsymbol{M}_{x'}(t)$ durch

$$\boldsymbol{M}_{x'}(t) = \boldsymbol{M}_{x'}^0(t) + \boldsymbol{M}_{x'}'(t) + \cdots + \boldsymbol{M}_{x'}^{(n)}(t) + \cdots \tag{2.78}$$

darstellen.

Das allgemeine Glied der letzten Reihe hat die Form

$$M_{x'}^{(n)}(t) = (\mathrm{i}\hbar)^{-n} \int_0^t \mathrm{d}t_1 \cdots \int_0^{t_{n-1}} \mathrm{d}t_n [[\cdots[[M_{x'}^0(t), \mathbf{H}'(t_1)]\, \mathbf{H}'(t_2)], \cdots], \mathbf{H}'(t_n)] \tag{2.79}$$

mit

$$M_{x'}^0(t) = \mathrm{e}^{\mathrm{i}\,\mathbf{H}_z t/\hbar} M_x \, \mathrm{e}^{-\mathrm{i}\,\mathbf{H}_z t/\hbar}\,. \tag{2.80}$$

Einsetzen von (2.79) in (2.68) ergibt für $G(t)$

$$G(t) = G_0(t) + G_1(t) + \cdots + G_n(t) + \cdots \tag{2.81}$$

mit dem allgemeinen Glied

$$G_n(t) = \frac{(\mathrm{i}\hbar)^{-n}}{\langle |M_x|^2 \rangle} \int_0^t \mathrm{d}t_1 \ldots \int_0^{t_{n-1}} \mathrm{d}t_n \overline{\langle \{[[\ldots[[M_{x'}^0(t), \mathbf{H}'(t_1)], \mathbf{H}'(t_2)], \ldots], \mathbf{H}'(t_n)], M_x\} \rangle}. \tag{2.82}$$

Entwickelt man $M_{x'}^0(t)$ und $\mathbf{H}'(t)$ in Fourierreihen nach den Resonanzfrequenzen ω_α, so gelangt man schließlich zur Fourierdarstellung von $G(t)$:

$$G_n(t) = \sum_\alpha \sum_\beta \frac{\mathrm{e}^{\mathrm{i}\,\omega_\alpha t}}{\mathrm{i}^n \langle |M_x(\omega_\alpha)|^2 \rangle} \int_{-\infty}^{+\infty} \mathrm{d}\omega_1 \ldots \int_{-\infty}^{+\infty} \mathrm{d}\omega_n \, g_n(t; \omega_1 \ldots \omega_n)\, F_n^*(\omega_\alpha, \omega_\beta; \omega_1 \ldots \omega_n). \tag{2.83}$$

g_n ist das Integral

$$g_n(t; \omega_1 \ldots \omega_n) = \frac{1}{2\pi\mathrm{i}} \int_{-i\infty}^{+i\infty} \mathrm{e}^{pt} [p(p - \mathrm{i}\,\omega_1)(p - \mathrm{i}\,\omega_1 - \mathrm{i}\,\omega_2) \ldots (p - \mathrm{i} \sum_{l=1}^n \omega_l)]^{-1} \mathrm{d}p\,, \tag{2.84}$$

und F_n^* ist der transformierte n-fache Kommutator von $G(t)$:

$$\begin{aligned} F_n^*(\omega_\alpha, \omega_\beta; \omega_1 \ldots \omega_n) &= \hbar^{-n} \overline{\langle \{[[\ldots[M_x(\omega_\alpha), \mathbf{H}'(\omega_1)], \ldots], \mathbf{H}'(\omega_n)], M_x(\omega_\beta)\} \rangle} \\ &\approx \hbar^{-n} \overline{\langle [[\ldots[M_x(\omega_\alpha), \mathbf{H}'(\omega_1)], \ldots], \mathbf{H}'(\omega_n)], M_x(\omega_\beta) \rangle}. \end{aligned} \tag{2.85}$$

Damit ist die Berechnung von $G(t)$ und somit von $g(\omega)$ auf die Berechnung des ungestörten Spektrums und der Spektralverteilung der Störung zurückgeführt, deren Formen durch den jeweiligen konkreten Fall bestimmt und durch die Art der Wechselwirkung bedingt sind.

Die Störung nullter Ordnung $G_0(t)$ ergibt die Intensitäten der Hauptlinien bei den Frequenzen $\omega = \omega_\alpha$. Aus der Störung erster Ordnung $G_1(t)$ läßt sich das erste Moment, aus der zweiter Ordnung das zweite Moment berechnen. Außerdem treten bei der Störung zweiter Ordnung noch Satellitenlinien auf. Störungen höherer Ordnung sollen hier nicht mehr berücksichtigt werden.

In $G_2(t)$ verschwinden alle Glieder (bzw. sind vernachlässigbar klein), die nicht den Bedingungen

$$\omega_\alpha = -\omega_\beta, \qquad \omega_1 = \omega_2 = 0$$

oder

$$\omega_\alpha = -\omega_\beta, \qquad \omega_1 = -\omega_2 = \omega_\gamma$$

genügen. Die ersten ergeben in $G_2(t)$ einen zu t^2 proportionalen, die zweiten einen zu t proportionalen Ausdruck. Mit den Abkürzungen

$$\sigma_{\alpha 0}^2 = \hbar^{-2} \frac{\overline{\langle |[\boldsymbol{M}_x(\omega_\alpha), \mathbf{H}'(0)]|^2 \rangle}}{\overline{\langle |\boldsymbol{M}_x(\omega_\alpha)|^2 \rangle}} \tag{2.86 a}$$

und

$$\sigma_{\alpha\gamma}^2 = \hbar^{-2} \frac{\overline{\langle |[\boldsymbol{M}_x(\omega_\alpha), \mathbf{H}'(\omega_\gamma)]|^2 \rangle}}{\overline{\langle |\boldsymbol{M}_x(\omega_\alpha)|^2 \rangle}} \tag{2.86 b}$$

erhält man aus (2.83)

$$G_2(t) = \sum_\alpha \left(1 - \sum_{\omega_\gamma \neq 0} \frac{\sigma_{\alpha\gamma}^2}{\omega_\gamma^2}\right) \left\{1 - \mathrm{i}t \sum_{\omega_\gamma \neq 0} \frac{\sigma_{\alpha\gamma}^2}{\omega_\gamma} - \frac{1}{2} \sigma_{\alpha 0}^2 t^2 \right\} \mathrm{e}^{\mathrm{i}\omega_\alpha t}$$

$$+ \sum_\alpha \sum_{\omega_\gamma \neq 0} \frac{\sigma_{\alpha\gamma}^2}{\omega_\gamma^2} \mathrm{e}^{\mathrm{i}(\omega_\alpha + \omega_\gamma)t}. \tag{2.87}$$

Kubo und Tomita betrachteten die in der geschweiften Klammer stehenden Glieder der ersten Summe als erste Glieder der Entwicklung einer Exponentialfunktion $\varphi(t)$, aus der sich $\psi_\alpha(\varepsilon, t)$ zu

$$\psi_\alpha(\varepsilon, t) = -\frac{1}{2} \sigma_{\alpha 0}^2 t^2 - \mathrm{i} \left(\sum_{\omega_\gamma \neq 0} \frac{\sigma_{\alpha\gamma}^2}{\omega_\gamma} - \omega_\alpha\right) t$$

ergibt. $G_2(t)$ nimmt dann die Form der Gl. (2.71) an:

$$G_2(t) = \sum_{\alpha} \left\{ \left(1 - \sum_{\omega_\gamma \neq 0} \frac{\sigma_{\alpha\gamma}^2}{\omega_\gamma^2}\right) \exp\left[-\frac{1}{2}\sigma_{\alpha 0}^2 t^2 - \mathrm{i}\left(\sum_{\omega_\gamma \neq 0} \frac{\sigma_{\alpha\gamma}^2}{\omega_\gamma} - \omega_\alpha\right) t\right] + \sum_{\omega_\gamma \neq 0} \frac{\sigma_{\alpha\gamma}^2}{\omega_\gamma^2} \mathrm{e}^{\mathrm{i}(\omega_\alpha + \omega_\gamma) t} \right\}. \tag{2.88}$$

Für die Linienform folgt damit aus (2.72) der Ausdruck

$$g(\omega) = \sum_{\alpha} \left\{ (2\pi\sigma_{\alpha 0}^2)^{-1/2} \left(1 - \sum_{\omega_\gamma \neq 0} \frac{\sigma_{\alpha\gamma}^2}{\omega_\gamma^2}\right) \exp\left[-\frac{1}{2\sigma_{\alpha 0}^2}\left(\omega - \omega_\alpha + \sum_{\omega_\gamma \neq 0} \frac{\sigma_{\alpha\gamma}^2}{\omega_\gamma}\right)^2\right] + \sum_{\omega_\gamma \neq 0} \frac{\sigma_{\alpha\gamma}^2}{\omega_\gamma^2} \delta(\omega - \omega_\alpha - \omega_\gamma) \right\}. \tag{2.89}$$

Das Spektrum besteht also aus den gaußkurvenförmigen Hauptlinien, die um $\sum_{\omega_\gamma \neq 0} \sigma_{\alpha\gamma}^2/\omega_\gamma$ gegenüber den ungestörten Linien bei ω_α verschoben sind und deren zweites Moment $\sigma_{\alpha 0}^2$ ist, und Satellitenlinien mit den relativen Intensitäten $\sigma_{\alpha\gamma}^2/\omega_\gamma^2$ und den Frequenzen $(\omega_\alpha + \omega_\gamma)$.

Für kleine H_1, d. h. für kleine Störungen, läßt sich die Theorie von Kubo und Tomita auch zur Berechnung der Spin-Gitter-Relaxationszeit T_1 und der Linienformänderung durch die Relaxationsprozesse heranziehen. Dazu muß man annehmen, daß neben der durch den Hamiltonoperator $\mathbf{H}_1$ beschriebenen Eigenbewegung des Spinsystems im Magnetfeld $\mathfrak{H}_0$ noch eine zweite, dem System aufgezwungene Bewegungsform existiert, etwa die thermische Bewegung der Einzelmomente, die durch einen Hamiltonoperator $\mathbf{H}_2$ beschrieben wird.

Da im allgemeinen $\mathbf{H}_2$ sowohl mit $\mathbf{H}_1$ als auch mit $\boldsymbol{M}_x$ vertauschbar ist, besteht die ungestörte Bewegung aus zwei unabhängigen, sich gegenseitig nicht beeinflussenden Einzelbewegungen. Durch $\mathbf{H}_2$ wird aber die Störung $\mathbf{H}'$ und damit das Resonanzspektrum geändert. Da die Rechnungen sehr umfangreich sind, können sie hier nur kurz erläutert werden. In der Originalarbeit werden die meisten Beziehungen ausführlich abgeleitet.

Ausgangspunkt ist auch hier wieder die Störung zweiter Ordnung $G_2(t)$, die sich in der Form

$$G_2(t) = -\sum_{\alpha} \sum_{\gamma} \mathrm{e}^{\mathrm{i}\omega_\alpha t} \int_0^t (t - \tau)\, \mathrm{e}^{\mathrm{i}\omega_\gamma \tau} \sigma_{\alpha\gamma}^2 f_{\alpha\gamma}(\tau)\, \mathrm{d}\tau \tag{2.90}$$

darstellen läßt. Die Relaxationsfunktion $f_{\alpha\gamma}(\tau)$ ist durch

$$\sigma_{\alpha\gamma}^2 f_{\alpha\gamma}(\tau) = \hbar^{-2} \frac{\overline{\langle\{[[\boldsymbol{M}_x(\omega_\alpha), \mathbf{H}'_\gamma(\tau)], \mathbf{H}'_{-\gamma}(0)], \boldsymbol{M}_x(-\omega_\alpha)\}\rangle}}{\langle|\boldsymbol{M}_x(\omega_\alpha)|^2\rangle} \tag{2.91}$$

definiert. $\mathbf{H}'_\gamma(\tau)$ folgt aus der allgemeinen Transformation

$$\begin{aligned}\mathbf{H}'(t) &= e^{i\mathbf{H}_0 t/\hbar}\,\mathbf{H}'\,e^{-i\mathbf{H}_0 t/\hbar}\\ &= e^{i\mathbf{H}_2 t/\hbar}\,e^{i\mathbf{H}_1 t/\hbar}\,\mathbf{H}'\,e^{-i\mathbf{H}_1 t/\hbar}\,e^{-i\mathbf{H}_2 t/\hbar}\\ &= e^{i\mathbf{H}_2 t/\hbar}\Big(\sum_\alpha \mathbf{H}'_\alpha\,e^{i\omega_\alpha t}\Big)e^{-i\mathbf{H}_2 t/\hbar}\\ &= \sum_\alpha e^{i\omega_\alpha t}\,e^{i\mathbf{H}_2 t/\hbar}\,\mathbf{H}'_\alpha\,e^{-i\mathbf{H}_2 t/\hbar}\\ &= \sum_\alpha e^{i\omega_\alpha t}\,\mathbf{H}'_\alpha(t),\\ \mathbf{H}' &= \sum_\alpha \mathbf{H}'_\alpha.\end{aligned}$$

Der Säkularteil von $G_2(t)$, d. h. die Glieder mit $\omega_\gamma = 0$, läßt sich so darstellen, daß jedes Glied $G_{2\alpha}(t)$ die Form (2.71) hat. $\psi_{\alpha 0}(t)$ hat für große t den asymptotischen Wert

$$\psi_{\alpha 0}(t) \approx -\sigma_{\alpha 0}^2(\tau'_{\alpha 0}|t| + i\tau''_{\alpha 0}t). \tag{2.92}$$

$\tau'_{\alpha 0}$ und $\tau''_{\alpha 0}$ sind durch die Integrale

$$\tau'_{\alpha 0} = \int_0^\infty \mathrm{Re}\, f_{\alpha 0}(\tau)\, d\tau, \tag{2.92a}$$

$$\tau''_{\alpha 0} = \int_0^\infty \mathrm{Im}\, f_{\alpha 0}(\tau)\, d\tau \tag{2.92b}$$

über Realteil und Imaginärteil von $f_{\alpha 0}(\tau)$ gegeben. Mit diesen Ausdrücken ergibt sich für die Linienform

$$\begin{aligned}g(\omega) &= \frac{1}{\pi}\int_0^\infty e^{-\sigma_{\alpha 0}^2\tau'_{\alpha 0}t}\cos\,(\omega - \omega_\alpha + \sigma_{\alpha 0}^2\tau''_{\alpha 0})\,t\,dt\\ &= \frac{1}{\pi}\,\frac{\sigma_{\alpha 0}^2\,\tau'_{\alpha 0}}{\sigma_{\alpha 0}^4\,\tau'^2_{\alpha 0} + (\omega - \omega_\alpha + \sigma_{\alpha 0}^2\,\tau''_{\alpha 0})^2}.\end{aligned} \tag{2.93}$$

Der Bewegungseinfluß äußert sich also darin, daß die säkularen Glieder der Störung die Linie verschmälern und daß die Gaußkurvenform der Linie im mittleren Teil in eine Lorentzkurvenform übergeht. Die Linie hat die Breite $\sigma_{\alpha 0}^2\tau'_{\alpha 0}$ und ist um $\delta_{\alpha 0} = -\sigma_{\alpha 0}^2\tau''_{\alpha 0}$ nach der niederfrequenten Seite gegenüber der ungestörten Linie verschoben. Die Näherung ist gültig, solange

$$\sigma_{\alpha 0}\,\tau'_{\alpha 0} \leqq 1 \tag{2.94}$$

ist; das bedeutet, daß eine Linienverschmälerung auftritt, wenn die reziproke Linienbreite der nichtverschmälerten Linie größer als die Korrelationszeit $\tau'_{\alpha 0}$ ist.

Die nichtsäkularen Glieder von $G_2(t)$, für die $\omega_\gamma \neq 0$ ist, lassen sich in entsprechender Weise wie die säkularen behandeln. Sie geben zu zusätzlichen lorentzkurvenförmigen Linien mit den Halbwertsbreiten

$$\Delta\omega_{\alpha\gamma} = \sigma^2_{\alpha\gamma}\,\tau'_{\alpha\gamma} \tag{2.95 a}$$

Anlaß, die um

$$\delta_{\alpha\gamma} = -\sigma^2_{\alpha\gamma}\,\tau''_{\alpha\gamma} \tag{2.95 b}$$

gegenüber den ungestörten Linien verschoben sind und sich diesen überlagern. $\tau'_{\alpha\gamma}$ und $\tau''_{\alpha\gamma}$ sind durch

$$\tau'_{\alpha\gamma} = \frac{1}{2}\int\limits_{-\infty}^{+\infty} e^{i\omega_\gamma\tau} f_{\alpha\gamma}(\tau)\,d\tau = \pi f_{\alpha\gamma}(-\,\omega_\gamma) \tag{2.96 a}$$

und

$$\tau''_{\alpha\gamma} = C\int\limits_{-\infty}^{+\infty} \frac{f_{\alpha\gamma}(\omega)}{\omega + \omega_\gamma}\,d\omega \tag{2.96 b}$$

definiert. $C\int\limits_{-\infty}^{+\infty}$ ist der Cauchysche Hauptwert des Integrals.

Im Falle sehr starker Verschmälerung ($\sigma^2_{\alpha 0}\tau'_{\alpha 0} \ll 1$) ergibt die Überlagerung der säkularen und nichtsäkularen Beiträge wieder lorentzkurvenförmige Linien der Halbwertsbreite

$$\Delta\omega_\alpha = T^{-1}_{2\alpha} = \sum_\gamma \sigma^2_{\alpha\gamma}\,\tau'_{\alpha\gamma}, \tag{2.97 a}$$

die um

$$\delta_\alpha = -\sum_\gamma \sigma^2_{\alpha\gamma}\,\tau''_{\alpha\gamma} \tag{2.97 b}$$

gegenüber der ungestörten Linie verschoben sind. $T_{2\alpha}$ ist die die Linienbreite bestimmende transversale Relaxationszeit, die früher mit T_2 bezeichnet wurde. Sie setzt sich aus dem von den säkularen Gliedern herrührenden Anteil $T_{2\alpha 0}$ und dem von den nichtsäkularen Gliedern herrührenden Anteil $T'_{1\alpha}$ zusammen:

$$T^{-1}_{2\alpha} = T^{-1}_{2\alpha 0} + T'^{-1}_{1\alpha}. \tag{2.98}$$

$T'_{1\alpha}$ ist der Teil der longitudinalen Relaxationszeit T_1, der zu einer Linienverbreiterung führt.

Bemerkenswert ist, daß die Theorie von Kubo und Tomita für T_1^{-1} und $T'^{-1}_{1\alpha}$ zwei etwas voneinander abweichende Ausdrücke ergibt. Die Relaxationsprozesse liefern also etwas verschiedene Beiträge zur nichtsäkularen Verbreiterung der Linie und zur Spin-Gitter-Relaxationszeit.

Diese als Kubo-Tomita-Effekt in die Literatur eingegangene Erscheinung muß in manchen Fällen, wenn aus einer Linienverbreiterung Rückschlüsse auf den Relaxationsmechanismus gezogen werden sollen, beachtet werden. Meist wird dieser Effekt allerdings vernachlässigt.

Relaxationsprozesse können nur dann auftreten, wenn der Störoperator $\mathbf{H}'_\gamma(t)$ eine Spektralkomponente der Frequenz ω_γ hat, d. h., wenn im Frequenzspektrum von $\mathbf{H}_2$ eine Komponente mit ω_γ vorhanden ist und durch die zweite Bewegungsform (thermische Bewegung) Quanten der Größe $\hbar\omega_\gamma$ emittiert oder absorbiert werden können.

Die Theorie von Kubo und Tomita setzt nur voraus, daß die Störungen klein sind (sie gilt daher auch nur für kleine H_1) und die zu den verschiedenen Übergängen gehörenden Resonanzlinien sich nicht überlappen. Sie ist sowohl auf das starre Gitter anwendbar, in dem die inneren Felder (die Störungen) statisch sind, als auch auf das nichtstarre Gitter, in welchem den statischen Feldern in der Zeit statistisch schwankende Felder überlagert sind. Die statischen Felder sind die zeitlichen Mittelwerte der statistisch schwankenden Felder. Über die Größe der statischen Feldanteile werden keine Voraussetzungen gemacht.

Wenn die statischen Anteile sehr klein sind, wie in niedrigviskosen Flüssigkeiten oder im Festkörper bei starker Selbstdiffusion oder Rotation von Molekülgruppen, oder wenn die fluktuierenden Felder sehr groß sind, etwa wenn diese von paramagnetischen Verunreinigungen herrühren, oder wenn es sich um die im Kap. 4 behandelte Wechselwirkung zwischen den Kernquadrupolmomenten und großen fluktuierenden elektrischen Feldgradienten handelt, läßt sich für die Beschreibung der Bewegungseinflüsse eine wesentlich einfachere, von Bloembergen, Purcell und Pound [17] entwickelte Theorie anwenden, die in die Literatur unter dem Namen BPP-Theorie eingegangen ist.

Die BPP-Theorie nimmt an, daß die quadratischen Mittelwerte über der Zeit von säkularen Anteilen G_0 und nichtsäkularen Anteilen $G_\omega(t)$ den Integralen über die Spektraldichten proportional sind:

$$\overline{|G_0|^2}^{\,t} = \int_{-\infty}^{+\infty} J_0(\omega)\,\mathrm{d}\omega,$$

$$\overline{|G_\omega|_0^{\,2}}^{\,t} = \int_{-\infty}^{+\infty} J_1(\omega)\,\mathrm{d}\omega, \tag{2.99}$$

$$\overline{|G_{2\omega_0}{}^2|}^{\,t} = \int_{-\infty}^{+\infty} J_2(\omega)\,\mathrm{d}\omega.$$

Enthält das Frequenzspektrum der Störung die Komponenten $J_0(0)$, $J_1(\omega_0)$ oder $J_2(2\,\omega_0)$, so werden die entsprechenden Terme säkular, und es können Übergänge mit $\Delta m = 0$ bzw. $\Delta m = \pm 1$ und $\Delta m = \pm 2$ induziert werden.

Aus (2.99) ergeben sich die entsprechenden Korrelationsfunktionen:

$$K_i(\tau) = \overline{G_i(t)\, G_i^*(t+\tau)} = \frac{1}{2\pi} \int\limits_{-\infty}^{+\infty} J_i(\omega)\, \mathrm{e}^{-\mathrm{i}\,\omega\tau}\, \mathrm{d}\omega . \tag{2.100}$$

Umgekehrt gilt für die Spektraldichten:

$$J_i(\omega) = \int\limits_{-\infty}^{+\infty} K_i(\tau)\, \mathrm{e}^{\mathrm{i}\,\omega\tau}\, \mathrm{d}\tau . \tag{2.101}$$

Für die Übergangswahrscheinlichkeiten $w_{m \to m \pm 1}$ ergibt die Störungsrechnung

$$w_{\substack{m+1 \to m \\ m \to m+1}} = C[J_1(\pm\, \omega_0) + \frac{1}{2} J_2(\pm\, 2\, \omega_0)] . \tag{2.102}$$

Die Konstante C hängt von der Art der Wechselwirkung ab (s. dazu Kap. 3 und 4). Die Spektraldichten sind ebenso wie die Korrelationsfunktionen gerade Funktionen. Daher ist

$$J_i(-\omega) = J_i(+\omega)$$

und

$$w_{m \to m+1} = w_{m+1 \to m} .$$

Wenn die Besetzungszahlen p_m der einzelnen Energieniveaus E_m durch die Diagonalelemente ϱ_{mm} [s. Gl. (2.59a)] der Dichtematrix $\boldsymbol{\varrho}$ [s. Gl. (2.59b)] gegeben sind, so läßt sich das Spinsystem, auch wenn es nicht im Gleichgewicht mit einem Wärmebad ist, durch eine Spintemperatur T_S beschreiben, die dann statt T in die Dichtematrix eingeht. Eine solche Beschreibung durch die Spintemperatur ist allerdings nicht immer möglich (siehe z. B. [1, 12, 7]).

Die mittlere Energie $\bar{E}$ des Spinsystems ist durch

$$\bar{E} = \sum_m p_m E_m$$

gegeben. Die zeitliche Änderung dieser mittleren Energie ist

$$\frac{\mathrm{d}\bar{E}}{\mathrm{d}t} = \frac{\partial \bar{E}}{\partial \beta} \frac{\mathrm{d}\beta}{\mathrm{d}t} = \frac{\mathrm{d}}{\mathrm{d}t} \sum_m p_m E_m = \sum_m E_m \frac{\mathrm{d}p_m}{\mathrm{d}t} , \tag{2.103}$$

$$\beta = (kT)^{-1}.$$

Aus den kinetischen Gleichungen

$$\frac{\mathrm{d}p_m}{\mathrm{d}t} = \sum_n (p_n W_{nm} - p_m W_{mn})$$

folgt damit

$$\frac{\mathrm{d}\bar{E}}{\mathrm{d}t} = \frac{1}{2} \sum_{m,n} (p_n W_{nm} - p_m W_{mn})(E_m - E_n). \tag{2.104}$$

Um $\partial\bar{E}/\partial\beta$ bestimmen zu können, entwickelt man die Zustandssumme Z für $\beta E_n \ll 1$ nach βE_n. Da $\mathbf{H}$ ein Tensor mit der Spur Null ist, verschwindet das in β lineare Glied. Vernachlässigt man alle Glieder mit höheren Potenzen in β, dann wird $Z = Z_\infty$. (Z_∞ ist die Zustandssumme für $T \to \infty$, d. h. für gleiche Besetzung aller Niveaus.) Für $\partial\bar{E}/\partial\beta$ ergibt sich dann

$$\frac{\partial\bar{E}}{\partial\beta} = -\frac{1}{Z_\infty} \sum_n E_n^2 \, \mathrm{e}^{-\beta E_n} \approx -\frac{1}{Z_\infty} \sum_n E_n^2. \tag{2.105}$$

Bezeichnet man mit p_n^L den Wert von p_n, wenn sich das Spinsystem im thermischen Gleichgewicht mit dem Gitter befindet, so erfordert das auf S. 64 beschriebene Prinzip des detaillierten Gleichgewichtes, daß

$$p_m^L W_{mn} = p_n^L W_{nm}$$

bzw.

$$W_{mn} = W_{nm} \, \mathrm{e}^{(E_m - E_n)\beta_G} = W_{nm} \frac{p_n^L}{p_m^L}$$

ist. $\beta_G = (kT_G)^{-1}$. T_G ist die Gittertemperatur. Aus (2.104) folgt damit

$$\frac{\mathrm{d}\bar{E}}{\mathrm{d}t} = \frac{1}{2} \sum_{m,n} p_m W_{mn} [1 - \exp\{(E_m - E_n)(\beta - \beta_G)\}](E_n - E_m)$$

$$\approx \frac{1}{2 Z_\infty} \sum_{m,n} W_{mn} (E_m - E_n)^2 (\beta - \beta_G), \tag{2.106}$$

wenn die Exponentialfunktion in eine Reihe entwickelt, alle Glieder bis auf das lineare vernachlässigt und p_m durch die Gleichverteilung Z_∞ angenähert werden.

Aus (2.103), (2.105) und (2.106) ergibt sich dann

$$\frac{\mathrm{d}\beta}{\mathrm{d}t} = (\beta_G - \beta)\left[\frac{1}{2} \frac{\sum_{m,n} W_{mn}(E_m - E_n)^2}{\sum_n E_n^2}\right] = \frac{\beta_G - \beta}{T_1} \tag{2.107 a}$$

oder, wenn man die in β auftretende Spintemperatur mit T_S bezeichnet,

$$\frac{\mathrm{d}T_S}{\mathrm{d}t} = T_1^{-1} \frac{T_S}{T_G} (T_G - T_S). \tag{2.107 b}$$

T_1 ist die Spin-Gitter-Relaxationszeit. Diese läßt sich nun aus (2.107) und (2.102) berechnen.

Die Bestimmung der Übergangswahrscheinlichkeiten für die Relaxationsprozesse, der damit verbundenen Spektraldichten und Korrelationsfunktionen aus dem Hamiltonoperator kann auf die Lösung der Bewegungsgleichung der Dichtematrix zurückgeführt werden. Damit läßt sich dann eine allgemeine Theorie der Spin-Gitter-Relaxation aufbauen.

Wenn $\mathbf{H}_0$ ein zeitunabhängiger Hamiltonoperator mit der Spur Null ist, der die statischen Wechselwirkungen des Spinsystems – etwa die zwischen Spinsystem und äußerem Magnetfeld – beschreibt und dessen Energieeigenwerte und Eigenfunktionen E_m und $|m\rangle$ sind, so ist die Bewegungsgleichung für die Dichtematrix

$$\frac{d\varrho}{dt} = \frac{i}{\hbar}\,[\varrho, \mathbf{H}_0]\,. \tag{2.108}$$

Ihre formale Lösung ist die zeitabhängige Dichtematrix

$$\varrho(t) = e^{-i\,\mathbf{H}_0 t/\hbar}\varrho(0)\, e^{i\,\mathbf{H}_0 t/\hbar}\,. \tag{2.109}$$

Die zeitabhängigen Matrixelemente ergeben sich aus den zeitunabhängigen zu

$$\varrho_{km}(t) = \langle k|\varrho(t)|m\rangle = e^{i\,(E_m - E_k)\,t/\hbar}\,\varrho_{km}(0)\,. \tag{2.110}$$

$\varrho(0)$ ist der Operator der Dichtematrix zur Zeit $t = 0$.

Enthält der Gesamthamiltonoperator $\mathbf{H}$ neben dem zeitunabhängigen Operator $\mathbf{H}_0$ noch einen kleinen zeitabhängigen Störoperator $\mathbf{H}_1(t)$, so daß also $\mathbf{H} = \mathbf{H}_0 + \mathbf{H}_1$ ist, dann lautet die Bewegungsgleichung der Dichtematrix

$$\varrho = \frac{i}{\hbar}\,[\varrho, \mathbf{H}_0 + \mathbf{H}_1]\,. \tag{2.111}$$

Führt man durch

$$\varrho(t) = e^{-i\,\mathbf{H}_0 t/\hbar}\varrho'(t)\, e^{i\,\mathbf{H}_0 t/\hbar} \tag{2.112}$$

den Operator $\varrho'(t)$ ein, so erhält man für diesen die Differentialgleichung

$$\varrho' = \frac{i}{\hbar}\,[\varrho', \mathbf{H}_1'] \tag{2.113}$$

mit

$$\mathbf{H}_1' = e^{i\,\mathbf{H}_0 t/\hbar}\,\mathbf{H}_1\, e^{-i\,\mathbf{H}_0 t/\hbar}\,. \tag{2.114}$$

Für die Matrixelemente von ϱ' und $\mathbf{H}_1$ gelten die Beziehungen

$$\begin{aligned} \varrho'_{mn} &= e^{i(E_m - E_n)\,t/\hbar}\,\varrho_{mn}\,,\\ H'_{1mn} &= e^{i(E_m - E_n)\,t/\hbar}\,H_{1mn}\,. \end{aligned} \tag{2.115}$$

Durch Integration folgt aus (2.113) die Lösung der Bewegungsgleichung für die Dichtematrix $\varrho'(t)$:

$$\varrho'(t) = \varrho'(0) + i\hbar^{-1} \int_0^t [\varrho'(t'), \mathbf{H}_1'(t')]\, dt'. \tag{2.116}$$

(2.116) läßt sich durch ein Iterationsverfahren lösen. Der erste Schritt liefert

$$\varrho'^{(1)}(t) = \varrho'(0) + i\hbar^{-1} \int_0^t [\varrho'(0), \mathbf{H}_1'(t')]\, dt'. \tag{2.117 a}$$

Aus der zweiten Iteration folgt

$$\varrho'^{(2)}(t) = \varrho'(0) + i\hbar^{-1} \int_0^t [\varrho'(0), \mathbf{H}_1'(t')]\, dt' - \hbar^{-2} \int_0^t dt' \int_0^{t'} dt'' [[\varrho'(0), \mathbf{H}_1'(t'')], \mathbf{H}_1'(t')]. \tag{2.117 b}$$

Durch Differentiation von (2.117 b) folgt umgekehrt

$$\dot{\varrho}'^{(2)} = i\hbar^{-1}[\varrho'(0), \mathbf{H}_1'(t)] - \hbar^{-2} \int_0^t [[\varrho'(0), \mathbf{H}_1'(t')], \mathbf{H}_1'(t)]\, dt'. \tag{2.118}$$

Bildet man die Diagonalelemente von (2.118), dann erhält man für die zeitliche Änderung des Diagonalelementes ϱ_{mm} der Dichtematrix, das der zeitlichen Änderung der Besetzungszahl p_m des m-ten Niveaus äquivalent ist,

$$\dot{\varrho}'_{mm} = \dot{\varrho}_{mm} = i\hbar^{-1} \sum_n \{\varrho_{mn}(0) H'_{1nm} - H'_{1mn} \varrho_{nm}(0)\} + \left(\frac{i}{\hbar}\right)^2 \int_0^t \langle m | \varrho'(0)\, \mathbf{H}_1'(t)\, \mathbf{H}_1'(t') - \mathbf{H}_1'(t)\, \varrho'(0)\, \mathbf{H}_1'(t') - \mathbf{H}_1'(t')\, \varrho'(0)\, \mathbf{H}_1'(t) + \mathbf{H}_1'(t')\, \mathbf{H}_1'(t)\, \varrho'(0) | m \rangle\, dt'. \tag{2.119}$$

Zur Vereinfachung werde angenommen, daß zur Zeit $t = 0$ alle Zustände außer dem Zustand k unbesetzt sind. Dann ist $\dot{\varrho}_{mm}$ direkt die Übergangswahrscheinlichkeit W_{km} vom Zustand k zum Zustand m. Unter dieser Voraussetzung verschwinden alle Matrixelemente $\langle n | \varrho(0) | m \rangle$ außer dem für $n = m = k$, da $\langle k | \varrho(0) | k \rangle = 1$ wird. In (2.119) werden dann alle Glieder außer den beiden mittleren im Integral Null, und (2.119) geht in

$$\dot{\varrho}_{mm} = \hbar^{-2} \int_0^t \{\langle m | \mathbf{H}_1'(t') | k \rangle \langle k | \mathbf{H}_1'(t) | m \rangle + \langle m | \mathbf{H}_1'(t) | k \rangle \langle k | \mathbf{H}_1'(t') | m \rangle\}\, dt'$$

über. (2.120)

Ist $\mathbf{H}_1(t)$ eine in der Zeit statistisch schwankende Funktion, so erhält man durch Bildung des Scharmittels und Rücktransformation von $\mathbf{H}_1'$ in $\mathbf{H}_1$ mit den Bezeichnungen $E_m/\hbar = m$, $E_k/\hbar = k$ aus (2.120)

$$\begin{aligned}\dot{\varrho}_{mm} = \hbar^{-2}\int_0^t \Big\{&\overline{\langle m|\mathbf{H}_1(t')|k\rangle\langle k|\mathbf{H}_1(t)|m\rangle}\, \mathrm{e}^{\mathrm{i}(m-k)(t'-t)} \\ &+ \overline{\langle m|\mathbf{H}_1(t)|k\rangle\,\langle k|\mathbf{H}_1(t')|m\rangle}\, \mathrm{e}^{\mathrm{i}(m-k)(t-t')}\Big\}\, \mathrm{d}t'\,.\end{aligned} \tag{2.121}$$

Ist die Störung stationär, dann ist das Scharmittel $\overline{\langle m|\mathbf{H}_1(t')|k\rangle\langle k|\mathbf{H}_1(t)|m\rangle}$ zeitunabhängig und hängt nur von der Zeitdifferenz $(t - t') = \tau$ ab. Führt man für diesen Fall die Korrelationsfunktion

$$\begin{aligned}G_{mk}(\tau) &= \overline{\langle m|\mathbf{H}_1(t)|k\rangle\,\langle k|\mathbf{H}_1(t+\tau)|m\rangle} \\ &= \overline{\langle k|\mathbf{H}_1(t+\tau)|m\rangle\,\langle m|\mathbf{H}_1(t)|k\rangle} \\ &= G_{km}(-\tau)\end{aligned} \tag{2.122}$$

ein, so wird aus (2.121)

$$\begin{aligned}\dot{\varrho}_{mm} &= \hbar^{-2}\int_0^t \Big\{G_{mk}(\tau)\mathrm{e}^{-\mathrm{i}(m-k)\tau} + G_{mk}(-\tau)\,\mathrm{e}^{\mathrm{i}(m-k)\tau}\Big\}\,\mathrm{d}\tau \\ &= \hbar^{-2}\int_{-t}^{t} G_{mk}(\tau)\mathrm{e}^{-\mathrm{i}(m-k)\tau}\,\mathrm{d}\tau\,.\end{aligned} \tag{2.123}$$

$G_{mk}(\tau)$ nimmt seinen Maximalwert

$$G_{mk}(0) = \overline{|\langle m|\mathbf{H}_1(t)|k\rangle|^2} \tag{2.124}$$

für $\tau = 0$ an und geht mit wachsendem $|\tau|$ sehr schnell gegen Null. Deshalb können für Zeiten t, die groß gegen die Korrelationszeit τ_c sind, die Integrationsgrenzen von $-\infty$ bis $+\infty$ erstreckt werden.

Für die Übergangswahrscheinlichkeit W_{km} folgt dann

$$\begin{aligned}W_{km} = \dot{\varrho}_{mm} &= \hbar^{-2}\int_{-\infty}^{+\infty} G_{mk}(\tau)\,\mathrm{e}^{-\mathrm{i}(m-k)\tau}\,\mathrm{d}\tau \\ &= \hbar^{-2}\int_{-\infty}^{+\infty} G_{mk}(\tau)\,\mathrm{e}^{-\mathrm{i}\,\omega_{mk}\tau}\,\mathrm{d}\tau\end{aligned} \tag{2.125}$$

mit $\omega_{mk} = (E_m - E_k)/\hbar$. Die Fouriertransformierte der Korrelationsfunktion ist aber die Spektraldichte der Störung, so daß (2.125) in

$$W_{km} = \hbar^{-2} J_{mk}(\omega_{mk}) \tag{2.126}$$

übergeht.

Aufbauend auf den Arbeiten von Wangsness und Bloch [30], Bloch [31], Fano [32] und Solomon [33] hat Redfield [29] mittels der Lösung (2.118) der Bewegungsgleichung der Dichtematrix eine allgemeine Relaxationstheorie entwickelt.

Unter der Annahme, daß $\mathbf{H}_1(t)$ nur statistisch von der Zeit abhängt, daß also kein Hochfrequenzfeld auf die Probe einwirkt, und daß das Scharmittel von $\overline{\mathbf{H}_1(t)}$ verschwindet, sind auch die Mittelwerte der Matrixelemente $\overline{\langle\alpha|\mathbf{H}'_1(t)|\beta\rangle} \equiv 0$. Also verschwindet auch in der Gleichung (2.118) für die Nichtdiagonalelemente $\langle\alpha|\varrho'(0)|\alpha'\rangle$ der Kommutator.

Das zweite Glied ergibt nach Rücktransformation der Matrixelemente von $\mathbf{H}'_1(t)$ in die von $\mathbf{H}_1(t)$ nach Gleichung (2.115), Einführung der neuen Variablen $\tau = (t - t')$ und Mittelwertbildung

$$\begin{aligned}\dot{\varrho}'_{\alpha\alpha'} = \hbar^{-2} \sum_{\beta'\beta} \int_0^t \Big\{ &\overline{\langle\alpha|\mathbf{H}_1(t-\tau)|\beta\rangle\langle\beta'|\mathbf{H}_1(t)|\alpha'\rangle}\, e^{-i(\alpha-\beta)\tau}\, e^{i[(\alpha-\alpha')-(\beta-\beta')]t}\, \varrho'_{\beta\beta'} \\ &+ \overline{\langle\alpha|\mathbf{H}_1(t)|\beta\rangle\langle\beta'|\mathbf{H}_1(t-\tau)|\alpha'\rangle}\, e^{i(\alpha'-\beta')\tau}\, e^{i[(\alpha-\alpha')-(\beta-\beta')]t}\, \varrho'_{\beta\beta'} \\ &- \overline{\langle\beta|\mathbf{H}_1(t-\tau)|\beta'\rangle\langle\beta'|\mathbf{H}_1(t)|\alpha'\rangle}\, e^{i(\beta'-\beta)\tau}\, e^{i(\beta-\alpha')t}\, \varrho'_{\alpha\beta} \\ &- \overline{\langle\alpha|\mathbf{H}_1(t)|\beta\rangle\langle\beta|\mathbf{H}_1(t-\tau)|\beta'\rangle}\, e^{i(\beta'-\beta)\tau}\, e^{i(\alpha-\beta')t}\, \varrho'_{\beta'\alpha'} \Big\}\, d\tau. \end{aligned} \tag{2.127}$$

Für $t \gg \tau_c$ kann die obere Integrationsgrenze wieder gleich ∞ gesetzt werden.

Im allgemeinen hat der Operator $\mathbf{H}_1(t)$ die Form

$$\mathbf{H}_1(t) = \sum_q H_q(t)\, \boldsymbol{K}^q, \tag{2.128}$$

worin $\boldsymbol{K}^q$ eine Funktion ist, die nur die Spinkoordinaten enthält, und $H_q(t)$ eine von den Spinkoordinaten unabhängige, aber meist von den Ortskoordinaten abhängige Funktion ist. Durch Benutzung der reellen Korrelationsfunktion

$$\begin{aligned} G_{\alpha\beta\alpha'\beta'}(\tau) &= \overline{\langle\alpha|\mathbf{H}_1(t)|\beta\rangle\langle\beta'|\mathbf{H}_1(t+\tau)|\alpha'\rangle} \\ &= \sum_{qq'} \langle\alpha|\boldsymbol{K}^q|\beta\rangle\langle\beta'|\boldsymbol{K}^{q'}|\alpha'\rangle\, \overline{H_q(t)H_{q'}(t+\tau)}, \end{aligned} \tag{2.129}$$

in der nur das vorgezogene Matrixelement spinabhängig ist und die eigentliche Korrelationsfunktion nur noch die Koordinaten des Störfeldes enthält, läßt sich die Spektraldichte der Störung

$$L_{qq'}(\omega) = \int_0^\infty \overline{H_q(t)H_{q'}(t+\tau)}\, e^{-i\omega\tau}\, d\tau \tag{2.130}$$

in Real- und Imaginärteil zerlegen:

$$\begin{aligned} k_{qq'} = \operatorname{Re} L_{qq'}(\omega) &= \frac{1}{2}\int_{-\infty}^{+\infty} \overline{H_q(t)H_{q'}(t+\tau)}\cos\omega\tau\, d\tau, \\ \operatorname{Im} L_{qq'}(\omega) &= -\int_0^\infty \overline{H_q(t)\, H_{q'}(t+\tau)}\sin\omega\tau\, d\tau. \end{aligned} \tag{2.131}$$

Für große Werte von t oszillieren die einzelnen Glieder in (2.127) so schnell, daß ihre zeitlichen Mittelwerte verschwinden, wenn nicht die Koeffizienten von t in den Exponentialfunktionen Null sind. Daher sind nur solche Glieder $\dot{\varrho}'_{\alpha\alpha'}$ wesentlich, für die $\alpha - \alpha' = \beta - \beta'$ ist. Man kann daher die beiden ersten und die beiden letzten Glieder von (2.127) zusammenfassen und erhält, wenn man die Spektraldichte

$$J_{\alpha\alpha'\beta\beta'}(\omega) = \int\limits_{-\infty}^{+\infty} \overline{\langle\alpha|\mathbf{H}_1(t)|\alpha'\rangle\langle\beta'|\mathbf{H}_1(t+\tau)|\beta\rangle}\, \mathrm{e}^{-\mathrm{i}\omega\tau}\, \mathrm{d}\tau \qquad (2.132)$$

einführt, nach einigen Zwischenrechnungen (s. dazu [12], S. 146 oder [29]) für $\varrho'_{\alpha\alpha'}$ die Bewegungsgleichung

$$\dot{\varrho}'_{\alpha\alpha'} = \sum_{\beta\beta'} R_{\alpha\alpha'\beta\beta'}\, \mathrm{e}^{\mathrm{i}(\alpha-\alpha'+\beta'-\beta)t}\, \varrho'_{\beta\beta'}(0)\,. \qquad (2.133)$$

$R_{\alpha\alpha'\beta\beta'}$ ist darin durch

$$R_{\alpha\alpha'\beta\beta'} = \frac{1}{2}\hbar^{-2}\Big\{J_{\alpha\beta\alpha'\beta'}(\alpha'-\beta') + J_{\alpha\beta\alpha'\beta'}(\alpha-\beta) - \delta_{\alpha'\beta'}\sum_{\gamma} J_{\gamma\beta\gamma\alpha}(\gamma-\beta) - \delta_{\alpha\beta}\sum_{\gamma} J_{\gamma\alpha'\gamma\beta'}(\gamma-\beta')\Big\} \qquad (2.134)$$

gegeben.

Gleichung (2.133) stellt eine Beziehung zwischen den Werten von ϱ' zur Zeit $t \gg \tau_c$ und zur Zeit $t = 0$ her. Ausgangspunkt für die Ableitung war (2.118), die ihrerseits aus der zweiten Iteration von (2.116) gewonnen wurde. Wäre die Näherung weitergeführt worden, dann enthielte (2.133) noch Glieder höherer Ordnung. (2.133) stellt also das erste Glied einer Reihenentwicklung dar. Bedingung für gute Konvergenz ist, daß sich die $\varrho'_{\beta\beta'}(t)$ nur wenig von den $\varrho'_{\beta\beta'}(0)$ unterscheiden. Es muß also eine Zeit $t_G \gg \tau_c$ geben, für die immer noch $\varrho'_{\beta\beta'}(t_G) \approx \varrho'_{\beta\beta'}(0)$ gilt. Das ist nur möglich, wenn $t_G R_{\alpha\alpha'\beta\beta'} \ll 1$ ist. Für $\varrho'_{\beta\beta'}(t) \approx \varrho'_{\beta\beta'}(0)$ kann auf der rechten Seite von (2.133) $\varrho'_{\beta\beta'}(0)$ durch $\varrho'_{\beta\beta'}(t)$ ersetzt werden, und man erhält jetzt eine Differentialgleichung für $\varrho'_{\beta\beta'}(t)$, die für alle Zeiten t gilt und die auch für große Zeitintervalle gelöst werden kann. Aus der Bedingung für die Anwendbarkeit der Redfieldschen Theorie, nämlich daß die Beobachtungszeit t groß gegen τ_c ist, folgt, daß auch

$$T_1, T_2 \gg \tau_c \qquad (2.135)$$

sein müssen. Das ist aber immer dann der Fall, wenn Bewegungs- oder Austauschverschmälerung auftritt.

Transformiert man die Matrixelemente von ϱ' in die von ϱ zurück, so folgt wegen $\alpha - \alpha' = \beta - \beta'$

$$\dot{\varrho}_{\alpha\alpha'} = \mathrm{i}(\alpha' - \alpha)\,\varrho_{\alpha\alpha'} + \sum_{\beta\beta'} R_{\alpha\alpha'\beta\beta'}\,\varrho_{\beta\beta'}\,. \qquad (2.136)$$

Der imaginäre Term beschreibt die durch $\mathbf{H}_0$ bestimmte ungestörte Bewegung des Systems, während die Matrix $\boldsymbol{R}$ die Relaxation des Systems durch die statistische Störung $\mathbf{H}_1(t)$ beschreibt. $\boldsymbol{R}$ heißt „Relaxationsmatrix".

Da die Wahrscheinlichkeit für induzierte Übergänge von α nach β gleich der für Übergänge von β nach α ist, ist auch

$$R_{\alpha\alpha\beta\beta} = R_{\beta\beta\alpha\alpha}.$$

Als Folge der Bewegungsgleichung würde sich daher $\boldsymbol{\varrho}$ immer mehr dem Zustand der Gleichverteilung nähern, d. h., $\boldsymbol{\varrho}$ ginge gegen $\boldsymbol{\varrho}(T=\infty)$. In Wirklichkeit muß sich aber $\boldsymbol{\varrho}$, wenn es allein das Spinsystem beschreiben soll, einem Wert

$$\langle \boldsymbol{\varrho}^T \rangle = c \cdot \exp\left(-E/kT\right) \tag{2.137}$$

nähern. Diese Schwierigkeit kann man umgehen, wenn man annimmt, daß $\boldsymbol{\varrho}$ die Dichtematrix für das vollständige System ist, das aus dem Spinsystem und dem Wärmebad (das ist im allgemeinen das Gitter) besteht. $\boldsymbol{\varrho}$ ist dann das Produkt einer das Spinsystem beschreibenden Dichtematrix $\boldsymbol{\varrho}$ mit einer das Wärmebad beschreibenden Matrix $\boldsymbol{\varrho}_G$, und die Quantenzahlen α, α', β, β' setzen sich aus den Spinquantenzahlen s, s' und den Gitterquantenzahlen f, f' zusammen. Unter der Annahme, daß das Gitter trotz der Spinrelaxation immer im thermischen Gleichgewicht bleibt, muß

$$\varrho_{Gff'} = \delta_{ff'} \frac{e^{-\hbar f/kT}}{\sum\limits_{ff''} e^{-\hbar f''/kT}} \tag{2.138}$$

gelten. Dann wird aber

$$\frac{d}{dt}\left(\varrho'_{Gff'}\,\sigma'_{ss'}\right) = \varrho_{Gff'} \frac{d}{dt}\sigma'_{ss'},$$

woraus die modifizierte Redfieldsche Gleichung

$$\dot{\sigma}_{\alpha\alpha'} = i(\alpha' - \alpha)\,\sigma_{\alpha\alpha'} + \sum_{\beta\beta'} R_{\alpha\alpha'\beta\beta'}\left(\sigma_{\beta\beta'} - \sigma^T_{\beta\beta'}\right) \tag{2.139}$$

folgt. $\boldsymbol{\sigma}^T$ ist die Dichtematrix des sich im thermischen Gleichgewicht befindenden Spinsystems.

Die Wechselwirkung mit dem Wärmebad kann auch dadurch berücksichtigt werden, daß man dieses im Hamiltonoperator – da es mit dem Spinsystem durch die zeitabhängige Wechselwirkung $\mathbf{H}_1(t)$ gekoppelt ist – durch einen zeitunabhängigen Operator $\mathbf{H}_2$ berücksichtigt, der mit $\mathbf{H}_0$ vertauschbar ist. Ebenso läßt sich dem Einfluß eines zeitperiodischen Magnetfeldes durch einen periodisch von der Zeit abhängenden Operator $\mathbf{H}_2(t)$ Rechnung tragen. Dabei wird angenommen, daß er in der

Relaxationsmatrix vernachlässigt werden kann und nur auf das imaginäre Glied einen Einfluß hat. In allen diesen Fällen läßt sich die Dichtematrix des Spinsystems von der Dichtematrix des Restsystems abtrennen und für die erstere eine Bewegungsgleichung aufstellen und lösen. Der Vorteil der Redfieldschen Theorie besteht gerade darin, daß sie gestattet, die interessierenden Matrixelemente des Spinsystems aus der Gesamtzahl der Matrixelemente auszuwählen und für diese eine Bewegungsgleichung aufzustellen. Wegen der Einzelheiten dieser Rechnungen sei auf die Originalliteratur [29, 12, 34] verwiesen.

Es wurde schon erwähnt, daß die Redfieldsche Theorie nur dann eine gute Näherungslösung liefert, wenn die Relaxationszeiten groß im Vergleich zur Korrelationszeit sind, d. h., wenn die Linie durch Bewegungs- oder Austauscheffekte verschmälert ist. Eine solche Verschmälerung tritt in Festkörpern vor allem durch Selbstdiffusion in der Nähe des Schmelzpunktes auf.

3. Magnetische Wechselwirkungen

3.1. Wechselwirkungen zwischen den Kernmomenten im starren Gitter

Häufig werden Form und Breite der Kernresonanzlinien durch die Wechselwirkung der Kerndipole untereinander bestimmt. Unter der Annahme, daß außer dem eingestrahlten Hochfrequenzfeld keine weiteren zeitabhängigen Störfelder vorhanden sind, daß insbesondere auch die Kerndipole unbeweglich sind, werden Übergänge zwischen den Kernenergieniveaus nur durch das HF-Feld induziert. Die Lage der Energieniveaus wird durch das äußere Feld $\mathfrak{H}_0$ und die Dipolwechselwirkung zwischen den Kernen bestimmt.

Aus der Wechselwirkungsenergie E_{ik} zweier Kerndipole i und k, die sich im Abstand $\mathfrak{r}_{ik}$ voneinander befinden,

$$E_{ik} = \frac{\boldsymbol{\mu}_i \boldsymbol{\mu}_k}{r_{ik}^3} - 3\,\frac{(\boldsymbol{\mu}_i \mathfrak{r}_{ik})\,(\boldsymbol{\mu}_k \mathfrak{r}_{ik})}{r_{ik}^5} \tag{3.1}$$

und der Energie der Kerndipole im Feld $\mathfrak{H}_0$ gewinnt man durch Summierung über alle $k > i$ und Einführung der Spinoperatoren nach (2.1) den Hamiltonoperator

$$\mathbf{H} = -\hbar H_0 \sum_i \gamma_i \boldsymbol{I}_{zi} + \hbar^2 \sum_{k>i} \gamma_i \gamma_k r_{ik}^{-3} \left\{\mathfrak{I}_i \mathfrak{I}_k - 3 r_{ik}^{-2} (\mathfrak{I}_i \mathfrak{r}_{ik})\,(\mathfrak{I}_k \mathfrak{r}_{ik})\right\}. \tag{3.2}$$

Neben dieser Dipolwechselwirkung tritt in manchen Fällen noch ein weiteres Glied auf, das die Form einer Austauschwechselwirkung hat

$$\mathbf{H}_{ex} = \sum_{k>i} \tilde{A}_{ik} \mathfrak{I}_i \mathfrak{I}_k. \tag{3.3}$$

(3.2) läßt sich durch Einführung der Operatoren

$$\boldsymbol{I}_{\pm} = \boldsymbol{I}_x \pm i \boldsymbol{I}_y \tag{3.4}$$

mit den Matrixelementen

$$\langle m | \boldsymbol{I}_{\mp} | m \pm 1 \rangle = \sqrt{(I \mp m)\,(I \pm m + 1)} \tag{3.5}$$

und durch die Identität

$$\boldsymbol{I}_i\boldsymbol{I}_k = \frac{1}{2}(\boldsymbol{I}_{+i}\boldsymbol{I}_{-k} + \boldsymbol{I}_{-i}\boldsymbol{I}_{+k}) + I_{zi}\boldsymbol{I}_{zk} \tag{3.6}$$

in den Spin-Hamiltonoperator

$$\mathbf{H} = \mathbf{H}_0 + \mathbf{H}^{11} + \mathbf{H}^{12} \tag{3.7}$$

überführen, in dem die drei Summanden die Koordinaten nur noch als Faktoren enthalten und die Form

$$\begin{aligned}
\mathbf{H}_0 &= -\hbar H_0 \sum_i \gamma_i \boldsymbol{I}_{zi}, \\
\mathbf{H}^{11} &= -\hbar^2 \sum_{k>i} \gamma_i\gamma_k F^0_{ik}\left\{\boldsymbol{I}_{zi}\boldsymbol{I}_{zk} - \frac{1}{4}(\boldsymbol{I}_{+i}\boldsymbol{I}_{-k} + \boldsymbol{I}_{-i}\boldsymbol{I}_{+k})\right\}, \qquad (3.8)\\
\mathbf{H}^{12} &= -\hbar^2 \sum_{k>i} \gamma_i\gamma_k \left\{\frac{3}{2} F^{-1}_{ik}(\boldsymbol{I}_{+i}\boldsymbol{I}_{zk} + \boldsymbol{I}_{zi}\boldsymbol{I}_{+k}) \right.\\
&\quad + \frac{3}{2} F^{+1}_{ik}(\boldsymbol{I}_{-i}\boldsymbol{I}_{zk} + \boldsymbol{I}_{zi}\boldsymbol{I}_{-k}) \\
&\quad + \frac{3}{4} F^{-2}_{ik}\boldsymbol{I}_{+i}\boldsymbol{I}_{+k} \\
&\quad \left. + \frac{3}{4} F^{+2}_{ik}\boldsymbol{I}_{-i}\boldsymbol{I}_{-k}\right\}
\end{aligned}$$

haben (siehe z. B. [1]). Die vor den Spinoperatoren stehenden Koeffizienten enthalten die Koordinatenabhängigkeit. Es sind in

$$\begin{aligned}
F^0_{ik} &= r^{-3}_{ik}(3\cos^2\theta_{ik} - 1), \\
F^{\pm 1}_{ik} &= r^{-3}_{ik}\cos\theta_{ik}\sin\theta_{ik}\,\mathrm{e}^{\pm \mathrm{i}\varphi_{ik}}, \qquad (3.9)\\
F^{\pm 2}_{ik} &= r^{-3}_{ik}\sin^2\theta_{ik}\,\mathrm{e}^{\pm 2\mathrm{i}\varphi_{ik}}
\end{aligned}$$

θ_{ik} und φ_{ik} die Winkel zwischen $\mathfrak{r}_{ik}$ und der z-Achse bzw. zwischen seiner Projektion und der x-Achse des raumfesten Koordinatensystems (Bild 10).

$\mathbf{H}^{11}$ ist ebenso wie $\mathbf{H}_0$ säkular. Die Lage der Energieniveaus wird daher durch $\mathbf{H}_0 + \mathbf{H}^{11}$ bestimmt. $\mathbf{H}^{12}$ hat nur nichtverschwindende Matrixelemente für $m' = m \pm 1$ oder $m \pm 2$ und verbindet daher verschiedene Zustände miteinander. Im starren Gitter spielen diese Terme keine Rolle, da sie wegen der fehlenden Zeitabhängigkeit der Dipolwechselwirkung keine Spinübergänge induzieren können. Im nichtstarren Gitter werden die F_{ik} statistische Zeitfunktionen und sind dann für die Relaxation verantwortlich.

Der zweite Term in $\mathbf{H}^{11}$ trägt den sogenannten Spinumklapp-Prozessen (flip-flops) Rechnung, die für die Einstellung des Gleichgewichtes innerhalb des Spinsystems verantwortlich sind und bei denen zwei antiparallele Spins gleichzeitig in entgegengesetzter Richtung unter Erhaltung der Gesamtenergie umklappen. Durch diese Umklappprozesse wird die Lebensdauer der Spinzustände begrenzt, und die Energieniveaus werden verbreitert.

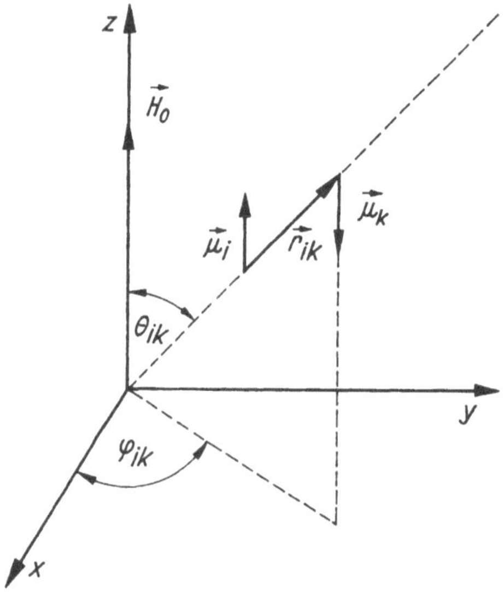

Bild 10. Koordinatensystem zur Dipol-Dipol-Wechselwirkung

Bei den sogenannten „Zweispinsystemen", bei denen der Abstand je zweier (meist gleicher) Kerne klein im Vergleich zum Abstand zu allen anderen Kernen ist, genügt es, in der Summation jeweils nur die beiden Nachbarkerne zu berücksichtigen, da die Wechselwirkung mit r^{-3} abnimmt. Typische Beispiele für Zweispinsysteme sind Kristallwassermoleküle im Gitter.

Setzt man die Gesamtwellenfunktion als Produkt der Spinwellenfunktionen beider Kerne an, so erhält man für die Matrixelemente von $\mathbf{H}_0 + \mathbf{H}^{11}$

$$\begin{aligned}
&\langle m_i | \boldsymbol{I}_{zi} | m_i \rangle = m_i , \\
&\langle m_i, m_k | \boldsymbol{I}_{zi} \boldsymbol{I}_{zk} | m_i, m_k \rangle = m_i m_k , \qquad (3.10) \\
&\langle m_i \mp 1, m_k \pm 1 | \boldsymbol{I}_{+i} \boldsymbol{I}_{-k} + \boldsymbol{I}_{-i} \boldsymbol{I}_{+k} | m_i, m_k \rangle \\
&= \left\{ [I(I+1) - m_i(m_i \pm 1)] \, [I(I+1) - m_k(m_k \mp 1)] \right\}^{1/2} ,
\end{aligned}$$

womit sich für $I = 1/2$ die Energieeigenwerte

$$\begin{aligned} E_{\pm 1/2,\ 1/2} &= \mp \frac{1}{2}\hbar\gamma_N H_0 - \begin{Bmatrix} +1/4 \\ -1/2 \end{Bmatrix} \hbar^2\gamma_N^2 F_{ik}^0, \\ E_{\pm 1/2,\ -1/2} &= \mp \frac{1}{2}\hbar\gamma_N H_0 - \begin{Bmatrix} -1/2 \\ +1/4 \end{Bmatrix} \hbar^2\gamma_N^2 F_{ik}^0 \end{aligned} \tag{3.11}$$

ergeben. Beim Umklappen des einen der beiden Spins unter dem Einfluß des HF-Feldes von $m = 1/2$ nach $m = -1/2$ wird je nach der Richtung des anderen Spins die Energie

$$\begin{aligned} \Delta E_1 &= E_{-1/2,\ 1/2} - E_{1/2,\ 1/2} = \hbar\gamma_N H_0 + \frac{3}{4}\hbar^2\gamma_N^2 F_{ik}^0, \\ \Delta E_2 &= E_{-1/2,\ -1/2} - E_{1/2,\ -1/2} = \hbar\gamma_N H_0 - \frac{3}{4}\hbar^2\gamma_N^2 F_{ik}^0 \end{aligned} \tag{3.12}$$

absorbiert. Es treten also zwei Linien auf, die den Abstand

$$\Delta\omega = \hbar^{-1}(\Delta E_1 - \Delta E_2) = \frac{3}{2}\hbar\gamma_N^2 F_{ik}^0 \tag{3.13}$$

besitzen.

In einem Einkristall lassen sich daher aus der Winkelabhängigkeit der Aufspaltung sowohl die Richtung der Kernverbindungsachse als auch der Kernabstand bestimmen. Für Kerne mit Spins $I > 1/2$ treten $(2I + 1)$ Linien auf, die immer paarweise symmetrisch zur ungestörten Resonanzfrequenz ω_0 liegen, z. T. aber zusammenfallen können. Wegen der endlichen Linienbreite und der gegenüber Protonen geringeren Aufspaltung, die ja quadratisch von γ_N abhängt, lassen sich diese Spektren im allgemeinen nicht mehr in Einzellinien auflösen.

Bei Zweispinsystemen mit verschiedenen Kernen fallen die Spinumklappprozesse weg. Sie würden ja das Prinzip der Energieerhaltung verletzen. Dadurch wird die Aufspaltung kleiner.

In ähnlich einfacher Weise lassen sich die Spektren von Dreispinsystemen berechnen, bei denen die identischen Kerne die Ecken gleichseitiger Dreiecke besetzen (CH_3-Gruppen), und die vom Vierspinsystemen, bei denen die identischen Kerne Tetraeder bilden (NH_4-Gruppen). Die Spektren bestehen hier aus mehreren Linien oder Liniengruppen, die aber infolge ihrer endlichen Breite nicht mehr getrennt werden können. Man beobachtet dann nur noch die Einhüllende aller Linien.

Je größer die Anzahl der Kerne wird, deren Wechselwirkung berücksichtigt werden muß, desto größer wird die Zahl der Einzellinien und desto geringer ihr Abstand. Die Überlagerung dieser Einzellinien ergibt eine verbreiterte einzelne Kernresonanzlinie, die am besten durch ihre

Momente beschrieben werden kann. Zur Berechnung der Momente der durch die Dipolwechselwirkung verbreiterten Linie muß von dem säkularen Anteil $\mathbf{H}_0 + \mathbf{H}^{11}$ des Hamiltonoperators ausgegangen werden. Mit Gl. (3.6) läßt sich $\mathbf{H}^{11}$ umformen in

$$\mathbf{H}^{11} = \frac{1}{2} \hbar^2 \sum_{k>i} \gamma_i \gamma_k F_{ik}^0 \{ \boldsymbol{I}_i \boldsymbol{I}_k - 3 \boldsymbol{I}_{zi} \boldsymbol{I}_{zk} \}. \tag{3.14}$$

Berücksichtigt man noch eine eventuell vorhandene Austauschwechselwirkung, so wird der Gesamthamiltonoperator, wenn zur Vereinfachung $\gamma_i = \gamma_k = \gamma_N$, d. h. gleiche Kerne angenommen werden,

$$\begin{aligned} \mathbf{H} = &-\hbar \gamma_N H_0 \sum_i \boldsymbol{I}_{zi} + \sum_{k>i} (\tilde{A}_{ik} + \frac{1}{2} \hbar^2 \gamma_N^2 F_{ik}^0) \boldsymbol{I}_i \boldsymbol{I}_k \\ &- \sum_{k>i} \frac{3}{2} \hbar^2 \gamma_N^2 F_{ik}^0 \boldsymbol{I}_{zi} \boldsymbol{I}_{zk}. \end{aligned} \tag{3.15}$$

Mit diesem Hamiltonoperator muß zur Bildung des zweiten Moments nach Gl. (2.52) die Spur von $[\mathbf{H}, \boldsymbol{I}_x]^2$ berechnet werden. Diese Spurberechnung für einen Einkristall ist zwar sehr umständlich, bietet aber keine prinzipiellen Schwierigkeiten. Sie ist in [1] ausführlich dargestellt. Als Ergebnis erhält man für das zweite Moment eines Einkristalls

$$\langle (\Delta\omega)^2 \rangle = \frac{3}{4} \gamma_N^4 \hbar^2 I(I+1) \sum_k (F_{ik}^0)^2. \tag{3.16}$$

Zu summieren ist dabei über alle Gitterpunkte. Für verschiedene Gittertypen ist die Berechnung der Gittersumme in [1] und [15] zu finden.

Bei Kristallpulvern oder einem Polykristall, bei denen die Orientierungen der einzelnen Kristallite gleichmäßig über die Einheitskugel verteilt sind, geht in das Endergebnis nur noch der Mittelwert von F_{ik}^0 ein, und als Moment des Kristallpulvers ergibt sich

$$\langle (\Delta\omega)^2 \rangle_{\mathrm{Pulver}} = \frac{3}{5} \gamma_N^4 \hbar^2 I(I+1) \sum_k r_{ik}^{-6}. \tag{3.17}$$

Da $\langle (\Delta\omega)^2 \rangle$ der sechsten Potenz des Abstandes der Nachbarkerne vom betrachteten Kern umgekehrt proportional ist, tragen nur die unmittelbaren Nachbarn wesentlich zum zweiten Moment bei. Das macht man sich bei der Berechnung der Gittersumme oft zunutze, indem man die Summation nur über die benachbarten Kerne, die innerhalb einer Kugel vom Radius a von ungefähr sieben Gitterkonstanten liegen, erstreckt und den Einfluß der restlichen Kerne durch das wesentlich einfacher zu berechnende Integral von a bis ∞ berücksichtigt.

Wie aus (3.16) und (3.17) zu erkennen ist, geht in das zweite Moment die Konstante der Austauschwechselwirkung nicht ein. Das zweite Moment ist also von einer Austauschwechselwirkung zwischen gleichartigen Kernen unabhängig.

Mit dem gleichen Hamiltonoperator (3.15) läßt sich nach Gl. (2.53) auch das vierte Moment berechnen. Das Ergebnis ist eine ziemlich komplizierte Formel, die z. B. in [1] zu finden ist. Wesentlich ist, daß in das vierte Moment die Konstante für die Austauschwechselwirkung eingeht. Das vierte Moment wird dadurch vergrößert. Aus Gl. (2.48) ersieht man, daß die Ausläufer der Linie zum vierten Moment wesentlich stärker beitragen als zum zweiten Moment. Eine Vergrößerung des vierten Momentes bei gleichbleibendem zweiten Moment ist daher nur möglich, wenn die – meist unbeobachtbaren – Ausläufer der Linie auf Kosten des mittleren Teiles zunehmen. Die Linie wird also durch die Austauschwechselwirkung verschmälert.

Die Ausdrücke für das zweite und vierte Moment lassen sich leicht auf ein System verschiedener Kerne mit unterschiedlichen Spins und Momenten erweitern, wenn sich die Resonanzfrequenzen der Kernarten genügend unterscheiden, so daß keine Überlappung der Linien auftritt. Der Hamiltonoperator besteht dann bei einem Spinsystem, das zwei verschiedene Kernarten besitzt, aus den Teiloperatoren jedes Systems, die die Form (3.15) besitzen, und einem Wechselwirkungsoperator

$$\mathbf{H}^3 = -\hbar^2 \gamma_{N_1} \gamma_{N_2} \sum_{l>i} F_{il}^0 \boldsymbol{I}_{zi} \boldsymbol{I}_{zl}, \tag{3.18}$$

der die statische Dipolwechselwirkung zwischen verschiedenen Kernen darstellt. Da normalerweise nur das Moment der Linie einer Kernart interessiert, setzt sich der Hamiltonoperator, mit dem die Spurberechnung durchgeführt wird, aus dem Hamiltonoperator des interessierenden Teilsystems und $\mathbf{H}^3$ zusammen. Als Ergebnis erhält man für das zweite Moment

$$\langle(\Delta\omega)^2\rangle = \langle(\Delta\omega)^2\rangle_{\text{isol.}} + \frac{1}{3} I_2(I_2+1) \sum_{k'} \left\{\tilde{A}_{ik'} + \gamma_{N_1}\gamma_{N_2}\hbar^2 (F_{ik'}^0)^2\right\}. \tag{3.19}$$

Bei einer aus zwei oder auch mehr Kernarten bestehenden Probe wird also das zweite Moment durch die Austauschwechselwirkung zusätzlich vergrößert. Bei zwei verschiedenen Kernarten ruft demnach die Austauschwechselwirkung eine Linienverbreiterung hervor.

3.2. Relaxationsprozesse durch die Kerndipol-Wechselwirkung

Im realen Gitter sind die Gitterbausteine und damit die Kerne nicht in Ruhe. Die von den einzelnen Kerndipolen ausgehenden inneren Felder sind daher statistischen zeitlichen Schwankungen unterworfen. Die F_{ik}

sind deshalb stochastische Funktionen. Wenn im Fourierspektrum dieser Schwankungen ω_0 oder $2\omega_0$ enthalten ist, dann können durch den nichtsäkularen Term des Spin-Hamiltonoperators der Dipolwechselwirkung Übergänge zwischen den Spinniveaus induziert werden.

Aus den vier Gliedern von $\mathbf{H}^{12}$ läßt sich die Wahrscheinlichkeit dafür bestimmen, daß sich die Orientierungsquantenzahl m_i des i-ten Kernes als Folge einer Störung durch die Bewegung des k-ten Kernes um $\Delta m_i = \pm 1$ ändert. Diese Änderung ist auf zwei Arten möglich:

1. $\Delta m_i = \pm 1, \quad \Delta m_k = 0, \quad \Delta m_{ik} = \pm 1.$

Die zugehörigen Übergangswahrscheinlichkeiten seien W_1. Diese Übergänge kommen durch die beiden ersten Glieder von $\mathbf{H}^{12}$ zustande.

2. $\Delta m_i = \pm 1, \quad \Delta m_k = \pm 1, \quad \Delta m_{ik} = \pm 2.$

Die zugehörigen Übergangswahrscheinlichkeiten sind W_2. Diese Übergänge werden durch die beiden letzten Glieder in $\mathbf{H}^{12}$ induziert.

Für den Übergang $\Delta m_i = +1$, $\Delta m_k = 0$ ist das erste Glied des ersten Terms in $\mathbf{H}^{12}$ verantwortlich. Das Matrixelement für diesen Übergang ist nach (3.5)

$$m_k \sqrt{I(I+1) - m_i(m_i+1)}.$$

Die Übergangswahrscheinlichkeit für diesen Übergang ist

$$W_{11} = \frac{9}{4} \gamma_N^4 \hbar^2 m_k^2 [I(I+1) - m_i(m_i+1)] \int_{-\infty}^{+\infty} \langle F_{ik}^+(t)\, F_{ik}^-(t+\tau) \rangle e^{i\omega_0 \tau} d\tau$$
$$= \frac{9}{4} \gamma_N^4 \hbar^2 m_k^2 [I(I+1) - m_i(m_i+1)]\, J_1(\omega_0). \qquad (3.20)$$

Berechnet man in ähnlicher Weise die anderen Glieder, so erhält man für die Gesamtwahrscheinlichkeit des Überganges von $\begin{matrix} m_i \\ m_i+1 \end{matrix}$ nach $\begin{matrix} m_i+1 \\ m_i \end{matrix}$ den Ausdruck der BPP-Theorie

$$W_{\substack{m_i \to m_i+1 \\ m_i+1 \to m_i}} = \frac{3}{4} \gamma_N^4 \hbar^2 (I - m_i)(I + m_i + 1)(I+1) I \left\{ J_1(\omega_0) + \frac{1}{2} J_2(2\omega_0) \right\}. \qquad (3.21)$$

Aus (2.107a) folgt damit für T_1^{-1}

$$T_1^{-1} = \frac{6}{(2I+1)(I+1)} W_{|\Delta m| = 1}, \qquad (3.22)$$

weil nur solche Übergänge zugelassen sind, für die $E_m - E_n = \hbar\omega_0$ ist. Für $I = 1/2$ wird $T_1^{-1} = 2 W_{|\Delta m| = 1}$.

Weitergehende Aussagen lassen sich nur machen, wenn die Korrelationsfunktionen oder die Spektraldichten der Störung bekannt sind. Wenn die zweite Bewegungsform die Gitterschwingungen des Kristalls sind, so kommen für die Relaxation nur Ramanprozesse in Frage, bei denen ein Gitterphonon an einem Kern unter Abgabe der Energie $\hbar\omega_0$ gestreut wird und dabei einen Spinübergang induziert, da die Spektraldichten der Gitterschwingungen bei den niedrigen Resonanzfrequenzen der Kerne so gering sind, daß direkte Prozesse vernachlässigt werden können. Doch auch die aus der Ramanstreuung bei ausschließlicher Kerndipol-Wechselwirkung berechneten Relaxationszeiten sind gegenüber den gemessenen um ein bis mehrere Größenordnungen zu groß, so daß sie keine Rolle spielen können.

Ein weiterer, von Torrey durchgerechneter Prozeß, der zur Spin-Gitter-Relaxation beitragen kann und der sich z. B. in der Protonenresonanz von Wasserstoff in festen Metall-Wasserstoff-Lösungen bemerkbar macht, ist die Gitterdiffusion. Durch den Diffusionsmechanismus ändert sich die Wechselwirkung zwischen den Kernspins statistisch mit der Zeit. Die Korrelationsfunktion

$$f_\gamma = \sum_k \langle F_{ik}^{-\gamma}(t) F_{ik}^{\gamma}(0) \rangle = \sum_k \overline{F_{ik}^{\gamma}(t')\, F_{ik}^{\gamma *}(t' + \tau)}^{\,t'}, \tag{3.23}$$

die in (3.20) unter dem Integral auftritt, muß aus dem Diffusionsmechanismus berechnet werden. Torrey [18] führt diese Berechnung auf folgende Weise durch:

$N^{-1} f(\mathfrak{r}_{k0})\, d\mathfrak{r}_{k0}$ sei die Wahrscheinlichkeit dafür, daß sich der k-te Kern zur Zeit $t = t'$ im Volumenelement $d\mathfrak{r}_{k0}$ um $\mathfrak{r}_{k0}$ relativ zum Kern i befindet. N ist die Zahl der Spins, $f(\mathfrak{r}_{k0})\, d\mathfrak{r}_{k0} = f(\mathfrak{r}_0)\, d\mathfrak{r}_0$ also die konstante Spindichte n. Weiter sei $P(\mathfrak{r}, \mathfrak{r}_0, \tau)\, d\mathfrak{r}$ die Wahrscheinlichkeit dafür, daß sich der Spin k zur Zeit $t = t' + \tau$ im Volumenelement $d\mathfrak{r}$ um $\mathfrak{r}$ relativ zur neuen Lage des gewanderten Spins i befindet, wenn er sich zur Zeit $t = t'$ in $d\mathfrak{r}_0$ um $\mathfrak{r}_0$ relativ zur Ausgangsposition von Spin i befand (Bild 11). Ersetzt man in (3.23) das Zeitmittel durch das Scharmittel, so erhält man als Korrelationsfunktion

$$f_\gamma(t) = \int_{\mathfrak{r}} \int_{\mathfrak{r}_0} P(\mathfrak{r}, \mathfrak{r}_0, t)\, F_{ik}^{\gamma}(\mathfrak{r}_0)\, F_{ik}^{\gamma *}(\mathfrak{r})\, f(\mathfrak{r}_0)\, d\mathfrak{r}_0\, d\mathfrak{r}\,. \tag{3.24}$$

Da $f_\gamma(t)$ nicht vom Ort abhängt, müssen die Integrale für alle Spins den gleichen Wert haben. Daher konnte die Summation über alle k durch Multiplikation mit N ersetzt werden.

Aus der Theorie der Zufallsbewegung (random flight) ist bekannt, daß die Wahrscheinlichkeit dafür, daß sich ein zur Zeit $t = 0$ im Koordinatenursprung gestartetes Teilchen nach m Sprüngen im Volumenelement $d\mathfrak{r}$ um $\mathfrak{r}$ befindet, die Fouriertransformierte des Produktes der

Fouriertransformierten der Wahrscheinlichkeiten $w_i(\mathfrak{r}_i)\,d\mathfrak{r}_i$ für die einzelnen Sprünge ist [19, 20, 21]:

$$P_m(\mathfrak{r}) = (2\,\pi)^{-3} \int \prod_{i=1}^{m} A_i(\varrho)\, e^{-i\mathfrak{r}\varrho}\, d\varrho\,, \tag{3.25 a}$$

$$A_i(\varrho) = \int w_i(\mathfrak{r}_i)\, e^{i\mathfrak{r}_i\varrho}\, d\mathfrak{r}_i\,. \tag{3.25 b}$$

Bei isotroper Gitterdiffusion muß die Wahrscheinlichkeit $w_i(\mathfrak{r}_i)\,d\mathfrak{r}_i$ für jeden Sprung die gleiche sein. Also gilt $w_1(\mathfrak{r}_1)\,d\mathfrak{r}_1 = \ldots = w_i(\mathfrak{r}_i)\,d\mathfrak{r}_i = \ldots = w(\mathfrak{r})\,d\mathfrak{r}$ und daher $\prod_{i=1}^{m} A_i(\varrho) = A^m(\varrho)$, wobei $A(\varrho)$ die Fourier-

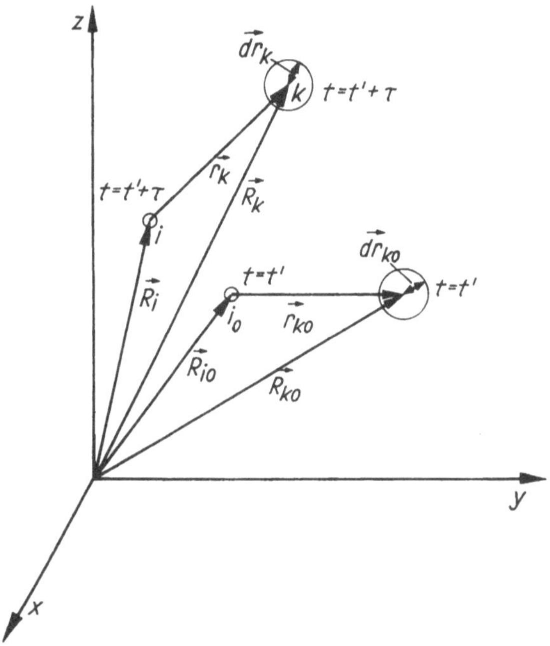

Bild 11. Relative Lage der Spins i und k zur Zeit $t = t'$ (Index 0) und $t = t' + \tau$

transformierte von $w(\mathfrak{r})\,d\mathfrak{r}$ ist. Aus $P_m(\mathfrak{r})$ findet man $P_m(\mathfrak{r}, t)$, die Wahrscheinlichkeit dafür, daß das Teilchen während der Zeit t m Sprünge ausgeführt hat und sich dann in $d\mathfrak{r}$ um $\mathfrak{r}$ befindet, als Produkt von $P_m(\mathfrak{r})$ und $w_m(t)$, der Wahrscheinlichkeit dafür, daß das Teilchen während der Zeit t m Sprünge macht. Die Wahrscheinlichkeit $P(\mathfrak{r}, t)$ dafür, daß es sich zur Zeit t in $d\mathfrak{r}$ um $\mathfrak{r}$ befindet, ist dann die Summe aller Einzelwahrscheinlichkeiten $P_m(\mathfrak{r}, t)$

$$P(\mathfrak{r}, t) = \sum_{m=0}^{\infty} P_m(\mathfrak{r}, t) = \sum_{m=0}^{\infty} P_m(\mathfrak{r})\, w_m(t).$$

Setzt man für $w_m(t)$ eine Poissonverteilung mit der mittleren Sprungfrequenz ν_s an

$$w_m(t) = \frac{1}{m!}(t\nu_s)^m\, e^{-t\nu_s},$$

so ergibt sich für $P(\mathfrak{r}, t)$

$$P(\mathfrak{r}, t) = (2\pi)^{-3}\int e^{-\mathfrak{r}\boldsymbol{\varrho} - t\nu_s[1 - A(\boldsymbol{\varrho})]}\, d\boldsymbol{\varrho}.$$

Durch eine Koordinatentransformation folgt daraus

$$P(\mathfrak{r}, \mathfrak{r}_0, t) = P(\mathfrak{r} - \mathfrak{r}_0, 2t),$$

wenn $A(-\boldsymbol{\varrho}) = A(\boldsymbol{\varrho})$ ist. Drückt man $\mathfrak{r}$, $\mathfrak{r}_0$ und $\boldsymbol{\varrho}$ in Kugelkoordinaten aus und entwickelt $e^{-i\boldsymbol{\varrho}\mathfrak{r}} = e^{-i\varrho r\cos\gamma}$ bzw. $e^{i\boldsymbol{\varrho}\mathfrak{r}_0} = e^{i\varrho r_0\cos\gamma_0}$ nach Bessel- und Kugelfunktionen, so lassen sich die Integrationen über die Koordinaten ausführen, wobei die Integration über r und r_0 von einer unteren Grenze a, dem kleinsten möglichen Abstand zweier Spins, ausgeht. Für die Spektraldichte $J_1(\omega_0)$ ergibt sich dann

$$J_1(\omega_0) = \frac{8\pi n}{15 a^3\nu_s}\int_0^{\infty} (J_{3/2}(a\varrho))^2 \frac{1 - A(\varrho)}{(1 - A(\varrho))^2 + (\omega_0/2\nu_s)^2}\frac{d\varrho}{\varrho} \tag{3.26a}$$

und für $J_2(2\omega_0)$

$$J_2(2\omega_0) = 4\, J_1(2\omega_0). \tag{3.26b}$$

Für richtungsunabhängige Sprünge und gleiche Sprunglängen l (isotrope Gitterdiffusion) ist

$$w(\mathfrak{r}) = \frac{1}{4\pi l^2}\delta(\mathfrak{r} - l)$$

und daher

$$A(\varrho) = \frac{\sin(l\varrho)}{l\varrho}.$$

Die Spektraldichten $J_1(\omega_0)$ und $J_2(2\omega_0)$ ergeben sich dann zu

$$J_1(\omega_0) = \frac{8\pi n}{15 k^3 l^3\nu_s}\, G\left(k, \frac{\omega_0}{2\nu_s}\right), \qquad k = a/l, \tag{3.27a}$$

$$J_2(2\omega_0) = 4\, J_1(2\omega_0) \tag{3.27b}$$

mit

$$G(k, y) = \int_0^\infty [I_{3/2}(kx)]^2 \frac{1 - \frac{\sin x}{x}}{\left(1 - \frac{\sin x}{x}\right)^2 + y^2} \frac{dx}{x}. \tag{3.27 c}$$

Die Spektraldichten der Dipolfelder und damit die Spin-Gitter-Relaxationszeit hängen also außer von bekannten Gitterparametern und der Resonanzfrequenz auch von der Sprungfrequenz und damit von der Diffusionskonstante ab. Die Spektraldichten nehmen für $\nu_s \approx \omega_0$ ihren maximalen Wert an. T_1 wird dort ein Minimum. Da ν_s exponentiell von der Temperatur abhängt

$$\nu_s = \nu_{s0} e^{-E_D/kT},$$

läßt sich aus den Temperaturen, für die T_1 bei verschiedenen Larmorfrequenzen sein Minimum annimmt, die Aktivierungsenergie E_D für die Gitterdiffusion berechnen.

Sowohl die BPP-Theorie als auch die Theorie von Kubo und Tomita gelten nur für kleine Feldamplituden H_1. Nur dann kann die Zeitabhängigkeit des Hamiltonoperators als Störung behandelt werden. Die makroskopische Magnetisierung ist dann im wesentlichen durch $\mathfrak{H}_0$ bestimmt und liegt in Richtung von $\mathfrak{H}_0$. Für große $\mathfrak{H}_1$ muß dagegen der zeitabhängige Term $2\hbar\gamma_N \mathfrak{H}_1 \cos \omega t$ mit in den Hamiltonoperator des ungestörten Problems übernommen werden, der für die Dipolwechselwirkung bei nur einer Kernart und Vernachlässigung der Spin-Gitter-Wechselwirkung die Form

$$\mathbf{H}_S = -\hbar\gamma_N H_0 \sum_i \boldsymbol{I}_{zi} + 2\hbar\gamma_N H_1 \cos \omega t \sum_i \boldsymbol{I}_{xi} + \sum_{k>i} \tilde{A}_{ik} \mathfrak{I}_i \mathfrak{I}_k$$
$$+ \hbar^2\gamma_N^2 \sum_{k>i} \mathfrak{r}_{ik}^{-3} \left\{\mathfrak{I}_i \mathfrak{I}_k - 3 r_{ik}^{-2} (\mathfrak{r}_{ik}\mathfrak{I}_i)(\mathfrak{r}_{ik}\mathfrak{I}_k)\right\} \tag{3.28}$$

hat. Das Feld $2\mathfrak{H}_1 \cos \omega t$ und das Feld $\mathfrak{H}_0$ setzen sich dann zu einem mit der Winkelgeschwindigkeit $\pm\,\omega$ rotierenden effektiven äußeren Feld $\mathfrak{H}_{\text{eff}}$ zusammen. Die in der richtigen, durch das Vorzeichen von γ_N bestimmten Richtung rotierende Komponente dieses Feldes hat in einem mit der Winkelgeschwindigkeit ω mitrotierenden Koordinatensystem, dessen z-Achse mit der Richtung von $\mathfrak{H}_0$ zusammenfällt, nach Gl. (2.25) den Betrag

$$|\mathfrak{H}_{\text{eff}}| = \left\{H_1^2 + \gamma_N^{-2}(\omega - \omega_0)^2\right\}^{1/2} \tag{3.29}$$

und bildet mit der z-Achse des ortsfesten Systems den Winkel

$$\theta = \arctan \frac{\gamma_N H_1}{\omega - \omega_0}. \tag{3.30}$$

Die weiteren Berechnungen führt man, wie REDFIELD [7] gezeigt hat, am besten in diesem mitrotierenden Koordinatensystem durch. Der Operator

$$\boldsymbol{R}_{z\omega t} = \mathrm{e}^{-\mathrm{i}\,\omega t \sum_i \boldsymbol{I}_{zi}} \tag{3.31}$$

transformiert den Hamiltonoperator (3.28) in das mitrotierende Koordinatensystem (r-System). Für den transformierten Hamiltonoperator erhält man

$$\begin{aligned}\mathbf{H}_r &= -\hbar\,\omega \sum_i \boldsymbol{I}_{zi} + \boldsymbol{R}_{z\omega t}\,\mathbf{H}_S \boldsymbol{R}_{z\omega t}^{-1}\\ &= -\hbar\gamma_N \mathfrak{H}_{\mathrm{eff}} \sum_i \mathfrak{I}_i + \sum_{k>i} (A_{ik}\mathfrak{I}_i\mathfrak{I}_k + B_{ik}\boldsymbol{I}_{zi}\boldsymbol{I}_{zk})\\ &\quad + \text{zeitabhängige Glieder.}\end{aligned} \tag{3.32 a}$$

Darin bedeuten

$$\begin{aligned}A_{ik} &= \tilde{A}_{ik} + \frac{1}{2}\hbar^2\gamma_N^2 r_{ik}^{-3}(3\cos^2\vartheta_{ik} - 1) = \tilde{A}_{ik} + \frac{1}{2}\hbar^2\gamma_N^2 F_{ik}^0,\\ B_{ik} &= -\frac{3}{2}\hbar^2\gamma_N^2 r_{ik}^{-3}(3\cos^2\vartheta_{ik} - 1) = -\frac{3}{2}\hbar^2\gamma_N^2 F_{ik}^0 = -3(A_{ik} - \tilde{A}_{ik}).\end{aligned} \tag{3.32 b}$$

Eine weitere Transformation

$$\boldsymbol{R}_{y\theta} = \mathrm{e}^{-\mathrm{i}\,\theta \sum_i \boldsymbol{I}_{yi}} \tag{3.33}$$

transformiert den Operator $\mathbf{H}_r$ in ein mit dem r-System starr verbundenes, also ebenfalls mit ω rotierendes Koordinatensystem, dessen y-Achse mit der y-Achse des r-Systems zusammenfällt und dessen z-Achse in die Richtung des effektiven äußeren Feldes $\mathfrak{H}_{\mathrm{eff}}$ fällt. Der so transformierte Operator lautet

$$\begin{aligned}\mathbf{H}_\varrho &= \boldsymbol{R}_{y\theta}\,\mathbf{H}_r \boldsymbol{R}_{y\theta}^{-1}\\ &= -\hbar\gamma_N H_{\mathrm{eff}} \sum_i \boldsymbol{I}_{zi} + \sum_{k>i} \{A_{ik\varrho}\mathfrak{I}_i\mathfrak{I}_k + B_{ik\varrho}\boldsymbol{I}_{zi}\boldsymbol{I}_{zk}\\ &\quad + D_{ik\varrho}(\boldsymbol{I}_{+i}\boldsymbol{I}_{+k} + \boldsymbol{I}_{-i}\boldsymbol{I}_{-k})\\ &\quad + E_{ik\varrho}[(\boldsymbol{I}_{+i} + \boldsymbol{I}_{-i})\boldsymbol{I}_{zk} + \boldsymbol{I}_{zi}(\boldsymbol{I}_{+k} + \boldsymbol{I}_{-k})]\}\\ &\quad + \text{zeitabhängige Glieder.}\end{aligned} \tag{3.34 a}$$

Darin sind

$$\begin{aligned}A_{ik\varrho} &= \tilde{A}_{ik} + \frac{1}{2}(3\cos^2\theta - 1)(A_{ik} - \tilde{A}_{ik}),\\ B_{ik\varrho} &= \frac{1}{2}(3\cos^2\theta - 1)\,B_{ik},\\ D_{ik\varrho} &= \frac{1}{4}(\sin^2\theta)\,B_{ik},\\ E_{ik\varrho} &= \frac{1}{2}(\sin\theta\cos\theta)\,B_{ik}.\end{aligned} \tag{3.34 b}$$

Die effektive äußere Energie des Spinsystems – das ist die Energie des Spinsystems im mitrotierenden Koordinatensystem – wird

$$W_{\mathrm{eff}} = -\mathfrak{M}_r \mathfrak{H}_{\mathrm{eff}} = -M_{z\varrho} H_{\mathrm{eff}}. \tag{3.35}$$

Der transformierte, nicht mehr explizit von der Zeit abhängige Spin-Hamiltonoperator enthält noch eine implizite Zeitabhängigkeit infolge der bisher vernachlässigten Spin-Gitter-Wechselwirkung. Diese Zeitabhängigkeit, die für genügend große effektive Felder H_{eff} als kleine Störung des zeitunabhängigen Operators betrachtet werden kann, verursacht über die beiden letzten nichtsäkularen Terme von $\mathbf{H}_\varrho$ Spinübergänge und bewirkt damit eine Übertragung von effektiver Energie zwischen Spinsystem und Gitter.

Um diese Energieübertragung und damit T_1 zu berechnen, betrachtet Redfield Spinsystem und Gitter als eine thermodynamische Gibbssche Gesamtheit und nimmt an, daß zunächst Spinsystem und Gitter isoliert voneinander sind und daß für diesen Zustand die Erwartungswerte des Gitter-Hamiltonoperators und des transformierten Spin-Hamiltonoperators bekannt sind. Die wahrscheinlichsten Verteilungen sind dann kanonische Verteilungen der Eigenwerte des Gitteroperators und des Spinoperators, und die Erwartungswerte der beiden Operatoren sind durch eine stets positive Gittertemperatur und eine effektive Spintemperatur, die je nach Vorzeichen von $\langle \mathbf{H}_r \rangle$ positiv oder negativ sein kann, bestimmt. Beide Temperaturen sind im allgemeinen verschieden, da Spin-Hamiltonoperator und Gitter-Hamiltonoperator miteinander vertauschbar sind. Diese Vertauschbarkeit drückt die Tatsache aus, daß das hochfrequente Magnetfeld keinen Einfluß auf den Gitter-Hamiltonoperator hat.

Wird die Isolierung zwischen Spinsystem und Gitter für eine Zeit aufgehoben, die lang ist im Vergleich zur Spin-Gitter-Relaxationszeit T_1, aber kurz im Vergleich zu der Zeit, die erforderlich ist, um das Gitter merkbar aufzuheizen, so wird sich zwar der Erwartungswert des Gitter-Hamiltonoperators nicht ändern, aber der Erwartungswert von $\mathbf{H}_r$ strebt einem Quasi-Gleichgewichtswert zu. Nimmt man an, daß die kanonische Verteilung des Spinsystems in bezug auf $\mathbf{H}_r$ auch bei vorhandener Spin-Gitter-Wechselwirkung aufrechterhalten bleibt und man daher auch weiterhin eine effektive Spintemperatur definieren kann, so wird diese im Quasi-Gleichgewicht sowohl von der Gittertemperatur und der Spin-Gitter-Wechselwirkung als auch von H_0, H_1 und ω abhängen und im allgemeinen ebenfalls verschieden von der Gittertemperatur sein. Aus der Aufrechterhaltung der kanonischen Verteilung folgt unmittelbar, daß auch (3.35) weiterhin gilt.

Die innere Spin-Spin-Energie im rotierenden System ist durch die Spin-Spin-Wechselwirkungsterme in $\mathbf{H}_r$ gegeben:

$$\mathbf{H}_{ss} = \sum_{k>i} (A_{ik} \mathfrak{I}_i \mathfrak{I}_k + B_{ik} \boldsymbol{I}_{zi} \boldsymbol{I}_{zk}). \tag{3.36}$$

Aus (3.32a), (3.35) und (3.36) folgt für den Erwartungswert von $\mathbf{H}_r$

$$\langle \mathbf{H}_r \rangle = -M_{z\varrho} H_{\text{eff}} + \langle \mathbf{H}_{ss} \rangle . \tag{3.37}$$

Mit der Dichtematrix

$$\varrho = C \exp(-\mathbf{H}_r/kT_S - \mathbf{H}_G/kT_G),$$

in der $\mathbf{H}_G$ der Gitter-Hamiltonoperator, T_S und T_G die effektive Spintemperatur und die Gittertemperatur und C ein Normierungsfaktor sind, erhält man, da die Spin-Gitter-Wechselwirkungsterme vernachlässigt werden können und daher für ϱ die Näherung

$$\varrho = (1 - \mathbf{H}_r/kT_S)\, \varrho_G$$

mit

$$\varrho_G = \exp(-\mathbf{H}_G/kT_G)$$

gilt, für

$$\langle \mathbf{H}_r \rangle = \mathrm{Sp}(\mathbf{H}_r \varrho) = \mathrm{Sp}(\mathbf{H}_r \varrho_G) - \mathrm{Sp}(\mathbf{H}_r^2 \varrho_G/kT_S).$$

Die Spurberechnung führt auf einen dem zweiten Moment von van Vleck sehr ähnlichen Ausdruck. Durch Vergleich mit diesem zweiten Moment ergibt sich daraus unmittelbar für die Linienbreite δH

$$(\delta H)^2 = \frac{1}{3} \langle (\Delta H)^2 \rangle + \frac{I(I+1)}{\hbar^2 \gamma_N^2 N} \sum_{k>i} \tilde{A}_{ik}^2 \tag{3.38}$$

und

$$\langle \mathbf{H}_{ss} \rangle = -[(\delta H)^2/H_{\text{eff}}^2]\, M_{z\varrho} H_{\text{eff}} . \tag{3.39}$$

N ist die Zahl der Kerne. Aus (3.37) und (3.39) folgt

$$\langle \mathbf{H}_r \rangle = -M_{z\varrho} H_{\text{eff}} [1 + (\delta H/H_{\text{eff}})^2] . \tag{3.40}$$

Da $\mathfrak{M}_r$ und $\mathfrak{H}_{\text{eff}}$ praktisch parallel sind, ergibt eine Rücktransformation in das ortsfeste Koordinatensystem in guter Näherung

$$\begin{aligned} M_x &= M_{z\varrho} \sin\theta \cos\omega t, \\ M_y &= M_{z\varrho} \sin\theta \sin\omega t, \\ M_z &= M_{z\varrho} \cos\theta . \end{aligned} \tag{3.41}$$

$\langle \mathbf{H}_r \rangle$ und damit T_S sowie die Komponenten der Magnetisierung im festen Koordinatensystem sind demnach bekannt, wenn $M_{z\varrho}$ berechnet werden kann.

Redfield führt zu diesem Zweck eine Berechnung der zeitlichen Änderung von $\langle \mathbf{H}_r \rangle$ unter der Annahme durch, daß durch die Spin-Gitter-Relaxation jeder Kernspin unabhängig von den anderen seinem

Gleichgewichtszustand mit einer Zeitkonstante T_1 zustrebt, und erhält für die Änderung von $\langle \mathbf{H}_r \rangle$ durch die Spin-Gitter-Relaxation

$$\left.\frac{\partial}{\partial t}\right|_{SG} \langle \mathbf{H}_r \rangle = - \frac{M_{z\varrho} H_{\text{eff}} - 2\langle \mathbf{H}_{ss} \rangle - M_0 H_{\text{eff}} \cos\theta}{T_1}.$$

Da $M_{z\varrho}$ und M_0 linear in den $\mathfrak{I}_i$ sind, werden sie proportional zu T_1^{-1} ab- bzw. zunehmen. $\langle \mathbf{H}_{ss} \rangle$ ist hingegen quadratisch in den $\mathfrak{I}_i$ und wird sich daher mit $2T_1^{-1}$ ändern.

Für den Gleichgewichtszustand folgt daraus

$$M_{z\varrho}\Big|_{\left.\frac{\partial}{\partial t}\right|_{SG} \langle \mathbf{H}_r \rangle = 0} = M_{0\varrho} = \frac{M_0 \cos\theta}{1 + 2\left(\frac{\delta H}{H_{\text{eff}}}\right)^2}. \tag{3.42}$$

Aus

$$\chi' = \frac{M_{xr}}{2H_1} = \frac{M_{0\varrho} \sin\theta}{2H_1} \tag{3.43a}$$

ergibt sich mit (3.29), (3.30), (3.41) und (3.42) für den Dispersionsanteil der Suszeptibilität für H_1-Werte, die oberhalb des Sättigungswertes liegen,

$$\chi' = \frac{M_0 \gamma_N (\omega - \omega_0)}{2\{(\omega - \omega_0)^2 + \gamma_N^2 [H_1^2 + 2(\delta H)^2]\}}. \tag{3.43b}$$

Das Dispersionssignal ist also lorentzkurvenförmig und hat bei $\omega = \omega_0$ eine Steigung

$$\frac{\partial \chi'}{\partial H_0} = \frac{\chi_0 H_0}{2[H_1^2 + 2(\delta H)^2]}. \tag{3.44}$$

Stimmten $\mathfrak{M}_r$ und $\mathfrak{H}_{\text{eff}}$ in ihren Richtungen völlig überein, dann träte oberhalb der Sättigung keine Absorption mehr auf. Da diese Übereinstimmung in Wirklichkeit aber nicht vollständig ist, ist auch oberhalb der Sättigung noch eine geringe Absorption vorhanden.

Die bei irgendeinem HF-Feld vom Spinsystem an das Gitter abgeführte Leistung ist $-H_0(M_z - M_0)/T_1$. Die vom Spinsystem aus dem HF-Feld aufgenommene Leistung ist $2\omega H_1^2 \chi''$. Im Gleichgewicht müssen beide Beträge gleich sein, und es folgt

$$\chi'' \approx - \frac{H_0(2H_1\chi' \cot\theta - M_0)}{2T_1 H_1^2 \omega} \tag{3.45a}$$

oder

$$\chi'' \approx \frac{1}{2} \omega_0 \chi_0 \frac{H_1^2 + 2(\delta H)^2}{T_1 H_1^2 \{(\omega - \omega_0)^2 + \gamma_N^2 [H_1^2 + 2(\delta H)^2]\}}, \tag{3.45b}$$

da χ'' nur für $\omega \approx \omega_0$ merklich verschieden von Null ist.

Setzt man für die transversale Relaxationszeit

$$T_2^{*-2} = \gamma_N^2 [H_1^2 + 2\,(\delta H)^2], \tag{3.46}$$

so ergibt sich

$$\chi'' \approx \frac{1}{2}\,\omega_0 \chi_0 T_2^* \,\frac{1}{\{1 + (\omega - \omega_0)^2 T_2^{*2}\}\gamma_N^2 H_1^2 T_1 T_2^*}\,. \tag{3.47}$$

Die Linie ist also ebenfalls lorentzkurvenförmig. Ihre Breite ist die gleiche, wie sie sich aus der Blochschen Theorie nach (2.41) für eine Linie weit unterhalb der Sättigung ergibt. Für $\gamma_N^2\, H_1^2\, T_1 T_2^* \gg 1$ stimmt der Wert von χ'' an der Resonanzstelle mit dem asymptotischen Wert der Blochschen Theorie überein.

Die Redfieldsche Theorie ist nur für solche H_1 gültig, die genügend weit oberhalb desjenigen Feldes liegen, bei dem die Sättigung beginnt, aber noch klein gegenüber H_{eff} sind. Wenn H_1 mit H_{eff} vergleichbar wird, kann die Spin-Gitter-Relaxation nicht mehr als kleine Störung behandelt werden. Ist andererseits $H_1 \ll H_{\text{eff}}$, dann sind die nichtsäkularen Glieder von $\mathbf{H}_\varrho$ praktisch gleich Null, und der Relaxationsmechanismus wird nicht mehr durch die Operatoren im rotierenden Koordinatensystem bestimmt.

Bisher wurde H_0 als konstant angenommen. In Wirklichkeit wird aber zur Beobachtung der Kernresonanz H_0 mit einer Amplitude $H_M \ll H_0$ und einer Frequenz Ω_M sinusförmig moduliert, und bei der differentiellen Abtastung werden außerdem noch ω oder H_0 langsam verändert, so daß dabei die Resonanzstelle überstrichen wird. Solange die Änderung von ω langsam im Vergleich zu T_1 ist und solange T_1, $T_2^* \ll \Omega_m^{-1}$ sind, d. h. beim langsamen Durchgang, kann H_0 als konstant angesehen werden. Sind diese Bedingungen nicht mehr erfüllt, dann treten Änderungen der Signalformen auf. Für kleine H_1 wurden diese Änderungen schon von Bloch [5] für den schnellen adiabatischen Durchgang behandelt. Die Spintemperatur soll dabei durch die Mittelwerte von H_0, H_1 und ω bestimmt werden. Die Signale des schnellen adiabatischen Durchganges erhält man in diesem Falle nur dann, wenn die Zeit für den Durchgang durch die Resonanz klein gegenüber T_2^* ist. Für große H_1-Werte, die genügend weit über dem Sättigungswert liegen, wird aber, wenn $T_1^{-1} \ll \Omega_M \ll \gamma_N H_1$ ist, die Kernmagnetisierung immer in Richtung des effektiven äußeren Feldes $\mathfrak{H}_{\text{eff}}$ bleiben, so daß sich die z-Komponente der Magnetisierung und damit die effektive Spintemperatur wie die z-Komponente von $\mathfrak{H}_{\text{eff}}$ sinusförmig mit der Zeit ändern. Setzt man für das äußere Magnetfeld $\mathfrak{H}_0' = \mathfrak{H}_0 + \mathfrak{H}_M \cos \Omega_M$ in den Hamiltonoperator des ortsfesten Koordinatensystems ein und führt die Umrechnung in das rotierende System in der schon beschriebenen Weise durch, so ergibt sich für $M_{z\varrho}$ als Lösung einer Differentialgleichung

$$M_{z\varrho} = \frac{\pm M_0}{[1 + (\delta H/H_{\text{eff}})^2]^{1/2}}\,. \tag{3.48}$$

Bezeichnet man mit dem Index 1 die Signalkomponenten, die mit der Modulation phasengleich sind, und mit dem Index 2 diejenigen, die um 90° in ihrer Phase gegenüber der Modulation verschoben sind, dann folgt aus (3.48)

$$\frac{\partial \chi_1'}{\partial H_0} = \pm \frac{\partial}{\partial H_0} \frac{M_0 \sin \theta}{2 H_1 [1 + (\delta H/H_{\text{eff}})^2]^{1/2}} \tag{3.49a}$$

und

$$\partial \chi_2'/\partial H_0 \approx \partial \chi_1''/\partial H_0 \approx \partial \chi_2''/\partial H_0 \approx 0 . \tag{3.49b}$$

$\partial \chi_1'/\partial H_0$ ist proportional zu H_m, solange $H_m^2 < H_1^2 + (\delta H)^2$ ist. Das Vorzeichen von $M_{z\varrho}$ und damit von $\partial \chi_1'/\partial H_0$ hängt davon ab, ob zu Beginn der Messung ω größer oder kleiner als ω_0 war. Während für kleine H_1-Werte nach der Blochschen Theorie die Signale des adiabatischen schnellen Durchganges nur für $\Delta t_r < T_2^*$ zu erwarten sind (Δt_r ist die Zeit für den Resonanzdurchgang), ist es für große, über dem Sättigungswert liegende H_1 nur nötig, daß $\Delta t_r < T_1$ ist. Da in Festkörpern im allgemeinen $T_1 \gg T_2^*$ ist, läßt sich die letzte Bedingung wesentlich leichter erfüllen als die erste. Man kann die Methode daher zu einer Bestimmung von T_1 benützen.

Wenn $\Delta t_r \gg T_1$ ist, so kann ω als konstant angenommen werden. Unter dieser Voraussetzung erhält man

$$\frac{\partial \chi_1'}{\partial H_0} = \frac{1}{1 + \Omega_M^2 T_1^2} \frac{\partial \chi'}{\partial H_0} , \tag{3.50a}$$

$$\frac{\partial \chi_2'}{\partial H_0} = \Omega_M T_1 \frac{\partial \chi_1'}{\partial H_0} . \tag{3.50b}$$

$\partial \chi'/\partial H_0$ ist der Grenzwert von (3.44), der Ableitung des Dispersionssignals bei der Resonanzfrequenz für verschwindende Modulation. Aus dem Verhältnis von $\partial \chi_2'/\partial H_0 : \partial \chi_1'/\partial H_0$ läßt sich leicht T_1 bestimmen, eine Methode, die schon Halbach [22] auf Flüssigkeiten angewandt hat.

3.3. Wechselwirkungen zwischen den Kernen und der Elektronenhülle eines Moleküls bzw. Atoms; chemische Verschiebung und indirekte Spin-Spin-Kopplung

Die Wechselwirkung zwischen den Hüllenelektronen eines Atoms oder Moleküls und dem Kern des betrachteten Atoms verursacht zwei Erscheinungen: die „chemische Verschiebung" (chemical shift) und die „indirekte Spin-Spin-Kopplung". Die chemische Verschiebung ist eine Abweichung der wahren Resonanzfrequenz von der theoretischen $\omega_0 = \gamma_N H_0$ infolge des zusätzlichen Magnetfeldes, das von den Bahnmomenten der Elektronenhülle am Kern hervorgerufen wird. Da dieses zusätzliche Magnetfeld nur von der Struktur der Elektronenhülle abhängt und für alle Kerne mit gleicher elektronischer Umgebung gleich ist, kann man aus der chemischen Verschiebung Aufschlüsse über die Elektronenhülle und damit über die chemische Bindung gewinnen.

Die chemical shift spielt bei der hochauflösenden Kernresonanz in Flüssigkeiten zur Bestimmung der Struktur organischer Moleküle eine dominierende Rolle. In Festkörpern lassen sich aus ihr vor allem Aussagen über den kovalenten Bindungsanteil in Ionenkristallen und über die Überlappung der Elektronenhüllen von Kation und Anion machen. In Metallen und Halbleitern tritt neben der chemischen Verschiebung eine dieser sehr ähnliche weitere Verschiebung der Resonanzfrequenz – die „Knight-shift" – auf, die auf einer Wechselwirkung der Kerne mit den ungepaarten Spins der Leitungselektronen des Metalls in der Umgebung der Fermigrenze bzw. der Ladungsträger an den Bandrändern des Halbleiters beruht. Bei der Bestimmung der Knight-shift muß die gleichzeitig auftretende chemische Verschiebung berücksichtigt werden.

Die chemische Verschiebung ist meist klein gegenüber der Linienbreite im Festkörper und daher nur schwer zu bestimmen.

Die indirekte Spin-Spin-Kopplung beruht darauf, daß durch das Magnetfeld des einen Kerndipols eine Störung der Elektronenhülle des Moleküls verursacht wird, die ihrerseits am Ort eines anderen Kernes ein zusätzliches Magnetfeld hervorruft, das diesen Kern beeinflußt. Die indirekte Spin-Spin-Kopplung ist nur zwischen Kernen mit verschiedenen Larmorfrequenzen wirksam, d. h. entweder bei verschiedenartigen Kernen oder bei gleichartigen Kernen mit unterschiedlichen chemischen Verschiebungen, und ruft dort eine Aufspaltung der Linien der beiden Kerne in mehrere Einzellinien hervor, deren Abstand dem Produkt der beiden Kernmomente proportional ist und deren Zahl von dem Spin des anderen Kernes (bei mehreren, zur gleichen Gruppe eines Moleküls gehörenden Kernen mit gleicher chemischer Verschiebung vom Gesamtkernspin der Gruppe) abhängt. Im Festkörper geht diese Aufspaltung fast immer in der Dipol- oder Quadrupolbreite der Linie unter und ist nur in einigen wenigen Fällen bei der reinen Kernquadrupolresonanz (s. Abschn. 4.2) meßbar. Wegen der untergeordneten Bedeutung, die die indirekte Spin-Spin-Kopplung über die Elektronenhülle des Moleküls für die Kernresonanz im Festkörper besitzt, soll sie hier nicht ausführlicher behandelt werden.

Eine weitere Art der indirekten Spin-Spin-Kopplung über die Leitungselektronen, die sowohl in Metallen als auch in Halbleitern, aber auch in Isolatoren auftreten kann, wird bei den Metallen ausführlich behandelt. Die in ferro- und antiferromagnetischen Substanzen auftretende Suhl-Nakamura-Wechselwirkung ist ebenfalls eine indirekte Spin-Spin-Wechselwirkung, die durch die Spinwellenanregung der ungepaarten d-Elektronen vermittelt wird. Diese Wechselwirkung wird in Abschnitt 3.6.2.1 behandelt.

Die allgemeine Theorie der chemischen Verschiebung wurde von Ramsey [24] aufgestellt. Zusammenfassende Darstellungen finden sich in den Monographien von Pople, Schneider und Bernstein [23] und von Slichter [12]. Vor allem in der Darstellung von Slichter ist die Grundlage der chemischen Verschiebung klar herausgearbeitet, da dort die Kreisströme in der Elektronenhülle des Moleküls, die unter dem Einfluß des äußeren Feldes und des vom Kern herrührenden Magnetfeldes auftreten, sehr eingehend behandelt werden. Das von diesen Kreisströmen herrührende Magnetfeld am Kern ist für die chemische Verschiebung maßgebend.

Ein Atom-Elektron mit dem Bahnmoment $\mathfrak{l}$, das sich im Abstand r vom Kern befindet, der im Koordinatenursprung liegt, erzeugt dort ein Dipolfeld, dessen Mittelwert durch

$$\langle \mathfrak{H} \rangle = \mu_B \int \psi^*(r^{-3}\mathfrak{l})\, \psi\, \mathrm{d}\tau \tag{3.51}$$

gegeben ist. Für s-Elektronen, für die $\mathfrak{l} \equiv 0$ ist, verschwindet dieses Feld. Für p-Elektronen mit $|\mathfrak{l}| = 1$ sollte es in der Größenordnung

$$\langle H \rangle \approx \mu_B \langle r^{-3} \rangle$$

liegen. Da $\langle r^{-3} \rangle$ etwa 0,1 nm^{-3} oder kleiner ist, sollten die von den Bahnmomenten der Elektronen herrührenden Felder Werte von mehreren hundert Kilooersted haben und damit das äußere Feld weit überwiegen. Diese im freien Atom auftretenden hohen Felder, die in Atomstrahlexperimenten auch beobachtet werden können, sind aber im Molekül oder im Festkörper nicht vorhanden.

Durch das Molekül- oder Kristallfeld wird das Bahnmoment getilgt. Im freien Atom sind die drei zueinander orthogonalen p-Funktionen

$$\frac{1}{\sqrt{2}}\, r f(r) \sin\theta\, \mathrm{e}^{\mathrm{i}\varphi}, \qquad \frac{1}{\sqrt{2}}\, r f(r) \sin\theta\, \mathrm{e}^{-\mathrm{i}\varphi} \quad \text{und} \quad r f(r) \cos\theta$$

entartet, und die Gesamtwellenfunktion ist eine Linearkombination dieser drei Funktionen mit unbestimmten Koeffizienten. Der Operator des Bahnmomentes

$$\begin{aligned} \mathfrak{l} = \mathrm{i}\Big\{ & \left(\sin\varphi \frac{\partial}{\partial\theta} + \cos\varphi \cot\theta \frac{\partial}{\partial\varphi}\right), \\ & \left(-\cos\varphi \frac{\partial}{\partial\theta} + \sin\varphi \cot\theta \frac{\partial}{\partial\varphi}\right), -\frac{\partial}{\partial\varphi}\Big\} \end{aligned} \tag{3.52}$$

ist rein imaginär. Reelle Matrixelemente und damit ein nichtverschwindender Mittelwert $\langle H \rangle$ können nur auftreten, wenn die Wellenfunktion komplex ist. Das ist beim Atom infolge der Entartung der Fall. Zum Beispiel liefert das mit den beiden ersten Eigenfunktionen gebildete Matrixelement von $\boldsymbol{l}_z = -\mathrm{i}\frac{\partial}{\partial\varphi}$ den Beitrag

$$\langle H_z\rangle = -\mathrm{i}\mu_B \frac{1}{2}\int_0^\infty [rf(r)]^2 r^{-3} r^2 \mathrm{d}r \int_0^\pi\int_0^{2\pi} \sin^2\theta \mathrm{e}^{-\mathrm{i}\varphi}\left(\frac{\partial}{\partial\varphi}\mathrm{e}^{\mathrm{i}\varphi}\right)\sin\theta\,\mathrm{d}\theta\,\mathrm{d}\varphi$$

$$= \frac{1}{2}\mu_B\langle r^{-3}\rangle \int_{-1}^{1}\int_0^{2\pi}(1-x^2)\,\mathrm{d}x\,\mathrm{d}\varphi \tag{3.53}$$

$$= \frac{4\pi}{3}\mu_B\langle r^{-3}\rangle$$

zu $\langle H\rangle$. Im Molekül- oder Kristallfeld wird die Entartung aufgehoben. Dabei wird mindestens ein nicht mehr entartetes Energieniveau abgesenkt, welches dann der energetisch tiefste Zustand ist. Da die Wellenfunktion des Grundzustandes reell ist, müssen die Matrixelemente

$$\langle 0|\boldsymbol{l}_i|0\rangle$$

rein imaginär sein, da l rein imaginär ist. Andererseits müssen sie aber als Diagonalelemente reell sein. Da beides nicht vereinbar ist, muß

$$\langle 0|\boldsymbol{l}_i|0\rangle \equiv 0$$

sein. Für den Grundzustand ist also das Bahnmoment getilgt, und das von diesem herrührende Magnetfeld am Kern ist gleich Null.

Gehört z. B. der energetisch tiefste Zustand zu der in y-Richtung liegenden p-Funktion

$$\psi_{p_y} = rf(r)\sin\theta\frac{\mathrm{e}^{\mathrm{i}\varphi}-\mathrm{e}^{-\mathrm{i}\varphi}}{2\mathrm{i}} = rf(r)\sin\theta\sin\varphi, \tag{3.54}$$

so wird das Matrixelement von $\boldsymbol{l}_z/r^3$ gleich Null:

$$\langle 0|r^{-3}\boldsymbol{l}_z|0\rangle = \int_0^\infty [rf(r)]^2 r^{-3} r^2 \mathrm{d}r \int_0^\pi\int_0^{2\pi}\sin^3\theta\sin\varphi\cos\varphi\,\mathrm{d}\theta\,\mathrm{d}\varphi \equiv 0,$$

da das Integral über φ verschwindet.

Neben dem Kristallfeld wirkt auf die Elektronenhülle das vom Kern herrührende Magnetfeld $\boldsymbol{\mu}_I r^{-3}$ und beim Kernresonanzexperiment noch das äußere Magnetfeld $\mathfrak{H}_0$ ein. Beide Felder lassen sich durch je ein Vektorpotential darstellen:

$$\begin{aligned} \mathfrak{A}_0 &= \frac{1}{2}\,\mathfrak{H}_0 \times \mathfrak{r} + \operatorname{grad} u_1(r) \\ \mathfrak{A}_N &= r^{-3}\,\boldsymbol{\mu}_I \times \mathfrak{r} + \operatorname{grad} u_2(r) \qquad (3.55) \\ \mathfrak{A} &= \left(\frac{1}{2}\,\mathfrak{H}_0 + r^{-3}\boldsymbol{\mu}_I\right) \times \mathfrak{r} + \operatorname{grad} u(r). \end{aligned}$$

Der Hamiltonoperator, der die Bewegung eines Elektrons unter dem Einfluß des elektrischen Kristall- oder Molekülfeldes $\mathfrak{E} = -\operatorname{grad} V - \frac{1}{c}\frac{\partial \mathfrak{A}}{\partial t}$ und des Magnetfeldes $\mathfrak{H} = \operatorname{rot} \mathfrak{A}$ beschreibt, ist

$$\begin{aligned} \mathbf{H} &= \frac{1}{2m}\left(\mathfrak{p} + \frac{e}{c}\,\mathfrak{A}\right)^2 - eV \\ &= -\frac{\hbar^2}{2m}\,\nabla^2 + \frac{e}{mc}\,\mathfrak{A}\mathfrak{p} + \frac{e\hbar}{2mc}\operatorname{div}\mathfrak{A} + \frac{e^2}{2mc^2}\,\mathfrak{A}^2 - eV. \end{aligned} \qquad (3.56)$$

$-\frac{\hbar^2}{2m}\nabla^2 - eV$ ist der Hamiltonoperator des Hüllenelektrons im Kristallfeld und Potentialfeld des Kernes ohne den Einfluß des Magnetfeldes, d. h. der ungestörte Hamiltonoperator. Die Energieeigenwerte E_n liegen in der Größenordnung mehrerer Elektronenvolt. Die magnetische Energie ist etwa $\mu_B H_0$ und liegt bei 10^{-4} eV. Die magnetische Wechselwirkung kann daher als Störung betrachtet werden, und die neuen Energieeigenwerte lassen sich aus einer Störungsrechnung mit dem Störoperator

$$\mathbf{H}_{\mathrm{St}} = \frac{e}{mc}\left(\mathfrak{A}\mathfrak{p} + \frac{\hbar}{2}\operatorname{div}\mathfrak{A} + \frac{e}{2c}\,\mathfrak{A}^2\right) \qquad (3.57)$$

gewinnen.

Da $\left(\mathfrak{p} + \frac{e}{c}\,\mathfrak{H}\right)^2$ eichinvariant ist, kann in (3.55) $\operatorname{grad} u(r) \equiv 0$ gesetzt werden. Dadurch verschwindet $\operatorname{div}\mathfrak{A} = \operatorname{div}\left(\left[\frac{1}{2}\,\mathfrak{H}_0 + r^{-3}\,\boldsymbol{\mu}_I\right] \times \mathfrak{r}\right)$, und es ist

$$\begin{aligned} \mathfrak{A}\mathfrak{p} &= \left[\left(\frac{1}{2}\,\mathfrak{H}_0 + r^{-3}\boldsymbol{\mu}_I\right) \times \mathfrak{r}\right]\mathfrak{p} = \left(\frac{1}{2}\,\mathfrak{H}_0 + r^{-3}\boldsymbol{\mu}_I\right)(\mathfrak{r} \times \mathfrak{p}) \\ &= \left(\frac{1}{2}\,\mathfrak{H}_0 + r^{-3}\boldsymbol{\mu}_I\right)\mathfrak{l}. \end{aligned}$$

Der Störoperator nimmt damit – wenn über alle Elektronen der Hülle summiert wird – die Form

$$\mathbf{H}_{\mathrm{St}} = \sum_j \left\{ \frac{\mu_B}{\hbar} (\mathfrak{H}_0 + 2\, r_j^{-3} \boldsymbol{\mu}_I)\, \mathfrak{l}_j + \frac{m\,\mu_B^2}{2\,\hbar^2} [(\mathfrak{H}_0 + 2\, r_j^{-3} \boldsymbol{\mu}_I) \times \mathfrak{r}]^2 \right\} \tag{3.58}$$

an. Führt man mit diesem Störoperator die Störungsrechnung bis zur zweiten Ordnung durch, so treten dabei Glieder auf, die nur $\mathfrak{H}_0$ oder nur $\boldsymbol{\mu}_I$ enthalten, und solche, in denen das Produkt $\mathfrak{H}_0 \boldsymbol{\mu}_I$ auftritt. Die ersteren liefern die Störenergie der Hüllenelektronen durch das äußere Feld $\mathfrak{H}_0$, die zweiten diejenige, die allein durch das Magnetfeld des Kernes verursacht wird, die dritten endlich ergeben die Wechselwirkungsenergie zwischen dem Kern und der von $\mathfrak{H}_0$ beeinflußten Elektronenhülle und sind für die chemische Verschiebung verantwortlich. Diese Glieder liefern für die Störenergie den Ausdruck

$$\begin{aligned} E_{\mathrm{St}} = 2\,\mu_{Iz} H_0 \Bigg\{ & \frac{m\,\mu_B^2}{\hbar^2} \int \sum_j \frac{r_j^2 - z_j^2}{r_j^3}\, \psi_j^* \psi_j \,\mathrm{d}\tau \\ & - \frac{\mu_B^2}{\hbar^2} \sum_n (E_n - E_0)^{-1} [\langle 0 | \sum_j \boldsymbol{l}_{jz} | n \rangle \langle n | \sum_k r_k^{-3} \boldsymbol{l}_{kz} | 0 \rangle \\ & + \langle 0 | \sum_j r_j^{-3} \boldsymbol{l}_{jz} | n \rangle \langle n | \sum_k \boldsymbol{l}_{kz} | 0 \rangle] \Bigg\} \\ = 2\,\mu_{Iz} H_0 \Bigg\{ & \frac{m\,\mu_B^2}{\hbar^2} \sum_j \int r_j^{-1}\, \psi_j^* \psi_j\, r_j^2 \sin^3 \theta_j \,\mathrm{d}r_j \,\mathrm{d}\theta_j \,\mathrm{d}\varphi_j \\ & + \mu_B^2 \sum_n (E_n - E_0)^{-1} \Bigg[\langle 0 \Bigg| \sum_j \frac{\partial}{\partial \varphi_j} \Bigg| n \rangle \langle n \Bigg| \sum_k r_k^{-3} \frac{\partial}{\partial \varphi_k} \Bigg| 0 \rangle \\ & + \langle 0 \Bigg| \sum_j r_j^{-3} \frac{\partial}{\partial \varphi_j} \Bigg| n \rangle \langle n \Bigg| \sum_k \frac{\partial}{\partial \varphi_k} \Bigg| 0 \rangle \Bigg] \Bigg\}, \end{aligned} \tag{3.59}$$

wenn man voraussetzt, daß der Kern im Magnetfeld $\mathfrak{H}_0$ ausgerichtet ist und daher $\boldsymbol{\mu}_I = \mathfrak{k} \mu_{Iz}$ ist. E_{St} enthält $\mu_{Iz} = \hbar \gamma_N \boldsymbol{I}_z$, hat damit also Operatorcharakter und stellt ein Zusatzglied im Spin-Hamiltonoperator des Kerns dar. Die Störenergie E_{St} entspricht der Energie des Kerndipols $\boldsymbol{\mu}_I$ in einem Magnetfeld $\mathfrak{H}_0'$, das proportional zu $\mathfrak{H}_0$ ist:

$$\begin{aligned} E_{\mathrm{St}} &= -\mu_{Iz} H_0' \\ H_0' &= -\frac{1}{\mu_{Iz}} E_{\mathrm{St}} = -\sigma_{zz} H_0. \end{aligned} \tag{3.60}$$

Das am Kern wirkende Gesamtfeld ist dann

$$H_{\mathrm{lok}} = H_0 - \sigma_{zz} H_0. \tag{3.61}$$

σ_{zz} wird als Abschirmungskonstante bezeichnet. Da nur für s-Elektronen die Kreisströme in einer zu $\mathfrak{H}_0$ senkrechten Ebene liegen, ist nur in diesem Fall das von den Elektronen herrührende Feld antiparallel zu $\mathfrak{H}_0$. Im allgemeinen Fall hängt es von der Symmetrie des Moleküls ab, und σ ist ein Tensor, dessen zz-Komponente nach (3.59) und (3.60)

$$\sigma_{zz} = 2\mu_B^2 \left\{ \frac{m}{\hbar^2} \sum_j \int \psi_{j0}^* r_j^{-1} \psi_{j0} r_j^2 \sin^3\theta_j \, \mathrm{d}r_j \, \mathrm{d}\theta_j \, \mathrm{d}\varphi_j \right.$$

$$\left. + \sum_n \frac{\langle 0 \left| \sum_j \frac{\partial}{\partial \varphi_j} \right| n \rangle \langle n \left| \sum_k r_k^{-3} \frac{\partial}{\partial \varphi_k} \right| 0 \rangle + \langle 0 \left| \sum_j r_j^{-3} \frac{\partial}{\partial \varphi_j} \right| n \rangle \langle n \left| \sum_k \frac{\partial}{\partial \varphi_k} \right| 0 \rangle}{E_n - E_0} \right\} \tag{3.62}$$

ist. Das zweite Glied von σ_{zz} ist negativ, da nur die Matrixelemente von Null verschieden sind, die Zustände miteinander verbinden, für die die Wellenfunktion des einen von $\sin\varphi$ und die des anderen von $\cos\varphi$ abhängt; denn nur dann tritt das Produkt $\sin\varphi \cdot \cos\varphi$ im Integral nicht auf. Daher steht in einem der beiden Matrixelemente eines jeden der beiden Produkte die Ableitung von $\cos\varphi$, die das negative Vorzeichen liefert. Der erste positive Term von σ_{zz} rührt nach (3.59) von einem zu $\mathfrak{H}_0$ entgegengesetzt gerichteten Feld her, schirmt also das äußere Feld ab und wird daher als „diamagnetische Abschirmungskonstante" σ_d bezeichnet. Der zweite Term von σ_{zz} rührt von einem in Richtung von $\mathfrak{H}_0$ liegenden Feld her und wird folglich als „paramagnetische Abschirmungskonstante" σ_p bezeichnet.

Für s-Elektronen geht σ_d in den schon von Lamb [25] angegebenen Ausdruck

$$\sigma^{(s)} = \frac{2m}{\hbar^2} \mu_B^2 \int_0^\infty \frac{f^2(r)}{r} r^2 \, \mathrm{d}r \int_0^\pi \int_0^{2\pi} \sin^3\theta \, \mathrm{d}\theta \, \mathrm{d}\varphi = \frac{16\pi}{3} \frac{m}{\hbar^2} \mu_B^2 \langle r^{-1} \rangle \tag{3.63}$$

über. σ_p läßt sich nach (3.62) nur dann berechnen, wenn die Energieeigenwerte und die Eigenfunktionen aller angeregten Zustände des Moleküls einschließlich der des Kontinuums bekannt sind. Da dies praktisch nie der Fall ist, benutzt man oft eine vereinfachte Beziehung für σ_p, die aus (3.62) folgt, wenn die einzelnen Anregungsenergien $(E_n - E_0)$ durch einen Mittelwert ΔE ersetzt werden. Dann läßt sich die Summation über n unter Benutzung der quantenmechanischen Summenregel $\sum_n \langle n | n \rangle = 1$ leicht durchführen, und es folgt für σ_p die Beziehung

$$\sigma_p = \frac{4\mu_B^2}{\Delta E} \langle 0 \left| \sum_j \sum_k r_k^{-3} \frac{\partial^2}{\partial \varphi_j \partial \varphi_k} \right| 0 \rangle, \tag{3.64}$$

in der nur noch die Matrixelemente des Grundzustandes vorkommen. Gleichung (3.64) gibt allerdings nur für die kleinsten Moleküle richtige Werte, da für größere Moleküle σ_p und σ_d groß werden und sich zum größten Teil kompensieren. Sie kann aber oft mit Erfolg für die Berechnung der chemischen Verschiebung, die von einem schwach kovalenten Bindungsanteil in Ionenkristallen herrührt, angewendet werden. Überlappen sich in einem Ionenkristall die Elektronenhüllen von Kationen und Anionen teilweise, so tritt eine geringe Verformung der Hüllen und damit eine Abweichung von der Kugelsymmetrie auf. Dies wirkt sich so aus, als wären den kugelsymmetrischen Wellenfunktionen des Grundzustandes noch weitere Wellenfunktionen zugemischt, die die Symmetrie der Überlappung widerspiegeln. Für die von diesen Funktionen verursachte chemische Verschiebung ergibt sich ein zu (3.64) analoger Ausdruck (s. S. 223), in dem statt der Matrixelemente die Quadrate der Überlappungsintegrale stehen.

3.4. Wechselwirkung zwischen Kernspins und paramagnetischen Verunreinigungen

3.4.1. Statische Wechselwirkungen

Am einfachsten läßt sich die Beeinflussung der Momente der Kernresonanzlinie durch paramagnetische Zentren berechnen. Hier soll nur das zweite Moment behandelt werden, da das vierte Moment zu sehr unübersichtlichen Ausdrücken führt (vgl. [1], S. 30). Zur Berechnung braucht man nur in dem Ausdruck (3.19) für das zweite Moment eines Zweikomponentensystems das Kernmoment $\hbar\gamma_{N2}\mathfrak{I}_2$ durch das vom Elektronenspin herrührende Moment $g\mu_B\,\mathfrak{S}$ zu ersetzen. Der spektroskopische Aufspaltungsfaktor hat für Elektronen, die sich in einem reinen s-Zustand befinden, den Wert 2,00229, kann aber durch Beimischung anderer Bahnfunktionen auch beträchtlich von diesem Wert abweichen. Da die Elektronenmomente sehr groß – etwa um den Faktor 1000 größer als die Kernmomente – sind, müssen bei der Summierung über die verschiedenen Gitterplätze die Kerne in der Umgebung des paramagnetischen Zentrums ausgeschlossen werden. Die Resonanzfrequenzen dieser Kerne liegen so weit von der Mittenfrequenz entfernt, daß sie experimentell nicht mehr gemessen werden können. Wenn man sie bei der Berechnung des zweiten Momentes berücksichtigte, so würde das berechnete zweite Moment wesentlich größer werden als das aus der Linie gefundene. Leider läßt sich der Radius der Kugel um das paramagnetische Zentrum, innerhalb derer die auszuschließenden Kerne liegen, nur grob abschätzen.

In einer Anzahl von Fällen läßt sich die Resonanz der Kerne in der Umgebung eines paramagnetischen Zentrums indirekt über die Elektronenspinresonanz dieses Zentrums messen. Auf die Theorie dieser von

Feher [35] eingeführten „ENDOR-Technik", die ein sehr wirkungsvolles Hilfsmittel bei der Aufklärung der Struktur von paramagnetischen Zentren ist, wird am Ende dieses Abschnitts näher eingegangen werden.

Für die Spurberechnungen, die zum zweiten Moment führen, ist Voraussetzung, daß alle Spineinstellungen gleich häufig sind, daß also alle Spinniveaus gleich besetzt sind. Daher gelten diese Formeln exakt nur für unendlich hohe Temperaturen. Die Bedingung der Gleichbesetzung ist für Kerne auch bei sehr tiefen Temperaturen noch annähernd erfüllt. Der Unterschied von 10^{-4} bis 10^{-5} in den Besetzungszahlen ist so gering, daß er vernachlässigt werden kann. Daher sind die abgeleiteten Beziehungen recht gute Näherungen. Sind die Wechselwirkungspartner aber ungepaarte Elektronen, so ist die Bedingung der Gleichverteilung wegen des um etwa 1000mal größeren Energieabstandes der beiden Elektronenspinniveaus nicht mehr so streng erfüllt. Vollständig verletzt wird diese Voraussetzung in Ferro- und Antiferromagnetika, in denen durch Austauschkräfte die Elektronenspins innerhalb eines Weissschen Bezirkes bzw. innerhalb eines Untergitters ausgerichtet sind. Die unterschiedliche Besetzung der Spinniveaus läßt sich am einfachsten durch die Dichtematrix berücksichtigen. Mit ihr geht die Beziehung (2.52) für das zweite Moment in

$$\langle(\Delta\omega)^2\rangle = -\frac{\mathrm{Sp}\{[\mathbf{H}', \boldsymbol{I}_x]^2\varrho\}}{\hbar^2\,\mathrm{Sp}\{|\boldsymbol{I}_x|^2\varrho\}} - \omega_0^2 \tag{3.65}$$

über, und für ein aus zwei magnetischen Komponenten bestehendes System ergibt sich

$$\langle(\Delta\omega)^2\rangle = -\frac{\mathrm{Sp}\{[\mathbf{H}^{1'},\ \boldsymbol{I}_x]^2\varrho\} + \mathrm{Sp}\{\mathbf{H}^{3'},\ \boldsymbol{I}_x]^2\varrho\}}{\hbar^2\mathrm{Sp}\{\boldsymbol{I}_x|^2\varrho\}} - \omega_0^2. \tag{3.66}$$

Zur Spurberechnung entwickelt man ϱ im allgemeinen nach Potenzen von $\mathbf{H}_0/kT$. Muß man bei dieser Entwicklung nur das in T lineare Glied berücksichtigen, so bleiben die für das zweite Moment maßgeblichen Terme temperaturunabhängig. Das Ergebnis ist dann das gleiche wie ohne Dichtematrix [36]. In ferromagnetischen Substanzen müssen auch Glieder höherer Ordnung berücksichtigt werden.

3.4.2. Spin-Gitter-Relaxation und Spindiffusion

In vielen Substanzen sind die von paramagnetischen Verunreinigungen herrührenden zeitlich schwankenden inneren Magnetfelder für die Spin-Gitter-Relaxation maßgebend. Bloembergen [37] berechnete diesen Einfluß unter der Annahme, daß die Wechselwirkung zwischen den Elektronen und den Kernen eine reine Dipolwechselwirkung ist. Diese Annahme wird durch die im allgemeinen starke Lokalisierung des ungepaarten Elektrons am paramagnetischen Ion nahegelegt.

Der Hamiltonoperator des Gesamtsystems ist dann

$$\mathbf{H} = \mathbf{H}_S + \mathbf{H}_I + \mathbf{H}_{SI}.$$

$\mathbf{H}_S$ beschreibt die Wechselwirkung der ungepaarten Elektronen untereinander, mit dem äußeren Magnetfeld und mit dem Kristallfeld. $\mathbf{H}_I$ ist der Kernspinoperator (3.8) und $\mathbf{H}_{SI}$ der Operator der Wechselwirkung zwischen den Elektronenmomenten und den Kernmomenten:

$$\mathbf{H}_{SI} = g\mu_B \hbar \gamma_N \sum_{k>i} r_{ik}^{-3} \{\mathfrak{J}_i \mathfrak{S}_k - 3 r_{ik}^{-2} (\mathfrak{J}_i \mathfrak{r}_{ik})(\mathfrak{S}_k \mathfrak{r}_{ik})\}.$$

$\mathfrak{S}_k$ ist der Elektronenspin des k-ten paramagnetischen Ions, $\mathfrak{r}_{ik}$ der Radiusvektor vom i-ten Kern zum k-ten Ion, g der spektroskopische Aufspaltungsfaktor der paramagnetischen Ionen und μ_B das Bohrsche Magneton.

Die Fluktuationen des durch die Gitterschwingungen modulierten elektrischen Kristallfeldes stören die Bahn des ungepaarten Elektrons im paramagnetischen Ion. Über die Spin-Bahn-Kopplung bewirken diese Störungen Elektronenspinübergänge, die starke, fluktuierende Magnetfelder an den Kernen der Umgebung des paramagnetischen Ions hervorrufen. Da die Wechselwirkung zwischen den Elektronenspins und den Gitterschwingungen auch die Spin-Gitter-Relaxationszeit T_{1e} der paramagnetischen Ionen bestimmt, ist T_1 eine Funktion von T_{1e}. T_{1e} ist von H_0 und der Temperatur abhängig.

Die Raumkoordinaten können als fest angesehen werden, da die Änderung des inneren Feldes infolge einer Änderung von $\mathfrak{r}$ $(\Delta H_i/H_i = -3\Delta r/r)$ klein gegenüber der Feldänderung $\Delta H_i/H_i = (H_{i1} - H_{i2})/H_i = 2$ beim Umklappen eines Elektronenmomentes ist. Daher ist allein die Zeitabhängigkeit der Erwartungswerte $\langle S_z \rangle$, $\langle S_x \rangle$ und $\langle S_y \rangle$ für die Spin-Gitter-Relaxation der Kerne maßgebend. Die Diagonalelemente von $\mathfrak{S}$ tragen zum Spektrum in der Umgebung der Frequenz Null, die Nichtdiagonalelemente zum Spektrum in der Umgebung der Elektronenresonanzfrequenz $\omega_e = \hbar^{-1} g \mu_B H_0$ bei. Der Frequenzbereich, über den sich das Spektrum erstreckt, liegt in der Größenordnung von $\Delta\nu \approx T_{1e}^{-1}$. Da $\Delta\nu \leq 10^8$ sec^{-1}, die Resonanzfrequenz ν_0 der Kerne $\approx 10^7$ sec^{-1}, die der Elektronen aber $\approx 10^{10}$ sec^{-1} ist, wird die Spektraldichte $J(\omega_0)$ der Nichtdiagonalelemente praktisch Null sein, und nur die Diagonalelemente von $\mathfrak{S}$ werden einen merklichen Beitrag zu $J(\omega_0)$ liefern. Unter der Annahme eines Debyespektrums für die Gitterschwingungen findet Bloembergen für T_1

$$T_1^{-1} = \frac{3}{2} \gamma_N^2 g^2 \mu_B^2 S(S+1) r^{-6} \sin^2\theta \cos^2\theta \frac{T_{1e}}{\pi(1 + T_{1e}^2 \nu_0^2)} = C(\theta)\, r^{-6}. \quad (3.67)$$

Der beschriebene Relaxationsmechanismus ist nur in einem kleinen Bereich um das paramagnetische Ion wirksam, in dem das von dem Ion herrührende Magnetfeld an einem Kern das von den Nachbarkernen herrührende überwiegt. Besonders für kleine Verunreinigungskonzentrationen ist die Zahl der beeinflußten Kerne klein gegenüber der Gesamtzahl der Kerne. Auf erstere wirkt außer dem Schwankungsfeld noch das dem zeitlichen Mittelwert $\overline{\langle \boldsymbol{S}_z \rangle}$ entsprechende statische Feld, das die Resonanzfrequenzen dieser Kerne in die äußersten Ausläufer der Linie verschiebt. Die Spin-Gitter-Relaxationszeit der Kerne, deren Resonanz innerhalb der meßbaren Linie liegt, würde daher durch den beschriebenen Relaxationsprozeß kaum beeinflußt werden, wenn nicht eine Energieübertragung zwischen den von den paramagnetischen Ionen stark beeinflußten Bezirken und den unbeeinflußten Bezirken vorhanden wäre.

Dieser als „Spindiffusion" bezeichnete Vorgang beruht auf den durch den Operator $(\boldsymbol{I}_{+i}\boldsymbol{I}_{-k} + \boldsymbol{I}_{-i}\boldsymbol{I}_{+k})$ beschriebenen (s. auch Abschn. 3.1) Umklapp-Prozessen benachbarter antiparalleler Kernspins. Die Spindiffusion soll für Kerne mit dem Spin $I = 1/2$, die in einem Kristallgitter angeordnet sind und sich in einem äußeren Feld H_0 befinden, näher betrachtet werden. An einem Ende des Kristalls sei die Spintemperatur T_S', am gegenüberliegenden Ende T_S''. Sie kann als Variable T_S für jeden Gitterpunkt nach (2.107) für $I = 1/2$ durch

$$p = P_{1/2} - P_{-1/2} = \tanh \frac{\gamma_N \hbar H_0}{2kT_S} \approx \gamma_N \hbar H_0/2kT_S \tag{3.68}$$

definiert werden. $P_{1/2}$ und $P_{-1/2}$ sind die Wahrscheinlichkeiten dafür, daß $\boldsymbol{I}_z$ parallel und antiparallel zu $\mathfrak{H}_0$ gerichtet ist. Aus der säkularen Komponente des Dipolwechselwirkungsoperators erhält man für die Umklappwahrscheinlichkeit eines antiparallelen Spinpaares

$$W_{\Delta m_i = -\Delta m_k = 1} = \frac{1}{16} \gamma_N^4 \hbar^2 (F_{ik}^0)^2 \lambda T_2^{-1}. \tag{3.69}$$

λ ist ein Zahlenfaktor, der die Linienform berücksichtigt und die Größenordnung von Eins hat. Summiert man über alle Kerne k in der unmittelbaren Umgebung des Kernes i (nur diese müssen wegen der Abhängigkeit ihrer Wechselwirkung von r_{ik}^{-6} berücksichtigt werden), so findet man

$$W = \alpha T_2^{-1}. \tag{3.70}$$

α ist ein von der Gittersymmetrie und der Linienform abhängiger Faktor, der kleiner als 1 ist. Die zeitliche Änderung von $p = P_{1/2} - P_{-1/2}$ am Punkt x durch simultanes Umklappen eines in diesem Punkt befindlichen Spins und eines im Abstand $\pm a$ in der x-Richtung (d. i. die Gradientenrichtung) gelegenen antiparallelen Nachbarspins ist dann durch die Differenzengleichung zweiter Ordnung

$$-\frac{\Delta p}{\Delta t} = W \{ P_{1/2}(x+a) P_{-1/2}(x) - P_{1/2}(x) P_{-1/2}(x+a) + P_{1/2}(x-a) P_{-1/2}(x) - P_{1/2}(x) P_{-1/2}(x-a) \} \tag{3.71}$$

gegeben. Entsprechende Gleichungen gelten auch für die beiden anderen Raumrichtungen bei gleichen Temperaturgradienten. Geht man von der Differenzengleichung zur Differentialgleichung über, so ergibt sich für $\partial p/\partial t$ die Diffusionsgleichung

$$-\frac{\partial p}{\partial t} = D\Delta p \tag{3.72a}$$

mit der Diffusionskonstante

$$D = Wa^2 = \alpha a^2 T_2^{-1}. \tag{3.72b}$$

Da nach (3.69) W vom Winkel zwischen Diffusionsrichtung und Feldrichtung abhängt, ist die Diffusionskonstante in Feldrichtung eine andere als senkrecht dazu. Durch Multiplikation der Diffusionskonstante D mit der spezifischen Wärme

$$\frac{\gamma_N^2 \hbar^2 I(I+1) H_0^2 s}{a^3 3kT}$$

des Spinsystems erhält man dessen Wärmeleitfähigkeit, durch die ein Temperaturgradient innerhalb des Spinsystems ausgeglichen wird. In der Umgebung eines paramagnetischen Ions ist die Spintemperatur T_S der Kerne wegen der guten Kopplung mit dem Gitter über das fluktuierende Feld des Ions immer gleich der Gittertemperatur. Ein starkes hochfrequentes Magnetfeld der Larmorfrequenz kann den Teil des Spinsystems, der nicht mehr von den paramagnetischen Ionen beeinflußt wird, teilweise sättigen. Dadurch wird p kleiner, T_S wächst, und es tritt ein Spintemperaturgradient zwischen dem vom paramagnetischen Ion unbeeinflußten und dem beeinflußten Teil des Spinsystems auf, der sich durch die Wärmeleitung des Spinsystems auszugleichen sucht. Dadurch wird Energie vom unbeeinflußten Teil zum beeinflußten Teil transportiert, von dem sie dann an das Gitter abgegeben wird. Die übertragene Energie wird um so kleiner sein, das Gleichgewicht wird sich also um so langsamer einstellen, je weiter der Weg ist, über den die Energie transportiert werden muß. Dieser Weg hängt aber von der Verunreinigungskonzentration ab. T_1 ist daher eine Funktion der Konzentration der paramagnetischen Verunreinigungen. Wegen der Anisotropie von D ist T_1 auch in isotropen Kristallen anisotrop.

3.4.3. Einfluß einer Störung des thermischen Gleichgewichtes paramagnetischer Elektronen auf das Kernspinsystem. Dynamische Kernpolarisation und Elektronenpolarisation

Bisher wurde angenommen, daß das Elektronenspinsystem der paramagnetischen Zentren im thermischen Gleichgewicht mit dem Gitter steht. Spintemperatur T_S und Gittertemperatur T_G stimmten also überein. Die Zeemanniveaus der Elektronenspins im äußeren Feld $\mathfrak{H}_0$ waren nach einer Boltzmannverteilung besetzt. Wird diese Verteilung gestört, etwa durch Einstrahlung der Elektronenresonanzfrequenz $\omega_e = \hbar^{-1} g \mu_B H_0$, so wirkt sich das wegen der Kopplung zwischem dem Elektronenspinsystem und dem Kernspinsystem auch auf die Besetzungszahlen der Kern-Zeemanniveaus aus. Es tritt eine Kernspinpolarisation auf, die als „Overhausereffekt" bezeichnet wird.

Der Einfachheit halber soll angenommen werden, daß sowohl der Kernspin I als auch der Elektronenspin S den Wert 1/2 haben und daß die Zeemanaufspaltung der Elektronen im Feld $\mathfrak{H}_0$ groß gegenüber der Hyperfeinwechselwirkung ist. Dann ist S_z eine gute Quantenzahl. Weiter sollen die Kernspins nur über die Elektronenspins mit dem Gitter gekoppelt sein. Die Hyperfeinwechselwirkung läßt sich allgemein durch den Hamiltonoperator

$$\mathbf{H}_{IS} = \mathfrak{I} \mathbf{A} \mathfrak{S}$$

beschreiben. $\mathbf{A}$ ist ein symmetrischer Tensor. Damit eine Kernspinrelaxation möglich ist, müssen zwei Voraussetzungen erfüllt sein:

a) $\mathbf{H}_{IS}$ muß nichtverschwindende Matrixelemente zwischen solchen Zuständen des I-S-Systems haben, für die I_z verschieden ist. Diese Voraussetzung ist immer erfüllt, abgesehen von dem Fall, daß $\mathbf{A}$ nur das Element A_{zz} enthält.

b) Die erforderliche Energie für den Relaxationsübergang muß verfügbar sein. Das setzt voraus, daß im Fourierspektrum des Magnetfeldes $\mathfrak{H}_e$, das von einem Elektron am Kernort erzeugt wird, die Spektralkomponente $J(\omega_0)$ $(\omega_0 = \gamma_N H_0)$ vorhanden ist.

Die Fluktuationen von $\mathfrak{H}_e$ können durch Fluktuationen von $\mathbf{A}$ – hervorgerufen durch die Gitterschwingungen – oder durch Fluktuationen des Erwartungswertes $\langle \mathfrak{S} \rangle$ verursacht werden. Im letzten Fall ist T_{1e} für die Kernspinrelaxation maßgebend.

Die Spin-Gitter-Relaxation der Elektronen läßt sich allgemein durch den Hamiltonoperator

$$\mathbf{H}_{eG} = -g \mu_B \mathfrak{H}' \mathfrak{S}$$

beschreiben. $\mathfrak{H}'$ ist dabei ein fluktuierendes Magnetfeld, dessen Ursprung unwichtig ist. In den meisten Fällen wird es das von der Spin-Bahn-Kopplung herrührende Feld sein, das über die Wechselwirkung zwischen Bahnmoment und Kristallfeld mit den Gitterschwingungen moduliert ist. Der Hyperfeinwechselwirkungstensor $\mathbf{A}$ kann in einen statischen Anteil $\mathbf{A}_0 = \langle \mathbf{A} \rangle$ und einen fluktuierenden Anteil $\mathbf{A}_1 = \mathbf{A} - \langle \mathbf{A} \rangle$ zerlegt werden. Der Gesamthamiltonoperator des Systems ist dann

$$\mathbf{H} = -g \mu_B H_0 \boldsymbol{S}_z - \gamma_N \hbar H_0 \boldsymbol{I}_z + \mathfrak{I} \mathbf{A}_0 \mathfrak{S} - g \mu_B \mathfrak{H}' \mathfrak{S} + \mathfrak{I} \mathbf{A}_1 \mathfrak{S}. \tag{3.73}$$

Die drei ersten Glieder sind zeitlich konstant und bestimmen die Energieniveaus des Systems. Die beiden letzten Terme sind zeitlich fluktuierende Größen, die Übergänge zwischen den Niveaus induzieren.

Zunächst soll der Fall betrachtet werden, daß ein diamagnetischer Kristall paramagnetische Verunreinigungen enthält und daß die Resonanz nur einer Kernart des Wirtsgitters gemessen wird. Das ungepaarte Elektron sei am paramagnetischen Ion lokalisiert. Die Fluktuationen von $\mathbf{A}$

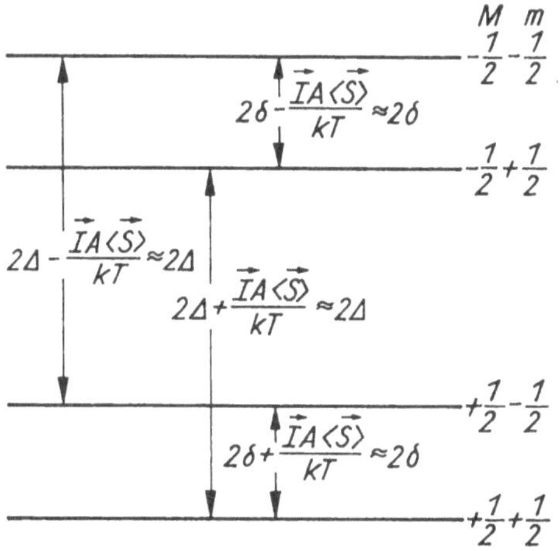

Bild 12. Termschema des Elektron-Kern-Systems für $S = 1/2$, $I = 1/2$ im Feld H_0 bei vernachlässigbarer Hyperfeinwechselwirkung

sollen gegenüber denen von $\mathfrak{S}$ vernachlässigt werden können, es gelte also $\mathbf{A}_1 = 0$. Wegen der starken Lokalisierung des Elektrons ist nur eine reine Dipolkopplung zwischen Kernspin und Elektronenspin möglich. Diese Dipolwechselwirkung soll klein gegenüber der Zeemanaufspaltung der Kernniveaus sein, so daß auch I_z eine gute Quantenzahl ist. Weiter soll $T_{2e}^{-1} < \gamma_N H_0$ sein, d. h., die Elektronenniveaus dürfen nicht so stark verbreitert sein, daß sich die beiden zum gleichen Elektronenniveau gehörenden Kernniveaus überlappen. Der in Einheiten von kT gemessene Abstand der Kernniveaus sei $2\delta = \hbar\gamma_N H_0/kT$, der der beiden Elektronenniveaus $2\Delta = g\mu_B H_0/kT$. Mit M und m seien die Spinquantenzahlen der Elektronen und der Kerne bezeichnet. Aus (3.73) ergibt sich bei Vernachlässigung von $\mathfrak{J}\mathbf{A}\langle\mathfrak{S}\rangle$ das Termschema Bild 12.

Wegen der gegenüber 2Δ kleinen Energiedifferenz 2δ ist die Kopplung durch die Dipolwechselwirkung zwischen Zuständen mit gleichem M viel stärker als die zwischen Zuständen mit entgegengesetztem M. Da die Energieübertragung und damit die Relaxationszeit von der schwächsten Kopplung abhängt, müssen im Folgenden nur die Übergänge mit $\Delta M = \pm 1$ betrachtet werden. Solche Übergänge mit $\Delta M = \pm 1$, $\Delta m = 0$

werden durch $-g\mu_B \mathfrak{H}' \mathfrak{S}$ induziert. Das sind die für die Spin-Gitter-Relaxation der Elektronen verantwortlichen Übergänge. Ihre *a*-priori-Wahrscheinlichkeit ist $W_{\pm 1,0} = (2T_{1e})^{-1}$. Die Fluktuationen von $\mathfrak{S}$ induzieren Kernspinübergänge, wie sie im vorigen Abschnitt beschrieben wurden. Da nur ein geringer Teil der Elektronenübergänge Kernspinübergänge induziert, ist die Wahrscheinlichkeit für Übergänge der Art $W_{\pm 1, \mp 1} = \lambda W_{\pm 1,0} = \lambda (2T_{1e})^{-1} \ll W_{\pm 1,0}$. λ ist eine kleine Zahl. Ist die Wahrscheinlichkeit der durch ein HF-Feld induzierten Elektronenübergänge W, dann gelten für die Änderungen der Besetzungszahlen die kinetischen Gleichungen

$$\begin{aligned} \dot{n}_{-+} &= (2T_{1e})^{-1}[n_{++}e^{-\Delta} - n_{-+}e^{\Delta} + n_{+-}\lambda e^{-\Delta+\delta} - n_{-+}\lambda e^{\Delta-\delta}] \\ &\quad + W(n_{++} - n_{-+}), \\ \dot{n}_{++} &= (2T_{1e})^{-1}[-n_{++}e^{-\Delta} + n_{-+}e^{\Delta} + n_{--}\lambda e^{\Delta+\delta} - n_{++}\lambda e^{-\Delta-\delta}] \\ &\quad + W(n_{-+} - n_{++}) \end{aligned} \tag{3.74}$$

und entsprechende Gleichungen für dn_{--}/dt und dn_{+-}/dt.

Bei Sättigung der Elektronenresonanz ist

$$n_{-+} = n_{++} = n_+ \quad \text{und} \quad n_{--} = n_{+-} = n_- .$$

Für das durch $dn_{++}/dt = dn_{-+}/dt = 0$ charakterisierte Gleichgewicht erhält man aus den beiden Gleichungen (3.74)

$$\frac{n_+}{n_-} = \frac{e^{\Delta+\delta} + e^{-\Delta+\delta}}{e^{\Delta-\delta} + e^{-\Delta-\delta}} = e^{2\delta} \approx 1 + 2\delta; \quad n_+ - n_- = \frac{N}{2}\,\frac{2\delta}{1+\delta}. \tag{3.75}$$

$n_+ + n_- = N$ ist die Gesamtzahl der Kerne. n_+/n_- entspricht also der Boltzmannverteilung. Es tritt keine zusätzliche Kernpolarisation auf.

Als zweiter Fall soll die Resonanz der Kerne der paramagnetischen Ionen behandelt werden. Zur Vereinfachung wurde angenommen, daß der Hyperfeinwechselwirkungstensor in einen Skalar entartet ist und die Zeemanaufspaltung der Kernniveaus klein gegenüber der Hyperfeinwechselwirkung und diese wiederum klein gegenüber der Zeemanaufspaltung der Elektronen ist. Der Hamiltonoperator lautet dann

$$\begin{aligned} \mathbf{H} = &-g\mu_B H_0 \boldsymbol{S}_Z + A_0 \boldsymbol{S}_Z \boldsymbol{I}_Z + \frac{1}{2} A_0(\boldsymbol{S}_+ \boldsymbol{I}_- + \boldsymbol{S}_- \boldsymbol{I}_+) \\ &-\gamma_N \hbar H_0 \boldsymbol{I}_z + A_1 \mathfrak{J}\mathfrak{S} - g\mu_B \mathfrak{H}' \mathfrak{S}. \end{aligned} \tag{3.76}$$

Die ersten vier statischen Terme liefern wieder die Energieniveaus, zwischen denen durch die beiden letzten fluktuierenden Terme Übergänge induziert werden. In Bild 13 ist das Termschema von (3.76) dargestellt. Es sind

$$2\,\delta = \frac{A_0}{2\,kT} \quad \text{und} \quad 2\,\Delta = \frac{g\mu_B H_0}{kT}\,.$$

Der Wechselwirkungsoperator $-g\mu_B\,\mathfrak{H}'\,\mathfrak{S}$ induziert mit großer Wahrscheinlichkeit wieder Elektronenspinübergänge $|++\rangle \leftrightarrow |-+\rangle$ und $|+-\rangle \leftrightarrow |--\rangle$ infolge der Felder $H'_\pm = H'_x \pm iH'_y$. Die gleichen Feldkomponenten erzeugen auch schwache Übergänge $|-+\rangle \leftrightarrow |--\rangle$ und

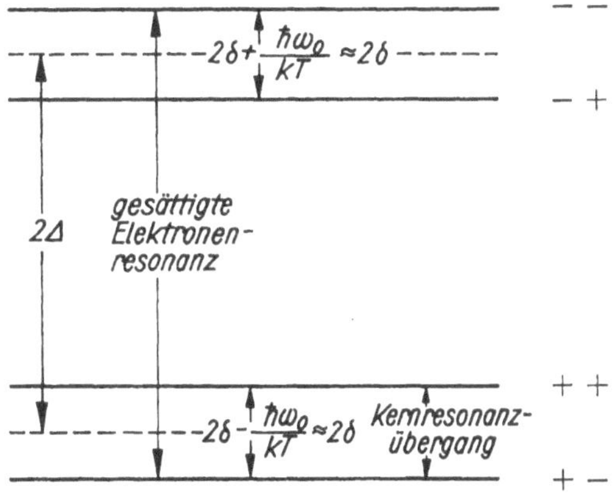

Bild 13. Termschema des Elektron-Kern-Systems für $S = 1/2$, $I = 1/2$ im Feld H_0, wenn die Zeemanaufspaltung der Elektronen groß gegen die Hyperfeinwechselwirkung und diese groß gegen die Zeemanaufspaltung der Kerne ist

$|+-\rangle \leftrightarrow |++\rangle$; die Komponente H'_z und ebenso $A_1 \mathfrak{I}\mathfrak{S}$ führen zu schwachen Übergängen $|+-\rangle \leftrightarrow |-+\rangle$. Die Matrixelemente für $|++\rangle \leftrightarrow |--\rangle$ verschwinden.

Wenn die Spektraldichten der Schwankungen von $H'_\pm$, H_z und A_1 mit $J_\pm$, J_z und J_1 bezeichnet werden, sind die Wahrscheinlichkeiten für die starken Übergänge proportional zu den Spektraldichten

$$J_\pm\left(\frac{2\,\Delta + 2\,\delta}{\hbar}\right) \approx J_\pm(2\,\Delta\,\hbar^{-1})$$

und

$$J_\pm\left(\frac{2\,\Delta - 2\,\delta}{\hbar}\right) \approx J_\pm\,(2\,\Delta\,\hbar^{-1}),$$

da $\delta \ll \Delta$ ist und die Spektraldichten nur langsam mit der Frequenz variierende Funktionen sind. Die Wahrscheinlichkeiten für diese Übergänge sind also praktisch gleich. Sie seien mit W_1 bezeichnet. Für die schwachen Übergänge zwischen den Kernspinniveaus sei die Wahrscheinlichkeit $\lambda_1 W_1$, für die durch H'_z induzierten $\lambda_2 W_1$ und für die durch A_1 induzierten $\lambda_3 W_1$. Für ein isotropes weißes Schwankungsspektrum von $\mathfrak{H}'$ ist $\lambda_2 \approx 2\lambda_1$. Die Besetzungszahlen der Kernniveaus hängen von der Größe

$$\xi = \frac{\lambda_2 + \lambda_3}{\lambda_1} \tag{3.77}$$

ab. Erfolgt die Wechselwirkung zwischen Elektronen und Kernen nur über die Schwankung von $\mathfrak{S}$, dann ist $\lambda_3 = 0$, und es wird $\xi = \lambda_2/\lambda_1$. Speziell im Falle des isotropen Rauschens wird $\xi \approx 2$. Ist A_1 die Schwankungsgröße und $\mathfrak{S} - \langle \mathfrak{S} \rangle$ gegenüber A_1 zu vernachlässigen, dann wird $\xi \approx \infty$. Die weitere Rechnung verläuft wie im Fall 1. Durch Nullsetzen der zeitlichen Ableitungen in dem System der kinetischen Gleichungen (Gleichgewichtszustand) erhält man vier algebraische Gleichungen für die Besetzungszahlen der vier Energieniveaus. Bei Sättigung beider Elektronenresonanzen, d. h. der Übergänge $|+-\rangle \to |--\rangle$ und $|++\rangle \to |-+\rangle$, ergibt sich daraus für die Besetzungszahlen der Kernniveaus

$$\frac{n_-}{n_+} \approx 1 + \frac{2\,\xi \Delta}{2 + \xi}. \tag{3.78}$$

Für Relaxation durch Spinfluktuation mit weißem Rauschen wird

$$\frac{n_-}{n_+} \approx 1 + \Delta \tag{3.79}$$

und für Relaxation durch Fluktuation von A

$$\frac{n_-}{n_+} \approx 1 + 2\Delta. \tag{3.80}$$

Sättigt man nur eine der beiden Resonanzen, dann ergibt sich

$$\frac{n_-}{n_+} \approx 1 + \frac{\xi \Delta}{2 + \xi}, \tag{3.81}$$

d. h. nur die halbe Kernpolarisation.

Durch den Overhausereffekt wird also das untere Kernspinniveau viel stärker und das obere viel schwächer besetzt, als es dem Gleichgewichtszustand entspricht. Das Kernspinsystem wird abgekühlt.

Die für die Kernspinniveaus durchgeführten Rechnungen können auch auf die Bestimmung der Besetzung der Elektronenniveaus angewandt werden. Ist N die Gesamtzahl der paramagnetischen Zentren und wird der Übergang $|+-\rangle \to |--\rangle$ gesättigt, dann sind die Besetzungszahlen dieser beiden Niveaus gleich $N/4$. Die Besetzungszahlen der Energieniveaus $|++\rangle$ und $|-+\rangle$ sind annähernd gleich $\frac{N}{4}(1+\Delta)$ und $\frac{N}{4}(1-\Delta)$. Das unterste Energieniveau $|+-\rangle$ ist also gegenüber dem nächsthöheren Niveau $|++\rangle$ um $\frac{N}{4}\Delta$ Spins verarmt.

Sättigt man jetzt die Kernresonanz des Überganges $|+-\rangle \leftrightarrow |++\rangle$, so wird sich die Besetzungsdichte beider Niveaus ausgleichen, und es ist dann $N_{+-} = N_{++} = \frac{N}{4}(1 + \Delta/2)$. Die Besetzungszahl des tiefsten Niveaus erhöht sich um $\frac{N\Delta}{8}$. Dadurch wird aber die Sättigung der Elektronenresonanz aufgehoben, und das vorher nicht mehr beobachtbare Elektronenresonanzsignal erscheint wieder. Statt die Kernresonanz zu sättigen, kann auch die Resonanzstelle mit großem H_1 in einer Zeit $t < T_1$ überstrichen werden [1, 38]. Dabei kehren sich die Besetzungszahlen der beiden betroffenen Niveaus um. Die Besetzungszahl des untersten Niveaus wird dabei um $\frac{N\Delta}{4}$ erhöht, und das Elektronenresonanzsignal tritt mit doppelter Intensität auf. Mittels dieser von Feher [39, 40] eingeführten und als ENDOR (electron nuclear double resonance) bezeichneten Technik ist es also möglich, die Resonanz von Kernen, die mit den ungepaarten Elektronen der paramagnetischen Zentren Hyperfeinwechselwirkung zeigen, über die etwa 10^6mal empfindlichere Elektronenresonanz nachzuweisen und zu messen. Die Methode ist auch anwendbar, wenn im Elektronenresonanzspektrum die Hyperfeinaufspaltung nicht mehr aufgelöst ist, sondern die Linie inhomogen verbreitert wird, wie das vor allem bei solchen paramagnetischen Zentren der Fall ist, deren ungepaartes Elektron über einen gewissen Gitterbereich verschmiert ist und an den Kernen der Umgebung des paramagnetischen Zentrums eine gewisse Aufenthaltswahrscheinlichkeit besitzt (Farbzentren, Donatoren in Silizium).

Da das Feld an den Kernen aus der Vektorsumme des äußeren Feldes und des in den meisten Fällen wesentlich größeren Hyperfeinfeldes besteht (s. Abschn. 3.6.1), ist es auf diese Weise möglich, das Hyperfeinfeld am Ort des Kerns des paramagnetischen Ions zu bestimmen. Ist das ungepaarte Elektron ein s-Elektron, so ist die Kontaktwechselwirkung

$$a_{\text{Ion}} = \frac{16\pi}{3} \hbar \gamma_N \mu_B |\psi(0)|^2_{\text{Ion}}$$

allein maßgebend. Sie ist im wesentlichen vom Quadrat der Aufenthaltswahrscheinlichkeit des Elektrons am Kern abhängig, die auf diese Weise bestimmt und mit der des freien Ions verglichen werden kann. Daraus lassen sich Rückschlüsse auf die Beeinflussung der s-Bahn durch das Kristallfeld ziehen. Ist das ungepaarte s-Elektron wie beim F-Zentrum über einen gewissen Gitterbereich verschmiert, so lassen sich aus dem ENDOR-Spektrum Aussagen über die Aufenthaltswahrscheinlichkeiten an den Nachbarkernen und damit über die Größe des Bereiches machen, über den das Elektron verschmiert ist [41].

Ist das ungepaarte Elektron kein s-Elektron, so wird das Hyperfeinfeld im wesentlichen durch die innere Dipolwechselwirkung bestimmt. Aus dem ENDOR-Spektrum läßt sich dann $\langle r^{-3}\rangle$ berechnen [42].

3.5. Wechselwirkungen zwischen Kernen und Leitungselektronen

3.5.1. Knight-shift und diamagnetische Abschirmung in Metallen

Der Hamiltonoperator für ein System von Kernen (Index N) und Leitungselektronen (Index e) ist

$$\mathbf{H} = \mathbf{H}_N + \mathbf{H}_e + \mathbf{H}_{eN}. \tag{3.82}$$

Da Leitungselektronen in Metallen vorwiegend s-Charakter haben, ist $\mathbf{H}_{eN}$ im allgemeinen die schon erwähnte Kontaktwechselwirkung (siehe z. B. [12])

$$\mathbf{H}_{eN} = -\frac{8\pi}{3} g\mu_B \hbar \gamma_N \sum_{jl} \mathfrak{I}_j \mathfrak{S}_l \delta(\mathfrak{r}_l - \mathfrak{R}_j). \tag{3.83}$$

$\mathfrak{r}_l$ ist der Radiusvektor zum l-ten Elektron, $\mathfrak{R}_j$ der Radiusvektor zum j-ten Kern. Die Wellenfunktion des Operators (3.82) kann in erster Näherung als Produkt von Kern- und Elektronen-Vielteilchenwellenfunktionen ψ_N und ψ_e angesetzt werden. Für $\mathbf{H}_{eN} \equiv 0$ ist dieser Ansatz exakt.

Die Störenergie E_{eN} ist dann

$$E_{eN} = \int \psi^* \mathbf{H}_{eN} \psi \, d\tau_e \, d\tau_N. \tag{3.84}$$

Beobachtet werden nur Kernspinübergänge zwischen den Zuständen ψ_N und ψ_N', wobei der Elektronenzustand sich nicht ändert. Durch die Benützung von Produkteigenfunktionen kann $\mathbf{H}_{eN}$ für einen bestimmten Kernzustand in das Produkt eines nur auf die Kerne wirkenden Operators und eines nur auf die Elektronen wirkenden Operators

$$\mathbf{H}_{eN}' = \int \psi_e^* \mathbf{H}_{eN} \psi_e \, d\tau_e \tag{3.85}$$

zerlegt werden.

Die Wellenfunktionen ψ_e für die Gesamtheit der Leitungselektronen sollen als Produkte von Einelektronenwellenfunktionen angesetzt, d. h., die Wechselwirkung der Elektronen untereinander soll vernachlässigt werden. Als Einelektronenwellenfunktionen werden die Produkte von Blochfunktionen und Spinfunktionen ψ_s benutzt:

$$\psi_{ks} = u_k(\mathfrak{r})\, \mathrm{e}^{\mathrm{i}\,\mathfrak{k}\mathfrak{r}}\, \psi_s . \tag{3.86}$$

Die N-Elektronenwellenfunktion ist dann die normierte antisymmetrische Summe aller durch Permutation entstehenden Produkte der N Einelektronenwellenfunktionen, die mit dem Permutationsoperator $\mathbf{P}$ in der Form

$$\psi_e = \frac{1}{\sqrt{N!}} \sum_P (-1)^P \mathbf{P}\, \psi_{ks}(1)\, \psi_{k's'}(2) \cdots \psi_{k^{(N-1)}s^{(N-1)}}(N) \tag{3.87}$$

geschrieben werden kann.

Im Wechselwirkungsoperator $\mathbf{H}'_{eNj}$ des j-ten Kerns, der jetzt im Koordinatenursprung liegen soll ($\mathfrak{R}_j = 0$), wirkt der Operator $\mathfrak{S}_l \delta(\mathfrak{r}_l)$ nur auf ein Elektron, so daß Beiträge, die vom Austausch der Elektronen in der Wellenfunktion herrühren, verschwinden. Damit vereinfacht sich $\mathbf{H}'_{eNj}$ zu

$$\mathbf{H}'_{eNj} = -\frac{8\pi}{3} g\mu_B \hbar \gamma_N \mathfrak{J}_j \sum_l \int [\psi_{ks}(1) \cdots \psi_{k^{(N-1)}s^{(N-1)}}(N)]^* \mathfrak{S}_l \delta(\mathfrak{r}_l)$$

$$[\psi_{ks}(1) \cdots \psi_{k^{(N-1)}s^{(N-1)}}(N)] \cdot \mathrm{d}\tau_1 \ldots \mathrm{d}\tau_N$$

$$= -\frac{8\pi}{3} g\mu_B \hbar \gamma_N \boldsymbol{I}_{zj} \sum_{k,s} |u_{ks}(0)|^2 m_s p(k, s) . \tag{3.88}$$

Der zweite Ausdruck folgt aus dem ersten unter der Annahme, daß das äußere Feld $\mathfrak{H}_0$ in z-Richtung liegt und daher nur die Terme mit $\boldsymbol{S}_{zl}$ bzw. $\boldsymbol{I}_{zj}$ zu $\mathbf{H}'_{eNj}$ beitragen. Wegen der δ-Funktion im Integranden liefert nur der Teil der Wellenfunktion am Kernort ($\mathfrak{r}_l = 0$) einen Beitrag. Die Spinquantenzahl $m_s = \pm 1/2$ stammt aus der Operatorgleichung

$$\mathfrak{S}_{lz} \psi_{sl} = m_s \psi_{sl} , \tag{3.89}$$

und der Faktor $p(k, s) = 1$ oder 0 gibt an, ob der Zustand ψ_{ks} durch ein Elektron besetzt ist oder nicht.

Da die Besetzung der Zustände ψ_{ks} durch die Leitungselektronen der Fermistatistik genügt, ist der Mittelwert von $p(k, s)$ gleich der Fermifunktion $f(k, s)$

$$f(k, s) = f(E_{ks}) = \{1 + \exp[(E_{ks} - E_F)/kT]\}^{-1} . \tag{3.90}$$

Die Gesamtenergie E_{ks} eines Elektrons ist die Summe aus seiner Translationsenergie (potentielle + kinetische Energie) E_k und seiner Zeemanenergie $E_s = g\mu_B H_0 m_s$.

Im k-Raum liegen die Zustände, deren Translationsenergie zwischen E_k und $E_k + \mathrm{d}E_k$ liegt, in einer Schale der Dicke $\mathrm{d}E_k$ auf der Energiefläche E_k = konst. Wenn die Zahl der erlaubten k-Werte, die im Volumenelement $dE_k\,dA$ liegen (dA ist ein Element der Energiefläche $E_k = \text{konst.}$), gleich $g(E_k, A)\,dE_k\,dA$ ist, so ist die Gesamtzahl der Zustände mit einer Energie zwischen E_k und $E_k + dE_k$ gleich

$$dN = dE_k \int_{E_k=\text{konst.}} g(E_k, A)\,dA = \varrho(E_k)\,dE_k. \tag{3.91}$$

$\varrho(E_k)$ ist die Zustandsdichte auf der Fläche $E_k = \text{konst.}$ Da der Mittelwert einer Funktion $F(k)$ auf E_k gleich

$$\langle F(k)\rangle_{E_k} = \frac{\int F(k)\,g(E_k, A)\,dA}{\int g(E_k, A)\,dA} = \frac{1}{\varrho(E_k)} \int F(k)\,g(E_k, A)\,dA \tag{3.92}$$

ist, läßt sich in (3.88) die Summe über k durch die Integrale über E_k und A ersetzen, deren Integrand das mit der Verteilungsfunktion multiplizierte Argument unter dem Summenzeichen ist:

$$\begin{aligned}\sum_{k,s} |u_k(0)|^2 m_s f(k, s) &= \sum_s \int\int |u_k(0)|^2 g(E_k, A)\, m_s f(k, s)\,dE_k\,dA\\ &= \frac{1}{2}\int\int |u_k(0)|^2 g(E_k, A)\left\{f\left(E_k, \frac{1}{2}\right) - f\left(E_k, -\frac{1}{2}\right)\right\} dE_k\,dA;\end{aligned} \tag{3.93}$$

denn zu jedem Wert von k gehören zwei Zustände von $|m_s\rangle$ mit $m_s = +1/2$ und $-1/2$. Nun ist aber

$$\frac{1}{2} g\mu_B \left\{f\left(E_k, \frac{1}{2}\right) - f\left(E_k, -\frac{1}{2}\right)\right\} = \bar{\mu}_{zk} \tag{3.94}$$

der mittlere Beitrag des k-ten Zustandes zur z-Komponente des Spinmagnetismus der Leitungselektronen, und

$$\sum_k \bar{\mu}_{zk} = \bar{\mu}_z \tag{3.95}$$

ist das von den Leitungselektronen herrührende magnetische Moment.

Führt man durch

$$\bar{\mu}_z = \chi_e^s H_0 \tag{3.96a}$$

und

$$\bar{\mu}_{zk} = \chi_k^s H_0 \tag{3.96b}$$

die entsprechenden Suszeptibilitäten ein, so läßt sich (3.93) umschreiben in

$$H_0^{-1} g\mu_B \sum_{k,s} |u_k(0)|^2 m_s f(k, s) = \int\int |u_k(0)|^2 g(E_k, A)\chi_k^s\,dE_k\,dA. \tag{3.97}$$

χ_k^s hängt über die Fermifunktion von E_k und von der Differenz der Spinenergie für die parallele und antiparallele Spinrichtung im Zustand k ab, ist also für alle Zustände k mit gleicher Translationsenergie E_k gleich und unabhängig von A:

$$\chi_k^s = \chi^s(E_k). \tag{3.98}$$

Die Integration über A in (3.97) ergibt

$$H_0^{-1} g \mu_B \sum_{k,s} |u_k(0)|^2 \, m_s f(k, s) = \int \langle |u_k(0)|^2 \rangle_{E_k} \chi^s(E_k) \, \varrho(E_k) \, \mathrm{d}E_k .$$

Da für $E_k < (E_F - kT)$ praktisch alle Zustände und daher auch alle Spinzustände vollständig besetzt, für $E_k > (E_F + kT)$ aber alle Zustände leer sind, ist in diesen Bereichen $\chi^s(E_k) \equiv 0$. Nur in einem Bereich um E_F, dessen Breite etwa gleich kT ist, ist $\chi^s(E_k)$ von Null verschieden. In diesem Bereich ändert sich $\langle |u_k(0)|^2 \rangle$ nur wenig, so daß diese Größe bei der Integration als konstant vor das Integral gezogen werden kann. Da weiter nach (3.91), (3.92) und (3.96)

$$\begin{aligned} \chi_e^s &= \sum_k \chi_k^s = \sum_k \chi^s(E_k) = \int \chi^s(E_k) \, g(E_k, A) \, \mathrm{d}E_k \, \mathrm{d}A \\ &= \int \chi^s(E_k) \, \varrho(E_k) \, \mathrm{d}E_k \end{aligned}$$

ist, folgt

$$\int \langle |u_k(0)|^2 \rangle_{E_k} \chi^s(E_k) \, \varrho(E_k) \, \mathrm{d}E_k = \langle |u_k(0)|^2 \rangle_{E_F} \chi_e^s \tag{3.99}$$

und

$$\mathbf{H}'_{eNj} = -\hbar \gamma_N H_0 \frac{8\pi}{3} \langle |u_k(0)|^2 \rangle_{E_F} \chi_e^s \boldsymbol{I}_{zj} .$$

Damit wird der Operator der Gesamtenergie des j-ten Spins

$$\mathbf{H}_j = -\hbar \gamma_N H_0 \left(1 + \frac{8\pi}{3} \langle |u_k(0)|^2 \rangle_{E_F} \chi_e^s \right) \boldsymbol{I}_{zj} . \tag{3.100}$$

Die Leitungselektronen rufen also am Kern ein Hyperfeinfeld der Größe

$$\Delta H_{Hfs} = \frac{8\pi}{3} \langle |u_k(0)|^2 \rangle_{E_F} \chi_e^s H_0 \tag{3.101}$$

hervor.

Zum Vergleich mit dem Experiment verwendet man statt der Wellenfunktionen $u_k(\mathfrak{r})$ meist die über das Atomvolumen Ω normierten Wellenfunktionen $\varphi_k(\mathfrak{r})$. Es ist

$$\langle |u_k(0)|^2 \rangle_{E_F} = \Omega \langle |\varphi_k(0)|^2 \rangle_{E_F}, \tag{3.102}$$

und für die relative Knight-shift, die sogenannte paramagnetische Abschirmungskonstante σ_p, folgt:

$$\sigma_p = \frac{\Delta H}{H} = \frac{8\pi}{3} \chi_e^s \Omega \langle |\varphi_k(0)|^2 \rangle_{E_F} . \tag{3.103}$$

Im freien Atom oder Ion hat die Hyperfeinaufspaltung ohne äußeres Feld die Größe

$$\Delta E_n = \frac{8\pi}{3}(2I+1)\gamma_N \hbar g \mu_B |\varphi_A(0)|^2.$$

Mit ihr folgt für $\Delta H/H$

$$\sigma_p = \frac{\Delta H}{H} = \frac{\chi_e^s \Omega \Delta E_n}{\gamma_N \hbar g \mu_B (2I+1)} \frac{\langle|\varphi_k(0)|^2\rangle_{E_F}}{|\varphi_A(0)|^2} = \frac{\chi_e^s \Omega \Delta E_n}{\gamma_N \hbar g \mu_B (2I+1)} \frac{P_F}{P_A}. \tag{3.104}$$

Da sich ΔE_n aus dem optischen Spektrum des Gases bestimmen läßt, sind bis auf χ_e^s und P_F bzw. P_F/P_A alle Größen bekannt. In manchen Fällen läßt sich zusätzlich χ_e^s oder P_F/P_A experimentell bestimmen. Für Lithium z. B. sind beide Größen bestimmt worden, so daß die Theorie der Knight-shift an diesem Element nachgeprüft werden konnte. Die Übereinstimmung zwischen Theorie und Experiment ist ausgezeichnet.

In Metallen, in denen die Elektronenspinresonanz der Leitungselektronen meßbar ist und deren Linien genügend schmal sind, so daß kleine Verschiebungen noch genau gemessen werden können (z. B. bei den Alkalimetallen bei höheren Temperaturen, bei denen eine Bewegungsverschmälerung durch Selbstdiffusion auftritt), läßt sich P_F aus der Verschiebung der Elektronenresonanz durch die Hyperfeinwechselwirkung bestimmen. Analog zu (3.103) ergibt sich für $\Delta H_e/H$

$$\frac{\Delta H_e}{H} = \frac{8\pi}{3} \chi_0 \Omega \langle|\varphi_k(0)|^2\rangle_{E_F} = \frac{8\pi}{3} \Omega \frac{N\gamma_N^2 \hbar^2 I(I+1)}{3kT} \langle|\varphi_k(0)|^2\rangle_{E_F}.$$

Mißt man bei gleicher Resonanzfrequenz ω_0 Kern- und Elektronenresonanz, so läßt sich nach der Kramers-Kronig-Beziehung (2.46) aus den Flächen A_N und A_e unter beiden Resonanzlinien das Verhältnis χ_e^s/χ_0 bestimmen [43]:

$$\frac{\chi_e^s}{\chi_0} = \frac{g\mu_B}{\gamma_N} \frac{A_e}{A_N}. \tag{3.105}$$

χ_0 kann nach (2.35) leicht berechnet werden.

χ_e^s und P_F sind von der Gitterkonstante abhängig und ändern ihre Werte, wenn sich die Gitterkonstante, etwa durch einen äußeren Druck oder bei der thermischen Ausdehnung, ändert. $\partial\chi_e^s/\partial V$ und $\partial P_F/\partial V$ sind von verschiedenen Autoren nach unterschiedlichen Methoden berechnet worden (s. Abschn. 5.4). Aus den experimentell bestimmten Druckabhängigkeiten der Knight-shift und der Kompressibilität lassen sich durch Vergleich mit den verschiedenen theoretischen Werten in gewissen Grenzen Aussagen über die Güte der Näherungen für χ_e^s und P_F machen.

Da die Leitungselektronen der Metalle stark entartet sind, sollte die Knight-shift keine echte Temperaturabhängigkeit zeigen. Eine solche ist nur über die Volumenabhängigkeit von χ_e^s und P_F infolge der thermischen Ausdehnung zu erwarten. Zu der Änderung $\partial P_F/\partial V$, die sich bei der Einwirkung eines äußeren Druckes ergibt, kommt durch thermische Ausdehnung noch ein weiterer, von den Gitterschwingungen verursachter Volumeneinfluß auf P_F hinzu [44, 88]. Die Wellenfunktionen und damit auch P_F folgen den Gitterschwingungen adiabatisch. Letztere rufen eine Volumenänderung des Atompolyeders hervor, deren quadratischer Mittelwert $\langle(\Delta V)^2\rangle$ sich aus der Debyeschen Theorie der spezifischen Wärme zu

$$\langle(\Delta V)^2\rangle = \frac{V^2}{dc^2}\int\limits_0^{\nu_{max}} \frac{4\,\pi\nu^2}{c^3}\,h\nu\left(\frac{1}{2}+\frac{1}{e^{h\nu/kT}-1}\right)d\nu \tag{3.106}$$

ergibt. c ist darin die Schallgeschwindigkeit für longitudinale Wellen und d die Dichte der Substanz. Da P_F keine lineare Funktion des Atomvolumens Ω ist, verschwindet der Mittelwert des Einflusses der Wärmeschwingungen auf P_F nicht. Für $\langle P_F\rangle$ ergibt sich

$$\langle P_F\rangle = P_F + \left(\frac{\partial P_F}{\partial V}\right)_\Omega \langle(\Delta V)^2\rangle. \tag{3.107}$$

Sind die Wellenfunktionen der Leitungselektronen keine reinen s-Funktionen, sondern sind ihnen noch p-, d- und andere Anteile zugemischt, dann enthält der Hamiltonoperator außer der Kontaktwechselwirkung noch die Dipolwechselwirkung zwischen den ungepaarten Elektronen nahe der Fermigrenze in den p-, d- usw. Bahnen und den Kernen [44, 45]. In nichtkubischen Metallen ist diese Dipolwechselwirkung, die sich nur bei kleinem s-Anteil der Wellenfunktion bemerkbar macht, und damit auch die Knight-shift anisotrop.

Bei axialer Symmetrie variiert die Knight-shift mit dem Winkel θ zwischen dem Magnetfeld H_0 und der Symmetrieachse des Kristalls nach einem ($\cos^2\theta$)-Gesetz. Die relative Differenz $(\Delta\nu_{||} - \Delta\nu_\perp)/\nu_0$ der beiden sich für $\theta = 0$ und $\theta = \pi/2$ ergebenden Extremwerte der Knight-shift ist [46]:

$$\frac{\Delta\nu_{||}-\Delta\nu_\perp}{\nu_0} = \frac{3}{2}\,\chi_e^s\,\Omega q_F + \frac{g_{||}-g_\perp}{\langle g\rangle}\,\Delta\nu_{\text{isotrop}}. \tag{3.108}$$

q_F ist ein Maß für die Asymmetrie der Ladungsverteilung:

$$q_F = \langle \int \psi^*(3\,z^2 - r^2)\,r^{-5}\,\psi\,d\tau\rangle. \tag{3.109}$$

Das zweite Glied rührt von einer möglichen Anisotropie des spektroskopischen Aufspaltungsfaktors der Leitungselektronen her.

9*

DAS und SONDHEIMER [47] wiesen darauf hin, daß neben der paramagnetischen Verschiebung durch den Pauli-Spinmagnetismus der Leitungselektronen eine beträchtliche diamagnetische Verschiebung auftreten kann, die von der Bahnbewegung der Leitungselektronen im äußeren Magnetfeld H_0 herrührt. Sie berechneten für ein freies Elektronengas den feldunabhängigen Term der diamagnetischen Abschirmungskonstante und vermuteten, daß auch hier, ähnlich wie bei der paramagnetischen Suszeptibilität, periodisch von H_0 abhängende Terme auftreten. Diese Vermutung wurde dann von STEPHEN [48] bestätigt.

Die Bindung der Elektronen wurde von YAFET, STEPHEN, HEBBORN und SONDHEIMER und HEBBORN berücksichtigt. YAFET [49] berechnete die Abschirmungskonstante σ_D nach der Methode von KOHN und LUTTINGER für den Fall, daß in einem kleinen Bereich des k-Raumes eine geringe Anzahl von Elektronen lokalisiert ist. STEPHEN behandelte die durch ein magnetisches Gleichfeld induzierte Stromdichte, führte aber keine direkte Berechnung der Abschirmungskonstante durch.

HEBBORN und SONDHEIMER [51] leiteten aus der Zustandssumme Z die diamagnetische Suszeptibilität für Blochelektronen ab. Darauf aufbauend führte HEBBORN [52] die Berechnung der Abschirmungskonstante durch.

HEBBORN geht bei der Bestimmung der Zustandssumme von einem Hamiltonoperator aus, der die Wechselwirkung der Elektronen mit dem Gitterpotential, dem äußeren Magnetfeld $\mathfrak{H}_0$ und dem von den Kerndipolen herrührenden Feld $\mathfrak{H}_D$ enthält. Als Wellenfunktionen werden wieder Blochfunktionen angesetzt. Der Hamiltonoperator ist daher

$$\mathbf{H} = \frac{1}{2m}\left[i\hbar\nabla - \frac{e}{c}(\mathfrak{A}_F + \mathfrak{A}_D)\right]^2 + V(r). \tag{3.110}$$

$V(r)$ ist das periodische Gitterpotential, $\mathfrak{A}_F$ das Vektorpotential des statischen, in z-Richtung liegenden Feldes $\mathfrak{H}_0$, $\mathfrak{A}_D$ das Vektorpotential des von den Kerndipolen herrührenden Feldes. HEBBORN drückt das von einem in z-Richtung orientierten Kerndipol herrührende Vektorpotential

$$\mathfrak{A}_D = \mu_I r^{-3}(-y, x, 0)$$

in $\mathbf{H}$ durch seine Fouriertransformierte

$$\begin{aligned}\mu_I \mathfrak{A}(\mathfrak{q}) &= \mu_I(A_1(\mathfrak{q}), A_2(\mathfrak{q}), 0)\\ &= (2\pi)^{-3/2}\int e^{-i\mathfrak{q}\mathfrak{r}}\mathfrak{A}_D(\mathfrak{r})\,d\mathfrak{r} = \frac{\mu_I}{(2\pi)^{3/2}}\frac{4\pi i}{q^2}(q_2, -q_1, 0)\end{aligned}$$

aus.

Um Konvergenzschwierigkeiten zu vermeiden, die bei einem räumlich konstanten Feld $\mathfrak{H}_0$ auftreten, wird statt dessen ein in z-Richtung variierendes Feld $\mathfrak{H}_0 = H\,(0, 0, \cos Ky)$ mit dem Vektorpotential

$$\mathfrak{A}_F = -\frac{H}{K}(\sin Ky, 0, 0)$$

verwendet. Nach der Entwicklung des für die Zustandssumme erhaltenen Ausdruckes nach Potenzen von K wird dann der Übergang zum Gleichfeld durch Bildung des Grenzwertes für $K \to 0$ vollzogen, in dem nur noch die von K unabhängigen Ausdrücke übriggeblieben sind.

Die Zustandssumme wird unter Verwendung der Fermifunktion als Verteilungsfunktion in erster Näherung berechnet, d. h., es werden nur die zu $\mu_I H_0$ proportionalen Glieder berücksichtigt. Hebborn erhält schließlich einen sehr komplizierten Ausdruck, der es im Prinzip gestattet, die diamagnetische Abschirmungskonstante zu berechnen. Dazu ist allerdings die genaue Kenntnis der Wellenfunktionen und des Energiespektrums einschließlich aller angeregten Bänder erforderlich. Für einige einfache Fälle läßt sich aber σ_D auch ohne diese Kenntnisse berechnen.

Für eine kleine Anzahl von Elektronen, die sich in der Nähe des Bandminimums bei $k = 0$ in einem kubischen Kristall befinden, stimmt die Hebbornsche Beziehung mit der von Yafet

$$\sigma_D = (4\pi - P)\,\chi_{LP} \tag{3.111a}$$

überein, in der χ_{LP} der Landau-Peierls-Term im Ausdruck für die diamagnetische Suszeptibilität χ_d und P der von der Probengestalt abhängige Entmagnetisierungsfaktor ist. Bei kugelförmigen Proben ist $P = 4\pi/3$ und

$$\sigma_D = \frac{8\pi}{3}\chi_{LP}. \tag{3.111b}$$

Für freie Elektronen mit der Dichte ϱ geht (3.111b) in die von Das und Sondheimer gefundene Beziehung

$$\sigma_D\,(\text{fr. El.}) = -\frac{4\pi\varrho\mu_B^2}{3E_F} \tag{3.111c}$$

über.

Für den Grenzfall stark gebundener s-Elektronen ergibt sich aus den Hebbornschen Beziehungen die Lambsche Abschirmungskonstante

$$\sigma_L = \frac{2}{3}\mu_B\frac{e}{\hbar c}\langle r^{-1}\rangle. \tag{3.111d}$$

Für Blochelektronen mit der effektiven Masse m^* findet Hebborn als Näherung für das Verhältnis von diamagnetischer zu paramagnetischer Abschirmungskonstante

$$\frac{\sigma_D}{\sigma_p} = -\frac{1}{3}\frac{(m/m^*)^2}{\langle|\varphi_k(0)|^2\rangle_{E_F}\Omega}. \tag{3.112}$$

σ_D und σ_p hängen in sehr ähnlicher Weise periodisch von H_0 ab. Ihre Oszillationen rühren von einer Änderung des Ferminiveaus bei variierendem H_0 und einer damit verbundenen Änderung der Zustandsdichte der Leitungselektronen an der Fermifläche her [53, 54].

Die Energieniveaus eines aus N Elektronen pro Volumeneinheit bestehenden Elektronengases in einem Magnetfeld H_0 sind in der Näherung für freie Elektronen durch

$$E_{n\sigma} = \hbar \omega_c \left(n + \frac{1}{2}\right) + \frac{\hbar^2 k_z^2}{2m^*} - \sigma g \mu_B H_0 \tag{3.113}$$

gegeben. Die Zyklotronfrequenz ist $\omega_c = eH_0/m^*c$. k_z ist die z-Komponente des Ausbreitungsvektors und $\sigma = \pm 1$ die Spinfunktion. Der erste Term ist die Energie der Zyklotronresonanz, der zweite die kinetische Energie und der dritte die Zeemanenergie.

Bezeichnet man mit N_+ und N_- die Dichten der Elektronen mit parallel bzw. antiparallel zum Magnetfeld gerichteten Spins, so ist die paramagnetische Suszeptibilität

$$\chi_e^s = (N_+ - N_-)\, g \mu_B . \tag{3.114}$$

Die Konzentrationen N_+ und N_- folgen aus der Elektronendichte an der Fermifläche $\varrho(E(k))$ und der Fermifunktion

$$f\left[E(k),\ \pm\frac{1}{2}\right] = \left\{\exp\left(\frac{E(k) \pm g\mu_B H_0 - E_f}{kT}\right) + 1\right\}^{-1}$$

zu

$$N_\pm = \frac{1}{2}\int_0^\infty \varrho(E(k))\, f\left[E(k),\ \pm\frac{1}{2}\right] \mathrm{d}E(k).$$

$E(k)$ ist hier kinetische Energie plus Zyklotronenergie.

Die Ausrechnung dieses Integrals (siehe z. B. [58]) liefert einen Ausdruck für χ_e^s, der einen in H_0 periodischen Term enthält [54]. Für die Amplitude der Oszillationen, d. h. für die Differenz von $\chi_e^s(\max)$ und $\chi_e^s(\min)$, ergibt sich

$$\Delta\chi_e^s = \frac{2\pi kT}{\hbar\omega_c}\left(\frac{\hbar\omega_c}{2E_F}\right)^{1/2} \exp\left(-\frac{2\pi^2 kT}{\hbar\omega_c}\right) \sin\left(\frac{g\pi m^*}{2m}\right). \tag{3.115}$$

In einem Feld von $3 \cdot 10^4$ Oe und bei einer Temperatur von 4 °K erhält man mit einer effektiven Masse von $m^* = m/3$ und einer Fermienergie E_F von 5 eV für $\Delta\chi_e^s$ einen Wert von etwa $1{,}6 \cdot 10^{-4}$. Bei 2 °K wächst diese Amplitude auf ungefähr das 25fache und sollte damit beobachtbar werden.

Eine Entscheidung, ob beobachtete Oszillationen von dem paramagnetischen oder von dem diamagnetischen Term herrühren, ist nur dann möglich, wenn das Verhältnis σ_p/σ_D bekannt ist.

3.5.2. Spin-Gitter-Relaxation in Metallen

In Metallen wird der dominierende Relaxationsmechanismus durch die Kopplung zwischen den Kernen und den Leitungselektronen hervorgerufen. Der Relaxationsprozeß kann als Ramanstreuung eines Elektrons an einem Kern aufgefaßt werden, wobei unter Umklappen des Kernspins vom Zustand m in den Zustand n das Elektron simultan vom Zustand $|k, s\rangle$ in den Zustand $|k', s'\rangle$ übergeht. Damit die Gesamtenergie des Systems erhalten bleibt, muß dabei $E_m + E_{ks} = E_n + E_{k's'}$ sein.

Bei Beschränkung auf die Kontaktwechselwirkung zwischen s-Elektronen und den Kernen ist die Wahrscheinlichkeit für den Übergang des Systems vom Zustand $|mks\rangle$ in den Zustand $|nk's'\rangle$

$$W(mks, nk's') = \frac{2\pi}{\hbar}\frac{64\pi^2}{9} g^2 \mu_B^2 \gamma_N^2 \hbar^2 |\langle mks | \mathfrak{I}\mathfrak{S}\delta(\mathfrak{r})| nk's'\rangle|^2 \times \delta(E_m + E_{ks} - E_n - E_{k's'}). \quad (3.116)$$

Setzt man die Wellenfunktion als Produkt einer Blochfunktion mit je einer Kern- und Elektronenspinfunktion an, so geht (3.116) in

$$W(mks, nk's') = \frac{2\pi}{\hbar}\frac{64\pi^2}{9} g^2 \mu_B^2 \gamma_N^2 \hbar^2 \sum_{\alpha, \alpha' = x, y, z} \langle m | \boldsymbol{I}_\alpha | n\rangle \langle n | \boldsymbol{I}_{\alpha'} | m\rangle \langle s | \boldsymbol{S}_\alpha | s'\rangle \times \langle s' | \boldsymbol{S}_{\alpha'} | s\rangle |u_k(0)|^2 |u_{k'}(0)|^2 \delta(E_m - E_n + E_{ks} - E_{k's'}) \quad (3.117)$$

über.

Summiert man (3.117) über alle besetzten Ausgangszustände $|ks\rangle$ und alle unbesetzten Endzustände $|k's'\rangle$, so erhält man die Übergangswahrscheinlichkeit W_{mn} für den Kernspin.

Mit den durch die Fermifunktion gegebenen Besetzungswahrscheinlichkeiten $f(E_{ks})$ für die besetzten und $[1 - f(E_{k's'})]$ für die unbesetzten Zustände erhält man aus (3.117), wenn die Summationen über k und k' wieder durch die Integrationen über A, A', $E_{k'}$ und E_k ersetzt werden, nach Ausführung der ersten drei Integrationen

$$W_{mn} = \frac{2\pi}{\hbar}\frac{64\pi^2}{9} g^2 \mu_B^2 \hbar^2 \gamma_N^2 \sum_{\substack{\alpha, \alpha' \\ s, s'}} \langle m | \boldsymbol{I}_\alpha | n\rangle \langle n | \boldsymbol{I}_{\alpha'} | m\rangle \langle s | \boldsymbol{S}_\alpha | s'\rangle \langle s' | \boldsymbol{S}_{\alpha'} | s\rangle \times \int \langle |u_k(0)|^2\rangle_{E_k} \langle |u_{k'}(0)|^2\rangle_{E_{k'}} \varrho(E_k) \varrho(E_{k'}) f(E_{ks}) [1 - f(E_{ks} + E_m - E_n)] \mathrm{d}E_k. \quad (3.118)$$

Die in der Fermifunktion auftretende Energiedifferenz $(E_m - E_n)$ ist dafür verantwortlich, daß $W_{mn} \neq W_{nm}$ ist und sich somit das thermische Gleichgewicht einstellen kann.

Da $(E_m - E_n) \ll E_F$ und kT ist, kann es in der Fermifunktion vernachlässigt werden. Dann wird $W_{mn} = W_{nm} = W$. Damit kann nach (2.107a) T_1^{-1} berechnet werden. $f(E_{ks})\,[1 - f(E_{ks})] = -kT(\partial f/\partial T)$ ist nur in einem kleinen Bereich der Breite kT um E_F von Null verschieden und kann daher durch $kT\delta\,(E_{ks} - E_F)$ ersetzt werden. Die Integration von (3.118) über E_k und die Summation über s, s' und α' liefert dann – da

$$\sum_{s,s'} \langle s|\boldsymbol{S}_\alpha|\,s'\rangle\,\langle s'|\boldsymbol{S}_{\alpha'}|\,s\rangle = \mathrm{Sp}(\boldsymbol{S}_\alpha \boldsymbol{S}_{\alpha'}) = \delta_{\alpha\alpha'}\,\frac{1}{3}\,S(S+1)\,(2\,S+1) = \frac{\delta_{\alpha\alpha'}}{2} \tag{3.119}$$

ist – nach Einsetzen des Ergebnisses in (2.107a) für T_1^{-1} den Ausdruck

$$T_1^{-1} = \frac{64}{9}\,\pi^3 g^2 \mu_B^2\,\hbar\gamma_N^2 \langle|u_k(0)|^2\rangle_{E_F}^2\,\varrho^2(E_F)\,kT \times \frac{1}{2}\,\frac{\sum\limits_{m,n,\alpha} \langle m|\boldsymbol{I}_\alpha|\,n\rangle\,\langle n|\boldsymbol{I}_\alpha|\,m\rangle\,(E_m - E_n)^2}{\sum\limits_m E_m^2}\,. \tag{3.120}$$

Nun ist für $\mathbf{H}_0 \gg \mathbf{H}_{dd}$

$$\sum_{m,n,\alpha} \langle m|\boldsymbol{I}_\alpha|n\rangle\langle n|\boldsymbol{I}_\alpha|m\rangle(E_m - E_n)^2 = -\sum_{\alpha = x,y,z} \mathrm{Sp}[\mathbf{H}_0, \boldsymbol{I}_\alpha]^2 = \hbar^2\gamma_N^2 \mathrm{Sp}(\boldsymbol{I}_x^2 + \boldsymbol{I}_y^2),$$

$$\sum_m E_m^2 = \mathrm{Sp}\,\mathbf{H}_0^2 = \hbar^2\gamma_N^2 \mathrm{Sp}\,\boldsymbol{I}_z^2,$$

$$\mathrm{Sp}\,\boldsymbol{I}_x^2 = \mathrm{Sp}\,\boldsymbol{I}_y^2 = \mathrm{Sp}\,\boldsymbol{I}_z^2,$$

so daß (3.120) in

$$T_1^{-1} = \frac{64}{9}\,\pi^3 g^2 \mu_B^2\,\hbar\gamma_N^2 \langle|u_k(0)|^2\rangle_{E_F}^2\,\varrho^2(E_F)\,kT \tag{3.121}$$

übergeht. Eliminiert man aus (3.121) und (3.101) für die Knight-shift $\langle|u_k(0)|^2\rangle_{E_F}^2$, so erhält man als Beziehung zwischen Knight-shift und Spin-Gitter-Relaxationszeit

$$T_1 \left(\frac{\Delta H}{H}\right)^2 = \left(\frac{\chi_e^s}{\varrho(E_F)}\right)^2 \frac{1}{\pi kT}\,\frac{1}{g^2 \mu_B^2 \gamma_N^2 \hbar}\,. \tag{3.122}$$

Für ein Fermi-Gas ohne Elektronenwechselwirkung ist

$$\chi_e^s = \chi_0^s = \frac{g^2 \mu_B^2}{2}\,\varrho(E_F),$$

und aus (3.122) folgt die Beziehung von Korringa [45]:

$$T_1 \left(\frac{\Delta H}{H}\right)^2 = \frac{\hbar}{4\pi kT}\,\frac{g^2 \mu_B^2}{\hbar^2 \gamma_N^2}\,. \tag{3.123}$$

Die nach dieser Beziehung berechneten Relaxationszeiten sind im allgemeinen etwas zu kurz. PINES [56] berücksichtigt daher die Korrelation der Leitungselektronen und kommt zu der Beziehung

$$T_1\left(\frac{\Delta H}{H}\right)^2 = \frac{\hbar}{4\pi k T}\left(\frac{g\mu_B}{\hbar\gamma_N}\right)^2\left[\frac{\varrho_0(E_F)}{\varrho(E_F)}\,\frac{\chi_e^s}{\chi_0^s}\right]^2. \tag{3.124}$$

$\varrho_0(E_F)$ und χ_0^s sind Zustandsdichte und Spinsuszeptibilität des freien Elektronengases, $\varrho(E_F)$ und χ_e^s die entsprechenden Größen für das wirkliche Elektronengas mit Wechselwirkung. Mit den Werten von PINES für χ_e^s/χ_0^s und $\varrho_0(E_F)/\varrho(E_F)$ ergeben sich Relaxationszeiten, die etwas über den gemessenen liegen. Dies ist verständlich, wenn neben dem beschriebenen Relaxationsvorgang noch andere Relaxationsmechanismen auftreten, die zu einer Verkürzung von T_1 führen.

Für kleine äußere Magnetfelder muß zur Berechnung von T_1 aus Gl. (3.120) der gesamte Hamiltonoperator nach Gl. (3.2), der auch die Dipolwechselwirkung der Kerne untereinander enthält, verwendet werden [151]. Da

$$\mathbf{H} = \mathbf{H}_0 + \mathbf{H}_{dd} \tag{3.125 a}$$

mit

$$\mathbf{H}_0 = -\gamma_N \hbar H_0 \boldsymbol{I}_z = -\gamma_N \hbar H_0 \sum_j \boldsymbol{I}_{zj} \tag{3.125 b}$$

und

$$\mathbf{H}_{dd} = \frac{1}{2}\gamma_N^2 \hbar^2 \sum_{j,k,\alpha,\beta} F_{jk}^{\alpha\beta} \boldsymbol{I}_{j\alpha} \boldsymbol{I}_{k\beta}$$

ist – wobei der letzte Ausdruck, in dem j und k die Kerne bezeichnen und α und β über die Koordinatenrichtungen x, y, z laufen, aus (3.8) und (3.9) durch Ausmultiplizieren und Zusammenfassen der Glieder mit gleichen Spinoperatorprodukten erhalten wurde–, folgt für die im Zähler von Gl. (3.120) stehende Summe

$$\begin{aligned}
&\sum_{m,n,\alpha} \langle m|\boldsymbol{I}_\alpha|n\rangle\langle n|\boldsymbol{I}_\alpha|m\rangle(E_m - E_n)^2 \\
&\quad = \sum_{m,n,i,j,\alpha} \mathrm{Sp}\langle m|\boldsymbol{I}_{i\alpha}|n\rangle\langle n|\boldsymbol{I}_{j\alpha}|m\rangle(E_m - E_n)^2 \\
&\quad = -\sum_{i,j,\alpha} \mathrm{Sp}[\mathbf{H},\boldsymbol{I}_{i\alpha}][\mathbf{H},\boldsymbol{I}_{j\alpha}].
\end{aligned} \tag{3.126}$$

Die in der letzten Summe auftretenden Glieder mit $j \neq i$ würden zu einem in der vorausgehenden Ableitung der Übergangswahrscheinlichkeiten nicht berücksichtigten Beitrag zu T_1^{-1} führen, der von der simultanen Streuung eines Elektrons an zwei verschiedenen Kernen herrührt. Diese Wechselwirkung wird ähnlich wie die im nächsten Abschnitt behandelte indirekte Spin-Spin-Wechselwirkung durch Matrixelemente der in Gl. (3.134) angegebenen Form bestimmt. Diese Matrixelemente sind aber um einen Faktor $(\sin^2 k_F R_{ij})/k_F^2 R_{ij}^2] \ll 1$ kleiner als die zum gleichen Kern gehörigen ($R_{ii} = 0$) [151], wie aus Gl. (3.136) hervorgeht, und können demzufolge vernachlässigt werden. Die letzte Summe in Gl. (3.126) geht dann über in

$$-\sum_{i,\alpha} \mathrm{Sp}\,[\mathbf{H}, \boldsymbol{I}_{i\alpha}]^2 = -\sum_{i,\alpha} \{\mathrm{Sp}[\mathbf{H}_0, \boldsymbol{I}_{i\alpha}]^2 + \mathrm{Sp}[\mathbf{H}_{dd}, \boldsymbol{I}_{i\alpha}]^2 + 2\,\mathrm{Sp}[\mathbf{H}_0, \boldsymbol{I}_{i\alpha}][\mathbf{H}_{dd}, \boldsymbol{I}_{i\alpha}]\}. \quad (3.127)$$

Das Kommutatorprodukt des letzten Terms enthält Produkte einer ungeraden Anzahl von Spinoperatoren, so daß seine Spur verschwindet. Die beiden verbleibenden Terme ergeben

$$-\sum_{i,\alpha} \mathrm{Sp}[\mathbf{H}_0, \boldsymbol{I}_{i\alpha}]^2 = 2\,\mathrm{Sp}\mathbf{H}_0^2$$

und

$$-\sum_{i,\alpha} \mathrm{Sp}[\mathbf{H}_{dd}, \boldsymbol{I}_{i\alpha}]^2 = 4\,\mathrm{Sp}\mathbf{H}_{dd}^2.$$

Weiter ist

$$\sum_m E_m^2 = \sum_m \langle m|(\mathbf{H}_0 + \mathbf{H}_{dd})^2|m\rangle = \mathrm{Sp}(\mathbf{H}_0 + \mathbf{H}_{dd})^2 = \mathrm{Sp}\mathbf{H}_0^2 + \mathrm{Sp}\mathbf{H}_{dd}^2.$$

Damit folgt aus Gl. (3.120)

$$T_1^{-1} = \frac{64}{9}\,\pi^3 g^2 \mu_B^2 \hbar \gamma_N^2 \langle |u_k(0)|^2\rangle_{E_F}^2 \varrho^2(E_F)\, kT\, \frac{\mathrm{Sp}\mathbf{H}_0^2 + 2\,\mathrm{Sp}\mathbf{H}_{dd}^2}{\mathrm{Sp}\mathbf{H}_0^2 + \mathrm{Sp}\mathbf{H}_{dd}^2}. \quad (3.128)$$

Hieraus ergibt sich für die Feldabhängigkeit der Relaxationsgeschwindigkeit $R = T_1^{-1}$

$$\frac{R(H)}{R(\infty)} = \frac{H^2 + 2A}{H^2 + A} \quad (3.129\,\mathrm{a})$$

mit der feldunabhängigen Konstante

$$A = H^2 \frac{\mathrm{Sp}\mathbf{H}_{dd}^2}{\mathrm{Sp}\mathbf{H}_0^2}. \quad (3.129\,\mathrm{b})$$

Der daraus folgende Wert von $R(0)/R(\infty) = 2$ stimmt für Lithium und Natrium sehr gut. Für Aluminium ist dagegen $R(0)/R(\infty) = 3{,}35 \pm 0{,}35$. Der Unterschied ist viel zu groß, als daß er durch die Vernachlässigung der Terme mit $i \neq j$ erklärt werden kann. Die Berücksichtigung von p- und höheren Elektronenwellenfunktionen liefert sogar noch eine Korrektur des theoretischen Wertes in falscher Richtung. Auf diesen bisher noch nicht geklärten Widerspruch wird in Abschnitt 5.4 noch kurz eingegangen werden.

3.5.3. Indirekte Spin-Spin-Kopplung über Leitungselektronen

So wie in Molekülen eine indirekte Spin-Spin-Kopplung über die Bindungselektronen auftritt, gibt es in Metallen und Halbleitern eine solche über die Leitungselektronen. Diese Kopplung wurde erstmalig

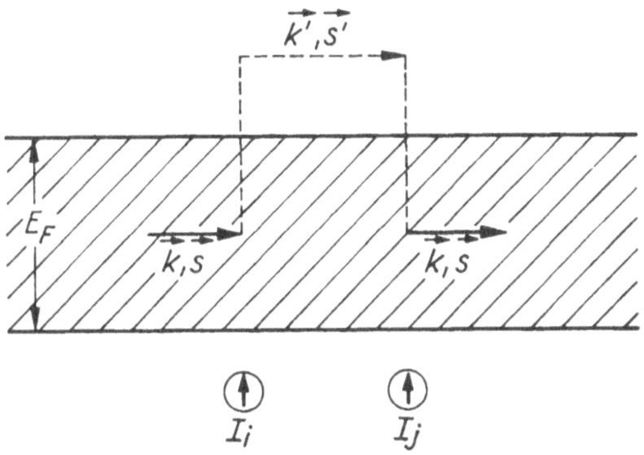

Bild 14. Streuung einer Blochwelle des Leitungsbandes am Kern i und Rückstreuung am Kern j in einem Metall

von Bloembergen und Rowland [57] und unabhängig davon von Ruderman und Kittel [58] berechnet. Eine sehr gute und leicht verständliche Darstellung gibt Slichter [12] in seinem Buch.

Die Kopplung der beiden Kerne durch die Leitungselektronen kann als Ramanstreuung eines Leitungselektrons an den beiden Kernen aufgefaßt werden. Das Elektron wird am ersten Kern vom Zustand $|ks\rangle$ unter Umklappen des Kernspins in den virtuellen Zustand $|k's'\rangle$ gestreut, von dem aus es am zweiten Kern wieder in $|ks\rangle$ zurückgestreut wird (Bild 14). Der Hamiltonoperator für diese Ramanstreuung der Gesamtheit der Leitungselektronen im s-Zustand an den beiden Kernen i und k ist

$$\begin{aligned} \mathbf{H}_{eN} &= -\frac{8\pi}{3}\gamma_{Ni}\hbar g\mu_B \mathfrak{I}_i \sum_l \mathfrak{S}_l \delta(\mathfrak{r}_l - \mathfrak{R}_i) \\ &\quad -\frac{8\pi}{3}\gamma_{Nk}\hbar g\mu_B \mathfrak{I}_k \sum_l \mathfrak{S}_l \delta(\mathfrak{r}_l - \mathfrak{R}_k) \\ &= \mathbf{H}_i + \mathbf{H}_k. \end{aligned} \tag{3.130}$$

Bezeichnet man mit $|0\rangle$ die Wellenfunktion des Elektronengrundzustandes, mit $|n\rangle$ die des Anregungszustandes n und mit $|\alpha\rangle$ die der

Kernzustände α, so folgt aus der Störungsrechnung zweiter Ordnung für die Energieverschiebung des Grundzustandes infolge der Zweifachstreuung, die durch die Matrixelemente der Operatorprodukte $\mathbf{H}_i\mathbf{H}_k$ bzw. $\mathbf{H}_k\mathbf{H}_i$ beschrieben wird, bei Vernachlässigung von $(E_\alpha - E'_\alpha)$ gegenüber $(E_0 - E_n)$:

$$\Delta E_{0\alpha}^{(2)}(\mathfrak{I}_i\mathfrak{I}_k) = \frac{64\,\pi^2}{9}\,\gamma_{Ni}\gamma_{Nk}\hbar^2 g^2\mu_B^2$$

$$\times \sum_{\substack{\beta,\beta'\\ = x,y,z}} \sum_n \frac{\langle 0|\sum_l \boldsymbol{S}_{l\beta}\delta(\mathfrak{r}_l - \mathfrak{R}_i)|n\rangle\langle n|\sum_l \boldsymbol{S}_{l\beta'}\delta(\mathfrak{r}_l - \mathfrak{R}_k)|0\rangle\langle\alpha|\boldsymbol{I}_{i\beta}\boldsymbol{I}_{k\beta'}|\alpha\rangle}{E_0 - E_n}$$

$$+ \text{konj. kompl.} \tag{3.131}$$

Der Zustand $|\alpha\rangle$ des Kernspinsystems hängt vom gesamten Kernspin-Hamiltonoperator und damit von allen anderen zusätzlichen Wechselwirkungen ab. Wie $|\alpha\rangle$ auch immer beschaffen sein mag, $\Delta E_{0\alpha}^{(2)}(\mathfrak{I}_i\mathfrak{I}_k)$ stellt den Energiebetrag dar, der von dem Zusatzstörterm erster Ordnung

$$\mathbf{H}_{\text{eff}} = \frac{64\,\pi^2}{9}\,\gamma_{Ni}\gamma_{Nk}\hbar^2 g^2\mu_B^2$$

$$\times \sum_n \mathfrak{I}_i \frac{\langle 0|\sum_l \mathfrak{S}_l\delta(\mathfrak{r}_l - \mathfrak{R}_i)|n\rangle\langle n|\sum_l \mathfrak{S}_l\delta(\mathfrak{r}_l - \mathfrak{R}_k)|0\rangle}{E_0 - E_n}\,\mathfrak{I}_k$$

$$+ \text{konj. kompl.} \tag{3.132}$$

des Kernspin-Hamiltonoperators herrührt.

Das mit den Gesamtwellenfunktionen (3.87) gebildete Matrixelement $\langle n|\mathbf{F}|0\rangle$ eines in allen Elektronen symmetrischen Störoperators $\mathbf{F}$, das sich also bei Vertauschung der Elektronennumerierung nicht ändert, ist ([12], S. 107, 108):

$$\langle n|\mathbf{F}|0\rangle = \sum_{P''} (-1)^{P''} \int \mathbf{P}''[\psi_1^n(1)\,\psi_2^n(2)\cdots]^*\,\mathbf{F}[\psi_1^0(1)\,\psi_2^0(2)\cdots]\,d\tau.$$

Die Einelektronenfunktionen ψ_j^l sind Produkte aus je einer Blochfunktion und einer Elektronenspinfunktion.

Wenn

$$\mathbf{F} = \sum_l \mathbf{F}_l$$

ist und der Einelektronenoperator $\mathbf{F}_l$ nur von den Koordinaten des l-ten Elektrons abhängt, so verschwindet wegen der Orthogonalität der zu verschiedenen Zuständen des gleichen Elektrons gehörenden Wellenfunktionen der Beitrag $\langle n|\mathbf{F}_m|0\rangle$ des m-ten Einelektronenoperators zum Gesamtmatrixelement nur dann nicht, wenn bis auf ψ_m^n alle anderen Funktionen ψ_i^n des angeregten Zustandes mit den Funktionen ψ_i^0 des

Grundzustandes übereinstimmen und ψ_m^n mit keiner Funktion aus $|0\rangle$ identisch ist.

Zur Summation über n tragen daher nur die unbesetzten Zustände $|k's'\rangle$, zur Summation über l nur die besetzten Zustände $|ks\rangle$ bei. Drückt man die Besetzungswahrscheinlichkeit eines Zustandes wieder durch die Fermifunktion aus, so ergibt sich mit den gleichen Vernachlässigungen, die schon bei der Ableitung der Spin-Gitter-Relaxation gemacht wurden, nach Summation über die Spinvariablen s und s' für $\mathbf{H}_{\text{eff}}$

$$\mathbf{H}_{\text{eff}} = \mathfrak{J}_i \mathfrak{J}_k \left\{ \frac{64}{9} \pi^2 \gamma_{Ni} \gamma_{Nk} \hbar^2 g^2 \mu_B^2 \right.$$
$$\times \frac{1}{2} \sum_{k,k'} \frac{\langle k|\delta(\mathfrak{r}-\mathfrak{R}_i)|k'\rangle \langle k'|\delta(\mathfrak{r}-\mathfrak{R}_k)|k\rangle f(k)[1-f(k')]}{E_k - E_{k'}}$$
$$\left. + \text{konj. kompl.} \right\} \tag{3.133}$$
$$= \tilde{A}_{ik} \mathfrak{J}_i \mathfrak{J}_k .$$

$\tilde{A}_{ik}$ ist eine vom Kernspin unabhängige Konstante.

Wegen der Gitterperiodizität von u_k ist $u_k(\mathfrak{R}_i) = u_k(\mathfrak{R}_k) = u_k(0)$. Setzt man die mit den Blochfunktionen gebildeten Matrixelemente

$$\langle k|\delta(\mathfrak{r}-\mathfrak{R}_i)|k'\rangle \langle k'|\delta(\mathfrak{r}-\mathfrak{R}_k)|k\rangle$$
$$= u_{k'}^*(\mathfrak{R}_k)\, u_{k'}(\mathfrak{R}_i)\, u_k^*(\mathfrak{R}_i)\, u_k(\mathfrak{R}_k) e^{i(\mathfrak{k}-\mathfrak{k}')(\mathfrak{R}_k-\mathfrak{R}_i)}$$
$$= |u_{k'}(0)|^2\, |u_k(0)|^2\, e^{i(\mathfrak{k}-\mathfrak{k}')(\mathfrak{R}_k-\mathfrak{R}_i)} \tag{3.134}$$

in (3.133) ein und führt durch $(\mathfrak{R}_k - \mathfrak{R}_i) = \mathfrak{R}_{ik}$ den Abstandsvektor zwischen den beiden Kernen i und k ein, so ergibt sich der Hamiltonoperator für das effektive Feld, das von der indirekten Spin-Spin-Kopplung herrührt, zu

$$\mathbf{H}_{\text{eff}} = \mathfrak{J}_i \left\{ \frac{64\,\pi^2}{9} \gamma_{Ni} \gamma_{Nk} \hbar^2 g^2 \mu_B^2 \right.$$
$$\left. \times \sum_{k,k'} \frac{|u_{k'}(0)|^2 |u_k(0)|^2 f(k)[1-f(k')] \cos[(\mathfrak{k}-\mathfrak{k}')\,\mathfrak{R}_{ik}]}{E_k - E_{k'}} \right\} \mathfrak{J}_k . \tag{3.135}$$

Ohne weitere Vereinfachungen oder Annahmen, besonders ohne Kenntnis der Abhängigkeit der Wellenfunktion von $\mathfrak{k}$, läßt sich die Summation nicht durchführen.

Für kugelförmige Energieflächen

$$E_k = \frac{\hbar^2}{2\,m^*} k^2$$

ist die Zahl dN der Zustände im k-Raum, die im Raumwinkel $d\Omega$ zwischen k und $k + dk$ liegen,

$$dN = \frac{d\Omega}{4\pi} \frac{k^2 dk}{2\pi}.$$

Die Summationen über k und k' in (3.135) können wieder durch Integrationen über k, k', Ω und Ω' ersetzt werden, wobei aus den bei der Behandlung der Relaxation schon erwähnten Gründen $u_k(0)$ und $u_{k'}(0)$ durch die Werte $u_{k_F}(0)$ von $u_k(0)$ an der Fermifläche ersetzt und vor das Integral gezogen werden können.

In einem Polarkoordinatensystem mit $\mathfrak{R}_{ik}$ als Polarachse, in dem $\mathfrak{k}$ und $\mathfrak{k}'$ die Winkel θ und θ' mit $\mathfrak{R}_{ik}$ bilden, sind $d\Omega = -2\pi\, d(\cos\theta)$ und $d\Omega' = -2\pi\, d(\cos\theta')$, $\mathfrak{k}\mathfrak{R}_{ik} = kR_{ik}\cos\theta$ und $\mathfrak{k}'\mathfrak{R}_{ik} = k'R_{ik}\cos\theta'$. Nach Umformung der Winkelfunktion in (3.135) und Integration über $\cos\theta$ und $\cos\theta'$ erhält man für $\mathbf{H}_{\text{eff}}$

$$\mathbf{H}_{\text{eff}} = \mathfrak{I}_i \left\{ \frac{64\pi^2}{9} \gamma_{Ni}\gamma_{Nk} \hbar^2 g^2 \mu_B^2 |u_{k_F}(0)|^4 \frac{4}{(2\pi)^4} \frac{2m^*}{\hbar^2 R_{ik}^2} \right.$$
$$\left. \times \int\limits_k \int\limits_{k'} dk\, dk' \frac{\sin kR_{ik} \sin k'R_{ik}}{k^2 - k'^2} kk' f(k)[1 - f(k')] \right\} \mathfrak{I}_k. \tag{3.136}$$

Die Integrale über k und k' können für $T = 0$ durch ein Linienintegral in der komplexen Ebene gelöst werden, und es ergibt sich dann

$$\mathbf{H}_{\text{eff}} = \mathfrak{I}_i \left\{ -\frac{2}{9\pi} \gamma_{Ni}\gamma_{Nk} g^2 \mu_B^2 m^* |U_{k_F}(0)|^4 \right.$$
$$\left. \times \frac{\sin 2k_F R_{ik} - 2k_F R_{ik} \cos 2k_F R_{ik}}{R_{ik}^4} \right\} \mathfrak{I}_k. \tag{3.137}$$

Die indirekte Spin-Spin-Kopplung über die Leitungselektronen variiert also periodisch mit R_{ik} und nimmt für große R_{ik} wie

$$\frac{\cos 2k_F R_{ik}}{R_{ik}^3} \tag{3.138}$$

ab.

Normiert man die Wellenfunktionen über das Atomvolumen, bezieht diese normierten Wellenfunktionen der Fermifläche am Kernort wieder auf die Wellenfunktion des freien Atoms am Kernort und drückt die Hyperfeinaufspaltung in Frequenzeinheiten aus, so wird die in der Klammer von (3.137) stehende Hyperfeinkopplungskonstante

$$\tilde{A}_{ik} = \frac{\Omega^2 m^* (P_F/P_{Ai})\, \nu_i (P_F/P_{Ak})\, \nu_k}{2\pi(2I_i + 1)(2I_k + 1)} \frac{2k_F R_{ik} \cos 2k_F R_{ik} - \sin 2k_F R_{ik}}{R_{ik}^4}. \tag{3.139}$$

(3.139) gilt auch für nichtidentische Kerne i und k.

Mit wachsender Kernladungszahl Z nehmen $|u_{k_F}(0)|$ und damit auch die Knight-shift, T_1^{-1} und $\tilde{A}_{ik}$ zu. Deshalb ist für schwere Elemente die indirekte Spin-Spin-Kopplung oft wesentlich größer als die direkte.

Das stark vereinfachte Modell eines freien Elektronengases mit sphärischen Energieflächen ist nur in wenigen Fällen eine gute Näherung. Fast immer ist eine komplizierte Mittelung der Hyperfeinwechselwirkung über die Bandstruktur notwendig, in der die reziproken Energiedifferenzen $(E_0 - E_k)^{-1}$ als Gewichte auftreten. Diese Mittelwerte, die nur numerisch berechnet werden können, sind nicht mehr direkt mit den aus der Knight-shift sich ergebenden Mittelwerten $\langle |u_k(0)|^2\rangle_{E_F}$ vergleichbar.

Weil die indirekte Spin-Spin-Kopplung über die Leitungselektronen mit s-Charakter die Form einer Austauschwechselwirkung hat, bezeichnet man sie auch als „Pseudoaustauschkopplung".

Der nicht s-förmige Anteil der Wellenfunktionen führt zu einer „Pseudo-Dipol-Dipol-Kopplung" zwischen den Kernen, die durch eine Konstante B_{ik} charakterisiert wird. Auch B_{ik} nimmt für große R_{ik} mit R_{ik}^{-3} ab, wie Bloembergen und Rowland durch Berechnung von B_{ik} zeigen konnten [57].

Der für Form und Breite der Kernresonanzlinie maßgebende Störoperator im Kernspin-Hamiltonoperator hat bei gleichzeitig auftretender direkter und indirekter Spin-Spin-Wechselwirkung die Form

$$\mathbf{H}_{\mathrm{St}} = \sum_{k>i} \{(\gamma_{Ni}\gamma_{Nk}\hbar^2 R_{ik}^{-3} + B_{ik})\,[\mathfrak{I}_i\mathfrak{I}_k - 3R_{ik}^{-2}(\mathfrak{I}_i\mathfrak{R}_{ik})(\mathfrak{I}_k\mathfrak{R}_{ik})] + \tilde{A}_{ik}\mathfrak{I}_i\mathfrak{I}_k\}. \tag{3.140}$$

Die Pseudo-Austauschkopplung bewirkt (s. S. 97) bei gleichartigen Kernen eine Verschmälerung, bei ungleichartigen Kernen eine Verbreiterung der Resonanzlinie.

Diese Verbreiterung tritt häufig bei schweren Metallen auf, die aus zwei Isotopen mit etwa gleicher Häufigkeit bestehen, da dann jedem Kern Kerne des anderen Isotops benachbart sind. Ist das Isotopenverhältnis groß, so wird die Linie des seltenen Isotops verbreitert, da jeder Kern dieses Isotops praktisch nur Kerne des häufigeren Isotops als Nachbarn besitzt. Die Linie des häufigen Isotops wird dagegen verschmälert, da jeder Kern dieses Isotops praktisch nur gleichartige Kerne als Nachbarn hat.

Eine indirekte Dipol-Dipol-Wechselwirkung über Leitungselektronen ist auch in Isolatoren möglich. Hier wird am ersten Kern ein Valenzelektron über die verbotene Zone hinweg in das Leitungsband gestreut. Am zweiten Kern erfolgt dann die Rückstreuung in das Valenzband (Bild 15). Bei der Mittelwertbildung muß hier die Integration über k über die Zustände des besetzten Valenzbandes, die über k' über die des freien Leitungsbandes durchgeführt werden [57]. $\tilde{A}_{ik}$ nimmt in

Isolatoren exponentiell mit R_{ik} ab. Die rasche Abnahme von $\tilde{A}_{ik}$ ist verständlich, da die Wahrscheinlichkeit, das Leitungselektron am zweiten Kern noch in $|k'\rangle$ und das Defektelektron noch in $|k\rangle$ zu finden, mit wachsendem R_{ik} abnimmt.

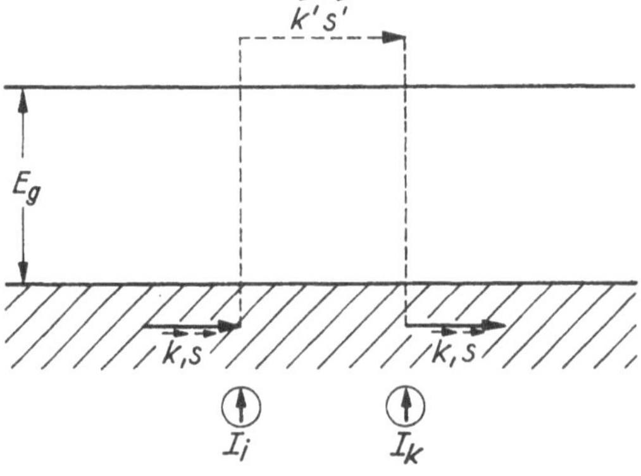

Bild 15. Streuung einer Blochwelle des Valenzbandes am Kern i in den virtuellen Zustand $|k' s'\rangle$ des Leitungsbandes und Rückstreuung am Kern k in das Valenzband in einem Isolator

3.5.4. Knight-shift in Legierungen

Infolge der guten Abschirmung durch die Leitungselektronen ist in einer Legierung das Potential des Wirtsgitters nur in der unmittelbaren Umgebung eines gelösten Atoms gestört, während es in geringer Entfernung davon wieder konstant ist. Die „Legierungsatome" können daher als Begrenzung des Potentialtopfes angesehen werden [46].

Die Ladungsdichte der Elektronen mit Energien, die kleiner oder gleich einer Energie E sind (alle Energien werden auf die freier Elektronen außerhalb des Metalls bezogen), ist

$$\sigma(E, \mathfrak{r}) = -e \int^{E} \psi^*(\mathfrak{r})\, \psi(\mathfrak{r})\, \varrho(E')\, \mathrm{d}E' .$$

Da die Ladungsdichte in einem Volumen konstanten Potentials unabhängig von den Randbedingungen ist, sollte sie also auch unabhängig von den Störungen durch die Legierungsatome sein, die die Ränder darstellen. Solange kein Phasenübergang auftritt, muß daher für alle Konzentrationen c der Legierung

$$\frac{\partial \sigma(E, \mathfrak{r})}{\partial c} \equiv 0$$

sein.

Dann ist aber auch

$$\frac{\partial}{\partial E}\left(\frac{\partial \sigma}{\partial c}\right) = \frac{\partial}{\partial c}\left(\frac{\partial \sigma}{\partial E}\right) = \frac{\partial}{\partial c}\left\{\psi^*(\mathfrak{r})\,\psi(\mathfrak{r})\,\varrho(E)\right\} \equiv 0$$

und daher

$$\frac{\partial}{\partial c}\,\langle|\psi_k(0)|^2\rangle\,\varrho(E) = \frac{1}{\Omega}\,\frac{\partial}{\partial c}\,\langle|u_k(0)|^2\rangle\,\varrho(E) \equiv 0\,.$$

Berücksichtigt man dies in (3.99), so folgt

$$\frac{\partial}{\partial c}\left(\frac{\Delta H}{H}\right) = \frac{\partial K}{\partial c} = \frac{\partial \sigma_p}{\partial c} \equiv 0\,. \tag{3.141}$$

(Die Knight-shift wird oft auch mit K bezeichnet.)

Solange kein Phasenübergang auftritt, sollte also auch die Knight-shift unabhängig von der Zusammensetzung der Legierung sein.

An Phasenübergängen tritt dagegen eine sprunghafte Änderung der Knight-shift auf, wie FRIEDEL [59, 60, 61] gezeigt hat. Die Unabhängigkeit der Ladungsdichte von den Randbedingungen gilt allerdings nur in erster Näherung, wenn Änderungen in der Phase der Wellenfunktionen bei der Streuung an den Rändern des Potentialtopfes nicht berücksichtigt werden. BLANDIN, DANIEL und FRIEDEL [62] und BLANDIN und DANIEL [63] berücksichtigen diese Phasenänderungen und erhalten dadurch eine Konzentrationsabhängigkeit der Knight-shift.

Die Elektronen werden in der Theorie von BLANDIN und Mitarbeitern als freies Thomas-Fermi-Gas angenommen. Entwickelt man die Wellenfunktion $\exp(i\mathfrak{k}\mathfrak{r})$ nach Kugelflächenfunktionen und Besselfunktionen $Y_l^m I_l(kr)$, so tritt an dem durch ein Legierungsatom bewirkten Störpotential in jeder dieser Funktionen eine Phasenverschiebung η_l auf. Außerhalb des gelösten Atoms, wo die Störung vernachlässigbar ist, müssen dann diese Funktionen durch $Y_l^m\{I_l(kr)\cos\eta_l - N_l(kr)\sin\eta_l\}$ ersetzt werden. $N_l(kr)$ ist die Neumannfunktion l-ter Ordnung. Mit diesen Funktionen und der Zustandsdichte am Ferminiveau ergibt sich für die relative Änderung der Ladungsdichte am Ferminiveau pro Energie- und Volumeneinheit in einer Entfernung r vom Störatom:

$$\frac{\Delta\varrho(r)}{\varrho} = \sum_l (2l+1)\left\{[N_l^2(kr) - I_l^2(kr)]\sin^2\eta_l - I_l(kr)\,N_l(kr)\,\sin^2\eta_l\right\}. \tag{3.142}$$

Es treten räumlich periodische Schwankungen der Ladungsdichte auf, deren Amplitude für große Entfernungen etwa mit r^{-1} abnimmt, wie sich aus der asymptotischen Darstellung von N_l und I_l für große Argumente aus den ersten Gliedern der Entwicklung ergibt.

Solange die Streuung der Elektronen an jedem Störatom als unabhängig von der Streuung am anderen Störatom betrachtet werden kann, können die Fluktuationen der Elektronendichte über alle Gitterplätze $\mathfrak{R}_i$, die das i-te Atom des Wirtsgitters umgeben, und anschließend über alle

Wirtsgitteratome i gemittelt werden. Daraus folgt dann eine relative Änderung der Knight-shift, die der Konzentration der gelösten Atome proportional ist.

Die räumlichen Fluktuationen der Knight-shift führen weiterhin zu einer Verbreiterung der Kernresonanzlinie.

Ähnliche Fluktuationen der Ladungsträgerdichte mit großer Reichweite gehen auch von den Kristallitoberflächen in feinpulvrigen Metallen aus. Die daraus folgenden Linienverbreiterungen wurden von Charles und Harrison [129] berechnet.

3.5.5. Wechselwirkungen zwischen quasifreien Ladungsträgern und Kernen in Halbleitern

Die Beziehungen für die Knight-shift, die indirekte Spin-Spin-Kopplung und die Spin-Gitter-Relaxationszeit lassen sich für Halbleiter in ähnlicher Weise ableiten wie für Metalle. Wegen der geringen Ladungsträgerdichte in nichtentarteten Halbleitern muß bei der Mittelwertbildung die Fermiverteilung durch die Maxwell-Boltzmann-Verteilung ersetzt werden.

Für p-Halbleiter sollte die Knight-shift im Gegensatz zu der der n-Halbleiter anisotrop und wesentlich geringer sein, da die Valenzbandwellenfunktionen im wesentlichen p-Funktionen sind und daher die Kontaktwechselwirkung klein gegenüber der Dipolwechselwirkung ist.

Die geringe Ladungsträgerkonzentration in nichtentarteten Halbleitern verursacht auch nur eine sehr kleine und in den meisten Fällen nichtmeßbare Knight-shift. Da χ_e^s der Zahl der ungepaarten Elektronen proportional ist und diese wiederum von der Ladungsträgerdichte abhängt, ist χ_e^s wie die Ladungsträgerdichte temperaturabhängig. Daraus ergibt sich eine zu $(kT)^{-1}$ proportionale Temperaturabhängigkeit der Knight-shift.

In entarteten Halbleitern ist die Ladungsträgerdichte wie in Metallen temperaturunabhängig; also gilt für die Knight-shift hier die gleiche Beziehung wie für Metalle. Bloembergen [131] gibt eine Erweiterung der Beziehung für die Knight-shift an, in der er mehrere entartete Bänder berücksichtigt und auch die Bedingung $kT \ll E_F$ fallen läßt. Durch den Fortfall der letzten Bedingung tritt ein zu T^2 proportionales Zusatzglied auf.

Auch bei der Berechnung der Relaxationszeit T_1 in nichtentarteten Halbleitern muß bei der Mittelwertbildung die Fermiverteilung durch die Maxwell-Boltzmann-Verteilung ersetzt werden [131], [64]. Shulman und Wyluda [64] berücksichtigen auch den Einfluß einer anisotropen effektiven Masse der Ladungsträger und die Interbandstreuung zwischen l entarteten Bändern. Sie finden für $(2T_1)^{-1}$:

$$(2T_1)^{-1} = \frac{64}{9} \frac{\pi g^2 \mu_B^2 \gamma_N^2 I^2 l \varrho_0^2 \Omega^2 |\psi(0)|^4}{\hbar^2} \left(\frac{m_1 m_2 m_3}{2\pi} kT\right)^{1/2}.$$

ϱ_0 ist die Dichte der beweglichen Ladungsträger, $|\psi(0)|^4$ eine geeignete Mittelung von ψ über die Werte der Boltzmannverteilung an den Bandrändern, und m_1, m_2, m_3 sind die Hauptwerte der effektiven Masse.

3.5.6. Wechselwirkungen zwischen Kernen und Leitungselektronen in Supraleitern

Im Supraleiter treten im Prinzip die gleichen Wechselwirkungen zwischen den Leitungselektronen und den Kernen auf wie im normalleitenden Metall. Man kann also auch im Supraleiter eine Knight-shift und eine durch Wechselwirkung mit den Leitungselektronen bestimmte Spin-Gitter-Relaxationszeit T_1 erwarten. Infolge der geringen Eindringtiefe des Magnetfeldes in den Supraleiter ist die Bestimmung von σ_P und T_1 mit gewissen Schwierigkeiten verbunden. Zur Messung der Knight-shift müssen die Partikel kleiner als die Eindringtiefe sein. Die Linienform hängt stark von der Größenverteilung der Partikel und deren Gestalt ab. T_1 läßt sich im supraleitenden Zustand aus der Relaxationsgeschwindigkeit im Nullfeld bestimmen [151]. Zu diesem Zweck bringt man den Supraleiter bei einer Temperatur $T < T_c$, wobei T_c die Sprungtemperatur ist, in ein oberhalb des kritischen Feldes H_c liegendes Magnetfeld H_0, in welchem die Probe normalleitend ist, und wartet, bis sich das thermische Gleichgewicht zwischen Kernspinsystem und Gitter eingestellt hat. Dann wird das Feld abgeschaltet, so daß es während einer Zeit $\tau \ll T_1$ auf Null abfällt. Beim Durchgang durch das kritische Feld H_c wird die Probe supraleitend. In diesem Zustand, in dem sich die Kerne nur noch in dem von den Nachbarkernen herrührenden lokalen Magnetfeld H_{lok} befinden, findet der Energieaustausch zwischen Kernspinsystem und Gitter statt. Ist die Zeit τ, in der das Feld in der Probe auf Null zurückgeht, groß gegen T_2, so ist das Spinsystem immer im inneren Gleichgewicht und kann als thermodynamische Gesamtheit behandelt werden. Für diesen adiabatischen Prozeß muß

$$\mathrm{d}Q = c_H \,\mathrm{d}T + T\left(\frac{\partial M}{\partial T}\right)_H \mathrm{d}H = 0 \tag{3.143}$$

gelten. Die Wärmekapazität c_H des Kernspinsystems ist durch

$$c_H = \frac{\chi_0(T_S)}{T_S} H_{\text{eff}}^2 = \frac{C}{T_S^2}\left(H_{\text{lok}}^2 + H^2\right) \tag{3.144}$$

gegeben, wobei H_{eff} das effektive Magnetfeld an den Kernen ist, das sich aus dem äußeren Feld und dem von den Nachbarkernen herrührenden lokalen Feld zusammensetzt, und C die Curiekonstante

$$C = \chi_0 T_S = \frac{\mathrm{Sp}\,\mathbf{H}_0^2}{k H_0^2 \,\mathrm{Sp}(\mathbf{1})}.$$

Die Magnetisierung M ist durch

$$M = \chi_0 H = \frac{CH}{T_S} \tag{3.145}$$

gegeben. Aus (3.143) folgt mit (3.144) und (3.145) und durch Integration zwischen dem Anfangsfeld H_A und dem Endfeld H_E

$$T_S(H_E) = T_S(H_A)\,\frac{\left(1+\left(\dfrac{H_E}{H_{\text{lok}}}\right)^2\right)^{1/2}}{\left(1+\left(\dfrac{H_A}{H_{\text{lok}}}\right)^2\right)^{1/2}}\,. \tag{3.146a}$$

Nach Einsetzen dieser Beziehung in (3.145) erhält man

$$M(H_E) = M(H_A)\,\frac{H_E}{H_A}\,\frac{\left(1+\left(\dfrac{H_A}{H_{\text{lok}}}\right)^2\right)^{1/2}}{\left(1+\left(\dfrac{H_E}{H_{\text{lok}}}\right)^2\right)^{1/2}}\,. \tag{3.146b}$$

Für $H_A = H_0$, $M(H_A) = M_0$, $H_E = 0$ und $T_S(H_A) = T_G$ mit T_G als Gittertemperatur ergibt sich

$$T_{S1}(0) = T_G\,\frac{1}{\left(1+\left(\dfrac{H_0}{H_{\text{lok}}}\right)^2\right)^{1/2}} \approx T_G\,\frac{H_{\text{lok}}}{H_0}\,, \tag{3.147}$$

weil $H_0 \gg H_{\text{lok}}$ ist; $M(H_E = 0)$ verschwindet nach Gl. (3.146b). Am Ende der adiabatischen Entmagnetisierung ist also die Spintemperatur vom Wert T_G auf $T_G \dfrac{H_{\text{lok}}}{H_0} < T_G$ gesunken. Im Nullfeld strebt dann T_S durch Wechselwirkung der Kerne mit dem Gitter der Gittertemperatur T_G zu. Dieser Relaxationsprozeß wird durch Gl. (2.107b) beschrieben. Integriert man diese Gleichung von $t = 0$ bis zu einer Zeit $t = t_1$, so folgt

$$\frac{1}{T_S(t_1)} = \frac{1}{T_G} + \left(\frac{1}{T_S(t=0)} - \frac{1}{T_G}\right)\exp\left(-t_1/T_1\right). \tag{3.148}$$

Nach der adiabatischen Entmagnetisierung wächst also die Spintemperatur von $T_{S1}(0) = T_G \dfrac{H_{\text{lok}}}{H_0}$ während der Zeit t_1 auf

$$T_{S2}(0) = T_G\,\frac{1}{1+\left(\dfrac{H_0}{H_{\text{lok}}} - 1\right)\exp\left(-t_1/T_1\right)} \tag{3.149}$$

an. Wird zur Zeit t_1 das Feld wieder eingeschaltet, wobei die Geschwindigkeit der Feldänderung den gleichen Bedingungen genügen soll wie bei der adiabatischen Entmagnetisierung, so folgt aus (3.146a) beim Erreichen eines Feldes $H > H_c$ für die Spintemperatur

$$T'_S = T_{S2}(0)\left(1 + \left(\frac{H}{H_{\text{lok}}}\right)^2\right)^{1/2} \tag{3.150}$$

und für die Magnetisierung

$$\begin{aligned} M' &= \frac{CH}{T_G}\left(\frac{T_{S1}(0)}{T_G} + \left(1 + \frac{T_{S1}(0)}{T_G}\right)\exp\left(-t_1/T_1\right)\right) \\ &= M_0\frac{H}{H_0}\left(\frac{H_{\text{lok}}}{H_0} + \left(1 - \frac{H_{\text{lok}}}{H_0}\right)\exp\left(-t_1/T_1\right)\right). \end{aligned} \tag{3.151}$$

Wird bei dem Anwachsen des Feldes nach dem Wiedereinschalten die Resonanzstelle $H = \omega_0/\gamma_N$ $(H_0 > H > H_c)$ überstrichen, so erscheint an dieser Stelle ein Kernresonanzsignal, dessen Amplitude proportional zu M' ist.

Trägt man den Logarithmus der Signalamplitude über der Zeit t_1 auf, so ergibt sich – da $H_{\text{lok}}/H_0 \ll 1$ ist – die Gerade

$$\ln\frac{M'}{M} = \frac{H_{\text{lok}}}{H_0}\left(\frac{M}{M'} - 1\right) - \frac{t_1}{T_1}, \tag{3.152}$$

aus deren Steigung sich T_1 bestimmen läßt. In dieser Beziehung ist M die im thermischen Gleichgewicht dem Feld H entsprechende Magnetisierung. Die Relaxationsgeschwindigkeit $R = T_1^{-1}$ für den Supraleiter wird genauso wie die für normalleitende Metalle berechnet. Die in die Übergangswahrscheinlichkeiten W_{mn} eingehenden Matrixelemente $\langle mks|\mathfrak{I}\mathfrak{S}\,\delta(\mathfrak{r})|nk's'\rangle$ müssen aber mit der den supraleitenden Zustand beschreibenden Wellenfunktion gebildet werden. Nach der mikroskopischen Theorie der Supraleitung von Bardeen, Cooper und Schrieffer (BCS) wird der Grundzustand des Supraleiters am absoluten Nullpunkt durch die Wellenfunktion

$$\Psi_0 = \prod_k \left[(1 - h_k)^{1/2} + h_k^{1/2} b_k^*\right] \Phi_0 \tag{3.153}$$

beschrieben. Ψ_0 gewannen BCS nach einer zweiten Quantelung aus dem vollständigen System von Einelektronen-Blochfunktionen durch eine bestimmte Linearkombination mit Vernichtungsoperatoren c_{ks} als Koeffizienten. c_{ks} ist der Vernichtungsoperator für den durch den Wellenvektor $\mathfrak{k}$ und die Spinquantenzahl s beschriebenen Blochzustand. Der konjugiert komplexe Operator c^*_{ks} ist der entsprechende Erzeugungsoperator. Während im normalleitenden Zustand am absoluten Nullpunkt alle Zustände unterhalb der Fermienergie E_F vollständig besetzt sind und alle oberhalb E_F liegenden Zustände unbesetzt sind, werden nach der BCS-Theorie im Supraleiter durch die Wechselwirkung mit den Gitterphononen auch bei 0 °K angeregte Zustände besetzt. Im Normalleiter sind die Leitungselektronen unkorreliert; im Supraleiter tritt dagegen eine Paarkorrelation auf, d. h., die Zustände $|\mathfrak{k}s\rangle$ und $|-\mathfrak{k}-s\rangle$ sind entweder beide besetzt oder beide unbesetzt. Der Grundzustand des Supraleiters enthält teilweise besetzte Paarzustände oberhalb der Fermienergie (virtuelle Paare) und entsprechende Leerstellenpaare unterhalb der Fermienergie. Der Erzeugungsoperator für solche Paare ist $b^*_k = c^*_{ks}c^*_{-k-s}$. Von den möglichen Linearkombinationen der Blochfunktionen wird eine solche ausgewählt, die nur Paarzustände beschreibt. Ist Φ_0 die Funktion für das Vakuum, aus der durch Anwendung von b^*_k die Eigenfunktion eines Zustandspaares $|\mathfrak{k}s\rangle$ und $|-\mathfrak{k}-s\rangle$ erzeugt wird, und ist h_k die Besetzungswahrscheinlichkeit für den Zustand $\mathfrak{k}$, dann folgt aus der ausgewählten Linearkombination die Wellenfunktion (3.153). $(1 - h_k)^{1/2}\Phi_0$ beschreibt die unbesetzten Paarzustände $|\mathfrak{k}s\rangle$, $h_k^{1/2} b^*_k \Phi_0$ dagegen die besetzten. (Im Normalleiter ist am absoluten Nullpunkt für Zustände unterhalb der Fermienergie $h_k = 1$ und für alle Zustände oberhalb von ihr $h_k = 0$.) Soll ein solcher Zustand mit virtuellen Paaren oberhalb der Fermienergie am absoluten Nullpunkt dem supraleitenden Zustand wirklich entsprechen, so muß die Energie dieses Zustandes kleiner als die des normalleitenden Zustandes sein.

BCS gewannen daher die h_k aus der Bedingung, daß die Gesamtenergie der Leitungselektronen, in der auch die Elektronen-Phononen-Wechselwirkung und die Coulombsche Abschirmung berücksichtigt werden, ein Minimum wird.

Bei Temperaturen größer als 0 °K sind auch thermisch angeregte Elektronen vorhanden. Die Anregung kann auf zwei Arten geschehen: Es können sowohl reelle Paare, die die Zustände $|\mathfrak{k}'s\rangle$ und $|-\mathfrak{k}'-s'\rangle$ besetzen, als auch Einzelelektronen, die sogenannten „singles", angeregt werden. Bei letzteren ist nur der Zustand $|\mathfrak{k}''s\rangle$ besetzt, während $|-\mathfrak{k}''-s\rangle$ unbesetzt bleibt. Die allgemeinste Wellenfunktion des angeregten Zustandes, die orthogonal zum Grundzustand ist, lautet demzufolge

$$\Psi_{\text{anger}} = \left\{ \prod_k \left[(1 - h_k)^{1/2} + h_k^{1/2} b^*_k\right] \prod_{k'} \left[(1 - h_{k'})^{1/2} b^*_{k'} - h_{k'}^{1/2}\right] \prod_{k''} c^*_{k''} \right\} \Phi_0. \tag{3.154}$$

Die Wellenzahlvektoren $\mathfrak{k}$, $\mathfrak{k}'$ und $\mathfrak{k}''$ gehören zu Zuständen, die durch virtuelle Paare, reelle Paare und Einzelelektronen besetzt sind. $h_k(T)$ sowie die Besetzungswahrscheinlichkeiten $g(T)$ für virtuelle Paare, $p(T)$ für reelle Paare und $s(T)$ für Einzelelektronen werden durch Bildung des

Minimums der freien Energie gewonnen. BCS erhielten für diese Größen

$$
\begin{aligned}
h_k(T) &= \frac{1}{2}\,[1 - (\varepsilon_k/E_k)],\\
[h_k(T)(1 - h_k(T))]^{1/2} &= \frac{1}{2}\,(\varepsilon_0/E_k),\\
g(T) &= [1 - f(E_k,T)]^2,\\
p(T) &= f^2(E_k, T),\\
s(T) &= 2\,f(E_k, T)[1 - f(E_k, T)].
\end{aligned}
\tag{3.155}
$$

Die Funktion $f(E_k, T)$ gleicht der Fermifunktion des Normalleiters:

$$
f(E_k, T) = [\exp\,(E_k/kT) + 1]^{-1}. \tag{3.156}
$$

E_k wird positiv angenommen, d. h., daß $f(E_k)$ für $k > k_F$ Elektronenbesetzung, für $k < k_F$ Löcherbesetzung beschreibt. Aus (3.156) folgt, daß die Einzelelektronen und angeregten Paare ein System unabhängiger Fermionen mit der Energieverteilung

$$
E_k = (\varepsilon_k^2 + \varepsilon_0^2)^{1/2} \tag{3.157}
$$

bilden; ε_k ist dabei die auf die Fermienergie bezogene Energie des k-ten Blochzustandes und $2\varepsilon_0$ die Energielücke um das Ferminiveau. Am absoluten Nullpunkt ist $2\varepsilon_0 = 3{,}50\,kT_c$, und in der Nähe der Sprungtemperatur gilt $2\varepsilon_0 = 6{,}4\,kT_c\left(1 - \frac{T}{T_c}\right)^{1/2}$.

Bildet man die Matrixelemente

$$
\begin{aligned}
&\sum_{k,k',s,s'} \langle mks|\mathfrak{I}\mathfrak{S}\,\delta(\mathfrak{r})|\,nk'\,s'\rangle\\
&= \sum_{k,k',s,s'} \sum_i \langle m|\boldsymbol{I}_{iz}|\,n\rangle\,\langle ks|\boldsymbol{S}_z\,\delta(\mathfrak{R}_i - \mathfrak{r}_i)|\,k'\,s'\rangle\\
&\quad + \frac{1}{2} \sum_{k,k',s,s'} \sum_i \langle m|\boldsymbol{I}_{i+}|\,n\rangle\,\langle ks|\boldsymbol{S}_-\;\delta(\mathfrak{R}_i - \mathfrak{r}_i)|\,k'\,s'\rangle\\
&\quad + \frac{1}{2} \sum_{k,k',s,s'} \sum_i \langle m|\boldsymbol{I}_{i-}|n\rangle\,\langle ks|\boldsymbol{S}_+\;\delta(\mathfrak{R}_i - \mathfrak{r}_i)|\,k'\,s'\rangle
\end{aligned}
$$

mit der aus dem vollständigen System der Einelektronen-Blochfunktionen $u_{ks}(\mathfrak{r})\,e^{i\mathfrak{k}\mathfrak{r}}$ und den Vernichtungsoperatoren c_{ks} gebildeten Linearkombination

$$
\sum_{k,s} |\,\mathfrak{k}\,s\rangle = \sum_{k,s} c_{ks}\,u_{ks}(\mathfrak{r})\,e^{i\mathfrak{k}\mathfrak{r}}, \tag{3.158}
$$

so erhält man dafür nach Integration über $\mathfrak{r}$

$$\sum_{k,k',s,s'} \langle mks|\mathfrak{I}\mathfrak{S}\,\delta(\mathfrak{r})|\,nk's'\rangle$$

$$= \sum_i \Big\{ \langle m|\boldsymbol{I}_{iz}|\,m\rangle \frac{1}{2} \sum_{kk'\,(\mathrm{Paare})} u_k^*(0)\, u_{k'}(0)\, (c_{ks}^* c_{k's} - c_{k-s}^* c_{k'-s})$$

$$+ \langle m+1|\boldsymbol{I}_{i+}|\,m\rangle \frac{1}{2} \sum_{kk'\,(\mathrm{Paare})} u_k^*(0) u_{k'}(0)\, c_{k-s}^* c_{k's} \qquad (3.159)$$

$$+ \langle m|\boldsymbol{I}_{i-}|\,m+1\rangle \frac{1}{2} \sum_{kk'\,(\mathrm{Paare})} u_k^*(0)\, u_{k'}(0)\, c_{ks}^* c_{k'-s} \Big\}.$$

Da sich $u_k(0)$ in der Umgebung der Fermigrenze nur langsam mit k ändert, kann aus den schon in den Abschnitten 3.5.1 und 3.5.2 angeführten Gründen $u_k^*(0)\, u_{k'}(0) \approx |u_{kF}(0)|^2$ gesetzt werden.

Die Summation ist über alle gepaarten Zustände k und k' zu erstrecken, da nur diese in der Wellenfunktion des Supraleiters auftreten.

Die Gesamtwellenfunktion des angeregten Zustandes [Gl. (3.154)] enthält Beiträge von virtuellen und reellen Paaren und von Einzelelektronen. Zwei angeregte Zustände 1 und 2 mit gleichen Elektronenenergien E_k werden normalerweise verschiedene Gesamtenergien W_1 und W_2 haben, abhängig von der Verteilung der Einzelzustände auf virtuelle Paare, reelle Paare und Einzelelektronen. Von allen in (3.159) auftretenden Matrixelementen dürfen daher nur die verwendet werden, bei denen die Gesamtenergie der Elektronen erhalten bleibt. Deshalb sind, wie Hebel und Slichter [151] gezeigt haben, nur drei Typen von Übergängen möglich, nämlich

1. Einzelelektron + Einzelelektron ↔ reelles Paar + virtuelles Paar,
2. Einzelelektron + reelles Paar ↔ reelles Paar + Einzelelektron,
3. Einzelelektron + virtuelles Paar ↔ virtuelles Paar + Einzelelektron.

Die Erhaltung der Partikelzahl ist dadurch gewährleistet, daß die Vernichtungs- und Erzeugungsoperatoren nur in Form der Produkte $c_{ks}^* c_{k's'}$ auftreten. Die zu den drei Prozessen gehörenden Matrixelemente müssen gesondert berechnet und mit den entsprechenden Gewichten $s(T)$, $g(T)$ und $p(T)$ versehen werden. Eine weitere Unterteilung eines jeden der drei Prozesse muß noch nach dem Gesichtspunkt erfolgen, ob bei der Streuung des Elektrons aus dem Ausgangszustand k in den Endzustand k' die $k, k' > k_F$; $k < k_F$ und $k' > k_F$; $k > k_F$ und $k' < k_F$ oder $k, k' < k_F$ sind. Da in der BCS-Theorie gleich viele besetzte Zustände oberhalb von k_F wie unbesetzte unterhalb von k_F existieren, brauchen nur die Matrixelemente für $k, k' > k_F$ und $k > k_F, k' < k_F$ für alle drei Prozesse berechnet zu werden [151].

Wenn E und E' die zu den Wellenzahlvektoren $\mathfrak{k}$ und $\mathfrak{k}'$ gehörenden Energien eines Einzelelektrons sind, so gibt es in jeder Gruppe Matrixelemente, für die die Energiedifferenz zwischen Ausgangs- und Endzustand $(E' - E)$ ist, und andere, für die sie gleich $(E - E')$ ist. Diese Energiedifferenz zwischen Ausgangs- und Endzustand muß gleich der von einem Kern aufgenommenen oder abgegebenen Energie $\mu_I H_{\text{lok}}$ sein, wobei H_{lok} das am Kern herrschende lokale Magnetfeld ist, das von den Nachbarkernen herrührt.

Die nach diesen Gesichtspunkten von HEBEL und SLICHTER berechneten Quadrate der Matrixelemente haben alle den Faktor

$$[h_{k'}^{1/2} h_{k'}^{1/2} + (1 - h_k)^{1/2} (1 - h_{k'})^{1/2}]^2 = 1 + \frac{\varepsilon_0^2}{EE'}$$

gemeinsam. Werden in den Matrixelementen wieder $\boldsymbol{I}_+$ und $\boldsymbol{I}_-$ durch $\boldsymbol{I}_x$ und $\boldsymbol{I}_y$ ersetzt und die Glieder mit gleichen Spinoperatoren zusammengefaßt, so ergibt sich nach Einsetzen dieser Matrixelemente in (3.116) für die Übergangswahrscheinlichkeit W_{mn}^s des Kernspinsystems im Supraleiter

$$W_{mn}^s = \frac{2\pi}{\hbar} \frac{64\,\pi^2}{9} g^2 \mu_B^2 \gamma_N^2 \hbar^2 \langle |u_k(0)|^2 \rangle_{E_F}^2 \sum_{i,j} \frac{\langle m|\mathfrak{I}_i|\, n\rangle \langle n|\mathfrak{I}_j|\, m\rangle}{2}$$
$$\times \sum_{k,k'} f(E,T)\,[1 - f(E',T)] \left(1 + \frac{\varepsilon_0^2}{EE'}\right) \delta(E' - E + \hbar\omega). \qquad (3.160)$$

Führt man weiter die Zustandsdichte $\varrho_S(E)$ im Supraleiter ein, die den Bedingungen

$$\varrho_S(E) = 0 \quad \text{für} \quad |E| < \varepsilon_0(T)$$
und (3.161)
$$\varrho_S(E) = \varrho(E) \left\{ \frac{E^2}{E^2 - \varepsilon_0^2(T)} \right\}^{1/2}$$

genügt, und die Zustandsdichte im Normalleiter $\varrho(E)$ und integriert man über alle Ausgangs- und Endzustände – statt zu summieren –, so folgt

$$W_{mn}^s = \frac{2\pi}{\hbar} \frac{64\,\pi^2}{9} g^2 \mu_B^2 \gamma_N^2 \hbar^2 \langle |u_k(0)|^2 \rangle_{E_F}^2 \sum_{i,j} \frac{\langle m|\mathfrak{I}_i|\, n\rangle \langle n|\mathfrak{I}_j|\, m\rangle}{2}$$
$$\times \int \varrho_S(E_A)\, \varrho_S(E_E) \left(1 + \frac{\varepsilon_0^2}{E_A E_E}\right) f(E_A)\,[1 - f(E_E)]\, \mathrm{d}E_A \qquad (3.162)$$

mit $E_A - E_E = \mu_I H_{\text{lok}}$.

Die Zustandsdichte ϱ_S zeigt nach (3.161) eine Lücke der Breite $2\varepsilon_0(T)$ um die in ihrer Mitte liegende Fermi-Energie E_F, und sie hat an den Rändern dieser Lücke, an denen $E_k^2 \approx \varepsilon_0^2$ ist, sehr hohe Spitzen.

Der Faktor $(1 + \varepsilon_0^2/E_A E_E)$ trägt der Paarkorrelation Rechnung. Er rührt daher, daß die Streuung des Elektrons am Kern, durch die die beiden Zustände E_A und E_E verbunden werden, entweder im Zustand $|\mathfrak{k}s\rangle$ oder im Zustand $|-\mathfrak{k}-s\rangle$ geschehen kann. Liegen E_A und E_E in der Nähe der Ränder der Energielücke, dann ist der Faktor annähernd gleich 2, liegen die beiden Energien weit von den Rändern entfernt, so wird er ungefähr gleich 1.

Aus der Theorie von BARDEEN, COOPER und SCHRIEFFER folgen für die Übergangswahrscheinlichkeiten für die Infrarotabsorption oder Ultraschallabsorption Ausdrücke, die (3.162) ähnlich sind, nur daß je nach dem besonderen Prozeß der Faktor gleich $(1 + \varepsilon_0^2/E_A E_E)$ oder $(1 - \varepsilon_0^2/E_A E_E)$ ist. Für Ultraschallabsorption gilt z. B. das negative Vorzeichen. Die experimentellen Ergebnisse der Kernrelaxation und der Ultraschallabsorption, die mit den theoretischen übereinstimmen, geben daher eine direkte Bestätigung der Grundannahme der BCS-Theorie, nämlich der Spin-Impuls-Korrelation durch virtuelle Paare.

Durch Einsetzen der Übergangswahrscheinlichkeiten W_{mn}^s in Gl. (2.107a) ergibt sich die Relaxationsgeschwindigkeit R_S im Supraleiter. Da $f(E_A)[1 - f(E_E)]$ nur im Bereich von $\pm kT$ um E_F merklich von Null verschieden ist, tragen nur diese Zustände zum Integral bei. Für Temperaturen, die nur wenig unter der kritischen Temperatur liegen, ist $\varepsilon_0 \ll kT$. Die Gesamtzahl der Zustände im Bereich $\pm kT$ um E_F ist dann im Normalleiter und im Supraleiter fast gleich:

$$\int_{E_F - kT}^{E_F + kT} \varrho_S \, \mathrm{d}E \approx \int_{E_F - kT}^{E_F + kT} \varrho \, \mathrm{d}E .$$

Andererseits ist wegen der gegen Unendlich gehenden Zustandsdichte an den Rändern der Energielücke

$$\int_{E_F - kT}^{E_F + kT} \varrho_S^2 \, \mathrm{d}E > \int_{E_F - kT}^{E_F + kT} \varrho^2 \, \mathrm{d}E .$$

Die Relaxationsgeschwindigkeit R_S ist größer als die des Normalleiters im Nullfeld $R_n(0)$.

Für $T \approx 0$ ist $\varepsilon_0 \approx 1{,}75\, kT_c > kT$. Im Bereich $\pm kT$ um E_F muß daher die Zustandsdichte im Supraleiter viel geringer als im Normalleiter sein (theoretisch ist dort $\varrho_S \equiv 0$). Daher ist nahe dem absoluten Nullpunkt $R_S < R_n(0)$.

Bei einer quantitativen Bestimmung der Temperaturabhängigkeit von $R_S/R_n(0)$ muß die Verbreiterung der Elektronenenergieniveaus, die in der BCS-Theorie nicht berücksichtigt wird, mit in die Rechnung eingesetzt werden. HEBEL und SLICHTER [151] und HEBEL [151a] berücksichtigten diese Verbreiterung, indem sie für den Supraleiter an den Stellen E_A und E_E $\varrho_S(E, T)$ durch

$$\varrho_S'(E, T) = \varrho_S(E', T)\, \Delta(E' - E)\, \mathrm{d}E'$$

mit

$$\int \Delta(E' - E)\, \mathrm{d}E' = 1$$

ersetzten. Die für die Berechnung einfachste Breitenfunktion ist eine Rechteckfunktion mit der Gesamtbreite $2\delta E$ und der Höhe $1/2\delta E$ mit ihren Zentren in E_A und E_E. Die damit berechnete Temperaturabhängigkeit von $R_{S/Rn}(0)$ stimmt mit der experimentellen gut überein.

Während sich die Relaxationsprozesse im Supraleiter mit der BCS-Theorie gut erklären lassen, ist dies bei der Knight-shift nicht der Fall. Reif hat die Knight-shift von supraleitendem kolloidalem Quecksilber in Abhängigkeit von der Temperatur gemessen. Die auf 0 °K extrapolierte Kurve ergibt noch einen endlichen Wert. Nach der Theorie von Bardeen, Cooper und Schrieffer müßte die Knight-shift am absoluten Nullpunkt verschwinden, da im Grundzustand nur gepaarte Elektronen vorhanden sind und daher χ_e^s verschwindet. Yosida [161] berechnete die Temperaturabhängigkeit von $(\chi_e^s)^s/(\chi_e^s)^n$ mit den Wellenfunktionen der BCS-Theorie aus einer Störung zweiter Ordnung und fand dafür

$$\frac{(\chi_e^s)^s}{(\chi_e^s)^n} = -\frac{\frac{T}{\varepsilon_0}\frac{\mathrm{d}\varepsilon_0}{\mathrm{d}T}}{1-\frac{T}{\varepsilon_0}\frac{\mathrm{d}\varepsilon_0}{\mathrm{d}T}}.$$

In der Umgebung von T_c ist $(T/\varepsilon_0)(\mathrm{d}\,\varepsilon_0/\mathrm{d}T) = T/(T_c - T)$ und daher

$$\left.\frac{(\chi_e^s)^s}{(\chi_e^s)^n}\right|_{T\approx T_c} = \frac{T}{T_c}.$$

Für $T = T_c$, d. h. bei verschwindender Energielücke, wird $(\chi_e^s)^s/(\chi_e^s)^n = 1$. Die paramagnetische Suszeptibilität der Leitungselektronen nimmt also von ihrem normalen Wert bei der Übergangstemperatur mit sinkender Temperatur ab und verschwindet für $T \to 0$ °K exponentiell.

Knight, Androes und Hammond (s. Tab. 8) fanden – allerdings unter etwas anderen Versuchsbedingungen – eine zweite Resonanz im supraleitenden Quecksilber, deren Frequenz bei $T = 0{,}5\,T_c$ fast keine Verschiebung gegenüber einem Quecksilbersalz zeigte. Schrieffer [162] und Anderson [163] versuchten, die von Reif gemessene, für $T \to 0$ nicht verschwindende Knight-shift auf den Einfluß von Verunreinigungen zurückzuführen. Aprikosov und Gorkov [164] konnten aber zeigen, daß diese Annahme nicht zutrifft. Sie erhielten auch für den verunreinigten Supraleiter aus der BCS-Theorie eine Temperaturabhängigkeit von $(\chi_e^s)^s/(\chi_e^s)^n$, die mit der von Yosida für den reinen Supraleiter abgeleiteten übereinstimmt. Gabuda [165] berechnete mit der Theorie von Bogoljubow $(\chi_e^s)^s/(\chi_e^s)^n$ und fand eine Abhängigkeit dieser Größe von der Partikelgröße. Für Partikel von etwa 30 nm Durchmesser erhielt er eine Temperaturabhängigkeit von $(\chi_e^s)^s/(\chi_e^s)^n$, die der von Yosida berechneten sehr nahekommt und mit den Messungen von Knight,

Androes und Hammond gut übereinstimmt. Für einen Partikeldurchmesser von 300 nm erhielt er dagegen eine Temperaturabhängigkeit, die der von Reif gemessenen nahekommt.

3.6. Wechselwirkungen zwischen ungepaarten Elektronen und Kernen in magnetischen Substanzen

In magnetischen Substanzen treten zahlreiche, die Resonanzfrequenz und die Relaxationszeiten beeinflussende Wechselwirkungen auf. Für die Resonanzfrequenz ist das am Kern herrschende statische innere Feld, das sich im allgemeinsten Fall aus dem Feld der Hyperfeinwechselwirkung, dem äußeren Feld $\mathfrak{H}_0$, dem Anisotropiefeld, dem Entmagnetisierungsfeld und dem vernachlässigbaren Feld der Kern-Dipol-Dipol-Wechselwirkung zusammensetzt, maßgebend. Die Kernresonanz gestattet eine direkte Messung dieses Gesamtfeldes. Den größten Beitrag dazu liefert die Kontaktwechselwirkung, die in ferromagnetischen Metallen von den durch die $3d$-Elektronen polarisierten $4s$-Elektronen des Leitungsbandes, den $4s$-Funktionen, die den $3d$-Bändern zugemischt sind, und den durch die $3d$-Elektronen teilweise polarisierten $3s$- und $2s$-Elektronen der magnetischen Ionen herrührt. Weitere Beiträge liefert die Dipolwechselwirkung zwischen den Spinmomenten der $3d$-Elektronen und den Kernen und die Wechselwirkung zwischen den Bahnmomenten und den Kernen. Über diese Wechselwirkungen und die Spin-Bahn-Kopplung ist das innere Feld von dem durch die Struktur bestimmten elektrischen Kristallfeld abhängig. In antiferromagnetischen Substanzen spielt in einigen Fällen auch die „Austauschkorrelation" – etwa zwischen den $3d$-Elektronen des Mn^{2+} und den $2s$- oder $2p$-Elektronen des F^- im MnF_2 – eine wesentliche Rolle.

Während die Resonanzfrequenz durch die Mittelwerte der einzelnen Beiträge zum inneren Feld bestimmt wird, hängt die Spin-Gitter-Relaxationszeit von den Schwankungen um diese Mittelwerte ab. Die Fluktuationen der transversalen Feldkomponenten, die die Spinübergänge induzieren, hängen von der Kopplung zwischen den Elektronen und dem Phononenfeld des Kristalles ab. Im paramagnetischen Bereich, d. h. oberhalb der Curie- oder Néeltemperatur, nimmt man meist eine statistische Verteilung der Umklappfrequenzen, z. B. nach einer Fehlerfunktion um einen Mittelwert an. Unterhalb der Curie- oder Néeltemperatur ist das Spinwellenspektrum für die Feldfluktuationen maßgebend. Da letzteres eine untere Grenzfrequenz $\omega_{\min}$ hat, die oft weit oberhalb der Larmorfrequenz der Kerne liegt, wird die Spin-Gitter-Relaxation im wesentlichen durch Ramanstreuung der Spinwellen an den Kernen bestimmt, während direkte Prozesse nur eine vernachlässigbare Rolle spielen. Für die Kerne in den Blochwänden eines Ferromagnetikums sind vor allem die thermischen Fluktuationen der Domänenwände für T_1 maßgebend.

Welche dieser Wechselwirkungen wesentlich und welche nur von untergeordneter Bedeutung sind, hängt von der jeweiligen Substanz und deren Kristallstruktur ab sowie davon, ob die Untersuchungstemperatur größer oder kleiner als die Curie- bzw. Néeltemperatur ist oder ob sie in deren Nähe liegt, ob die Resonanz in ferromagnetischen Substanzen von Kernen in den Domänen oder den Blochwänden herrührt und ob in paramagnetischen oder antiferromagnetischen Verbindungen die Resonanz der magnetischen oder der nichtmagnetischen Ionen untersucht wird.

3.6.1. Wechselwirkungen in paramagnetischen Substanzen

3.6.1.1. Statische Wechselwirkungen

In paramagnetischen Substanzen kann entweder die Kernresonanz der paramagnetischen Ionen oder die der nichtmagnetischen Bestandteile beobachtet werden. Im zweiten Fall ist die Wechselwirkung zwischen Kernen und den paramagnetischen Ionen entweder eine reine Dipolwechselwirkung (wie etwa zwischen den Protonen und den Cu^{2+}-Ionen im $CuSO_4 \cdot 5\,H_2O$ oder $CuCl_2 \cdot 2\,H_2O$) und wird dann durch (3.1) oder den zweiten Term von (3.2) dargestellt, wenn dort $\boldsymbol{\mu}_k$ das Moment des paramagnetischen Ions ist, bzw. wenn $\gamma_k \hbar$ durch $\boldsymbol{g}_k \mu_B$ und $\mathfrak{J}_k$ durch $\mathfrak{S}_k$ ersetzt werden (der spektroskopische Aufspaltungsfaktor $\boldsymbol{g}$ ist im allgemeinen ein Tensor), oder sie kann bei teilweise homöopolarer Bindung (wie etwa im MnF_2) neben der Dipolwechselwirkung noch eine Austauschkorrelation enthalten.

Die Wechselwirkung zwischen dem Kern des paramagnetischen Ions und seinen Hüllenelektronen läßt sich durch einen Hamiltonoperator beschreiben, der durch eine Störungsrechnung zweiter Ordnung aus dem alle Wechselwirkungsenergien enthaltenden Hamiltonoperator

$$\mathbf{H} = \frac{1}{2m}\left(\mathfrak{p} + \frac{e}{c}\,\mathfrak{A}\right)^2 + V_0 + \mathbf{V}_1 + \lambda\mathfrak{L}\mathfrak{S} + 2\,\mu_B\,\mathfrak{H}_0\,\mathfrak{S} + \mathbf{V}_{IS}$$

gewonnen wird. In $\mathbf{H}$ sind $\mathfrak{A}$ das Vektorpotential von $\mathfrak{H}_0$, V_0 das Potential des freien Ions, $\mathbf{V}_1$ das Kristallfeldpotential, $\lambda\mathfrak{L}\mathfrak{S}$ die Spin-Bahn-Kopplung, $2\mu_B\mathfrak{H}_0\mathfrak{S}$ die Wechselwirkung zwischen dem äußeren statischen Magnetfeld und dem ungepaarten Elektron und $\mathbf{V}_{IS}$ die magnetische Wechselwirkung zwischen den Elektronen des Ions und dem Kern. Die Wechselwirkungen zwischen den Kernen und $\mathfrak{H}_0$ und eventuelle Kernquadrupolwechselwirkungen wurden vernachlässigt. Wenn $\mathbf{V}_1 \gg \lambda\mathfrak{L}\mathfrak{S}$ ist, wird das Bahnmoment praktisch getilgt. L und S sind dann gute Quantenzahlen, und die Wellenfunktionen werden durch eine Störungsrechnung erster Ordnung mit $\mathbf{V}_1$ als Störoperator aus denen des freien Ions gewonnen. Wenn $\mathbf{V}_1 \ll \lambda\mathfrak{L}\mathfrak{S}$ ist, ist J eine gute Quantenzahl, und die Berechnung der Wellenfunktionen verläuft etwas anders [12, 13, 65].

In dem Wechselwirkungsoperator

$$\mathbf{V}_{IS} = -2\,\mu_B \hbar \gamma_N \sum_k \left\{ r_k^{-3} [(\mathfrak{l}_k - \mathfrak{s}_k)\,\mathfrak{I} + 3\,r_k^{-2} (\mathfrak{r}_k \mathfrak{s}_k)(\mathfrak{r}_k \mathfrak{I})] + \frac{8\pi}{3}\,\delta(\mathfrak{r}_k)\,\mathfrak{s}_k \mathfrak{I} \right\}, \tag{3.163}$$

der die Wechselwirkung zwischen dem Kernmoment $\hbar\gamma_N \mathfrak{I}$ und den Bahnmomenten der Elektronen sowie die Dipol- und Kontaktwechselwirkung zwischen dem Kern und den Elektronen enthält, lassen sich die Koordinaten durch die Drehimpulsoperatoren $\mathfrak{l}_k$ ausdrücken. Die Koordinatenoperatoren genügen bezüglich $\mathfrak{l}_k$ den gleichen Vertauschungsrelationen wie die $\mathfrak{l}_k$ selbst. Ihre Matrixelemente sind daher in bezug auf die Quantenzahl l_{zk} bis auf einen Faktor c^{-1} die gleichen wie die von $\mathfrak{l}_k$ [10, 66]. $\mathbf{V}_{IS}$ enthält dann als Operatoren nur noch $\mathfrak{L} = \sum_k \mathfrak{l}_k$, $\mathfrak{S} = \sum_k \mathfrak{s}_k$ und $\mathfrak{I}$. Die Störungsrechnung zweiter Ordnung mit dem Störoperator $\lambda \mathfrak{L}\mathfrak{S} + \mathbf{V}_{IS}$ und den Wellenfunktionen, die für $\mathbf{V}_1 \gg \lambda \mathfrak{L}\mathfrak{S}$ aus der Störungsrechnung erster Ordnung gewonnen wurden, ergibt den folgenden Spin-Hamiltonoperator für die Hyperfeinwechselwirkung, der nur noch die Spinoperatoren $\mathfrak{S}$ und $\mathfrak{I}$ enthält:

$$\mathbf{H}_{eN} = \mathfrak{S}\mathbf{A}\mathfrak{I}. \tag{3.164}$$

$\mathbf{A}$ ist ein Tensor mit den Elementen

$$A_{ij} = -2\,\mu_B \hbar \gamma_N \langle r^{-3} \rangle \left\{ \varkappa\,\delta_{ij} + 3\,c\,l_{ij} + 2\,\lambda\,\Lambda_{ij} - 3\,c\,\lambda\,u_{ij} \right\}. \tag{3.165}$$

Die einzelnen Glieder in der Klammer haben folgende Bedeutungen:

$$\begin{aligned} \varkappa &= \frac{8\pi}{3} \frac{|\psi(0)|^2}{\langle r^{-3} \rangle}, \\ l_{ij} &= \frac{1}{2} \langle 0 | \boldsymbol{L}_i \boldsymbol{L}_j + \boldsymbol{L}_j \boldsymbol{L}_i | 0 \rangle - \frac{1}{3} L(L+1)\delta_{ij}, \\ \Lambda_{ij} &= \sum_{n \neq 0} \frac{\langle 0 | \boldsymbol{L}_i | n \rangle \langle n | \boldsymbol{L}_j | 0 \rangle}{E_n - E_0}, \\ u_{ij} &= -\frac{1}{2}\,\varepsilon_{ikl} \sum_{n \neq 0} \frac{\langle 0 | \boldsymbol{L}_l | n \rangle \langle n | \boldsymbol{L}_j \boldsymbol{L}_k + \boldsymbol{L}_k \boldsymbol{L}_j | 0 \rangle}{E_n - E_0}, \quad u_{ii} \equiv 0. \end{aligned} \tag{3.165 a}$$

ε_i ist der Einheitstensor dritter Stufe.

Die Hyperfeinwechselwirkung ruft am Kern ein mittleres Magnetfeld

$$\langle \mathfrak{H}_{eN} \rangle = (\hbar\gamma_N)^{-1} \langle \mathfrak{S} \rangle\, \mathbf{A} \tag{3.166}$$

hervor.

Ohne äußeres Magnetfeld sind die Elektronenspins nicht ausgerichtet (die Austauschenergie ist klein gegen kT), und die Probe zeigt kein magnetisches Moment. $\langle \mathfrak{S} \rangle$ ist also Null. In einem äußeren Feld $\mathfrak{H}_0$ wird ein von den Elektronen herrührendes Moment

$$\mathfrak{M}_e = \chi_e \mathfrak{H}_0 = g\mu_B N \langle \mathfrak{S} \rangle$$

induziert. N ist die Zahl der ungepaarten Elektronen pro Volumeneinheit, χ_e die paramagnetische Suszeptibilität. Das mittlere Feld am Kernort ist daher

$$\langle \mathfrak{H}_n \rangle = \mathfrak{H}_0 + \chi_e \frac{\mathfrak{H}_0 \mathbf{A}}{2\mu_B \hbar \gamma_N N}. \tag{3.166a}$$

Da $\mathbf{A}$ von der Kristallsymmetrie abhängt, ist auch das innere Feld von dieser abhängig, und die Richtung des inneren Feldes stimmt mit der des äußeren Feldes nicht überein. Das gleiche gilt dann auch für die Kernresonanzfrequenz

$$\boldsymbol{\omega}_0 = \gamma_N \mathfrak{H}_0 \left(\mathbf{1} + \chi_e \frac{\mathbf{A}}{2\hbar \gamma_N \mu_B N} \right). \tag{3.167}$$

$\boldsymbol{\omega}_0$ ist über χ_e temperaturabhängig.

In vielen paramagnetischen Substanzen tritt noch eine Austauschwechselwirkung $-2J_{ik}\, \mathfrak{S}_i \mathfrak{S}_k$ zwischen den Elektronen i und k auf. Der Hamiltonoperator, der alle magnetischen Wechselwirkungen enthält, setzt sich aus drei Teilen zusammen:

$$\mathbf{H} = \mathbf{H}_e + \mathbf{H}_{eN} + \mathbf{H}_N. \tag{3.168}$$

$\mathbf{H}_e$ enthält alle rein elektronischen Wechselwirkungen und kann auf die Form

$$\mathbf{H}_e = -\mu_B \sum_k \mathfrak{S}_k \boldsymbol{g}_k \mathfrak{H}_0 - 2 \sum_{k>i} J_{ik} \mathfrak{S}_i \mathfrak{S}_k - \mathbf{H}_{ss} \tag{3.168a}$$

gebracht werden. Der erste Term liefert die Zeemanenergien der Elektronen im äußeren Magnetfeld. $\boldsymbol{g}$ ist der spektroskopische Aufspaltungsfaktor, der Tensorcharakter hat, da sich in ihm die Symmetrie des Kristallfeldes und der Spin-Bahn-Kopplung widerspiegelt, und der in ähnlicher Weise gewonnen wird wie $\mathbf{A}$.

Der zweite Term beschreibt die Austauschwechselwirkung zwischen den Elektronen und der letzte Term die meist vernachlässigbare Dipol-Dipol-Wechselwirkung zwischen den Elektronen.

Mit (3.168a) ergibt sich für den Erwartungswert $\langle \boldsymbol{\mu}_k \rangle$ des Momentes des k-ten Ions

$$\langle \boldsymbol{\mu}_k \rangle = \mathrm{Sp}\,(\mu_B \boldsymbol{\varrho} \boldsymbol{g}_k \mathfrak{S}_k) = \frac{\mathrm{Sp}\,(\mu_B e^{-\mathbf{H}_e/kT} \boldsymbol{g}_k \mathfrak{S}_k)}{\mathrm{Sp}\,(e^{-\mathbf{H}_e/kT})}. \tag{3.169}$$

$\mathbf{H}_{eN}$ ist die Wechselwirkung zwischen den Elektronen und den Kernen, und $\mathbf{H}_N$ ist die Wechselwirkung zwischen $\mathfrak{H}_0$ und den Kernen und den Kernen untereinander (3.2).

Weitere Aussagen können nur gemacht werden, wenn die Form von $\mathbf{H}_{eN}$ bekannt ist. Da letztere, wie schon erwähnt, sehr unterschiedlich sein kann, muß jeder Fall einzeln betrachtet werden. Eine allgemeine Beschreibung ist nicht möglich. Zur Veranschaulichung sollen hier nur zwei spezielle Fälle behandelt werden.

Ein typisches Beispiel reiner Dipolkopplung ist die Wechselwirkung zwischen den Cu^{2+}-Ionen im $CuSO_4 \cdot 5\,H_2O$ und den Kristallwasserprotonen, deren Resonanz als erste einer paramagnetischen Verbindung 1950 von Bloembergen gemessen wurde [36].

Kupfersulfat kristallisiert im triklinen System und enthält in der Elementarzelle zwei nichtäquivalente Cu^{2+}-Ionen auf (0, 0, 0)- und $\left(0, \frac{1}{2}, \frac{1}{2}\right)$-Plätzen, deren jedes von vier H_2O-Molekülen und zwei O-Atomen in nahezu tetraedrischer Anordnung umgeben ist. Die restlichen zwei Wassermoleküle der Elementarzelle haben etwas größere Abstände von den Cu^{2+}-Ionen.

Der Hamiltonoperator, der die Wechselwirkung des Protons 1 mit $\mathfrak{H}_0$, mit dem von den Cu^{2+}-Ionen herrührenden Feld und mit dem Nachbarproton 2 des gleichen Kristallwassermoleküls beschreibt, das allein als nächster Nachbar berücksichtigt zu werden braucht, ist

$$\begin{aligned}\mathbf{H}_1 = &-\hbar\gamma_N H_0 \boldsymbol{I}_{z1} + \hbar^2\gamma_N^2 r_{12}^{-3}[\mathfrak{J}_1\mathfrak{J}_2 - 3\,r_{12}^{-2}(\mathfrak{J}_1\mathfrak{r}_{12})(\mathfrak{J}_2\mathfrak{r}_{12})] \\ &+ \hbar\gamma_N \mathfrak{J}_1 \sum_k r_{1k}^{-3}[\langle\boldsymbol{\mu}_k\rangle - 3\,r_{1k}^{-2}\mathfrak{r}_{1k}(\langle\boldsymbol{\mu}_k\rangle\,\mathfrak{r}_{1k})].\end{aligned}$$

Quantisierungsrichtung ist die Richtung von $\mathfrak{H}_0$.

$\langle\boldsymbol{\mu}_k\rangle$ ist der Erwartungswert (3.169) des Momentes des k-ten Cu^{2+}-Ions. Aus der mit diesem Operator gebildeten Energiematrix ergeben sich als Lösung der Säkulargleichung die Energien

$$\begin{aligned}E_1 &= -\hbar\gamma_N H_0 + a + d, \\ E_{2,3} &= -d \pm (b^2 + d^2)^{1/2}, \\ E_4 &= \hbar\gamma_N H_0 - a + d,\end{aligned} \tag{3.170}$$

worin a, b und d die Bedeutung

$$\begin{aligned}a &= \frac{1}{2}\hbar\gamma_N(H_z^1 + H_z^2), \\ b &= \frac{1}{2}\hbar\gamma_N(H_z^1 - H_z^2), \\ d &= \frac{1}{4}\hbar^2\gamma_N^2 F_{12}^0\end{aligned} \tag{3.170a}$$

haben und

$$H_z^{1(2)} = -\sum_k \langle\mu_{zk}\rangle F^0_{k1(2)} \tag{3.170b}$$

ist. $\mathfrak{r}_{12}$ ist der Radiusvektor zwischen den beiden Protonen des Wassermoleküls, θ_{12} der Winkel zwischen $\mathfrak{r}_{12}$ und $\mathfrak{H}_0$, $\mathfrak{r}_{k1(2)}$ der Radiusvektor zwischen dem k-ten Cu^{2+}-Ion und dem Proton 1(2) und $\theta_{k1(2)}$ der Winkel zwischen $\mathfrak{r}_{k1(2)}$ und $\mathfrak{H}_0$. Für die Übergänge $|\Delta m| = 1$ ergeben sich dann die folgenden Frequenzen und Intensitäten:

Frequenz | Intensität

$$\left.\begin{aligned}\hbar\omega_1 &= E_4 - E_3 = \hbar\gamma_N H_0 - a + 2d + (b^2+d^2)^{1/2}\\ \hbar\omega_2 &= E_3 - E_1 = \hbar\gamma_N H_0 - a - 2d - (b^2+d^2)^{1/2}\end{aligned}\right\} \frac{[b-d-(b^2+d^2)^{1/2}]^2}{b^2+d^2-b(b^2+d^2)^{1/2}},$$

$$\left.\begin{aligned}\hbar\omega_3 &= E_4 - E_2 = \hbar\gamma_N H_0 - a + 2d - (b^2+d^2)^{1/2}\\ \hbar\omega_4 &= E_2 - E_1 = \hbar\gamma_N H_0 - a - 2d + (b^2+d^2)^{1/2}\end{aligned}\right\} \frac{[b-d+(b^2+d^2)^{1/2}]^2}{b^2+d^2+b(b^2+d^2)^{1/2}}. \tag{3.171}$$

$\langle\boldsymbol{\mu}_k\rangle$ berechnet Bloembergen aus (3.169) durch Reihenentwicklung der Exponentialfunktion nach $\beta = (kT)^{-1}$, wobei er im Zähler Glieder bis zur dritten, im Nenner Glieder bis zur zweiten Potenz in β berücksichtigt. Der in β lineare Term von $\langle\boldsymbol{\mu}_k\rangle$ lautet

$$\langle\boldsymbol{\mu}_k\rangle = \mu_B^2 \mathbf{g}_k \mathbf{g}_k \mathfrak{H}_0 S_k(S_k+1)(3\,kT)^{-1}.$$

Bei hohen Temperaturen ist $\langle\boldsymbol{\mu}_k\rangle$ sehr klein, und die Wechselwirkung der beiden Protonen miteinander überwiegt die zwischen den Cu^{2+}-Ionen und den Protonen. Dann sind a und $b \ll d$. Pro Wassermolekül treten zwei Linien im Abstand $6d = \frac{3}{2}\gamma_N^2\hbar^2 F^0_{12}$ auf. Alle diese Linien überlagern sich zu einer einzigen breiten Linie. Für die beiden letzten Übergänge in (3.171) ist die Intensität Null.

Bei tiefen Temperaturen ist $\langle\boldsymbol{\mu}_k\rangle$ und damit auch a und b groß. Für $b \gg d$ treten vier Linien gleicher Intensität auf, die zwei Paare im Abstand $2b$ voneinander bilden. Der Abstand der Linien eines jeden Paares ist $4d$.

Als zweites Beispiel soll das MnF_2 betrachtet werden, eine Substanz, in der neben der Dipolwechselwirkung noch eine Austauschkorrelation auftritt. Die Fluoride der Eisengruppe haben Rutilstruktur (Bild 16). Für die F^--Ionen gibt es zwei nichtäquivalente Gitterplätze. Jedes F^--Ion ist von drei Mn^{2+}-Ionen umgeben. Infolge der teilweise kovalenten Bindung überlappen sich die $3d$-Wellenfunktion der Mn^{2+}-Ionen und die $2s$- und $2p$-Wellenfunktionen der F^--Ionen, wie es Bild 17 zeigt, in dem die nach Hartree-Fock für die freien Ionen berechneten Radialanteile $rR(r)$ für ein Mn^{2+} — F^--Paar dargestellt sind. Diese Überlappung führt neben einer spinunabhängigen und daher nicht interessierenden Coulombwechselwirkung noch zu der erwähnten Austauschkorrelation. Die Einzelwellenfunktionen der beiden $2s$-Elektronen des F^--Ions seien $\varphi_{2s}\sigma_1$ und $\varphi_{2s}\sigma_2$, die Wellenfunktion des $3d$-Elektrons des Mn^{++}-Ions sei $\varphi_{3d}^0\sigma_1$.

Zwischen $\varphi_{2s}\sigma_2$ und $\varphi_{3d}^0\sigma_1$ findet wegen der Orthogonalität der Wellenfunktionen keine Wechselwirkung statt. Für $\varphi_{2s}\sigma_1$ und $\varphi_{3d}^0\sigma_1$ verschwindet dagegen das Austauschintegral nicht. Da sowohl der $3d$- als auch der

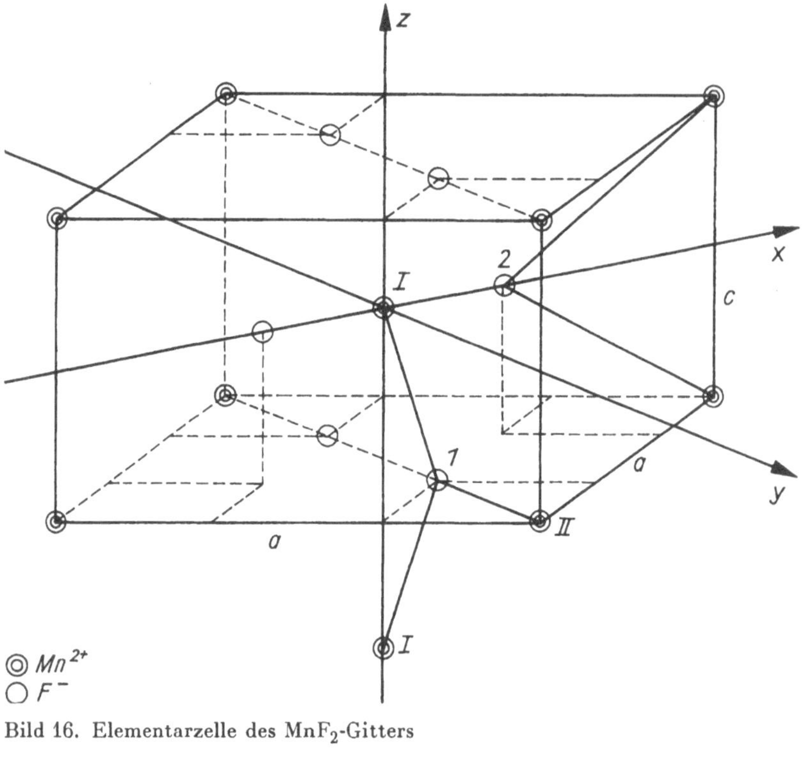

Bild 16. Elementarzelle des MnF_2-Gitters

$2s$-Zustand nur jeweils mit einem σ_1-Elektron besetzt sein kann, werden die σ_1-Elektronen in Bereiche geringerer Überlappung der Wellenfunktionen zurückgedrängt [68]. Die Wahrscheinlichkeitsdichte am F^--Ion ist deshalb für die $2s\sigma_1$-Elektronen größer als für die unbeeinflußten $2s\sigma_2$-Elektronen. Der effektive Spin $\langle \mathfrak{S} \rangle$ ist daher nicht mehr Null wie im freien Ion. Die Richtung von $\langle \mathfrak{S} \rangle$ ist die des $3d$-Elektronenspins des Mn^{2+}-Ions. Da die s-Funktionen keine Bahnmomente haben, kommt als Hyperfeinwechselwirkung nur die Kontaktwechselwirkung in Frage. Mukherji und Das [69] fanden für sie unter Verwendung der aus den drei Einelektronenwellenfunktionen gebildeten Slater-Determinante als Wellenfunktion

$$H_{2s} = \frac{4\pi}{3} g\mu_B |\varphi_{2s}(0_F)|^2 f_{2s}. \tag{3.172}$$

f_{2s} ist der Anteil des ungepaarten $2s$-Elektrons am F^--Ion:

$$f_{2s} = \frac{|\langle\varphi_{2s}|\varphi_{3d}^0\rangle|^2 - 2\langle\varphi_{2s}|\varphi_{3d}^0\rangle[\varphi_{3d}^0(0_F)/\varphi_{2s}(0_F)]}{1 - |\langle\varphi_{2s}|\varphi_{3d}^0\rangle|^2}. \tag{3.173}$$

$\langle\varphi_{2s}|\varphi_{3d}^0\rangle$ ist das Austauschintegral. Das Gesamtfeld erhält man durch Summation der Beiträge von den drei benachbarten Mn^{2+}-Ionen.

In ähnlicher Weise ergibt sich der Beitrag der $1s$-Elektronen. Die $3p$-Elektronen werden ebenfalls, wie für die s-Elektronen beschrieben, polarisiert und liefern einen zusätzlichen anisotropen Dipolbeitrag (3.163) zum inneren Feld an den F-Kernen.

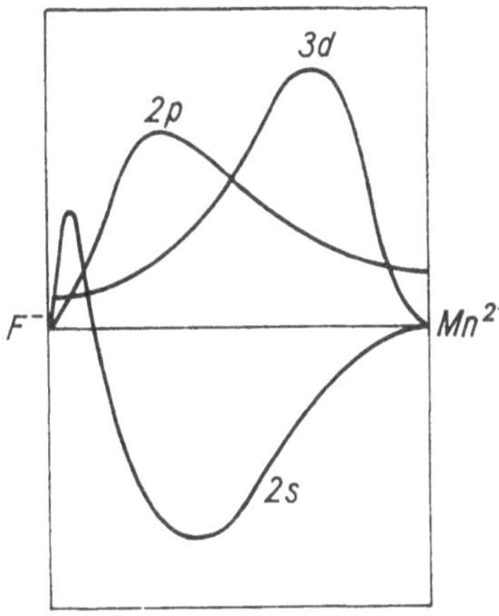

Bild 17. Überlappung der nach Hartree-Fock berechneten $3d$-Wellenfunktionen des Mn^{2+} und der $2s$- und $2p$-Wellenfunktionen des F^-

$\langle\boldsymbol{\mu}\rangle$ und damit $\langle\mathfrak{S}\rangle$ sind durch das Curie-Weiss'sche Gesetz bestimmt. $\langle\mathfrak{S}\rangle$ ist proportional zu $\mathfrak{H}_0$ und liegt in dessen Richtung. Der Spin-Hamiltonoperator für einen ^{19}F-Kern lautet, wenn die Kern-Dipol-Dipol-Wechselwirkung unberücksichtigt bleibt,

$$\mathbf{H} = -\hbar\gamma_N \sum_{i=1}^{3} \boldsymbol{I}_i H_i + \sum_{j=1}^{3} \sum_{i=1}^{3} A_{ij} \boldsymbol{I}_i \langle \boldsymbol{S}_{ij}\rangle. \tag{3.174}$$

In den Summen läuft i über die drei Koordinaten, j über die drei benachbarten Mn^{2+}-Ionen.

Fallen Hyperfeinwechselwirkungstensor $\mathbf{A}$ und Anisotropietensor zusammen, dann läßt sich $\mathbf{H}$ durch eine orthogonale Transformation diagonalisieren, so daß $\mathbf{H}_0 = -\hbar\omega_0 \boldsymbol{I}_\zeta$ wird, wobei ζ die Richtung des resultierenden Feldes am Kern ist.

Die Resonanzfrequenz ω_0 ergibt sich aus

$$\omega_0 = \gamma_N \left\{ \sum_k \left(H_k - \sum_j \frac{A_{kj}}{\hbar \gamma_N} \langle \boldsymbol{S}_{kj} \rangle \right)^2 \right\}^{1/2}. \tag{3.175}$$

k läuft jetzt über die drei Hauptachsenrichtungen.

Die Hauptachsenkomponenten des Hyperfeinwechselwirkungstensors setzen sich additiv aus den Beiträgen der s-Elektronen und der $p\sigma$- und $p\pi$-Bindungselektronen zusammen:

$$A_{kj} = A_{sj} + A_{\sigma j}(3\cos^2\theta_{i\sigma} - 1) + A_{\pi j}(3\cos^2\theta_{i\pi} - 1). \tag{3.176}$$

$\theta_{i\sigma}$ bzw. $\theta_{i\pi}$ sind die Winkel zwischen der i-Richtung und der $p\sigma$- bzw. $p\pi$-Bindung. Aus der Winkelabhängigkeit der Spektren lassen sich bei Vernachlässigung der Bindungsunterschiede zwischen σ- und π-Bindung die Anteile

$$\begin{aligned} A_{2s} &= \frac{8}{3} \pi g \mu_B \gamma_N \hbar |\varphi_{2s}(0_F)|^2, \\ A_{2p} &= \frac{2}{5} g \mu_B \gamma_N \hbar \langle r_{2p}^{-3} \rangle \end{aligned} \tag{3.177}$$

der ungepaarten $2s$- und $2p$-Elektronen am F^--Ion bestimmen.

Zur Berechnung der Momente der Kernresonanzlinien muß als Störoperator der gesamte Hamiltonoperator (3.168) eingesetzt werden, der auch die Austauschwechselwirkung $-2\sum_{i>k} J_{ik} \mathfrak{S}_i \mathfrak{S}_k$ enthält. Daher tritt eine Austauschverschmälerung der Kernresonanzlinien von der Größe [68]

$$\frac{\Delta\omega}{\Delta\omega_{\text{Dipol}}} = \frac{\Delta\omega_{\text{Dipol}}}{\omega_c} \tag{3.178}$$

auf. $\Delta\omega_{\text{Dipol}}$ ist die Van Vlecksche Dipolbreite $\sqrt{\langle(\Delta\omega)^2\rangle}$, und ω_c ist die Austauschfrequenz $2J/\hbar$.

3.6.1.2. Relaxationszeiten

Die Schwankungen des inneren Feldes, dessen statischer Anteil die Resonanzfrequenz bestimmt, sind für die Spin-Gitter-Relaxation verantwortlich. Die Relaxationstheorien (z. B. [70] bis [75]) sind im Grunde für den paramagnetischen und den antiferromagnetischen Zustand gleich. Sie laufen entweder auf die Berechnung der Übergangswahrscheinlichkeiten $W_{mn \to m'n'}$ und damit der Relaxationszeiten T_1^{-1} oder auf die der Spektraldichten der Schwankung und damit der Linienform aus der Korrelationsfunktion $\overline{\delta\mathfrak{S}(t)\ \delta\mathfrak{S}(0)}^t$, in der $\delta\mathfrak{S}$ die Fluktuationen $\mathfrak{S} - \langle\mathfrak{S}\rangle$ sind, hinaus. Lediglich die Berechnung von $\delta\mathfrak{S}$ ist für die beiden Zustände verschieden. Im paramagnetischen Bereich, in dem $\delta\mathfrak{S} \approx \mathfrak{S}$ ist, benutzt man die Hochtemperaturapproximation und entwickelt $\overline{\delta\mathfrak{S}(t)\,\delta\mathfrak{S}(0)}^{t}$ in eine Potenzreihe nach t, in der die Koeffizienten von $t^n/n!$ die n-ten Momente der Linie sind. Diese lassen sich ihrerseits wieder in Potenzreihen nach $\beta = (kT)^{-1}$ entwickeln. Aus den Momenten läßt sich dann nach der Theorie von Kubo und Tomita (s. Abschn. 2.3) die Spektraldichte und damit die Linienform bestimmen. Im antiferromagnetischen Bereich macht man für $\delta\mathfrak{S}$ eine Spinwellennäherung. Beide Näherungen gelten nur für Temperaturen, die genügend weit von der Néeltemperatur abliegen. Das Verhalten von T_1 in der Umgebung der Néeltemperatur wurde von Moriya [73] theoretisch untersucht.

Die meisten Theorien berücksichtigen bei der Berechnung der Relaxationszeiten der Kerne der nichtmagnetischen Ionen nur die Dipolwechselwirkung zwischen Kern und Elektron. Sie sind an sich nur für Substanzen mit reiner Ionenbindung geeignet oder für Substanzen, in denen keine Bindung zwischen den paramagnetischen Ionen und den Atomen, deren Kernresonanz untersucht wird, besteht (z. B. ^1H in $CuCl_2 \cdot 2H_2O$). Einige Autoren ziehen allerdings auch den Einfluß der schon mehrfach erwähnten Austauschkorrelation mit in Betracht. Die wesentlichsten Arbeiten hierüber sind in der Literaturübersicht in [73] zu finden. Für die Relaxation der Kerne der paramagnetischen Ionen ist vor allem die Kontaktwechselwirkung mit den polarisierten $2s$- und $1s$-Elektronen maßgebend [71].

Der Hamiltonoperator, der die reine Dipolwechselwirkung zwischen einem Kern und den fluktuierenden magnetischen Momenten der paramagnetischen Ionen, deren Abstände vom Kern r_i sind, beschreibt, ist

$$\mathbf{H}' = \hbar\gamma_N g\mu_B \mathfrak{J} \sum_i r_i^{-3}[\delta\,\mathfrak{S}_i - 3\,r_i^{-2}\,\mathfrak{r}_i(\mathfrak{r}_i\,\delta\mathfrak{S}_i)]. \tag{3.179}$$

Der Hamiltonoperator des ungestörten Systems ist

$$\mathbf{H}_0 = \mathbf{H}_e + \mathbf{H}_N = -2\,J \sum_{j,k} \mathfrak{S}_j\,\mathfrak{S}_k - g\mu_B\,\mathfrak{H}_0 \sum_j \mathfrak{S}_j - \hbar\,\omega_0\,\boldsymbol{I}_\zeta. \tag{3.180}$$

Das erste Glied stellt die Austauschwechselwirkung zwischen den Elektronen, das zweite die Zeemanenergie der Elektronen im Feld $\mathfrak{H}_0$ und das dritte die Zeemanenergie der Kerne im resultierenden, in ζ-Richtung liegenden Feld dar. Damit wird der zeitabhängige Störoperator

$$\mathbf{H}'(t) = e^{i\,t\,\mathbf{H}_0/\hbar}\,\mathbf{H}'\,e^{-i\,t\,\mathbf{H}_0/\hbar}. \tag{3.181}$$

Wenn die Gesamtwellenfunktion als Produkt der Spineigenfunktionen $|m\rangle$ des Kernes mit denjenigen $|n\rangle$ der Elektronen angesetzt wird, dann ergibt die Diracsche Störungsrechnung als Übergangswahrscheinlichkeit des Systems vom Zustand $|m, n\rangle$ in den Zustand $|m', n'\rangle$

$$W(m, n \rightarrow m', n') = \frac{1}{\hbar^2 t} \int_0^t \int_0^t \mathrm{d}t' \, \mathrm{d}t'' \langle mn|\mathbf{H}'(t')|m'n'\rangle\langle m'n'|\mathbf{H}'(t'')|mn\rangle . \tag{3.182}$$

Die Matrixelemente von $\mathbf{H}'(t)$ hängen von der Richtung des resultierenden Feldes ab. Man transformiert daher $\mathbf{H}'$ in ein Koordinatensystem ξ, η, ζ, dessen ζ-Achse mit der Achse des resultierenden Feldes am Kernort zusammenfällt und dessen Achsen mit denen des äußeren xyz-Koordinatensystems die Richtungskosinus $(\alpha_1, \beta_1, \gamma_1)$, $(\alpha_2, \beta_2, \gamma_2)$ und (α, β, γ) bilden.

Da die $\boldsymbol{I}_\pm$ nur Übergänge zwischen m und $m \pm 1$ induzieren können und somit

$$\begin{aligned} \langle m|\mathrm{e}^{\mathrm{i}t\mathbf{H}_N/\hbar}\boldsymbol{I}_\pm \mathrm{e}^{-\mathrm{i}t\mathbf{H}_N/\hbar}|m'\rangle &= \mathrm{e}^{\mp \mathrm{i}\omega_0 t}\langle m|\boldsymbol{I}_\pm|m'\rangle \quad &&\text{für} \quad m' = m \pm 1 \\ &= 0 &&\text{für} \quad m' \neq m \pm 1 \end{aligned}$$

ist, können die Matrixelemente von $\boldsymbol{I}_\pm$ [s. Gl. (3.5)] vor das Integral gezogen werden, und es folgt aus (3.182)

$$\begin{aligned} W(m, n \rightarrow m+1, n') &= g^2 \mu_B^2 \gamma_N^2 \sum_l \sum_{l'} r_l^{-3} r_{l'}^{-3} (I-m)(I+m+1) \\ &\times \frac{1}{t} \int_0^t \int_0^t \mathrm{d}t' \, \mathrm{d}t'' \, \mathrm{e}^{\mathrm{i}\omega_0(t''-t')} \langle n|\boldsymbol{K}_l^+(t'')|\,n'\rangle \, \langle n'|\boldsymbol{K}_{l'}^-(t')|\,n\rangle \end{aligned} \tag{3.183}$$

mit

$$\begin{aligned} \boldsymbol{K}_l^\pm &= \alpha^\pm \delta \boldsymbol{S}_{lx}(t) + \beta^\pm \delta \boldsymbol{S}_{ly}(t) + \gamma^\pm \delta \boldsymbol{S}_{lz}(t) \\ &- 3(\alpha^\pm \alpha_l + \beta^\pm \beta_l + \gamma^\pm \gamma_l) \left\{\alpha_l \delta \boldsymbol{S}_{lx}(t) + \beta_l \delta \boldsymbol{S}_{ly}(t) + \gamma_l \delta \boldsymbol{S}_{lz}(t)\right\} \end{aligned} \tag{3.183a}$$

und

$$\alpha^\pm = \frac{1}{2}(\alpha_1 \pm \mathrm{i}\alpha_2), \qquad \beta^\pm = \frac{1}{2}(\beta_1 \pm \mathrm{i}\beta_2), \qquad \gamma^\pm = \frac{1}{2}(\gamma_1 \pm \mathrm{i}\gamma_2). \tag{3.183b}$$

$\alpha_l, \beta_l, \gamma_l$ sind die Richtungskosinus des Radiusvektors $\mathfrak{r}_l$ vom betrachteten Kern zum paramagnetischen Ion l. l, l' laufen über alle Ionen. Durch Summation über alle Ausgangszustände $|n\rangle$ und Endzustände $|n'\rangle$ und Mittelwertbildung sowie Substitution von $(t''-t') = \tau$, $(t''+t') = u$, $\mathrm{d}t''\,\mathrm{d}t' = \frac{1}{2}\mathrm{d}u\,\mathrm{d}\tau$ und Integration über u folgt, da $\overline{\boldsymbol{K}_l^+(\tau)\boldsymbol{K}_{l'}^-(0)}^t$ als Korrelationsfunktion für $t \gg \tau_c$ verschwindet und daher die Integration über τ von $-\infty$ bis $+\infty$ geführt werden kann, bei Vernachlässigung von Korrelationen zwischen verschiedenen Spins

$$W(m \rightarrow m+1) = g^2 \mu_B^2 \gamma_N^2 (I-m)(I+m+1) \sum_l r_l^{-6} \int_{-\infty}^{+\infty} \overline{\langle \boldsymbol{K}_l^+(\tau)\,\boldsymbol{K}_l^-(0)\rangle}^t \, \mathrm{e}^{\mathrm{i}\omega_0\tau} \mathrm{d}\tau \tag{3.184a}$$

und in ähnlicher Weise

$$W(m+1\to m)=g^2\mu_B^2\gamma_N^2(I-m)(I+m+1)\sum_l r_l^{-6}\int_{-\infty}^{+\infty}\overline{\langle \boldsymbol{K}_l^-(\tau)\,\boldsymbol{K}_l^+(0)\rangle}^{t}\,\mathrm{e}^{-\mathrm{i}\omega_0\tau}\mathrm{d}\tau. \tag{3.184b}$$

Setzt man (3.184) in (2.107a) ein und führt die Summation aus, so erhält man für starke Austauschkopplung, wie sie in den meisten paramagnetischen Substanzen vorhanden ist, bei Vernachlässigung der $\sin\omega_0 t$ enthaltenden Glieder

$$\begin{aligned}T_1^{-1}=\frac{1}{2}g^2\mu_B^2\gamma_N^2\sum_l r_l^{-6}\Big\{&F_l(\alpha\beta\gamma)\int_{-\infty}^{+\infty}\cos\omega_0\tau\overline{\langle\delta\boldsymbol{S}_{lz}(\tau)\,\delta\boldsymbol{S}_{lz}(0)\rangle}^{t}\,\mathrm{d}\tau\\&+\frac{1}{4}F_l'(\alpha\beta\gamma)\int_{-\infty}^{+\infty}\cos\omega_0\tau[\overline{\langle\delta\boldsymbol{S}_l^+(\tau)\,\delta\boldsymbol{S}_l^-(0)\rangle}^{t}+\overline{\langle\delta\boldsymbol{S}_l^-(\tau)\,\delta\boldsymbol{S}_l^+(0)\rangle}^{t}]\,\mathrm{d}\tau\Big\}.\end{aligned} \tag{3.185}$$

$F_l(\alpha\beta\gamma)$ und $F_l'(\alpha\beta\gamma)$ sind Koeffizienten, die von den Richtungskosinus α,β,γ und $\alpha_l,\beta_l,\gamma_l$ abhängen und deren Form in [70] zu finden ist.

Da in paramagnetischen Substanzen $\langle\mathfrak{S}\rangle\approx 0$ ist, muß $\delta\mathfrak{S}=\mathfrak{S}-\langle\mathfrak{S}\rangle\approx\mathfrak{S}$ sein, und es folgt für die Korrelationsfunktion

$$\overline{\langle\mathfrak{S}_l(t)\,\mathfrak{S}_l(0)\rangle}^{t'}=\overline{\langle\mathrm{e}^{\mathrm{i}t\mathbf{H}_e/\hbar}\,\mathfrak{S}_l\,\mathrm{e}^{-\mathrm{i}t\mathbf{H}_e/\hbar}\,\mathfrak{S}_l\rangle}^{t'}. \tag{3.186}$$

Entwickelt man (3.186) in eine Potenzreihe nach t, so folgt

$$\begin{aligned}\overline{\langle\mathfrak{S}_l(t)\mathfrak{S}_l(0)\rangle}^{t'}=\overline{\langle\mathfrak{S}_l\mathfrak{S}_l\rangle}^{t'}+\frac{\mathrm{i}t}{\hbar}\overline{\langle[\mathbf{H}_e,\mathfrak{S}_l]\,\mathfrak{S}_l\rangle}^{t'}\\+\frac{1}{2}\left(\frac{\mathrm{i}t}{\hbar}\right)^2\overline{\langle[\mathbf{H}_e,\mathfrak{S}_l]\,[\mathfrak{S}_l,\mathbf{H}_e]\rangle}^{t}+\cdots\end{aligned} \tag{3.187}$$

Jedes dieser Glieder läßt sich wieder nach $\beta=(kT)^{-1}$ entwickeln. Berücksichtigt man Glieder bis zur zweiten Ordnung in β und setzt diese Entwicklung in (3.185) ein, so folgt für T_1^{-1} unter der Annahme einer gaußkurvenförmigen Verteilung für das Schwankungsspektrum des lokalen Feldes

$$\begin{aligned}T_1^{-1}=T_{1\infty}^{-1}\left\{1+\frac{1}{4}\frac{J}{kT}+\frac{1}{2}\left(\frac{J}{kT}\right)^2(\eta_3-2\eta_1^2)\right\}^{-1/2}\\\times\exp\left\{-\frac{1}{2}\left(\frac{J}{kT}\right)^2\eta_1^2\left(1+\frac{1}{4}\frac{J}{kT}\right)\right\}\end{aligned} \tag{3.188}$$

mit

$$T_{1\infty}^{-1}=\frac{\sqrt{2\pi}}{6}\frac{g^2\mu_B^2\gamma_N^2}{\omega_c}S(S+1)\sum_l r_l^{-6}[F_l(\alpha\beta\gamma)+F_l'(\alpha\beta\gamma)] \tag{3.188a}$$

und

$$\omega_c^2=\frac{3}{2}\frac{J^2}{\hbar^2}zS(S+1). \tag{3.188b}$$

Die Größen η_1, η_3 und z sind numerische Werte, die im wesentlichen von der Gittersymmetrie abhängen und für den NaCl- und den CsCl-Typ von Moriya [70] angegeben werden.

$T_{1\infty}$ ist der Grenzwert von T_1 für $T \to \infty$.

Für die Kerne der paramagnetischen Ionen ist die Hyperfeinwechselwirkung $\mathbf{A}\mathfrak{J}\mathfrak{S}$ maßgebend. Der ungestörte Hamiltonoperator $\mathbf{H}_0$ und der Störoperator $\mathbf{H}'$ sind dann

$$\mathbf{H}_0 = -\hbar\gamma_N \mathfrak{J}\mathfrak{H}_0 + A_1 \boldsymbol{I}_x \langle \boldsymbol{S}_x \rangle + A_2 \boldsymbol{I}_y \langle \boldsymbol{S}_y \rangle + A_3 \boldsymbol{I}_z \langle \boldsymbol{S}_z \rangle \qquad (3.189\,\text{a})$$

und

$$\mathbf{H}' = A_1 \boldsymbol{I}_x \delta \boldsymbol{S}_x + A_2 \boldsymbol{I}_y \delta \boldsymbol{S}_y + A_3 \boldsymbol{I}_z \delta \boldsymbol{S}_z . \qquad (3.189\,\text{b})$$

Moriya [71] transformiert diese Operatoren wieder in das auf S. 166 eingeführte $\xi\eta\zeta$-Koordinatensystem, transformiert $\mathbf{H}'$ in den Heisenbergoperator $\mathbf{H}'(t)$ und rechnet mit diesem die Korrelationsfunktionen

$$\overline{\langle \delta \boldsymbol{S}^+(\tau) \delta \boldsymbol{S}^-(0) \rangle}^{\,t} \approx \overline{\langle \boldsymbol{S}^+(\tau)\, \boldsymbol{S}^-(0) \rangle}^{\,t} \quad \text{usw.}$$

aus, die er wieder nach t entwickelt. Die Entwicklungskoeffizienten dieser Reihe werden wieder bis zum zweiten Glied nach β entwickelt und alle Glieder dieser Entwicklung bis zur zweiten Ordnung in β berücksichtigt. Unter der Annahme einer gaußkurvenförmigen Verteilung des Schwankungs spektrums kann er dann nach (2.86) und (2.91) die Momente und Korrelationsfunktionen berechnen und daraus nach (2.92) und (2.72) die Linienformfunktion. Aus den säkularen und nichtsäkularen Anteilen der Entwicklung der Korrelationsfunktion ergeben sich dann nach (2.97a) $T_1'^{-1}$ und $T_2'^{-1}$.

3.6.2. Wechselwirkungen in ferromagnetischen Substanzen

3.6.2.1. Statische Wechselwirkungen

In einer ferromagnetischen Substanz setzt sich das lokale Feld am Kernort aus dem reduzierten äußeren Feld $\mathfrak{H}_a$, dem von der Kontaktwechselwirkung der $4s$-Elektronen mit den Kernen herrührenden Feld $\mathfrak{H}_{eN}$ und dem von den übrigen Atomelektronen herrührenden Feld $\mathfrak{H}_e$ zusammen (siehe z. B. [76]). $\mathfrak{H}_a$ ist die Summe aus dem äußeren Feld $\mathfrak{H}_0$, dem Entmagnetisierungsfeld $-P\mathfrak{M}_s$, das von der Probengestalt und der Sättigungsmagnetisierung $\mathfrak{M}_s$ abhängt, und dem Lorentzfeld $\frac{4}{3}\pi\mathfrak{M}_s$:

$$\mathfrak{H}_a = \mathfrak{H}_0 - \left(P - \frac{4\pi}{3}\right)\mathfrak{M}_s . \qquad (3.190)$$

Da für kugelförmige Proben $P = 4\pi/3$ ist, sind für diese $\mathfrak{H}_a$ und $\mathfrak{H}_0$ gleich.

Das von der Kontaktwechselwirkung der $4s$-Elektronen herrührende Feld besteht aus einem von der Polarisation der Leitungselektronen herrührenden Anteil

$$H_{eN}^{1} = -\frac{8\pi}{3}\mu_B|\psi(0)|^2 np \tag{3.191}$$

und einem Anteil von den $4s$-Funktionen, die den $3d$-Funktionen infolge der Überlappung der Bänder zugemischt sind

$$\mathfrak{H}_{eN}^{2} = -\frac{8\pi}{3} 2\mu_B|\psi(0)|^2 \xi^2 \langle \mathfrak{S} \rangle_{\text{Atom}}. \tag{3.192}$$

n ist die Zahl der pro Atom ins Leitungsband abgegebenen Elektronen, p die Polarisierung der Leitungselektronen und ξ^2 der mittlere Anteil der den $3d$-Funktionen zugemischten $4s$-Funktionen. Mit der effektiven Polarisation

$$\tilde{p} = p + \frac{2\xi^2}{n}|\langle \mathfrak{S} \rangle_{\text{Atom}}| \tag{3.193}$$

ergibt sich für das Hyperfeinfeld

$$H_{eN} = -\frac{8\pi}{3}\mu_B|\psi(0)|^2 n\tilde{p}. \tag{3.194}$$

Da die Polarisation p der Leitungselektronen ebenfalls zu $|\langle \mathfrak{S} \rangle_{\text{Atom}}|$ proportional ist, ist $\tilde{p}$ eine Funktion von $|\langle \mathfrak{S} \rangle_{\text{Atom}}|$. Das von den Rumpfelektronen herrührende Feld $\mathfrak{H}_e$ wird durch (3.164) bis (3.166) bestimmt. Da es nach (3.166) ebenfalls linear von $\langle \mathfrak{S} \rangle_{\text{Atom}}$ abhängt, lassen sich $\mathfrak{H}_{eN}$ und $\mathfrak{H}_e$ zu einem gemeinsamen Hyperfeinwechselwirkungsfeld

$$\mathfrak{H}_N = \frac{\mathbf{A}}{\hbar\gamma_N}\langle \mathfrak{S} \rangle_{\text{Atom}} \tag{3.195}$$

zusammenfassen. $\mathbf{A}$ ist im allgemeinen ein Tensor. In einem axialen Kristallfeld, das für viele ferromagnetische Metalle charakteristisch ist, läßt sich $\mathbf{A}$ durch zwei Hauptwerte A_1 und B_1 darstellen, und der Hamiltonoperator nimmt die Form

$$\mathbf{H}_{eN} = A_1 \boldsymbol{S}_z \boldsymbol{I}_z + B_1(\boldsymbol{S}_x \boldsymbol{I}_x + \boldsymbol{S}_y \boldsymbol{I}_y) \tag{3.196}$$

an.

$\langle \boldsymbol{S}_z \rangle$ wird durch die Dichtematrix bestimmt, in die der Wechselwirkungsoperator $\mathbf{H}_e$ der Elektronen eingeht. $\mathbf{H}_e$ enthält die Zeemanenergie der Elektronen im Feld $\mathfrak{H}_a = \mathfrak{H}_0 - (P - \frac{4\pi}{3})\,\mathfrak{M}_s$, die Austauschenergie $-2J\sum_{i,k} \mathfrak{S}_i \mathfrak{S}_k$ und die Anisotropieenergie $K\sum_i(\boldsymbol{S}_{yi}^2 + \boldsymbol{S}_{xi}^2)$.

Die Resonanzen der Kerne in den Blochwänden und der Kerne in den Domänen sind verschieden: Wirkt auf die Kerne in den Domänen neben einem Gleichfeld $\mathfrak{H}_0$ in z-Richtung noch ein magnetisches Wechselfeld $\mathfrak{H}_x(t) = 2\mathfrak{H}_1 \cos \omega t$ in x-Richtung, so oszillieren die Elektronenmomente um die z-Richtung bis zu einem Winkel $\theta(t)$, der für $H_1 \ll H_0$ durch

$$\sin \theta(t) \approx \theta(t) = \frac{2\,H_1}{H_0} \cos \omega t$$

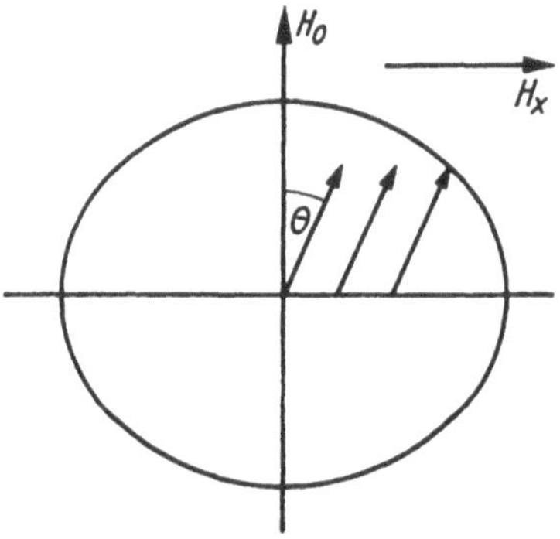

Bild 18. Einfluß eines äußeren Wechselfeldes auf die Magnetisierung in einer Domäne

gegeben ist (Bild 18). Nimmt man der Einfachheit halber eine isotrope Hyperfeinwechselwirkung an, so ist das lokale Feld am Kern nach (3.195)

$$\mathfrak{H}_{\text{lok}} = \mathfrak{k}\left(H_0 + \frac{A\langle \boldsymbol{S}_z\rangle}{\hbar\gamma_N}\right) + \mathfrak{i}\,\frac{A\langle \boldsymbol{S}_z\rangle}{\hbar\gamma_N}\,\frac{2\,H_1}{H_0} \cos \omega t .$$

Die Resonanzfrequenz der Kerne ist

$$\omega_0 = \gamma_N\left(H_0 + \frac{A\langle \boldsymbol{S}_z\rangle}{\hbar\gamma_N}\right) = \gamma_N(H_0 + H_N) \approx \gamma_N H_N\,, \tag{3.197}$$

da im allgemeinen $H_N \gg H_0$ ist. Das magnetische Wechselfeld ist am Kernort um einen Faktor

$$\eta = \frac{A\langle \boldsymbol{S}_z\rangle}{\hbar\gamma_N H_0} = \frac{H_N}{H_0} \tag{3.198}$$

stärker als das erregende Feld, und die vom Kernspinsystem absorbierte Leistung ist um

$$\eta^2 = \left(\frac{H_N}{H_0}\right)^2 = \frac{P_{\text{ferrom}}}{P_{\text{diam}}}$$

größer als für ein gleiches Feld in einer diamagnetischen Substanz.

Der Einfluß eines Wechselfeldes auf die Kerne in einer Blochwand läßt sich an der folgenden Modellbetrachtung leicht erläutern [77, 78]: Ein kugelförmiges Korn des Durchmessers D werde in seiner Mitte durch eine Blochwand geteilt (Bild 19). Parallel zu den Spins in den Domänen liege in x-Richtung ein magnetisches Wechselfeld $H_x \cos \omega t$. Das im Korn wirkende Feld ist dann

$$H_{xi} = H_x - P_1 M_x, \qquad P_1 = P - \frac{4\pi}{3}. \tag{3.199a}$$

Durch dieses Feld werden die Spins in der Blochwand und die benachbarten Spins der einen Domäne etwas in Feldrichtung gedreht. Die Blochwand verschiebt sich dabei um eine Strecke Δz. Dadurch wird im Korn eine Magnetisierung M_x pro Volumeneinheit

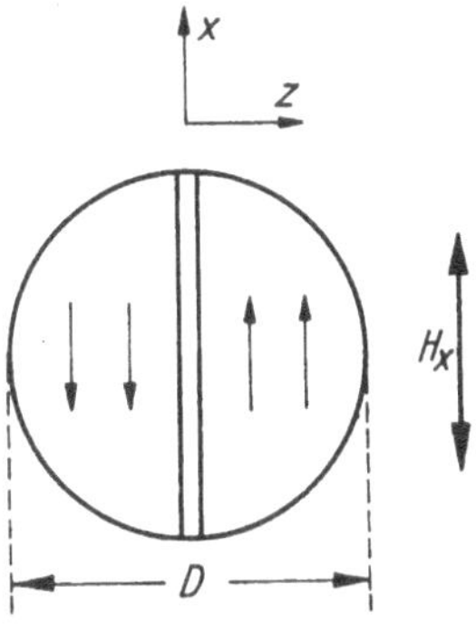

Bild 19. Blochwandbewegung unter dem Einfluß eines magnetischen Wechselfeldes

$$M_x = 2\, M_s \Delta z \frac{F}{V} = 3\, M_s \frac{\Delta z}{D} \tag{3.199b}$$

hervorgerufen. F ist die Fläche der Blochwand, V das Volumen des Korns. Da aber

$$M_x = \chi H_{xi} = \chi H_x - \chi P_1 M_x$$

und $P_1 \chi \gg 1$ ist, folgt

$$\Delta z = \frac{1}{3} \frac{D}{P_1} \frac{H_x}{M_s}. \tag{3.199c}$$

Bei einem kubischen Kristall mit einachsiger Anisotropie erhält man aus dem Hamiltonoperator der Elektronen

$$\mathbf{H}_e = K \sum_i (S_{yi}^2 + S_{xi}^2) - 2\, J \sum_{i,j} \mathfrak{S}_i \mathfrak{S}_j$$

für das Energieminimum einer 180°-Wand (Bild 20) [77]

$$\Delta \theta = \left(\frac{K}{J}\right)^{1/2} \sin \theta \tag{3.200a}$$

bzw.

$$\frac{d\theta}{dz} = \frac{1}{a} \left(\frac{K}{J}\right)^{1/2} \sin \theta = \lambda^{-1} \sin \theta \tag{3.200b}$$

mit

$$\lambda = a \left(\frac{J}{K}\right)^{1/2}. \tag{3.201}$$

λ ist in der Größenordnung der Wanddicke.

Aus (3.199c) und (3.200b) ergibt sich der Winkel $\delta\theta$, um den ein Spin der Blochwand unter dem Einfluß von H_x im Mittel gedreht wird, zu:

$$\delta\theta = \frac{1}{3 P_1} \frac{D}{\lambda} \frac{H_x}{M_s} \sin\theta .$$

Dadurch wird eine Wechselfeldkomponente ($H_x = H_x(t) = H_x \cos \omega t$)

$$2 H_1 = H_N \delta\theta = \frac{1}{3 P_1} \frac{D}{\lambda} \frac{H_N}{M_s} (\sin\theta) H_x \cos\omega t$$

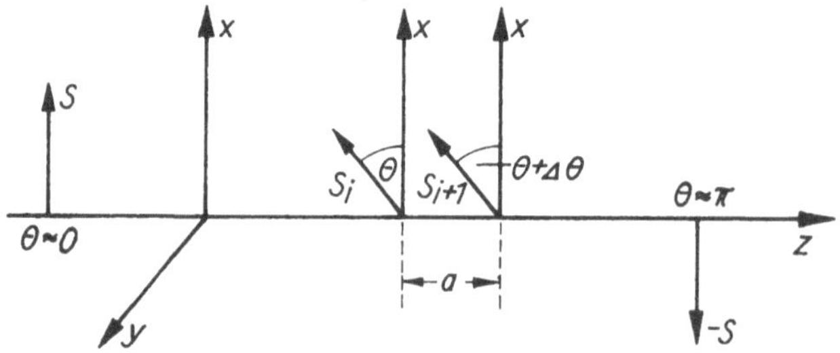

Bild 20. Spindrehung in einer Blochwand

induziert, die senkrecht auf dem durch die Hyperfeinwechselwirkung erzeugten Feld H_N steht. Durch Mittelung über alle Winkel folgt

$$2 \langle H_1 \rangle = \frac{\pi}{3 P_1} \frac{D}{\lambda} \frac{H_N}{M_s} H_x \cos\omega t . \qquad (3.202)$$

Das an den Kernen wirksame Wechselfeld ist gegenüber dem angelegten Wechselfeld um den Faktor

$$\eta_{BW} = \frac{\pi}{3 P_1} \frac{D}{\lambda} \frac{H_N}{M_s} \qquad (3.203)$$

verstärkt.

Die gesamte von der Blochwand aus dem Wechselfeld absorbierte Leistung gewinnt man aus der mit $\mathfrak{H}$ multiplizierten Bewegungsgleichung

$$\mathfrak{H}\dot{\mathfrak{M}} = \frac{g\mu_B}{\hbar} \mathfrak{H}(\mathfrak{M} \times \mathfrak{H}) + \frac{g\mu_B}{\hbar} \left(\frac{H_N}{M}\right) \mathfrak{H}(\mathfrak{M} \times \mathfrak{m}) - \left(\frac{\Gamma}{M^2}\right) \mathfrak{H}[\mathfrak{M} \times (\mathfrak{M} \times \mathfrak{H})] \qquad (3.204)$$

der Blochwand [78]. $\mathfrak{M}$ ist die durch die Elektronen hervorgerufene Magnetisierung der Probe mit dem Betrag M. $\mathfrak{m}$ ist die Kernmagnetisierung und Γ die Magnetostriktionskonstante.

Aus der Bewegungsgleichung selbst ergibt sich für M_z die Näherung

$$M_z \approx \hbar \frac{M_y}{M} \frac{\Gamma + \mathrm{i}\omega}{4\pi g \mu_B} \ll M_y, \tag{3.205 a}$$

und aus (3.204) folgt als Näherungslösung für die absorbierte Leistung $\dot{E}$

$$\frac{\mathrm{d}E}{\mathrm{d}t} = \Gamma H_z^2 \left[1 - \frac{g\mu_B H_N}{4\pi\hbar\Gamma} \frac{m_y}{M_z}\right]. \tag{3.205 b}$$

Der Bruchteil $(M_y/M)\, H_N$ des Hyperfeinfeldes H_N liegt in y-Richtung. Die Kernmagnetisierung m_y in dieser Richtung ist also

$$m_y = \frac{M_y}{M} H_N \chi_N = \frac{M_y}{M} H_N (\chi'_N + \mathrm{i}\chi''_N).$$

Damit ergibt sich aus (3.205 a) und (3.205 b) für die in der Blochwand absorbierte Leistung

$$\operatorname{Re} \dot{E} = \Gamma H_z^2 \left\{1 + \left(\frac{g\mu_B H_N}{\hbar\Gamma}\right)^2 \left(\chi'_N + \frac{\omega}{\Gamma}\chi''_N\right)\right\}. \tag{3.206}$$

Neben den normalen Wandverlusten ΓH_z^2, die auch ohne Kopplung mit den Kernen vorhanden sind, treten noch Verluste auf, die von den Kernen herrühren und die einen durch χ'_N bedingten Dispersionscharakter haben, dem ein von χ''_N stammender, um ω/Γ kleinerer Absorptionsanteil überlagert ist.

Form und Breite der Kernresonanzlinie in den Domänen werden durch die Suhl-Nakamura-Wechselwirkung bestimmt [79, 80]. Das ist eine indirekte Spin-Spin-Kopplung der Kerne, die über die Spinwellen der $3d$-Elektronen erfolgt.

Der Hyperfeinwechselwirkungsoperator $A \sum_i \mathfrak{I}_i \mathfrak{S}_i$ mit der skalaren Hyperfeinkopplungskonstante A läßt sich nach (3.6) in der Form

$$\mathbf{H}_{eN} = A \sum_i \mathfrak{I}_i \mathfrak{S}_i = A \sum_i \left\{\frac{1}{2}(\boldsymbol{I}_{+i}\boldsymbol{S}_{-i} + \boldsymbol{I}_{-i}\boldsymbol{S}_{+i}) + \boldsymbol{I}_{zi}\boldsymbol{S}_{zi}\right\} \tag{3.207}$$

schreiben. Da die direkte Dipol-Dipol-Wechselwirkung der Kerne untereinander gegenüber der Hyperfeinwechselwirkung zu vernachlässigen ist, können die Kerne als unkorreliert angesehen werden. Die Elektronen müssen dagegen wegen der starken Austauschwechselwirkung gemeinsam behandelt werden. Suhl setzt daher für $\boldsymbol{S}_{\pm i}$ Fourierentwicklungen nach Spinwellen $\exp(\pm \mathrm{i}\mathfrak{k}\mathfrak{r})$ mit dem Wellenzahlvektor $\mathfrak{k}$ an:

$$\boldsymbol{S}_{\pm i} = \frac{1}{\sqrt{N}} \sum_k \mathbf{S}_{\pm k} \exp(\pm \mathrm{i}\mathfrak{k}\mathfrak{r}). \tag{3.208}$$

Die Erzeugungs- und Vernichtungsoperatoren $\mathbf{S}_{\pm k}$ haben die Matrixelemente

$$\begin{aligned} \langle n_k - 1|\mathbf{S}_{+k}|n_k\rangle &= \sqrt{2\,S n_k}\,, \\ \langle n_k + 1|\mathbf{S}_{-k}|n_k\rangle &= \sqrt{2\,S(n_k+1)}\,. \end{aligned} \tag{3.209}$$

n_k ist die Besetzungszahl des k-ten Spinwellenniveaus. Die Verschiebung der Energieniveaus des Grundzustandes $n_k = 0$ ergibt sich aus der Störungsrechnung zweiter Ordnung in ähnlicher Weise wie bei der indirekten Spin-Spin-Kopplung über Leitungselektronen in Metallen zu

$$\begin{aligned} \mathbf{H}_{\text{eff}} &= -\frac{A^2}{4}\sum_{i \neq j}\frac{1}{N}\sum_k \\ &\times \frac{\langle 0|\boldsymbol{I}_{+i}\mathbf{S}_{-k}\,\mathrm{e}^{-\mathrm{i}\mathfrak{k}\mathfrak{r}_i} + \boldsymbol{I}_{-i}\mathbf{S}_{+k}\,\mathrm{e}^{\mathrm{i}\mathfrak{k}\mathfrak{r}_i}|1_k\rangle\langle 1_k|\boldsymbol{I}_{+j}\mathbf{S}_{-k}\,\mathrm{e}^{-\mathrm{i}\mathfrak{k}\mathfrak{r}_j} + \boldsymbol{I}_{-j}\mathbf{S}_{+k}\,\mathrm{e}^{\mathrm{i}\mathfrak{k}\mathfrak{r}_j}|0\rangle}{E_k - E_0} \\ &= -\frac{A^2 S}{2}\sum_{i \neq j}\frac{1}{N}\sum_k \frac{\exp\,[\mathrm{i}\mathfrak{k}(\mathfrak{r}_i - \mathfrak{r}_j)]}{E_k - E_0}\,\boldsymbol{I}_{-i}\boldsymbol{I}_{+j}\,. \end{aligned} \tag{3.210}$$

Durch das Umklappen des Kernspins i wird eine Spinwelle angeregt, die am Kernspin j wieder unter Umklappen desselben absorbiert wird. Nähert man das Spinwellenspektrum durch

$$E_k - E_0 = \hbar(\omega_e - \omega_c a^2 k^2) \tag{3.211}$$

an ($\hbar\omega_e$ ist die Zeemanenergie eines Elektrons im Feld $H_0 - PM$, $\hbar\omega_c$ die Austauschenergie und a die Gitterkonstante), so folgt für $|(\mathfrak{r}_i - \mathfrak{r}_j)| = |\mathfrak{r}_{ij}| \gg a$, wenn die Summation durch eine Integration ersetzt wird,

$$\mathbf{H}_{\text{eff}} = \frac{A^2 S}{8\pi\hbar\omega_c}\sum_{i \neq j}\frac{a}{r_{ij}}\exp\left(-\sqrt{\frac{\omega_e}{\omega_c}}\,\frac{r_{ij}}{a}\right)\boldsymbol{I}_{-i}\boldsymbol{I}_{+j}\,. \tag{3.212}$$

Mit dem Störoperator (3.212) ergibt sich aus (2.52) für das zweite Moment

$$\langle(\Delta\omega)^2\rangle = \frac{I(I+1)}{24\,\pi S^2}\,\omega_0^2\left(\frac{\omega_0}{\omega_c}\right)^2\left(\frac{\omega_c}{\omega_e}\right)^{1/2} \tag{3.213}$$

mit

$$\omega_0 = -\frac{AS}{\hbar} \tag{3.213a}$$

nach (3.195).

Der Suhlsche Spinwellenansatz gilt nur, wenn im Grundzustand alle Spins parallel gerichtet sind. Das ist nur in den Domänen, aber nicht in den Blochwänden der Fall. Eine Anwendung der Theorie auf Blochwände ist möglich, wenn für $\boldsymbol{S}_{yi}$ und $\boldsymbol{S}_{xi}$ ein winkelabhängiger Spinwellenansatz gemacht wird. WINTER, der die Blochwandanregung sehr eingehend behandelt [77], geht mit einem solchen Ansatz in den Wechselwirkungsoperator der Elektronen ein, der die Austausch- und die Anisotropiewechselwirkung enthält. Daraus gewinnt er den Hamiltonoperator für die Spinwellenanregung, der außer Konstanten und der Wellenzahl, über die summiert wird, nur noch Erzeugungs- und Vernichtungsoperatoren enthält. Mit den Eigenwerten $S_{\pm i}$ dieser Operatoren folgt dann aus (3.207) der Hyperfeinwechselwirkungsoperator, aus dem sich nach einer Störungsrechnung zweiter Ordnung der Wechselwirkungsoperator für die indirekte Spin-Spin-Wechselwirkung ergibt.

Mit diesem Wechselwirkungsoperator erhält WINTER für das zweite Moment

$$\langle(\Delta\omega)^2\rangle = (8\,\pi)^{-2}\,\omega_0^2\left(\frac{\omega_0}{\omega_c}\right)^2\left(\frac{\omega_e}{\omega_c}\right)^{1/2}\frac{I(I+1)}{3\,S^2}\sum_j \sin^2\theta_j\,I^2(\beta R_{ij})\,. \tag{3.214}$$

θ_j ist der Winkel, den der Spin $\mathfrak{S}$ am Ort des Kernes j mit der x-Achse bildet, R_{ij} ist der Abstand zwischen dem Kern i und dem Kern j.

$$I(x) = x^{-1}[\mathrm{e}^{-x}Ei(x) - \mathrm{e}^{x}Ei(-x)]\,,$$

$$Ei(x) = \int_{-\infty}^{x} t^{-1}\,\mathrm{e}^t\,\mathrm{d}t\,,$$

$$\beta^2 = \frac{1}{a^2}\,\frac{\Delta'^2-\omega_0^2}{4\,\pi g\mu_B M_s}\,\frac{1}{\hbar\omega_c}\,, \tag{3.214a}$$

$$\Delta'^2 = 2\,K'S\cdot 4\,\pi g\mu_B M_s\,.$$

K' ist eine Konstante, die mit der Wandsteifigkeit α durch

$$\alpha = \frac{2}{S_0}\,\frac{K'S^2}{\lambda^2}\sum_i \sin^2\theta_i \tag{3.214b}$$

zusammenhängt. Ersetzt man die Summe durch ein Integral über θ, wobei man R_{ij} über (3.200b) durch θ ausdrückt, so folgt

$$\langle(\Delta\omega)^2\rangle = \frac{I(I+1)}{12\,\pi^2 S^2}\,\omega_0^2\left(\frac{\omega_0}{\omega_c}\right)^2\left(\frac{\omega_e}{\omega_c}\right)^{1/2}\frac{4\,\pi g\mu_B M_s\cdot 2\,JS}{\Delta'^2-\omega_0^2} \tag{3.215}$$

und für $\omega_0^2 \ll \Delta'^2$

$$\langle(\Delta\omega)^2\rangle = \frac{I(I+1)}{12\,\pi^2 S^2}\,\omega_0^2\left(\frac{\omega_0}{\omega_c}\right)^2\left(\frac{\omega_c}{\omega_e}\right)^{1/2}\left(\frac{K}{K'}\right). \tag{3.216}$$

Hierin bedeutet $\omega_0 = -\dfrac{AS}{\hbar}$ die dem Hyperfeinwechselwirkungsfeld entsprechende Kernresonanzfrequenz, $\omega_c = 2JS/\hbar$ die Austauschfrequenz der Elektronen, $\omega_e = 2KS/\hbar$ die dem Anisotropiefeld entsprechende Frequenz, die gleich der dem lokalen Feld entsprechenden ist, da im allgemeinen $2KS \gg H_0 - PM$ ist.

Das zweite Moment der Kernresonanzlinie ist also für Kerne in den Blochwänden um den Faktor $\frac{2}{\pi}\frac{K}{K'}$ größer als für Kerne in den Domänen.

Neben der Verbreiterung der Kernresonanzlinie durch die indirekte Spin-Spin-Wechselwirkung tritt in den Blochwänden auch eine asymmetrische Verbreiterung durch die ungleichförmige Magnetisierung innerhalb der Wände auf.

Diese Asymmetrie läßt sich aus der relativen Variation $\Delta \boldsymbol{S}_x/S$ von $\mathfrak{S}$ über die Blochwand berechnen. $\Delta \boldsymbol{S}_x$ hängt von der Art der Wandanregung ab. Neben der longitudinalen Anregung, bei der die Wand in z-Richtung ausgelenkt wird und die Amplitude der Auslenkung in x- und y-Richtung sinusförmig variiert, ist bei höheren Anregungsenergien auch eine Spinwellenanregung möglich. Für diese beiden Anregungsformen berechnet WINTER [77] die maximale relative Frequenzänderung, die die Linie asymmetrisch macht, und findet dafür

$$\frac{\Delta\omega}{\omega} = \frac{1}{3}\left(\frac{\hbar\omega_e}{kT}\right)^{1/2} \ln\left(\frac{K}{K'}\right)\left(\frac{\Delta M}{M}\right)_D . \tag{3.217}$$

$(\Delta M/M)_D$ ist die relative Änderung der Magnetisierung in einer einheitlichen ferromagnetischen Substanz (Domäne).

3.6.2.2. Relaxationszeiten

Die thermischen Fluktuationen der Blochwände erzeugen zeitlich schwankende transversale Elektronenspinkomponenten $\boldsymbol{S}_y(t)$ und $\boldsymbol{S}_z(t)$, die ihrerseits an den Kernen über die Hyperfeinwechselwirkung ein fluktuierendes transversales Magnetfeld hervorrufen, das Kernspinübergänge induziert und, da dieses Feld groß ist, die Spin-Gitter-Relaxationszeit T_1 bestimmt.

Die Schwankungen $\Delta\mathfrak{H}_N$ des Hyperfeinwechselwirkungsfeldes werden durch

$$\Delta H_N = H_N - \langle H_N\rangle = \frac{A}{\hbar\gamma_N}\sum_i \left\{\boldsymbol{I}_{xi}(\boldsymbol{S}_{xi} - \langle\boldsymbol{S}_{xi}\rangle) + \boldsymbol{I}_{yi}\boldsymbol{S}_{yi} + \boldsymbol{I}_{zi}\boldsymbol{S}_{zi}\right\} \tag{3.218}$$

beschrieben. Da $\langle\boldsymbol{S}_{xi}\rangle = |\mathfrak{S}_i|$ ist und daher

$$\left|\boldsymbol{S}_{xi} - |\mathfrak{S}_i|\right| = \left|\boldsymbol{S}_{xi} - \sqrt{\boldsymbol{S}_{xi}^2 + \boldsymbol{S}_{yi}^2 + \boldsymbol{S}_{zi}^2}\right| = \left|\boldsymbol{S}_{xi}\left\{1 - \left(1 + \frac{\boldsymbol{S}_{yi}^2 + \boldsymbol{S}_{zi}^2}{\boldsymbol{S}_{xi}^2}\right)^{1/2}\right\}\right|$$

$$\approx \frac{\boldsymbol{S}_{yi}^2 + \boldsymbol{S}_{zi}^2}{2S_i} \ll \boldsymbol{S}_{yi},\ \boldsymbol{S}_{zi}$$

gilt, kann das erste Glied vernachlässigt werden.

Die Übergangswahrscheinlichkeit für $\Delta m = \pm 1$ und damit die reziproke Relaxationszeit T_1^{-1} ist den Spektraldichten $(\boldsymbol{S}_{yi}^2)_{\omega_0}$ und $(\boldsymbol{S}_{zi}^2)_{\omega_0}$ bei der Larmorfrequenz ω_0 proportional.

Die Korrelationsfunktionen $\overline{\boldsymbol{S}_y(\tau)\, \boldsymbol{S}_y(0)}^t$ und $\overline{\boldsymbol{S}_z(\tau)\, \boldsymbol{S}_z(0)}^t$, aus denen sich $(\boldsymbol{S}_y^2)_{\omega_0}$ und $(\boldsymbol{S}_z^2)_{\omega_0}$ als Fouriertransformierte ergeben, lassen sich aus der Bewegungsgleichung der Blochwand berechnen [77, 71]. Die Blochwandanregung erfolgt durch die Magnonen, deren Dichte in Abhängigkeit von der Magnonenergie E

$$n(E) = \left\{\exp(E/kT) - 1\right\}^{-1} \tag{3.219a}$$

ist.

Die Anzahl der Magnonenzustände im k-Raum mit einer Energie zwischen E und $E + \mathrm{d}E$ ist durch

$$N(E, k) = \frac{S}{2\pi}\, k \mathrm{d}k = \frac{S}{2\pi}\, k\, \frac{\mathrm{d}k}{\mathrm{d}E}\, \mathrm{d}E \tag{3.219b}$$

gegeben. Für T_{1i}^{-1} erhält WINTER [77] damit

$$\begin{aligned} T_{1i}^{-1} &= \sin^2\theta_i\, \frac{\omega_0}{8\pi\hbar^2 S}\left(\frac{kT}{\omega_c}\right)\left(\frac{\omega_e}{\omega_c}\right)^{1/2}\left\{\frac{\pi}{2} + \arctan\frac{\omega_0^2 - \Delta'^2}{\omega_0\Gamma}\right\} \quad \text{für } \omega_0 > \Delta' \\ &= \sin^2\theta_i\, \frac{\omega_0}{8\pi\hbar^2 S}\left(\frac{kT}{\omega_c}\right)\left(\frac{\omega_e}{\omega_c}\right)^{1/2} \arctan\frac{\omega_0\Gamma}{\Delta'^2 - \omega_0^2} \quad \text{für } \omega_0 < \Delta'. \end{aligned} \tag{3.220}$$

T_1^{-1} variiert also innerhalb der Blochwand und hat in der Mitte einer 180°-Wand seinen größten Wert, während T_1 selbst an den Grenzen der Blochwand unendlich wird.

Ein Vergleich der nach (3.220) gewonnenen theoretischen Werte mit den experimentellen ist sehr problematisch, einmal wegen der Variation von T_1^{-1} innerhalb der Blochwand, zum anderen wegen der recht unsicheren Werte von Δ' und Γ. Da die Dämpfung in der Hauptsache durch Wirbelströme verursacht wird, hängt Γ von der Partikelgröße ab. In Δ' geht die stark strukturabhängige Wandsteifigkeit α ein. Weiterhin sind Γ und Δ' temperaturabhängig, so daß T_1^{-1} nicht proportional zu kT ist, wie man nach (3.220) vermuten könnte.

Neben der longitudinalen Anregung der Blochwände und ihrer Anregung durch Spinwellen kann auch eine rein translatorische Anregung auftreten. Diese hat die kleinste Anregungsenergie und ist für kleine Korngrößen die einzig mögliche Anregungsform, wie WEGER gezeigt hat [82]. T_1^{-1} läßt sich hierfür nach WEGER rein klassisch berechnen:

Bei einem kugelförmigen Korn vom Durchmesser D folgt aus der Magnetisierung M_x, die durch eine Verschiebung der Blochwand um Δz

verursacht wird, nach (3.199b) die Entmagnetisierungsenergie

$$E = \frac{P}{2} M_x^2 V = \frac{3}{4} P \pi M_s^2 \Delta z^2 D = \pi^2 M_s^2 \Delta z^2 D,$$

da für kugelförmige Proben $P = \frac{4}{3}\pi$ ist. Nach dem Gleichverteilungssatz muß der Mittelwert dieser Energie gleich der thermischen Energie $\frac{1}{2}kT$ für den Freiheitsgrad der translatorischen Bewegung sein. Daraus folgt ein mittleres Verschiebungsquadrat

$$\langle \Delta z^2 \rangle = \frac{kT}{2\pi^2 M_s^2 D}.$$

Bei einer Wanddicke δ ruft die mittlere Verschiebung $\langle \Delta z^2 \rangle^{1/2}$, die klein gegen δ sein soll, eine mittlere Drehung der Spins um den Winkel $\langle \theta \rangle \approx \pi \langle \Delta z^2 \rangle^{1/2}/\delta$ hervor, wodurch ein mittleres Feld

$$\langle (2H_1)^2 \rangle = \frac{H_N^2 kT}{2M_s^2 D \delta^2} \tag{3.221}$$

an den Kernen induziert wird. Für die Fluktuationen dieses Feldes nimmt Weger ein lorentzförmiges Korrelationsspektrum

$$P(\omega) = \frac{2\tau_c}{\pi(1+\omega^2\tau_c^2)}$$

an, mit dem aus (3.221) nach der BPP-Theorie für die Spin-Gitter-Relaxationszeit

$$T_1^{-1} = \frac{kT\tau_c(I+m)(I-m+1)}{\pi\delta^2 M_s^2 D(1+\omega_0^2\tau_c^2)} \tag{3.222}$$

folgt. τ_c ist im wesentlichen von der Dämpfung durch Wirbelstromverluste abhängig. Da diese vom spezifischen Widerstand abhängen, der annähernd proportional mit T wächst, ist T_1^{-1} fast temperaturunabhängig, im Einklang mit der Beobachtung.

Andere Autoren, wie etwa Šimánek und Šroubek [83], kommen auf etwas anderen Wegen zu ähnlichen Ergebnissen wie Weger oder Winter.

Ein Teil der Anregungsenergie der Kerne in der Blochwand wird durch Spindiffusion auf die Kerne in den Domänen übertragen. Diese Spindiffusion, die schon von Portis und Gossard [78] bei der Berechnung von T_1 berücksichtigt wurde, ist von Buišvili und Giorgadze [84] näher untersucht worden. Sie fanden, daß in der Blochwand die Wechselwirkung der Kerne mit den Leitungselektronen für die Relaxation nur eine untergeordnete Rolle spielt, in den Domänen aber für die Spin-Gitter-Relaxation maßgebend ist. Die Spindiffusion läßt sich durch zwei Diffusionsgleichungen, eine für das Innere der Blochwand und die andere für die Domänen, beschreiben. Als Näherungslösung für T_1

erhielten Buišvili und Giorgadze

$$T_1 \approx \left(\frac{3\pi}{2}\right)^{1/2} \left(\frac{T_{1w}^4 T_2}{T_{1l}^3}\right)^{1/2}. \tag{3.223}$$

T_2 ist die für die Blochwände und die Domänen als gleich angenommene transversale Relaxationszeit, T_{1w} die Spin-Gitter-Relaxationszeit der Kerne in der Blochwand und T_{1l} die durch die Leitungselektronen bestimmte Relaxationszeit in den Domänen.

Die Spin-Gitter-Relaxation in den Domänen spielt bei Spin-Echo-Experimenten (siehe z. B. [1]) mit hoher Impulsleistung eine große Rolle. Die Relaxation rührt von der Wechselwirkung mit den Leitungselektronen her, die ihrerseits durch die Spinwellen der $3d$-Elektronen polarisiert werden. Weger [82] nimmt an, daß sich die Anregung in einem Ferromagnetikum in die Spinwellenanregung der $3d$-Elektronen und die Anregung der unabhängigen Leitungselektronen, die sich in einem effektiven Austauschfeld der Rumpfelektronen befinden, aufteilen läßt. Dieses effektive Austauschfeld beschreibt er durch den Hamiltonoperator

$$\mathbf{H}_A = \frac{\hbar\,\omega_{sd}}{S} (\mathfrak{S}\mathfrak{S}_j)\, f(\mathfrak{r}_s - \mathfrak{r}_j).$$

$\mathfrak{S}_j$ ist der Spinoperator des j-ten $3d$-Elektrons, $\mathfrak{S}$ der eines Leitungselektrons, $f(\mathfrak{r}_s - \mathfrak{r}_j)$ ist die normierte Ortsfunktion des Leitungselektrons und $\hbar\omega_{sd}$ die Austauschenergie zwischen den $3d$-Elektronen und den Leitungselektronen. Die ziemlich aufwendige Rechnung ergibt für T_1^{-1} die Näherungslösung

$$T_1^{-1} \approx \frac{kT}{\hbar} a^2 \left(\frac{\omega_c}{\omega_e}\right)^2 \frac{\Sigma}{32\, S^2 \pi^4}. \tag{3.224}$$

Σ ist hierin die Größe der Fermifläche, die damit aus T_1^{-1} bestimmt werden kann, da $\lambda = a(\omega_c/\omega_e)$ und die Gitterkonstante a auf andere Art gewonnen werden können.

3.6.3. Wechselwirkungen in antiferromagnetischen Substanzen

3.6.3.1. Statische Wechselwirkungen

Die Felder an den Kernen der nichtmagnetischen Ionen hängen in antiferromagnetischen Substanzen – so wie in den paramagnetischen – von der Lage dieser Ionen bezüglich der magnetischen Ionen in der Einheitszelle ab. Gitterplätze, die im paramagnetischen Zustand äquivalent sind, können unterhalb der Néeltemperatur nichtäquivalent sein, da ihre Kationenumgebung mehr Ionen des einen oder des anderen magnetischen Untergitters enthält. Der in vielen Substanzen vorhandene kovalente Bindungsanteil verursacht eine zusätzliche Polarisierung der Rumpfelektronen der nichtmagnetischen Ionen durch die beim paramagnetischen MnF_2 beschriebene Austauschkorrelation. Die meisten antiferromagnetischen Substanzen haben annähernd einachsige Anisotropie in der c-Richtung des Kristalls. Die Spinrichtungen der ungepaarten Elektronen jedes Untergitters können in den ab-Ebenen derselben liegen, wie etwa in NiF_2 [85], oder senkrecht auf diesen stehen. Im ersten Fall können mehrere Domänen im Kristall auftreten, die durch 90°-Wände getrennt sind. Hier ist eine Beobachtung der Resonanzen der Kerne in den Wänden wie auch in den Domänen möglich.

Die Kernresonanzspektren sind oft für hohe und niedrige äußere Felder verschieden. Für niedrige Felder, die weit unter den für die einzelnen Kristallrichtungen verschiedenen Schwellenfeldern liegen, wird die Spinrichtung des Untergitters durch das Anisotropiefeld bestimmt und ist vom äußeren Feld praktisch unabhängig. Oberhalb des Schwellenfeldes richten sich die Spins senkrecht zum äußeren Feld aus, wobei die Antiparallelstellung der Spins der beiden Untergitter erhalten bleibt. Durch die starke Austauschkopplung der Elektronen tritt eine Austauschverschmälerung der Kernresonanzlinien auf, die auch noch oberhalb der Néeltemperatur wirksam ist.

Die Strukturabhängigkeit der Spektren soll wie bei den paramagnetischen Substanzen an einigen Beispielen beschrieben werden. Zunächst seien die Protonenspektren des im rhombischen Symmetriesystem kristallisierenden $CuCl_2 \cdot 2\,H_2O$ als Beispiel für ein System, in dem nur die Dipolwechselwirkung zwischen den paramagnetischen Ionen und den Protonen eine Rolle spielt, beschrieben. Die Elementarzelle des $CuCl_2 \cdot 2\,H_2O$ ist mit zwei Cu^{2+}-Ionen auf (0, 0, 0)- und (1/2, 1/2, 0)-Plätzen und mit vier O-Atomen auf (0, 1/4, 0)-, $(0, \bar{1}/4, 0)$-, (1/2, 3/4, 0)- und (1/2, 1/4, 0)-Plätzen besetzt; die Cl-Ionen interessieren hier nicht. Die Protonen sollen nach Marshall [86] auf den in Bild 21 eingezeichneten Plätzen sitzen. Für ein äußeres Magnetfeld, das klein gegen das Schwellenfeld ist, ist die Spinrichtung durch das Anisotropiefeld bestimmt und von $\mathfrak{H}_0$ unabhängig.

Wenn das Feld der paramagnetischen Ionen an den Protonen klein im Vergleich zum äußeren Feld $\mathfrak{H}_0$ ist, dann bestimmt letzteres die Quantisierungsrichtung für die Protonenspins. Liegt $\mathfrak{H}_0$ in der ab-Ebene und sind ϑ und φ die Winkel, die die Elektronenspinrichtung mit der ab-Ebene bzw. der b-Achse bildet, dann ergibt sich aus (3.1) für die in $\mathfrak{H}_0$-Richtung liegende Komponente des inneren Feldes an den Protonen A und B (Bild 21)

$$H_{dA,B} = \mu_{Cu} r^{-3} \left\{ \frac{3}{2} [\cos(b-\vartheta)[1+\cos(\varphi \mp a)] - \cos(b+\vartheta)[1-\cos(\varphi \mp a)]] \right. \\ \left. \times \cos b \cos(\alpha \mp a) - \cos\vartheta \cos(\alpha - \varphi) \right\}. \tag{3.225}$$

Aus (3.225) läßt sich die Winkelabhängigkeit des Spektrums berechnen. Die Spektren haben die Periode 2π. Für $\vartheta = 0$, $\varphi = \pm \frac{\pi}{2}$; $\vartheta = 0$, $\varphi = 0$

oder π und $\vartheta = \pm \frac{\pi}{2}$ folgen aus (3.225) die inneren Felder für die drei Spezialfälle, daß $\mathfrak{S}$ in die Richtung einer Kristallachse fällt. Durch Vergleich der gemessenen Winkelabhängigkeit mit der berechneten läßt sich die Spinrichtung bestimmen. Sie liegt im $CuCl_2 \cdot 2\,H_2O$ in Richtung der a-Achse.

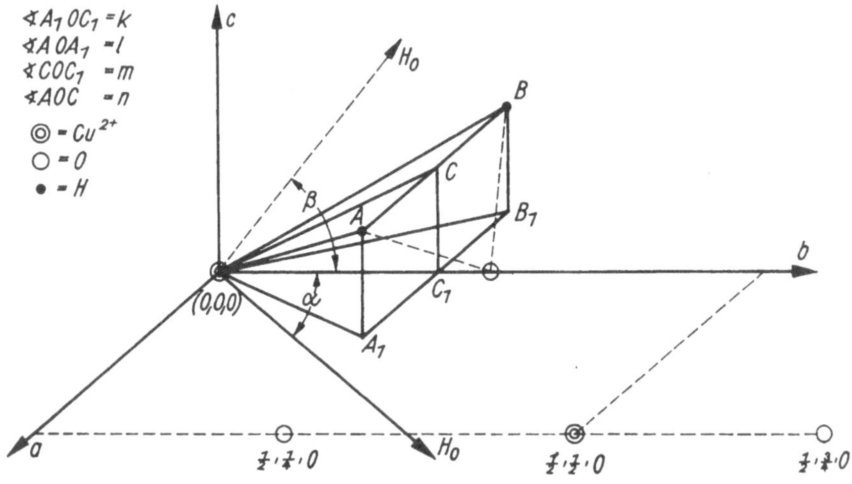

Bild 21. Lage der Cu^{2+}-Ionen und der O-Atome und die angenommenen Lagen A und B der Protonen in der Elementarzelle des $CuCl_2 \cdot 2\,H_2O$

Berücksichtigt man nicht nur das Feld des nächstbenachbarten Cu^{2+}-Ions, sondern die Felder von allen neun Cu^{2+}-Ionen in der Umgebung eines Wassermoleküls, so läßt sich die Spinordnung bestimmen. Von den beiden möglichen, in Bild 22 dargestellten Anordnungen ist im $CuCl_2 \cdot 2\,H_2O$ die Anordnung b mit zwei Untergittern mit antiparalleler Spinrichtung in benachbarten ab-Ebenen verwirklicht, wie aus der Übereinstimmung der gemessenen Spektren mit den für diese Anordnung berechneten hervorgeht.

Ist das äußere Feld größer als das Schwellenfeld, so stellen sich die weiterhin in der ab-Ebene liegenden Spins senkrecht zu dem ebenfalls in dieser Ebene liegenden Feld $\mathfrak{H}_0$ ein. Die Antiparallelstellung in benachbarten Spinebenen bleibt erhalten.

Für die in Bild 21 eingezeichneten Protonen geht (3.225) für $\vartheta = 0$, $\varphi = \alpha \pm \frac{\pi}{2}$ in

$$H_{dA,B} = -\sqrt{2}\sin\left(\frac{n\pi}{4}\right)\frac{\mu_{Cu}}{r^3}\left\{\frac{3}{2}\cos^2 b \sin 2[\alpha+(-1)^n a] - \sin[\alpha+(-1)^n a]\right\} \tag{3.226}$$

über. $n = 1{,}3$ gilt für das Proton A, $n = 2{,}4$ für das Proton B; für $\mathfrak{S}$ in Richtung $\alpha + \frac{\pi}{2}$ ist $n = 1{,}2$, für $\mathfrak{S}$ in Richtung $\alpha - \frac{\pi}{2}$ ist $n = 3{,}4$. Das aus vier Linien bestehende unsymmetrische Spektrum hat die Periode π.

Auch ohne äußeres Feld läßt sich im antiferromagnetischen Zustand die Protonenresonanz beobachten, da durch die Spinausrichtung in den beiden Untergittern an den Protonen ein inneres Feld herrscht. Die Quantisierungsachse hat dann die Richtung des inneren Feldes.

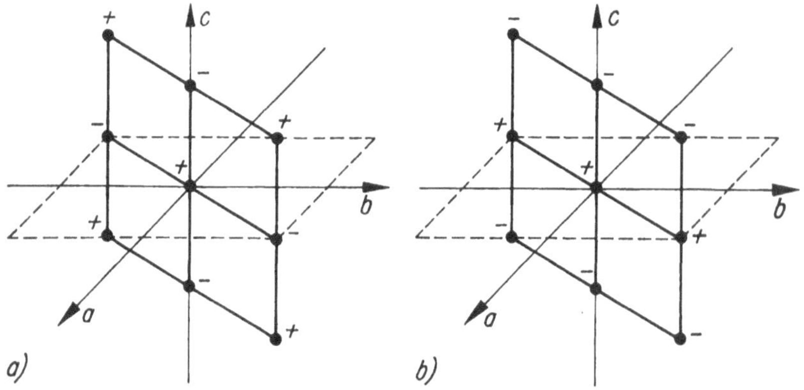

Bild 22. Mögliche Spinanordnungen im antiferromagnetischen $CuCl_2 \cdot 2H_2O$

Ein Beispiel für eine antiferromagnetische Substanz mit teilweise kovalenter Bindung, bei der die Austauschkorrelation berücksichtigt werden muß, ist das schon bei den paramagnetischen Substanzen behandelte MnF_2. Die Elementarzelle des MnF_2 enthält zwei nichtäquivalente F^--Ionen auf den Plätzen 1 und 2 (Bild 16), die von je drei Mn^{2+}-Ionen als nächsten Nachbarn umgeben sind, von denen zwei zum gleichen Untergitter gehören. Das eine Untergitter wird durch die Eckionen, das andere durch die Zentralionen gebildet. Die antiparallelen Spins der beiden Untergitter liegen in Richtung der c-Achse.

Das innere Feld an den Fluorkernen, das von der Magnetisierung der beiden Untergitter herrührt, setzt sich aus dem Feld der Hyperfeinwechselwirkung und dem Dipolfeld, das von den ungepaarten $3d$-Elektronen der Mn^{2+}-Ionen herrührt, zusammen. Die Wechselwirkung zwischen dem k-ten Fluorkern und den Manganionen wird durch den Hamiltonoperator

$$\mathbf{H}_i = \mathfrak{I}_k \sum_j \mathbf{A}_j \langle \mathfrak{S}_j \rangle + \hbar \gamma_N \mu_B g \, \mathfrak{I}_k \sum_l r_{lk}^{-3} [3 \mathfrak{r}_{lk} (\mathfrak{r}_{lk} \langle \mathfrak{S}_l \rangle) r_{lk}^{-2} - \langle \mathfrak{S}_l \rangle] \tag{3.227}$$

beschrieben. Zu summieren ist im ersten Glied über die drei dem k-ten Fluorkern benachbarten Mn^{2+}-Ionen, im zweiten Glied über alle Mn^{2+}-Ionen. Wegen der großen Austauschkopplung ist die Spin-Spin-Relaxationszeit T_{e2} der Mn^{2+}-Ionen klein gegenüber der reziproken Larmorfrequenz der Fluorkerne.

$\mathfrak{S}_l$ muß daher durch das Zeitmittel $\langle\mathfrak{S}_l\rangle$ ersetzt werden, das der Untergittermagnetisierung $M(T)$ proportional ist:

$$\langle\mathfrak{S}_l\rangle = -\frac{5}{2}\frac{M(T)}{M_\infty}\mathfrak{n}. \tag{3.228}$$

M_∞ ist die Untergittermagnetisierung für vollständige Spinausrichtung, d. h. für unendlich großes Anisotropiefeld. Der Einheitsvektor $\mathfrak{n}$ zeigt in die Richtung von $\mathfrak{M}$, die je nach Untergitter mit der positiven oder negativen c-Achse (z. B. die z-Achse in Bild 16) zusammenfällt. Das innere Feld ist bis auf das Vorzeichen an den beiden nichtäquivalenten Fluorkernen gleich, und ohne äußeres Feld haben beide die gleiche Resonanzfrequenz:

$$\omega_0 = \hbar^{-1}(A_{eN} + A_D)\frac{5}{2}\frac{M(T)}{M_\infty} = \hbar^{-1}A\frac{5}{2}\frac{M(T)}{M_\infty} \tag{3.229}$$

mit

$$A_{eN} = 2A_{zz}^{\mathrm{I}} + A_{zz}^{\mathrm{II}} \tag{3.229a}$$

und

$$A_D = \mathfrak{n}_k\hbar\gamma_N g\mu_B\sum_l r_{lk}^{-3}[3r_{lk}^{-2}\mathfrak{r}_{lk}(\mathfrak{r}_{lk}\mathfrak{n}_l) - \mathfrak{n}_l]. \tag{3.229b}$$

A_{zz}^{I} und A_{zz}^{II} sind die z-Komponenten der Hyperfeinwechselwirkungstensoren der in Bild 16 mit I und II bezeichneten Mn^{2+}-Ionen. A_{zz} setzt sich aus den von den $2s$-Elektronen, den $1s$-Elektronen und den $2p$-Elektronen herrührenden Anteilen zusammen. In dem von den $2p$-Elektronen herrührenden Anteil gehen die Überlappungsintegrale der $p\sigma$-, $p\pi$- und $p\pi'$-Funktionen ein (s. S. 163).

Zur Berechnung des inneren Feldes geht man von den Hartree-Fock-Wellenfunktionen des Mn^{2+}- und F^--Ions aus, wobei die Wellenfunktion des Mn^{2+}-Ions so angepaßt wird, daß sie die richtigen Werte der Formfaktoren für die Neutronenbeugung liefert. Die Konstante A in (3.229) ergibt sich dann als Funktion der interatomaren Abstände.

Zur Prüfung der Theorie kann man die Druck- und Temperaturabhängigkeit der ^{19}F-Resonanz heranziehen [68]. Benedek und Kushida finden dafür

$$\left(\frac{\partial \ln \omega}{\partial p}\right)_T \approx \frac{\partial \ln A}{\partial p} - \frac{T}{T_N}\left(\frac{\partial \ln \omega}{\partial T}\right)_p\left(\frac{\partial T_N}{\partial p}\right)_T. \tag{3.230}$$

T_N ist die Néeltemperatur. Die Druckabhängigkeit der Anisotropietemperatur braucht nach Eisele und Keffer [87] nicht berücksichtigt zu werden. Da der Temperaturbereich, in dem MnF_2 antiferromagnetisch ist, verhältnismäßig klein ist, kann auch die explizite Temperaturabhängigkeit von A [88] vernachlässigt werden.

Die Linienbreite wird in antiferromagnetischen Substanzen oftmals durch die Suhl-Nakamura-Wechselwirkung bestimmt, die schon bei den ferromagnetischen Substanzen beschrieben wurde. Für antiferromagnetische Substanzen wurde diese indirekte Kopplung zweier Kernspins über die Spinwellen der $3d$-Elektronen von Nakamura [80] behandelt. Die Theorie ist hier etwas komplizierter, da zwei magnetische Untergitter vorhanden sind. Die Wechselwirkung verläuft so, daß durch das Umklappen eines Kernspins in dem einen Untergitter eine Spinwelle mit dem Wellenzahlenvektor $\mathfrak{k}$ angeregt wird, während gleichzeitig im anderen Untergitter eine Spinwelle mit gleichem Wellenzahlvektor $\mathfrak{k}$ verschwindet und dabei einen anderen Kern umklappt.

3.6.3.2. Spin-Gitter-Relaxation

Den meisten Theorien der Spin-Gitter-Relaxation in antiferromagnetischen Substanzen ist gemeinsam, daß sie nur bei Temperaturen gelten, die genügend weit unter der Néeltemperatur liegen, so daß eine Spinwellennäherung erlaubt ist. Der Übergangsbereich in der Umgebung der Néeltemperatur ist erst in letzter Zeit (z. B. in [73]) behandelt worden.

Zur Berechnung von T_1 für die Kerne der nichtmagnetischen Ionen geht Moriya [70] von (3.185) aus und macht für die Abweichungen $\delta \boldsymbol{S}_j^+$, $\delta \boldsymbol{S}_j^-$ und $\delta \boldsymbol{S}_{zj}$ im ersten Untergitter den Spinwellenansatz

$$\begin{aligned} \delta \boldsymbol{S}_j^+ &= (2S)^{1/2}\boldsymbol{a}_j \\ &= \left(\frac{4S}{N}\right)^{1/2} \sum_{k>0} (2A_kB_k)^{-1/2}\{(A_k+B_k)[\boldsymbol{b}_{1k}\cos \mathfrak{k}\mathfrak{r}_j + \boldsymbol{b}_{1-k}\sin \mathfrak{k}\mathfrak{r}_j] \\ &\quad - (A_k-B_k)[\boldsymbol{b}_{2k}^*\cos \mathfrak{k}\mathfrak{r}_j + \boldsymbol{b}_{2-k}^*\sin \mathfrak{k}\mathfrak{r}_j]\}, \\ \delta \boldsymbol{S}_j^- &= (2S)^{1/2}\boldsymbol{a}_j^* = \left(\frac{4S}{N}\right)^{1/2} \sum_{k>0} (2A_kB_k)^{-1/2}\{(A_k+B_k) \\ &\quad \times [\boldsymbol{b}_{1k}^*\cos \mathfrak{k}\mathfrak{r}_j + \boldsymbol{b}_{1-k}^*\sin \mathfrak{k}\mathfrak{r}_j] - (A_k-B_k)[\boldsymbol{b}_{2k}\cos \mathfrak{k}\mathfrak{r}_j + \boldsymbol{b}_{2-k}\sin \mathfrak{k}\mathfrak{r}_j]\}, \\ \delta \boldsymbol{S}_{zj} &= S - \boldsymbol{a}_j^*\boldsymbol{a}_j \end{aligned} \tag{3.231}$$

und einen entsprechend für das zweite Untergitter. A_k und B_k sind durch

$$\begin{aligned} A_k &= \left[1 + \frac{2}{z}\frac{\omega_e}{\omega_c} + \frac{1}{z}\sum_{\varrho} \exp(i\varrho\mathfrak{k})\right]^{1/2} = (1+\delta+\gamma_k)^{1/2}, \\ B_k &= \left[1 + \frac{2}{z}\frac{\omega_e}{\omega_c} - \frac{1}{z}\sum_{\varrho} \exp(i\varrho\mathfrak{k})\right]^{1/2} = (1+\delta-\gamma_k)^{1/2} \end{aligned} \tag{3.231 a}$$

definiert. z ist die Zahl der nächsten Nachbarn, ϱ der relative Ortsvektor zu einem der nächsten Nachbarn. Zu summieren ist über alle nächsten

Nachbarn. $\boldsymbol{b}_{1k}, \boldsymbol{b}_{1k}^*, \boldsymbol{b}_{2k}, \boldsymbol{b}_{2k}^*$ sind die Spinwellen-Operatoren in den beiden Untergittern 1 und 2.

Mit den transformierten zeitabhängigen Heisenbergoperatoren $\boldsymbol{b}_{\nu k}(t)$ bzw. $\boldsymbol{b}_{\nu k}^*(t)$ bildet Moriya dann die Korrelationsfunktionen $\overline{\delta \boldsymbol{S}^+(\tau)\, \delta \boldsymbol{S}^-(0)}^{\,t}$ usw. In den die $\delta \boldsymbol{S}^+$ und $\delta \boldsymbol{S}^-$ enthaltenden Korrelationsfunktionen treten nur die Produkte

$$\boldsymbol{b}_{\nu k}(t)\, \boldsymbol{b}_{\mu k'}(0) = \mathrm{e}^{-\mathrm{i}\omega_{k}t}\, \boldsymbol{b}_{\nu k}\, \boldsymbol{b}_{\mu k'}$$

auf, die das gleiche Frequenzspektrum haben wie die Spinwellen. Die unterste Frequenz $\omega_{\min}$ dieses Spektrums ist durch die Anisotropietemperatur T_{AE} gegeben:

$$\hbar\,\omega_{\min} = k T_{AE} = \hbar (z\omega_e\, \omega_c)^{1/2}\,. \tag{3.232}$$

$\omega_{\min}$ liegt weit oberhalb der Larmorfrequenz der Kerne, und die Operatoren der Art $\boldsymbol{b}_{\nu k}(t)\, \boldsymbol{b}_{\mu k'}(0)$ können keine Kernspinübergänge induzieren. Im Operator $\delta \boldsymbol{S}_z(t)\, \delta \boldsymbol{S}_z(0)$ treten dagegen Ausdrücke auf, die Terme der Form $\exp \mathrm{i}(\omega_k - \omega_{k'})t$ enthalten. Da es Differenzen $(\omega_k - \omega_{k'})$ gibt, die in der Umgebung der Larmorfrequenz liegen, können diese Operatoren Kernspinübergänge induzieren.

Moriya nähert das Spinwellenspektrum durch

$$\hbar\,\omega_k = \hbar\,\omega_c \left\{ \left(1 + \frac{2}{z}\,\frac{\omega_e}{\omega_c}\right)^2 - \frac{1}{z^2} \left[\sum_{\varrho} \exp(\mathrm{i}\varrho\mathfrak{k})\right]^2 \right\}^{1/2} \tag{3.233}$$

quadratisch an und benutzt für die Zustandsdichte $N(\omega)$ der Spinwellen eine Abhängigkeit

$$N(\omega) = 5\,\frac{\omega^4}{\omega_M^5} \tag{3.234}$$

mit der maximalen Spinwellenfrequenz ω_M.

Auf diese Weise erhält er aus (3.185) für T_1^{-1}

$$T_1^{-1} = \frac{25\pi}{2}\,\frac{\gamma_N g \mu_B}{k\theta} \sum_l r_l^{-6}\, F_l(\alpha\beta\gamma) \left\{ \left(\frac{T}{\theta}\right)^7 J_6\!\left(\frac{\theta}{T}\right) + \left(\frac{T}{\theta}\right)^9 J_8\!\left(\frac{\theta}{T}\right) \right\}. \tag{3.235}$$

θ ist dabei die der maximalen Spinwellenfrequenz entsprechende Temperatur

$$\theta = \frac{\hbar\,\omega_M}{k} \tag{3.236}$$

und

$$J_n(x) = \int_0^x \frac{t^n\, \mathrm{e}^t}{(\mathrm{e}^t - 1)^2}\, \mathrm{d}t\,. \tag{3.236a}$$

Die übliche Spinwellentheorie liefert eine Energielücke zwischen $\omega = 0$ und $\omega = \omega_{\min}$, die experimentell nicht gefunden wurde. Pincus und Winter [75] zeigen, daß sich bei Berücksichtigung der magnetostriktiven Terme im Hamiltonoperator eine zusätzliche direkte Magnonen-Phononen-Wechselwirkung ergibt, die zu einer Magnonenkomponente im thermischen Phononenspektrum führt, so daß die Phononen direkt an den magnetischen Prozessen teilnehmen. Unterhalb der Anisotropietemperatur werden die magnetisch-thermodynamischen Eigenschaften hauptsächlich durch diesen Wechselwirkungsmechanismus bestimmt. Pincus und Winter leiten daraus für T_1^{-1} eine zu T proportionale Abhängigkeit für die direkten Prozesse und für Ramanprozesse eine zu $(T/T_D)^7 J_6(\theta/T)$ proportionale Abhängigkeit ab. T_D ist die Debyetemperatur.

Für die magnetischen Ionen hat Moriya [71] T_1^{-1} in ähnlicher Weise berechnet, wie es bei den paramagnetischen Substanzen auf S. 168 beschrieben wurde, wobei die Korrelationsfunktion wieder mit Hilfe der Spinwellennäherung (3.231) für die $\delta\mathfrak{S}$ bestimmt wurde.

4. Elektrische Wechselwirkungen

Neben den bisher behandelten magnetischen Wechselwirkungen kann bei Kernen mit Spins $I > 1/2$ auch noch eine elektrische Wechselwirkung zwischen den Kernquadrupolmomenten und äußeren elektrischen Feldern auftreten. Diese elektrischen Felder können z. B. das Kristallfeld oder das von den π-Bindungselektronen herrührende Molekülfeld oder aber auch von außen angelegte elektrische Felder sein.

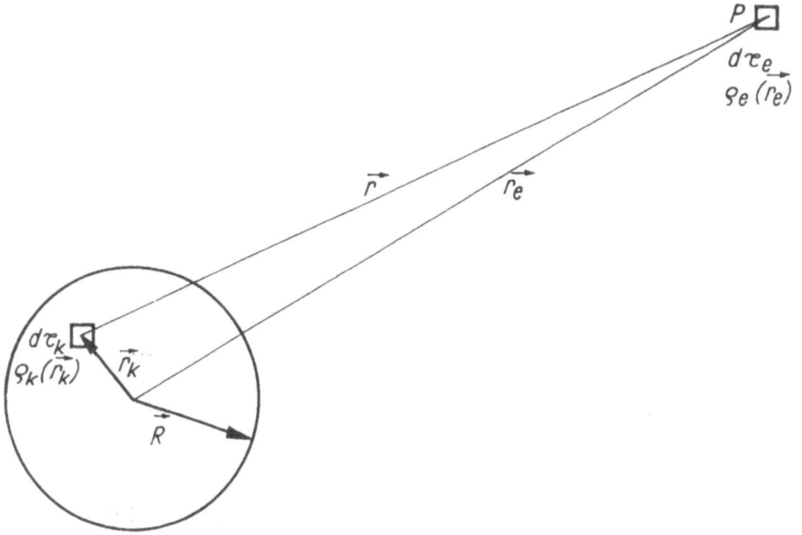

Bild 23. Im Text benutztes Koordinatensystem

Wenn die elektrische Wechselwirkung zwischen einem Kern mit der Gesamtladung Z_e und einem äußeren Potential $V(r)$ berechnet werden soll, so darf der Kern nicht als Punktladung betrachtet werden. Da er, außer beim Wasserstoff, aus Protonen und Neutronen besteht, ist die Ladungsdichte in ihm nicht homogen, sondern ortsabhängig. Ist die Ladungsdichte im Volumenelement $d\tau_K$ des Kernes $\varrho_K(r_K)$ ($\mathfrak{r}_K$ ist der Radiusvektor vom Kernmittelpunkt zum Volumenelement $d\tau_K$), so läßt sich die elektrostatische Wechselwirkungsenergie zwischen dem Kern und dem Potential $V(r)$ in der Form (siehe z. B. [11])

$$W_{\text{el}} = \int_{\tau_K} \varrho_K(r_K) V(r)\, \mathrm{d}\tau_K \tag{4.1}$$

schreiben. r ist darin der Abstand zwischen einem äußeren Aufpunkt P, etwa einer Punktladung, deren Potential am Volumenelement $\mathrm{d}\tau_k$ gleich $V(r)$ ist, und dem Volumenelement $\mathrm{d}\tau_k$ des Kernes. Rührt das Potential von Ladungen her, die im äußeren Raum verteilt sind, etwa von den Hüllenelektronen eines Atoms oder Moleküls, und ist die Ladungsdichte im Außenraum τ_e gleich $\varrho_e(r_e)$, wobei $\mathfrak{r}_e$ der Radiusvektor vom Kernmittelpunkt zum Volumenelement $\mathrm{d}\tau_e$ des Außenraumes ist, so wird

$$W_{\text{el}} = \int_{\tau_e} \int_{\tau_K} \frac{\varrho_e(r_e) \varrho_K(r_K)\, \mathrm{d}\tau_e\, \mathrm{d}\tau_K}{r} . \tag{4.2}$$

Der Radius $\mathfrak{r}$ verbindet $\mathrm{d}\tau_e$ mit $\mathrm{d}\tau_k$ (Bild 23). $V(r)$ läßt sich um den Kernmittelpunkt als Ursprung in eine Taylorreihe entwickeln.

Diese Entwicklung führt zu dem folgenden Ausdruck für die Wechselwirkungsenergie:

$$\begin{aligned} W_{\text{el}} = & \int_{\tau_K} \varrho_K(r_K)\, V_0(r_e)\, \mathrm{d}\tau_K \\ & + \sum_{i=1}^{3} \int_{\tau_K} \varrho_K(r_K)\, x_{iK} \frac{\partial V(r_e)}{\partial x_{ie}}\, \mathrm{d}\tau_K \\ & + \sum_{i=1}^{3} \sum_{j=1}^{3} \int_{\tau_K} \varrho_K(r_K)\, x_{iK} x_{jK} \frac{\partial^2 V(r_e)}{\partial x_{ie}\, \partial x_{je}}\, \mathrm{d}\tau_K + \cdots \end{aligned} \tag{4.3}$$

und nach Ausführung der Integration über τ_K zu

$$\begin{aligned} W_{\text{el}} &= Ze V_0(r_e) + \sum_{i=1}^{3} D_i E_i + \frac{1}{2} \sum_{i=1}^{3} \sum_{j=1}^{3} Q_{ij} \frac{\partial E_i}{\partial x_j} + \cdots \\ &= Ze V_0(r_e) + \mathfrak{D}\mathfrak{E} + \frac{1}{2} \mathbf{Q} \nabla \cdot \mathfrak{E} + \cdots \end{aligned} \tag{4.4}$$

Das erste Glied ist die Wechselwirkungsenergie des skalaren Potentials mit der Kernladung, das zweite Glied die des elektrischen Feldes mit einem elektrischen Dipolmoment und das dritte die des elektrischen Feldgradiententensors mit einem Quadrupolmomententensor usw. Die Wechselwirkungsenergie tritt also immer nur zwischen geometrisch gleichen Größen, Skalaren, Vektoren, Tensoren usw. auf.

Aus Symmetriegründen können Kerne im Grundzustand nur geradzahlige elektrische und ungeradzahlige magnetische Momente haben. Das zweite Glied in (4.4) ist also gleich Null. Aus der Orthogonalität der Kerneigenfunktionen folgt weiterhin, daß im Kern nur Momente bis zur Ordnung 2^l existieren können, für die $l \leq 2I$ ist [11].

Die Wechselwirkung zwischen einem äußeren elektrischen Potential und der Kernladung wird durch ein Magnetfeld nicht beeinflußt; sie kann also nur eine gleichmäßige Verschiebung aller Kernniveaus bewirken und ist daher in der Kernresonanz nicht beobachtbar. Als wesentliche elektrische Wechselwirkung verbleibt nur das dritte Glied, die Wechselwirkung zwischen dem Kernquadrupolmoment und einem äußeren elektrischen Feldgradienten.

Zur Gewinnung des Hamiltonoperators für die Quadrupolwechselwirkung formt man das dritte Glied von (4.3) am besten so um, daß Q_{ij} die Form

$$Q_{ij} = \int_{\tau_K} \varrho_K(r_K) \left(3 \frac{x_{iK} x_{jK} + x_{jK} x_{iK}}{2} - \delta_{ij} r_K^2\right) d\tau_K \tag{4.5a}$$

und $\partial E_i / \partial x_j$ die Form

$$\frac{\partial E_i}{\partial x_j} = - \int_{\tau_e} \frac{\varrho_e(r_e)}{r_e^5} \left(3 \frac{x_{ie} x_{je} + x_{je} x_{ie}}{2} - \delta_{ij} r_e^2\right) d\tau_e \tag{4.56}$$

annehmen. Ausdrücke der ersten Art, die von zweiter Ordnung und symmetrisch sind und verschwindende Spur aufweisen, lassen sich durch Ersatz der Koordinaten durch die Drehimpulskoordinaten in quantenmechanische Operatoren folgender Gestalt umformen [11]:

$$\boldsymbol{Q}_{ij} = \frac{eQ}{I(2I-1)} \left[3 \frac{\boldsymbol{I}_i \boldsymbol{I}_j + \boldsymbol{I}_j \boldsymbol{I}_i}{2} - \delta_{ij} \boldsymbol{I}^2\right] \tag{4.6}$$

mit

$$Q = \frac{1}{e} \int_{\tau_K} \varrho_{K, m_I = I} [3 z_K^2 - r_K^2] \, d\tau_K . \tag{4.6a}$$

Q ist das skalare Quadrupolmoment des Kernes.

Der endgültige Ausdruck für den interessierenden Teil der Quadrupolwechselwirkung, nämlich für den, der diagnonal in $\mathfrak{I}$ ist, wird somit

$$\langle Im' | \mathbf{H} | Im \rangle = \frac{eQ}{6 I(2I-1)} \sum_{ij} \langle Im' | \frac{3}{2} (\boldsymbol{I}_i \boldsymbol{I}_j + \boldsymbol{I}_j \boldsymbol{I}_i) - \delta_{ij} \boldsymbol{I}^2 | Im \rangle V_{ij} \tag{4.7}$$

mit

$$V_{ij} = \frac{\partial^2 V}{\partial x_i \, \partial x_j} .$$

Da für kugelförmige Ladungsverteilungen $V_{xx} = V_{yy} = V_{zz}$ und $V_{xy} = V_{xz} = V_{yz} = 0$ ist, verschwindet die Quadrupolwechselwirkungsenergie, vorausgesetzt allerdings, daß Beiträge zu V von Ladungen, die den Kern überlappen, vernachlässigt werden. s-Elektronen tragen daher ebensowenig zur Quadrupolwechselwirkung bei wie kubische Symmetrien. Die nichtsphärische Ladungsverteilung eines p-Elektrons verschwindet am Kern wie r^2, so daß eine Quadrupolwechselwirkung der Ordnung $(e^2 Q/r_e^3)\,(r_K/r_e)^2$ vorhanden ist. Zur Berechnung der Matrixelemente benutzt man die Ausdrücke (3.4) bis (3.6) und (2.9) und erhält damit

$$\begin{aligned}
\langle m|\mathbf{H}_Q|\,m\rangle &= \frac{eQ}{4I(2I-1)}\,[3m^2 - I(I+1)]\,V_0,\\
\langle m\pm 1|\mathbf{H}_Q|\,m\rangle &= \frac{eQ}{4I(2I-1)}\,(2m\pm 1)[(I\mp m)\,(I\pm m+1)]^{1/2}\,V_{\mp 1},\\
\langle m\pm 2|\mathbf{H}_Q|\,m\rangle &= \frac{eQ}{4I(2I-1)} \\
&\quad\times[(I\mp m)(I\mp m-1)(I\pm m+1)(I\pm m+2)]^{1/2}\,V_{\mp 2},\\
\langle m'|\mathbf{H}_Q|\,m\rangle &= 0 \quad \text{für} \quad |m'-m|>2,
\end{aligned} \tag{4.8}$$

wobei

$$\begin{aligned}
V_0 &= V_{zz},\\
V_{\pm 1} &= V_{xz} \pm \mathrm{i}\,V_{yz},\\
V_{\pm 2} &= \frac{1}{2}\,(V_{xx} - V_{yy}) \pm \mathrm{i}V_{xy}
\end{aligned} \tag{4.9}$$

ist. Benutzt man das Hauptachsensystem, in dem nur die drei Komponenten $V_{x'x'}$, $V_{y'y'}$ und $V_{z'z'}$ nicht verschwinden, so lassen sich, dadurch daß zusätzlich die Laplace-Gleichung $\nabla^2 V = V_{x'x'} + V_{y'y'} + V_{z'z'} = 0$ gilt, die Feldgradienten durch zwei Größen ausdrücken:

$$q = V_{z'z'} = \left|\frac{\partial^2 V}{\partial z'^2}\right|_0$$

und

$$\eta = (V_{x'x'} - V_{y'y'})/V_{z'z'}. \tag{4.10}$$

Hierbei ist vorausgesetzt, daß $|V_{z'z'}| \geq |V_{y'y'}| \geq |V_{x'x'}|$ ist. Damit hat η die Eigenschaft $0 \leq \eta \leq 1$. Für den Fall, daß $V_{x'x'} = V_{y'y'}$ gilt, wird $\eta = 0$. η wird deshalb Asymmetrieparameter genannt. Er mißt die Abweichung des Feldgradienten von der zylindrischen Symmetrie [89, 90, 91, 97].

4.1. Kernmagnetische Resonanz mit Quadrupolwechselwirkung

4.1.1. Statische Wechselwirkungen; Feldgradienten, Aufspaltung und Linienform

Ist die magnetische Energie der Dipole in dem von außen angelegten Feld $\mathfrak{H}_0$ größer als die Quadrupolwechselwirkungsenergie, so ist die Frequenz ihrer Größenordnung nach durch die Aufspaltung in die äquidistanten Terme der Zeeman-Energien (2.9) bestimmt. Die Quadrupolwechselwirkung bewirkt eine Störung der Terme, durch die diese etwas verschoben werden. Die Störungsrechnung erster Ordnung liefert für die Verschiebung

$$\Delta E_m^{(1)} = \frac{eQ}{4I(2I-1)}\,[3m^2 - I(I+1)]\,q. \tag{4.11}$$

Das bedeutet, daß in erster Näherung alle Niveaus mit gleichem $|m|$ in gleicher Weise verschoben werden. Für die Absorptionsfrequenz ergibt sich der folgende Ausdruck

$$\hbar\omega_{m-1,\,m} = E_{m-1} - E_m = \gamma_N \hbar H_0 - \frac{3eQ}{4I(2I-1)}\,(2m-1)\,q. \tag{4.12}$$

Der Übergang $m = -1/2 \leftrightarrow 1/2$ ändert sich also nicht. Die Frequenzen der Übergänge $m = 1/2 \leftrightarrow 3/2$ und $m = -3/2 \leftrightarrow -1/2$ werden durch die Störung erster Ordnung um $-$ bzw. $+\dfrac{3eQ}{2I(2I-1)\hbar}\,q$ verschoben, d. h., es tritt für $I = 3/2$ eine Aufspaltung in ein Triplett auf (Bild 24). Für höhere Spinquantenzahlen entstehen entsprechend mehr Linien ($2I$). Die Größe der Aufspaltung wird durch die Größe von q bestimmt.

Für eine Elementarladung im Abstand r vom Kern wird

$$q = \frac{2e\beta}{r^3}\,P_2(\cos\theta).$$

θ ist der Winkel zwischen $\mathfrak{r}$ und z-Achse, in deren Richtung $\mathfrak{H}_0$ liegt, β ein Verstärkungsfaktor, in den der „antishielding factor" γ_∞ [101–104] und die Dielektrizitätskonstante des Mediums eingehen (4.19). Die Verschiebungen sind also proportional zu $P_2(\cos\theta)$, d. h., sie sind vom Winkel abhängig. Rühren die Feldgradienten von statistisch im Kristall verteilten Überschußladungen her, so sind die Verschiebungen der Energieniveaus von Kern zu Kern verschieden, und die durch Quadrupolwechselwirkung entstandenen Linien, die sogenannten Satellitenlinien, werden verbreitert, während die Zentrallinie unbeeinflußt bleibt. Das gleiche gilt für Polykristalle, in denen die statistische Gradientenverteilung durch Streuung der Kristallitachsen zustande kommt. An Einkristallen kann man dagegen die Wanderung der Satellitenlinien mit der Änderung des Winkels zwischen Magnetfeld und Kristallachsen beobachten und neben der Größe des Feldgradienten seine Achsenrichtungen bestimmen.

Dabei ist zu beachten, daß stets nur das Produkt qQ bestimmbar ist, also für unbekanntes Q der Feldgradient unbestimmt bleibt. Wird kein zirkular polarisiertes HF-Feld benutzt, so können die Vorzeichen von γ_N und qQ nicht bestimmt werden. Weiter ist es unmöglich, den Richtungssinn der Hauptachse festzulegen, da jede Hauptkomponente quadratisch vom Vorzeichen der zugehörigen Koordinatenachse abhängt.

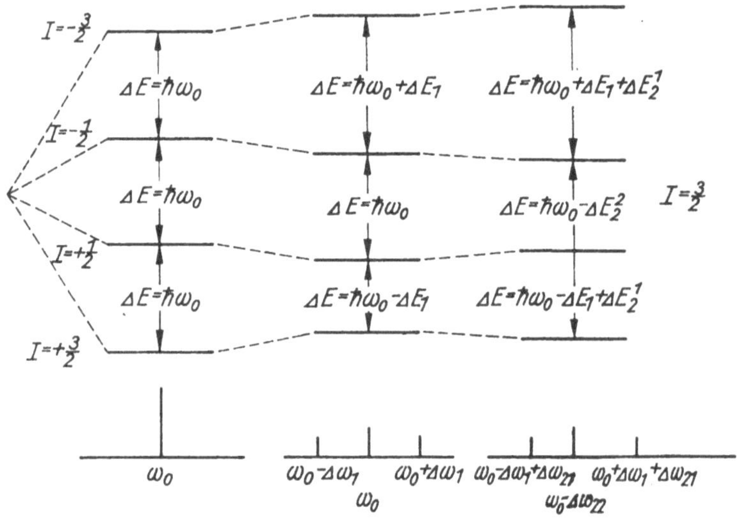

Bild 24. Termschema und Frequenzspektrum für Kernresonanz mit Quadrupolwechselwirkung

Bei großem Quadrupolmoment und starkem Feldgradienten reicht die erste Näherung zur Beschreibung der Wechselwirkung nicht aus. Man muß dann die Störung zweiter Ordnung und in selteneren Fällen, z. B. für Ionenkristalle, wenn man die Einwirkung von Versetzungen untersuchen will, die dritter Ordnung mit hinzunehmen. Die Störungsrechnung liefert für die Verschiebung des m-ten Energieniveaus in zweiter Näherung

$$\begin{aligned}\Delta E_m^{(2)} = -\frac{e^2Q^2}{16\hbar\omega_0 I^2(2I-1)^2}\Big\{&[(2m-1)^2\,(I(I+1)-m(m+1))\\ &-(2m+1)^2\,(I(I+1)-m(m+1))]\,|V_1|^2 \qquad (4.13)\\ &-\frac{1}{2}\,[(I^2(I+1)^2-2(m-1)^2\,I(I+1)+m(m-1)^2\,(m-2))\\ &-(I^2(I+1)^2-2(m+1)^2\,I(I+1)+m(m+1)^2\,(m+2))]\,|V_2|^2\Big\}.\end{aligned}$$

Die Berücksichtigung dieser Störung führt zur Verschiebung aller Energieniveaus und Frequenzen, auch der der Zentrallinie, für die man folgenden Ausdruck erhält:

$$\Delta\omega^{(2)} = \frac{e^2 Q^2 (2I+3)}{8\hbar^2 \omega_0 I^2 (2I-1)} \left(|V_1|^2 - \frac{1}{2}|V_2|^2\right) \tag{4.14}$$

(s. Bild 24) [97]. Die Störungen dritter Ordnung wurden von Volkoff [93] und von Otsuka [98] berechnet.

Um aus der Quadrupolverbreiterung oder aus der Quadrupolaufspaltung und ihrer Winkelabhängigkeit Aussagen über die Größe der elektrischen Feldgradienten und — im letzten Fall – auch über die Feldgradientenachsen zu erhalten, ist es nötig, die Form der Linie von Pulvern oder das Rotationsmuster bei Einkristallen zu berechnen [90].

Für den Fall eines axialsymmetrischen Feldgradienten ergibt sich für die Orientierungsabhängigkeit der Aufspaltung erster Ordnung, wenn θ den Polarwinkel der Symmetrieachse des Feldgradiententensors relativ zur z-Achse eines Koordinatensystems bedeutet, in dem die magnetische Wechselwirkung diagonal ist,

$$\omega_m^{(1)} = \left(m - \frac{1}{2}\right) \frac{3eqQ}{2I(2I-1)\hbar} \left(\frac{3}{2}\cos^2\theta - \frac{1}{2}\right) \tag{4.15}$$

und für die Orientierungsabhängigkeit der Verschiebung zweiter Ordnung der Zentralkomponente

$$\omega_{1/2}^{(2)} = -\frac{9e^2 q^2 Q^2}{64 I^2 (2I-1)^2 \hbar^2 \omega_0} \left[I(I+1) - \frac{3}{4}\right] (1-\cos^2\theta)(9\cos^2\theta - 1). \tag{4.16}$$

Zur Berechnung der Linienform von Pulvern, die durch die statistische Verteilung der Hauptachsenorientierungen entsteht, muß höchstens neben der Aufspaltung erster Ordnung die Verschiebung zweiter Ordnung der Zentrallinie berücksichtigt werden, da die Wechselwirkung genügend schwach sein muß, um ein völliges Verwischen der Resonanzlinie zu verhindern.

Die normierte Linienformfunktion $g_m(\omega)$ für die m-te Komponente wird für $m \neq 1/2$ mit $P(\cos\theta)\,(\mathrm{d}\cos\theta) = \frac{1}{2}(\mathrm{d}\cos\theta)$ als Wahrscheinlichkeit dafür, daß $\cos\theta$ zwischen $\cos\theta$ und $\cos\theta + (\mathrm{d}\cos\theta)$ liegt,

$$g_m(\omega) = 2P(\mu)\left|\frac{\mathrm{d}\mu}{\mathrm{d}\omega}\right| = \left|\frac{\mathrm{d}\mu}{\mathrm{d}\omega}\right|$$

mit $\mu = \cos\theta$. Der Faktor 2 erscheint, da für $+\mu$ und $-\mu$ die Frequenzen gleich sind. Mit der Abkürzung

$$x = \frac{(\omega_m - \omega_0)\, 2I(2I-1)\,\hbar}{\left|m - \frac{1}{2}\right| 3eqQ} \tag{4.17a}$$

und $p(x)\,dx$ als Wahrscheinlichkeit dafür, daß die Größe x in das Intervall dx fällt, erhält man unter Berücksichtigung der Aufspaltung erster Ordnung für $p(x)$

$$\begin{aligned} p(x) &= \frac{1}{3}\left[\frac{1}{3}+\frac{2}{3}x\right]^{-1/2} \quad \text{für } -\frac{1}{2} \leqq x \leqq 1, \text{ wenn } m > {}^{1}/_{2} \text{ ist,} \\ p(x) &= \frac{1}{3}\left[\frac{1}{3}-\frac{2}{3}x\right]^{-1/2} \quad \text{für } -1 \leqq x \leqq \frac{1}{2}, \text{ wenn } m \leqq 0 \text{ ist,} \end{aligned} \tag{4.17}$$

und $p(x) = 0$ im übrigen Bereich.

Die Berücksichtigung der Störung zweiter Ordnung ergibt für die Zentralkomponente mit

$$y = \frac{64 I^2 (2I-1)^2 \hbar^2 \omega_0}{9 e^2 Q^2 q^2 [I(I+1) - 3/4]} (\omega_{1/2} - \omega_0) \tag{4.18a}$$

und

$$z = \left(\frac{16}{9} + y\right)^{1/2}$$

die folgende Linienformfunktion

$$\begin{aligned} p_{1/2}(y) &= [(5+3z)^{-1/2} + (5-3z)^{-1/2}]/4z \quad \text{für } -\frac{16}{9} \leqq y \leqq 0, \\ p_{1/2}(y) &= (5-3z)^{-1/2}/4z \quad \text{für } 0 \leqq y \leqq 1 \end{aligned} \tag{4.18}$$

und $p_{1/2}(y) = 0$ im übrigen Bereich.

Die normierte Linienform wird durch Berücksichtigung der Gewichte der einzelnen Formfunktionen für jede Komponente entsprechend ihrer Übergangswahrscheinlichkeit gebildet.

Die hier erhaltenen Linienformen mit ihren Spitzen werden dadurch abgerundet, daß noch andere Wechselwirkungen, wie magnetische Dipolwechselwirkungen, vorhanden sind, die die Einzelkomponenten verbreitern (Bild 25).

Die aus der Linienform von Pulvern (powder pattern) zu gewinnenden Aussagen sind meist recht begrenzt, weil durch Fehlstellen eine eindeutige Interpretation erschwert wird oder die Beobachtung der Linien ganz verhindert werden kann. Umfangreichere und eindeutigere Aussagen erhält man aus der Untersuchung von Einkristallen.

Obwohl für den axialsymmetrischen Fall bei der im allgemeinen bekannten Orientierung der Symmetrieachse parallel zum Feld, d. h. bei $\cos^2\theta = 1$, die Energien exakt bestimmt werden können, erhält man doch genauere Aussagen aus der Änderung der Absorptionskurve in Abhängigkeit vom Drehwinkel, weil eine Orientierung der Symmetrieachse parallel zum Feld größeren Fehlern ausgesetzt ist und aus der „Rotationsabhängigkeit" (rotation pattern) bei schrittweiser Drehung des

Einkristalles um eine zum Feld senkrechte Achse die Werte der Parameter am saubersten zu bestimmen sind. Als Beispiel für ein rotation pattern ist der Abstand zwischen Zentralkomponente und den symmetrisch liegenden Satelliten für ^{23}Na in $NaNO_3$ nach Pound [89] als

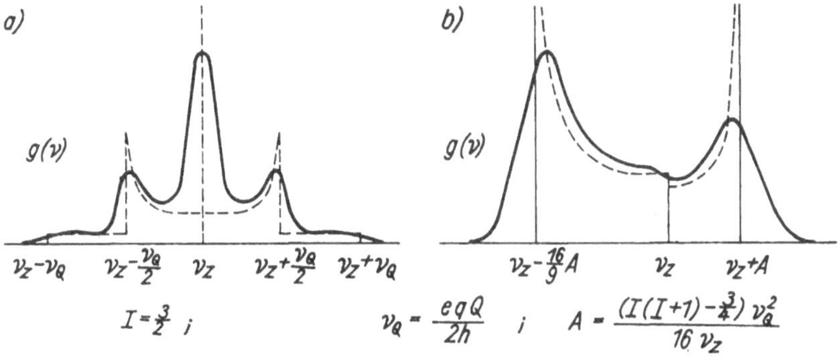

Bild 25. Linienformen für axiale Symmetrie (nach Bloembergen [107])

a) Störung erster Ordnung;

b) Zentrallinie mit Störung zweiter Ordnung.

Die gestrichelten Kurven entsprechen den Gleichungen (4.17) und (4.18); die ausgezogenen Kurven berücksichtigen die Dipolwechselwirkung

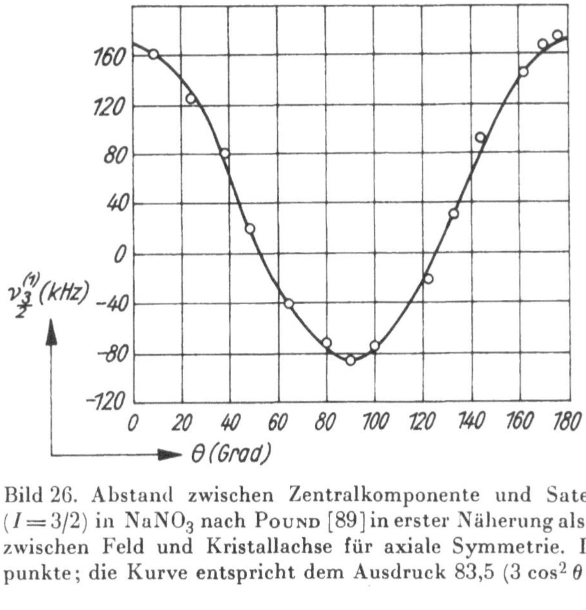

Bild 26. Abstand zwischen Zentralkomponente und Satellitenlinien für ^{23}Na ($I = 3/2$) in $NaNO_3$ nach Pound [89] in erster Näherung als Funktion des Winkels zwischen Feld und Kristallachse für axiale Symmetrie. Die Punkte sind Meßpunkte; die Kurve entspricht dem Ausdruck 83,5 $(3 \cos^2 \theta - 1)$

Funktion von θ in Bild 26 dargestellt. Die ausgezogene Kurve entspricht dem Ausdruck $83{,}5(3\cos^2\theta - 1)$. Wenn der Winkel zwischen Rotationsachse und Symmetrieachse ξ und der Rotationswinkel Φ genannt werden und Φ den Wert Φ_0 hat, wenn $\mathfrak{H}_0$ in der Ebene der Symmetrie- und der Rotationsachse liegt, so ist in den Ausdrücken für $\omega_m^{(1)}$ und $\omega_{1/2}^{(2)}$ [Gln. (4.15) und (4.16)] $\cos\theta$ durch $\sin\xi\cos(\Phi - \Phi_0)$ zu ersetzen. Daraus sieht man, daß die Aufspaltungen die Periode π in Φ haben und um $\Phi_0 + \frac{n\pi}{2}$ $(n = 0, 1, 2, 3)$ symmetrisch sind.

Das Hauptinteresse für den Fall $\eta = 0$ gilt der Bestimmung von eqQ. Das kann man aus dem Abstand der Satellitenlinien tun [92] oder, im allgemeinen genauer, weil die Breite der Satellitenlinien durch Fehlstellen und Verspannungen oft recht groß ist, aus der Verschiebung der Zentrallinie $\omega_{1/2}^{(2)}$, wenn eqQ groß genug ist.

Die Form der Pulverlinie für $\eta \neq 0$ wird unter Berücksichtigung der Störung erster Ordnung in der Arbeit von Cohen und Reif [90] abgeleitet. Für große Werte von η wird eine Bestimmung von eqQ und η aus der Linienform wahrscheinlich unmöglich.

Zur Bestimmung von eqQ und von η und zur Festlegung der Hauptachsen aus Einkristalluntersuchungen wurden drei Möglichkeiten entwickelt: Volkoff und seine Mitarbeiter [93] haben die Feldgradienten V_{ij} in einem im Kristall festgelegten kartesischen Koordinatensystem X_k, Y_k, Z_k durch Analyse der Rotationsabhängigkeit um zwei oder drei dieser Achsen bestimmt. Die Hauptachsenkomponenten und die Richtung des Hauptachsensystems erhielten sie durch Hauptachsentransformation der V_{ij} in X_k, Y_k, Z_k. Itoh, Kusaka und Yamagata [94] benutzten die Eulerschen Winkel und die Transformationseigenschaften der in die Darstellung der Feldgradienten eingehenden Kugelflächenfunktionen zweiter Ordnung als irreduzible Tensorkomponenten. Obwohl die Grundlage der Methode allgemeiner ist, erfordert die Auswertung der Rotationsabhängigkeit der Spektren etwas weniger Arbeit. Doch wurde die Methode von Volkoff bisher häufiger angewendet. Brown und Williams [96] führten nach vorläufiger Festlegung der Hauptachsen endgültige Messungen für $\mathfrak{H}_0$ parallel zu jeder dieser drei Achsen aus. Für diese Methode zerfällt die Säkulardeterminante. Frequenzfehler durch ungenügende Ausrichtung von $\mathfrak{H}_0$ sind von zweiter Ordnung im Fehlwinkel, da die exakten Frequenzen Extrema für diese Orientierungen besitzen. Die Methode ist genauer und erlaubt eine Anwendung auf stärkere Wechselwirkungen oder schwächere Felder.

Die Festlegung der Hauptachsen des Feldgradiententensors kann zu Strukturuntersuchungen ausgenutzt werden, da die Symmetrie des Feldgradienten die Symmetrie eines Gitterplatzes widerspiegelt. Darauf wird kurz bei der Anwendung der Kernquadrupolresonanz in Abschnitt 4.2 eingegangen werden.

Zur Interpretation von q und η ist es nötig, beide Größen zu berechnen. Das ist in jedem Falle nur genähert möglich. Auf die durch nichtkugelförmige Elektronenhüllen der Resonanzkerne (speziell durch p-Elektronen in kovalenten Verbindungen, d. h. Molekülkristallen) erzeugten Feldgradienten soll wieder in Abschnitt 4.2 etwas näher eingegangen werden, da sie in der Kernquadrupolresonanz eine bedeutende Rolle spielen.

Die in Ionenkristallen auftretenden Feldgradienten kann man als von Punktladungen, Dipolen und höheren Multipolen und von Gitterverzerrungen herrührend betrachten. Jedoch muß man in jedem Fall die Verzerrungen der Ionenhülle durch den von den anderen Ionen erzeugten lokalen Feldgradienten und durch das Quadrupolfeld des Kernes und u. U. die Dielektrizitätskonstante des umgebenden Mediums und die Verrückung der Gitterbausteine durch die Felder berücksichtigen. Der Verzerrung der Ionenhülle trägt man mit Hilfe des „Antiabschirmungsfaktors" (antishielding factor) γ_∞ dadurch Rechnung, daß man das Potential V_Q noch mit $(1 - \gamma_\infty)$ multipliziert. Berechnungen des Antiabschirmungsfaktors wurden von Das und Bersohn [99] und von Sternheimer und seinen Mitarbeitern [100 – 104] durchgeführt. Dabei müßte allerdings bei negativen Ionen die Änderung von γ_∞ beim Einbau in den Kristall berücksichtigt werden, da die niedrigliegenden angeregten Niveaus, die für die Anregung dieser Ionen wesentlich sind, in den Wellenfunktionen und ihren äußeren Gebieten eine große Rolle spielen.

Von einer Punktladung Ze mit dem Potential Ze/r, die im Punkt r' eines gleichförmigen, kontinuierlichen Mediums mit der Dielektrizitätskonstante ε eine Polarisation $P(r') = -[(\varepsilon - 1)/4\pi\varepsilon]\, Ze\nabla'(1/r')$ hervorruft, wird (unter Ausschluß der Beiträge des den Gradient erzeugenden Ions und des Ions, dessen Gradient am Kernort berechnet wird) der Feldgradient

$$q \approx (1 - \gamma_\infty)\,[(2\varepsilon + 3)/5\varepsilon]\,\frac{2Ze}{r^3} \tag{4.19}$$

erzeugt [90]. Da diese Abschätzung auf der Grundlage der Kontinuumstheorie mit einer makroskopischen Konstante beruht, ist ihr Gültigkeitsbereich durch diese begrenzt und kann nicht auf gradientenerzeugende Ladungen in unmittelbarer Nachbarschaft des betrachteten Kernes angewendet werden.

Zur Berechnung des Feldgradienten von Verspannungen um Versetzungen und Verunreinigungen geht man auch von einem Potential aus, das mit $1/r$ vom Ursprung aus abnimmt, und bildet damit den der Kristallsymmetrie entsprechenden Verzerrungstensor $\boldsymbol{\sigma} = \Delta V \nabla\nabla(1/r)$ (ΔV ist die Volumenänderung im Ursprung durch die Einführung der Störung). Aus dem Verzerrungstensor läßt sich der Feldgradiententensor berechnen, wobei eine Transformation in das Spin-Koordinatensystem vorgenommen werden muß. Für die Verspannung um eine Fehlstelle ergibt sich ein Beitrag zum Feldgradienten

$$q \approx 3(1 - \gamma_\infty) \frac{\Delta V}{V_E} g \left(\frac{1}{r^3}\right) e. \tag{4.20}$$

V_E ist das Volumen der Einheitszelle, g ein Parameter, der von der Kristallstruktur abhängt ([90], S. 354).

Eine Behandlung der Verspannungen bei elastischer und plastischer Deformation und der daraus folgenden Feldgradienten findet man bei Shulman, Wyluda und Anderson [105]. Die Theorie wird von Otsuka [106] auf die Behandlung der von Versetzungen erzeugten Feldgradienten angewandt.

Das Ionenmodell berücksichtigt die Überlappung der Schalen nicht, der aber durch die Orthogonalisierungsmethode von Löwdin Rechnung getragen werden kann.

Da reine Ionenkristalle Idealfälle sind und häufig ein an einem Anion lokalisiertes Elektron sich mit einer gewissen Wahrscheinlichkeit auch am benachbarten Kation aufhält, kann in einem solchen Fall der Feldgradient für den reinen Ionenkristall sehr vom wirklichen abweichen (die Differenz kann in der Größe mit dem Beitrag von der Ladung des Nachbarions vergleichbar sein).

In Metallen wird der von einem Fremdatom herrührende Feldgradient durch die Leitungselektronen innerhalb eines Abstandes $\varkappa^{-1}$ abgeschirmt [107], der im allgemeinen geringer ist als die Abstände der Atome im Gitter, so daß nur die nächsten Nachbarn durch die Ladung der Verunreinigung wesentlich beeinflußt werden. Der von Verspannungen herrührende Feldgradient kann dem lokalen, von der unmittelbaren Umgebung des Kernes herrührenden Wert des Spannungstensors proportional gesetzt werden, vorausgesetzt, daß der Antiabschirmungsfaktor nicht extrem groß ist. Der Proportionalitätsfaktor ist der gleiche wie für homogene Verspannungen.

In idealen kubischen Ionenkristallen verschwinden aus Symmetriegründen die Feldgradienten an den Kernen. Abweichungen von dieser Idealstruktur, die die Symmetrie in der Umgebung einer Anzahl von Kernen verringern oder die zu Überschußladungen im Kristall führen, rufen Feldgradienten hervor. Die wesentlichsten Gitterdefekte, die Feldgradienten erzeugen, sind Punktdefekte (Zwischengitterionen und Leerstellen, Verunreinigungsionen) in kleinen Konzentrationen, Versetzungen und Ionen einer zweiten Komponente in Mischkristallen und Legierungen. Die Punktdefekte können Überschußladungen tragen. Außerdem sind sie punktförmige Quellen von Gitterverzerrungen. Letzteres gilt auch für die Ionen der zweiten Komponente eines Mischkristalls oder einer Legierung. Die Versetzungen lassen sich durch ein Näherungsverfahren formal genauso wie Punktdefekte behandeln. Alle diese Gitterstörungen haben die Eigenschaft, daß sie mehr oder weniger statistisch über den Kristall verteilt sind. Diese statistische Verteilung bewirkt, daß die Feldgradienten und damit auch die Resonanzfrequenzen von Kern zu Kern verschieden sind. Dadurch werden die Linien verbreitert. Unter gewissen Voraussetzungen läßt sich für eine solche inhomogene Wechselwirkung die Linienform berechnen.

Der Ionenkristall wird dabei durch ein Punktgitter angenähert, und die Gitterdefekte werden als völlig statistisch verteilt und voneinander unabhängig angenommen. Die von den Gitterdefekten herrührenden Feldgradienten sollen unabhängig vom Spinsystem sein. Da die Satellitenlinien im wesentlichen nur durch die Störung erster Ordnung, in der nur die Komponente V_0 des Feldgradienten auftritt, die Zentrallinie aber nur durch die Störung zweiter Ordnung, die die Komponenten $V_{\pm 1}$ und $V_{\pm 2}$ enthält, beeinflußt werden, muß der Einfluß der Gitterstörungen auf die Satellitenlinien getrennt von dem auf die Zentrallinie behandelt werden.

Die Berechnung der Linienformen für die Satellitenlinien und für die Zentrallinie ist bei Cohen und Reif [90] ausführlich dargestellt. Für die Satellitenlinien ergibt sich für hohe Defektkonzentrationen eine gaußkurvenförmige Linie und für kleine Defektkonzentrationen eine lorentzkurvenförmige, deren Breite der Defektkonzentration c proportional ist. Die Linienbreite ist um einen Faktor $c^{1/2}$ kleiner als die Wurzel aus dem zweiten Moment.

Die Grenze zwischen hohen und niedrigen Konzentrationen liegt bei $c = 0{,}1$. Für etwas kleinere Konzentrationen als 0,1 ist die Linie in ihrem Mittelteil lorentzkurvenförmig, in ihren Ausläufern aber gaußkurvenförmig. Ist c etwas größer als 0,1, so ist die Linie vollständig gaußkurvenförmig.

Die Theorie gibt auch die von Bloembergen und Rowland [44] gefundene Verkleinerung der Kernresonanzlinie mit zunehmender Fehlstellenkonzentration richtig wieder, die von den beiden Autoren auf folgende einfache Weise erklärt wird: da die Quadrupolwechselwirkung mit r^{-3} abnimmt, wird es nur einen engbegrenzten Bereich um jeden Kern geben, innerhalb dessen eine Störung die Resonanzfrequenz des Kernes beeinflußt. Bloembergen und Rowland nehmen nun an, daß man sich um jeden Kern eine Kugel denken kann, die eine Anzahl Gitterplätze einschließt und deren Radius so groß ist, daß jede Störstelle, die außerhalb der Kugel liegt, die Resonanzfrequenz des Kernes nicht beeinflußt. Jede Störstelle, die innerhalb der Kugel liegt, soll am Kern eine so große Frequenzverschiebung hervorrufen, daß seine Larmorfrequenz außerhalb des beobachtbaren Bereiches liegt, er also nichts mehr zur Linie beiträgt. Wenn c die Verunreinigungskonzentration ist, so ist $(1 - c)$ die Wahrscheinlichkeit dafür, daß auf einem bestimmten Platz keine Störstelle sitzt. Wenn innerhalb der um den Kern beschriebenen Kugel p Gitterplätze liegen, so ist $(1 - c)^p$ die Wahrscheinlichkeit dafür, auf keinem dieser Plätze eine Störung anzutreffen. Da das für jeden Kern gilt, ist also $(1 - c)^p$ der Anteil der Kerne, der beobachtbar ist, da in ihrer unmittelbaren Umgebung keine Störstellen sitzen. Ist J_0 die Intensität der Linie ohne Quadrupolstörung durch Defekte, so wird die Intensität bei Anwesenheit von Störstellen

$$J(c) = J_0(1 - c)^p \tag{4.21}$$

sein. Trägt man lg $J(c)$ über lg $(1 - c)$ auf, so gibt die Steigung der Geraden die Zahl der unbeeinflußten Kerne.

Cohen und Reif erhielten für die Linienform der Zentrallinie geschlossene Ausdrücke nur für sehr hohe und sehr niedrige Konzentrationen. Diese Ausdrücke sind sehr kompliziert.

4.1.2. Spin-Gitter-Relaxation

Die bisherigen Betrachtungen über die Linienform bezogen sich auf das starre Gitter mit zeitunabhängigen Feldgradienten. Wegen der Bewegungserscheinungen im Gitter sind diese zeitunabhängigen Feldgradienten in Wirklichkeit nur die Zeitmittelwerte. Diesen ist eine stochastische Komponente $\Delta V_{ij} = V_{ij} - \langle V_{ij} \rangle$ überlagert, deren Zeitabhängigkeit durch die Bewegungserscheinungen bestimmt wird. Die statische Quadrupolwechselwirkung bestimmt zusammen mit der Zeemanaufspaltung und der Dipol-Dipol-Wechselwirkung die Lage der Kernniveaus, die zeitlich veränderlichen Komponenten dagegen bestimmen die Spin-Gitter-Relaxationszeit T_1.

Durch die Gitterschwingungen erleidet die Symmetrie der Umgebung eines Kerns zeitliche Änderungen, d. h., es treten zeitlich veränderliche Gitterverzerrungen auf, die mit ebensolchen Änderungen der Feldgradienten verbunden sind. Auch in kubischen Kristallen, in denen $\langle V_{ij} \rangle = 0$ ist, ist $\Delta V_{ij} \neq 0$.

Da im Spektrum der Gitterschwingungen die den niedrigen Larmorfrequenzen entsprechenden Frequenzen nur mit vernachlässigbarer Intensität vorhanden sind, werden direkte Phononen-Kern-Wechselwirkungsprozesse praktisch nichts zur Relaxation beitragen. Daher brauchen nur Ramanprozesse zwischen den Kernen und den Phononen des Gitters berücksichtigt zu werden. Diese Prozesse spielen bei der Dipolwechselwirkung wegen der Kleinheit der von den Kernmomenten herrührenden Magnetfelder keine Rolle. Hier ist das anders. Die Feldgradienten bzw. ihre zeitlichen Änderungen sind im allgemeinen so groß, daß in Substanzen, die Kerne mit Quadrupolmomenten enthalten, die Spin-Gitter-Relaxationszeit T_1 dieses Kernspinsystems durch die Quadrupolwechselwirkung bestimmt wird. Die Berechnung von T_1 für diese Fälle geht auf van Kranendonk [108] zurück. Dieser berechnete T_1 unter den im allgemeinen erfüllten Voraussetzungen, daß das an einem Kern wirksame fluktuierende Kristallfeld nur von der Verschiebung des Kernes selbst und seiner unmittelbaren Nachbarn abhängt und daß die Frequenzen der Normalschwingungen des Gitters unabhängig von der Richtung des Ausbreitungsvektors $\mathfrak{k}$ und der Polarisation sind.

Im Hamiltonoperator

$$\mathbf{H} = \mathbf{H}_0 + \mathbf{H}_L + \mathbf{H}_Q \tag{4.22}$$

berücksichtigt van Kranendonk die Zeemanaufspaltung $\mathbf{H}_0 = -\gamma\hbar H_0 \boldsymbol{I}_z$ der Kernniveaus, die Energie der Gitterschwingungen $\mathbf{H}_L$ und die Quadrupolwechselwirkung $\mathbf{H}_Q$, die sich mit den aus (4.8) folgenden Abkürzungen

$$\begin{aligned} \mathbf{Q}_0 &= 3\boldsymbol{I}_z^2 - I(I+1), \\ \mathbf{Q}_{\pm 1} &= \boldsymbol{I}_z \boldsymbol{I}_\pm + \boldsymbol{I}_\pm \boldsymbol{I}_z, \\ \mathbf{Q}_{\pm 2} &= (\boldsymbol{I}_\pm)^2 \end{aligned} \tag{4.23}$$

in der Form

$$\mathbf{H}_Q = \frac{eQ}{4I(2I-1)}\,\beta \sum_{\mu=-2}^{+2} \mathbf{Q}_\mu V_\mu^* = \frac{eQ}{I(2I-1)} \sum_{\mu=-2}^{+2} \mathbf{Q}_\mu W_\mu \tag{4.24}$$

darstellen läßt. W_μ bzw. V_μ^* sind Funktionen der Verschiebungen $\mathfrak{r}_i = \mathfrak{s}_i - \mathfrak{s}_0$ der Ionen relativ zur Verschiebung $\mathfrak{s}_0$ des betrachteten Ions (des Zentralions). Entwickelt man die W_μ nach Potenzen der Abweichungen $\mathfrak{r}_i$

$$W_\mu = A_\mu + \sum_i \mathfrak{A}_{\mu i} \mathfrak{r}_i + \sum_{i,j} \boldsymbol{A}_{\mu ij} \mathfrak{r}_i \mathfrak{r}_j + \cdots, \tag{4.25}$$

so ergibt das erste von den Abweichungen unabhängige Glied die statische Quadrupolwechselwirkung. Die weiteren Glieder sind wegen der Zeitabhängigkeit von $\mathfrak{r}_i$ die Ursache der Spin-Gitter-Relaxation.

Die Verschiebungen $\mathfrak{s}_i$ bzw. $\mathfrak{s}_0$ werden nun in eine Fourierreihe

$$\mathfrak{s}_i = \sum_{k,p} a_{kp} \mathfrak{e}_{kp}\, e^{i\mathfrak{k}\mathfrak{R}_i} \tag{4.26}$$

entwickelt, in der die $\mathfrak{e}_{kp}$ die Einheitsvektoren in den drei Polarisationsrichtungen p sind und k über die N Gitterpunkte der ersten Zone des reziproken Gitters läuft. Die $\mathfrak{r}_i$ lassen sich dann durch die von der Quantenzahl $\lambda = \lambda(k, p, s)$ abhängigen Normalkoordinaten

$$q_\lambda = \delta(s, 1)\,(a_{kp} + a_{-kp}) + i\,\delta(s, 2)\,(a_{kp} - a_{-kp}) \tag{4.27}$$

ausdrücken:

$$\mathfrak{r}_i = \sum_\lambda{}' q_\lambda B_i \mathfrak{e}_\lambda \tag{4.28}$$

mit

$$B_i = B_i(k, s) = \delta(s, 1)\,[\cos \mathfrak{k}(\mathfrak{R}_i - \mathfrak{R}_0) - 1] + \delta(s, 2) \sin \mathfrak{k}(\mathfrak{R}_i - \mathfrak{R}_0). \tag{4.29}$$

$(\mathfrak{R}_i - \mathfrak{R}_0)$ ist der Gleichgewichtsabstand zwischen dem Kern i und dem Zentralkern 0, für den die Störung berechnet wird. Die Zeitabhängigkeit liegt jetzt in den q_λ.

Bei der Störungsrechnung erster Ordnung mit $\mathbf{H}_Q$ als Störoperator gibt das zweite Glied von (4.25) zu direkten Prozessen Anlaß, da in ihm die q_λ nur linear auftreten. Die q_λ haben das gleiche Frequenzspektrum wie die Gitterschwingungen, deren Spektraldichte bei der niedrigen Larmorfrequenz ω_0 sehr gering ist. Diese Prozesse können also vernachlässigt werden. Das zweite Glied gibt zu Ramanprozessen Anlaß, da in seinem Spektrum die Frequenzen $\omega_k - \omega_{k'} \approx \omega_0$ auftreten. Da ω_k, $\omega_{k'} \gg \omega_0$ sind, ist $k' \approx k$.

Die Wahrscheinlichkeit $P_{\lambda\lambda'}(m, m + \mu)$ (worin $\mu = \pm 1$ oder ± 2 ist) für den Übergang eines Kernes vom Zustand m in den Zustand $m + \mu$ infolge eines Ramanprozesses, bei dem ein Phonon der Quantenzahl $\lambda' = \lambda(k', s', p')$ absorbiert und ein zweites der Quantenzahl $\lambda = \lambda(k, s, p)$ emittiert wird, ist $|\langle\lambda|\mathbf{H}_Q|\lambda'\rangle|^2$ und der Zahl der Phononen in den Zuständen λ und λ' proportional. Die Gesamtübergangswahrscheinlichkeit ist die Summe aller Einzelwahrscheinlichkeiten.

Da das Frequenzspektrum der Gitterschwingungen praktisch kontinuierlich ist, läßt sich die Summation über k und k' durch die entsprechenden Integrationen ersetzen. Die Bedingung $k' = k$ kann durch die Deltafunktion $\delta(k - k')$ bei der Integration über k' berücksichtigt werden. Mit der Phononendichte

$$\varrho(\omega_k)\,\mathrm{d}\omega_k = \frac{V}{2\pi^2 v} f(\omega_k)\, k^2\, \mathrm{d}\omega_k, \tag{4.30}$$

in der V das Kristallvolumen, v die Schallgeschwindigkeit für lange Wellen und $f(\omega_k)$ eine von der Art des Phononenspektrums abhängige Funktion bedeuten, und mit den Matrixelementen

$$\langle n_\lambda + 1|q_\lambda|n_\lambda\rangle = \langle n_\lambda|q_\lambda|n_\lambda + 1\rangle = \left(\frac{\hbar}{M_K \omega_k}\right)^{1/2} (n_\lambda + 1)^{1/2}, \tag{4.31}$$

in denen M_K die Masse des Kristalls und n_λ die Zahl der angeregten Phononen mit der Quantenzahl λ ist (sie ist im thermischen Gleichgewicht durch

$$\langle n_\lambda\rangle = (\mathrm{e}^x - 1)^{-1} \quad \text{mit} \quad x = \frac{\hbar\omega_k}{kT} \tag{4.32}$$

gegeben), ergibt sich für die Übergangswahrscheinlichkeit $P(m, m + \mu)$

$$P(m, m+\mu) = \frac{|\langle m+\mu|\mathbf{Q}_\mu|m\rangle|^2}{2\pi^3 v^3 \varrho^2} \int\limits_0^{\omega_{\max}} \frac{k^4[f(\omega_k)]^2}{\omega_k^2} \frac{e^x}{(e^x-1)^2} M_\mu(ka)\, d\omega_k. \tag{4.33}$$

$\varrho = V/M_K$ ist die Dichte des Kristalls und

$$M_\mu(ka) = \sum_{s,s'} \sum_{i,j,l,m} A_{\mu ij} A_{\mu lm} \{B_i(k, s)\, B_l(k, s)\} \{B_j(k, s')\, B_m(k, s')\}. \tag{4.34}$$

$M_\mu(ka)$ hängt von der Kristallstruktur ab und ist für das NaCl-Gitter schon von van Kranendonk berechnet worden.

Für $f(\omega_k) = 1$ ist $\varrho(\omega_k)$ die Dichte des Debyespektrums; in diesem Fall ergibt sich

$$P(m, m+\mu) = \frac{3|\langle m+\mu|\mathbf{Q}_\mu|m\rangle|^2}{\pi a^3 v^3 \varrho^2} \left(\frac{T}{T_D}\right)^3 \int\limits_0^{T_D/T} \frac{x^2 e^x}{(e^x-1)^2} M_\mu\left(cx \frac{T}{T_D}\right) dx. \tag{4.35}$$

Die Konstante c ist $c = ak_{\max} = (6\pi^2)^{1/3}$.

Ist $T/T_D \ll 1$, so kann die obere Integrationsgrenze durch ∞ ersetzt und das Integral durch die Langevinsche Funktion und deren Ableitungen analytisch dargestellt werden. Entwickelt man den so erhaltenen Ausdruck nach Potenzen von T/T_D, dann beginnt diese Entwicklung mit $(T/T_D)^4$. Daraus ergibt sich für tiefe Temperaturen die bekannte Temperaturabhängigkeit mit $(T/T_D)^7$ für Ramanprozesse. Wegen der schlechten Konvergenz der Reihen ist das erste Glied allerdings nur für $T/T_D \ll 0{,}02$ eine gute Näherung.

Für hohe Temperaturen ($T/T_D \geq 0{,}5$) kann man das Integral in eine absteigende Potenzreihe entwickeln, die zu einer Temperaturabhängigkeit

$$P_{m,m+\mu}(T) \sim T^2 \left(a - \frac{b}{T^2}\right) \tag{4.36}$$

führt. Aus den $P_{m,m+\mu}$ läßt sich nach (2.107 a) T_1^{-1} bestimmen. T_1 ist über die $A_{\mu ij}$ richtungsabhängig. Da (2.107 a) nur gilt, wenn eine Spintemperatur T_S definierbar ist, also die Besetzungswahrscheinlichkeiten der Spinniveaus der Boltzmannstatistik genügen, hat die nach dieser Gleichung berechnete Relaxationszeit T_1 nur eine formale Bedeutung; denn die angeführten Bedingungen sind meist nicht erfüllt, und man kann nicht erwarten, daß durch dieses T_1 die Einstellung des Gleichgewichtes nach einer Störung richtig beschrieben wird (Näheres dazu siehe bei Cohen und Reif [90]).

In die Übergangswahrscheinlichkeiten gehen die Feldgradienten und damit der Verstärkungsfaktor β (4.19) quadratisch ein. Um Übereinstimmung zwischen den nach der van-Kranendonkschen Theorie berechneten und den gemessenen Spin-Gitter-Relaxationszeiten T_1 zu erhalten, muß man für β Werte zwischen 100 und 1000 annehmen. Da der „antishielding factor" von Sternheimer seine maximalen Werte bei 100 hat, müssen Kovalenz- und Überlappungseffekte eine beträchtliche Rolle spielen. Das gilt sogar für solche „reinen" Ionenkristalle wie etwa NaCl.

Yosida und Moriya [109] haben die in Ionenkristallen zu erwartenden Spin-Gitter-Relaxationszeiten unter der Annahme berechnet, daß nur die kovalenten Bindungseffekte für die Feldgradienten maßgebend sind. Sie führen als Maß der Kovalenz einen Parameter λ ein, der die Aufenthaltswahrscheinlichkeit eines Anionenvalenzelektrons am benachbarten Kation als Folge einer teilweise kovalenten Bindung angibt. Während des Aufenthaltes des Elektrons am Kation entsteht ein Loch in der p-Elektronenschale des Anions, das zu einem Feldgradienten der Größenordnung $e\langle r^{-3}\rangle$ am Kern führt. $\langle r^{-3}\rangle$ kann aus der Feinstruktur des Halogenatomspektrums annähernd bestimmt werden. Die Aufenthaltswahrscheinlichkeit λ am Kation hängt vom Abstand der Ionen ab, der durch die Gitterschwingungen moduliert wird, und ist daher zeitlich veränderlich. Die Abstandsabhängigkeit von λ kann man proportional zu exp $(-R/\varrho)$ annehmen, wobei R der Gleichgewichtsabstand der Ionen ist und ϱ aus der Bornschen Gittertheorie berechnet werden kann. λ läßt sich aus der chemischen Verschiebung der Halogenkerne im Kristall bestimmen.

Eine weitere Möglichkeit, ins einzelne gehende Aufschlüsse über die Kopplung zwischen den Gitterschwingungen und den Kernquadrupolmomenten zu erhalten, gibt die Anregung von Gitterschwingungen mit Ultraschall. Wenn die Ultraschallfrequenz gleich $2\omega_0$ ist, dann werden durch die direkten Prozesse, die sonst bei den thermischen Gitterschwingungen keine Rolle spielen, Übergänge zwischen den Niveaus $m = 3/2$ und $m = -1/2$ und zwischen $m = 1/2$ und $m = -3/2$ induziert, die die Besetzungsdifferenz $N_{3/2} - N_{-3/2}$ verkleinern. Gemessen wird dann die Spin-Gitter-Relaxationszeit der Zentrallinie.

Die Änderung der Besetzungszahlen durch die Ultraschallanregung und damit T_1 hängt außer von der Ultraschallanregungsenergie noch von der Art der thermischen Relaxationsprozesse ab und ist für Dipolrelaxation durch paramagnetische Verunreinigungen anders als für Quadrupolrelaxation (z. B. [110, 111]).

Neben den Gitterschwingungen spielt auch die Beweglichkeit von Gitterstörstellen in der Quadrupolrelaxation eine große Rolle. Wie bei der Dipolwechselwirkung tritt auch hier eine Bewegungsverschmälerung der durch statische Quadrupolwechselwirkung verbreiterten Linie auf, wenn die Sprungfrequenz der Gitterdefekte, deren Feldgradienten eine Quadrupolverbreiterung hervorrufen, größer oder gleich der statischen Linienbreite wird. Diese Linienverschmälerung läßt sich für die Quadrupolwechselwirkung genauso wie für die Dipolwechselwirkung nach der Methode von Kubo und Tomita behandeln.

Ähnlich wie bei der Dipolwechselwirkung tritt auch bei der Quadrupolwechselwirkung eine Verkürzung von T_1 ein, wenn die Sprungfrequenz der gradientenerzeugenden Störstellen in die Nähe der Larmorfrequenz kommt. Im kubischen Gitter, in dem nichtverschwindende Feldgradienten an den Kernen nur von Gitterdefekten herrühren können, werden durch die Feldgradienten von festen bzw. beweglichen Gitterdefekten (z. B. Versetzungen) die Satellitenlinien durch die Störung erster Ordnung stark verbreitert. In vielen Fällen ist dann nur noch die Zentrallinie zu messen $\left(I = n + \frac{1}{2}\right)$. Für einen Kernspin $I = 3/2$ wird der Einfluß der Spin-Gitter-Relaxation auf die Linienbreite der Zentrallinie durch

$$T_1' = \frac{P(3/2,\,1/2) + P(3/2,\,-1/2)}{P(3/2,\,1/2)\,P(3/2,\,-1/2)}$$

beschrieben. Die Übergangswahrscheinlichkeiten $P(3/2, 1/2)$ und $P(3/2, -1/2)$ sind jetzt aber nicht mehr durch das Spektrum der Gitterschwingungen, sondern durch die Spektraldichten $S_1(\omega_0)$ und $S_2(2\omega_0)$ der statistischen Schwankungen der von den diffundierenden Defekten herrührenden Feldgradienten bestimmt. Werden diese von Defekten mit Überschußladungen hervorgerufen, so lassen sich die Spektraldichten S_1 und S_2 nach dem gleichen Formalismus berechnen, den Torrey auf die Gitterdiffusion der Kerndipole anwendete (s. S. 99 ff.). Reif [112] erhielt damit die Relaxationszeit

$$T_1' = \frac{45}{4\pi} \frac{1}{(1+k')\left(\frac{R}{a}\right)^3 B n_0 c} \frac{(\nu_s)/\omega_0)^2 + \frac{5}{2}(1+k')^2}{(\nu_s/\omega_0)}, \tag{4.37}$$

die für

$$\nu_s = (1+k')\sqrt{\frac{5}{2}}\,\omega_0 \tag{4.37 a}$$

das Minimum

$$T'_{1\min} = \frac{45\sqrt{10}}{4 B n_0 c} \tag{4.37 b}$$

hat. $(2R^3)$ ist das Volumen der Elementarzelle, a ist der kleinste Abstand zwischen einer Störstelle und einem Kern, k' ist eine vom Verhältnis a/l (l ist der Sprungweg eines Defektes) abhängige Konstante, B eine durch

$$B = \frac{3}{16}\left(\beta \frac{e^2 Q}{\hbar R^3}\right)^2 \omega_0^{-1} \tag{4.38}$$

definierte charakteristische Frequenz, n_0 die Zahl der mit Defekten besetzbaren Gitterplätze in der Elementarzelle und c die Defektkonzentration.

Da die Sprungfrequenz ν_s der Gitterdefekte temperaturabhängig ist, wird das Maximum von T_1' für verschiedene Larmorfrequenzen bei unterschiedlichen Temperaturen liegen. ln ω_0 über den reziproken Temperaturen, für die $T_1 = T_{1\,\mathrm{min}}$ wird, aufgetragen, sollte eine Gerade ergeben, aus deren Neigung sich die Aktivierungsenergie in Einheiten von kT ergibt. Die Bestimmung der Aktivierungsenergie auf diesem Wege ist allerdings ziemlich ungenau, da sich aus meßtechnischen Gründen und der Bedingung, daß die Zeeman-Aufspaltung groß gegenüber der Quadrupolwechselwirkung sein muß, ω_0 nur in engen Grenzen variieren läßt.

4.2. Reine Kernquadrupolresonanz

Für die Darstellung, in der die Eigenwerte von $\boldsymbol{I}_z$ diagonal sind, werden die Energieniveaus durch (4.11) gegeben. Die Niveaus sind also doppelt entartet hinsichtlich m; lediglich für $m = 0$, d. h. bei geradem Spin, existiert ein nichtentartetes Niveau.

Bei der Kernquadrupolresonanzspektroskopie werden die Übergänge wie in der kernmagnetischen Resonanz durch Wechselwirkung der magnetischen Komponente eines hochfrequenten Wechselfeldes mit dem magnetischen Dipolmoment des Kernes induziert.

Für halbzahligen Spin existieren $(I - 1/2)$ verschiedene Frequenzen, für ganzzahligen Spin I. Für das Verhältnis zweier aufeinanderfolgender Frequenzen gilt

$$\frac{\omega_1}{\omega_2} = \frac{2|m_1| + 1}{2|m_2| + 1}. \tag{4.39}$$

Wenn mehr als eine Frequenz beobachtet wird und diese Beziehung gilt, ist es möglich, $eqQ/4\,I(2\,I - 1)$ zu bestimmen.

Die Achsenrichtungen können aus der Abhängigkeit der Intensität der Resonanz von der Orientierung des HF-Feldes hinsichtlich der kristalleigenen Achsen bestimmt werden; denn die Intensität verschwindet, wenn das HF-Feld längs der Symmetrieachse des Feldgradiententensors liegt, und sie wird ein Maximum, wenn das Feld in einer Ebene senkrecht zur Symmetrieachse liegt. Die Intensitätsmessungen sind jedoch nicht sehr genau und auch nicht bequem auszuführen und können kompliziert sein, wenn in der Einheitszelle mehrere Gitterplätze mit verschiedenen Richtungen der Symmetrieachsen existieren. Man benutzt aus diesem Grund besser die Zeeman-Aufspaltung in einem zusätzlichen schwachen, konstanten Magnetfeld und die Intensitätsmessungen nur als Kontrolle.

Hier soll nur die Zeeman-Aufspaltung der Quadrupolspektren für axialsymmetrischen Feldgradienten und halbzahligen Spin nach Das und Hahn [97] kurz behandelt werden. Für die anderen Fälle wird im Anschluß daran lediglich die Literatur angegeben.

Wird im Winkel θ zur Symmetrieachse des Feldgradiententensors ein schwaches Magnetfeld $\mathfrak{H}_0$ angelegt $(\hbar\gamma_N H_0 \ll eqQ)$, so setzt sich der Hamiltonoperator aus den zwei Anteilen $\mathbf{H}_Q$ und $\mathbf{H}_M$ zusammen, worin $\mathbf{H}_M$ im allgemeinen Fall die Form

$$\mathbf{H}_M = -\hbar\gamma_N H_0(\boldsymbol{I}_z \cos\theta + \boldsymbol{I}_x \sin\theta\cos\varphi + \boldsymbol{I}_y \sin\theta\sin\varphi) \quad (4.40)$$

hat; in unserem speziellen Fall eines axialen Feldgradienten fällt die Abhängigkeit vom Azimutwinkel φ weg. Das Zusatzglied $\mathbf{H}_M$ im Hamiltonoperator hebt die doppelte Entartung der Energieniveaus auf. Letztere haben für $m > 1/2$ die Form

$$E_{\pm m} = \frac{eqQ}{4I(2I-1)}[3m^2 - I(I+1)] \mp m\gamma_N \hbar H_0 \cos\theta \quad (4.41)$$

für die beiden durch ψ_{+m} und ψ_{-m} beschriebenen Eigenzustände. Zur Berechnung der $\psi_{\pm 1/2}$-Zustände kann man nicht, wie soeben, die Mischung benachbarter Zustände vernachlässigen. Durch Mischung nullter Ordnung entstehen aus den Zuständen $\psi_{+1/2}$ und $\psi_{-1/2}$ die beiden neuen ψ_+ und ψ_- mit den Energien

$$E_{\pm} = \frac{eqQ}{4I(2I-1)}\left[\frac{3}{4} - I(I+1)\right]$$
$$\mp \frac{1}{2}[1 + (I+1/2)^2 \tan^2\theta]^{1/2} \hbar\gamma_N H_0 \cos\theta \quad (4.42)$$

(Bild 27).

Durch die Aufhebung der Entartung entstehen für $m > 1/2$ zwei $(\Delta m = \pm 1)$-Übergänge zwischen den Niveaus $\pm m$ und $\pm(m+1)$ mit den Frequenzen

$$\omega_m^{\pm} = \frac{3eqQ}{4I(2I-1)\hbar}(2|m|+1) \pm \gamma_N H_0 \cos\theta, \quad (4.43)$$

die symmetrisch zur ursprünglichen Frequenz ohne Magnetfeld sind und von denen jede die halbe Intensität der ursprünglichen hat. Die Intensitäten sind unabhängig von θ.

Die $(\Delta m = \pm 1)$-Übergänge zwischen den $\psi_{\pm}$-Zuständen und den $\psi_{\pm 3/2}$ führen zu den vier Frequenzen

$$
\begin{aligned}
\omega_\alpha &= \frac{6eqQ}{4I(2I-1)\hbar} - \frac{3-[1+(I+1/2)^2\tan^2\theta]^{1/2}}{2}\gamma_N H_0 \cos\theta\,,\\
\omega_\beta &= \frac{6eqQ}{4I(2I-1)\hbar} - \frac{3+[1+(I+1/2)^2\tan^2\theta]^{1/2}}{2}\gamma_N H_0 \cos\theta\,,\\
\omega_\alpha' &= \frac{6eqQ}{4I(2I-1)\hbar} + \frac{3-[1+(I+1/2)^2\tan^2\theta]^{1/2}}{2}\gamma_N H_0 \cos\theta\,,\\
\omega_\beta' &= \frac{6eqQ}{4I(2I-1)\hbar} + \frac{3+[1+(I+1/2)^2\tan^2\theta]^{1/2}}{2}\gamma_N H_0 \cos\theta\,,
\end{aligned}
\tag{4.44}
$$

die symmetrisch zur reinen Quadrupolfrequenz $\omega_{1/2} = \dfrac{6eqQ}{4I(2I-1)\hbar}$ liegen (Bild 27). Das innere Paar α, α' und das äußere β, β' haben je gleiche Intensitäten. Für eine spezielle Orientierung des Zeeman-Feldes

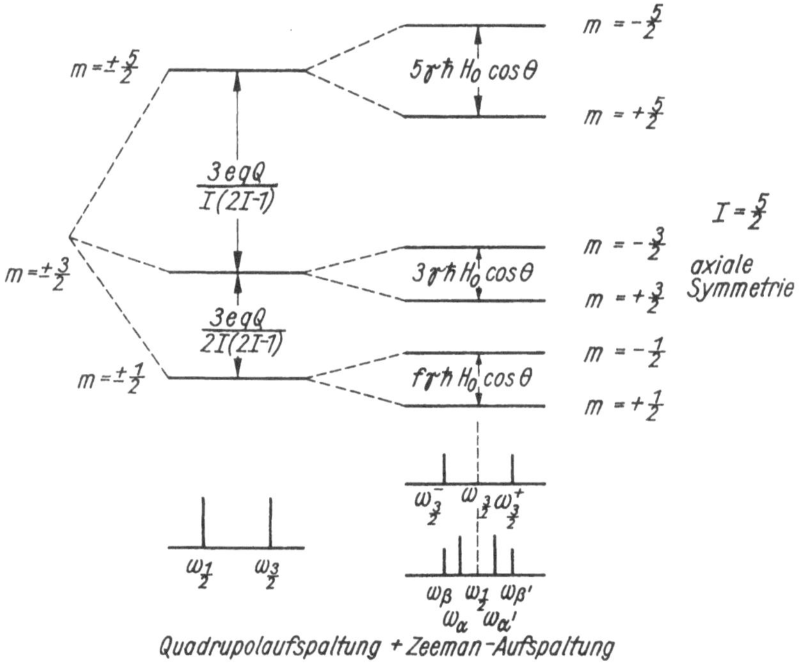

Bild 27. Termschema und Frequenzspektrum für Quadrupolresonanz mit Zeeman-Aufspaltung

haben beide Paare die maximale Intensität, wenn das HF-Feld senkrecht zur Symmetrieachse gerichtet ist. Da die Intensitäten der Paare den Ausdruck $f = [1 + (I + 1/2)^2 \tan^2\theta]^{1/2}$ enthalten, hängen sie von der Orientierung des Zeeman-Feldes ab.

Das Intensitätsverhältnis des äußeren Paares zum inneren ist proportional zu $(f - 1)/(f + 1)$. Die Orientierung der Symmetrieachsen läßt sich aus Intensitätsmessungen in Abhängigkeit von der Richtung des Zeeman-Feldes bestimmen; doch ist es bequemer, dazu die Richtungsabhängigkeiten der Zeeman-Aufspaltungen zu benutzen, sowohl der Frequenzen $\omega_m^{\pm}$ als auch der Paare α, α' und β, β'. Letztere sind etwas komplizierter, wie natürlich auch der im allgemeinen vorliegende Fall eines nichtaxialen Feldgradienten, für den außer den Größen q und η die drei Eulerschen Winkel, die die relativen Orientierungen des Laborsystems zum Hauptachsensystem festlegen, zur vollständigen Beschreibung nötig sind. Zur Lokalisierung der Achsen benutzt man gern stereographische Darstellungen der Zeeman-Aufspaltung.

Eine Übersicht über die Fälle reiner Quadrupolspektren und ihrer Zeeman-Aufspaltungen für verschiedene Spins, halb- und ganzzahlige, axiale und nichtaxiale Feldgradienten, kleine und mittlere Zeeman-Felder, findet sich mit Literaturangaben in dem Buch von Das und Hahn [97]. Für ganzzahlige Spins im axialen Feldgradienten sind alle Zustände nicht entartet, und die reinen Quadrupollinien werden durch die Formel (4.43) beschrieben. Die Analyse zur Lokalisierung der Symmetrieachsen ist dieselbe wie für die Linien mit $m > 1/2$ bei halbzahligen Spins. Reine Quadrupolspektren für nichtaxiale Feldgradienten wurden für $I = 5/2$, $7/2$, $9/2$ und für zehn Werte von η von Cohen [113] numerisch berechnet; Bersohn [114] hat Näherungslösungen für kleine Werte von η angegeben, für die eine Entwicklung bis zu Termen zweiter Ordnung in η ausreicht.

Krüger [117] hat den Fall kleiner η bis zu Potenzen η^4 für $I = 3/2$ und $I = 5/2$ behandelt, Dehmelt und Krüger [118] in der gleichen Näherung $I = 5/2$ und $I = 7/2$. Livingston und Zeldes [115] haben Tafeln für $I = 1/2$ und η-Werte von 0 bis 1 in Intervallen von 0,001 aufgestellt. Die quantenmechanische Behandlung des Falles der ganzzahligen Spins ähnelt nach Bersohn der der Rotation eines asymmetrischen Kreiselmoleküls. Die Behandlung findet sich bei Das und Hahn [97] und in dem Buch von Townes und Schawlow [116].

Die Zeeman-Aufspaltung wurde für $I = 3/2$ und $I = 5/2$ von Krüger [117] behandelt und für $I = 5/2$ und $I = 7/2$ von Bersohn [114] mit einer Störungstheorie. Dean [119] behandelte die Theorie der Zeeman-Aufspaltung streng und diskutierte den Fall $I = 3/2$ im einzelnen, da dieser exakt lösbar ist. Cohen [113] hat numerische Ergebnisse für die Aufspaltung für $I = 5/2$, $7/2$ und $9/2$ angegeben. $I = 1$ wird wieder von Das und Hahn [97] ausführlicher behandelt.

Den Fall, daß die Zeeman-Energie gleiche Größenordnung wie die Quadrupolenergie hat (eine Störungsrechnung ist dann nicht mehr möglich), hat Parker [120] für $I = 1$ und $I = 3/2$ und für $\eta = 0$ berechnet und die Ergebnisse für einen Bereich von 0 bis ∞ des Parameters $\lambda = \frac{eqQ}{4I(2I-1)}/2\hbar\gamma_N H_0$ tabellarisch aufgestellt. Lamarche und Volkoff [121] haben die Spektren für $I = 5/2$ über den ganzen Bereich $\lambda = 0$ bis ∞ für endliche Werte von η behandelt.

Die Absorptionsfrequenzen sind bei der Kernquadrupolresonanz durch Quadrupolmomente und Größe der Feldgradienten bestimmt. Ihre untere Grenze, etwa 1 MHz, wird durch die Empfindlichkeit der Apparaturen gegeben; die obere liegt bei ungefähr 2000 MHz für kovalente Jodverbindungen. Auch hier können die Breite und die Form der Linien durch statische Wechselwirkungen oder dynamische Effekte bestimmt werden.

Die statische Linienverbreiterung kann magnetischer oder elektrischer Natur sein.

Die direkte magnetische Dipol-Dipol-Wechselwirkung zwischen benachbarten Kernen führt in der Regel nur zu einer Linienverbreiterung von einigen Kilohertz. Nur in wenigen Fällen, z. B. beim HJO_3, sind die Kerne (hier die J- und die H-Kerne) so dicht benachbart, daß eine Aufspaltung auftritt.

Die indirekte Dipol-Dipol-Wechselwirkung wird durch die die beiden Kerne bindenden Elektronen vermittelt. Da für eine Verbreiterung etwa gleich starke Bindungen in verschiedenen Richtungen nötig sind, die bei den in der Kernquadrupolresonanz bevorzugt untersuchten Molekülkristallen nicht vorhanden sind, tritt dadurch vorzugsweise eine Aufspaltung auf (wenn die Wechselwirkung größer als die direkte Dipol-Dipol-Wechselwirkung ist), die über 10 kHz betragen kann.

Das Erdfeld ruft eine Zeeman-Verbreiterung von etwa 0,5 kHz bei polykristallinen Proben hervor, die man aber in Rechnung ziehen kann.

Die elektrischen Verbreiterungen, die durch von Ort zu Ort schwankende elektrische Feldgradienten hervorgerufen werden, können dreierlei Ursachen haben:

1. Sie können von Versetzungen, Verspannungen und Korngrenzen herrühren. Diese sind durch gute thermische Vorbehandlung zu vermindern. Das ist im allgemeinen auch nötig, da sie schwer erfaßbar sind.
2. Sie können von Wechselwirkungen zwischen benachbarten Molekülen herrühren, ein Fall, der ebenfalls schwer zu berechnen ist.
3. Sie können durch Fehlordnungen in den Kristallen verursacht werden, und zwar sowohl durch die unterschiedlichen Ladungen als auch durch die unterschiedlichen Größen der Fehlstellen im Vergleich zu den Bausteinen des Wirtsgitters. Dieser Einfluß kann durch sorgfältige Reinigung der Kristalle herabgesetzt werden.

Die Zahl der statischen Verbreiterungsursachen ist also groß, und es ist im allgemeinen schwer, sie zu trennen. Deshalb spielt die Linienbreite in der Kernquadrupolresonanzspektroskopie im Gegensatz zur Kernspinresonanz nur eine untergeordnete Rolle.

Soll die Kernquadrupolresonanz nachweisbar sein, so muß der Feldgradient groß genug sein. Atome mit edelgasähnlichen Schalen fallen dadurch im allgemeinen weg, es sei denn, daß sie schwere Kerne haben und ihre angeregten Niveaus genügend tief liegen, so daß sie durch eine asymmetrische Umgebung leicht zu polarisieren sind. Doch sind ihre Quadrupolwechselwirkungen oft leichter mit Hilfe der Kernspinresonanz zu messen. Das Hauptgebiet der Kernquadrupolresonanz sind die kovalenten Verbindungen. Dadurch fällt die erste Gruppe des Periodischen Systems außer speziellen ^{63}Cu- und ^{65}Cu-Verbindungen ganz aus. Günstig sind die Elemente der dritten und der fünften Spalte und vor allem die Halogene Chlor, Brom und Jod.

Die Anwendungsgebiete lassen sich in verschiedene Gruppen einteilen:

1. Untersuchungen der Struktur der Einheitszelle,
2. Untersuchungen der Bindungsstrukturen,
3. Untersuchungen der Einflüsse der intermolekularen Bindung auf die Einzelmoleküle,
4. Untersuchung von Verunreinigungseffekten und Gitterstörungen und speziell der durch Bestrahlung entstehenden Veränderungen.

Zu 1:

Chemisch inäquivalente Gitterplätze sind solche, die vom gleichen Element besetzt sind, an denen aber die Kernquadrupolkopplungskonstanten verschieden sind. Aus der Zahl der Frequenzen kann man daher auf die Zahl derartiger Gitterplätze schließen, so z. B. beim Trichlorazetylchlorid

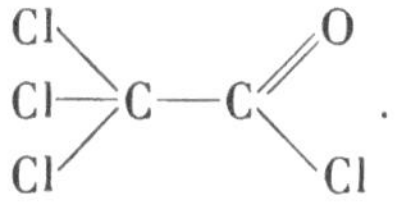

Man erhält eine Gruppe dicht beieinanderliegender Linien dadurch, daß sich die drei äquivalenten Chloratome durch die Nachbarmoleküle doch in etwas verschiedener Umgebung befinden (die Aufspaltungen sind in der Regel um 200 kHz), und eine um 6 MHz abliegende Frequenz vom Chloratom der Säurechloridgruppe. Andere Beispiele sind das $SiCl_4$ oder ähnlich gebaute Verbindungen. Bei der Gitterbildung wird das regelmäßige Tetraeder gestört, was mit Hilfe der Kernquadrupolresonanz nachgewiesen werden kann.

Die Festlegung der Feldgradientenachsen im Kristall wird zu Strukturuntersuchungen verwendet. Da die Quadrupole eine Symmetrieebene besitzen, ist das Vorzeichen der Feldgradienten nicht zu ermitteln, und man erhält nur eine der elf geraden Kristallklassen wie bei Laue-Aufnahmen. Es ist möglich, die Zahl der physikalisch inäquivalenten Gitterplätze zu bestimmen. Das sind solche, die gleiches eqQ besitzen, aber verschiedene Feldgradientenrichtungen. So konnte man z. B. feststellen, daß die Einheitszelle des $NaClO_3$ vier verschiedene ClO_3-Gruppen hat, deren Winkel zueinander bestimmt werden konnten.

Wichtig ist, daß sich auch mit dieser Methode H-Atome nachweisen lassen, einmal durch die Feldgradienten, die sie infolge ihrer Bindung verursachen, zum anderen durch den von den Protonenmomenten hervorgerufenen Zeeman-Effekt, der unabhängig von der Stärke des äußeren Feldes ist.

Phasenübergänge machen sich durch Frequenzsprünge und Änderungen der Linienbreiten bei den Übergangstemperaturen bemerkbar. Sie lassen sich mit Hilfe der Kernquadrupolresonanz gut untersuchen.

Zu 2:

Um die Kernquadrupolkopplungskonstanten interpretieren zu können, sind Berechnungen von q nötig. Es ist

$$q = e \int \Phi^* \frac{3\cos^2\theta - 1}{r^3} \Phi \, d\tau$$

(Φ bedeutet die Elektroneneigenfunktion). Zur Berechnung wären die exakten Molekülwellenfunktionen nötig, die man im allgemeinen nicht kennt. Man geht von Atomeigenfunktionen aus. Dabei ist zu berücksichtigen, daß abgeschlossene Schalen und s-Elektronen der betrachteten Atome keinen Beitrag zu q liefern, ebensowenig gepaarte p-Elektronen. Sind aber ungepaarte p-Elektronen vorhanden, so sind alle anderen Elektronen, wie z. B. d- und f-Elektronen, zu vernachlässigen, ebenso Beiträge, die von anderen Molekülen stammen. Der Beitrag der p-Elektronen ist um so größer, je niedriger ihre Hauptquantenzahl ist, da dann die Änderung der Elektronendichte am Kern zunimmt.

Man setzt zur Berechnung $q_{\text{Mol}} = f q_{\text{At}}$ (q_{Mol} ist der Gradient des im Molekül eingebauten Atoms), wobei man im Feldgradienten des Atoms q_{At} unter Umständen schon die Konfigurationswechselwirkung und Polarisationseffekte der inneren Schalen durch die Kernquadrupole und Valenzelektronen berücksichtigen muß. f ist von mehreren Einflüssen, wie von Hybridisierung (Anteilen von s- und d-Bahnen in der p-Elektronenfunktion), Ionencharakter der Bindung (der Tendenz, Edelgasschalen zu bilden), von Doppelbindungsanteilen und u. U. von der Überlappung der Bahnen, abhängig.

Zu 3:

Die Nachbarmoleküle können sich durch mehrere Einflüsse bemerkbar machen: a) Durch ihre Ladungsverteilung. Das geschieht merklich nur in den Ionenverbindungen, wie $NaClO_3$, $KClO_3$, $Ba(ClO_3)_2$ [126, 127]. Dort liegt der Unterschied in der Größenordnung von 1 MHz, sonst ist er kleiner. b) Durch die Coulomb- und Van-der-Waals-Kräfte, mit denen die Moleküle an ihre Nachbarn gebunden sind, wird der Ionencharakter der intramolekularen Bindungen verändert, z. B. beim Cl des JCl wird eqQ kleiner, beim J jedoch größer, da dieses stärker positiv wird. Bei der Kristallbildung kann eine Bindungsaufspaltung stattfinden, wie z. B. beim AsJ_3 [128]. Jedes J-Atom ist jetzt nicht mehr nur an ein As-Atom gebunden, wie beim Gas, sondern an zwei in einer Art Schichtengitter. Der Bindungswinkel θ ergibt sich aus dem Asymmetrieparameter $\eta = 3 \cos \theta$ zu etwa 88°.

Zu 4:

Durch Verunreinigungen werden die Linien verbreitert, weil zusätzlich statistisch verteilte Feldgradienten entstehen, deren mathematische Behandlung schon in Abschnitt 4.1 angedeutet worden ist. Sowohl durch unterschiedliche Ladungen der Verunreinigungsatome als auch durch die in ihrer Größe unterschiedlichen Elektronenhüllen, die zur Störung der Elektronenschalen der Resonanzkerne führen, werden die Feldgradienten verändert, am stärksten in unmittelbarer Nachbarschaft der Fehlstellen und mit wachsender Entfernung abnehmend.

Es kann nicht nur die „Größe" der Fremdatome, sondern auch die Ladungsverteilung wesentlich sein; z. B. können Fremdbausteine gleicher Größe zu verschiedenen Verbreiterungseffekten führen, wenn ihre elektrischen Dipol- und Quadrupolmomente wesentlich verschieden sind. Zu Änderungen der Feldgradienten für verschiedene Kerne führen auch Versetzungen und Deformationen, die unter anderem durch Anlegen eines äußeren Druckes erzeugt werden können.

Unabgesättigte Elektronenspins, etwa von freien Radikalen, die durch Bestrahlung in Molekülkristallen entstehen, können zur Linienverbreiterung infolge ihrer magnetischen Wechselwirkungen mit den Resonanzkernen führen.

Magnetische und elektrische Verbreiterungen sind vergleichbar für Kerne mit kleineren Quadrupolmomenten, wie ^{14}N oder ^{35}Cl; für schwerere Kerne, wie ^{79}Br und ^{127}J, überwiegt der Ladungseffekt.

Bewegungen, wie Torsionsschwingungen und gehemmte Rotationen, können zu Verbreiterungen führen, da ihre Amplituden im allgemeinen statistisch mit der Zeit schwankende Funktionen sind. Besitzen diese Schwankungen Fourierkomponenten der Kernquadrupolfrequenz, so führen diese zu Übergängen und begrenzen die Lebensdauer der Spinzustände, genauso wie statistisch schwankende magnetische Wechselwirkungen mit anderen Kernen oder paramagnetischen Verunreinigungen. Die Torsionsbewegungen führen auch zu Frequenzverschiebungen: Die Frequenzen der Torsionsschwingungen sind groß gegenüber den Kernquadrupolresonanzfrequenzen, so daß sich die Kerne in einem mittleren Feldgradienten befinden, der vom statischen verschieden ist. Mit wachsender Temperatur steigt die Torsionsamplitude. Damit sinkt der mittlere axiale Feldgradient, und die Frequenz nimmt ab. Dieser Effekt läßt sich rechnerisch gut erfassen (BAYER [122], KUSHIDA, BENEDEK und BLOEMBERGEN [123], WANG [124] und DEAN [119]) und führt dadurch zur Möglichkeit der Temperaturmessung (BENEDEK und KUSHIDA [125]). BAYER berechnete die Frequenzverschiebung, indem er kleine Auslenkungen annahm und die Komponenten des Feldgradiententensors durch Benutzung der Mittelwerte der Quadrate der Torsionswinkel auf die stationären Werte q und η bezog. Die Torsionsbewegungen näherte er durch drei quantenmechanische harmonische Oszillatoren an und gelangte damit zu dem folgenden Temperaturkoeffizienten für die Resonanzfrequenz

$$\frac{1}{\omega_m}\frac{\mathrm{d}\omega'}{\mathrm{d}T} = -\frac{3\hbar^2}{2kT^2}\left\{\frac{\mathrm{e}^{\hbar\omega_X/kT}}{A_X(\mathrm{e}^{\hbar\omega_X/kT}-1)^2} + \frac{\mathrm{e}^{\hbar\omega_Y/kT}}{A_Y(\mathrm{e}^{\hbar\omega_Y/kT}-1)^2}\right\}. \quad (4.45)$$

ω_m ist die Frequenz des stationären Moleküls, ω_X und ω_Y sind die Torsionsfrequenzen um X- und Y-Achse, A_X und A_Y die zugehörigen Trägheitsmomente.

Unter den Annahmen, daß die Lebenszeit eines Moleküls im Grundzustand der Torsion verschieden ist von den Lebenszeiten in den angeregten Zuständen und daß letztere alle denselben Wert haben und alle zusammen temperaturunabhängig sind und daß vom angeregten Torsionszustand nur Übergänge zum Grundzustand erfolgen, hat BAYER die Übergangswahrscheinlichkeiten zwischen reinen Quadrupolniveaus infolge der molekularen Torsionsbewegung und damit die Spin-Gitter-Relaxationszeit und die durch Relaxation hervorgerufenen Verbreiterungen berechnet (DAS und HAHN [97], S. 60). KUSHIDA, BENEDEK und BLOEMBERGEN haben die Theorie von BAYER erweitert, indem sie auch die thermische Ausdehnung in Rechnung zogen.

Bei Vorhandensein gehemmter Rotationen sind die Frequenzen vom Winkel zwischen Rotationsachse und Feldgradientenrichtung abhängig und proportional zu $(3\cos^2\theta - 1)$. Das führt dazu, daß durch die Wälzbewegungen der Moleküle dicht unter dem Schmelzpunkt die Resonanzen völlig ausgelöscht werden.

5. Anwendungen

5.1. Struktur- und Bindungsuntersuchungen

In diesem Abschnitt soll die Anwendung der Kernresonanz auf Untersuchungen von Strukturen und Bindungen an einigen Beispielen gezeigt werden. Darunter fallen die Bestimmung von Strukturparametern aus dem Kernresonanzspektrum von Einkristallen oder Kristallpulvern, die Untersuchung von Strukturänderungen bei Phasenübergängen, das Auftauen von Freiheitsgraden, etwa der gehemmten Rotation von Molekülen in Kristallen, die Bestimmung der Art der Hemmung sowie die der Bindung zwischen den Gitterbausteinen. Strukturuntersuchungen an ferroelektrischen Substanzen werden im nächsten Abschnitt behandelt.

Unter den Strukturuntersuchungen nimmt die Bestimmung der Protonenplätze der Kristallwassermoleküle im Gitter einen besonderen Platz ein, da neben der Neutronenbeugung die Kernresonanz die einzige Methode ist, die die Protonenplätze auf verhältnismäßig einfache Weise zu bestimmen erlaubt. Der Abstand der beiden Protonen eines Kristallwassermoleküls ist meist klein gegenüber ihrem Abstand zu den Protonen benachbarter Kristallwassermoleküle. Die dadurch entstehenden Zweispinsysteme zeigen eine Dublettaufspaltung, deren Größe vom Abstand der beiden Protonen und von dem Winkel zwischen der H—H-Richtung und dem Magnetfeld abhängt [Gl. (3.13)].

Die erste Dublettaufspaltung wurde schon 1948 von Pake an einem Gips-Einkristall gemessen. Die zwei verschieden orientierten Kristallwassermoleküle der Elementarzelle ergeben zwei Dubletts, deren Aufspaltung für verschiedene Orientierungen des Kristalls zum Magnetfeld verschieden ist. Für ein in der (110)-Ebene liegendes Magnetfeld $\mathfrak{H}_0$ ist die Aufspaltung des einen Dubletts am größten, wenn der Winkel zwischen $\mathfrak{H}_0$ und der [100]-Richtung 54° beträgt. Dann fällt $\mathfrak{H}_0$ mit der H—H-Richtung des einen Wassermoleküls zusammen. Aus der maximalen Dublettaufspaltung folgt ein Protonenabstand von 0,158 nm.

Seit dieser ersten Strukturbestimmung sind nach dieser Methode die Strukturparameter der Kristallwasserprotonen zahlreicher synthetischer und natürlicher Einkristalle bestimmt worden.

Der Protonenabstand der Kristallwassermoleküle ist in allen Substanzen annähernd gleich und die maximale Dublettaufspaltung ungefähr 21,6 Oe. Enthält die Elementarzelle mehrere verschieden orientierte Kristallwassermoleküle, so wird die Auswertung der Spektren etwas schwieriger. Nach Lösche kann man dann so vorgehen, daß man die Orientierungsabhängigkeit der Spektren um drei zueinander senkrechte Achsen des Kristalls registriert. Aus der größten Aufspaltung läßt sich unter Annahme eines Protonenabstandes von 0,158 nm die Lage eines Kristallwassermoleküls berechnen und daraus der Abstand der von ihm herrührenden Dubletts für alle anderen Orientierungen ermitteln. Der Vergleich der gemessenen Spektren mit der berechneten Aufspaltung liefert ein Kriterium dafür, ob eine Korrektur des Protonenabstandes notwendig ist. Zieht man das berechnete Dublett von den gemessenen Spektren ab, so entstehen reduzierte Spektren, die einfacher sind und die Bestimmung der nächsten Dubletts erlauben. Auf diese Weise gelang es Lösche, die H—H-Richtungen aller 16 Kristallwassermoleküle in der Elementarzelle des Seignettesalzes festzulegen (s. Tab. 2).

Auch in Kristallpulvern zeigt die vom Kristallwasser herrührende Resonanz noch eine Dublettstruktur, aus der sich der Protonenabstand im Kristallwassermolekül bestimmten läßt. Diese Abstandsbestimmung ist natürlich auch für andere Zweispinsysteme möglich. Gutowsky und Mitarbeiter (s. Tab. 1) bestimmen z. B. in einer polykristallinen Probe des Dichloräthylens CH_2Cl-CH_2Cl aus der Dublettaufspaltung der Protonenlinie den H—H-Abstand zu 0,170 nm. Auch aus dem zweiten Moment für ein Kristallpulver, das für ein Zweispinsystem $\langle(\Delta H)^2\rangle = (9/20)\gamma_N^2\hbar^2 a^{-6}$ ist, läßt sich der Protonenabstand a noch annähernd bestimmen. Für Kristallwasser mit einem Protonenabstand von 0,158 nm beträgt das zweite Moment etwa 24 Oe^2.

Aus dem zweiten Moment der Protonenresonanzlinie pulverförmiger Substanzen lassen sich auch Aussagen darüber gewinnen, ob das gebundene Wasser, z. B. in Metalloxidhydraten, als Kristallwasser vorliegt oder ob die Protonen zu OH-Gruppen gehören. Im ersten Fall erhält man eine breite Linie mit einem zweiten Moment von angenähert 24 Oe^2, im zweiten Fall eine schmale mit einem zweiten Moment von 1 bis 2 Oe^2. Sind beide Bindungsarten vorhanden, so resultiert daraus die Überlagerung einer schmalen und einer breiten Linie, die sich in manchen Fällen gut trennen lassen. Ein solches Spektrum zeigt z. B. das $CaHPO_4 \cdot 2\,H_2O$. Das Verhältnis der Flächen unter der schmalen und der breiten Linie ist 1:4, entsprechend dem Verhältnis der Protonenzahlen, die zu den beiden Linien beitragen. Im $Al_2O_3 \cdot 3\,H_2O$ tritt nur eine schmale, je nach Herstellungsbedingungen manchmal etwas verbreiterte Linie auf, die darauf schließen läßt, daß der größte Teil als $Al(OH)_3$ vorliegt. Die Oxidhydrate des Wolframs, Molybdäns und Vanadiums zeigen dagegen die ausgeprägte Dublettstruktur des Kristallwassers, ein Zeichen dafür, daß es sich um echte Oxidhydrate und nicht um die festen Säuren handelt.

Während Pake im Borax, $Na_2B_4O_7 \cdot 10\,H_2O$, (s. Tab. 1) eine schmale, 4,4 Oe breite, strukturlose Protonenresonanz fand, entdeckten Dharmatti, Iyer und Vijayaraghavan (s. Tab. 1) neuerdings eine breite Linie mit ausgeprägter Struktur, die aus der Überlagerung einer breiten und einer schmalen Linie mit den Flächenverhältnissen 4:1 besteht. Ein solches Spektrum ist mit der von MORIMOTO für den Borax vorgeschlagenen Struktur $Na_2B_4O_5(OH)_4 \cdot 8\,H_2O$, die er aus röntgenographischen Untersuchungen folgert, verträglich. Das zweite Moment der Linie ist kleiner als das aus der Struktur berechnete. Dies ist auf eine schwache Beweglichkeit der Wassermoleküle bei Zimmertemperatur zurückzuführen.

Tinkalkonit, $Na_2B_4O_7 \cdot 5\,H_2O$, zeigt bei Zimmertemperatur die typische Dublettaufspaltung der Zweispinsysteme. Zweites Moment und Aufspaltung der Linie sind allerdings geringer, als sie für Kristallwasser erwartet werden, was wieder auf eine schwache behinderte Rotation der Kristallwassermoleküle zurückzuführen ist. Das Spektrum ist allerdings auch mit der dem Borax analogen Struktur $Na_2B_4O_6(OH)_2 \cdot 4\,H_2O$ verträglich, da sich hier der Beitrag von 20% der schmalen Linie im Spektrum nicht bemerkbar machen würde; denn auch die von den Kristallwassermolekülen herrührende Linie ist durch die Rotation stärker verschmälert als im Borax.

Noch weiter entwässerte Boraxproben zeigen nur noch eine schmale strukturlose Linie, aus der sich keine Aussagen über die Struktur gewinnen lassen.

Weitere Aussagen über die Struktur des Borax und des Tinkalkonits lassen sich aus den Quadrupolaufspaltungen der ^{11}B- und ^{23}Na-Resonanz von Einkristallen ableiten, die von CUTHBERT und PETCH (s. Tab. 1) gemessen wurden. Borax soll nach MORIMOTO monoklin mit der Raumgruppe $C2/c\ (C_{2h}^6)$ sein. Danach müßte es vier nichtäquivalente Gruppen von Borplätzen in der Elementarzelle geben. Zu jeder Gruppe gehören jeweils vier Boratome. Das Quadrupolspektrum besteht wirklich aus der Überlagerung von vier Einzelspektren, die von vier nichtäquivalenten Borplätzen herrühren. Aus dem Feldgradiententensor, der aus der Winkelabhängigkeit der Quadrupolaufspaltung bestimmt wurde, ergibt sich, daß die nichtäquivalenten Borplätze Dreiecks- bzw. tetragonale Koordination haben und zu geschlossenen Ringen verbunden sind. Auch das Quadrupolspektrum der ^{23}Na-Resonanz stimmt mit der Symmetrie der Raumgruppe $C2/c$ völlig überein.

Tinkalkonit soll nach MINDER trigonal sein und die Raumgruppe $R\bar{3}\ (C_{3i}^2)$ haben. Diese Raumgruppe hat zwei nichtäquivalente Gruppen von Borplätzen. Aus der Quadrupolaufspaltung der ^{11}B-Resonanz ergeben sich dagegen vier nichtäquivalente Borplätze. Die Zahl der nichtäquivalenten Borplätze und die Symmetrie des Spektrums stimmen jedoch völlig mit der röntgenographisch ebenfalls möglichen und auch aus Ätzfiguren geschlossenen Raumgruppe $R32$ überein. Für diese Raumgruppe lassen sich auch Na-Plätze finden, die den röntgenographisch bestimmten Strukturparametern genügen und deren Umgebung so ist, daß sie die richtige Winkelabhängigkeit der Quadrupolaufspaltung der ^{23}Na-Resonanz ergeben.

Die Quadrupolaufspaltung der ^{23}Na- und ^{11}B-Resonanz im Kernit wurde von Blood und Proctor und von Volkhoff und Waterman, die reine Quadrupolresonanz der ^{11}B-Kerne von Haering und Volkhoff untersucht. Aus den Spektren konnten für alle B- und Na-Plätze der Quadrupolkopplungstensor und aus ihm die Hauptwerte des Feldgradiententensors, die Asymmetrieparameter und die Hauptachsen des elektrischen Kristallfeldes bestimmt werden. Die vier nichtäquivalenten Borplatzgruppen, die aus einer Analyse der Spektren folgen, fallen mit den vier Boratomen der Basiseinheit B_4O_7 zusammen, die viermal in der Elementarzelle vorhanden ist. Zwei der nichtäquivalenten Borplätze haben eine starke, zwei eine schwache Quadrupolwechselwirkung. Für zwei der nichtäquivalenten Borplätze geht die Lage des einen durch Inversion am Symmetriezentrum aus der des anderen hervor. Die verbleibenden zwei werden durch Rotation um eine zweizählige Symmetrieachse ineinander übergeführt. Es besteht keine Korrelation zwischen dem Feldgradiententensor und irgendeiner B—O-Richtung, wenn als Struktur das von Portoles vorgeschlagene Modell angenommen wird, nach dem drei der vier B-Atome eines $Na_2B_4O_7$-Moleküls in einem B_3O_6-Ring sitzen sollen und das vierte einer B_2O_3-Gruppe angehört, die die Ringe zu Ketten verbindet.

Nach der von Portoles vorgeschlagenen Struktur sollte es drei nichtäquivalente Na-Plätze geben, von denen zwei auf der zweizähligen Symmetrieachse sitzen. Die Quadrupolaufspaltung der ^{23}Na-Resonanz kann aber nur von zwei nichtäquivalenten Na-Plätzen herrühren, von denen keiner auf der zweizähligen Achse liegt.

Die schon beim Borax erwähnte gehemmte Rotation von Molekülen im Kristallgitter ist an der NH_4-Gruppe der Ammoniumsalze eingehend untersucht worden. Aus der BPP-Theorie und der allgemeinen Theorie von Kubo und Tomita (s. Abschn. 2.3) geht hervor, daß eine Linienverschmälerung eintritt, wenn die Korrelationszeit τ_c für diese Rotation kleiner oder gleich der reziproken Linienbreite des starren Gitters ist, und daß T_1 ein Minimum haben muß, wenn die Rotationsfrequenz annähernd mit der Larmorfrequenz übereinstimmt. Beide Effekte wurden an den Ammoniumsalzen gefunden.

Die Ammoniumsalze zeigen am sogenannten λ-Punkt eine Anomalie der spezifischen Wärme, die nach Pauling auf ein Einsetzen der Rotation des Wasserstofftetraeders um das Stickstoffatom, nach Frenkel auf einen Ordnungs-Unordnungs-Übergang zurückzuführen ist. Nach Frenkel soll das Wasserstofftetraeder um das Stickstoffatom Schwingungen ausführen, wobei die Schwingungsachsen unterhalb des λ-Punktes im Raum geordnet, oberhalb des λ-Punktes dagegen ungeordnet sein sollen.

Nach dem Modell von Pauling müßte am λ-Punkt oder etwas darüber eine Bewegungsverschmälerung der Linie durch die einsetzende Rotation eintreten, während sich der Ordnungs-Unordnungs-Übergang nach Frenkel in der Linienbreite praktisch nicht bemerkbar machen sollte.

Experimentell finden mehrere Autoren (Gutowsky und Pake; Gutowsky, Kistiakowsky, Pake und Purcell; Sachs, Turner und Purcell; Cooke und Drain sowie Gutowsky, Pake und Bersohn, s. Tab. 1) übereinstimmend Linienverschmälerung weit unterhalb des λ-Punktes und keine merkbare Änderung der Linienbreite am λ-Punkt. Dieses Ergebnis spricht für die Frenkelsche Annahme eines Ordnungs-Unordnungs-Übergangs am λ-Punkt.

Die Übergangstemperaturen, bei denen die Linienverschmälerungen einsetzen, werden von den einzelnen Autoren etwas verschieden angegeben. Sie liegen für NH_4Cl zwischen 129 und 135 °K, für NH_4Br zwischen 99 und 108 °K, für NH_4J nach Gutowsky, Pake und Bersohn bei 75 °K und für NH_4JO_3 und NH_4CNS nach Gutowsky und Pake bei 120 bzw. 100 °K. Der Temperaturbereich, in dem die Linienbreite von etwa 20 Oe auf 5,3 bis 3,5 Oe abnimmt, beträgt nach Gutowsky und Pake beim NH_4Cl 16 grd, beim NH_4Br 16 grd beim NH_4JO_3 7 grd und beim NH_4CNS 20 grd.

Sachs, Turner und Purcell fanden für die verschiedenen Ammoniumsalze ausgeprägte Minima von T_1, die um 45 grd bis 75 grd oberhalb der Temperatur liegen, bei der die Linienverschmälerung auftritt. Die bei 30 MHz gemessenen Minima von T_1 liegen um etwa 9 grd oberhalb der bei 14,2 MHz gemessenen. Nimmt man eine exponentielle Abhängigkeit der Korrelationszeit τ_c von der reziproken Temperatur an, so ergibt sich aus den T_1-Messungen für NH_4Br eine Aktivierungsenergie und damit eine Höhe der Potentialbarriere für die gehemmte Rotation von etwa 3,5 kcal/Mol. Den gleichen Wert fanden auch Cooke und Drain aus T_1-Messungen und Gutowsky und Pake aus der Linienverschmälerung. Gutowsky, Pake und Bersohn berechneten mit einem phänomenologischen Potential, das sie nach der Methode von Nagamiya erhielten, die Potentialschwellen für die gehemmte Rotation um eine vierfache und eine dreifache kubische Achse. Der experimentelle Wert liegt zwischen den beiden berechneten, so daß man annehmen muß, daß die Rotation im klassischen Sinn teilweise frei und teilweise behindert ist.

Unterhalb der Übergangstemperatur erhielten Gutowsky und Pake aus dem zweiten Moment der Linie einen N—H-Abstand von 0,101 nm ±0,001 nm, der mit dem im freien NH_3-Molekül fast übereinstimmt. Spätere Messungen von Gutowsky, Kistiakowsky, Pake und Purcell (1949) ergaben einen Bindungsabstand von 0,1025 nm im NH_4Cl und NH_4F und von 0,1039 nm im NH_4Br. Gutowsky, Pake und Bersohn (1954) und Ibers und Stevenson (s. Tab. 1) berücksichtigten bei der Berechnung des zweiten Momentes noch die Nullpunktsbewegung und erhielten für den N—H-Abstand der NH_4-Gruppe übereinstimmend 0,1035 nm. Die beiden letzten Verfasser diskutierten noch eingehend die möglichen Fehler bei der Berechnung des zweiten Momentes.

Carpenter und Williams (s. Tab. 1) fanden eine stetige Abnahme der Linienbreite der Protonenresonanz mit zunehmendem Atom- bzw.

Molekulargewicht des Säurerestes. Die kleinste Linienbreite zeigt NH_4NO_3, die größte NH_4F.

Itoh und Yamagata (1956, s. Tab. 1) untersuchten die Relaxationszeit T_1 und die chemische Verschiebung der Br-Resonanz in NH_4Br und (1962) die der Br-, Cl- und J-Resonanzen im NH_4Br, NH_4Cl und NH_4J. Sie fanden, daß beim NH_4Br im Temperaturbereich zwischen —38 und 138 °C, in dem die ungeordnete CsCl-Struktur vorliegt, T_1(Br) exponentiell von der reziproken Temperatur abhängt und daß die Aktivierungsenergie von 3,5 kcal/Mol die gleiche ist wie die für die gehemmte Rotation. Itoh und Yamagata nahmen eine schwache kovalente Bindung zwischen dem Br-Ion und dem jeweils nächsten des NH_4-Protonen an, von denen jeweils acht verschiedene diesen Nachbarplatz einnehmen können. Der von dieser kovalenten Bindung herrührende Feldgradient bestimmt die Quadrupolwechselwirkung des Br-Kernes. Die von der Reorientierung der Protonen herrührende Schwankung des Feldgradienten ist für T_1 maßgebend. Daraus ergibt sich zwangsläufig für die Temperaturabhängigkeit von T_1 die gleiche Aktivierungsenergie wie für die Reorientierungsbewegung der NH_4-Protonen. Aus der Größe von eqQ und der der paramagnetischen chemischen Verschiebung berechneten die genannten Verfasser einen kovalenten Bindungsanteil zwischen dem Br-Ion und dem jeweils benachbarten Proton von 1,8%.

Oberhalb von 138 °C existiert NH_4Br im NaCl-Gitter. Die chemische Verschiebung ist hier wesentlich kleiner als beim CsCl-Gitter, und die Spin-Gitter-Relaxationszeiten sowohl der Br- als auch der Protonenresonanz sind wesentlich länger. Da im NaCl-Gitter mit axial rotierenden NH_4-Ionen die mittlere Zahl der Protonen, die mit den Br-Ionen eine kovalente Bindung eingehen können, kleiner ist als im CsCl-Gitter, muß auch die chemische Verschiebung kleiner sein. Die langen Spin-Gitter-Relaxationszeiten der Protonen und der Bromkerne sowie die sehr schmale Protonenresonanzlinie lassen auf eine zusätzlich zur Rotation vorhandene Bewegung der Ammoniumionen schließen, die nach Itoh und Yamagata wahrscheinlich in einer Reorientierung der Rotationsachse zwischen ihren sechs möglichen Lagen mit einer sehr hohen Frequenz besteht.

Unterhalb von —38 °C, wo ein geordnetes CsCl-Gitter existiert, ist die Br-Resonanz nur in Einkristallen zu finden, und es läßt sich auch dort nur die durch Quadrupolwechselwirkung zweiter Ordnung verschobene Zentrallinie messen. Die Quadrupolkopplungskonstante eqQ wächst mit abnehmender Temperatur als Folge der zunehmenden Ordnung und ist unterhalb von — 140 °C praktisch konstant. Dieser Endwert stimmt mit dem für eine kovalente Bindung von 1,8% aus der Gittersymmetrie berechneten Wert von eqQ gut überein.

Für NH_4Cl und NH_4J erhielten Itoh und Yamagata ähnliche Resultate wie für das NH_4Br.

Einen schon lange vermuteten kovalenten Bindungsanteil in den Alkalihalogeniden nachzuweisen, war das Ziel einer ganzen Reihe von Kernresonanzarbeiten. Ein solcher Nachweis scheint über die chemische Verschiebung und die Quadrupolkopplungskonstante eqQ möglich.

Gutowsky und McGarvey (s. Tab. 1) bestimmten 1953 die chemischen Verschiebungen der ^{87}Rb- und ^{133}Cs-Resonanz an verschiedenen pulverförmigen Halogeniden dieser Metalle und fanden für die einzelnen Halogenide verschiedene Verschiebungen, die von $-0{,}6 \cdot 10^{-4}$ im RbF bis $-1{,}49 \cdot 10^{-4}$ im RbJ und von $-0{,}9 \cdot 10^{-4}$ im CsF bis $-2{,}5 \cdot 10^{-4}$ im CsJ reichen. Wären die Rb- und Cs-Halogenide reine Ionenkristalle, so müßte die Elektronenstruktur der Alkaliionen von den benachbarten Halogenionen unabhängig sein, und es dürfte keine Änderung der chemischen Verschiebung der Alkaliresonanz bei verschiedenen Halogeniden auftreten. Die genannten Verfasser nahmen daher teilweise kovalente Bindung an, die vom F^- zum J^- anwächst. Diesen Gang muß man nach der in dieser Richtung abnehmenden Elektronegativität erwarten.

Die chemischen Verschiebungen der Cl-, Br- und J-Resonanzen in den Alkalihalogeniden, den Ag- und Tl-Chloriden und -Bromiden und die Spin-Gitter-Relaxationszeiten der Br-Resonanzen von LiBr, AgBr und TlBr wurden von Kanda 1955 (s. Tab. 1) gemessen. Er fand experimentell einen Zusammenhang zwischen T_1 und der chemischen Verschiebung σ der Form $\lg T_1 = A - a \cdot \lg \sigma$ und schloß daraus, daß die kovalenten Bindungsanteile sowohl für die chemische Verschiebung als auch für die Relaxationszeit maßgebend sind. Die von den p-Bindungselektronen herrührenden Feldgradienten sollen über die Wechselwirkung der p-Bahnen mit dem Kristallfeld durch die Gitterschwingungen moduliert werden und so die T_1 bestimmenden thermischen Quadrupolübergänge induzieren. Die chemische Verschiebung der Halogenresonanz nimmt bei gleichem Kation in der Reihe Cl → Br → J zu, in gleicher Weise, wie auch die Kovalenz der Bindung erwartungsgemäß zunehmen müßte.

Die chemische Verschiebung, die indirekte Spin-Spin-Kopplung und die durch die Quadrupolwechselwirkung bestimmte Spin-Gitter-Relaxationszeit in Ionenkristallen mit teilweise kovalenter Bindung wurde von Yosida und Moriya [109] (s. S. 204) theoretisch behandelt. Danach sollte das Verhältnis der T_1^{-1} für Kationen und Anionen von etwa gleicher Masse wie auch σ_K/σ_A durch das Verhältnis der kovalenten p-Bahnanteile am Kation und am Anion, durch den Grad der s-p-Hybridisierung und das Verhältnis der Kernquadrupolmomente gegeben sein.

Nach dieser Theorie berechneten Bloembergen und Sorokin 1958 (s. Tab. 1) aus den gemessenen chemischen Verschiebungen, den Spin-Gitter-Relaxationszeiten, der isotropen Austauschkopplung und der Pseudo-Dipol-Austauschkopplung zwischen Kation und Anion einen mittleren kovalenten Bindungsanteil von 25% im CsBr.

Die chemischen Verschiebungen und die T_1 der ^{87}Rb- und ^{81}Br-Resonanzen im RbBr wurden von Itoh und Yamagata 1959 gemessen. Da Kation und Anion fast gleiche Masse haben, sollten sich die Aussagen der Theorie von Yosida und Moriya hieran besonders gut nachprüfen lassen.

Itoh und Yamagata fanden für das Verhältnis von T_1^{Br}/T_1^{Rb} einen Wert von 0,16/0,27 und für $\sigma_{Rb}/\sigma_{Br} = 1{,}6/1{,}05$. Da die Wellenfunktion am Kation im wesentlichen s-Charakter, am Anion aber p-Charakter hat, sollte $(\sigma_{Rb}/\sigma_{Br}) < 1$ sein, im Gegensatz zum gemessenen Wert. Auch das Verhältnis der Relaxationszeiten läßt sich aus der Annahme eines kovalenten Bindungsanteils nicht erklären.

Mit Hilfe des von Shulman, Wyluda und Anderson (s. Tab. 7) eingeführten **S**-Tensors, der die Beziehung zwischen dem Verzerrungstensor und dem Feldgradiententensor vermittelt, läßt sich bei definierten Gitterverzerrungen der Feldgradiententensor sehr genau berechnen, wenn das Gitter durch ein Punktladungsmodell approximiert wird. Definiert zeitperiodische Gitterverzerrungen lassen sich durch Ultraschall erzeugen. Bei geeignet gewählter Ultraschallfrequenz können Quadrupolübergänge mit $\Delta m = 2$ induziert werden, die bei genügender Intensität das Kernspinsystem sättigen. Aus der üblichen Kernresonanzbeobachtung der Zentrallinie läßt sich dann T_1 bestimmen (s. S. 204). Taylor und Bloembergen bestimmten (1959) auf diese Weise T_1 in NaCl. Die mit dem Punktladungsmodell berechnete Relaxationszeit stimmt mit der gemessenen nicht überein. Die Differenz kann nur erklärt werden, wenn entweder ein kovalenter Bindungsanteil oder eine teilweise Überlappung der Ionen angenommen wird.

Kondo und Yamashida [130] nahmen eine Überlappung der Alkali- und Halogenionen an und berechneten daraus die chemische Verschiebung und die Spin-Gitter-Relaxationszeit.

Ob die chemische Verschiebung von einem kovalenten Bindungsanteil oder von der Überlappung der Ionen herrührt, läßt sich aus der Druckabhängigkeit der chemischen Verschiebung entscheiden, da bei Ionenüberlappung ein anderer funktioneller Zusammenhang zwischen der chemischen Verschiebung und den interatomaren Abständen besteht als bei kovalenter Bindung. Für die Druckabhängigkeit von σ in Rb- und Cs-Halogeniden fand Baron (1963; s. Tab. 1) für die im NaCl-Gitter kristallisierenden Substanzen gute Übereinstimmung mit den nach Kondo und Yamashida berechneten Werten, während keine Übereinstimmung mit den nach Yosida und Moriya berechneten Werten unter Annahme einer kovalenten Bindung erzielt werden kann. Die gemessenen Werte können allerdings auch unter der Annahme einer gleichzeitigen Ionenüberlappung und kovalenten Bindung erklärt werden. Für das CsCl-Gitter sind die berechneten Werte zu groß.

Yamagata (1964; s. Tab. 1) berücksichtigte neben der Ionenüberlappung noch den Einfluß des elektrischen Kristallfeldes auf die Elektronenbahnen der Ionen. Beide Einflüsse gehen in die chemische Verschiebung additiv ein, nicht aber in die Relaxationszeiten. Die gemessenen chemischen Verschiebungen der Alkaliionen nehmen in Übereinstimmung mit der Theorie von Kondo und Yamashida mit der Größe des Halogenions kontinuierlich zu. Die chemischen Verschiebungen der Halogenionen in

Abhängigkeit von der Größe des Alkaliions durchlaufen ein Minimum. Für das Cl^-- und Br^--Ion liegt dieses Minimum beim NaCl bzw. NaBr, für das J^--Ion beim KJ. Für LiCl, LiBr und NaJ ist σ größer, ebenso für KCl, KBr, RbJ und die Cs-Halogenide. YAMAGATA führte das Ansteigen bei den leichten Alkaliionen auf die Überlappung der Halogenionen zurück, die sich dann bemerkbar macht, wenn das Verhältnis der Ionenradien von Kation zu Anion beträchtlich kleiner als 1 ist. Nach KONDO und YAMASHIDA ist die chemische Verschiebung durch

$$\sigma = \frac{16}{3} N\mu_B^2 \langle r^{-3} \rangle \frac{\sum\limits_{\alpha} |S_{z\alpha}|^2}{\langle \Delta E \rangle}$$

gegeben. N ist die Zahl der nächsten Nachbarn, $\langle r^{-3} \rangle$ der über die Wellenfunktionen der äußersten p-Elektronen gemittelte Wert von r^{-3}, $\langle \Delta E \rangle$ die mittlere Anregungsenergie, und die $S_{z\alpha}$ sind die Überlappungsintegrale zwischen der Wellenfunktion der äußersten p-Elektronen des betrachteten Ions und der α-ten Wellenfunktion des Nachbarions. Mit den numerisch berechneten Überlappungsintegralen für die nächsten Nachbarn (KONDO und YAMASHIDA, LÖWDIN) und für die nächsten Anionen in Abhängigkeit vom interatomaren Abstand r berechnete YAMAGATA die auf die unbekannte Anregungsenergie bezogene chemische Verschiebung $\sigma_{Cl} \langle E_{Cl} \rangle$ für das NaCl und das KCl. Aus der Differenz der gemessenen chemischen Verschiebungen und der Differenz der auf $\langle \Delta E_{Cl} \rangle$ bezogenen berechneten folgt für die mittlere Anregungsenergie des Cl^--Ions $\langle \Delta E_{Cl} \rangle = 3{,}4$ eV, ein Wert, der recht gut zu sein scheint, wenn man ihn mit der Elektronenaffinität von 3,72 eV vergleicht. Die mit 3,4 eV berechnete chemische Verschiebung σ_{Cl} von LiCl stimmt mit der gemessenen sehr gut überein. Die chemischen Verschiebungen und die Relaxationszeiten können nach YAMAGATA bei Berücksichtigung des Einflusses des Kristallfeldes auf die Elektronenbahnen durch die Ionenüberlappung vollständig erklärt werden, ohne daß ein kovalenter Bindungsanteil angenommen werden muß.

5.2. Ferroelektrische und antiferroelektrische Verbindungen

Die für das Studium der Ferro- und Antiferroelektrizität wesentlichen Aussagen der Kernresonanz sind die über die Struktur der Kristalle und ihre Strukturänderungen an den Übergangspunkten und die über Bewegungen von Gitterbausteinen, wie etwa von Protonen in Wasserstoffbindungen, die die Grundlage für die dynamische Theorie der Ferroelektrizität bilden. Es sollen hier nur einige Ferroelektrika herausgegriffen werden, damit die Möglichkeiten der Kernresonanzspektroskopie bei der Aufklärung der Erscheinung sichtbar werden.

Die Linienformen und Relaxationszeiten und ihre Temperaturabhängigkeiten bei KH_2PO_4 und verwandten Verbindungen (Bjorkstam u. a., s. Tab. 2) mit Wasserstoffbrücken zeigen – ebenso wie parallel durchgeführte Infrarotmessungen –, daß die Protonen zwischen zwei Potentialminima in den Wasserstoffbindungen mehr oder minder beweglich sein können, je nach der Möglichkeit des Durchtunnelns der Barriere zwischen den beiden Gleichgewichtslagen. Ist eine Tunnelbewegung möglich, so nimmtdie Linienbreite mit sinkender Temperatur am Übergangspunkt zu. Ist die Barriere zu klein, so ist das Proton praktisch frei beweglich. Dadurch wird die Relaxationszeit sehr lang und das Signal schwach. Schon für niedrige HF-Energien tritt Sättigung ein, wie z. B. im Fall des KH-Maleats. Durch die Kernresonanzergebnisse wird die Richtigkeit der sogenannten dynamischen Theorie der Ferroelektrizität für diese Verbindungen bestätigt. Sowohl oberhalb wie unterhalb des Curie-Punktes bewegen sich die Protonen, was durch Kernresonanz- und Infrarotmessungen bestätigt wird. Unterhalb des Curie-Punktes sind aber beide Minima nicht mehr gleich tief, so daß eine spontane Polarisation entsteht. Auch auf die Art der Reorientierungsbewegungen der NH_4-Ionen konnten Rückschlüsse gezogen werden. Die Reorientierung ist für NH_4HSO_4 und NH_4ClO_4 effektiv frei, für $(NH_4)_2BeF_4$, $(NH_4)_2SO_4$ und $(NH_4)_3PO_4$ durch die Wasserstoffbindung gehemmt. Unterhalb eines Übergangspunktes, wo sich die Kernresonanzlinienbreiten ändern, treten zwei Komponenten auf, die von „eingefrorenen" und von „rotierenden" Ammoniumionen herrühren (Levstek, s. Tab. 2).

Die ^{87}Sr-, ^{47}Ti- und ^{49}Ti-Resonanzen von $SrTiO_3$-Einkristallen wurden von Weber und Allen (s. Tab. 2) in der Nähe des Phasenüberganges bei 110 °K untersucht. Die ^{87}Sr-Resonanz wird unterhalb 110 °K verbreitert, und ihre Intensität sinkt stark ab, was auf Quadrupolwechselwirkung durch nichtkubische Kristallfelder zurückgeführt wird, in Übereinstimmung mit Elektronenresonanzexperimenten an Gd^{3+}-Ionen in $SrTiO_3$. Die Ti-Resonanzen zeigen keine Änderungen bis hinunter zu 95 °K. Aus der Quadrupolkopplungskonstante folgt, daß die Ionenverschiebungen am Übergangspunkt klein sind und keine großen Änderungen der Ti-O-Oktaeder während des strukturellen Phasenüberganges auftreten.

Sowohl die kernmagnetische Resonanz als auch die Kernquadrupolresonanz wurden am Isotop ^{93}Nb des $KNbO_3$ untersucht. An den Übergangspunkten (−50 °C, +220 °C und +430 °C) ändert sich der elektrische Feldgradient. Die Phasen sind mikroskopisch diskontinuierlich. Der Übergang bei der Temperatur von 430 °C ist von erster Ordnung. Oberhalb von 430 °C verschwindet der elektrische Feldgradient, da das Gitter kubisch wird. Die Nb-Ionen sitzen – wie auch aus Röntgenstrahluntersuchungen folgte – zentral in Sauerstoffoktaedern. An den Übergangspunkten sind beide Phasen koexistent. Der Übergangsbereich beträgt bei −50 °C 15 grd und bei 430 °C 5 grd. Er wird auf den Einfluß von Verunreinigungen zurückgeführt. Der elektrische Feldgradient in den polarisierten Phasen ist zu groß, als daß er durch ein einfaches Ionenmodell erklärt werden könnte. Man muß wenigstens teilweise kovalente Bindung zwischen den Nb-Ionen und ihren O-Nachbarn annehmen.

Protonenresonanzuntersuchungen von SPENCE und MÜLLER (s. Tab. 2) waren der Struktur des Guanidinaluminiumsulfat-Hexahydrat-(GAlSH-) Moleküles gewidmet und der Zuordnung der Linien zu den einzelnen Wassermolekülen und NH_2-Gruppen. McCALL (s. Tab. 2) hat eine Reduktion der Linienbreite mit wachsender Temperatur gefunden, die durch Bewegungsschmälerung erklärt werden kann. Wenigstens ein Teil der Protonen soll danach mit Frequenzen von mindestens 10^5 Hz oder mehr bei 199 °K und darüber rotieren. BURNS (s. Tab. 2) hat die Quadrupolresonanzen und ihre Temperaturabhängigkeit von Al und Ga in GAlSH und drei anderen isomorphen Verbindungen, die durch Ersatz von Al durch Ga und von SO_4 durch SeO_4 entstehen, gemessen. Auch deuteriertes GAlSH wurde untersucht. Die Quadrupolkopplungskonstanten sowie ihre Temperaturabhängigkeit wurden unter Benutzung der bei Zimmertemperatur gewonnenen Röntgenstrukturdaten von GELLER und BOOTH mit der Gittersumme nach

$$q = (1 - \gamma_\infty) \sum_i e_i \frac{3\cos^2\theta_i - 1}{r_i^3}$$

berechnet. Das Verhältnis der Werte von Aluminium und Gallium ist in Übereinstimmung mit den berechneten Antiabschirmungskoeffizienten.

Für die O—H-Abstände wurden der Wasserstoffbindung entsprechende Werte benutzt, 0,102 nm und 0,096 nm, doch ist das Ergebnis davon kaum abhängig (der Unterschied beträgt 2%). Die Ladung der Guanidingruppe wird als +1 angenommen, von der Gesamtladung −2 der SO_4-Gruppe sitzt $-Z$ $(Z = 1/2)$ an jedem Sauerstoffatom, $4Z - 2$ am Schwefel, die Ladung der Wassermoleküle wird zu $-\eta$ am Sauerstoff und zu $+\frac{\eta}{2}$ $(\eta = 0{,}6)$ an jedem Wasserstoffatom angenommen. Die Kopplungskonstante eqQ ist sehr empfindlich von der Ladungsverteilung in der Guanidingruppe abhängig und weniger von der in den anderen Gruppen. $\mathrm{d}|eqQ|/\mathrm{d}T$ ist davon unabhängig. Diese Beziehung wird unter Annahme homogener Kontraktion entsprechend dem c/a-Verhältnis berechnet, doch ist das Ergebnis unempfindlich gegenüber der Art, wie sich der Kristall bei tiefen Temperaturen zusammenzieht. Die Größenordnung von eqQ ist befriedigend, die Details sind es jedoch noch nicht. Das Ergebnis für $\mathrm{d}|eqQ|/\mathrm{d}T$ ist in recht guter Übereinstimmung mit den experimentellen Werten.

Ein Einfluß der spontanen Polarisation auf die Kernresonanz ist hier nicht nachzuweisen, weil er durch andere Einflüsse überdeckt wird. Mit Hilfe zusätzlicher Elektronenresonanzmessungen an eingebauten Cr^{3+}-Ionen wurden die Beziehungen zwischen eqQ und der Feinstrukturkonstante untersucht.

Die Protonenresonanz von Thioharnstoff wurde von EMSLEY und SMITH (s. Tab. 2) untersucht. Die Annahme eines planaren oder nahezu planaren Moleküls gibt eine ausreichende Erklärung für die Winkelabhängigkeit des zweiten Moments. Die beste Anpassung an den experimentellen Wert erhält man für das planare Molekül unter Einbeziehung einer Korrektur für die thermische Bewegung, wenn die untereinander gleichen N–H-Abstände 0,1032 nm und die H–N–H-Winkel 116,9° in den beiden NH_2-Gruppen betragen.

Einkristalluntersuchungen zeigen, daß für die Linienbreitenänderung bei 230 °C eine gehemmte Rotation um die C-S-Achse zwischen zwei Gleichgewichtslagen verantwortlich ist, die durch Spiegelung an einer Ebene, die senkrecht zur *b*-Achse liegt und die Rotationsachse enthält, ineinander übergehen. Aus Linienformuntersuchungen und den Größen der intermolekularen zweiten Momente folgt, daß die N–H-Wechselwirkungen innerhalb der NH_2-Gruppen bei Temperaturen oberhalb des Linienbreitenüberganges klein sind.

5.3. Untersuchungen von Gitterfehlern

Von den Kristallen, in denen der Einfluß von Gitterfehlern auf die Kernresonanz untersucht wurde, werden in diesem Abschnitt nur solche behandelt, die keine elektronische Leitfähigkeit und keine magnetische Ordnung besitzen. Gitterfehler in Metallen und Legierungen, in Halbleitern und in magnetisch geordneten Substanzen werden in den folgenden Abschnitten 5.4 bis 5.9 mit behandelt. Von den nichtmagnetischen Isolatoren sind am eingehendsten Kristalle mit überwiegender Ionenbindung, speziell die Alkalihalogenide untersucht worden. Von den dort auftretenden Gitterfehlern können Versetzungen, gittereigene Fehlstellen (Leerstellen und Zwischengitterionen), Fremdionen, Farbzentren und durch Bestrahlung hervorgerufene, nicht elektronische Gitterfehler (z. B. Metallkolloide oder Halogenmoleküle) die Kernresonanz beeinflussen. Eine Übersicht über die zu erwartenden Einflüsse der verschiedenen Gitterfehler auf die Kernresonanz hat BLOEMBERGEN [131] gegeben.

Danach machen sich ortsfeste Gitterdefekte bei den normalerweise vorliegenden Konzentrationen von weniger als 1% in der Dipol-Dipol-Wechselwirkung nicht bemerkbar.

Bewegliche Gitterdefekte (Gitterlücken, Zwischengitterionen) können zu einer Bewegungsschmälerung der Linie und zu einer Verkürzung der Spin-Gitter-Relaxationszeit führen (s. Abschn. 3.2).

Die ungepaarten F-Zentren-Elektronen wirken wie paramagnetische Verunreinigungen und verkürzen ebenfalls T_1. Das mittlere magnetische Moment eines Farbzentrums verursacht an den Kernen seiner Umgebung ein zusätzliches Magnetfeld, welches das äußere Feld oft weit übertrifft und eine Verschiebung der Resonanz dieser Kerne zur Folge hat. Die Resonanzfrequenz dieser Kerne und damit das wahre Feld an diesen

Kernen läßt sich mit der ENDOR-Technik bestimmen (s. Abschn. 3.4). Im Gegensatz zu paramagnetischen Verunreinigungen (z. B. V^{2+}, Cr^{3+}, Mn^{4+} in Al_2O_3), bei denen das ungepaarte Elektron am paramagnetischen Ion lokalisiert ist, letzteres daher als punktförmiger Dipol und die Wechselwirkung mit den Kernen als reine Dipol-Dipol-Wechselwirkung betrachtet werden kann, ist das Farbzentrenelektron über einen gewissen Gitterbereich verschmiert. Aus dem ENDOR-Spektrum läßt sich die Ausdehnung der Wellenfunktion des Farbzentrenelektrons ermitteln.

ENDOR-Spektren von Farbzentren in Alkalihalogeniden wurden erstmals von Feher (1956), später von Lord (1958), Seidel und Wolf (1959), Holton (1960), Holton, Blum und Slichter (1960), Blumberg und Feher (1960), Seidel (1961) und Seidel und Wolf (1963) gemessen (s. Tab. 3). Eine Zusammenstellung der Hyperfeinkopplungskonstanten des Farbzentrenelektrons mit den Alkali- und Halogenkernen der Umgebung findet sich bei Seidel. Die ENDOR-Spektren sind z. T. bis zur achten Schale aufgelöst. Bisher wurden die F-Zentren in LiF, LiCl, NaF, NaCl, KF, KCl, KBr, KJ, RbCl und RbBr untersucht. Die Abnahme der Amplitude der Wellenfunktion des F-Zentrums von der Lücke aus stimmt nur für die beiden ersten Schalen mit der Theorie von Adrian und Gourary überein. Weiter außen fällt die Hüllenfunktion schwächer ab, als man es nach dieser Theorie erwartet. Von der Wellenfunktion des F-Zentrums entfallen etwa 2/3 auf die Lücke, etwa 30% auf die erste und etwa 6% auf die zweite Schale. Aus den sehr scharfen ENDOR-Linien geht hervor, daß sich in additiv oder mit Röntgenstrahlen verfärbten Kristallen das Farbzentrum nicht in unmittelbarer Nachbarschaft eines anderen Gitterfehlers befindet. Gitterverzerrungen, die durch das F-Zentrum selbst verursacht werden, treten im ENDOR-Spektrum nicht in Erscheinung, da die kubische Symmetrie um das F-Zentrum erhalten bleibt. Die nicht mehr völlig kubische Symmetrie der Umgebung der Nachbarkerne macht sich in der Quadrupolaufspaltung des ENDOR-Spektrums bemerkbar. Für Alkalihalogenide mit verschiedenem Halogen- aber gleichem Alkaliion gilt für die Hyperfeinkopplungskonstanten der ersten beiden Schalen $d^3|\psi(0)|^2 =$ konst. $|\psi(0)|^2$ ist darin der Betrag des Quadrates der F-Zentren-Wellenfunktion am Kern, d die Gitterkonstante. Die Unabhängigkeit dieses Produktes vom Halogenion läßt sich mit der z. Z. besten F-Zentren-Theorie von Adrian und Gourary ebenfalls noch nicht erklären.

Die Abweichung des HFS-Tensors von der axialen Symmetrie ist in der zweiten Schale schon sehr klein, konnte aber im KBr und KCl noch mit etwa 30% Genauigkeit aus den ENDOR-Spektren bestimmt werden.

Ortsfeste Gitterdefekte machen sich in solchen Substanzen, die Kerne mit Quadrupolmomenten enthalten, durch eine Linienverbreiterung oder durch eine Intensitätsabnahme der Linie oder durch beides bemerkbar, wenn sie im Gitter elektrische Feldgradienten verursachen (s. Abschn. 4.1).

Ortsfeste Gitterdefekte sind vorwiegend Fremdionen (bei genügend tiefen Temperaturen) und Versetzungen sowie Anionenlücken, z. B. in den Alkali- und Silberhalogeniden. Der von Fremdionen herrührende Feldgradient kann zweierlei Ursache haben: Bei gitterneutralen Fremdionen rührt der Feldgradient von den Gitterverzerrungen her, die als Folge des unterschiedlichen Platzbedarfes des Fremdions gegenüber dem Wirtsgitterion auftreten. Bei Fremdionen, die eine Überschußladung gegenüber dem Gitter besitzen, kommt dazu der von dieser Überschußladung herrührende Feldgradient, der wesentlich größer ist als der von den Gitterverzerrungen herrührende.

In kubischen Kristallen heben sich im ungestörten Gitter die von den Ionen der Umgebung herrührenden Feldgradienten an einem Gitterplatz auf (s. Abschn. 4.1). Die von Gitterfehlern herrührenden Feldgradienten führen durch die Quadrupolstörung erster Ordnung zu Verschiebungen der Resonanzfrequenzen aller Übergänge außer dem von $m = 1/2$ nach $m = -1/2$ für jeden einzelnen Kern. Für Kerne, die innerhalb einer Kugel vom Radius r um einen punktförmigen Gitterdefekt bzw. innerhalb eines Zylinders vom Radius R um einen linienförmigen Gitterdefekt (Versetzung) liegen, sollen die Verschiebungen so groß sein, daß diese Kerne keinen weiteren Beitrag zur meßbaren Linie leisten. Für Kerne außerhalb dieser Kugel bzw. dieses Zylinders sollen die Verschiebungen so klein sein, daß sie innerhalb der Linie liegen (s. Abschn. 4.1). Ist die Konzentration der Gitterstörungen so groß, daß sich die Einflußsphären der einzelnen Gitterdefekte berühren oder gar überlappen, dann ist nur noch die Zentrallinie zu messen. Im AgBr und in den meisten Alkalihalogeniden ist auch in den besten Kristallen die Zahl der Versetzungen und der zweiwertigen Verunreinigungsionen so groß, daß dieser Fall vorliegt. Die Konzentration gewollt eingebauter Fremdionen oder durch Deformation erzeugter Versetzungen muß dann so groß sein, daß durch die Quadrupolstörung zweiter Ordnung die Zentrallinie beeinflußt wird, wenn aus der Kernresonanz Rückschlüsse auf die Gitterstörungen gezogen werden sollen.

Im $(K_{1-c}Na_c)Br$ fanden Otsuka und Kawamura (1957, s. Tab. 3) im Konzentrationsbereich bis zu $c_{max} \approx 0{,}02$ Mol eine Abnahme der Intensität (Fläche unter der Absorptionslinie) der Zentrallinien der ^{79}Br- und ^{81}Br-Resonanzen nach dem logarithmischen Gesetz $\ln (I_c/I_0) = -nc$, das aus Gl. (4.21) für $c \ll 1$ als Näherung folgt. Die Zahl der toten Plätze, d. h. der K-Plätze in der Umgebung eines Bromions, die bei Besetzung mit einem Na-Ion die Frequenz des Br-Kernes soweit verschieben, daß er nichts mehr zur meßbaren Linie beiträgt, ist für die ^{81}Br-Resonanz 92 und für die ^{79}Br-Resonanz 105. Daraus ergibt sich ein kritischer Radius von $\sqrt{11}a$ für die ^{81}Br- und von $\sqrt{13}a$ für die ^{79}Br-Resonanz. Die von den Gitterverzerrungen um ein Na-Ion im KBr herrührenden Feldgradienten beeinflussen also die Frequenz der Zentrallinie eines Br-Kernes noch merklich, wenn sich das Na-Ion in oder innerhalb der fünften Alkalischale um einen ^{81}Br- oder in bzw. innerhalb der sechsten Schale um einen ^{79}Br-Kern befindet.

Eine dem gleichen Gesetz folgende Abnahme der Intensität der ^{23}Na-Resonanz im NaCl bei Dotierung mit Li^+, K^+, Rb^+ und F^-, Br^- und J^- fand Fukai (s. Tab. 3). Die Zahl n der toten Plätze im polykristallinen NaCl berechnete er daraus zu 55 für Li^+, 98 für K^+, 104 für Rb^+, 45 für F^-, 59 für Br^- und 132 für J^- als Fremdion. n läßt sich andererseits aus dem Feldgradiententensor und dieser wiederum aus dem Verzerrungstensor berechnen [132]. Daraus ergibt sich, daß n proportional zur Verschiebung u_0 eines nächsten Nachbarn ist. u_0 kann aus dem Tensor **S** des Elastizitätsgradienten berechnet werden. Mit den von Lemanov [133] angegebenen Werten für die Komponenten von S läßt sich aus n das Verhältnis von u_0/a berechnen, wobei a der Ionenradius des durch das Fremdion ersetzten Wirtsgitterions ist. u_0/a wurde von Fukai immer kleiner gefunden als $\Delta a/a$ (Δa ist die Differenz der Ionenradien zwischen Fremdion und dem von ihm ersetzten Wirtsgitterion). Für die gegenüber Na^+ und Cl^- kleineren Ionen Li^+ und F^- ist u_0 negativ, für die größeren Ionen positiv.

In einem Einkristall ist die Zahl der toten Plätze von der Orientierung der Kristallachsen zum Magnetfeld abhängig. Fukai fand für Br^- als Fremdion im NaCl $n = 90$ für $\mathfrak{H}_0 \parallel (100)$, 84 für $\mathfrak{H}_0 \parallel (110)$ und 74 für $\mathfrak{H}_0 \parallel (111)$ und berechnete aus der Anisotropie von n näherungsweise die Anisotropie der Verzerrung.

In manchen Fällen lassen sich die Feldgradienten an den Kernen auf den toten Plätzen in der Umgebung eines Fremdions aus der reinen Kernquadrupolresonanz direkt bestimmen. Da die Zahl dieser Kerne klein im Vergleich zur Gesamtzahl der Kerne ist, ist eine direkte Beobachtung der reinen Kernquadrupolresonanz dieser Kerne nicht möglich. Slusher und Hahn (s. Tab. 3) gingen daher bei der Messung der reinen Kernquadrupolresonanzspektren der ^{23}Na-Kerne in der Umgebung einer Verunreinigung im NaCl den Umweg über die Beobachtung der Kernresonanz der ^{23}Na-Kerne im ungestörten Gitter. Die Methode ist im Prinzip die folgende:

Die Substanz wird bei einer genügend tiefen Temperatur, bei der T_1 in der Größenordnung mehrerer Sekunden bis Minuten liegt, während einer Zeit $t > T_1$ einem starken Magnetfeld H_0 ausgesetzt, welches das Kernspinsystem polarisiert. Wird nach erfolgter Polarisation das Feld H_0 in einer Zeit $t_a \ll T_1$ auf Null reduziert (adiabatische Entmagnetisierung), so verschwindet die makroskopische Magnetisierung M_z der Probe mit der Zeitkonstante T_1, und nach der Zeit t_1 (gerechnet vom Zeitpunkt des Abschaltens von H_0 aus) ist die Magnetisierung also $M_z(t) = M_z(0) \times \exp(-t_1/T_1)$. Schaltet man nach der Zeit $t_1 \approx T_1$ das Feld H_0 wieder ein (die Zeit t_e, die zum Aufbau von H_0 benötigt wird, ist wieder klein gegen T_1) und mißt, kurz nachdem H_0 seinen Endwert erreicht hat, zur Zeit $t_2 = t_1 + t_e \approx T_1$ die Kernresonanz, dann ist die Größe des Signals durch die Magnetisierung $M_z(t_2) = M_z(0) \exp(-t_2/T_1) \approx M_z(0)e^{-1}$

bestimmt. Wenn während der Zeit, in der $H_0 = 0$ ist, ein Hochfrequenzfeld auf die Probe einwirkt, dessen Frequenz ω_Q gleich der reinen Quadrupolresonanzfrequenz der Kerne in der Umgebung einer Verunreinigung ist, so werden Dipolübergänge dieser Kerne induziert. Durch die Spindiffusion (s. Abschn. 3.4) findet dabei eine Energieübertragung zwischen den angeregten Kernen des gestörten Gitterbereiches und den Kernen der ungestörten Gitterbereiche statt, die zu einer schnelleren Abnahme der makroskopischen Magnetisierung des ungestörten Spinsystems führt. Das nach der Zeit t_2 gemessene Kernresonanzsignal ist dann kleiner als das ohne Quadrupolresonanz gemessene. Variiert man ω_Q, so ergibt $M_z(t_2)$ über ω_Q aufgetragen das reine Quadrupolresonanzspektrum der Kerne in der Umgebung von Verunreinigungen.

Slusher und Hahn verglichen die nach dieser Methode gefundenen Kernquadrupolresonanzspektren eines Harshaw-NaCl-Einkristalles und eines analysenreinen NaCl-Kristallpulvers mit den Spektren von NaCl-Kristallen, die mit K^+ und Br^- dotiert worden waren, und konnten so die Linien der Spektren der undotierten Probe den Kernen in der Umgebung eines K^+- oder eines Br^--Ions zuordnen. Linien, die in Ca^{2+}- und J^--dotierten Kristallen auftraten, waren in den undotierten Proben nicht zu finden. Aus der maximalen Abnahme von $M_z(t_2)$ bestimmten die Verfasser eine Gesamtkonzentration an Verunreinigungen in den undotierten Proben von $\approx 10^{-6}$. Ein Vergleich der aus den reinen Kernquadrupolresonanzspektren gewonnenen *eqQ*-Werte mit den von Dick und Das [134] berechneten ergab nur Übereinstimmung für die ^{23}Na-Kerne der ersten Schale um ein Br^--Ion.

Eine Aussage über die Verteilung der Feldgradienten um Gitterstörungen läßt sich neben Aussagen über den Wechselwirkungsmechanismus zwischen Gitterschwingungen und Kernspinsystem nach Silver (s. Tab. 3) auch aus der Kernresonanz bei gleichzeitiger Ultraschallanregung von Quadrupolübergängen (von Silver am KJ durchgeführt) erhalten.

Auch die ENDOR-Technik kann in manchen Fällen Aussagen über den Feldgradienten in der Umgebung eines Fremdions liefern. Aus den ENDOR-Spektren der Ionen der isoelektronischen Reihe V^{2+}, Cr^{3+} und Mn^{4+} im Al_2O_3 [V^{2+} und Mn^{4+}: Laurence und Lambe (1963), Cr^{3+}: Laurence, McIrvine und Lambe (1962); s. Tab. 3] geht hervor, daß das Hyperfeinfeld der paramagnetischen Elektronen am Kern in allen drei Ionen etwa den gleichen Wert von -200 kOe hat, während die Quadrupolwechselwirkungskonstanten für ^{51}V gleich $-0{,}021$ MHz und für ^{55}Mn gleich $+0{,}183$ MHz sind. Die Quadrupolwechselwirkungskonstante der ^{27}Al im ungestörten Wirtsgitter beträgt $+0{,}180$ MHz. (Die Werte für ^{53}Cr, das mit etwa 10% im natürlichen Isotopengemisch vorhanden ist, sind wegen des unbekannten Quadrupolmomentes unsicher.) Für die Quadrupolaufspaltung ist das trikline Feld am Ort des Fremdions maßgebend. Während bei den vorher beschriebenen Experimenten der Feldgradient an den Kernen des Wirtsgitters in der Umgebung eines

Fremdions bestimmt wurde, wird hier der vom Wirtsgitter am Fremdion erzeugte Feldgradient gemessen. Für den Gradienten dieses Feldes ergaben sich die Werte $(1 - \gamma_\infty)eq = -1{,}87$ MHz/b für ^{51}V und $+5{,}26$ MHz/b für ^{55}Mn, während im ungestörten Wirtsgitter $(1 - \gamma_\infty)eq = 16{,}1$ MHz/b für ^{27}Al ist.

Das Kristallfeld ist also am Ort der verschiedenen isoelektronischen Ionen verschieden. Diese können daher nicht einfach ein Al^{3+}-Ion auf seinem Platz ersetzen, da sich dann der Feldgradient am Kernort nicht ändern dürfte. Aus den ENDOR-Messungen am Cr^{3+} im Al_2O_3 geht hervor, daß die Quadrupolwechselwirkung der einem Cr^{3+}-Ion benachbarten ^{27}Al-Kerne um etwa 50% größer ist als die der weiter entfernten Kerne. Das kann nur auf eine Gitterverzerrung in der Umgebung der Cr^{3+}-Ionen zurückzuführen sein, da Cr^{3+} keine Überschußladung gegenüber dem Gitter besitzt. Weakliem und McClure nahmen zur Deutung der unterschiedlichen Aufspaltung der optischen Spektren verschiedener Übergangsmetallionen im Al_2O_3 eine geringe Verschiebung dieser Ionen auf der c-Achse gegenüber dem Al-Platz an, die für Cr^{3+} in der Größe von etwa 0,01 nm liegen müßte. Mit einer solchen Verschiebung, durch die die Symmetrie des Feldes nicht geändert wird, ließe sich auch das ENDOR-Spektrum des Cr^{3+} im Al_2O_3 erklären. Berechnet man aber aus der Gittersumme des unverzerrten Gitters den Feldgradienten am Verunreinigungsion in Abhängigkeit von der Verschiebung dieses Ions gegenüber dem Al-Platz, so ergibt sich, daß dieser nie kleiner als die Hälfte des Gradienten am Al-Platz, insbesondere nie negativ wird. Die Vorzeichenumkehr beim V^{2+} läßt sich also allein mit einer Verschiebung der Fremdionen nicht erklären. Wird außer der Verschiebung des Fremdions noch eine Verschiebung der umgebenden O^{2-}-Ionen von den Fremdionen weg angenommen, so ist eine Vorzeichenumkehr des Feldgradienten möglich. Ein Vergleich zwischen Theorie und Experiment ist bei diesem Modell nicht möglich, da ein gegebener Feldgradient auf viele Arten durch Verrückung der O^{2-}-Ionen realisiert werden kann.

Laurence und Mitarbeiter diskutierten weiter die Möglichkeit, daß die verschiedenen Feldgradienten durch Änderung der Bindungswinkel der teilweise kovalenten Bindung zwischen dem Verunreinigungsion und den umgebenden Sauerstoffionen infolge einer Verrückung des Fremdions auf der c-Achse verursacht werden. Durch diese Unsymmetrie würden die sich von den p-Bindungselektronen herrührenden Feldgradienten nicht mehr vollständig aufheben. Den gleichen Effekt können auch Störungen der Symmetrie der umgebenden O^{2-}-Ionen durch die Verunreinigung hervorrufen.

Auch das durch Röntgenbestrahlung im Ag-dotierten KCl gebildete atomare Silber läßt sich im ENDOR-Spektrum nachweisen. Das ungepaarte s-Elektron ist wie das F-Zentren-Elektron über einen Teil des Gitters in der Umgebung des Ag^0 verschmiert. Seidel (1963, s. Tab. 3) fand bei 20 °K deutlich getrennte Liniengruppen, die zu den Kernen der ersten (Cl^--), dritten (Cl^--) und vierten (K^+-)Schale gehören. Weitere noch nicht identifizierte Linien ließen auf eine definiert gestörte Umgebung des Ag^0 (z. B. eine Lücke in der dritten Schale) schließen. Die sich aus dem ENDOR-Spektrum ergebenden HFS-Kopplungskonstanten der ersten und dritten Schale stimmen mit berechneten gut überein, wenn man annimmt daß die Wellenfunktion des Ag^0-s-Elektrons mit etwa dem gleichen Exponentialfaktor abfällt wie die F-Zentren-Wellenfunktion. Dann sind allerdings die aus dem ENDOR-Spektrum gewonnenen Elekrtronendichten an der vierten Schale zu hoch. Seidel führt das auf einen geringen Anteil kovalenter Bindung zurück, die das ungepaarte Elektron von den Ionen der ersten Schale aus auf die der vierten Schale überträgt.

In Li^+-, Na^+- und Cu^+-dotiertem polykristallinem AgBr beobachtete Seifert (s. Tab. 3) bei einer Konzentration von 10^{-3} Mol Quadrupolverbreiterungen der Zentrallinien der ^{79}Br- und ^{81}Br-Resonanzen, die für alle drei Fremdionen etwa gleich sind. Sie können daher nicht von Gitterverzerrungen, die durch das Fremdion verursacht werden, herrühren; denn dann müßte die Linienbreite etwa proportional zu $(\Delta a/a)^2$ sein. $(\Delta a/a)^2$ ist aber für Li^+ 0,31, für Na^+ 0,13 und für Cu^+ 0,24; daher wurde angenommen, daß die Verbreiterung von Versetzungen herrührt, deren Zahl durch den Einbau der Fremdionen in das Gitter stark erhöht wird.

Der Einfluß der Versetzungen auf das Kernresonanzsignal ist an den Alkalihalogeniden eingehend studiert worden. Otsuka und Kawamura (s. Tab. 3) fanden in einachsig deformiertem KBr eine von den Feldgradienten der gebildeten Versetzungen herrührende Intensitätsabnahme der allein meßbaren Zentrallinien der Br-Resonanzen und eine unsymmetrische Verbreiterung dieser Linien, die zu einer Verschiebung des Linienschwerpunktes führt. Die von Schrauben- und Stufenversetzungen herrührenden Einflüsse sind für die Linienbreite additiv, für die Schwerpunktsverschiebung aber entgegengesetzt, wenn das Magnetfeld $\mathfrak{H}_0$ in [100]-Richtung liegt. Daher ist eine Trennung der von Schrauben- und Stufenversetzungen herrührenden Einflüsse und damit eine getrennte Bestimmung der Dichten der beiden Versetzungsarten möglich. Die genannten Verfasser fanden eine mit wachsender Deformation etwas stärker zunehmende Dichte der Schraubenversetzungen gegenüber der der Stufenversetzungen. Für die größte von ihnen vorgenommene Deformation bestimmten sie aus der Verbreiterung eine Gesamtversetzungsdichte von $3 \cdot 10^9$ cm^{-2}. Durch Extrapolation auf verschwindende Deformation fanden sie eine Versetzungsdichte von $4 \cdot 10^8$ cm^{-2} im undeformierten Kristall und gleiche Dichten für Schrauben- und Stufenversetzungen.

Für orientierte Stufen- und Schraubenversetzungen, wie sie bei einachsiger plastischer Deformation auftreten, berechnete Otsuka (siehe Tab. 3) am Beispiel des KJ den Verzerrungstensor. Eine Transformation mittels des von Shulman, Wyluda und Anderson (s. Tab. 7) eingeführten Tensors vierten Stufe führt den Verzerrungstensor in den Feldgradiententensor über, aus dem Otsuka dann durch eine bis zur dritten Ordnung geführte Störungsrechnung die asymmetrische Verbreiterung der Zentrallinie für einen Kernspin $I = 5/2$ berechnete. Mit den theoretisch gewonnenen Beziehungen konnte er aus der asymmetrischen Verbreiterung der ^{127}J-Zentrallinie von einachsig plastisch deformiertem KJ die Dichten der Stufen- und Schraubenversetzungen ziemlich genau getrennt bestimmen. Er fand, daß das Verhältnis von Schrauben- zu Stufenversetzungen ungefähr 1:1 und unabhängig vom Deformationsgrad ist. Aus seinen Untersuchungen geht weiter hervor, daß das elastische Verhalten des KJ hochgradig anisotrop sein muß.

KJ und NaJ wurden auch von Hon und Bray (s. Tab. 3) untersucht. Die genannten Verfasser fanden ein Anwachsen der Kernresonanzsignale (J-Resonanz im KJ, Na- und J-Resonanz im NaJ), wenn die Richtung des äußeren Magnetfeldes mit der [100]-Richtung zusammenfällt. Dann tragen neben der sonst allein meßbaren Zentrallinie noch die Satellitenlinien zum Signal bei. Das ist nur möglich, wenn die Gitterstörungen so beschaffen sind, daß V_{zz} (s. Kap. 4) in [100]-Richtung verschwindet oder wenigstens sehr klein ist. Solche Gitterstörungen können nur Stufenversetzungen mit der Versetzungsachse in [110]-Richtung oder Schraubenversetzungen mit der Versetzungsachse in [100]-Richtung sein. Ein großer Teil der Versetzungen ist also im NaJ und KJ orientiert. Dabei ist der Orientierungsgrad im NaJ größer als im KJ, wie aus der stärkeren Zunahme der Signale im NaJ hervorgeht.

Unter der Annahme statistisch verteilter geradliniger Stufen- und Schraubenversetzungen gleicher Häufigkeit berechneten Kanert und Kappler (s. Tab. 3) die relative Intensitätsabnahme I/I_0 der ^{23}Na-Resonanz im NaCl in Abhängigkeit von der Versetzungsdichte. Sie fanden, daß I/I_0 exponentiell von der Versetzungsdichte, der Poissonzahl, dem Schubmodul und neben anderen bekannten Größen noch vom Element C_{44} des von Shulman, Wyluda und Anderson eingeführten Transformationstensors abhängt, der das Verzerrungsfeld mit dem Gradientenfeld verbindet. Das berechnete Intensitätsverhältnis, das mit dem gemessenen gut übereinstimmt, nimmt für Versetzungsdichten von etwa $10^4\,\mathrm{cm}^{-2}$ bis $10^7\,\mathrm{cm}^{-2}$ von 1 auf 0,4 ab. In diesem Bereich macht sich die Störung erster Ordnung bemerkbar, die die Resonanzfrequenz der Satellitenlinien aus dem Beobachtungsbereich verschiebt. Zwischen $10^7\,\mathrm{cm}^{-2}$ und $10^{10}\,\mathrm{cm}^{-2}$ bleibt I/I_0 konstant gleich 0,4 und nimmt dann zwischen $10^{10}\,\mathrm{cm}^{-2}$ und $10^{12}\,\mathrm{cm}^{-2}$ auf Null ab. Die Methode gestattet es, den Mittelwert der Versetzungsdichte zu bestimmen. Da bei der Bestimmung der Versetzungsdichte aus der Kernresonanz alle Versetzungen des Kristalls erfaßt werden, liefert diese Methode den wirklichen Mittelwert der Versetzungsdichte, dem nicht die Unsicherheit anhaftet, die beim Auszählen der Versetzungslinien infolge der Schwankungen der Versetzungsdichte entsteht.

Das Auswandern der Versetzungen aus plastisch verformten Alkalihalogenidkristallen bei der Temperung wurde von Otsuka (1962, siehe Tab. 3) untersucht. Mit dem Rückgang der Störung wächst die Kernresonanzintensität. Durch wiederholtes kurzzeitiges Aufheizen auf eine bestimmte Temperatur und rasches Abkühlen und Messung der Kernresonanz zwischen jedem Aufheizen wurden die Ausheilungskurven für beliebige Temperaturen gewonnen. Das Verfahren wurde auch von anderen Autoren zur Aufnahme der Ausheilungskurven kaltverformter Metalle angewandt (s. Abschn. 5.4).

Aus dem Quadrupolwechselwirkungseinfluß auf die ^{7}Li-, ^{23}Na-, ^{81}Br- und ^{127}J-Resonanz bestimmten Hon und Bray (s. Tab. 3) die Art der durch Neutronenbeschuß im NaJ, LiJ, KJ und KBr entstehenden Gitterstörungen. Ähnliche Untersuchungen wurden von Ring, O'Keefe und Bray (s. Tab. 3) am neutronenbestrahlten LiF durchgeführt. Nach dem Neutronenbeschuß ist der breiten ^{19}F-Resonanz des Gitters noch eine sehr schmale Resonanz überlagert, die gegenüber der breiten Resonanz eine chemische Verschiebung zeigt, deren Größe dafür spricht, daß diese Linie von F_2-Molekülen herrührt, die sich bei der Bestrahlung gebildet haben. Diese Bildung von F_2-Molekülen nach Neutronenbeschuß steht im Einklang mit Röntgenstrukturuntersuchungen von Smallman und Willis. Aus dem Flächenverhältnis der breiten und der schmalen Linie ergab sich, daß etwa 2% der F^--Ionen zu F_2-Molekülen vereinigt waren. Die ^{7}Li-Resonanz zeigte ebenfalls eine kleine, schmale, der breiten Li-Resonanz des Gitters überlagerte Linie, deren Verschiebung etwa mit der Li-Knight-shift übereinstimmt. Die schmale Linie wird daher von den Verfassern als vom kolloidalen Li-Metall herrührend gedeutet. Die Bildung von kolloidalem Li in neutronenbestrahltem LiF wurde auch von Lambert und Guinier aus der Kleinwinkelstreuung geschlossen. Die bei der Bestrahlung entstehenden Gitterdefekte führen zu einer Quadrupolverbreiterung der Li-Resonanz des Gitters.

Wertvolle Informationen lassen sich beim Studium von Diffusionserscheinungen aus der Kernresonanz gewinnen. Nach Gl. (2.94) tritt eine Bewegungsverschmälerung der Kernresonanzlinie auf, wenn die Sprungfrequenz der Ionen, deren Kernresonanz gemessen wird, gleich oder größer als die statische Linienbreite wird. Da die statische Linienbreite in der Größenordnung von Kilohertz liegt, tritt die Linienverschmälerung schon bei sehr niedrigen Sprungfrequenzen, d. h. bei relativ niedrigen Temperaturen, ein. Da sich für isotrope Gitterdiffusion aus Sprungfrequenz und Sprungweg sofort die Diffusionskonstante $D = s^2 \bar{\nu}_s / \sigma$ bestimmen läßt, bietet die Kernresonanz die Möglichkeit einer Bestimmung von D in einem Temperaturbereich, der den klassischen Methoden nicht mehr zugänglich ist. In einem Ionenkristall, der nur Schottkysche Fehlordnung (Kationen- und Anionenlücken) enthält, z. B. in den Alkalihalogeniden, kann die Gitterdiffusion nur über die Lückendiffusion erfolgen, d. h., ein Gitterion kann nur dann springen, wenn ihm eine Lücke benachbart ist, in die es hineinspringen kann. Wenn $c_\square$ die Lückenkonzentration und $\bar{\nu}_\square$ die mittlere Sprungfrequenz der Lücken ist, dann ist $\bar{\nu}_{\mathrm{Ion}} = c_\square \bar{\nu}_\square$ die mittlere Sprungfrequenz der Gitterionen. In Alkalihalogeniden ist bei den Temperaturen, bei denen die Bewegungsverschmälerung der Linien eintritt, die thermische Fehlordnung vernachlässigbar und die Kationenlückenkonzentration durch divalente Kationenverunreinigungen bestimmt. Durch Dotierung mit zweiwertigen Fremdkationen läßt sich die Lückenkonzentration, die dann gleich der Fremdionenkonzentration c ist, leicht variieren. $\ln c$ über der reziproken Temperatur aufgetragen, bei der die Linienverschmälerung eintritt, sollte dann eine Gerade ergeben, aus deren Neigung sich die Aktivierungsenergie bestimmen läßt. Voraussetzung ist dabei, daß keine Assoziation zwischen den Fremdkationen und den entgegengesetzt geladenen Kationenlücken auftritt. Aus der Verschmälerung der ^{23}Na-Resonanz im Cd^{2+}-dotierten NaCl bestimmte Reif (s. Tab. 3) die Aktivierungsenergie für die $Na_\square$-Diffusion.

Eine andere Möglichkeit zur Bestimmung der Sprungfrequenz und der Aktivierungsenergie bei etwas höheren Temperaturen ergibt sich aus der Messung der Spin-Gitter-Relaxationszeit, die nach Torrey (siehe Abschn. 3.2 und [18]), Eisenstadt und Redfield [135] und Reif ([112] und Abschn. 4.1.2) ein Minimum erreicht, wenn die Sprungfrequenz in die Größenordnung der Larmorfrequenz kommt.

Eisenstadt und Redfield erweiterten die Torreysche Theorie der Dipolrelaxation durch diffundierende Lücken, indem sie auch die Wechselwirkung zwischen den verschiedenen Kernen in den beiden Untergittern eines NaCl-Gitters mit in Betracht zogen und Korrelationseinflüsse berücksichtigten. Ohne Korrelation stimmen ihre Ergebnisse für $(\omega_0/\nu_s) \gg 1$ (ν_s = Sprungfrequenz) mit denen von Torrey überein. Für $(\omega_0/\nu_s) \ll 1$ werteten sie die Ausdrücke numerisch aus. Für sehr hohe und sehr tiefe Temperaturen fanden sie einfachere Näherungslösungen. Für die von Lidiard und von Herring angeführte Richtungskorrelation beim Sprung und für die Diffusion von Atomgruppen mit einer Lücke berechneten sie die dabei auftretenden Korrekturen.

Auf der Grundlage dieser Rechnungen gelang Eisenstadt (1963, s. Tab. 3) eine Analyse seiner T_1-Messungen am LiF bei hohen Temperaturen. Er fand, daß oberhalb von 620 °K die Relaxation ausschließlich über die Dipolwechselwirkung durch diffundierende Lücken bestimmt wird. Zwischen 620 und 800 °K ist die Lückenkonzentration konstant und durch die Konzentration der zweiwertigen Kationenverunreinigungen bestimmt. Aus T_1(Li) errechnete er eine Aktivierungsenergie von 0,71 eV für die Li-Diffusion. Oberhalb von 800 °K macht sich die thermische Fehlordnung bemerkbar. Für ν_{Li} und ν_{F} fand er

$$\nu_{\mathrm{Li}} = 1{,}7 \cdot 10^{16} \exp\left(-1{,}81\ [\mathrm{eV}]/kT\right),$$

$$\nu_{\mathrm{F}} = 4{,}5 \cdot 10^{17} \exp\left(-2{,}2\ [\mathrm{eV}]/kT\right).$$

T_1(Li), T_2(Li) und T_1(F) werden durch ν_{Li}, T_2(F) wird durch ν_{F} bestimmt. T_1 und T_2 sind anisotrop. Die von der Theorie geforderte Unabhängigkeit des Verhältnisses $T_1[100]/T_1[110]$ von der Sprungfrequenz bei konstanter Temperatur ist experimentell gut erfüllt.

In Substanzen, die Kerne mit großen Quadrupolmomenten enthalten, wird die Spin-Gitter-Relaxationszeit dieser Kerne durch die Quadrupolwechselwirkung mit den statistisch schwankenden Feldgradienten, die bei der Lückendiffusion auftreten, stark beeinflußt (s. Abschn. 4.1.2). Dieser Einfluß wurde erstmalig von Reif (s. Tab. 3) theoretisch behandelt und von ihm an der ^{81}Br-Resonanz im Cd^{2+}-dotierten AgBr untersucht. Nach Gl. (4.37) hat T_1 ein Minimum, wenn die Sprungfrequenz $\nu_\square$ der Ag-Lücken gleich $1{,}76\,\omega_0$ ist. Dieses Minimum tritt bei einer Resonanzfrequenz von 6,630 MHz bei 273 °K auf. Mit den von Teltow aus der Ionenleitung bestimmten Werten für den Frequenzfaktor und die Aktivierungsenergie ergibt sich eine Temperatur von 287 °K (Seifert, s. Tab. 3), mit den Kurnikschen Werten eine solche von 308 °K für das Minimum von T_1. Die Übereinstimmung ist recht gut, wenn man bedenkt, daß die beiden letzten Temperaturen durch doch recht ungenaue Extrapolationen aus den Hochtemperaturwerten gewonnen sind.

Auch im LiBr spielt die Quadrupolrelaxation durch diffundierende Li-Lücken für die Spin-Gitter-Relaxationszeit der Bromresonanz die überwiegende Rolle, wie Allen und Weber (s. Tab. 3) zeigen konnten. Mit den von Haven aus der Ionenleitung bestimmten Werten für den Frequenzfaktor und die Aktivierungsenergie ergibt sich die Temperatur, für die T_1 ein Minimum wird, zu 375 °K und befindet sich damit in guter Übereinstimmung mit dem Experiment. Für tiefe Temperaturen, bei denen $\nu_\square \ll \omega_0$ ist, wird nach Reif [112] (s. a. Abschn. 4.1.2) $T_1 \sim \exp(\Delta E/kT)$. Aus dieser Temperaturabhängigkeit von T_1 bestimmten die Verfasser eine Aktivierungsenergie von $0{,}42 \pm 0{,}05$ eV. Aus der am gleichen Kristall gemessenen Ionenleitung ergab sich 0,43 eV. Im untersuchten Temperaturbereich war die Li-Lückenkonzentration durch die Konzentration der zweiwertigen Verunreinigungskationen bestimmt. Letztere betrug etwa $3 \cdot 10^{-4}$ Mol. Bei dieser Konzentration sollte bei etwa 355 °K $c\nu_\square$ die Größe der statischen Linienbreite der Bromresonanz erreichen, d. h., bei dieser Temperatur sollte die Bewegungsverschmälerung der Br-Resonanz auftreten. Auch hier ist wieder gute Übereinstimmung mit dem Experiment vorhanden.

Die Spin-Gitter-Relaxationszeit des ^{7}Li, die von Allen und Weber zwischen 77 und fast 822 °K (Schmelzpunkt) gemessen wurde, ist bei tiefen Temperaturen durch die paramagnetischen Verunreinigungen bestimmt und fast temperaturunabhängig, wie es für Relaxationsprozesse, die durch Spindiffusion begrenzt werden, charakteristisch ist. Oberhalb von 375 °K wird T_1 durch die Gitterphononen bestimmt, bei sehr hohen Temperaturen durch die Li-Diffusion. Da $\nu_{\text{Li}} \approx c\nu_\square$ ist, liegt das Minimum von T_1, für das $\nu_{\text{Li}} \approx \omega_0(\text{Li})$ gilt, bei einer um c^{-1} höheren

Sprungfrequenz, als dem Verhältnis $\omega_0(\mathrm{Li})/\omega_0(\mathrm{Br})$ entsprechen würde, und damit bei sehr hohen Temperaturen. In dem Temperaturbereich, in dem die Lückenkonzentration noch durch die Konzentration zweiwertiger Kationenverunreinigungen gegeben und damit konstant ist, in dem T_1 aber schon durch die Li-Diffusion bestimmt wird, folgt aus der Temperaturabhängigkeit von T_1 eine Aktivierungsenergie von angenähert 0,4 eV für die Lückensprünge in Übereinstimmung mit dem aus T_1(Br) erhaltenen Wert. Bei höheren Temperaturen, bei denen die Lückenkonzentration durch die thermische Fehlordnung bestimmt wird, erhalten die Verfasser 1,4 eV als Summe der halben Fehlordnungsenergie und der Aktivierungsenergie für die Lückensprünge.

Im NaCl ist nach Eisenstadt (1964, s. Tab. 3) unterhalb 850 °K T_1 sowohl für die ^{23}Na- wie für die ^{35}Cl-Resonanz durch die Quadrupolwechselwirkung mit den Gitterphononen und mit den Überschußladungen diffundierender Na-Lücken und T_2 durch die Dipolwechselwirkung bestimmt. Oberhalb von 850 °K wird das Relaxationsverhalten anomal. Es treten für jede Kernart zwei verschiedene longitudinale und transversale Relaxationszeiten auf. Eisenstadt nimmt an, daß die einen dem Gitter, die anderen der Umgebung von Versetzungen zuzuordnen sind.

Am Ca^{2+}-dotierten NaCl erhielten Itoh und Satoh (s. Tab. 3) aus der Temperaturabhängigkeit von T_1 unterhalb von 810 °C eine Aktivierungsenergie von 0,75 eV für die Lückensprünge. Oberhalb dieser Temperatur wird die Sprungfrequenz der Ca^{2+}-Ionen so groß, daß die durch Ca-Diffusion entstehende Lückenbewegung stark zu T_1 beiträgt. Ist $c_{\square} = c_{\mathrm{Ca}}$ und z die Zahl der ein Ca^{2+}-Ion umgebenden Kationen, so wird T_1 ein Minimum, wenn $z\nu_{\mathrm{Ca}}c_{\mathrm{Ca}} \approx 2\,\nu_0$ ist. Oberhalb von 900 °C fanden die Verfasser eine weitere starke Abnahme von T_1, da dort thermische Lückenerzeugung einsetzt.

Aus der Linienverschmälerung der ^{19}F-Resonanz im Sm-dotierten CaF_2 bestimmten Veigele und Bevan jr. (s. Tab. 3) die Aktivierungsenergie für die F_0'-Diffusion. Unterhalb von 400 °K stimmten bei kleinen H_1-Feldern die Linienbreiten der ^{19}F-Resonanzen eines verfärbten wie eines unverfärbten natürlichen und eines 0,05% Sm enthaltenden CaF_2-Kristalls mit den von Bruce (s. Tab. 1) gemessenen überein. Bei höheren H_1-Feldern tritt Sättigungsverschmälerung [7, 136] auf. Oberhalb von 400 °K wird die ^{19}F-Resonanz des Sm-haltigen Kristalls verschmälert. Nach Kaiser, Garrett und Wood liegt das Sm im CaF_2 zu 20% als Sm^{2+} und zu 80% als Sm^{3+} vor. Die positive Überschußladung des Sm^{3+} soll nach O'Connor und Bostick durch Fluorionen auf Zwischengitterplätzen ausgeglichen werden. Bei hoher Temperatur diffundieren diese F_0' und rufen eine Bewegungsverschmälerung der ^{19}F-Resonanz hervor. Aus der halblogarithmischen Darstellung der Linienbreite über T^{-1} ergibt sich eine Aktivierungsenergie von 0,26 eV für die Zwischengitterdiffusion.

In Ionenkristallen werden die Überschußladungen von Fremdionen, die eine von den Wirtsgitterionen abweichende Wertigkeit haben, durch die entgegengesetzten Überschußladungen gittereigener Fehlstellen kompensiert. Die elektrostatische Anziehung zwischen den entgegengesetzt geladenen Gitterstörungen kann, wenn wenigstens eine Fehlstellenart beweglich ist, zu Assoziationen zwischen den Fremdionen und gittereigenen Fehlstellen führen. Solche Assoziationen lassen sich in bestimmten Fällen ebenfalls mit der Kernresonanz untersuchen.

Cohen und Reif (s. Tab. 3) bestimmten die Abhängigkeit der Linienbreite der ^{79}Br- und ^{81}Br-Resonanz im Cd^{2+}-dotierten AgBr in Abhängigkeit von der Cd-Konzentration bei Zimmertemperatur. Bei dieser Temperatur sind die Linien noch durch Quadrupolrelaxation, verursacht durch diffundierende Ag-Lücken, verbreitert (Reif, s. Tab. 3). Die Relaxationsverbreiterung $\Delta\omega_H - \Delta\omega_H^0$ ($\Delta\omega_H$ ist die Breite der durch Quadrupolrelaxation verbreiterten Linie, $\Delta\omega_H^0$ die Breite der nicht durch Relaxation verbreiterten Linie) ist gleich der reziproken Spin-Gitter-Relaxationszeit [s. Gl. (2.98)] und damit nach Gl. (4.37) proportional der Konzentration der Ag-Lücken. Da für völlig dissoziierte Lücken $c_\square = c_{Cd}$ ist, sollte $(\Delta\omega_H/\Delta\omega_H^0) - 1$ über c_{Cd} aufgetragen eine Gerade ergeben. Das ist nach den Reifschen Messungen nur für die niedrigsten Konzentrationen bis 10^{-4} Mol Kadmium erfüllt (Seifert, s. Tab. 3). Für höhere Konzentration ist die Zunahme von $(\Delta\omega_H/\Delta\omega_H^0) - 1$ schwächer als linear. Seifert führte das auf eine Assoziation zurück und berechnete aus der Konzentrationsabhängigkeit die Massenwirkungskonstante für die Fehlstellenreaktion $Cd_G^{\cdot} + A'_{g\square} \rightleftarrows Cd_G^{\cdot}A'_{g\square}$ bei 25 °C zu $1{,}37 \cdot 10^3$ Mol^{-1}. Sie ist etwa 4,5mal kleiner als die, die sich aus der von Teltow aus der Ionenleitung bestimmten Assoziationsenergie von 0,16 eV ergibt. Wegen der bei der Auswertung der Kernresonanzmessungen gemachten Vernachlässigungen liegt die wirkliche Assoziationsenergie zwischen 0,12 eV, dem aus der obigen Massenwirkungskonstante folgenden Wert, und dem Wert 0,16 eV von Teltow.

Die zeitliche Einstellung des Fehlordnungsgleichgewichtes bei Zimmertemperatur konnte Seifert (s. Tab. 3) an schwefel- und selenhaltigen AgBr-Polykristallen, die von 400 auf 20 °C abgeschreckt wurden, mit der Kernresonanz beobachten. Die Linienbreite der ^{79}Br-Resonanz nimmt in den ersten Stunden nach dem Abschrecken stetig ab. Diese Linienverschmälerung wird auf eine Abnahme der statischen Quadrupolwechselwirkung infolge der Bildung von Komplexen zwischen den Schwefel- bzw. Selenionen und Bromlücken zurückgeführt. Im thermischen Gleichgewicht sollen bei 400 °C S'_G bzw. Se'_G und $Br_\square^{\cdot}$ weitgehend dissoziiert, bei 20 °C weitgehend assoziiert vorliegen. Bei der Bildung eines $S'_G Br_\square^{\cdot}$-Komplexes verschwinden zwei Punktladungen, und es tritt an ihre Stelle ein elektrischer Dipol, dessen Feldgradient wesentlich kleiner ist als die Feldgradienten der beiden Punktladungen.

5.4. Metalle

Die ersten Resonanzen von Metallen wurden 1949 von Knight [137] gemessen. Wegen des Skineffektes können die Metalle nicht in kompakter Form, sondern müssen als feinverteilte Pulver oder Späne in isolierenden Medien wie Wachs oder Ölen eingebettet oder in Form von dünnen Filmen untersucht werden.

Die charakteristischste Eigenschaft der Resonanzen der Metalle ist die Knight-shift, eine Verschiebung der Resonanzfrequenz durch die Hyperfeinwechselwirkung der Kerne mit den Leitungselektronen, die durch das von außen angelegte Feld polarisiert sind und ein zusätzliches Magnetfeld erzeugen. Die theoretischen Ausdrücke für die Knight-shifts wurden in Abschnitt 3.5.1 abgeleitet. Für kubische Kristalle gilt [Gl. (3.103)]

$$\frac{\Delta\nu}{\nu_0} = \frac{\Delta H}{H_0} = \frac{8\pi}{3}\chi_e^s \Omega P_F = \frac{8\pi}{3}\chi_e^s \langle|\psi(0)|^2\rangle_{E_F}\Omega .$$

Darin werden $\Delta\nu/\nu_0$ und $\chi_e^s\Omega$ im allgemeinen aus dem Experiment bestimmt, und daraus wird $\langle|\psi(0)^2\rangle_{E_F}$ berechnet. Es ist dies die direkteste und empfindlichste Methode zur Bestimmung von Wellenfunktionen.

Die experimentelle Bestimmung der Knight-shift setzt ein geeignetes Vergleichssignal einer nichtmetallischen Verbindung voraus. Alle Verbindungen zeigen eine mehr oder minder starke chemische Verschiebung ihrer Resonanzsignale (s. Abschn. 3.3). Die chemischen Verschiebungen sind jedoch im allgemeinen klein gegenüber den Knight-shifts. Für genaue Bestimmungen ist es aber nötig, darauf zu achten, daß die Moleküle der Vergleichsverbindung keine paramagnetischen Zustände besetzen können, daß die Atomschalen in den Verbindungen nicht sehr verschieden gestört werden und daß die diamagnetischen Einflüsse der Valenzelektronen nicht wesentlich von der Molekülbindung abhängen. Außerdem muß die mögliche Konzentrationsabhängigkeit der chemischen Verschiebungen berücksichtigt werden. Für solche Metalle, von denen die Elektronenspinresonanz der Leitungselektronen gemessen werden kann, ist es möglich, die chemische Verschiebung zu eliminieren, indem die Elektronenpolarisation durch Sättigung der Leitungselektronenresonanz ausgeschaltet wird. Dabei bleibt die chemische Verschiebung übrig, die Knight-shift verschwindet (siehe u. a. Knight [138, S. 109]). Diese Möglichkeit existiert z. B. für die Alkalimetalle.

Die Knight-shifts sind in den meisten Fällen positiv, d. h., die Resonanzen sind nach höheren Frequenzen verschoben. Für Lithium (^{7}Li) beträgt die Verschiebung z. B. 0,0249%, für Natrium (^{23}Na) 0,113%, für Gallium (^{71}Ga) 0,449%, für Blei (^{207}Pb) 1,24%, für Cäsium (^{133}Cs) 1,49%. Einige Metalle, wie z. B. Platin oder Mangan, zeigen negative Verschiebungen; bei Platin (^{195}Pt) beträgt sie – 3,52%.

Um das Quadrat der Wellenfunktion am Ort der Kerne abschätzen zu können, muß χ_e^s, die Paulische Spinsuszeptibilität, bekannt sein. Die Berechnung der Größe setzt eine eingehende Kenntnis der Elektronenstruktur der betrachteten Metalle voraus und ist daher nur für wenige Metalle, vor allem die leichteren Alkalimetalle, bisher durchgeführt worden (etwa von Pines [139 und 56, S. 368]). Eine andere Möglichkeit der Bestimmung der Suszeptibilitäten besteht in der experimentellen Bestimmung des Elektronenbeitrages zur spezifischen Wärme bei tiefen Temperaturen oder in der Ermittlung aus der Gesamtsuszeptibilität des Metalls unter Abzug der berechneten diamagnetischen Beiträge, d. h. der diamagnetischen Suszeptibilität der Leitungselektronen und des diamagnetischen Beitrages der Ionenschalen. In den letzten Jahren ist eine ganze Reihe von Arbeiten über die Berechnung der von der diamagnetischen Bahnbewegung der Leitungselektronen herrührenden Suszeptibilität erschienen, z. B. die von Hebborn [52], wo die früheren Arbeiten ausführlich zitiert werden. Eine Übersicht über die berechneten diamagnetischen Suszeptibilitäten für eine ganze Reihe von Ionen findet sich bei Myers [140].

Für Natrium und Lithium haben Schumacher und Slichter [43] die paramagnetische Suszeptibilität der Leitungselektronen von der gesamten magnetischen Suszeptibilität dadurch getrennt, daß sie die absoluten Intensitäten der Elektronenspinresonanzsignale der Leitungselektronen durch Vergleich mit den Kernresonanzen derselben Probe bei der gleichen Frequenz, aber verändertem Feld maßen (s. auch S. 130). Die Kernsuszeptibilität ist ihrerseits genau aus der Langevin-Debye-Formel zu berechnen.

Theoretische Berechnungen der Elektronendichte am Kern sind nur für die Alkalimetalle und das Beryllium durchgeführt worden. Sie beruhen im wesentlichen auf drei Methoden:

1. der Zellenmethode von Wigner und Seitz [141],
2. einer Variationsmethode (Kjeldaas und Kohn [142], Kohn [143]),
3. der Quantendefektmethode (Brooks und Ham [144]).

Die verschiedenen Ergebnisse stimmen für Natrium und Lithium bis auf 5% mit den gemessenen Werten überein. Für Rubidium und Cäsium ist die Übereinstimmung nicht so gut, die theoretischen Werte sind um 10 bis 20% zu klein. Callaway [145, S. 99] hat die Differenz relativistischen Einflüssen zugeschrieben, die in den schwereren Elementen von Bedeutung werden können.

Die aus der Knight-shift bestimmten Werte für das Verhältnis der Quadrate der Wellenfunktionen für das Metall und für das freie Atom sind für Lithium: 0,125, für Natrium: 0,616, für Rubidium: 2,63 und für Cäsium: 5,9.

Die Wellenfunktionen müssen nicht nur die Knight-shift selbst bei Zimmertemperatur und 1 atm Druck beschreiben, sondern auch ihre

Temperatur- und Druckabhängigkeit. Zum Studium dieser beiden Funktionen waren wieder die Alkalimetalle besonders gut geeignet, weil ihre Linien sehr schmal und kleine Änderungen der Verschiebung daher gut meßbar sind. Die Temperaturabhängigkeit der Knight-shift wurde bei Atmosphärendruck von McGarvey und Gutowsky (1953, s. Tab. 4) an Lithium, Natrium, Rubidium und Cäsium untersucht. Die Verschiebungen ändern sich um nicht mehr als 5 bis 6% über einen Temperaturbereich von 200 grd, einschließlich des Schmelzpunktes, wo ein Sprung in der Knight-shift auftritt. Für Lithium ist innerhalb einer Fehlergrenze von $2 \cdot 10^{-6}$ keine Änderung zu bemerken. Allerdings ist die Knight-shift von Lithium ohnehin sehr klein. Alle Temperatureffekte werden in dieser Arbeit der Summe der Einflüsse des Atomvolumens auf χ_e^s und $\langle|\psi(0)|^2\rangle_{E_F}$ zugeschrieben. Für Natrium kann in der Theorie die beobachtete Abhängigkeit der Knight-shift direkt mit der für die magnetische Massensuszeptibilität theoretisch vorausgesagten in Verbindung gebracht werden. In den anderen Metallen scheinen Einflüsse aufzutreten, die offenbar mit der Volumenabhängigkeit der Elektronenwellenfunktionen am oberen Rand des Leitungsbandes verbunden sind.

Eine eingehende Untersuchung der Druckabhängigkeit der Knight-shift wurde an Alkalimetallen von Benedek und Kushida [88] zwischen 0 und 10000 kp/cm^2 durchgeführt mit einer Genauigkeit von einigen 10^{-7} je nach der Linienbreite. In diesem Bereich ändert sich die Resonanzfrequenz von Lithium um etwa -25 Hz, von Natrium um etwa -110 Hz, von Rubidium um etwa $+4200$ Hz und von Cäsium um etwa $+26000$ Hz mit zunehmendem Druck.

Aus diesen Änderungen haben Benedek und Kushida die Volumenabhängigkeit von $\langle|\psi(0)|^2\rangle_{E_F}$ mit Hilfe des Modelles kollektiver Elektronen von Pines für die paramagnetische Suszeptibilität der Leitungselektronen und einer Rechnung von Brooks und Ham bestimmt. Außerdem wurden die Daten von Bridgman über die Kompressibilitäten für die Alkalimetalle benutzt. Sowohl das Variationsprinzip von Kohn und Kjeldaas als auch die Quantendefektmethode von Brooks geben bei Atmosphärendruck gute Werte für P_F, P_A und P_F/P_A für Natrium und Lithium, die Quantendefektmethode auch für Rubidium. Für Cäsium ist das theoretische P_F/P_A jedoch um 40% zu klein. Die Quantendefektmethode gibt auch eine zu geringe Volumenabhängigkeit für Cs. Durch Vergleich der Volumenabhängigkeit der Knight-shift mit der Temperaturabhängigkeit bei Atmosphärendruck finden Benedek und Kushida, daß die Knight-shift eine explizite Funktion der Temperatur bei konstantem Volumen ist, und sie entwerfen eine Theorie, in der der Einfluß der Kompressionsmoden der Gitterschwingungen auf den zeitlichen Mittelwert von $\langle|\psi(0)|^2\rangle_{E_F}$ in Rechnung gezogen wird (s. Abschn. 3.5.1). Damit finden sie, daß $\langle|\psi(0)^2\rangle_{E_F}$ in zweiter Ordnung um einen Betrag aus dem Gleichgewichtswert des Gitters verschoben wird, der proportional zum mittleren Quadrat der Amplitude der Kompressionsschwingungen ist.

Die Übereinstimmung zwischen dieser Theorie und den experimentellen Ergebnissen ist befriedigend.

Um die Abhängigkeit der Knight-shift von der Temperatur bei konstantem Volumen ableiten zu können, haben MUTO, KOBAYASHI, WATANABE und KOZIMA (s. Tab. 4) den Einfluß der Gitterschwingungen auf die Knight-shift der Alkalimetalle berechnet. Dieser Einfluß wird durch zwei Mechanismen bestimmt:

1. durch den Einfluß der Gitterschwingungen auf die Hyperfeinwechselwirkung und
2. durch den Einfluß der Gitterschwingungen auf die Ladungsverteilung der Leitungselektronen.

Bei der Berechnung erhalten die Verfasser zum üblichen Ausdruck für die Knight-shift noch einen Korrektionsterm, der außer von der Temperatur auch von der Ionenmasse abhängig ist. Bei der Auswertung zeigt sich, daß hier die Elektronenfunktionen von CALLAWAY recht gute Ergebnisse für den Temperaturkoeffizienten der Knight-shift bei konstantem Volumen liefern, außer für das Cäsium, wo auch die Knight-shift selbst und ihre isotherme Änderung nicht gut übereinstimmen. Die Verfasser schließen daher, daß die Näherungsmethode von WIGNER, SEITZ und BARDEEN in der Bändertheorie wenig befriedigend für die Berechnung der Blochfunktionen der schwereren Alkalimetalle, wie z. B. Cäsium, ist.

MUTO und KOBAYASHI (s. Tab. 4) beschäftigen sich mit der theoretischen Deutung der Ungleichheit der Knight-shifts für ^{6}Li und ^{7}Li, die von KLEIN und ABELL (s. Tab. 4) angegeben wird, und führen sie zum Teil auf den Einfluß der verschiedenen Größen der Kerne zurück, die in der üblichen Theorie der Knight-shift, in der die Kerne als Punktladungen betrachtet werden, nicht berücksichtigt werden und sowohl zu grundlegenden Änderungen der Wellenfunktionen nebst Fermi-Energien als zu solchen der Fermi-Wechselwirkung selbst führen. Eine weitere Isotopieverschiebung entsteht durch den Einfluß der Gitterschwingungen. Dieser Einfluß wird für alle Temperaturen und für Wellenfunktionen nach SILVERMAN und nach CALLAWAY berechnet, und zwar unter der Annahme, daß das Frequenzspektrum der Gitterschwingungen für beide Isotope gleich ist, die Amplituden aber verschieden sind. Die Elektronenbahnen nach SILVERMAN ergeben die weitaus bessere Übereinstimmung.

Wie schon erwähnt, gibt es einige Metalle, die negative Knight-shifts zeigen. Damit ist auch ein unübliches Relaxationsverhalten verbunden. Für dieses Relaxationsverhalten wird eine starke Austauschwechselwirkung zwischen den s- und den d-Elektronen angenommen.

COHEN, GOODINGS und HEINE [146] betrachten den Fall, daß die Polarisation der Leitungselektronen durch Austauschkräfte eine Polarisation der Schalenelektronen, d. h. eine Differenz der Wahrscheinlichkeitsdichten am Kern für beide Spinrichtungen der Elektronen, hervorruft. Dadurch wird ein Beitrag zur Knight-shift erzeugt, den sie für Natrium und Lithium abschätzen und von dem angenommen wird (GOODINGS [147]), daß er bei manchen Metallen so negativ sein kann, daß dadurch die Knight-shift selbst negativ wird. Weitere Vorstellungen über die Austauschwechselwirkungen finden sich in den bei den Relaxationsanomalien zitierten Arbeiten.

Auf die Möglichkeit, daß negative Knight-shifts durch die diamagnetische Abschirmung hervorgerufen werden können, weist HEBBORN [52] hin (s. auch Abschn. 3.5.1). Er deutet z. B. die Tatsache, daß am Beryllium keine Knight-shift beobachtet wurde, durch gleich große paramagnetische und diamagnetische Verschiebungen.

Eine andere Art von Austauschwechselwirkung ist die zwischen den Kernspins, die über die Hyperfeinwechselwirkung mit den Leitungselektronen entsteht (s. Abschn. 3.5.3). Ein Leitungselektron mit dem Impuls $\mathfrak{k}$ wird durch einen Kernspin in einen virtuellen Zwischenzustand $\mathfrak{k}'$ gestreut und durch einen anderen Kern wieder zurück. Diese Austauschwechselwirkung wurde erstmalig in Thallium und Thalliumoxid beobachtet, wo sie zu besonders breiten ^{203}Tl- und ^{205}Tl-Resonanzlinien führt, deren Breite bei weitem die durch gewöhnliche Dipolwechselwirkung hervorgerufene übersteigt. Eine Verbreiterung wird durch Austauschwechselwirkung zwischen verschiedenen Isotopen hervorgerufen; Austausch zwischen gleichen Kernen sollte zu einer Linienverschmälerung führen, die aber für ^{205}Tl nicht beobachtet wurde, so daß dort auf die Existenz zweier anderer Erscheinungen, einer anisotropen chemischen Verschiebung und einer Pseudo-Dipol-Austauschwechselwirkung geschlossen wird. BLOEMBERGEN und ROWLAND [57] erhalten aus den Momenten der Linien eine Austauschwechselwirkungskonstante für das hexagonale Metall von $Ah^{-1} = 17{,}5$ kHz (die Austauschwechselwirkung ist $\boldsymbol{A}\mathfrak{I}_1\mathfrak{I}_2$) mit 30% anisotropem Pseudodipolcharakter. Die chemische Verschiebung beträgt 1,56% mit einem 16%igen Anisotropie-Anteil. Zur Deutung der Ergebnisse am Metall wird die Theorie von RUDERMAN und KITTEL [58] benutzt und die Methode auch auf die Pseudodipolwechselwirkung angewandt. Als weiteres Beispiel für Metalle sei neben dem Silber noch das Zinn genannt (KARIMOV, ŠČEGOLIEV, s. Tab. 4) mit einer Kopplungskonstante für die indirekte Austauschwechselwirkung von $A = 2{,}5$ kHz. Austauscheffekte werden für die meisten schweren Isotope in Metallen und auch in Isolatoren erwartet. Sie werden bei den $A_{III}B_V$-Verbindungen wieder auftreten. Aus der Anisotropie des Austausches können Auskünfte über den relativen Betrag des p- oder d-Charakters der Elektronenwellenfunktionen erhalten werden.

Bei nichtkubischen Kristallstrukturen kann eine anisotrope Knight-shift auftreten. Die Eigenschaften der Absorptionskurven, ihre Anisotropie und Asymmetrie, unter dem Einfluß von p-Elektronenfunktionen und Funktionen höherer Nebenquantenzahlen sind in der Arbeit von BLOEMBERGEN und ROWLAND [44] untersucht worden [s. auch Gl. (3.108) und Gl. (3.109)]. Ein Beispiel ist neben Zinn und Thallium das Kadmium

(ROWLAND, s. Tab. 4). Die Knight-shift für das von außen parallel zur hexagonalen Achse angelegte Feld ist $K_{\|} = (0{,}444 \pm 0{,}004)\,\%$, für das senkrechte Feld ist $K_{\perp} = (0{,}401 \pm 0{,}004)\,\%$. Die Anisotropie beträgt also 0,46 %, ihr relativer Wert ist 10,4 %. Sie ist wie der isotrope Anteil für beide Isotope gleich und ist dadurch erklärbar, daß entweder die Wellenfunktion der Leitungselektronen am Fermi-Niveau größere Dichte in Richtung der hexagonalen Achse hat oder die Spin-Bahn-Kopplung der Elektronen einen g-Faktor verursacht, der größer ist, wenn das Feld parallel zur hexagonalen Achse gerichtet ist. Die Größe der Anisotropie läßt auf eine extreme Abweichung des c/a-Verhältnisses im Kadmium von dem der hexagonal dichtesten Kugelpackung schließen.

Neben der Anisotropie der Knight-shifts ist für hexagonale Strukturen auch eine Quadrupolkopplung mit dem hier vorhandenen Feldgradienten möglich, so daß eine Kombination von isotroper und anisotroper Knight-shift und von Quadrupoleffekten erster und zweiter Ordnung auftreten kann. Ein Beispiel dafür ist das Technetium-Metall. Außerdem tritt hier noch eine Dipolverbreiterung auf. Die verschiedenen Beiträge, d. h. die Quadrupol- kopplungskonstante, die Dipolbreite, der Parameter der anisotropen Knight-shift und die isotrope Knight-shift, können für Tc durch die Untersuchung der Variation der charakteristischen Eigenschaften der Resonanz als Funktion der Frequenz getrennt werden. Dieselbe Situation tritt im Indium auf (TORGESON und BARNES, s. Tab. 4), bei dem wegen des großen Spins ($I = 9/2$) und der großen Quadrupolkopplungskonstante für niedrige Frequenzen die Störungsrechnung bis zur dritten Ordnung zur Deutung des Verhaltens der Satelliten getrieben werden muß, für die Berechnung der Knight-shift bei niedrigen Frequenzen sogar bis zur vierten Ordnung.

Auch für Wismut (^{209}Bi) wurde aus der Linienform und der feldabhängigen Verschiebung neben isotroper und anisotroper Knight-shift die Quadrupolkopplungskonstante mit Hilfe der Rechnung von JONES jr., GRAHAM und BARNES (s. Tab. 5), die diese allgemein bis zur zweiten Ordnung durchgeführt und auf die intermetallische Verbindung $PrAl_2$ angewendet haben, bestimmt (HEWITT, WILLIAMS, s. Tab. 4). Die anisotrope Knight-shift ist hier um etwa eine Größenordnung größer als jede bisher gefundene [$K_{ax} = -2{,}7\%$, $K_{iso} = (0{,}3 \pm 0{,}2)\%$]. Die isotrope Knight-shift von Wismut ist die einzige, die für flüssiges und festes Metall wesentlich verschieden gefunden wurde.

Die Quadrupolkopplung kann so groß sein, daß auch in Metallen die reine Kernquadrupolresonanz beobachtbar wird wie z. B. bei festem Gallium (KNIGHT, HEWITT und POMERANTZ, s. Tab. 4) die Resonanzen von ^{69}Ga und ^{71}Ga. Die Bestimmung der Quadrupolkopplungskonstanten gibt Aufschluß über die elektrischen Feldgradienten einschließlich die der Leitungselektronen. Zum Beispiel scheint der Feldgradient von den Ionenladungen im Antimon nur 10% zur gemessenen Quadrupolkopplung beizutragen (Hewitt, Williams, s. Tab. 4), der Rest müßte von den Elektronen herrühren, die nicht an die Ionen gebunden sind.

Die Möglichkeit, Quadrupolwechselwirkungen in Metallen mit der Kernresonanz zu beobachten, führt zu deren Anwendung auf das Studium der Vorgänge bei der Kaltverformung dieser Metalle. Beispiele hierfür sind das Kupfer und das Aluminium. Faulkner und Ham (s. Tab. 4) fanden, daß das mittlere Quadrat der Linienbreite der ^{27}Al-Resonanz in hochreinem metallischem Aluminium durch Kaltwalzen bis auf 120% ansteigt und daß die Verbreiterung proportional zur Dichte der bei der mechanischen Behandlung entstehenden und einen Feldgradienten erzeugenden Versetzungen ist. Die Versetzungsdichte wurde mit Hilfe von elektronenmikroskopischen Untersuchungen bestimmt. Faulkner und Ham setzen das mittlere Quadrat der Resonanzlinienbreite $\langle \Delta \nu_Q^2 \rangle$ proportional zur gespeicherten Energie E_s der Deformation: $\langle \Delta \nu_Q^2 \rangle = \varkappa E_s$. Unter der Annahme, daß zu 88% kaltgewalztes und zu 75% komprimiertes Aluminium die gleiche gespeicherte Energie haben, wird $\varkappa = 117$ (kHz)^2 cal^{-1}, und dieser Wert wird zur Berechnung der gespeicherten Energie benutzt. Unter den weiteren Annahmen, daß der elektrische Feldgradient von der Verschiebung der Al^{3+}-Ionen im deformierten Gitter herrührt, daß nur die nächsten Nachbarn dabei wesentlich sind (das Feld der übrigen soll durch die Leitungselektronen abgeschirmt werden), daß die gespeicherte Energie von elastischen Scherungsverspannungen herrührt, die in Richtung und Größe statistisch verteilt sind, und daß die gesamte gespeicherte Energie in Kristallbezirken sitzt, die zur Kernresonanz beitragen, wird nach Cohen und Reif [90, S. 321] und Faulkner [148] die Konstante $\varkappa$ zu $\varkappa = 54$ (kHz)^2 cal^{-1} berechnet. Die Übereinstimmung ist recht gut. Die auf eine Versetzung fallende Energie hat einen überraschend hohen Wert: $18{,}8 \cdot 10^{-4}$ erg/cm. Dies wird der Tatsache zugeschrieben, daß die elektronenmikroskopisch beobachtete Versetzungsdichte nicht dem Wert im Inneren der Kristalle entspricht, so daß die wirkliche Energie kleiner ist. Rowland (s. Tab. 4) hatte nach dem Feilen von Aluminium gleicher Reinheit keine Änderung der ^{27}Al-Resonanz gefunden. Den Unterschied zu ihren Ergebnissen schreiben Faulkner und Ham dem Umstand zu, daß gefeiltes Aluminium bei Zimmertemperatur vollkommen wieder ausheilt, während das für gewalztes oder komprimiertes Aluminium nicht zutrifft. Die entsprechende Arbeit für metallisches Kupfer wurde von Faulkner ([148], s. Tab. 4) veröffentlicht.

Wie auch für andere Festkörper ist die Kernresonanz ein Hilfsmittel zur Untersuchung von Bewegungserscheinungen in Metallen, speziell von deren Selbstdiffusion. Kommt die Diffusionssprungfrequenz in die Größenordnung der Linienbreite, so tritt eine Linienverschmälerung ein, aus der Rückschlüsse über die Diffusionsprozesse gezogen werden können (s. Abschn. 2.3). Barnes, Engardt und Hultsch (s. Tab. 4) haben mit Hilfe der Kernresonanz das Aktivierungsvolumen von Lithium bestimmt, eine Größe, die Aufschluß über den Diffusionsmechanismus – über Leerstellen- oder Zwischengitterdiffusion – gibt. Das Aktivierungsvolumen V_{act} ist gleich der partiellen Ableitung der freien Energie der Aktivierung nach dem Druck bei konstanter Temperatur oder gleich

$$V_{act} = -RT\left[\frac{\partial \ln D}{\partial p} - \frac{\partial \ln \nu_s}{\partial p} - 2\frac{\partial \ln a}{\partial p}\right].$$

(D ist der Diffusionskoeffizient, ν_s die charakteristische Sprungfrequenz, a die Gitterkonstante). Mit Hilfe der von HOLCOMB und NORBERG [149] für Diffusion abgeleiteten Formel für die Spin-Spin-Relaxationszeit T_2'

$$T_2' = 5cD/4\gamma_N^4 \hbar^2 I(I+1)\, N$$

läßt sich die Diffusionskonstante eliminieren. Mit der daraus folgenden Beziehung wird aus der Druckabhängigkeit von T_2' im Temperaturbereich, in dem die durch Diffusion hervorgerufene Verschmälerung auftritt, das Aktivierungsvolumen bestimmt. T_2' kann dabei als indirekt proportional zur Linienbreite angenommen werden. Der Term $\partial \ln \nu_s/\partial p$ ist vernachlässigbar. $\partial \ln a/\partial p$ wird aus der isothermen Kompressibilität berechnet. BARNES, ENGARDT und HULTSCH erhalten für V_{act} 5,10 cm^3 bei 3 °C und 5,18 cm^3 bei 27 °C. Die Änderungen der Linienbreite und der Spin-Gitter-Relaxationszeit mit der Temperatur sind in einer ganzen Reihe von Arbeiten zur Bestimmung der Diffusionskonstanten und Aktivierungsenergien für die Selbstdiffusion in Alkalimetallen benutzt worden. Die erste Arbeit stammt von POULIS (s. Tab. 4), spätere Arbeiten veröffentlichten GUTOWSKY 1951, NORBERG und SLICHTER 1951 und GUTOWSKY und MACGARVEY 1952 und 1953 (s. Tab. 4). Die ausführlichsten Messungen stammen von HOLCOMB und NORBERG 1955 (s. Tab. 4). Die Spin-Gitter-Relaxation rührt in einem großen Temperaturbereich von der Wechselwirkung der Kerne mit den Leitungselektronen her. T_1 kann aus dem Beitrag der Linienbreite, der nicht von der Dipolwechselwirkung herrührt, abgeschätzt werden. Die Werte stimmen recht gut mit direkt gemessenen und mit den mit Hilfe der Theorie von KORRINGA (s. Abschn. 3.5.2) aus der gemessenen Resonanzverschiebung gewonnenen überein. KORRINGA benutzt eine Störungsrechnung erster Ordnung mit Blochschen Wellenfunktionen für die Elektronen und erhält die Beziehung [Gl. (3.123)]

$$T_1\left(\frac{\Delta H}{H}\right)^2 = \frac{\hbar}{4\pi k T}\,\frac{g^2 \mu_B^2}{\hbar^2 \gamma_N^2}.$$

Die Proportionalität zu $1/T$ ist gut erfüllt, wenn die Volumenabhängigkeit von T_1 in Rechnung gezogen wird. Aus den Daten für Lithium folgt für das Verhältnis der Quadrate der Wellenfunktionen am Ort der Kerne für das Metall und für das freie Atom $P_F/P_A = 0{,}6$. Eine gemessene Frequenzabhängigkeit von T_1 in Lithium und Natrium konnten HOLCOMB und NORBERG mit Hilfe der Theorie von KORRINGA nicht erklären. Zur Deutung der Abhängigkeit von T_1 und T_2' wird die auf Seite 98 behandelte Theorie von BLOEMBERGEN, PURCELL und POUND und ihre Vervollständigung durch TORREY (S. 99) herangezogen. Aus der schon oben angegebenen reinen Dipolrelaxationszeit T_2' lassen sich durch eine halblogarithmische Darstellung von T_2' über $1/T$ die Größen D_0 und E gewinnen. Für Natrium wurde $D_0 = 0{,}36\ \mathrm{cm^2\,s^{-1}}$ und $E = 10{,}4$ kcal/Mol gefunden. NACHTRIEB erhielt aus der Diffusion radioaktiver Isotope $D_0 = 0{,}24\ \mathrm{cm^2 s^{-1}}$ und $E = 10{,}4$ kcal/Mol. Für Lithium tritt in der Abhängigkeit der Spin-Gitter-Relaxationszeit von der Temperatur ein ausgeprägtes Minimum auf. T_2' nimmt zu, d. h., die Linie wird schmaler, bis die Linienbreite durch T_1 begrenzt wird. Durch Abzug der T_1-Beiträge und Auftragen von $\ln T_2'$ über $1/T$ folgt eine Aktivierungsenergie E von 13,2 kcal/Mol und $D_0 = 0{,}23\ \mathrm{cm^2\,s^{-1}}$. Das Minimum von T_1 erklärt sich daraus, daß für langsame Diffusion das Spektrum der Frequenzen, die Übergänge hervorrufen können, nicht weit genug nach oben ausgedehnt ist, für zu schnelle Diffusion dagegen ist das Spektrum zu ausgedehnt und der Beitrag der einzelnen Frequenzen zu gering, so daß ein mittlerer Wert für D existiert, für den durch fluktuierende Felder eine maximale Anzahl von Übergängen bei der Larmorfrequenz hervorgerufen wird. Mit Hilfe der Theorie von TORREY für statistische Sprungbewegung zu benachbarten Gitterplätzen folgt wieder $D_0 = 0{,}23\ \mathrm{cm^2 s^{-1}}$ und $E = 13{,}2$ kcal/Mol. Die Änderung des Minimums mit der Temperatur für verschiedene Frequenzen liefert auch wieder denselben Wert für E. Die Interpretation der Ergebnisse für die beiden Isotope ^{85}Rb und ^{87}Rb ist nicht klar. Dort scheinen noch andere Effekte als magnetische Dipolwechselwirkung zwischen den Kernen maßgebend zu sein. Mit einer in dieser Arbeit noch unklaren anomalen Abnahme der transversalen Relaxationszeit T_2' von Lithium und Natrium unter den Wert von T_1 nahe am Schmelzpunkt, der nach Messungen von HOLCOMB und NORBERG an Proben mit angereicherten ^{6}Li- und ^{7}Li-Isotopen nicht von der Quadrupolwechselwirkung herrühren kann, beschäftigen sich ZAMIR, WAYNE und COTTS (s. Tab. 4) ausführlicher. Sie konnten zeigen, daß diese anomale Abnahme in Lithium hauptsächlich einem Einfluß der Selbstdiffusion in großen magnetischen Feldgradienten, wie sie für kleine Partikel als Folge der Suszeptibilität des kompakten Metalls existieren, zuzuschreiben ist.

Die Spin-Gitter-Relaxation von Lithium, Natrium, Aluminium und Kupfer haben ANDERSON und REDFIELD (s. Tab. 4) zwischen 1,1 °K und 4,2 °K als Funktion des Feldes zwischen 0 und 1000 Oe untersucht. Zwischen 100 und 1000 Oe ist T_1 unabhängig von H_0 und indirekt proportional zur Temperatur in Übereinstimmung mit der Theorie von KORRINGA, die für hohe Felder gilt, d. h., wenn das äußere Feld groß gegen die inneren Dipolfelder ist. Die Produkte $T_1 T$ stimmen gut mit den bei Zimmertemperatur und darüber gemessenen Werten überein. Die für niedrige Felder nötigen Modifizierungen der Theorie stammen von REDFIELD (S. 103 und auch [7]) und von HEBEL und SLICHTER ([150, 151] und S. 137). Letztere finden für Aluminium gute qualitative Übereinstimmung mit ihrer Theorie. ANDERSON und REDFIELD diskutieren ihre für niedrige Felder gewonnenen Ergebnisse auf der Grundlage der Theorie von HEBEL und SLICHTER, aber sie weisen darauf hin, daß deren Spintemperatur-Approximation zwar sehr gut, aber nicht exakt ist. Wie die Relaxationszeit bei hohem Feld ist sie auch für niedrige Felder indirekt proportional zur Temperatur. Nur Aluminium zeigt eine kleine, aber bedeutsame Abweichung. Die Feldabhängigkeit von T_1 von Lithium und Natrium ist in guter Übereinstimmung mit der Theorie. Die Spintemperatur-Annahme ist also gut. Außerdem sind Quadrupoleffekte durch Gitterstörungen klein. Man kann annehmen, daß die räumliche Korrelation im Elektronengas durch Coulombwechselwirkung etwa 6mal so stark ist wie im idealen Fermi-Gas. Für Aluminium und Kupfer ist die Übereinstimmung mit der Theorie nur qualitativ. Hier sind Abweichungen durch Quadrupolwechselwirkungen mit Verunreinigungen oder Versetzungen möglich.

SPOKAS und SLICHTER (s.Tab. 4) haben eine zusätzliche Linienverbreiterung der ^{27}Al-Resonanzen in Aluminium einer Quadrupolkopplung mit den durch Versetzungen verursachten Verspannungsfeldern zugeschrieben. Mit einer Wechselwirkungsstärke zwischen Versetzung und benachbartem Kern $\delta\nu_{\text{Vers}}$, die größer oder gleich $10^5\ \text{s}^{-1}$ ist, ergibt sich, daß die Versetzungsdichte im Innern der Probe kleiner als $5 \cdot 10^{12}$ Linien/cm^2 sein muß. Das ist allerdings nur eine nebensächliche Abschätzung in dieser Arbeit, die sich auch mit dem Studium der Selbstdiffusion und der Spin-Gitter-Relaxation durch Wechselwirkung zwischen Kernen und Leitungselektronen beschäftigt.

Abweichungen von der Theorie von KORRINGA sind dann zu erwarten, wenn die Leitungselektronen nicht mehr reinen s-Charakter haben, sondern etwa die unaufgefüllte Schale der d-Elektronen die Ergebnisse stark beeinflußt. BUTTERWORTH (s. Tab. 4) hat z. B. am Vanadium zum ersten Mal große Abweichungen gefunden. Aus der Formel von KORRINGA berechnete er $\Delta H/H_0 = 0{,}219\%$. Gemessen wurde jedoch das 2,5fache. Unter Zuhilfenahme der Werte aus Messungen der spezifischen Wärme der Elektronen und der magnetischen Suszeptibilität des Metalls schließt BUTTERWORTH, daß die Mischung der s- und d-Zustände der Elektronen an der Fermi-Oberfläche im Vanadium so vollkommen ist, daß die Suszeptibilität der s-Elektronen durch Austauschwechselwirkung auf den gleichen großen Wert wie die der d-Elektronen erhöht wird, nämlich um den Faktor 2,5. Außerdem wird abgeleitet, daß der Beitrag aller s-Zustände auf der Fermi-Oberfläche etwa 0,17 beträgt.

Für Platin nimmt BUTTERWORTH (s. Tab. 4) eine Kontaktwechselwirkung der Elektronen mit starkem $5d$-Charakter an der Fermi-Oberfläche mit den Kernen durch Austauschpolarisation der inneren s-Schalen zur Deutung der Ergebnisse an. Die Kontaktwechselwirkung soll dann möglich sein, wenn entweder $5d$- oder $6s$-Elektronen getrennt die Hyperfeinkopplung bestimmen oder beide in dem Sinn kohärent sind, daß die Elektronen durch Ein-Partikel-Wellenfunktionen mit *s*- und *d*-Hybridfunktionen beschrieben werden können. Diese Wechselwirkung würde neben der Ungültigkeit der Beziehung von KORRINGA auch die negative Knight-shift erklären. Auch WALSTEDT, DOWLEY, HAHN und FROIDEVAUX (s. Tab. 4) diskutieren ihre Ergebnisse, unter anderem die Lorentzkurvenform ihrer Resonanzlinie und die Temperaturabhängigkeit des Produktes $T_1 T$ unterhalb von 0,5 °K, mit Hilfe einer indirekten Austauschwechselwirkung, die die durch klassische Dipolwechselwirkung und Pseudodipolwechselwirkung verbreiterte Linie stark verschmälert. Mit Hilfe der von ANDERSON und WEISS [152] abgeleiteten Beziehung für die Funktion des Abfalles der freien Präzession und aus der theoretischen Interpretation der Feldabhängigkeit von T_1 nach REDFIELD und nach HEBEL und SLICHTER gewinnen sie für die Konstante der indirekten Austauschwechselwirkung zwischen nächsten Nachbarn $\tilde{A} = 1{,}52 \cdot 10^4\ \mathrm{s}^{-1}$. Zur Prüfung dieses Modells des Austausches der $3d$-Elektronen mit den inneren *s*-Elektronen kann man Legierungen benutzen, deren einer Bestandteil, z. B. das Zinn, Elektronen zur Füllung des *d*-Elektronenbandes des Platins abgibt. Dadurch muß der Beitrag dieses Bandes zur Suszeptibilität abnehmen und damit auch die Austauschpolarisierung. Also muß auch die Amplitude der negativen Knight-shift abnehmen bzw. die Knight-shift positiv werden. Untersuchungen dieser Art haben DHARMATTI, RAO und VIJAYARAGHAVAN (s. Tab. 5) an der intermetallischen Verbindung $PtSn_2$ durchgeführt. Die Ergebnisse stehen mit dem erwarteten Verhalten im Einklang. DRAIN (s. Tab. 4) schreibt die Abhängigkeit der Linienbreite der ^{195}Pt-Resonanz vom Feld einer Linienverbreiterung durch Feldinhomogenitäten zu, die bei hoher magnetischer Suszeptibilität der Substanz in Pulverproben, d. h. in Körnern sehr kleinen Durchmessers, auftreten können. Aus der Linienbreite und dem Produkt $T_1 T$ berechnet DRAIN unter dieser Voraussetzung eine Spin-Spin-Relaxationszeit $T_2 = 1{,}1 \pm 0{,}2$ ms.

5.5. Legierungen und intermetallische Verbindungen

Da für Kerne mit einem Quadrupolmoment beim Legieren durch die dabei entstehenden Feldgradienten starke Quadrupolwechselwirkungseinflüsse auf die Resonanzlinien entstehen können, sollen zunächst einmal, um den Einfluß des Legierens auf die Knight-shift zu veranschaulichen, einige Legierungen ohne merkliche Quadrupolwechselwirkung betrachtet werden.

HUGHES (s. Tab. 5) untersuchte verdünnte Li-Mg-Legierungen mit Mg-Gehalten bis zu 10% bei 75 °C, wo Quadrupolwechselwirkungen und Dipol-Dipol-Beiträge zur Linienbreite keine Rolle spielen. Die Knight-shift nimmt in diesem Konzentrationsbereich von 0,0263% linear auf etwa 0,0249% ab. Die Aktivierungsenergie für die Diffusion nimmt von

13,1 ± 0,3 kcal/Mol für reines Lithium auf 14,5 ± 0,2 kcal/Mol für 10% Magnesium zu. Die Zunahme steht in Übereinstimmung mit der Vorstellung, daß die Legierung dichter gepackt ist als das reine Lithium, und mit der Beziehung von van Liempt, wonach die Aktivierungsenergie der Selbstdiffusion der Lithiumatome ansteigt, weil der Schmelzpunkt mit zunehmender Mg-Konzentration steigt. Die Abnahme der Knight-shift wird mit der von Drain (s. Tab. 5) für Ag-Cd-Legierungen entwickelten Theorie gut erklärt, jedoch tritt keine Linienverbreiterung auf, die für die Abhängigkeit der Knight-shift von der Kernumgebung erwartet wird. In Ag-Cd-Legierungen fallen die Knight-shifts der Ag-Atome und der Cd-Atome mit wachsendem Kadmiumgehalt in der α-Phase linear ab. Das Verhältnis der Knight-shifts von Silber und Kadmium bleibt dagegen konstant, woraus Drain schließt, daß im Mittel das Verhältnis der Wellenfunktionen an den Kernen beider Atome konstant bleibt. Dieses Ergebnis führt ihn zu den beiden Annahmen, daß 1. im Mittel das Verhältnis der Wahrscheinlichkeiten der Silber- und Kadmiumatome, ein Leitungselektron der Fermi-Energie im Atomvolumen zu besitzen, konstant ist und daß 2. die Formen der Wellenfunktionen um die Silber- und Kadmiumatome unabhängig von der Zusammensetzung der Legierung sind (die Amplituden der Wellenfunktionen müssen mit der Zusammensetzung variieren, um ihre Normierung über ein Grammatom der Legierung aufrechtzuerhalten). Unter diesen Voraussetzungen wird die Änderung der Zustandsdichte an der Fermi-Oberfläche in Abhängigkeit von der Zusammensetzung berechnet. Aus der Verbreiterung der Resonanzlinie infolge der Streuung der Knight-shift um die gelösten Atome erhält Drain die Aussage, daß nur die Knight-shift der nächsten und übernächsten Nachbarn beeinflußt wird. Die Linienbreiten der β-Phase lassen eine geordnete Struktur vermuten.

Die auch für andere gelöste Atome (wie Zn, Sn, Sb) gefundene Abnahme der Knight-shift und Linienverbreiterung erklären Blandin, Daniel und Friedel (1959, s. Tab. 5), Daniel [153] und Blandin und Daniel [154] durch Änderungen der Elektronendichte, die mit dem Abstand vom Verunreinigungsatom oszillieren und ziemlich große Reichweite besitzen. Die Verfasser benutzen dazu die Theorie der Streuung von Blochwellen der Fermi-Oberfläche durch die Verunreinigungen (siehe Abschn. 3.5.4). Zur Überprüfung dieser Theorie hat Rowland (s. Tab. 5) Legierungen von Silber mit Cu, Zn, Ga, Ge, As, Cd, In, Sn, Sb, Au und Tl untersucht. Er konnte zeigen, daß weder die Dipolwechselwirkung noch die indirekte Austauschwechselwirkung die beobachteten Linienverbreiterungen erklären können. Die Theorie von Blandin, Daniel und Friedel erklärt dagegen alle Ergebnisse zufriedenstellend, wenn auch ein quantitativer Vergleich nicht möglich war, weil die Kenntnis der exakten Phasenverschiebungen zur Beschreibung der Streuprozesse fehlt.

In binären kubisch-raumzentrierten Legierungen von Vanadium mit Übergangsmetallen scheinen die beiden Bausteine (z. B. V und Tc) ein gemeinsames Leitungsband zu bilden. Das folgt aus der Abhängigkeit der Knight-shift und der Suszeptibilität von der Zusammensetzung. Sie hängt mehr vom Elektron/Atom-Verhältnis ab als von der Art der legierenden Partner. Die Bänderstruktur scheint danach fest zu sein, lediglich die Zahl der Elektronen im Band ändert sich mit den Komponenten. Legiert man jedoch Vanadium mit anderen Elementen, wie Al oder Si, so ändert sich die Knight-shift des ^{51}V nur wenig. Sie steigt linear mit der Al-Konzentration an. Die Knight-shift von ^{27}Al ist negativ (−0,03% im Gegensatz zu +0,16% für reines Aluminium) und nahezu unabhängig von der Konzentration. Die Ergebnisse werden durch die Annahme erklärt, daß kein gemeinsames Band gebildet wird, sondern daß die Aluminiumkerne vom Rest der Matrix elektronisch abgeschirmt werden. Diese Deutung konnte durch Messungen an ternären V-Tc-Al-Legierungen gestützt werden (van Ostenburg, Lam, Trapp und Pracht, s. Tab. 5).

Quantitative Angaben macht z. B. Butterworth (s. Tab. 5) über die Bänderstruktur von V-Cr-Legierungen. Seine Relaxationszeitmessungen im gesamten Zusammensetzungsgebiet kann er durch die Annahme getrennter $3d$- und $4s$-Leitungsbänder erklären. Im reinen Vanadium ist der Beitrag des $4s$-Bandes zur Relaxation nur 3% des Gesamtwertes, für chromreiche Legierungen steigt er jedoch auf 40% an. Der Hauptbeitrag des $3d$-Bandes rührt von Bahn- oder Schalenpolarisationswechselwirkungen oder einer Kombination von beiden her. Auch die Beiträge der beiden Bänder zum Gesamtparamagnetismus und zur Knight-shift werden quantitativ in Bahn- und Spinbeiträge aufgespalten und für reines Vanadium und chromreiche Legierungen angegeben. Wesentlich ist der relativ große Beitrag des Bahnparamagnetismus. Auf diesen großen Beitrag weisen auch Shimizu, Takahashi und Katsuki (s. Tab. 5) in ihren Rechnungen hin. Sie benutzen vor allem die Daten der spezifischen Wärme für tiefe Temperaturen und erhalten quantitativ andere Ergebnisse.

In Legierungen, deren Kerne Quadrupolmomente besitzen, entstehen bei Zusatz anderer Atome Intensitätsverminderungen der Linien, die durch die von den gelösten Beimengungen hervorgerufenen Feldgradienten und der daraus folgenden Quadrupolwechselwirkung herrühren. Zum Beispiel nimmt bei α-Messing (einer Cu-Zn-Legierung) und bei Cu-Ag-Legierungen (Bloembergen und Rowland, s. Tab. 5) die Intensität mit wachsendem Zn- oder Ag-Gehalt stark ab. Bei 52% Zn ist die Kupferresonanz nicht mehr zu beobachten. Bloembergen und Rowland finden, daß die Intensität in Messing mit $(1 - c)^n$ $(n = 18)$ abnimmt [s. auch Abschn. 4.1.1, Gl. (4.21)]. c ist die Atomkonzentration bzw. die Zahl der Kupferatome um ein Zn-Atom, für die die Feldgradienten die Resonanz völlig auslöschen. Dies wird als Beweis dafür angesehen, daß ein Zn-Atom eine ungesättigte kovalente Bindung mit zwölf nächsten und sechs übernächsten Nachbarn teilt. Rowland (s. Tab. 5) hat eine ganze Reihe von Zusätzen zu Kupfer untersucht (Ga, In, Zn, Ag, As, Au, Cd, Ge, Ni, P,

Sn, Al, Mg, Si, Sb). Die Intensitätsabnahme beim Legieren hängt von der Valenz des gelösten Atoms und von seiner Größe ab. Für Feldgradienten von einer Überschußladung Z' und einer Abhängigkeit von $1/r^3$ (r ist der Abstand vom gelösten Atom) und unter Benutzung einer proportionalen Änderung in den Gitterparametern der festen Lösung als Maß für die lokalen Verspannungen, die das gelöste Atom umgeben, erhält Rowland nur unbedeutende Korrelationen zwischen den lokalen Verspannungen und den Resonanzamplituden. Es wird geschlossen, daß der Ursprung der elektrischen Feldgradienten um mehrwertige Atome im Kupfer fast vollständig ein Effekt der Leitungselektronenverteilung und diese Verteilung nicht von der Art des exponentiell abgeschirmten Coulombpotentials ist. Die räumlich oszillierende und abschirmende Ladungsverteilung, die von Friedel angenommen wurde, gibt nach Kohn und Vosko (s. Tab. 5) befriedigende Ergebnisse für die Feldgradienten. Danach wird für große Abstände vom gelösten Atom die Ladungsdichte durch die Funktion $C \cdot \cos(2k^0 r + \varphi)/r^3$ (C enthält den Antiabschirmungsfaktor und die Friedelschen Phasenverschiebungen) mit k^0 als Fermi-Wellenzahl und φ als Phase beschrieben. Dieses oszillierende Verhalten ist die Folge eines diskontinuierlichen Abfalles von $n(k)$ am Fermi-Niveau. $n(k)$ ist die Besetzungswahrscheinlichkeit der Leitungsbandfunktion mit der Wellenzahl k. Kohn und Vosko leiten mit dieser Theorie aus den Ergebnissen für Sb-Zusatz, wo Einflüsse auf die Kupferatome der sechsten oder siebenten Schale gefunden wurden, eine obere Grenze für die Breite des Fermi-Niveaus von $\Delta k < 0{,}1\,k^0$ ab. Trotz des elektrostatischen Feldes scheint das Fermi-Niveau also ziemlich scharf zu sein. Die Anzahl der beeinflußten Kupferatome schwankt zwischen 17 für Zn und 87 für Sb. Während in verdünnten Kupferlegierungen nur die Zentrallinie ($m = 1/2 \leftrightarrow -1/2$) beobachtet wird, tragen für Al-Legierungen die Satelliten zur beobachteten Intensität bei (Rowland. 1955, s. Tab. 5). Die Intensität der Satellitenlinien ist für Al-Zn- und Al-Mg-Legierungen proportional zu $(1 - c)^n$, während die Zentrallinie nur im letzten Fall unbedeutend beeinflußt wird. Zur Deutung der Ergebnisse reicht hier die Störungstheorie erster Ordnung aus, während in den Kupferlegierungen Einflüsse zweiter Ordnung zu finden waren. Die mit einem Mg-Atom verbundene Verspannung ist größer als die von einem Zn-Atom hervorgerufene. Für die Al-Mg-Legierungen ist n um 30% größer als für die Al-Zn-Legierungen. Blandin und Friedel (1960, s. Tab. 5) erhalten für diese Legierungen die gleichen theoretischen Ergebnisse wie Kohn und Vosko für die Kupferlegierungen. Webb (s. Tab. 5) konnte für Temperaturbereiche, in denen die Dipolbreite durch Bewegungen verschmälert ist, die Quadrupolaufspaltung in Satelliten – jedoch nicht die Quadrupolverschiebung zweiter Ordnung des Zentralüberganges – nachweisen. Die mittleren Feldgradienten, die in der Größenordnung von $1 \cdot 10^{23}\,\mathrm{cm}^{-3}$ sind, stehen in Übereinstimmung mit der Tatsache, daß sie von der Elektronenladungsverteilung um das gelöste Atom herrühren und nicht von Verspannungseinflüssen. Durch die Untersuchung von Al-Ag-Legierungen (Silber ruft bis zu 6 Atom-% Beimengung keine Änderungen der Gitterparameter hervor) konnte auch TITMANN (s. Tab. 5) zeigen, daß der Einfluß der Gitterverspannungen in Al-Zn-Legierungen sehr klein ist; die Feldgradienten der Al-Ag-Legierungen sind etwa halb so groß wie die der Al-Zn-Legierungen.

Negative Knight-shifts haben wir schon für Metalle, z. B. für das Platin, kennengelernt. Sie treten auch in Legierungen auf. Eine ausführliche Untersuchung wurde von CLOGSTON und JACCARINO (s. Tab. 5) an Systemen der Form V_3X (mit X = As, Au, Co, Ga, Ge, Si, Sb, Sn und Pt) mit β-Wolfram-Struktur durchgeführt unter gleichzeitiger Messung der Suszeptibilitäten. Die Knight-shift der Vanadiumkerne ist positiv und nimmt in Supraleitern mit abnehmender Temperatur ab. Die Knight-shift der X-Atome ist negativ, und ihre Größe steigt mit sinkender Temperatur an. Die Suszeptibilität der Supraleiter steigt ebenfalls mit abnehmender Temperatur. Zur Deutung der Ergebnisse nehmen CLOGSTON und JACCARINO an, daß das Leitungsband von $4s$- und $4p$-Funktionen des Vanadiums gebildet wird und daß dieses Band ein schmaleres Band überlappt, das vorwiegend durch $3d$-Funktionen des Vanadiums gebildet wird. Beide Bänder werden durch die Fermi-Oberfläche geschnitten. Die sehr schmalen ns-Bänder der X-Atome sollen weitab von der Fermi-Oberfläche und ihre np-Wellenfunktionen sollen dicht an der Fermi-Oberfläche liegen, so daß sie stark mit den Wellenfunktionen der Vanadiumbänder gemischt sind. χ^d soll temperaturabhängig sein, die Suszeptibilität des Leitungsbandes χ^s temperaturunabhängig. Letztere gibt eine positive und konstante Knight-shift K_V. Ein Beitrag von χ^d zu K_V kann durch Austauschpolarisation der inneren s-Schalenelektronen durch die d-Elektronen entstehen. Dieser Beitrag ist negativ. Da K_V mit abnehmender Temperatur abnimmt, während die Suszeptibilität ansteigt, muß angenommen werden, daß der Anstieg von χ durch einen Anstieg von χ^d verursacht wird. Jede Polarisation in der Verbindung stellt eine teilweise Polarisation der Elektronen des gemischten np-$3d$-Bandes dar. Wie die d-Elektronen verursachen auch die $3p$-Elektronen keine Hyperfeinwechselwirkung, doch soll eine Austauschpolarisation der $3s$- und $2s$-Schalenelektronen durch die $3p$- und $3d$-Elektronen existieren, die einen negativen temperaturabhängigen Beitrag zur Knight-shift beider Kerne liefert.

Ein ähnliches Modell muß JACCARINO (s. Tab. 5) zur Deutung der Resonanz- und Suszeptibilitätsergebnisse von ^{27}Al in der intermetallischen Verbindung UAl_2 annehmen. Auch die Ergebnisse an den entsprechenden Legierungen der Elemente X der seltenen Erden XAl_2 mit Laves-Struktur werden unter der Annahme einer Austauschpolarisation diskutiert, z. B. für $LaAl_2$ und $GdAl_2$ von GOSSARD, JACCARINO und WERNICK (s. Tab. 5).

Als charakteristische Beispiele für intermetallische Verbindungen seien NaTl, LiAl, LiGa, LiIn genannt, die von SCHONE und KNIGHT

(s. Tab. 5) untersucht wurden. Aus der Verschmälerung des Dipolanteiles der Resonanzlinie wurde eine Aktivierungsenergie für die Li-Diffusion von 0,15 eV abgeschätzt. Dieser niedrige Wert in diesen defekten Gittern ist mit einer Leerstellenkonzentration von z. B. 3% im Li-Untergitter des LiAl verbunden. In LiAl werden die Quadrupoleinflüsse auf die ^{7}Li- und ^{27}Al-Resonanzen infolge der Atombewegungen ausgemittelt. Die von benachbarten Leerstellen herrührenden Quadrupolkopplungskonstanten wurden bestimmt. Die Größe der Quadrupolkopplungen stimmt mit dem hohen Grad der Kovalenz in diesen Verbindungen gut überein. Alle Verschiebungen betragen für die Verbindungen – außer für das NaTl – etwa 1/10 der für die reinen Metalle gemessenen Werte.

Zu den intermetallischen Verbindungen gehören auch die Metallhydride, von denen mehrere untersucht wurden. Eine sehr umfangreiche Arbeit von Schreiber und Cotts (s. Tab. 5) an Lanthanhydriden verschiedener Zusammensetzung sei stellvertretend für alle hier erwähnt. Das Auftreten verschiedener Phasen, z. B. einer reinen La-Phase und einer $LaH_{2,0}$-Phase wurde für Konzentrationen, die geringer als 1,94 H/La sind, beobachtet. Mittels der Protonenlinienbreite und -Relaxationszeit in Abhängigkeit von der Temperatur wurde die Selbstdiffusion der Protonen untersucht. Die Aktivierungsenergien und Frequenzkonstanten ändern sich in Abhängigkeit von der Konzentration abrupt von 23 kcal/Mol und 10^{14} s^{-1} bei etwa 2 H/La auf 3 kcal/Mol und 10^{11} s^{-1} bei 2,85 H/La. Die statische Protonenlinienbreite ändert sich in diesem Bereich stetig. T_1 hat ein charakteristisches, durch Selbstdiffusion induziertes Minimum, und es hat ein Maximum, wenn Spindiffusion zu paramagnetischen Verunreinigungen überwiegt. Die Protonendiffusion beeinflußt auch die La-Resonanz über Quadrupolwechselwirkung, und zwar sowohl die Linienbreite als auch die Knight-shift des Lanthans. Für Konzentrationen über 2,4 H/La wird keine Lanthanresonanz mehr beobachtet, bis eine genügend hohe Diffusionsgeschwindigkeit der Protonen erreicht ist, die die Quadrupoleinflüsse ausmittelt. Diese Quadrupoleffekte werden halbquantitativ behandelt. Die Knight-shift des Lanthans ist bei 400 °C konzentrationsabhängig (sie beträgt 0,23% für 2 H/La und 0,10% für 2,85 H/La). Für die Protonenresonanz wurde keine Knight-shift gefunden. Die Spinn-Gitter-Relaxationszeit der Lanthanresonanz von $LaH_{2,0}$ wird durch die Hyperfeinwechselwirkung mit den Leitungselektronen bestimmt und ist diffusionsabhängig. Die Knight-shifts lassen sich durch die Annahme deuten, daß Elektronen von den Wasserstoffatomen abgespalten werden und in das an den La-Ionen lokalisierte Leitungsband gehen, wie es auch für Zr-Hydride angenommen wurde. Speziell soll das $5d$-Band des Lanthans in zwei Bänder aufgespalten sein, deren unteres von vier Elektronen pro Atom besetzt werden kann. Ein Maximum von etwa vier Elektronen im unteren Teil des d-Bandes ist im Einklang mit der Löslichkeit des Wasserstoffs in anderen Übergangsmetallen der IIIb- und Vb-Gruppe.

Als Beispiel für eine in der Praxis besonders wichtige Legierung sei noch das Messing angeführt. West (1958, s. Tab. 5) hat die ^{63}Cu-Resonanz von β-Messing in Abhängigkeit von der Zusammensetzung und von der Deformation und der daran anschließenden Wärmebehandlung untersucht. Die Linien getemperter Proben sind symmetrisch und zeigen eine leichte Verbreiterung und eine Abnahme in der Höhe mit wachsendem Zinkgehalt. Die Knight-shift beträgt nur 0,14% im Gegensatz zu 0,23% in reinem Kupfer und ist unabhängig von der Zusammensetzung. Daraus ergibt sich nach der Formel von Korringa, daß das T_1 für Kupfer nur das 0,37fache des T_1 für Messing beträgt. Mit den aus Sättigungsmessungen bestimmten Relaxationszeiten folgt daraus, daß die Spin-Spin-Wechselwirkungszeiten für Kupfer und Messing gleich sind. Durch Tempern nach dem Feilen steigt die Signalintensität vom völligen Verschwinden aus wieder an. Der Anstieg tritt auch oberhalb von 200 °C noch auf (aus Röntgenfeinstrukturuntersuchungen folgt, daß die Rekristallisation zwischen 150 °C und 200 °C vollständig erfolgt), die Asymmetrie der Linien verschwindet nach dem Tempern bei 200 °C und darüber, die Linienbreite nimmt beim Tempern bis 200 °C stetig ab. Die Änderung der Linienparameter mit der Zusammensetzung wird mit Hilfe dreier Annahmen, die den von Bloembergen und Rowland (s. Tab. 5) für α-Messing gemachten entsprechen, zufriedenstellend erklärt:

1. soll die integrierte Intensität proportional zur Zahl der beitragenden Kupferkerne sein,
2. sollen die Satellitenkomponenten aller Proben unbeobachtbar sein,
3. soll ein Kern nur dann zur Resonanz beitragen, wenn jede der drei ersten ihn umgebenden Schalen Atome der gleichen Art enthält.

Außerdem folgt, daß der aus der Verspannung folgende Feldgradiententensor für β-Messing viel größer ist als für reines Kupfer. Die Ausheilung bei Zimmertemperatur läßt auf eine beträchtliche Beweglichkeit der Atome schließen. Die trotzdem auftretende Asymmetrie und relativ große Breite der Resonanzlinien zeigt jedoch die Einflüsse der Verspannungsverbreiterung zweiter Ordnung. Erst oberhalb von 200 °C verschwinden die Einflüsse wieder, dort scheint der Grad der Ordnung in den Proben zuzunehmen. Vielleicht treten beim Ausheilen auch Phasenänderungen auf, d. h., daß beim Wiedererscheinen der Linie hexagonal dicht gepackte Anteile wieder in kubisch-raumzentrierte übergehen. Doch kann nicht der gesamte Intensitätswechsel davon herrühren.

Für den natürlichen Logarithmus der Intensität haben Bloembergen und Rowland für die ^{63}Cu-Resonanz in α-Messing die Formel $\ln I = 18 \ln (1 - c)$ mit einer sehr gut linearen Abhängigkeit von $\ln (1 - c)$ erhalten (s. auch S. 200). Das kann als Beweis dafür angesehen werden, daß ein Zn-Atom eine ungesättigte kovalente Bindung mit nur zwölf nächsten und sechs übernächsten Kupferatomen teilt.

Aksenov (s. Tab. 5) hat neben der auch von den anderen Autoren beobachteten Linie der Kerne innerhalb des kompakten Materials auch eine von Oberflächenkernen herrührende Linie mit einer etwas geringeren Knight-shift von 0,11 bis 0,12% gefunden. Mit Hilfe der zwei Linien hat er die Ordnungs-Unordnungs-Transformation untersucht. Die beobachtete Anstiegsgeschwindigkeit des Gesamtvolumens der geordneten Domänen nimmt exponentiell mit einem Anstieg im Ordnungsgrad ab. Sauerstoff verringert die Geschwindigkeit des Überganges und verringert auch die Dimensionen der geordneten Domänen.

Alle Legierungen, die magnetische Ordnung aufweisen und bei denen mit Hilfe der Kernresonanz magnetische Eigenschaften, wie innere Felder, magnetische Momente und Austauschkopplung, untersucht wurden, sind im Abschnitt 5.9 berücksichtigt worden. In diesem Kapitel sind nur diejenigen Arbeiten erwähnt worden, in denen – abgesehen von Quadrupolwechselwirkungen – speziell die Knight-shift untersucht wurde, auch wenn sie durch Austauschkopplung über Leitungselektronen entsteht und die betreffenden Verbindungen bei tieferen Temperaturen magnetische oder elektronische Ordnungen aufweisen.

5.6. Verbindungen mit Metallcharakter

Die von Barnes, Hultsch und Jones (s. Tab. 6) für einen Bereich von $x = 0{,}56$ bis $x = 0{,}89$ untersuchten Natriumwolframate Na_xWO_3 zeigen keine Knight-shift der ^{23}Na-Resonanzen, was auf eine vernachlässigbare Leitungselektronenkonzentration an den Natriumkernen zurückgeführt wird. Eine Erklärung dafür ist die, daß der Boden des Leitungsbandes, das von den Wolframbahnen herrührt, maximalen statt minimalen Wert des Wellenvektors $\mathfrak{k}$ besitzt. Diese Möglichkeit des „inversen" Leitungsbandes wird von Keller (s. Tab. 6) diskutiert. Extrem kleine diamagnetische Verschiebungen im metallischen Bereich von M_xWO_3-Systemen (M = ^{7}Li, ^{23}Na, ^{203}Tl, ^{205}Tl) wurden später gefunden (Jones, Garbaty und Barnes, s. Tab. 6); eine etwas größere diamagnetische Verschiebung zeigt die ^{183}W-Resonanz in Natriumwolframaten (Narath und Wallace, s. Tab. 6). Jones jr., Garbaty und Barnes nehmen zur Erklärung einen Knoten des radialen oder winkelabhängigen Anteiles der Wellenfunktionen des Leitungsbandes an den Metallatomlagen an. Mackintosh (s. Tab. 6) entwickelt ein Modell, das die elektronischen und die Resonanzeigenschaften gut erklärt: Er nimmt Atom-p-Funktionen an, die radiale Knoten am Ort der Kerne besitzen, so daß der paramagnetische Beitrag zur magnetischen Suszeptibilität von der Leitungselektronendichte an denjenigen Kernen, die die Leitungselektronen liefern, ziemlich klein ist. Jeglicher s-Elektronenanteil wird durch diamagnetische Polarisation der s-Elektronen der Ionenschale ausgelöscht. Die kleine diamagnetische Verschiebung ist die Summe dieser Beiträge. Die Wellenfunktionen, die mit den Punkten Q der Brillouin-

Zone verbunden sind, haben Knoten in ihren Winkelanteilen am Ort der W- und O-Atome, so daß für Wolframkerne wieder eine nur kleine Verschiebung existieren kann, die durch diamagnetische Verschiebungen durch die Schalenpolarisation, die mit der Überlappung der Leitungselektronen und der WO_3-Komplexe verbunden ist, weiter verringert wird. Die relativ große Verschiebung entsteht durch die große Polarisierbarkeit der WO_3-Gruppen. Jones jr., Garbaty und Barnes finden für die Thalliumwolframate eine sehr große Breite der Tl-Resonanzen, die nur von Austauschwechselwirkungen herrühren kann. Danach tragen die Tl-Ionen zu einem Valenzband bei, das starken s-Anteil hat, und können nur ein Elektron an das Leitungsband der Wolframate abgeben. Der ziemlich große Wert des Pseudodipolterms der Austauschwechselwirkung kann einen großen p-Anteil der Wellenfunktion des Leitungsbandes anzeigen.

Die kleine diamagnetische Verschiebung der Resonanzfrequenz der Wolframkerne und der Anstieg dieser Verschiebung mit ansteigender Zustandsdichte am Fermi-Niveau (die Verschiebung nimmt mit ansteigendem x zu) lassen Narath und Wallace schließen, daß die Leitungselektronen in Na_xWO_3 von Wolframzuständen kommen, die keine $6s$-Zustände sind.

Von Gendell, Cotts und Sienko (s. Tab. 6) stammen Messungen der ^{7}Li-Resonanz an $Li_xV_2O_5$-Systemen. Auch hier wurde keine Knight-shift, sondern nur eine kleine diamagnetische Verschiebung relativ zu einer TiCl-Lösung gefunden. T_1 zeigt ein Minimum bei 163 °K, das einer Rück- und Vorwärtsbewegung der Lithiumionen innerhalb, aber normal zu den Achsen der Kanäle im Sauerstoffgitterrahmenwerk zugeschrieben wird, wobei eine Modulation der Quadrupolwechselwirkung entsteht, die das Minimum von T_1 bewirkt. Die Verschmälerung der Halbwertsbreite der Signale des Abfalls der freien Induktion mit sinkender Temperatur wird einer Diffusion längs des Kanals von einer Einheitszelle zu einer benachbarten zugeschrieben. Aus dem Fehlen der Knight-shift wird auf das Nichtvorhandensein eines angemessenen Betrages von s-Charakter der Valenzelektronen der Alkaliatome geschlossen. Zusammen mit Elektronenresonanzmessungen zeigen die Ergebnisse, daß Elektronen von den Alkaliatomen an Vanadiumatome übergehen mit irgendeiner Art von Elektronenbewegung zwischen den Vanadiumatomen. Mackintosh nimmt entgegen der Auffassung von Sienko und Mitarbeitern an, daß das Fehlen der Knight-shift nicht durch Halbleitereigenschaften, sondern durch den p_z-Charakter der Wellenfunktionen zu erklären ist.

5.7. Halbleiter

Die Knight-shifts von Halbleitern sind infolge der geringen Trägerkonzentrationen bei den üblichen Untersuchungstemperaturen nur klein und daher bisher selten nachgewiesen worden. In grauem Zinn ist die verbotene Zone sehr schmal, so daß die Knight-shift – obwohl klein gegenüber der chemischen Verschiebung – durch ihre Temperaturabhängigkeit beobachtet werden kann (Blumberg und Eisinger, s. Tab. 7). Der effektive g-Faktor steigt zwischen 200 und 300 °K um etwa $4 \cdot 10^{-5}$, was auf eine Zunahme der Zahl der Leitungselektronen zurückgeführt wird. Die Suszeptibilität, die von Busch und Mooser gemessen wurde, hat die gleiche Temperaturabhängigkeit, und es ist $K/\chi = -1{,}2 \cdot 10^3 \cdot g\ \mathrm{cm}^{-3}$. Diese Ergebnisse benutzen Blumberg und Eisinger, um daraus die effektive Masse der leichteren der Ladungsträger (ob es Elektronen oder Löcher sind, bleibt ungewiß) des Eintal-Halbleiters zu bestimmen. Sie beträgt $(0{,}3 \pm 0{,}05)\ m$, wenn der g-Faktor der Elektronen gleich 2 ist. Die Knight-shift für eigenleitendes α-Sn ist bei 300 °K $6 \cdot 10^{-5}$. Der Wert wurde ohne Vergleich mit einer diamagnetischen Substanz bestimmt.

Choi (s. Tab. 7) hat eine Verschiebung der ^{19}F-Resonanz von Ag_2F gegenüber der von AgF um $0{,}023\%$ nach niedrigeren Magnetfeldern gefunden. Choi und Clark (s. Tab. 7) konnten durch Untersuchung der Spin-Gitter-Relaxationszeit der ^{19}F-Kerne von Ag_2F bei verschiedenen Temperaturen zeigen, daß diese Verschiebung eine Knight-shift ist. T_1 ist nämlich indirekt proportional zur Temperatur, wie es für Hyperfeinwechselwirkung mit den Leitungselektronen der Fall sein muß, und wesentlich kürzer als die Relaxationszeiten der ^{19}F-Resonanzen in Ionenkristallen.

Mit Hilfe der Gleichung von Korringa erhielten Choi und Clark eine Knight-shift von $0{,}020\%$. Das liegt sehr nahe dem gemessenen Wert. Dabei wurde allerdings die Wechselwirkung zwischen den freien Leitungselektronen nicht berücksichtigt. Trotzdem steht fest, daß die beobachtete Verschiebung nicht durch Paramagnetismus zweiter Ordnung hervorgerufen wird.

Silizium mit Donatoren, wie Antimon, Phosphor und Arsen, gehört zu den wichtigsten Substanzen, die mit Hilfe der ENDOR-Technik (Elektron-Kern-Doppelresonanz) untersucht worden sind. Feher (1956, s. Tab. 7) hat diese Technik erstmalig eingeführt, und von ihm stammen die wesentlichen Arbeiten über die ENDOR-Untersuchungen am Silizium. Durch die Donatoren erhält das Silizium Elektronen mit unabgesättigten Spins. Die Energieniveaus dieser Elektronen im Magnetfeld werden durch die Hyperfeinwechselwirkung mit den Donatorkernen und mit den Kernen des ^{29}Si-Isotops (die Elektronenwellenfunktionen im Silizium überdecken einen ziemlich großen Bereich um den Donator) aufgespalten. Die Elektronenresonanz zwischen zwei Niveaus $m_e = +1/2$, $m_k = -1/2$ und $m_e = -1/2$, $m_k = -1/2$ wird (teilweise) gesättigt, so daß das Signal stark reduziert wird. Werden dann Kernspinübergänge etwa zwischen den Niveaus $m_k = -1/2$, $m_e = +1/2$ und $m_k = +1/2$, $m_e = +1/2$ oder zwischen $m_k = +1/2$, $m_e = -1/2$ und $m_k = -1/2$, $m_e = -1/2$ durch ein HF-Feld induziert, so wird die Besetzung der Elektronenspinniveaus geändert, und ein Signal wird sichtbar (s. auch Abschn. 3.4.3). Durch Variation der Frequenz im Bereich der Kernspinübergänge, die durch das äußere Feld und das durch das Elektronenmoment hervorgerufene Feld bestimmt sind, werden nacheinander die „Kernresonanzen" derjenigen Kerne, mit denen das Elektron in Wechselwirkung steht, in der Elektronenresonanz sichtbar. Aus diesen Resonanzen lassen sich Rückschlüsse auf die Ausbreitung der Elektronenwellenfunktion im Gitter ziehen. Die Auswertung der Ergebnisse ist jedoch nicht ganz einfach, da durch die Natur der Wellenfunktionen die Hyperfeinwechselwirkungen mit den Si-Kernen nicht monoton mit dem Abstand vom Donator abfallen, da Interferenzeffekte zwischen verschiedenen Teilen der Wellenfunktion vorhanden sind, die kritisch von der Lage des Minimums des Leitungsbandes im k-Raum abhängen. Doch erhält man dadurch bei der Auswertung die Lage des Minimums, die aus Zyklotronresonanzmessungen nicht zu gewinnen ist.

Feher (1959, s. Tab. 7) benutzt zur Auswertung seiner Spektren bzw. zur Gewinnung der Wellenfunktionen die Tatsache, daß die relativen Linienamplituden mit der Zahl der besetzten Gitterplätze übereinstimmen müssen, und die zusätzliche Struktur jeder Linie. Aus der Winkelabhängigkeit dieser Struktur kann die Symmetrie des betreffenden Gitterplatzes hinsichtlich des Donatorzentrums gewonnen werden. Als Wellenfunktion benutzt er die von Kohn und Luttinger [155, 156] angegebene, d. h. den Ansatz

$$\psi(\mathfrak{r}) = \left(\frac{1}{6}\right)^{1/2} \sum_{j=1}^{6} F^{(j)}(\mathfrak{r})\, u^{(j)}(\mathfrak{r}) \exp(i\mathfrak{k}_0^j \mathfrak{r})$$

(j sind die verschiedenen Minima des Leitungsbandes, $u^{(j)}(\mathfrak{r}) \exp(i\mathfrak{k}_0^j\mathfrak{r})$ ist die Blochwelle am j-ten Minimum, und $F^{(j)}(\mathfrak{r})$ ist eine wasserstoffähnliche einhüllende Funktion, die durch Lösung einer Schrödinger-Gleichung mit effektiver Masse gewonnen wird, wenn in dieser Gleichung die Bindungsenergie des Donators substituiert wird). Der isotrope, d. h. zu $|\psi|^2$ proportionale Anteil der Hyperfeinwechselwirkung stimmt mit dem aus der Theorie von Kohn und Luttinger gewonnenen innerhalb eines Fehlers von weniger als 50% überein. Für das Leitungsbandminimum erhält Feher $k_0/k_{max} = 0{,}85 \pm 0{,}03$. Die größten Abweichungen weist das As-dotierte Silizium auf, da Arsen der am stärksten gebundene Donator ist und die Näherung mit effektiver Masse der Theorie von Kohn und Luttinger die schlechtesten Ergebnisse für diesen Fall liefern muß. Die Größen der anisotropen Hyperfeinwechselwirkungen werden mit dieser Theorie nicht richtig erklärt.

Messungen der Spin-Gitter-Relaxationszeit von ^{29}Si in n- und p-leitendem Silizium (Shulman und Wyluda, s. Tab. 7) zeigen, daß T_1 in Proben mit hohem Widerstand indirekt proportional zur Trägerkonzentration ist und in reineren Proben einem asymptotischen Wert zustrebt. Aus einem von ANDERSON modifizierten Ausdruck für $(2T_1)^{-1}$ von BLOEMBERGEN gewinnen SHULMAN und WYLUDA für n-leitendes Silizium $\psi^2(0)/\langle\psi^2\rangle$ ($\langle\psi^2\rangle$ ist über die Einheitszelle gemittelt) gleich 186 ± 18. Die Stärke der Wechselwirkung ist für p-leitendes Silizium kleiner, wahrscheinlich durch den reinen p-Charakter der Löcherfunktionen.

Die Spin-Gitter-Relaxationszeiten von n-leitendem Germanium verschiedener Widerstandswerte wurden von WYLUDA (s. Tab. 7) gemessen. Für die reinsten Proben ergibt sich, daß T_1 proportional zu $T^{2,7}$ ist. Diese Abhängigkeit ist in guter Übereinstimmung mit dem Verhalten, das aus der in Abschnitt 4.1.2 behandelten Theorie von VAN KRANENDONK [108] für Quadrupolrelaxation folgt.

Die ersten $A_{III}B_V$-Verbindungen wurden von SHULMAN, MAYS und McCALL (s. Tab. 7) untersucht. Die Linien der Isotope ^{69}Ga, ^{71}Ga, ^{113}In, ^{115}In, ^{121}Sb und ^{123}Sb von p-leitendem InSb und GaSb mit Ladungsträgerkonzentrationen von etwa $3\cdot 10^{15}$ cm^{-3} und etwa 10^{17} cm^{-3} sind außerordentlich breit, und es wird gezeigt, daß diese Breite durch einen Kernspinaustausch zustande kommt, wie er schon am Thallium (s. Abschn. 5.4) beobachtet wurde. Die Wechselwirkungsenergie zwischen zwei Kernen hat die Form $E = \tilde{A}\,\mathfrak{J}_1\,\mathfrak{J}_2$. Die Wechselwirkung wird durch Hyperfeinkopplung zwischen Kernspins und Elektronenspins vermittelt und hängt daher sehr empfindlich von den Energiezuständen des Valenz- und Leitungsbandes ab. Die größten Beiträge stammen von den Energieflächen, die weit weg vom Fermi-Niveau liegen, so daß man Information über die Bänderstruktur auch dieser im allgemeinen unzugänglichen Gebiete erhält. Zur Deutung wurden die Theorien von ANDERSON [157] für die Kopplungskonstanten und von GUTOWSKY, McCALL und SLICHTER [158] für die Linienformen benutzt, und es wurden nur die Wechselwirkungen der nächsten Nachbarn betrachtet, wobei gleiche Linienbreite für verschiedene Isotope desselben Elements der gleichen Verbindung angenommen wurde. Die Linienformen wurden als Einhüllende einiger hundert Komponenten berechnet. Die Wechselwirkung zwischen übernächsten Nachbarn erklärt die leichten Differenzen der Linienbreiten für verschiedene Isotope in GaSb. Die Isotope der Verbindungen besitzen große Quadrupolmomente, doch bestimmt die Quadrupolwechselwirkung nicht die Linienbreite, vielleicht jedoch etwas die Intensität. Sie ist auf alle Fälle für die Relaxationsvorgänge verantwortlich.

Spätere Untersuchungen an GaAs und InAs (SHULMAN, WYLUDA und HROSTOWSKI, s. Tab. 7) haben gezeigt, daß auch in diesen beiden Verbindungen indirekter Kernspinaustausch für Linienbreite und -form verantwortlich ist. Aus dem Verhältnis der zweiten Momente der ^{69}Ga-Resonanzen von GaSb und GaAs erhielten die Verfasser für die Größe $[\xi^2_{\mathrm{Sb}}\,\psi^4_{\mathrm{Sb}}(0)]/[\xi^2_{\mathrm{As}}\,\psi^4_{\mathrm{As}}(0)]$ z. B. den Wert $\frac{1}{4{,}2}\cdot\frac{5{,}0}{0{,}67}$ oder für den Fall, daß $\xi_{\mathrm{As}} = \xi_{\mathrm{Sb}}$ ist: $\psi^2_{\mathrm{Sb}}(0)/\psi^2_{\mathrm{As}}(0) = 1{,}3$ $(\xi_i = [\psi_i^*(0)_{\mathrm{Loch}}\psi_i(0)_{\mathrm{Elektr}}]_{\mathrm{Festk}}/[\psi_i^2(0)]_{\mathrm{Atom}})$; für

InAs und InSb erhielten sie auf gleiche Art den Wert 2,3. Der Mittelwert 1,8 ist in recht guter Übereinstimmung mit dem Wert von etwa 2, der aus der Formel von FERMI und SEGRÉ für die beiden Atome folgt.

Die Quadrupolwechselwirkung von elastisch verformtem InSb und GaSb wurde von SHULMAN, WYLUDA und ANDERSON (s. Tab. 7) untersucht. Die unverformten InSb-Kristalle waren so fehlerlos, daß ihre Resonanzen keine Quadrupolwechselwirkungen zeigten. Durch Anlegen einachsiger Drucke kann die Kristallsymmetrie reversibel gestört werden, wobei eine Quadrupolverbreiterung der Resonanzlinien entsteht. Verspannungen von weniger als 10^{-4} wurden nachgewiesen und die entstandenen Feldgradienten bestimmt. Letztere waren um einen Faktor von etwa 70 zu groß, als daß sie durch Verschiebungen von Ladungen entstanden sein könnten, wenn alle Bausteine als Ionen betrachtet werden. Auch die Beziehungen zwischen Druck und Feldgradienten wurden anhand der Kristallsymmetrie abgeleitet, und es wurde gezeigt, daß sie mit den experimentellen Beobachtungen im Einklang stehen. Die Proportionalitätskonstanten zwischen Feldgradientenkomponenten und Druckkomponenten liegen in der Größenordnung von $6 \cdot 10^4$ V/kp.

Eine Quadrupolverbreiterung der Resonanzlinien, d. h. eine Störung der kubischen Symmetrie wird auch durch Verunreinigungen verursacht. RHODERICK (s. Tab. 7) hat den Einfluß der Dotierung mit Te und Zn auf die ^{115}In-Resonanz von InSb untersucht. Amplitude und Breite der Resonanz hängen sehr empfindlich von der Anwesenheit von Donatoren oder Akzeptoren ab. Eine Konzentration von 10^{19} cm^{-3} reduziert das Maximum der Ableitung der Absorptionskurve um einen Faktor 10. Das wird der Quadrupolwechselwirkung mit den durch die ionisierten Verunreinigungen entstehenden Feldgradienten zugeschrieben. Der Effekt ist für p-leitende Proben etwas weniger ausgeprägt, was darauf zurückgeführt wird, daß Löcher infolge ihrer größeren effektiven Masse die Ionenladungen besser abschirmen als Elektronen. Ist der durch ein Ion hervorgerufene Feldgradient $\frac{\partial^2 V}{\partial r^2} = \frac{2\beta e}{r^3}$, so muß $\beta \approx 350$ und der Antiabschirmungsfaktor etwa gleich 1000 sein, um die experimentellen Ergebnisse mit Hilfe einer genäherten Berechnung des zweiten Momentes der Linie zu deuten. Diese großen Werte werden mit der geringen Breite der verbotenen Zone in Verbindung gebracht. Fremdbausteine verursachen auch Gitterverzerrungen. Das wird durch Ersatz von In durch Ga in Mischkristallen gezeigt. Doch muß die Ga-Konzentration um den Faktor 30 größer sein als die Zn- oder Te-Konzentrationen, um eine gleiche Abnahme der Signalamplitude hervorzurufen. Weder an p-leitenden noch an n-leitenden Proben hat RHODERICK eine Knight-shift gefunden, an ersteren nach seiner eigenen Meinung wahrscheinlich nicht, weil die Löcher p-Funktionen besetzen, an letzteren wahrscheinlich nicht, weil die effektive Masse der Elektronen zu klein ist, wodurch die Pauli-

Suszeptibilität erniedrigt wird. Cohen (s. Tab. 7) hat in einer ausführlichen Theorie der Linienform die Ergebnisse von Rhoderick analysiert und erhielt für den Multiplikationsfaktor β den Wert 580 und für den Sternheimer-Faktor 1300.

Auch Oliver (s. Tab. 7) hat den Einfluß von Te und Zn auf die Resonanzen von GaSb untersucht. Er gibt als Antiabschirmungsfaktor für ^{121}Sb den Wert 49, für ^{69}Ga 175 und für ^{71}Ga 321 an. An der ^{121}Sb-Resonanz konnte er für eine p-leitende Probe mit $6 \cdot 10^{19}$ Ladungsträgern/cm^3 eine negative Verschiebung von 1,3 kHz feststellen, für eine n-leitende Probe mit $2 \cdot 10^{18}$ Ladungsträgern/cm^3 eine von 1,6 kHz. Beide Verschiebungen wurden Quadrupolstörungen zweiter Ordnung zugeschrieben. An den Ga-Resonanzen konnte er keine Verschiebungen beobachten. Verschiebungen bis zu 0,8‰ durch induzierten Paramagnetismus, die nicht von Quadrupoleinflüssen herrühren, wurden kürzlich von Lütgemeier an hochreinen $A_{III}B_V$-Kristallen beobachtet und zur optisch bestimmten effektiven Ladung in Beziehung gesetzt (s. Tab. 7).

In einer weiteren Arbeit (s. Tab. 7) untersuchte Rhoderick den Einfluß von Si auf die Kernresonanz von ^{69}Ga in GaAs. Durch Vergleich der Abhängigkeit der Signalintensität und der Abhängigkeit der reziproken Hallkonstante für Si-Zusatz verschiedener Konzentrationen mit der für Te-Zusatz verschiedener Konzentrationen zeigte er, daß eine zusätzliche Verbreiterung zu der durch ionisierte Donatoren hervorgerufenen hinzutreten muß. Diese zusätzliche Verbreiterung stammt wahrscheinlich von irgendeiner neutralen Art von Si-Bausteinen. Die Größenordnung des Effektes befindet sich in Übereinstimmung mit der Annahme, daß ein Teil des Siliziums im Gitter in Form von Paaren existiert, die GaAs-Moleküle ersetzen. Die maximale Löslichkeit liegt bei etwa 0,5%. Diese Abschätzung folgt aus einem Vergleich mit GaAs-Kristallen, die etwas Indium enthalten, und aus Röntgenstrukturdaten von Kolm und Mitarbeitern. Die ^{67}Ga-, ^{71}Ga- und ^{31}P-Resonanzen von GaP mit Verunreinigungen von $5 \cdot 10^{17}$ cm^{-3} wurden von Weber (siehe Tab. 7) untersucht. Auch hier reicht die Dipolverbreiterung nicht zur Deutung der Linienbreite aus, und wahrscheinlich ist indirekte Austauschwechselwirkung vorhanden. Die Ga-Resonanzen zeigen eine positive Frequenzverschiebung relativ zu einer 6n-$GaCl_3$-Lösung [$\Delta\nu$ (^{69}Ga) $= 0{,}65 \pm 0{,}07$ kHz, $\Delta\nu$ (^{71}Ga) $= 0{,}95 \pm 0{,}07$ kHz]. Die Spin-Gitter-Relaxation der Phosphorkerne entsteht durch Wechselwirkung mit paramagnetischen Verunreinigungen, die in der Probe enthalten sind. Die Temperaturunabhängigkeit von T_1 zwischen 77 und 462 °K zeigt, daß die Relaxationsgeschwindigkeit durch Spindiffusion begrenzt ist. Die Relaxation der Ga-Kerne entsteht durch zeitabhängige Quadrupolwechselwirkungen. Zwischen 77 und 700 °K kann sie durch die Temperaturabhängigkeit für Zwei-Phononen-Prozesse mit einer Debye-Temperatur $\theta = 400$ °K nach van Kranendonk angenähert werden. Die Spin-Gitter-Kopplung kann nicht mit einem einfachen Ionenmodell und einem

Sternheimerschen Antiabschirmungsfaktor beschrieben werden, sondern kovalente Bindung spielt eine bedeutende Rolle.

Elektrische Feldgradienten können auch durch Anlegen eines äußeren elektrischen Gleichfeldes erzeugt werden. GILL und BLOEMBERGEN (s. Tab. 7) haben die Quadrupolaufspaltung der 4fach entarteten Kernspinniveaus von ^{69}Ga, ^{71}Ga und ^{75}As in einem GaAs-Einkristall durch Anlegen eines Feldes von etwas 20000 V/cm längs der [111]-Achse beobachtet und daraus die Kopplungskonstanten zwischen dem induzierten Feldgradiententensor und dem angelegten homogenen Feld bestimmt. Sie liegen in der Größenordnung von $1 \cdot 10\ \mathrm{cm}^{-1}$. Die Konstanten wurden mit Hilfe einer einfachen Theorie erklärt, die Dielektrizitätskonstanten, optische Brechungsindizes, Sternheimer-Faktoren, die Energielücke zwischen den Bändern und den Ionencharakter der Bindung als Konstanten enthält. Die statischen Kopplungsparameter nach GILL und BLOEMBERGEN stimmen recht gut mit den dynamischen überein, die BRUN, MAHLER, MAHON und PIERCE (s. Tab. 7) aus der direkten Anregung der ($\Delta m = \pm 2$)-Übergänge durch Anlegen eines äußeren elektrischen Wechselfeldes der doppelten Larmorfrequenz an einem GaAs-Einkristall im statischen Magnetfeld erhielten.

5.8. Supraleiter

Die Schwierigkeit der Beobachtung der Kernresonanz in Supraleitern entsteht durch den Meissner-Ochsenfeld-Effekt. Die Resonanzen können direkt beobachtet werden, wenn mit Partikeln, deren Dimensionen klein gegenüber der Eindringtiefe des Feldes in den Supraleiter sind, oder mit dünnen Schichten gearbeitet wird. Es gibt aber auch noch eine andere Methode: Man läßt in der Probe bei etwa 500 Oe (dieser Wert liegt oberhalb der kritischen Feldstärke) ein thermisches Gleichgewicht zwischen Kernen und Gitter zustande kommen. Durch Abschalten des Feldes wird die Probe vom normalleitenden in den supraleitenden Zustand versetzt. Das Feld bleibt für eine Zeit t_1 ausgeschaltet und wird dann langsam auf einen Wert gebracht, der kurz oberhalb des Resonanzfeldes liegt. Die Resonanz wird beobachtet, wenn sich das Feld durch den Resonanzwert bewegt. Die Relaxationszeit erhält man aus der Abnahme der Resonanzamplitude, wenn t_1 ansteigt (siehe z. B. HEBEL und SLICHTER, 1957, Tab. 8 und Seite 147 ff.).

Die am häufigsten untersuchte supraleitende Substanz ist Aluminium, und zwar wurde die Relaxation untersucht. Die Kernrelaxation in Metallen rührt von der Wechselwirkung der Kerne mit den Elektronen in der Umgebung des Fermi-Niveaus her. Da diese im supraleitenden Zustand wesentlich anders ist, muß sich auch die Relaxationsgeschwindigkeit beim Übergang stark ändern. HEBEL und SLICHTER (1957, s. Tab. 8) fanden für die Relaxationsgeschwindigkeit R_s des supraleitenden Metalls und die auf kurz unterhalb des kritischen Punktes extrapolierte Relaxationsgeschwindigkeit R_n im normalleitenden Zustand die Beziehung $R_s \approx 2 R_n$. Diese Beziehung folgt aus der mikroskopischen Vielelektronentheorie der Supraleiter von BARDEEN, COOPER und SCHRIEFFER (BCS), wenn eine Zustandsdichte mit Maxima an den Rändern der Energielücke und eine Frequenzbreite der Elektronenzustände von 10^9 Hz bei 0,94 °K angenommen wird. Für $T = 0{,}27\,T_c$ erhält man $R_s = 0{,}13\,R_n$ in recht guter Übereinstimmung mit der Beziehung $R_s = 0{,}1\,R_n$, die REIF (s. Tab. 8) für Quecksilber gemessen hat. In einer ausführlichen Arbeit untersuchten HEBEL und SLICHTER (1959, s. Tab. 8) T_1 im Temperaturbereich zwischen 0,94 °K und 4,2 °K als Funktion des statischen Feldes im normalleitenden Zustand. Wie von REDFIELD und anderen gefordert wurde, ist die Relaxationsgeschwindigkeit im normalleitenden Zustand proportional zur Temperatur. Die Feldabhängigkeit ist jedoch etwas größer $[R_n(0)/R_n(\infty) = 3{,}35 \pm 0{,}35]$ als die von dieser Theorie geforderte $[R_n(0)/R_n(\infty) = 2]$, eine Erscheinung, die speziell beim Aluminium, aber nicht bei den Alkalimetallen auftritt. Die Ergebnisse für den supraleitenden Zustand (R_s ist direkt unterhalb der kritischen Temperatur größer als $R_n(0)$ und für tiefere Temperaturen kleiner) lassen sich nicht mit dem Zwei-Flüssigkeiten-Modell erklären (hier muß R_s für jede Temperatur unterhalb des Sprungpunktes immer größer oder immer kleiner als $R_n(0)$ sein), wohl aber – wie schon erwähnt – mit der halbquantitativen BCS-Theorie, wenn die Verbreiterung der Elektronenniveaus berücksichtigt wird. Wird die Kernrelaxation den Daten der Ultraschallabsorption gegenübergestellt, so zeigt sich, daß die Grundannahme der Paarkorrelation bestätigt wird.

In einer Arbeit von MASUDA und REDFIELD (1962, s. Tab. 8) wurde die Relaxationszeit mit größerer Genauigkeit und über einen größeren Temperaturbereich gemessen. Aus der Ableitung der Daten bei tiefen Temperaturen erhielten die Verfasser eine Energielücke von $\frac{3}{2} k T_c$. Die Verbreiterung der Zustandsdichte in der BCS-Theorie wird durch eine Anisotropie der Lücke erklärt, die mit der Breite der Lücke für $T \to T_c$ abnimmt und proportional zu dieser angenommen wird. Diese Anisotropie soll für jede Temperatur etwa 10% der Lückenbreite betragen.

MASUDA (s. Tab. 8) untersuchte den Einfluß von Zn- oder Ge-Zusatz in Al-Legierungen bis zu Konzentrationen von 0,16% auf T_1 im Temperaturbereich zwischen 0,37 und 1,2 °K. T_1 nimmt leicht – um weniger als 30% – mit ansteigender Verunreinigungskonzentration ab. Die Ergebnisse zeigen, daß die Anisotropie der Lücke mit ansteigender reziproker mittlerer freier Weglänge abnimmt. Die Ergebnisse wurden mit Hilfe der Theorie von ANDERSON für verunreinigte Supraleiter erklärt, in der die elastische Streuung an den physikalischen und chemischen Verunreinigungen groß im Vergleich zur Energielücke ist.

MASUDA und REDFIELD (1964, s. Tab. 8) fanden für Partikel mit Durchmessern unter 200 nm nahe am Übergangspunkt T_c dieselben

Relaxationszeiten wie für kompaktes Material. Weit unterhalb von T_c sind sie jedoch kleiner, bei 0,4 °K geringer als 1/5 des Wertes für kompaktes Aluminium. Auch hier ist die Feldabhängigkeit die für Supraleiter erwartete. $\ln T_1$ über T_c/T aufgetragen, ergibt einen wesentlich kleineren Wert für die Energielücke, doch läßt der geringe benutzte Temperaturbereich dieses Ergebnis unsicher erscheinen. Der Größeneffekt ist offensichtlich nicht auf die Verringerung der mittleren freien Weglänge der Elektronen durch die Verunreinigungen an der Oberfläche zurückzuführen, da ein Verunreinigungsgehalt, der die mittlere freie Weglänge etwa auf die Partikeldimensionen reduziert, keinen großen Einfluß auf T_1 hat.

Reif (1956, s. Tab. 8) hat zuerst die Kernresonanzlinie von supraleitendem Quecksilber gemessen. Er konnte je nach Feld- und Temperaturbedingungen im Übergangsbereich die beiden mehr oder minder intensiven Resonanzen des normal- und des supraleitenden Zustandes beobachten. Die Breite der letzteren kommt durch die Inhomogenität des Magnetfeldes im Inneren der supraleitenden Partikel zustande. Auf der Grundlage der Londonschen Theorie gewann Reif die Verteilung des Magnetfeldes für Kugeln der entsprechenden Größenverteilung und damit eine Linie, die asymmetrisch ist wie die experimentell beobachtete. Mit Hilfe der berechneten Linienform gewann er die Resonanzfrequenz und eine Knight-shift $K_s \approx 1{,}5\%$ bei 1,45 °K. Bei teilweiser Sättigung erhielt er für diese Temperatur $T_1 \approx 0{,}1$ s. Auch Knight, Androes und Hammond (s. Tab. 8) haben die Knight-shift von Quecksilber bestimmt. Ihre Kolloidteilchen waren kleiner, und sie erhielten $K_s \leqq 0{,}5\%$ für das supraleitende Quecksilber. Die Verteilung der Kolloidkorngrößen spielt eine große Rolle. Reif (1957, s. Tab. 8) beschäftigte sich in einer weiteren Arbeit ausführlich mit der Verteilung der Partikelgrößen und mit der Bestimmung der Knight-shift unter Berücksichtigung der mikroskopischen Verbreiterung der Linie und des Massendiamagnetismus der Probe. Er zeigte, daß die Massenmagnetisierungskurve des supraleitenden Kolloids leicht mit Hilfe der Kernresonanz bestimmt werden kann. Für einen Bereich zwischen 750 und 2300 Oe ist die Knight-shift im Supraleiter bei 1,20 °K $K_s = 1{,}6\%$, d. h. $K_s/K_n = 0{,}65$. Reif erhielt mit dem Zwei-Flüssigkeiten-Modell einige Aussagen über die Temperaturabhängigkeit der Knight-shift K_s, die wenigstens in qualitativer Übereinstimmung mit der Temperaturabhängigkeit der experimentellen Werte steht, während für die Temperaturabhängigkeit der Relaxation das Zwei-Flüssigkeiten-Modell keine Deutung gibt (s. oben).

Mit den Schwierigkeiten der Deutung der Ergebnisse, insbesondere den durch die Partikelgröße bedingten, beschäftigten sich Androes und Knight (1961, s. Tab. 8). Durch Untersuchung der Eigenschaften der auf verschiedene Weise hergestellten Proben von β-Zinn (dessen Kernresonanz im Normalzustand und dessen Supraleitungseigenschaften sehr gut bekannt sind) mit verschiedenen Korngrößen und Korngrößenverteilungen gewannen sie ein solches Endprodukt, das die erkennbaren Eigenschaften eines Supraleiters hat. Das Endprodukt besteht aus abwechselnd aufgedampften Schichten von β-Zinn und einem Dielektrikum (z. B. Nylon) auf einer dünnen Mylar-Unterlage. Die Zinnschicht besteht aus dünnen Blättchen von etwa 10 nm Durchmesser. Den durch die Struktur bedingten kleinen Verschiebungen und Streuungen der kritischen Temperatur und dem Probendiamagnetismus wird Rechnung getragen. Die an diesen Proben gefundene Linie ist symmetrisch und gaußkurvenförmig. Die Liniencharakteristiken sind zwischen 1,5 und 4,2 °K temperaturunabhängig. Die Linienbreite variiert direkt mit dem angelegten Feld. Breite und Symmetrie hängen von der Partikelgröße ab. Die Breite ist indirekt proportional zum Partikeldurchmesser für Durchmesser, die kleiner als 100 nm sind. Die kritische Temperatur ist 3,71 °K, das kritische Feld beträgt 25 kOe. Die effektive Eindringtiefe ist für die supraleitenden Partikel angenähert 150 nm. Da die diamagnetischen Effekte der Proben klein sind, wurden relativ schmale Linien für den normal- und den supraleitenden Zustand erwartet. Es zeigt sich jedoch, daß die Linien recht breit sind (0,34%) des Magnetfeldes). Die zusätzliche Breite wird durch den Einfluß der Oberfläche auf die Elektronenwellenfunktion erklärt. Bezüglich des α-Zinns beträgt die Verschiebung für β-Zinn im Normalzustand 0,77%. Sie nähert sich im supraleitenden Zustand für $T \to 0$ einem Wert von 0,59% (die größte chemische Verschiebung beträgt dagegen nur 0,17%). Die Änderung mit dem Magnetfeld ist kleiner als 0,2%. Aus der Verminderung der Verschiebung im Supraleiter schließen Androes und Knight, daß der Spinparamagnetismus der Leitungselektronen reduziert wird, aber nicht auf Null, wie es eine Theorie der vollkommenen Paarung der Spins fordern würde, sondern auf etwa 3/4 des Normalwertes. Dieses Ergebnis stimmt mit dem von Reif am Quecksilber gewonnenen überein und mit den theoretischen Abschätzungen, nach denen $1 - \chi_s/\chi_n \approx l/\xi_0$ ist (ξ_0 ist die Kohärenzlänge für ein geordnetes Gitter, die gleich $a\hbar v_0/kT_c$ gesetzt wird mit v_0 als Fermi-Geschwindigkeit, T_c als Übergangstemperatur und a als Konstante mit einem Wert von 0,15 (s. Tinkham [159]), und l ist die mittlere freie Weglänge). χ_s variiert für Felder zwischen 1000 und 9000 Oe nur wenig im Vergleich zur scheinbaren Differenz zwischen χ_s und χ_n. Im Prinzip sind die Ergebnisse für Partikel mit 100 nm Durchmesser dieselben, obwohl sie weniger genau sind.

Kernquadrupolresonanz wurde am supraleitenden Gallium untersucht (Hammond und Knight, s. Tab. 8). Die Ergebnisse für die Relaxationszeit stimmen gut mit den am Aluminium gewonnenen überein. Die Verschiebung der Quadrupolresonanzfrequenz von $5 \cdot 10^{-5}$ für einen mittleren Partikeldurchmesser von 2,7 µm führen Hammond und Knight auf eine Modifizierung des Beitrages der Leitungselektronen zur mittleren Quadrupolkopplung durch die Neuordnung des Leitungsbandes in Supraleitern zurück.

Neben diesen supraleitenden Metallen und dem Indium, Kadmium und Vanadium wurden die supraleitenden intermetallischen Verbindungen der Form V_3X (mit X = Si, Ga, As, Au, Ge, Pt, Sb, Sn, Co und Ir) untersucht. Über die negativen Knight-shifts und ihre Temperaturabhängigkeit und die Deutung mit Hilfe einer Austauschpolarisation (Clogston und Jaccarino, s. Tab. 8) wurde schon in Abschnitt 4.5 berichtet. Korrelationen zwischen der Übergangstemperatur und den Kernresonanzeigenschaften, etwa in der Art, daß die Verbindungen mit der höchsten Übergangstemperatur T_c Vanadium-Knight-shifts mit der größten Temperaturabhängigkeit aufweisen, während Verbindungen, die keine Supraleiter sind oder niedrige Übergangstemperaturen haben, temperaturunabhängige Knight-shifts besitzen, wurden schon von Blumberg, Eisinger, Jaccarino und Matthias (s. Tab. 8) gefunden. Ihre Beobachtungen wurden von Clogston und Jaccarino durch die temperaturabhängige Suszeptibilität gedeutet. Da deren temperaturabhängiger Beitrag von Vanadium-*d*-Elektronen herrührt, scheint eine Korrelation hauptsächlich zwischen Supraleitung und Temperaturabhängigkeit der *d*-Band-Suszeptibilität zu bestehen. Clogston, Gossard, Jaccarino und Yafet (s. Tab. 8) zeigen mit Hilfe der soeben zitierten, am normalleitenden Zustand gewonnenen Ergebnisse und ihrer Deutung und mit Hilfe eigener Messungen der Knight-shifts von V_3Si und V_3Ga im supraleitenden Zustand, daß die *d*-Elektronen supraleitende Elektronen sind, daß wenigstens 75% der *d*-Spin-Suszeptibilität bei 0 °K verschwindet und daß wesentliche Beiträge zur Suszeptibilität und Knight-shift durch den temperaturunabhängigen Bahnparamagnetismus entstehen, der in Metallen mit teilweise gefüllten, entarteten Bändern vorhanden ist. Die Verfasser schätzen aus den Daten für V_3Ga und V_3Si deren Bahnsuszeptibilitäten ab. Die Werte liegen zwischen 5,2 und 7,5 emE/Mol, für Vanadium ist der Wert $\chi_{\text{Bahn}} = 2{,}11$ emE/Mol. Die wesentlichen Eigenschaften der Resonanzen im supraleitenden Zustand sind: 1. Für konstantes angelegtes Feld gehören die Änderungen von K_V und K_{Ga} mit $T \to 0$ von T_c aus zu einem größeren inneren Feld, im Gegensatz zu den Beobachtungen an anderen Supraleitern. Die beobachteten Verschiebungen sind auch entgegengesetzt zu diamagnetischen Abschirmungseinflüssen, die durch die teilweise Verdrängung des Flusses entstehen, und haben unterschiedliche Größen an den V- und den Ga-Plätzen. 2. K hat bei $T = 0$ einen größeren positiven Wert als bei jeder anderen Temperatur im normalleitenden Zustand.

5.9. Magnetisch geordnete Strukturen und paramagnetische Verbindungen

Das erste Kernresonanzsignal eines ferromagnetischen Metalles wurde von Gossard und Portis (1959, s. Tab. 9a) entdeckt, die Resonanzlinie des ^{59}Co im kubisch-flächenzentrierten Kobalt. In einer anschließenden Arbeit (Portis und Gossard, 1960, s. Tab. 9a) wurden die Eigenschaften der Resonanzlinie eingehend untersucht. Durch den Skin-Effekt der Metalle ist es selbstverständlich, daß zur Erzeugung eines meßbaren Signales nur feinkörnige Pulver oder dünne Filme verwendet werden können. In ferromagnetischen Substanzen sind die inneren Magnetfelder weit größer als diejenigen, die von außen angelegt werden können [s. Gl. (3.195), Gl. (3.198) und Gl. (3.203)]. Man führt daher die Messungen im „Nullfeld" durch, d. h. ohne äußeres Feld. Die Resonanzfrequenz wird dann durch das Feld am Ort der Kerne allein bestimmt, so daß aus der Frequenz die inneren Felder ableitbar sind. Für kubisch-flächenzentriertes Kobalt erhielten Portis und Gossard aus einer auf 0 °K extrapolierten Frequenz von 217,2 MHz ein inneres Hyperfeinfeld von 217500 Oe. Die Temperaturabhängigkeit der Resonanzfrequenz wird durch die Temperaturabhängigkeit der Sättigungsmagnetisierung bestimmt und läßt Rückschlüsse auf letztere zu. In Kobalt nimmt die Frequenz in Übereinstimmung mit der Magnetisierung mit steigender Temperatur ab und genügt in einem mittleren Temperaturbereich der Beziehung $\nu(T) = \nu(0)\,[1 - (T/\theta)^2]^{1/2}$ ($\nu(0) = 217{,}2$ MHz; $\theta = 1400$ °K, das ist die beobachtete ferromagnetische Curie-Temperatur von Kobalt). Die Möglichkeit, die Temperaturabhängigkeit der Magnetisierung bei sehr tiefen Temperaturen zu untersuchen, ist sehr wesentlich, da dort die Anregungen der Magnetisierung durch eine Spinwellen-Näherung beschreibbar sein sollten. Allerdings ist die Frequenz sowohl zur Hyperfeinwechselwirkungskonstante A als auch zur Magnetisierung M proportional. Benedek und Armstrong (1961, s. Tab. 9a) haben am Beispiel der ^{57}Fe-Resonanz in metallischem Eisen gezeigt, daß das Produkt AM eine explizite Funktion der Temperatur ist und daß man aus der Temperaturabhängigkeit der Frequenz nicht direkt auf diejenige der Magnetisierung schließen kann. Sie berechneten mit Hilfe des Modells kollektiver Elektronen nach Stoner die Temperaturabhängigkeit der Hyperfeinwechselwirkungskonstante für $3d$-Elektronen.

Das gemessene innere Feld ist in guter Übereinstimmung mit dem aus der spezifischen Wärme von hexagonalem Kobalt gewonnenen, ein Zeichen dafür, daß kein wesentlicher Dipolanteil zum Hyperfeinfeld beitragen kann. Der Vergleich der Felder beider Phasen kann zu Rückschlüssen über die Änderung der Elektronenkonfiguration mit der Kristallstruktur benutzt werden. Unter Zugrundelegung der Rechnungen von Marshall schlossen Gossard und Portis, daß die Elektroneneigenfunktion außer den $3d$-Anteilen 8,4% $4s$-Anteile besitzen muß, die für das Hyperfeinfeld maßgebend sind.

Die Linienbreite gibt Aufschluß über die obere Grenze der Feldinhomogenitäten. Sie beträgt für kubisch-flächenzentriertes Kobalt etwa 400 kHz und wird durch inhomogene Verbreiterung erzeugt, also durch Felder, die nicht vom Kernspinsystem hervorgerufen werden. Das

Signal ist außerordentlich intensiv; es ist um etwa $5 \cdot 10^5$ stärker, als aus Berechnungen für Dipolübergänge im anregenden Feld folgt. Aus Sättigungsmessungen schlossen GOSSARD und PORTIS, daß das HF-Feld an den Kobaltkernen um einen Faktor von etwa 10^3 stärker ist als das von außen angelegte. Diese Tatsachen und die beobachtete Linienform, speziell die für bestimmte Dämpfung auftretende Dispersionskurve, sprechen dafür, daß die Resonanz durch die Bewegung der Domänenwände induziert wird [s. Gl. (3.203) und Gl. (3.206)] und daß nur die Kernspins in den Domänenwänden zum Signal beitragen. Dafür spricht auch die Tatsache, daß ein äußeres Feld zwar die Signalintensität verringert, aber keine Frequenzverschiebung verursacht. Bei stärkeren angelegten Feldern verschwinden die Domänenwände mit der Magnetisierung. Die Domänenwände halten durch ihre Bewegung das lokale Feld unter dem Koerzitivfeld. Die Domänenwandhypothese wurde von HERVÉ und AUBRUN (1962, s. Tab. 9a) durch theoretische Berechnung der Signalamplitude in Abhängigkeit von der Intensität des äußeren Feldes und dem Winkel zwischen diesem Feld und dem HF-Feld und Vergleich mit experimentellen Untersuchungen bestätigt.

Die Spin-Spin-Relaxation interpretierten PORTIS und GOSSARD als Anregung einer Spinwelle durch einen Kern und ihre Absorption durch einen anderen Kern infolge der Hyperfeinwechselwirkung mit den Schalenelektronen nach SUHL [79], dessen Theorie jedoch nur innerhalb der Domänen gilt. Die gemessenen Spin-Spin-Relaxationszeiten sind kürzer, als sie aus der Suhlschen Theorie folgen. Die Spin-Gitter-Relaxation erfolgt über die Spindiffusion von den Wänden weg in die Domänen durch die Kopplung mit den Leitungselektronen. Diese Deutung wird durch die Temperaturabhängigkeit von T_1 nahegelegt und von PORTIS und GOSSARD mit Hilfe der Theorie von KORRINGA diskutiert. BUIŠVILI und GIORGADZE (s. Tab. 9a) berechneten T_1, indem sie annahmen, daß das inhomogene Magnetfeld der Blochwand durch seine zeitliche Änderung am Kernort infolge der Wärmebewegung der Kerne Übergänge hervorruft, und sie berechneten diese Übergänge durch Beschreibung der Kernbewegungen mit Hilfe einer Summe ebener Wellen. Außerhalb der Blochwand wurden auch hier der Mechanismus von KORRINGA (magnetische Wechselwirkung zwischen Kernen und Leitungselektronen in der Blochschen Näherung) als bestimmend angenommen und die Diffusionsgleichungen von PORTIS und GOSSARD für die Grenzschicht und die Domänen erweitert. Die Lösung ergibt $T_1 = 140 \cdot 10^{-6}$ s. Der experimentelle Wert ist $T_1 = 280 \cdot 10^{-6}$ s. Außerdem ergibt sich die beobachtete Proportionalität zu $(kT)^{-1/2}$. Die Übereinstimmung des theoretischen und experimentellen Wertes von T_1 ist überraschend gut, wenn man bedenkt, daß die Annahmen gleicher Spin-Spin-Relaxationszeiten und gleicher freier Weglängen in den Domänen und in den Blochwänden nicht unbedingt erfüllt sein müssen, wie WINTER [77] gezeigt hat [siehe Gl. (3.216)]. Werden Kernspinübergänge durch die Bewegung der Wand als Ganzes induziert – falls die Eigenschwingungsfrequenz der Wand im richtigen Bereich liegt –, so erhalten Bušvili und Giorgadze in einer Abschätzung $T_1 \approx 10^{-6}$ s. Winter [77] hat die Anregung der Elektronenspins in einer Blochwandstruktur mit einachsiger Anisotropie untersucht und damit T_1 berechnet, unter Berücksichtigung der Dämpfung der Bewegung der Elektronenspins. Leider ist ein Vergleich der Daten für kubisches Kobalt nicht möglich, da die Anisotropiekonstante nicht bekannt ist. Für Eisen ergibt sich relativ gute Übereinstimmung. In der Arbeit von Winter wird auch die Theorie von Suhl auf Blochwände erweitert. Das von Winter berechnete zweite Moment ist um einen Faktor K/K' [Gl. (3.216)] größer als das Suhlsche zweite Moment. Die Relaxationsprozesse, die Spindiffusion, Domänenwandbewegung, Austauschwechselwirkung usw. wurden für Kobalt zusammen mit Eisen und Nickel ausführlich in der Arbeit von Weger, Hahn und Portis (s. Tab. 9a) untersucht und weiter von Moriya (s. Tab. 9a), der die Beiträge der Fermi-Kontaktwechselwirkung, der Relaxation durch die Transversalkomponente des durch die Bahnströme der d-Elektronen induzierten inneren Feldes, der Dipol- und Quadrupolrelaxation, der Relaxation durch die Schalenpolarisation, durch Spinwellenwechselwirkung und durch s-d-Austauschpolarisation einzeln abschätzte und fand, daß für Nickel nur die Bahnrelaxation maßgebend ist, für Eisen und Kobalt neben dieser als bedeutendstem Anteil auch die Fermi-Kontaktwechselwirkung.

Messungen an hexagonalem Kobalt wurden inzwischen von Kôi, Tsujimura und Kushida, von Street, Rodbell und Roth und von Hardy (s. Tab. 9a) durchgeführt. Neben der Linie des kubisch-flächenzentrierten Kobalts fanden Hardy vier weitere Linien, Street, Rodbell und Roth drei weitere Linien. Eine davon kann den ^{59}Co-Kernen in hexagonal dichtester Kugelpackung zugeordnet werden. Diese Resonanz wird durch Rotation der Magnetisierung und durch Bewegung der Blochwände angeregt. Die anderen Linien entstehen durch Kristallfehler, zwei durch Deformationsfehler, eine durch fehlerhaftes Wachstum. Hardy versucht unter Berücksichtigung der metallurgischen Probenvorbehandlung die einzelnen Linien Fehlstellen mit speziellen Symmetrien zuzuordnen. Prinzipiell ist also auch die Untersuchung der Fehlstruktur ferromagnetischer Verbindungen mit Hilfe der Kernresonanz möglich.

Die Intensität der Linie des hexagonalen Kobalts ist – wahrscheinlich infolge der Anisotropie – viel geringer als die der kubischen Phase. Sie steigt mit wachsender Temperatur bis 230 °C auf das 10fache des Wertes bei Zimmertemperatur an (Kôi u. a.). Ihr Maximum liegt bei 230 °C. Dort wechselt die Anisotropiekonstante ihr Vorzeichen. Die Frequenz nimmt mit steigender Temperatur stärker ab als in der kubischen Phase. Der auf 0 °K extrapolierte Wert ist $\nu = 228{,}0 \pm 0{,}5$ MHz, was einem effektiven Feld von $(228{,}4 \pm 0{,}5) \cdot 10^3$ Oe entspricht. Dieser Wert ist etwas größer als der aus Messungen der spezifischen Wärme bei tiefen Temperaturen bestimmte und auch größer als der für kubisches Kobalt. Die Differenz von $11 \cdot 10^3$ Oe wird einem Beitrag des Dipolfeldes der $3d$-Elektronen zugeschrieben, sie beträgt aber nur 1/7 der Abschätzung von Marshall [76].

Eine etwa gleichgroße Aufspaltung der Linien der kubisch-flächenzentrierten und der hexagonalen Phase bei 235 und 260 °C fanden La Force, Toth und Ravitz (s. Tab. 9a) bei sorgfältigen Untersuchungen der Temperaturabhängigkeit der ^{59}Co-Resonanzen und schreiben sie verschiedenen bevorzugten Plätzen innerhalb der gleichen Art von Domänenwand oder Kernen in verschiedenen Wandarten zu, wo die Magnetisierungsrichtung durch nichtäquivalente kristallographische Richtungen geht. Weitere Aufspaltungen der Resonanzen der kubisch-flächenzentrierten Phase bei 743 und 764 °K werden durch Existenz einiger bevorzugter Orientierungen in einer Domänenwand erklärt, für die das Produkt von Verstärkungsfaktor und Anzahl der Kerne relative Maxima im Spektrum erzeugt. Als Temperaturen der Phasenumwandlung von hexagonalem in kubisch-flächenzentriertes Kobalt wurden beim Erwärmen 490 °C und beim Abkühlen 440 °C gefunden, Werte, die höher liegen als der Gleichgewichtswert von 417 °C, den Houska, Averbach und Cohen [160] angegeben haben.

In ähnlicher Weise wie das hier ausführlicher behandelte Kobalt wurden auch Eisen und Nickel, teils in der natürlichen Zusammensetzung, teils mit angereicherten Resonanzisotopen (z. B. ^{57}Fe) untersucht. Die entsprechenden Arbeiten sind in der Tabelle 9a angeführt.

Beim Legieren des Kobalts mit Nickel oder Eisen bleibt die Intensität der Linien des Wirtsgitters erhalten, doch wurden Satellitenlinien auf beiden Seiten der Hauptresonanz des Kobalts gefunden, die um etwa 1,5 MHz verschoben sind (Kushida, Silver, Kôi und Tsujimura und Kôi, Tsujimura, Hihara und Kushida, s. Tab. 9a). Diese Linien wurden zunächst Co-Atomen im Abstand der ersten, zweiten und dritten Schale um die Verunreinigungsatome zugeschrieben. Portis und Kanamori (s. Tab. 9a) zeigten jedoch, daß die Resonanzen auch alle von der Schale der nächsten Nachbarn der Verunreinigungsatome herrühren können und dann von einem Dipolfeld durch das magnetische Moment der Verunreinigungen und einem Pseudo-Dipolfeld, das durch die Störung der benachbarten d-Schalen durch die Ladung der Verunreinigung entsteht, hervorgerufen werden. Sie berechneten die mittleren magnetischen Momente aus der Aufspaltung der Satelliten und gewannen daraus mit Hilfe der aus der Magnetisierung gewonnenen Momente Vorzeichen und Größenordnung der Wechselwirkungen mit Dipolsymmetrie. Sie diskutierten auch die Quadrupolwechselwirkungen, die teilweise durch die Inhomogenitäten der inneren Felder überdeckt werden, teilweise aber für die Breite der Linien mit verantwortlich sind. La Force, Ravitz und Day (s. Tab. 9a) vermuten dagegen, daß Oszillationen der Elektronendichte für die in Kobalt mit geringen Konzentrationen von Eisen, Nickel, Kupfer, Mangan und Chrom auftretenden Nebenlinien verantwortlich sind. Sie untersuchten daneben sehr ausführlich kobaltarme Co-Fe-Legierungen mit folgenden Ergebnissen:

Die Resonanzfrequenz jedes speziellen Kobaltkernes dieser Legierungen hängt von der Zahl der Kobaltkerne ab, die in der umgebenden Schale sitzen. Je nach der Kobaltkonzentration ändern sich die Intensitäten der einzelnen Linien. Aus der Verschiebung der zu den Kobaltionen mit verschiedener Umgebung gehörigen Linien nach höheren Frequenzen mit wachsendem Kobaltgehalt kann außerdem geschlossen werden, daß das Hyperfeinfeld an den Kobaltkernen mit wachsender Kobaltkonzentration ansteigt. Die Wechselwirkung zwischen nächsten Nachbarn scheint nahezu additiv zu sein, d. h., pro Substitution eines Fe-Atoms durch ein Co-Atom in der umgebenden Schale wird die Resonanzfrequenz des ^{59}Co-Kernes um $3{,}4 \pm 0{,}1$ MHz nach höheren Frequenzen verschoben. Aus dem Vergleich der Resonanzfrequenzen für reines Kobalt und für kobaltarme Fe-Co-Legierungen folgt für das Atommoment des Kobalts in Eisen 2,46 Bohrsche Magnetonen. Für 1% Kobalt in Eisen ist die Linie bei 282,3 MHz, die Kobaltkernen mit einem benachbarten Kobaltkern zugeschrieben wird, aufgespalten (282,0 MHz und 282,6 MHz), was von Dipolwechselwirkung zwischen den benachbarten Kobaltkernen herrühren kann. In Nickel sind alle Kobaltlinien breiter und schwächer, was einer stärkeren Dipolwechselwirkung zugeschrieben wird.

Der Ursprung der inneren Felder in den Legierungen ist häufig nur wenig oder gar nicht bekannt. Man kann die gemessenen Werte dann durch die Annahme interpretieren, daß sich das Feld aus zwei Anteilen zusammensetzt, aus dem Beitrag vom magnetischen Moment des betrachteten Atoms und dem der magnetischen Momente der benachbarten Atome (siehe z. B. Kôi und Tsujimura, Tab. 9a).

In manchen Fällen kann man jedoch aus der Resonanz der Kerne des lösenden Bestandteiles als auch aus der der gelösten Kerne Aufschluß über die Elektronenstruktur gewinnen, die die inneren Felder erzeugt.

Nichtmagnetische gelöste Atome (Kupfer in Eisen) haben die gleiche Größenordnung der inneren Felder wie magnetische gelöste Atome (Kobalt in Eisen). Deshalb scheint der bedeutendste Beitrag des Feldes am gelösten Kern von der Polarisation der $4s$-Elektronen im Leitungsband durch die $3d$-Elektronen des Wirtsgitters herzustammen. Šimánek und Šroubek (s. Tab. 9a) diskutieren ihre Ergebnisse, nämlich die Unabhängigkeit der Frequenz der ^{59}Co-Resonanz in kobaltarmen (4 ··· 17%igen) Fe-Co-Legierungen zusammen mit der Abhängigkeit des Hyperfeinfeldes des Eisens von der Kobaltkonzentration, mit Hilfe eines Bändermodells für die $3d$-Elektronen des Eisens, in dem die Kobaltatome als Verunreinigungszentren vom Donatortyp sowohl lokalisierte als auch nichtlokalisierte Wellenfunktionen besitzen.

In ferrimagnetischen, antiferromagnetischen und paramagnetischen Substanzen können – strukturbedingt – magnetisch nichtäquivalente Gitterplätze, d. h. solche mit verschiedenen lokalen Feldern, vorhanden sein, die zu mehreren Resonanzlinien führen.

Die beiden ^{57}Fe-Resonanzen von ferrimagnetischem Yttrium-Eisengranat rühren von oktaedrischen und tetraedrischen Fe^{3+}-Gitterplätzen her (ROBERT, 1961, BUYLE-BODIN und LE DANG KHOI, 1962, und OGAWA und MORIMOTO, s. Tab. 9b). In diesem Granat sowie in anderen Eisengranaten mit Dy, Tb, Gd, Ho, Er, Tm, Yb und Lu statt des Yttrium stammen die Resonanzen wie bei ferromagnetischen Metallen von den Kernen der Blochwände. Die Frequenzen der substituierten Granate weichen nicht sehr von denen des reinen Y-Eisengranats ab. Ein Vergleich der Frequenzen zeigt, daß das effektive Magnetfeld am Ort der Kerne nahezu proportional mit den Kristallparametern ansteigt. Am Übergangspunkt verschwinden die Resonanzen, und unterhalb von ihm tritt nur eine breite Linie auf. Die Temperaturabhängigkeit der Resonanz von Y-Eisengranat ergibt nach OGAWA und MORIMOTO Übereinstimmung mit Daten von PAUTHENET über die berechnete Magnetisierung der Untergitter und über die berechnete spontane Magnetisierung, die experimentell aus der Differenz beider Linien folgt. Gd-Eisengranat weist einen Übergang in der magnetischen Struktur bei tiefer Temperatur auf. ROBERT und HARTMANN-BOUTRON (s. Tab. 9b) konnten zeigen, daß die Linienanisotropie, d. h. die Abhängigkeit der Linien vom Winkel zwischen angelegtem Magnetfeld und den Kristallachsen, von zwei Ursachen herrührt: 1. von der Hyperfeinwechselwirkung zwischen den Kernen und dem Moment des betreffenden Ions, in welchem sich der Kern befindet, 2. von dem Magnetfeld der anderen Dipole der Probe.

BOYD, MORUZZI und SMART (s. Tab. 9b) untersuchten sehr eingehend die Temperaturabhängigkeit der Kernresonanzfrequenzen von Y-Eisengranat und Gd-Eisengranat. Sie fanden dabei, daß die prozentuale Differenz zwischen den entsprechenden Frequenzen beider Granate für die tetragonalen Plätze viel größer ist als für die oktaedrischen, und sie zeigten mit Hilfe einer Molekülfeldberechnung, daß diese Differenz qualitativ dadurch erklärt werden kann, daß die Gd^{3+}-Ionen in wesentlich stärkerer Wechselwirkung mit den Fe^{3+}-Ionen auf Tetraederplätzen stehen als mit den Fe^{3+}-Ionen auf Oktaederplätzen.

Einen sehr direkten Nachweis der Nichtexistenz von Domänenwänden im antiferromagnetischen MnF_2 hat PERSHAN (s. Tab. 9b) erbracht. Aus der Beobachtung des Spektrums und seiner Aufspaltungen bei abwechselnd und gemeinsam angelegtem elektrischem und magnetischem Gleichfeld in bestimmten Richtungen des Einkristalls folgt, daß mindestens 80% der Kerne (dieser Prozentsatz ergibt sich aus dem Signal/Rausch-Verhältnis) einer Domäne angehören. Das Ergebnis ist beim Erwärmen über den Néelpunkt und beim Wiederabkühlen der Probe gleich, nur daß sich die Spinrichtungen umkehren können. Kurz unter dem

Néelpunkt, wo die Linienbreite sehr groß ist (600 kHz), also größer als die elektrische Aufspaltung, ist die Existenz von Domänenwänden doch noch möglich.

Der Nachweis einer Kernresonanz kann empfindlich von der Fehlstruktur, insbesondere von Verspannungen, abhängen. Davis, Devlin, Jaccarino und Schawlow (s. Tab. 9b) haben die Strukturabhängigkeit der Resonanz von ^{19}F in MnF_2 eingehend untersucht. Sie fanden keine Resonanz an Pulvern, die durch Fällung gewonnen wurden, gleichgültig ob sie gesintert worden waren oder nicht. Pulver, die durch Zermahlen von Einkristallen gewonnen wurden, zeigten dagegen eine Resonanz, die durch Anlegen großer Drucke geändert wurde. Die Resonanzmessungen zusammen mit Elektronenresonanz- und Röntgenstrukturuntersuchungen haben gezeigt, daß die Unbeobachtbarkeit der strukturempfindlichen Resonanz in ausgefällten Pulvern von Verspannungen bei der Keimbildung herrühren kann. Die Untersuchung der Druckabhängigkeit der Resonanz eines Einkristalls zeigte, daß die Frequenz für kleine Drucke eine lineare Funktion des Druckes ist.

Die Druckabhängigkeit der ^{19}F-Resonanz in MnF_2 und die daraus folgende der Hyperfeinkopplungskonstante zwischen den Mn-Elektronen und den F-Kernen haben Benedek und Kushida (s. Tab. 9b) durch Messung der Resonanzen im Nullfeld bei verschiedenen Temperaturen parallel mit Kompressibilitätsmessungen untersucht. Die Größe und die Druckabhängigkeit der Hyperfeinkopplungskonstante stimmen gut mit den Ergebnissen der Theorie von Mukherji und Das und von Marshall und Stuart überein, die die Abhängigkeit der Hyperfeinkopplungskonstante von den inneratomaren Abständen zu berechnen erlauben, indem man von Hartree-Fock-Wellenfunktionen der Self-consistent-field-Methode von Mn^{2+} und F^- mit etwas modifizierten Mn^{2+}-Funktionen, die zur Erklärung der Neutronenstreudaten in geeigneter Weise angepaßt sind (s. Abschn. 3.6.3.1), ausgeht. Für die Abhängigkeit der Néeltemperatur vom Druck fanden Benedek und Kushida keine theoretische Erklärung. Aus dem Verschwinden der Kernresonanzlinien mit sinkender Temperatur wurden für die beiden Systeme Mn/ZnF_2 und Co/ZnF_2 mit verschiedener Zusammensetzung die Néeltemperaturen T_N zu bestimmen versucht (Baker, Lourens und Stevenson, s. Tab. 9b). Bei hohen Temperaturen werden die Linien durch rasches Umklappen der magnetischen Momente infolge der Austauschwechselwirkung zwischen ihnen verschmälert. Mit sinkenden Temperaturen, d. h. bei T_N, setzt die Ordnung kurzer Reichweite ein, und die Umklappfrequenz sinkt, wobei sich die Linie verbreitert. Die Bestimmung von T_N hängt vom Signal/Rausch-Verhältnis ab. Die erhaltenen Ergebnisse scheinen die beste Bestimmung von T_N zu liefern, doch ist es günstig, auch andere Messungen, z. B. der spezifischen Wärme und der Anisotropie, hinzuzuziehen. Die Ergebnisse stehen in qualitativer Übereinstimmung mit der Theorie von Sato, Arrott und Kikuchi, indem sie eine kritische

Temperatur liefern, doch ist keine quantitative Übereinstimmung vorhanden.

In einer ganzen Reihe von antiferromagnetischen Substanzen sind in einem bestimmten Temperaturbereich um den Néelpunkt sowohl die Resonanz des paramagnetischen als auch die des antiferromagnetischen Zustandes zu finden. Ihr Intensitätsverhältnis ist von der Temperatur abhängig. Der Bereich beträgt für Azurit($Cu(CO_3)_2(OH)_2$) 0,2 grd. Poulis schreibt diese Streuung der Néeltemperatur Verunreinigungen oder (bzw. und) Verspannungen zu, die in ausreichendem Maße in den natürlichen Kristallen vorhanden sein können (Spence und el Saffar, s. Tab. 9b). Eine andere Deutung verbindet die Erscheinung mit dem ziemlich großen Anteil einer Ordnung kurzer Reichweite in der Nähe des Néelpunktes, der nach Forstat und Mitarbeitern aus der spezifischen Wärme folgen soll. Da dieser Anteil nach der spezifischen Wärme von $LiCuCl_3 \cdot 2\,H_2O$ für dieses Salz noch größer sein soll, wurde die Protonenresonanz von $LiCuCl_3 \cdot 2\,H_2O$ um den Néelpunkt von Spence und el Saffar untersucht. Der Bereich der Koexistenz beträgt aber hier nur 0,02 grd, so daß die Überlappung beider Zustände nicht einfach mit der Ordnung kurzer Reichweite in Verbindung gebracht werden kann.

Eine sehr sorgfältige Untersuchung der ^{19}F-Resonanzfrequenz von MnF_2 in der Nähe des Néelpunktes mit der Genauigkeit von Milligraden liefert sehr genaue Ergebnisse für die Konstanten in der Frequenz-Temperatur-Beziehung und speziell für die Néeltemperatur ($T_N = 67,336$ °K $\pm$ 0,003 grd). Die Temperaturabhängigkeit der Frequenz und die Abnahme der Néeltemperatur bei angelegtem Feld zeigen Differenzen zu den von der Molekülfeld-Theorie geforderten Abhängigkeiten. Die Néeltemperatur ist durch die thermische Ausdehnung temperaturabhängig. Die überraschende Koexistenz des paramagnetischen und antiferromagnetischen Zustandes dicht unter dem Néelpunkt bis etwa 25 Milligrad darunter rührt vielleicht vom Einfluß innerer Verspannungen auf die Néeltemperatur her. Aus der Feldabhängigkeit der Verschiebung der Resonanzfrequenz für den Fall, daß das angelegte Feld längs der c-Achse gerichtet ist, gewinnen Heller und Benedek (siehe Tab. 9b) die Suszeptibilitäten $\chi_{\parallel}$ für jedes der beiden Mn^{2+}-Untergitter. Die Suszeptibilitäten der beiden Untergitter sind gleich, in guter Übereinstimmung mit makroskopischen Suszeptibilitätsmessungen. Aus den sehr sorgfältigen Messungen der Linienbreite in Abhängigkeit von der Temperatur müßten sich direkte Auskünfte über die Temperaturabhängigkeit der Raum-Zeit-Korrelationsfunktionen gewinnen lassen, wenn die Linienbreite, wie vermutet, von Austauschverschmälerung der Hyperfeinwechselwirkung zwischen den ^{19}F-Kernen und den Spins der nächsten Mn^{2+}-Nachbarn herrührt. Die Druckabhängigkeit der Resonanz am Néelpunkt ist in guter Übereinstimmung mit der von Benedek und Kushida erhaltenen.

Eine der wesentlichsten Aussagen der Kernresonanzmessungen an Einkristallen ist auch hier die Gewinnung der Anzahl der magnetisch inäquivalenten Gitterplätze und der Größe und der Orientierung ihrer lokalen Felder. Diese Aussagen gewinnt man aus der Untersuchung der Winkelabhängigkeit der Frequenzen bei Rotation der Kristalle in der Weise, daß das äußere Feld in bestimmten Kristallebenen hinsichtlich einer Achse rotiert. Dies wird u. a. in den Arbeiten von POULIS und Mitarbeitern (s. Tab. 9b) mit der Protonenresonanz und von O'SULLIVAN, SIMMONS und ROBINSON (s. Tab. 9b) mit den ^{35}Cl- und ^{37}Cl-Resonanzen für das $CuCl_2 \cdot 2\,H_2O$ getan (während die Protonen durch Dipolwechselwirkung langer Reichweite an das Magnetsystem gekoppelt sind, werden die Chlorresonanzen im wesentlichen durch magnetische Wechselwirkungen kurzer Reichweite, die durch die effektive Hyperfeinkopplung mit den benachbarten, teilweise kovalent gebundenen Cu-Ionen zustande kommen, bestimmt). Die Möglichkeiten und Schwierigkeiten der vollständigen Beschreibung der magnetischen Struktur mit Hilfe der lokalen Felder im antiferromagnetischen Zustand, der Lage der Protonen aus ihren Resonanzen im paramagnetischen Zustand und der bekannten Kristallstruktur gehen z. B. aus den Arbeiten von POULIS und Mitarbeitern am $CuCl_2 \cdot 2\,H_2O$ hervor. RIEDEL und SPENCE (s. Tab.9b) haben die Möglichkeiten der Bestimmung der antiferromagnetischen Symmetriegruppen des monoklinen Azurits aus Kernresonanzmessungen und Röntgenstrukturraumgruppen über die Gruppentheorie nach ŠUBNIKOV angegeben.

Die Messung der Relaxationszeiten und ihrer Temperaturabhängigkeit erlaubt Rückschlüsse auf die Fluktuationen der lokalen Felder und damit auf die elementaren Anregungen in den magnetischen Systemen. Doch ist die Deutung z. T. noch recht schwierig. Zum Beispiel ist die reziproke Spin-Gitter-Relaxationszeit der Protonen von $CuCl_2 \cdot 2\,H_2O$ zwar proportional zu T^7, kann aber mit den Theorien von MORIYA und von VAN KRANENDONK und BLOOM, die alle ein Spinwellen-Modell zugrunde legen, nicht zufriedenstellend erklärt werden. PINCUS und WINTER [75] beseitigen die Differenzen, indem sie annehmen, daß die magnetostriktiven Terme im Hamiltonoperator eine Magnonenkomponente im thermischen Phononenspektrum erzeugen können, so daß die Phononen direkt an den magnetischen Prozessen teilnehmen. Damit werden auch die Temperaturabhängigkeiten der Suszeptibilitäten und Relaxationszeiten von MnF_2 erklärt. Allerdings werden bei der Anpassung etwas größere Kopplungskonstanten benötigt, als sie für symmetrische Kristalle angegeben wurden.

Unterhalb von 0,9 °K fanden BENOIT und RENARD (s. Tab. 9b) T_1 von $CuCl_2 \cdot 2\,H_2O$ etwa linear zu T (zwischen $T^{0,7}$ und $T^{1,3}$) und deuteten diese Abhängigkeit durch Kopplung der Kernspins mit den Spins paramagnetischer Verunreinigungen.

Zum Schluß sei noch die Untersuchung von Legierungen aus nichtmagnetischen und magnetischen Metallen erwähnt. SUGAWARA (s. Tab. 9b) untersuchte Kupfer mit Beimengungen von Ti, Ni, Zn, Cr, Mn, Fe, Co und Sn. Die ersten drei Ionen verhalten sich wie nichtmagnetische, die anderen wie paramagnetische. Mit ansteigender Konzentration zeigen die Cu-Co-, Cu-Mn-, Cu-Fe- und Cu-Cr-Legierungen zunehmende ferromagnetische Wechselwirkung. Der Beitrag zur Linienbreite gibt Auskunft über die magnetischen Eigenschaften der gelösten Atome. Für Ni- und Ti-Zusatz ist die Breite gleich der des reinen Kupfers (die Nichtübergangsmetalle außer dem Sn, das sich ähnlich aber weniger intensiv wie Mn verhält, ergeben keine zusätzliche Verbreiterung). Sie steigt mit wachsendem Feld an und nimmt mit steigender Temperatur ab. Für Cu-Co-, Cu-Cr-, Cu-Mn- und Cu-Fe-Legierungen gilt das Curie-Weiss'sche Gesetz außer für tiefe Temperaturen. Die Relaxationszeiten T_1 weichen um so mehr von der des reinen Kupfers ab, je mehr auch die Linienbreiten abweichen. Die einzelnen Beiträge, speziell der von der Wechselwirkung der Kernspins mit den Spins der gelösten Atome und der von der Spindiffusion herrührende, sind nicht trennbar.

6. Experimentelle Verfahren

In diesem Kapitel soll ein kurzer Überblick über die Verfahren zur Messung der Kernresonanz gegeben werden, ohne im allgemeinen näher auf Einzelheiten einzugehen. Eine ausführliche Darstellung der technischen Einzelheiten der Kernresonanzspektrometer sowie der Bedingungen, denen die einzelnen Teile der Spektrometer genügen müssen, ist in dem Buch von Lösche [1] enthalten. Dort sind auch die für den Experimentator außerordentlich wichtigen Beeinflussungen der Signalformen durch die Apparatur bei den verschiedenen Beobachtungsmethoden und Betrachtungen über die Empfindlichkeiten der einzelnen Anordnungen zu finden.

Eine Apparatur zur Messung der Kernresonanz in Festkörpern besteht im wesentlichen aus vier Hauptteilen:

1. dem Magnet mit seiner Stromversorgung und der Modulationseinheit,
2. dem Spindetektor,
3. den Verstärkern und Demodulatoren,
4. dem Registriergerät.

6.1. Magnet

Da nach Gl. (2.41 b) und Gl. (2.42) die vom Kernspinsystem absorbierte Leistung proportional zu $\omega_0^2 = \gamma_N^2 H_0^2$ ist, soll der Magnet ein möglichst hohes Feld erzeugen, damit eine größtmögliche Empfindlichkeit erreicht wird. Aus diesem Grund kommen für höhere Ansprüche, vor allem wenn die Resonanz von Kernen mit kleinen γ_N gemessen werden soll, nur Elektromagnete in Frage, die man für eine Feldstärke bis etwa 25 kOe bauen kann. An die Stromversorgung dieser Magnete, die mehrere Kilowatt verbrauchen, werden ziemlich hohe Anforderungen hinsichtlich der zeitlichen Konstanz gestellt, die nur durch elektronisch stabilisierte Netzgeräte zu erreichen ist. Die Inhomogenitäten des Magnetfeldes über dem Probenvolumen müssen kleiner als die Breite der Kernresonanzlinie sein, wenn sie diese nicht verfälschen sollen.

Diese Forderung ist allerdings nicht sehr einschneidend und verhältnismäßig leicht zu erfüllen, da die Linien im Festkörper wegen der starken Wechselwirkungen selten unter 0,1 Oe breit sind.

6.1.1. Modulationsverfahren

Ein Kernresonanzsignal tritt immer dann auf, wenn die Resonanzbedingung (2.11) erfüllt ist. Die Kernresonanzlinie ist aber nicht unendlich schmal, wie nach (2.11) zu erwarten wäre, sondern die Wechselwirkungen der Kerne untereinander und mit dem Gitter bestimmen Form, Breite, Aufspaltungen und Intensität der Kernresonanzlinie.

Diese Parameter müssen also bei Kernresonanzmessungen bestimmt werden, da nur aus ihnen Rückschlüsse über die Wechselwirkungen gezogen werden können. Zu diesem Zweck muß entweder bei fester Frequenz des H_1-Feldes die Larmorfrequenz ω_0, d. h. das Magnetfeld H_0, oder bei festem H_0 die Frequenz ω des H_1-Feldes verändert und die vom Kernspinsystem absorbierte Leistung als Funktion von ω_0 oder ω gemessen werden. Das Kernresonanzsignal bewirkt am Spindetektor eine außerordentlich kleine Änderung der HF-Spannung. Diese Spannungsänderungen liegen in der Größenordnung von etwa 10^{-3} bis 10^{-6} und erfordern eine entsprechend hohe Verstärkung. Im Gegensatz zur Nachrichtentechnik, bei der am Empfänger immer ein schwacher Träger mit starker Modulation vorliegt, so daß man dort die erforderliche Verstärkung zum größten Teil am Träger selbst, also auf der Hochfrequenzseite, vornehmen kann, hat man es bei der Kernresonanz mit einem verhältnismäßig starken Träger mit sehr schwacher Modulation zu tun. Der Verstärkung des Trägers sind daher sehr bald Grenzen gesetzt, und die Hauptverstärkung muß nach der Demodulation an der Signalspannung selbst vorgenommen werden. Würde man nur H_0 oder ω langsam ändern und so den Bereich des Kernresonanzsignals überstreichen, so wäre nach der Demodulation eine sehr hohe Gleichspannungsverstärkung mit allen ihren Nachteilen nötig. Um dies zu vermeiden, moduliert man entweder das Magnetfeld H_0 um den Betrag $H_M \cos \Omega_M t$ oder die Frequenz ω des H_1-Feldes um $\omega_M \cos \omega_M t$ sinusförmig. Die Modulationsfrequenz Ω_M wählt man dabei möglichst niedrig (30 ··· 70 Hz), in Sonderfällen benutzt man aber auch einige Kilohertz (siehe z. B. Seite 108).

Ist H_M bzw. ω_M groß gegen die Linienbreite, so wird bei der Modulation in jeder Periode die ganze Linie zweimal überstrichen, wenn H_0 gerade der Resonanzbedingung genügt. Am Demodulatorausgang liegt dann das Signal als NF-Spannung der Frequenz 2 Ω_M vor und kann in einem normalen NF-Verstärker weiter verstärkt werden. Das Kernresonanzsignal kann danach auf einem Oszillographen sichtbar gemacht werden, dessen Zeitachse mit der Modulationsspannung geschrieben wird.

Damit das Signal durch den NF-Verstärker nicht verfälscht wird, muß dessen Bandbreite genügend groß sein. Um die Bandbreite bzw. die obere Grenzfrequenz des Verstärkers abschätzen zu können, zerlegt man das Signal in sein Fourierspektrum und berechnet bei einem vorgegebenen, noch zulässigen Fehler den höchsten Fourierkoeffizienten, der noch berücksichtigt werden muß.

Dabei geht man am besten von der normierten Linienformfunktion aus, die sich in jedem Fall in der Form

$$g\left(\frac{H}{H_H}\right) \tag{6.1}$$

darstellen läßt, in der H die Abweichung des Magnetfeldes vom Resonanzfeld H_0 der Linienmitte und H_H die Halbwertsbereite der Linie ist. Für eine gaußkurvenförmige Linie ist

$$g\left(\frac{H}{H_H}\right) = \frac{2}{H_H}\sqrt{\frac{\ln 2}{\pi}} \exp\left[-4\ln 2\left(\frac{H}{H_H}\right)^2\right] \tag{6.2}$$

und für eine lorentzkurvenförmige Linie

$$g\left(\frac{H}{H_H}\right) = \frac{2}{\pi H_H} \frac{1}{1+4\left(\frac{H}{H_H}\right)^2}. \tag{6.3}$$

Moduliert man das Magnetfeld um $H_M \cos \Omega_M t$ symmetrisch zur Linienmitte, so ist $H = H_M \cos \Omega_M t = H_M \cos x$, und man erhält für die Fourierentwicklung der Linie

$$g\left(\frac{H_M \cos x}{H_H}\right) = \frac{a_0}{2} + \sum_{n=1}^{\infty} a_n \cos nx \tag{6.4}$$

mit den Fourierkoeffizienten

$$a_n = \frac{1}{\pi}\int_{-\pi}^{+\pi} g\left(\frac{H_M}{H_H}\cos x\right)\cos nx \,\mathrm{d}x. \tag{6.5}$$

(Die Fourierkoeffizienten der Sinusreihe verschwinden, da $g(H)$ eine gerade Funktion ist. Der Koeffizient a_0 ist uninteressant, da der Gleichstromwert vom Verstärker nicht mitübertragen wird.) Für eine gaußkurvenförmige Linie erhält man aus Gl. (6.2) und aus Gl. (6.5) mit den

Abkürzungen

$$\frac{2}{H_H}\sqrt{\frac{\ln 2}{\pi}} = A \quad \text{und} \quad 2\ln 2\left(\frac{H_M}{H_H}\right)^2 = z$$

$$a_n = \frac{A}{\pi}\int_{-\pi}^{+\pi} e^{-2z\cos^2 x}\cos nx\,dx = \frac{A}{\pi}e^{-z}\int_{-\pi}^{+\pi} e^{-z\cos 2x}\cos nx\,dx$$

$$= \frac{A}{\pi}e^{-z}\int_{-\pi}^{+\pi}\left\{I_0(z) + 2\sum_{m=1}^{\infty}(-1)^m I_m(z)\cos 2mx\right\}\cos nx\,dx$$

$$= 2Ae^{-z}I_m(z) \quad \text{für} \quad n = 2m$$

$$= 0 \quad \text{für} \quad n \neq 2m. \tag{6.6}$$

Sollen alle Oberwellen mitübertragen werden, deren Fourierkoeffizienten $\geqq 1\%$ des Koeffizienten a_2 des Gliedes der niedrigsten im Spektrum auftretenden Frequenz sind, so muß

$$\frac{I_1(z)}{I_m(z)} = 100$$

sein. Für $H_M/H_H = 3$ wird $z \approx 5{,}25$. Das ist ein Wert, der groß genug ist, um die modifizierten Besselfunktionen $I_m(z)$ durch ihre asymptotische Entwicklung

$$I_m(z) = \frac{e^z}{\sqrt{2\pi z}}\left(1 - \frac{4m^2-1}{8z} + \cdots\right)$$

darzustellen. Dann ergibt sich

$$\frac{I_1(z)}{I_m(z)} = \frac{8z-3}{8z-4m^2+1} = 100,$$

woraus $m^2 \approx 2z = 10{,}5$, d. h. $m = 4$, folgt. Es muß also noch die achte Oberwelle der Modulationsfrequenz übertragen werden.

Für eine Lorentzkurve ergibt sich der Fourierkoeffizient a_n aus Gl. (6.3) und aus Gl. (6.5) mit den Bezeichnungen $\frac{2}{\pi H_H} = B$, $4\frac{H_M^2}{H_H^2} = z$, $z/(2+z) = p$ zu

$$a_{2n} = \frac{A}{1+\frac{z}{2}}\int_{-\pi}^{+\pi}\frac{\cos 2nx}{1+p\cos 2x}\,dx = \frac{A}{1+\frac{z}{2}}\int_{0}^{\pi}\frac{\cos nx}{1+p\cos x}\,dx$$

$$= \frac{A}{1+\frac{z}{2}}\,\frac{\pi}{\sqrt{1-p^2}}\left(\frac{\sqrt{1-p^2}-1}{p}\right)^n. \tag{6.7}$$

Für das Verhältnis $|a_2/a_{2n}|$ ergibt sich

$$\left|\frac{a_2}{a_{2n}}\right| = \left(\frac{p}{1-\sqrt{1-p^2}}\right)^{n-1}, \tag{6.8}$$

woraus man bei vorgegebenem $|a_2/a_{2n}|$ die Ordnung n zu

$$n = \frac{\lg \dfrac{a_2}{a_{2n}}}{\lg \dfrac{p}{1-\sqrt{1-p^2}}} + 1 \tag{6.9}$$

erhält. Unter den gleichen Voraussetzungen wie bei der gaußkurvenförmigen Linie erhält man für die Lorentzkurve für n den viermal größeren Wert $n = 15$.

Da das Rauschen der Wurzel aus der Bandbreite proportional ist, können durch Modulation über die gesamte Linienbreite nur verhältnismäßig große Signale beobachtet werden. Kleine Signale – mit diesen hat man es bei der Kernresonanz im Festkörper meistens zu tun – gehen bei der zur naturgetreuen Abbildung des Signals erforderlichen großen Bandbreite des Verstärkers im Rauschen unter.

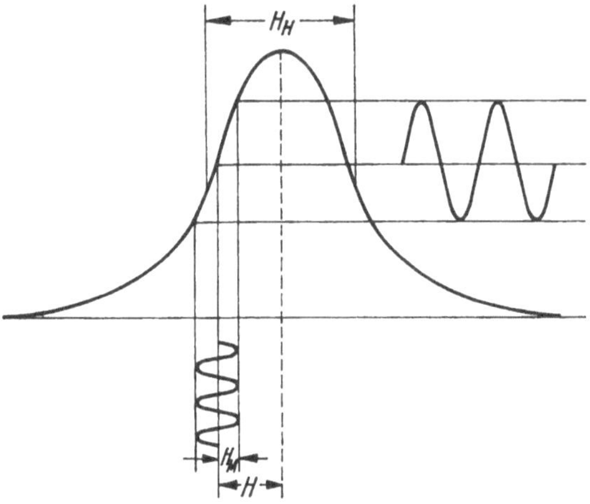

Bild 28. Differentielles Abtasten einer Linie

Um kleine Signale noch unverzerrt aufzeichnen zu können, wendet man die differentielle Abtastung an. Bei diesem Verfahren moduliert man das Magnetfeld mit einer Amplitude $H_M < H_H$, während das Magnetfeld langsam von einem Wert unterhalb oder oberhalb der Linie über diese hinweg zeitlinear verändert wird. Man tastet dabei die Linie ab, so wie es in Bild 28 dargestellt ist. Entwickelt man die Linienformfunktion um den

Punkt H in eine Taylorreihe nach $H_M \cos \Omega_M t$, so erhält man

$$
\begin{aligned}
g\left(\frac{H + H_M \cos \Omega_M t}{H_H}\right) &= \sum_{n=0}^{\infty} \frac{1}{n!}\, g^{(n)}\left(\frac{H}{H_H}\right)\left(\frac{H_M}{H_H}\cos \Omega_M t\right)^n \\
&= \sum_{n=0}^{\infty} \frac{1}{n!}\left(\frac{H_M}{H_H}\cos \Omega_M t \frac{\mathrm{d}}{\mathrm{d}\left(\frac{H}{H_H}\right)}\right)^n g\left(\frac{H}{H_H}\right) \\
&= \exp\left(\frac{H_M}{H_H}\cos \Omega_M t \frac{\mathrm{d}}{\mathrm{d}\left(\frac{H}{H_H}\right)}\right) g\left(\frac{H}{H_H}\right) \qquad (6.10) \\
&= \left\{ I_0\left(\frac{H_M}{H_H}\frac{\mathrm{d}}{\mathrm{d}\left(\frac{H}{H_H}\right)}\right)\right. \\
&\quad \left. + 2\sum_{n=1}^{\infty} \cos n\, \Omega_M t\, I_n\left(\frac{H_M}{H_H}\frac{\mathrm{d}}{\mathrm{d}\left(\frac{H}{H_H}\right)}\right)\right\} g\left(\frac{H}{H_H}\right).
\end{aligned}
$$

Das Modulationsprodukt enthält also neben einem Gleichstromanteil die Modulationsfrequenz und deren Oberwellen mit Amplituden, die den modifizierten Besselfunktionen der Ordnung der Oberwelle proportional sind und deren Argumente die Ableitungen der Linienformfunktion enthalten. Sondert man mit einem Verstärker sehr kleiner Bandbreite die Grundschwingung aus diesem Spektrum aus, so erhält man aus der Reihendarstellung der Besselfunktionen als Signalform

$$
\begin{aligned}
2I_1\left(\frac{H_M}{H_H}\frac{\mathrm{d}}{\mathrm{d}\left(\frac{H}{H_H}\right)}\right) g\left(\frac{H}{H_H}\right) &= \frac{H_M}{H_H}\frac{\mathrm{d}}{\mathrm{d}\left(\frac{H}{H_H}\right)} g\left(\frac{H}{H_H}\right) \\
&+ \frac{1}{8}\left(\frac{H_M}{H_H}\right)^3 \frac{\mathrm{d}^3}{\mathrm{d}\left(\frac{H}{H_H}\right)^3} g\left(\frac{H}{H_H}\right) + \frac{1}{192}\left(\frac{H_M}{H_H}\right)^5 \frac{\mathrm{d}^5}{\mathrm{d}\left(\frac{H}{H_H}\right)^5} g\left(\frac{H}{H_H}\right) + \cdots \qquad (6.11)
\end{aligned}
$$

Wenn man den Modulationshub H_M genügend klein wählt, so sind die höheren Ableitungen gegenüber der ersten zu vernachlässigen. Man erhält dann eine Signalspannung der Modulationsfrequenz, deren Amplitude dem Betrag der ersten Ableitung der Linie an der Stelle H proportional ist und deren Phasenverschiebung gegenüber der Modulationsspannung je nach Vorzeichen der Ableitung 0° oder 180° ist, wie man aus Bild 28 leicht erkennt. Soll der Fehler, der durch Beimischung höherer Ableitungen entsteht, unter einem vorgegebenen Wert ε liegen, so muß $H_M/H_H < 2\sqrt{2\,\varepsilon}$ sein.

Da der Verstärker nur die Modulationsfrequenz durchzulassen braucht, kann er sehr schmalbandig sein. Üblich ist, je nach Größe der Modulationsfrequenz, eine Bandbreite von einem bis zu einigen Hertz. Nach Gleichrichtung der Signalspannung mit einem von der Modulationsspannung gesteuerten phasenempfindlichen Gleichrichter entsteht bei langsamer Änderung von H an dessen Ausgang eine Gleichspannung, die nach Größe und Vorzeichen der ersten Ableitung der Linie proportional ist und auf einem Schreiber, dessen Papiervorschub mit der Feldänderung synchron läuft, registriert werden kann.

Die Feldmodulation erzeugt man mit zwei Helmholtzspulen, in deren Mitte sich die Probenspule befindet und die meist am Probenkopf fest angebracht sind. Die Spulen werden von einem frequenzstabilen Wienbrückengenerator über einen sehr stabilen, regelbaren Leistungsverstärker gespeist. An die Frequenzstabilität dieses Generators werden ziemlich hohe Anforderungen gestellt, da schon bei geringer Abweichung der Generatorfrequenz von der Mittenfrequenz des Schmalbandverstärkers große Phasendrehungen der Signalspannung auftreten, so daß die für die phasenempfindliche Gleichrichtung benötigte definierte Phasenlage der Signalspannung bezüglich der Steuerspannung nicht mehr gewährleistet ist. Bei einer Modulationsfrequenz Ω_M und einer Bandbreite Ω_B müssen die Frequenzschwankungen $\Delta\Omega_M \ll \frac{\Omega_B}{\Omega_M}$ sein.

Der Abstand der Extrema der Ableitung, der gleich dem Wendepunktabstand der Linie ist, stimmt mit der Halbwertsbreite nicht überein. In Bild 29 sind eine gaußkurvenförmige Linie (a) und eine lorentzkurvenförmige Linie (b) gleicher Breite und gleichen Flächeninhalts dargestellt. Bild 30 zeigt die Ableitungen der beiden Linien, die trotz gleicher Linienbreite verschiedene Abstände der Extremwerte besitzen. Das Verhältnis des Wendepunktabstandes H_W zur Halbwertsbreite H_H hat zwar für eine bestimmte Linienform einen festen Wert, der für die analytisch darstellbaren Linienformen leicht zu berechnen ist, doch kennt man dieses Verhältnis normalerweise nicht, da die wirkliche Linie in den wenigsten Fällen rein lorentz- oder gaußkurvenförmig ist. Änderungen der Linienbreite lassen sich aus den Differenzen der Extremwerte der Ableitungen leicht näherungsweise bestimmen, wenn sich die Linienform nicht ändert. Das ist eine Voraussetzung, die bei nur kleinen Änderungen der Linienbreite meist als erfüllt betrachtet werden kann.

Filtert man statt der Grundschwingung die erste Oberwelle $\cos 2\,\Omega_M t$ aus dem Modulationsspektrum aus, so erhält man die zweite Ableitung der Linie, da die Entwicklung von $I_2(z)$ mit $(z/2)^2$ beginnt.

Die bei der differentiellen Abtastung erforderliche zeitlineare Änderung des Magnetfeldes erzeugt man entweder durch eine lineare Änderung des Magnetstromes selbst, wenn man einen großen Feldbereich überstreichen muß, oder durch eine zeitlineare Stromänderung in Zusatzspulen, die auf dem Magnet angebracht sind. Die lineare Stromänderung erzwingt man durch Vergleich des an einem Normalwiderstand vom Magnetstrom erzeugten Spannungsabfalles mit einer sich zeitlinear ändernden Spannung

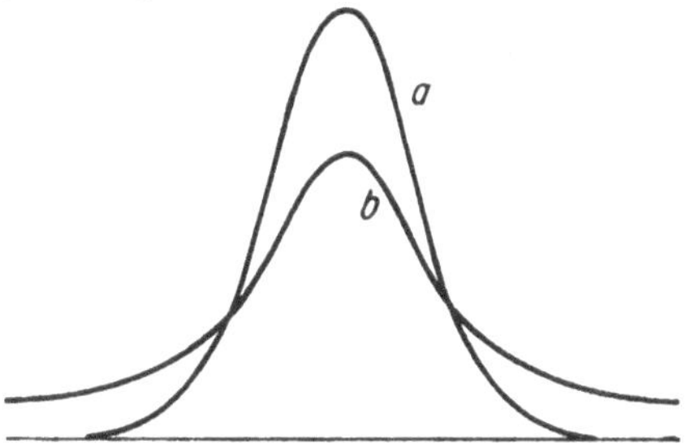

Bild 29. Kurvenformen: Gauß-Kurve (a) und Lorentz-Kurve (b); Flächeninhalte und Halbwertsbreiten sind gleich

und Nachregelung der Speisespannung des Magneten durch die beim Vergleich auftretende Fehlerspannung. Die sich zeitlinear ändernde Bezugsspannung wird entweder an einem unbelasteten linearen Präzisionspotentiometer abgegriffen, über dem eine konstante Spannung liegt und

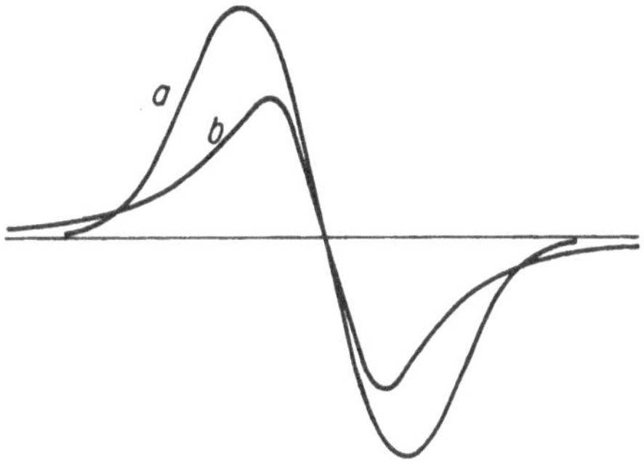

Bild 30. Die ersten Ableitungen der Gauß-Kurve (a) und der Lorentz-Kurve (b)

das mit einem Synchronmotor über ein regelbares Getriebe angetrieben wird, oder an einem als Integrator geschalteten Rechenverstärker, an dessen Eingang eine der Änderungsgeschwindigkeit proportionale Spannung gelegt wird.

6.2. Spindetektoren

Der Spindetektor erfüllt zwei Aufgaben: Einmal hat er das senkrecht zum magnetischen Gleichfeld stehende, hochfrequente magnetische Wechselfeld innerhalb der Probe zu erzeugen, und zum anderen muß er die Beeinflussung dieses Wechselfeldes durch die Kerne in eine dieser Wechselwirkung proportionale elektrische Größe umwandeln, die der Messung zugänglich ist. Das hochfrequente magnetische Wechselfeld erzeugt man in einer Luftspule, die sich zwischen den Polflächen des Magneten befindet und deren Achse parallel zu diesen Polflächen liegt. Die zu untersuchende Probe wird im Inneren dieser Spule angeordnet. In vielen Fällen wird die Spule mit einem Kondensator zu einem Parallelschwingkreis zusammengeschaltet, der auf die Resonanzfrequenz ω abgestimmt ist.

Man unterscheidet drei Arten von Spindetektoren:

1. Kreuzspulenanordnung,
2. Brückenanordnungen und
3. schwach schwingende Oszillatoren, sogenannte Autodyndetektoren.

Von den drei Arten werden für Festkörperuntersuchungen im wesentlichen die beiden letzten verwendet. Diese sollen daher hier auch kurz erläutert werden.

6.2.1. Brückenanordnungen

Koppelt man einen aus der Kapazität C_0 und der Selbstinduktion L_0 bestehenden Schwingkreis mit dem Resonanzwiderstand R_0 über eine große Impedanz $Z \gg R_0$ an einen Hochfrequenzgenerator an, so wird der durch den Schwingkreis fließende Strom praktisch nur durch Z bestimmt sein. Bei Resonanz liegt dann über dem Schwingkreis die Spannung

$$V_0 = I R_0.$$

Befindet sich innerhalb der Spule eine Substanz mit der Suszeptibilität χ, die von dem Bruchteil ξ der Kraftlinien des Spulenfeldes durchsetzt wird, so erhöht sich die Selbstinduktion der Spule von L_0 auf

$$L = L_0(1 + 4\pi\xi\chi).$$

ξ bezeichnet man als Füllfaktor. Er gibt das Verhältnis des Probenvolumens zum wirksamen Spulenvolumen an und ist immer kleiner als 1. Der Leitwert des Schwingkreises wird, da die Kernsuszeptibilität χ ihrem Betrag nach klein gegen 1 ist,

$$G = \frac{1}{R_0} + \mathrm{i}\left[\omega' C_0 - \frac{1}{\omega' L_0(1 + 4\pi\xi\chi)}\right]$$
$$\approx \frac{1}{R_0} + \mathrm{i}\left[\omega' C_0 - \frac{1}{\omega' L_0} + \frac{4\pi\xi\chi}{\omega' L_0}\right].$$

Im Resonanzfall ist $\omega C_0 - 1/\omega L_0 = 0$ ($\omega' = \omega$ ist die Resonanzfrequenz des Schwingkreises). Führt man die Spulengüte $Q = R_0/\omega L_0$ ein, so ergibt sich für den Resonanzleitwert G_r des mit der Probe belasteten Kreises

$$G_r = \frac{1}{R_0}(1 + 4\pi i \xi \chi Q) = \frac{1}{R_0}(1 - 4\pi \xi Q \chi'' + 4\pi i \xi Q \chi') \quad (6.12)$$

und, wenn außerdem $|4\pi\xi\chi Q| \ll 1$ ist, für die Kreisspannung

$$V_1 = \frac{J}{G_r} = J R_0(1 - 4\pi i \xi Q \chi) = V_0(1 - 4\pi i \xi Q \chi) = V_0 - V_\chi \quad (6.13\,a)$$

mit

$$V_\chi = 4\pi i \xi Q V_0(\chi' - i\chi'') = 4\pi \xi Q V_0 \chi'' + 4\pi i \xi Q V_0 \chi' = V_{\chi''} + i V_{\chi'}. \quad (6.13\,b)$$

Da $4\pi\xi Q\chi''$ und $4\pi\xi Q\chi'$ klein gegen 1 sind, sind $V_{\chi''}$ und $V_{\chi'}$ klein gegen V_0. V_0 bestimmt die Größe des H_1-Feldes. Damit das Kernresonanzsignal durch Sättigungseffekte nicht verbreitert wird, darf V_0 nur so groß gewählt werden, daß der Sättigungsfaktor s [Gl. (2.43)] wenig von 1 abweicht. Andererseits sind $V_{\chi''}$ und $V_{\chi'}$ proportional zu V_0, und man wird V_0 möglichst groß wählen wollen, um große Signale zu erhalten. Da sich die beiden Forderungen widersprechen, wird es eine von der Probe abhängige optimale Schwingkreisspannung geben. Diese liegt je nach der Probe zwischen einigen hundertstel Volt und einigen Volt. Die maximalen Spannungsänderungen $V_{\chi''\max}$ und $V_{\chi'\max}$ liegen dagegen je nach der Breite der Linie und je nach der Größe von χ_0, der Resonanzfrequenz ω und des Füllfaktors ξ und je nach der Spulengüte Q zwischen höchstens 1 mV und weniger als 1 μV.

Experimentell ergibt sich daraus die Notwendigkeit, eine Änderung der Schwingkreisspannung um 10^{-3} bis 10^{-6} nicht nur nachzuweisen, sondern auch zu messen.

Um den Modulationsgrad, d. h. das Verhältnis der Signalspannung $V_{\chi''}$ bzw. $V_{\chi'}$ zu V_0 zu erhöhen, kompensiert man in einer Brückenanordnung den größten Teil von V_0. Bei exaktem Brückenabgleich würde man beim Auftreten der Kernresonanz eine Brückenausgangsspannung der Größe $(V_{\chi''}^2 + V_{\chi'}^2)^{1/2}$ erhalten, in der sowohl das von χ'' herrührende Absorptionssignal als auch das von χ' herrührende Dispersionssignal vorhanden sind. Um eindeutige Absorptions- oder Dispersionssignale zu erhalten, läßt man ein kleines Brückenungleichgewicht zu, so daß am Brückenausgang immer eine konstante Spannung V_z vorhanden ist, die klein gegen V_0, aber noch groß gegen $V_{\chi''}$ und $V_{\chi'}$ ist.

Je nachdem, ob man Absorptions- oder Dispersionssignale beobachten will, muß diese Spannung gegenüber V_0 in ihrer Phase um 0 oder π bzw. $\pm\pi/2$ verschoben sein. Der erste Fall läßt sich verwirklichen, wenn die Phase der Kompensationsspannung V_K mit der von V_0 übereinstimmt oder gegenüber dieser um π verschoben ist und $V_K >$ oder $< V_0$ ist. Man bezeichnet diesen in Bild 31 für $\varphi = 0$ dargestellten Fall als „Amplitudenungleichgewicht". V_z und V_χ setzen sich vektoriell zur Spannung V_r zusammen, deren Betrag gemessen wird. Aus Bild 31 ergibt sich, daß

$$|V_r| = \sqrt{(V_z + V_{\chi''})^2 + V_{\chi'}^2} = (V_z + V_{\chi''}) \sqrt{1 + \left(\frac{V_{\chi'}}{V_z + V_{\chi''}}\right)^2}$$

$$\approx (V_z + V_{\chi''}) \left[1 + \frac{1}{2}\left(\frac{V_{\chi'}}{V_z}\right)^2\right]$$

$$\approx V_z + V_{\chi''} \tag{6.14}$$

ist. Man mißt also das Absorptionssignal.

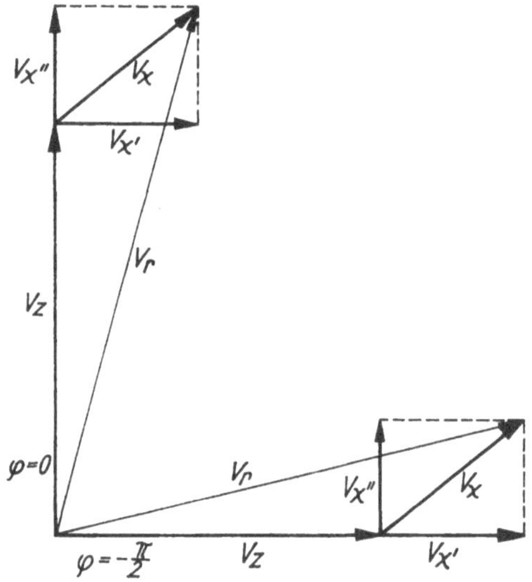

Bild 31. Vektordiagramm der Spannungen einer Brückenanordnung

Der zweite Fall wird verwirklicht, wenn die Amplituden von V_K und V_0 fast gleich groß sind, V_K aber V_0 etwas vor- oder nacheilt. Dieser in Bild 31 für $\varphi = -\pi/2$ dargestellte Abgleich wird als „Phasenungleichgewicht" bezeichnet. Für ihn gilt

$$|V_r| = \sqrt{(V_z + V_{\chi'})^2 + V_{\chi''}^2} \approx V_z + V_{\chi'}. \tag{6.15}$$

Bei Phasenungleichgewicht wird also das Dispersionssignal gemessen.

Im allgemeinen mißt man das Absorptionssignal, da diesem, wie aus den Kapiteln 2 bis 4 hervorgeht, eine unmittelbare physikalische Bedeutung zukommt und seine Linienform bzw. seine Momente aus den Wechselwirkungen berechnet werden können. Das Dispersionssignal wird nur in seltenen Fällen, etwa bei der Bestimmung von T_1 aus dem Sättigungsverhalten dieses Signals im rotierenden Koordinatensystem (s. S. 108), gemessen. Der Brückenabgleich ist für Dispersionsmessungen über längere Zeiten oft nur schwer aufrechtzuerhalten.

Vor allem bei sehr selektiven Brückenanordnungen und hohen Brückenspannungen machen sich geringe Änderungen des Phasenabgleichs, die durch Erschütterungen oder thermische Änderungen der Werte der Brückenbauelemente verursacht werden können, sehr unangenehm bemerkbar. Weicht die Phase von V_z bei Amplitudenungleichgewicht um einen Winkel $\Delta\varphi$ von $\varphi = 0$ oder $\varphi = \pi$ ab, so ist $|V_r|$ nach Bild 31

$$\begin{aligned} |V_r| &= [(V_z \cos\Delta\varphi + V_{\chi''})^2 + (V_z \sin\Delta\varphi + V_{\chi'})^2]^{1/2} \\ &\approx V_z + V_{\chi''} \cos\Delta\varphi + V_{\chi'} \sin\Delta\varphi \\ &\approx V_z + V_{\chi''} + \Delta\varphi V_{\chi'}. \end{aligned} \tag{6.16}$$

Für $\Delta\varphi = 6° \approx 0{,}1$ rad sind daher dem Absorptionssignal schon 10% vom Dispersionsanteil beigemischt.

Beim Amplitudenungleichgewicht können Phasenänderungen von V_z nur auftreten, wenn sich entweder die Phase von V_0 oder die von V_K ändert. Beim Phasenungleichgewicht wird die Phase von V_z sowohl durch Phasenänderungen als auch durch Amplitudenänderungen von V_0 und V_K beeinflußt. Eine zur Messung des Dispersionssignals abgeglichene Brücke ist daher wesentlich instabiler als eine zur Messung des Absorptionssignals abgeglichene. Dies ist ein zweiter Grund, der für die Bevorzugung der Messung des Absorptionssignals spricht.

Phasenänderungen von V_0 können dann auftreten, wenn sich die Selbstinduktion L_0 der Probenspule ändert. Eine solche Änderung tritt aber durch den reellen Teil χ' der Suszeptibilität bei der Beobachtung der Kernresonanz immer auf. Der Phasenabgleich der Brücke wird daher durch das Auftreten des Kernresonanzsignals selbst gestört.

Um die den Phasenabgleich störenden Einflüsse auszuschließen, wendet man oft eine automatische Regelung des Phasenabgleichs an. Zu diesem Zweck schaltet man dem Schwingkreiskondensator C_0 eine Kapazitätsdiode parallel, die man mit einer Gleichspannung vorspannt, der eine kleine Wechselspannung von etwa 10 kHz überlagert ist. Durch diese Modulationsspannung ändert sich die Kapazität der Varakterdiode und damit der Phasenabgleich ein wenig im Takt der Modulationsfrequenz. Ist die Brücke ohne Modulation im Phasengleichgewicht, so entsteht durch die periodische Kapazitätsänderung eine Amplitudenmodulation der Brückenausgangsspannung mit der doppelten Modulationsfrequenz. Bei Abweichung vom Phasengleichgewicht tritt eine zusätzliche Amplitudenmodulation der Brückenausgangsspannung mit der Modulationsfrequenz selbst auf. Die Modulationsamplitude ist für kleine

Abweichungen diesen annähernd proportional. Die Phase der Modulation stimmt entweder mit der der Steuerspannung der Varakterdiode überein oder ist dieser entgegengesetzt, je nachdem, ob die Brücke in kapazitiver oder induktiver Richtung vom Phasengleichgewicht abgewichen ist. Nach der Demodulation der Hochfrequenz und der selektiven Verstärkung der 10-kHz-Modulation wird diese einem von der Steuerspannung geschalteten phasenempfindlichen Gleichrichter zugeführt, an dessen Ausgang eine Gleichspannung auftritt, deren Größe der Abweichung proportional ist und deren Vorzeichen von der Richtung der Abweichung abhängt. Diese Gleichspannung dient als Regelspannung für die Varakterdiode, deren Kapazität dadurch so geändert wird, daß das Phasengleichgewicht fast vollständig wiederhergestellt wird.

6.2.2. Schwach schwingende Oszillatoren

Der schwach schwingende Oszillator oder Autodyndetektor ist der für Festkörperuntersuchungen am meisten verwendete Spindetektor. Er zeichnet sich vor allem durch einfache Handhabung, geringen Aufwand und den Wegfall von Abgleicharbeiten aus. Außerdem besitzt er den Vorzug, daß er reine Absorptionssignale liefert.

Ein Autodyndetektor besteht im wesentlichen aus einem Parallelschwingkreis mit der Kapazität C_0 und der durch die Probenspule gebildeten Selbstinduktion L_0, der durch eine als negativer Widerstand geschaltete Röhre entdämpft wird. Schwingungen treten dann auf, wenn die Summe aus Resonanzleitwert G_r des Schwingkreises und negativem Leitwert G_1 der Röhre der Bedingung

$$G_1' = G_r + G_1 < 0$$

genügt. Die Schwingspannung V_0 ist für kleine Amplituden proportional zu $\sqrt{|G_1'|}$. Mit der von den Röhrendaten und dem Arbeitspunkt der Röhre abhängigen Proportionalitätskonstante K erhält man für die Spannungsänderung bei einer Änderung von G_1'

$$\frac{\mathrm{d}V}{\mathrm{d}G_1'} = \frac{\mathrm{d}V}{\mathrm{d}G_r} = \frac{1}{2}\,\frac{K^2}{V_0}.$$

Da die Schwingkreisspannung V_0, der sich das Kernresonanzsignal überlagert, hier nicht wie bei der Brücke kompensiert wird, ist die Bedingung für das Amplitudenungleichgewicht immer erfüllt, und es kann in Gl. (6.12) der imaginäre Anteil von G_r vernachlässigt werden. Die Änderung $\mathrm{d}G_r$ des Resonanzleitwertes des Schwingkreises beim Auftreten eines Kernresonanzsignals ist daher

$$\mathrm{d}G_r = \frac{4\pi\xi Q\chi''}{R_0}.$$

Damit ergibt sich für die Änderung der Schwingkreisspannung

$$\mathrm{d}V = V_{\chi''} = \frac{2\pi K^2 Q \xi}{R_0 V_0}\,\chi'' = \frac{2\pi K^2 \omega_0 C_0 \xi}{V_0}\,\chi''. \tag{6.17}$$

Die Signalspannung wird also um so größer, je kleiner die Schwingkreisspannung ist. Mit abnehmender Schwingkreisspannung wächst aber die Einschwingzeit T_A des Autodyndetektors. Damit die Linienform des Kernresonanzsignals nicht verzerrt wird, muß T_A immer wesentlich kleiner sein als die Periodendauer der höchsten Frequenz, die im Kernresonanzsignal auftritt (s. dazu den Abschnitt über Modulationsmethoden). Mit abnehmender HF-Spannung nimmt auch die Störanfälligkeit des Autodyndetektors gegenüber Schwankungen der Betriebsbedingungen zu, und das Rauschen wächst an.

Da die Signalspannung der Schwingspannung umgekehrt proportional ist, müssen Vorkehrungen getroffen werden, um letztere möglichst konstant zu halten. Man kann das auf verschiedene Arten erreichen. Die meisten laufen darauf hinaus, daß man aus der gleichgerichteten Schwingspannung oder dem vom Gitterstrom am Gitterwiderstand der Schwingröhre verursachten Spannungsabfall durch Vergleich mit einer Sollspannung eine Regelspannung ableitet, mit der man entweder über die Gittervorspannung oder die Anodenspannung den Arbeitspunkt der Röhre so verschiebt, daß Änderungen der Schwingspannung ausgeregelt werden. Damit die durch das Kernresonanzsignal auftretenden Amplitudenänderungen nicht auch mit ausgeregelt werden, muß die Zeitkonstante der Regelung wesentlich größer sein als die Periodendauer der niedrigsten im Kernresonanzsignal auftretenden Frequenz.

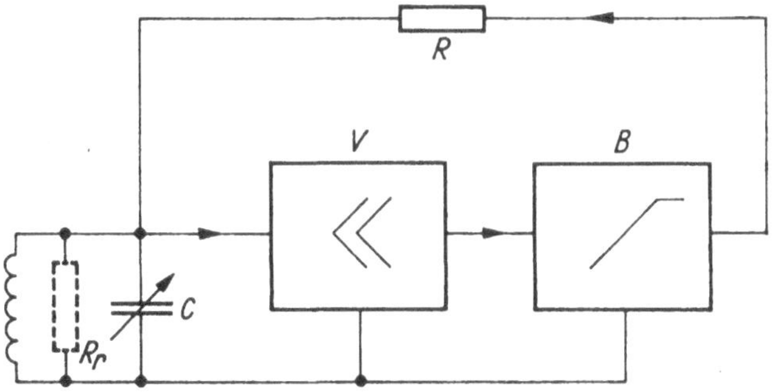

Bild 32. Autodyndetektor nach Robinson [166]

Eine elegante Methode der Stabilisierung der Schwingspannung, bei der gleichzeitig das Oszillatorrauschen herabgesetzt wird, hat Robinson [166] angegeben. Ein Blockschaltbild dieses Oszillators ist in Bild 32 dargestellt. Der aus L und C bestehende Schwingkreis mit dem Resonanzleitwert $G_r = 1/R_r$ liegt am Eingang eines rauscharmen breitbandigen Verstärkers V mit dem Verstärkungsfaktor A. Der Ausgang des Verstärkers wird über den Begrenzer B und den Widerstand R, der groß ist gegenüber R_r, auf den Schwingkreis rückgekoppelt. Ist am Ausgang des Begrenzers eine Spannung V_A der Resonanzfrequenz des Schwingkreises vorhanden, so liegt über letzterem die Spannung

$$V_0 = \frac{V_A}{G_r R + 1} \approx \frac{V_A}{G_r R}.$$

Diese Spannung wird vom Verstärker V um den Faktor A verstärkt, so daß die Spannung am Eingang des Begrenzers

$$V_B = \frac{A V_A}{G_r R}$$

ist.

Hat der Begrenzer die ideale, im Bild eingezeichnete Kennlinie und liegt der Kennlinienknick bei einer Eingangsspannung V_i, so tritt dann Selbsterregung mit der Schwingkreisspannung V_0 auf, wenn

$$\frac{A V_A}{G_r R} \geqq V_i$$

ist. Für die Spannungsänderung $\mathrm{d}V_0$ beim Auftreten der Kernresonanz ergibt sich

$$|\mathrm{d}V_0| = |V_{\chi''}| = \frac{V_A}{G_r^2 R}\,\mathrm{d}G_r = V_0 \frac{\mathrm{d}G_r}{G_r} = 4\pi\xi Q V_0 \chi''.$$

Hat der Verstärker eine Bandbreite B und eine Rauschzahl n, so ist der Betrag des auf den Eingang bezogenen Rauschens

$$|V_{\text{rausch}}| = (4kTnB/G_r)^{1/2} = (4kTnBQ/\omega C)^{1/2}.$$

Das Signal/Rausch-Verhältnis gleich 1 wird danach erreicht, wenn

$$4\pi\xi\chi'' = \frac{1}{V_0}\left(\frac{4kTnB}{Q\omega C}\right)^{1/2} \tag{6.18}$$

ist. Das ist die gleiche Empfindlichkeit, die man unter gleichwertigen Bedingungen mit einer Brücke erreicht. Bei allen anderen Autodyndetektoren liegt nach Robinson der Wert von $4\pi\xi\chi''$ für das Signal/Rausch-Verhältnis gleich 1 höher.

Durch den Realteil von χ tritt beim Resonanzdurchgang eine Änderung $\Delta L = 4\pi\xi\chi' L_0$ der Selbstinduktion des Schwingkreises ein. Dadurch erleidet der Oszillator eine geringe Verstimmung, die bei schmalen Linien zu einer Verfälschung der Linienform führt, wie sie Bild 33b darstellt. Für $\gamma_N H_0 = \omega_0 < \omega$ ist nach Gl. (2.41a) χ' negativ. L wird also kleiner und ω größer, wenn H_0 wächst. Die Oszillatorfrequenz ändert sich in gleicher Richtung wie die Resonanzfrequenz, und der Anstieg der Linie wird verbreitert. Nach dem Nulldurchgang der Linie, der bei der exakten, durch L_0 bestimmten Frequenz eintritt, wird χ' positiv, L wächst, und ω wird kleiner. ω und ω_0 ändern sich also in entgegengesetzten Richtungen, und die zweite Hälfte des Signals wird verschmälert.

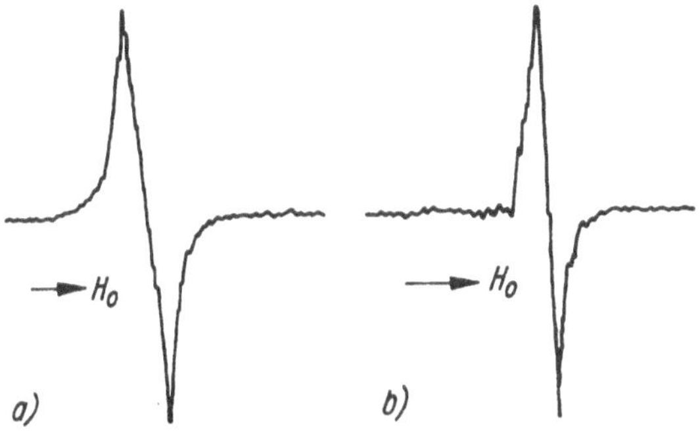

Bild 33. Verzerrung einer schmalen Linie (74 mOe Wendepunktsabstand) bei der Aufnahme mit einem a) frequenzstabilisierten, b) nicht frequenzstabilisiertenAutodyndetektor (nach Unterlagen der Akademie-Werkstätten für Forschungsbedarf, Berlin-Adlershof)

Um den Einfluß von χ' zu verringern und statistische Frequenzschwankungen und Frequenzdriften weitgehend auszuschalten, stabilisiert man die Frequenz des Autodyndetektors auf eine Quarzfrequenz, wie es in Bild 34 schematisch dargestellt ist. Dem Schwingkreis des Autodyndetektors ist eine in Sperrichtung vorgespannte Kapazitätsdiode parallelgeschaltet, mit der die Resonanzfrequenz des Schwingkreises durch Änderung der Vorspannung etwas nach beiden Seiten variiert werden kann. Die Autodynfrequenz gelangt über einen Hochfrequenzverstärker HFV auf eine Mischstufe M, in der sie mit einer im Quarzoszillator QuO erzeugten Frequenz überlagert wird. Die in der Mischstufe entstehende Zwischenfrequenzspannung erzeugt nach ihrer Verstärkung und Amplitudenbegrenzung im Zwischenfrequenzverstärker ZFV am Diskriminator eine Regelspannung für die Varakterdiode, die nach Vorzeichen und Größe der Abweichung der ZF von ihrem Sollwert proportional ist und die Kapazität der Diode so ändert, daß diese Abweichung verkleinert wird. Bei genügend großer Regelverstärkung und richtiger Wahl der Regelzeitkonstante ist die noch verbleibende Frequenzabweichung vernachlässigbar klein. Bei der Wahl der Zwischenfrequenz muß man einen Kompromiß schließen. Je niedriger sie ist, desto kleiner wird die verbleibende Regelabweichung sein, da die zur Erzeugung einer Regelspannung bestimmter Größe nötige Frequenzabweichung mit abnehmender Zwischenfrequenz ebenfalls abnimmt. Andererseits ist der Fang- und Haltebereich eines Diskriminators um so kleiner, je niedriger seine Mittenfrequenz liegt. Außerdem lassen sich Diskriminatoren für niedrige Frequenzen schwer verwirklichen.

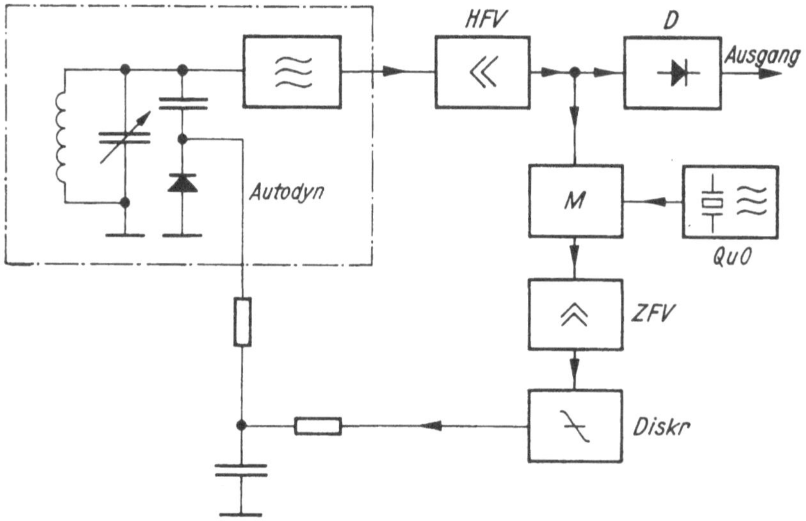

Bild 34. Frequenzstabilisierung eines Autodyndetektors auf eine Quarzfrequenz (nach Unterlagen der Akademie-Werkstätten für Forschungsbedarf, Berlin-Adlershof)

Daß durch die Frequenzstabilisierung die Linienverzerrungen schmaler Linien weitgehend herabgedrückt werden, zeigt ein Vergleich der Bilder 33a und 33b. Dort ist die einmal mit (a) und einmal ohne (b) Frequenzstabilisierung geschriebene gleiche Linie dargestellt.

6.3. Verstärker und Demodulatoren

Die mit dem Kernresonanzsignal amplitudenmodulierte Hochfrequenzspannung des Spindetektors gelangt über einen Hochfrequenzverstärker auf den Demodulator, in dem die Signalspannung vom Träger befreit wird. Bei Brückendetektoren, die auf einer festen Frequenz arbeiten und deren Ausgangsspannung wegen des nahezu vollständigen Abgleiches der Brücke sehr klein ist, verwendet man zur Hochfrequenzverstärkung einen Überlagerungsempfänger mit rauscharmem Kaskodeneingang. Um ein Weglaufen des Überlagerungsoszillators zu vermeiden, das zu Verstärkungsänderungen führen würde, stabilisiert man seine Frequenz mittels einer Reaktanzröhre oder Varakterdiode, die ihre Regelspannung von einem auf die ZF abgestimmten Frequenzdiskriminator (einem Verhältnisgleichrichter, gegeneinander verstimmten Schwingkreisen oder analog wirkenden Schaltungen) erhält, auf die Zwischenfrequenz.

Bei Autodyndetektoren, deren Schwingkreisspannung meist wesentlich größer als die Ausgangsspannung einer Brücke ist, läßt sich keine so hohe HF-Verstärkung anwenden. Verstärkungen um einen Faktor 10 bis 100 sind hier üblich. Der HF-Verstärker wird als Breitbandverstärker aufgebaut, dessen obere Grenzfrequenz oberhalb der höchsten Arbeitsfrequenz des Autodyndetektors liegt. Dies hat den Vorteil, daß man z. B. für orientierende Untersuchungen die Magnetfeldänderung durch eine Frequenzänderung ersetzen kann, die sich mit Hilfe eines motorgetriebenen Drehkondensators als Schwingkreiskapazität des Autodyndetektors leicht über einen größeren Frequenzbereich verwirklichen läßt. Auch bei der Ausmessung von Linienaufspaltungen oder der Wendepunktsabstände einer Linie ist die Frequenzvariation vorteilhaft, da sich eine Frequenzmessung mit der erforderlichen Genauigkeit sehr viel einfacher durchführen läßt als eine Magnetfeldmessung.

Dem Demodulator (meist einer Diode, seltener einem Audion) folgen ein breitbandiger und ein auf die Modulationsfrequenz abgestimmter Verstärker geringer Bandbreite. Die Ausgangsspannung dieses Verstärkers muß gegenüber der Eingangsspannung um 180° phasenverschoben sein und wird über ein RC-Netzwerk, das für die Resonanzfrequenz die Spannungsübersetzung $ü = 0$ hat, auf den Eingang gegengekoppelt. Für die Resonanzfrequenz ist also die Verstärkung voll wirksam, während sie für alle anderen Frequenzen, für die $ü \neq 0$ ist, durch die dann vorhandene Gegenkopplung stark herabgesetzt wird. Als Gegenkopplungsnetzwerk verwendet man fast ausschließlich Doppel-T-Glieder, die allerdings sehr genau abgeglichen sein müssen und nur Bauelemente mit geringen Temperaturkoeffizienten enthalten dürfen. Die Spannungsübersetzung des unbelasteten Doppel-T-Gliedes ist

$$ü = \frac{\Omega^2 - \mathrm{i}\,\Omega}{1 + \Omega^2}. \qquad (6.19\,\mathrm{a})$$

Darin ist Ω die normierte Frequenz

$$\Omega = \frac{\omega_0^2 - \omega^2}{4\,\omega\,\omega_0} \qquad (6.19\,\mathrm{b})$$

und ω_0 die Resonanzfrequenz des Filters. Für $\omega = \omega_0$ wird Ω gleich Null und damit auch $ü$.

Für den Phasenwinkel von $ü$ ergibt sich

$$\tan\varphi = -\frac{1}{\Omega}.$$

Die Phasenverschiebung beträgt also an der Resonanzstelle 90°. Für $\omega \to 0$ wird sie 180°, und für $\omega \to \infty$ wird sie 0°. Eine Phasendrehung von

180° im Gegenkopplungszweig macht aber aus der Gegenkopplung eine Mitkopplung, so daß sich der Verstärker auf niedrigen Frequenzen erregen kann, wenn man nicht dafür Sorge trägt, daß für diese Frequenzen die Verstärkung < 1 ist. Da bei der Resonanzfrequenz des Filters keine Gegenkopplung wirksam ist, gehen Verstärkungsänderungen voll in das Meßergebnis ein.

Einen wesentlich stabileren Schmalbandverstärker, bei dem auch keine Selbsterregung zu erwarten ist, erhält man – allerdings mit etwas höherem

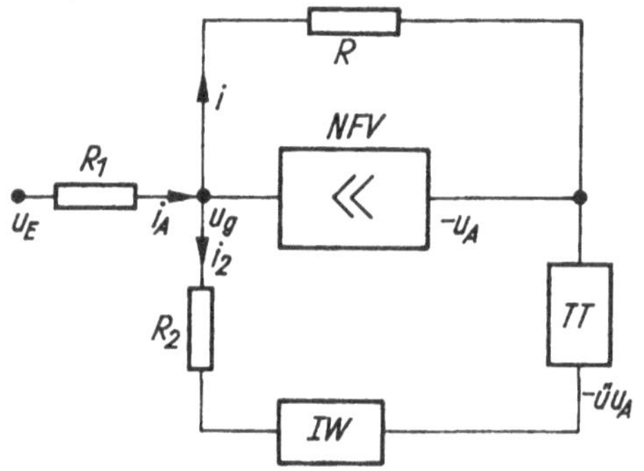

Bild 35. Blockschaltbild eines Schmalbandverstärkers

Aufwand –, wenn man eine Gegenkopplung benutzt, wie sie von den Rechenverstärkern her bekannt ist. In Bild 35 ist das Blockschaltbild eines solchen Verstärkers dargestellt.

Die Signalspannung u_E wird über einen Widerstand R_1 dem Eingang eines Niederfrequenzverstärkers mit hohem Verstärkungsfaktor V ($\geqq 10^5$) zugeführt, dessen Ausgangsspannung für den ganzen NF-Frequenzbereich um 180° gegenüber der Eingangsspannung verschoben ist. Außerdem sollen der Eingangswiderstand R_E des NF-Verstärkers sehr groß gegenüber R, R_1 und R_2 und der Ausgangswiderstand klein sein. Zur Berechnung der Ausgangsspannung soll $V \to \infty$ und $R_E \to \infty$ angenommen werden. Der Ausgang des Verstärkers ist einmal über den Widerstand R, zum anderen über das Doppel-T-Glied TT, den Impedanzwandler IW (einen Kathodenverstärker) und den Widerstand R_2 auf den Eingang gegengekoppelt. Am Eingang des Verstärkers liegt die Spannung $u_g = -\frac{u_A}{V}$. Für die Ströme i_1, i_2 und i muß

$$\frac{u_E - u_g}{R_1} - \frac{u_g - u_A}{R} - \frac{u_g - \ddot{u} u_A}{R_2} = 0$$

gelten, woraus mit $u_g = -u_A/V$ und $V \to \infty$

$$u_A = -u_E \frac{1}{R_1\left(\frac{1}{R} + \frac{\ddot{u}}{R_2}\right)} = -u_E \frac{R}{R_1} \frac{1}{1 + \ddot{u}\frac{R}{R_2}}$$

folgt. Setzt man hier $\ddot{u}$ aus Gl. (6.19a) ein, so ergibt sich für die Ausgangsspannung

$$u_A = -u_E \frac{R}{R_1} \frac{1 + \frac{R}{R_2}\frac{\Omega^2}{1+\Omega^2} + i\frac{R}{R_2}\frac{\Omega}{1+\Omega^2}}{\left(1 + \frac{R}{R_2}\frac{\Omega^2}{1+\Omega^2}\right)^2 + \left(\frac{R}{R_2}\frac{\Omega}{1+\Omega^2}\right)^2}. \tag{6.20}$$

Mit Hilfe von R_1 kann man die Verstärkung, mit R_2 die Bandbreite unabhängig voneinander regeln. Bei der Resonanzfrequenz $\Omega = 0$ wird $V_0 = \left|\frac{u_A}{u_E}\right| = \frac{R}{R_1}$, und für $\Omega \to \pm\infty$ ($\omega \to 0$, ∞) wird $V = V_0 \frac{R_2}{R + R_2}$. Die Verstärkung ist also an diesen Grenzen um das Spannungsteilerverhältnis $R_2/(R + R_2) \approx (R_2/R) \ll 1$ abgesunken. Die Bandbreite des Verstärkers ist

$$\Delta\omega_H = \frac{\omega_0}{\sqrt{\left(\frac{R}{R_2}\right)^2 + 2\frac{R}{R_2} - 1}} \approx \omega_0 \frac{R_2}{R}\left(1 - \frac{R_2}{R}\right) \quad \text{für } \frac{R_2}{R} < 1. \tag{6.21}$$

Für R/R_1 wählt man Werte zwischen 1 und 100 (meist dekadisch veränderlich) und für R/R_2 Werte zwischen 1 und 20, so daß Verstärkungen zwischen 1 und 100 und Bandbreiten zwischen $\omega_0/\sqrt{2}$ und $\omega_0/20$ erreicht werden können. Um die benötigte Verstärkung und die erforderliche geringe Bandbreite des Übertragungskanals zu erhalten, schaltet man zwei derartige Verstärker hintereinander.

Auf die Schmalbandverstärker folgt der phasenempfindliche Gleichrichter, von dem einige Ausführungsformen z. B. in [1] beschrieben sind. Neuerdings verwendet man in einigen Spektrometern statt der röhrenbestückten phasenempfindlichen Gleichrichter auch ausgesuchte Germaniumdioden-Quartette in Ringmodulator- oder Brückenschaltungen oder von der Modulationsspannung gesteuerte Relais, wie sie in zerhackerstabilisierten Rechenverstärkern üblich sind, oder solche mit Schutzgaskontakten.

Zur weiteren Einengung der Bandbreite läßt man dem phasenempfindlichen Gleichrichter noch ein Integrationsglied folgen, am einfachsten ein RC-Glied mit einer zwischen etwa 1 s und 20 s wählbaren Zeitkonstante. Große Zeitkonstanten lassen sich besser durch eine echte Integration erzielen, die man meist in das Registriergerät verlegt. Als solches dient normalerweise ein Kompensationsbandschreiber. Koppelt man die Achse des Servomotors dieses Schreibers mit einem Tachodynamo, von dessen

Ausgangsspannung ein mit einem Potentiometer einstellbarer Bruchteil gegenphasig an den Eingang des Schreibers zurückgeführt wird, so erhält man eine echte Integration mit einer durch das Spannungsteilerverhältnis des Potentiometers bestimmten Integrationszeitkonstante.

6.4. Spektrometerarten

6.4.1. Kernresonanzspektrometer für breite Linien

Das Prinzip eines Kernresonanzspektrometers, wie es zur Untersuchung von Festkörpern verwendet wird, ist in Bild 36 als Blockschaltbild dargestellt. Die Erregerspulen ESp des Magneten M werden von der Magnetstromversorgung Mst gespeist. Die Spulen SwSp dienen bei der

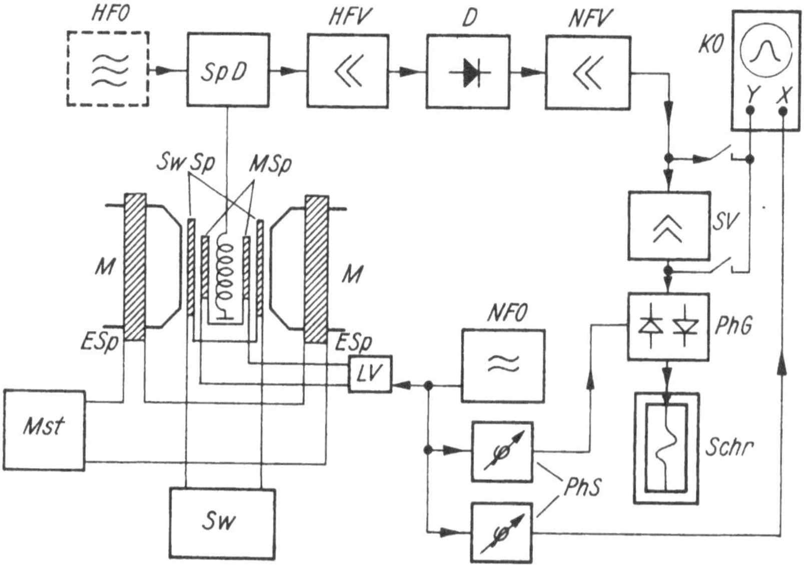

Bild 36. Blockschaltbild eines Kernresonanzspektrometers für breite Linien

differentiellen Abtastung zur Erzeugung der zeitlinearen Feldänderung und werden von einem sich zeitlich linear ändernden Strom durchflossen, der von der Sweep-Einheit Sw erzeugt wird. MSp sind die Modulationsspulen, deren Strom der regelbare Leistungsverstärker LV liefert. Der Modulationsgenerator NFO, der den Leistungsverstärker versorgt, liefert gleichzeitig über einen Phasenschieber PhS die Steuerspannung für den phasenempfindlichen Gleichrichter PhG und über einen zweiten Phasenschieber die Spannung für die x-Ablenkung des Oszillographen KO.

Der Spindetektor SpD, dessen Probenspule im homogenen Feld des Magneten M liegt, kann entweder eine Brückenanordnung sein, die dann von dem Quarzgenerator HFO gespeist wird, oder ein Autodyndetektor. Letzterem gibt man wegen seiner einfachen Handhabung und der Möglichkeit, ihn durch Auswechseln der Probenspule und Änderung der Schwingkreiskapazität auf jede erforderliche Frequenz einstellen zu können, im allgemeinen den Vorzug. Bei der Bestimmung der Spin-Gitter-Relaxationszeit T_1 aus der Sättigung des Resonanzsignals muß man allerdings in den meisten Fällen auf Brückenanordnungen zurückgreifen. Die mit dem Kernresonanzsignal amplitudenmodulierte HF-Spannung des Spindetektors wird im Hochfrequenzverstärker HFV verstärkt und im Demodulator D gleichgerichtet. Dem Demodulator folgen ein Niederfrequenzverstärker NFV mit einer oberen Grenzfrequenz von der zwanzig- bis dreißigfachen Modulationsfrequenz und die Selektivverstärker SV. Moduliert man über die ganze Linie, so schaltet man zwischen den NF-Verstärker und den Schmalbandverstärker den Oszillographen, auf dem dann die Linie beobachtet werden kann.

Bei der differentiellen Abtastung wird die Ausgangsspannung des Schmalbandverstärkers SV im phasenempfindlichen Gleichrichter gleichgerichtet und vom Schreiber Schr registriert, dessen Papiervorschub mit der Feldänderung synchron läuft. Zur Suche kleiner Linien schaltet man den Oszillographen hinter den Schmalbandverstärker und verändert das Magnetfeld langsam von Hand. Beim Überstreichen der Resonanzstelle beobachtet man dann am Oszillographen eine sich drehende Ellipse, die zuerst größer und dann wieder kleiner wird.

Für Untersuchungen bei hohen und tiefen Temperaturen hat sich eine Anordnung bewährt, bei der die Probenspule als eingebrannter und galvanisch verstärkter Silberbelag auf den äußeren Mantel eines doppelwandigen Quarzrohres aufgebracht ist. Der Raum zwischen dem inneren Quarzrohr, das die zu untersuchende Probe aufnimmt, und dem äußeren Quarzrohr ist evakuiert. Geheizt oder gekühlt wird die Probe mit einem entsprechend temperierten Strom trockener Luft. Auf diese Weise läßt sich jede Temperatur zwischen etwa -150 und $+250$ °C mit einer Genauigkeit von etwa 2 grd einstellen und halten.

6.4.2. Quadrupolresonanzspektrometer

Spektrometer zur Messung der reinen Kernquadrupolresonanz sind ähnlich gebaut wie die normalen Kernresonanzspektrometer. Da die Zeemanniveaus der Kerne durch die Quadrupolwechselwirkung aufgespaltet sind und man nur diese Aufspaltung messen will, entfällt das äußere Magnetfeld. Damit fällt aber auch die Möglichkeit der Feldvariation weg, und die Kernquadrupolresonanzlinie muß durch Änderung der Frequenz des HF-Feldes abgetastet werden. Brückenanordnungen scheiden also als Spindetektoren aus.

Verwendet werden Autodyndetektoren und Pendelrückkopplungsempfänger. Da je nach der Größe des Quadrupolmomentes und der

Feldgradienten die Quadrupolresonanzfrequenzen zwischen etwa 1 und 2000 MHz liegen, müssen mit dem Spindetektor große Frequenzbereiche überstrichen werden. Bis etwa 50 MHz kann man normale Autodyndetektoren verwenden. Zwischen 50 und 700 MHz dienen eine moderne

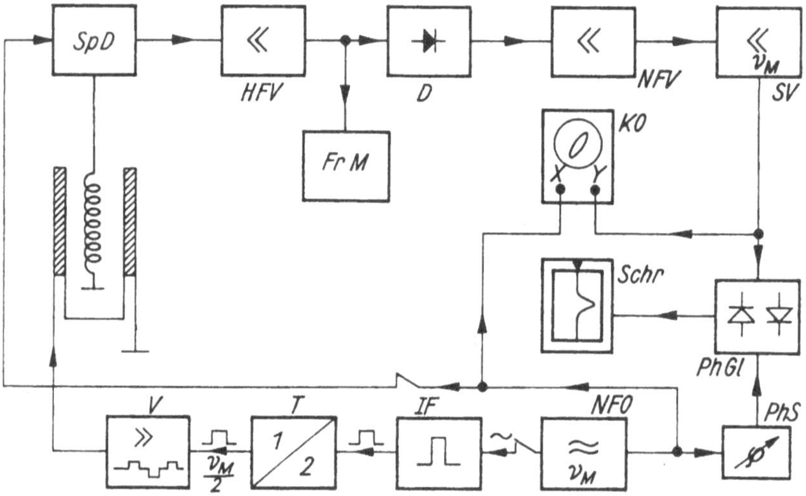

Bild 37. Blockschaltbild eines Kernquadrupolresonanzspektrometers

HF-Triode als Schwingröhre und eine Lecherleitung als Schwingkreis. Von 700 bis 1000 HMz werden Dezimetertrioden und Hohlraumresonatoren verwendet. Die in der normalen Kernresonanz übliche Magnetfeldmodulation muß hier durch eine Frequenzmodulation des Autodyndetektors ersetzt werden. Für polykristalline Proben läßt sich auch eine Zeemanmodulation durchführen, bei der die Probe noch zusätzlichen rechteckförmigen niederfrequenten Magnetfeldimpulsen von 10 bis 100 Oe Stärke ausgesetzt wird. Dadurch wird die noch verbliebene Entartung der Zeemanniveaus (s. S. 208) aufgehoben und die Resonanzfrequenz geändert. Da die Zeemanaufspaltung vom Winkel zwischen Magnetfeld und elektrischem Feldgradienten abhängt, der von Kristallit zu Kristallit verschieden ist, wird die Linie während der Dauer des Feldimpulses so stark verbreitert, daß ihre Intensität praktisch auf Null sinkt. Man erhält also eine Intensitätsmodulation der Linie. Modulationsstörungen lassen sich stark herabsetzen, wenn man mit Magnetfeldimpulsen wechselnder Polarität moduliert, zwischen denen das Feld jeweils für eine Impulsbreite Null ist. Da das Signal sowohl beim positiven als auch beim negativen Feldimpuls ausgelöscht wird, muß der Niederfrequenzteil für die doppelte Modulationsfrequenz ausgelegt sein. Damit ergibt sich für ein Kernquadrupolresonanzspektrometer etwa das in Bild 37 dargestellte Blockschaltbild.

Der Niederfrequenzoszillator NFO moduliert entweder die Frequenz des Spindetektors SpD oder liefert über den Impulsformer If und den Binärteiler T die Steuerimpulse für den Impulsgenerator mit nachfolgendem Leistungsverstärker V, der die Helmholtzspulen mit der benötigten Stromimpulsfolge speist. Die durch das Quadrupolresonanzsignal amplitudenmodulierte Hochfrequenz des Spindetektors wird im Hochfrequenzverstärker HfV verstärkt und im Demodulator D gleichgerichtet. Zwischen Demodulator und Hochfrequenzverstärker ist noch ein Frequenzmesser angekoppelt, mit dem die Quadrupolfrequenz bestimmt werden kann. Die weitere Signalverarbeitung geschieht wie beim normalen Kernresonanzspektrometer.

6.4.3. ENDOR-Spektrometer

Ein ENDOR-Spektrometer ist ein Elektronenresonanzspektrometer hoher Nachweisempfindlichkeit ($\approx 10^{11}$ Spins/Oersted), dessen Hohlraumresonator so konstruiert ist, daß in ihm neben dem Mikrowellenfeld noch ein zweites, senkrecht zu $\mathfrak{H}_0$ stehendes Hochfrequenzfeld erzeugt werden kann, dessen Frequenz der Larmorfrequenz der Kerne entspricht. Als Hohlraumresonator verwendet man daher sehr oft zylindrische H_{011}-Resonatoren aus Quarz, die innen mit einer aufgedampften Silberschicht versehen sind, deren Dicke größer als die Skintiefe des Mikrowellenfeldes, aber klein gegen die des HF-Feldes sein muß. Außen tragen die Resonatoren die Spule zur Erzeugung des HF-Feldes. Man kann auch die Silberschicht des Resonatormantels mit einer schmalen spiralförmigen Unterbrechung versehen und sie als HF-Spule benutzen. Wenn die spiralförmige Rille nur wenige zehntel Millimeter breit ist, setzt sie die Güte des Resonators kaum herab. Die zu untersuchende Probe befindet sich in der Zylinderachse des Resonators. Hier fallen die Richtungen des hochfrequenten $\mathfrak{H}_1$-Feldes und des Mikrowellen-$\mathfrak{H}_1$-Feldes zusammen.

Die HF-Spule wird von einem Sender gespeist, dessen Ausgangsleistung groß genug ist, um die Kernresonanz sättigen zu können, und dessen Frequenz über einen großen Bereich – etwa mit Hilfe eines motorgetriebenen Drehkondensators – verändert werden kann. Die Geschwindigkeit der Frequenzänderung muß nach Seite 125 so groß sein, daß die Kernresonanzlinie in einer Zeit $t \ll T_1$, der Spin-Gitter-Relaxationszeit der Kerne, überstrichen wird. Andererseits muß $t > \tau$, der Zeitkonstante der Nachweiselektronik der Elektronenresonanz, also groß gegen deren reziproke Bandbreite sein, damit eine Änderung des Elektronenresonanzsignals überhaupt beobachtet werden kann. Da die Bandbreite der Nachweiselektronik um so kleiner sein muß, je unempfindlicher das Elektronenresonanzspektrometer ist, kommen für ENDOR-Untersuchungen nur die empfindlichsten Elektronenresonanzspektrometer in Frage. Von den beiden etwa gleich empfindlichen Spektrometerarten mit Hochfrequenzmodulation des H_0-Feldes und mit Überlagerungsempfang lassen sich nur die letzteren verwenden, da die HF-Modulation unerwünschte

Seitenbänder im Spektrum erzeugt. Doch auch dann läßt sich oft die erste Bedingung nur erfüllen, wenn man bei sehr tiefen Temperaturen (der des flüssigen Heliums) arbeitet, damit T_1 genügend groß wird.

Eine ENDOR-Apparatur hat im Prinzip den im Blockschaltbild Bild 38 dargestellten Aufbau. M ist der Magnet, dessen Erregerspulen ESp von einem sehr stabilen Magnetstromversorgungsgerät Mst gespeist werden. Die zum Nachweis der Elektronenresonanz erforderliche schwache niederfrequente Magnetfeldmodulation wird mit den Modulationsspulen MSp erzeugt, die über den Leistungsverstärker NFV vom Niederfrequenz-

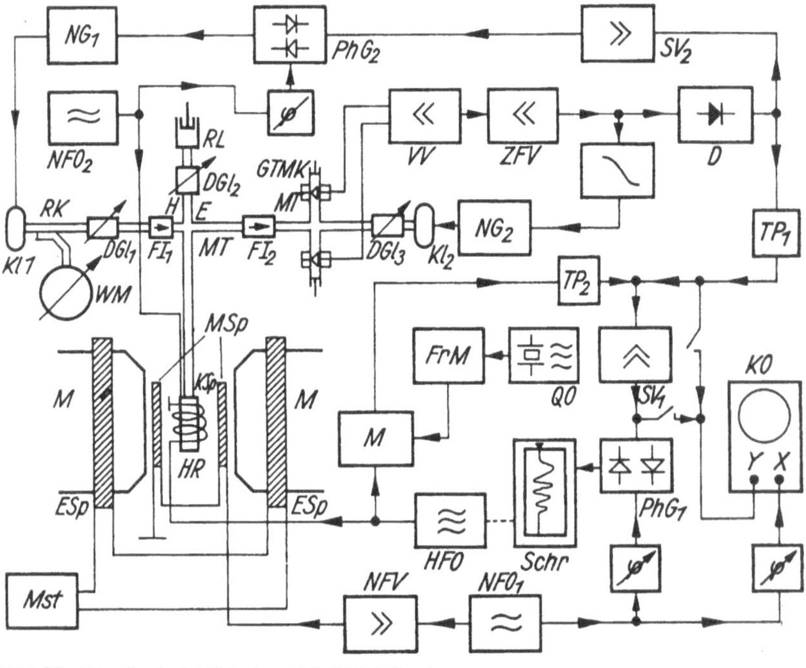

Bild 38. Blockschaltbild eines ENDOR-Spektrometers

generator NFO_1 mit dem Modulationsstrom versorgt werden. NFO_1 steuert gleichzeitig über je einen Phasenschieber den phasenempfindlichen Gleichrichter PhG_1 und die Zeitachse des Oszillographen KO.

Im einfachsten Fall besteht der Mikrowellenteil des Elektronenresonanzspektrometers aus der Mikrowellenbrücke, die über Dämpfungsglieder vom Signalklystron Kl_1 gespeist wird, einem angekoppelten Wellenmesser und dem Überlagerungsempfänger. Diese Anordnung liegt auch dem Bild 38 zugrunde. Das Klystron Kl_1, das seine Betriebsspannungen und -ströme aus dem Netzgerät NG_1 erhält, speist über das regelbare Dämpfungsglied DGl_1, mit dem die an die Apparatur abgegebene

Mikrowellenleistung geregelt wird, und einen Rückwirkungen verhindernden Ferritisolator FI_1 über den H-Arm des „Magischen T" die Mikrowellenbrücke. Zwischen Klystron und Dämpfungsglied ist über den Richtkoppler RK der Wellenmesser WM – meist eine sogenannte „Echobox" – angekoppelt. Die Mikrowellenbrücke besteht aus dem „Magischen T" MT, dessen einer Hauptarm mit dem die Probe enthaltenden Hohlraumresonator HR und dessen anderer über das Präzisionsdämpfungsglied DGl_2 mit der Reaktanzleitung RL abgeschlossen ist. Mit DGl_2 und RL läßt sich die Brücke abgleichen, bzw. ein definitives Brückenungleichgewicht herstellen. Das ist aus den auf Seite 288 erwähnten Gründen nötig. Der Ausgang der Mikrowellenbrücke, d. h. der E-Arm des „Magischen T", ist über den Ferritisolator FI_2 mit dem Überlagerungsempfänger verbunden. Dieser besteht aus dem Gegentaktmischkopf GTMK, einem zweiten „Magischen T", dessen durch Kurzschlußschieber abgeschlossene Hauptarme je eine Mikrowellendiode enthalten, und dem über ein weiteres Dämpfungsglied DGl_3 an den E-Arm angeschlossenen Empfängerklystron Kl_2, das vom Netzgerät NG_2 mit Strom versorgt wird. In den H-Arm des Gegentaktmischkopfes wird die Brückenausgangsspannung eingekoppelt. An den nichtlinearen Kennlinien der beiden Dioden des Gegentaktmischkopfes entsteht das Mischprodukt aus den beiden Klystronfrequenzen ν_1 und ν_2, aus dem die Zwischenfrequenz $\nu_{ZF} = |\nu_2 - \nu_1|$ ausgesondert und im rauscharmen Vorverstärker VV und dem nachfolgenden Zwischenfrequenzverstärker ZFV verstärkt wird. Da die Frequenzstabilität eines Reflexklystrons nicht sehr groß ist, muß durch eine Regelung dafür gesorgt werden, daß die Zwischenfrequenz immer im Durchlaßbereich des ZF-Verstärkers bleibt. Zu diesem Zweck kann man z. B. – wie in Bild 38 dargestellt – die Zwischenfrequenz nach einer Amplitudenbegrenzung einem auf die Bandmitte des ZF-Verstärkers abgestimmten Frequenzdiskriminator zuführen, an dessen Ausgang eine Regelspannung auftritt, wenn die Zwischenfrequenz von ihrem Sollwert abweicht. Betrag und Vorzeichen der Regelspannung sind der Größe und Richtung der Abweichung proportional. Die Regelspannung korrigiert über die Reflektorspannung die Frequenz des Klystrons Kl_2, so daß bis auf einen geringen Regelfehler die Zwischenfrequenz immer ihrem Sollwert entspricht.

Im Demodulator wird die mit dem Elektronenresonanzsignal modulierte ZF-Spannung gleichgerichtet. Die sinusförmige Signalspannung der Modulationsfrequenz Ω_M gelangt über den Tiefpaß TP_1 und den Schmalbandverstärker SV_1 auf den phasenempfindlichen Gleichrichter PHG_1, dessen Ausgangsspannung vom Schreiber Schr registriert wird.

Da die Frequenz des Signalklystrons Kl_1 mit der Resonanzfrequenz des Hohlraumresonators übereinstimmen muß, wird Kl_1 auf letztere stabilisiert. Die wohl einfachste Methode ist in Bild 38 angedeutet. Im Hohlraumresonator wird an einer geeigneten Stelle eine Mikrowellen-Varakterdiode angebracht, deren Kapazität durch die Niederfrequenzspannung des Niederfrequenzgenerators NFO_2 periodisch geändert wird. Damit ändert sich die Resonanzfrequenz des Hohlraumresonators um einen geringen Wert (etwa ein Hundertstel der Halbwertsbreite) im Takt der Modulationsfrequenz. Dadurch wird die vom Hohlraumresonator reflektierte Mikrowellenenergie schwach amplitudenmoduliert. Ähnlich wie bei der auf Seite 282 beschriebenen differentiellen Abtastung einer Resonanzlinie entsteht dabei eine Amplitudenmodulation der doppelten Modulationsfrequenz, wenn Klystronfrequenz und Hohlraumresonanzfrequenz übereinstimmen. Besteht eine geringe Differenz zwischen beiden Frequenzen, so tritt eine zusätzliche Modulation mit der Modulationsfrequenz selbst auf, deren Phase mit der der Modulationsspannung übereinstimmt oder gegen diese um 180° verschoben ist, je nach der Richtung der Abweichung. Diese Modulation wird am Ausgang des Demodulators abgenommen, im Schmalbandverstärker SV_2 verstärkt und in dem phasenempfindlichen Gleichrichter, der vom Modulationsgenerator NFO_2 gesteuert wird, in eine Gleichspannung umgesetzt, die über die Reflektorspannung die Frequenz des Klystrons Kl_1 so beeinflußt, daß die Differenz zwischen Klystronfrequenz und Resonanzfrequenz des Hohlraumresonators ein Minimum wird.

Das Hochfrequenzfeld, das die Kernresonanz sättigt, wird in der Spule KSp erzeugt, die von einem HF-Sender variabler Frequenz gespeist wird. Der Drehkondensator dieses Senders ist mit dem Papiervorschub des Schreibers gekoppelt. Die Frequenz des Hochfrequenzgenerators HFO wird außerdem in der Mischstufe Mi mit einem Frequenzspektrum gemischt, das im Frequenzmarkengeber FrM aus der Frequenz des Quarzgenerators QO erzeugt wird. Das Mischprodukt gelangt über den Tiefpaß TP_2 zusammen mit der Signalspannung auf den Eingang des Selektivverstärkers SV_1. Immer dann, wenn die Differenz zwischen einer der Frequenzen des Quarzspektrums und der Frequenz des Hochfrequenzoszillators HFO gleich der Resonanzfrequenz des Selektivverstärkers ist, wird auf dem Registriergerät eine Frequenzmarke geschrieben. Mit Hilfe dieser Frequenzmarken läßt sich dann das ENDOR-Spektrum bequem ausmessen.

6.4.4. Impulsspektrometer

In Kapitel 6 müßten eigentlich noch die Impulsspektrometer beschrieben werden, die bei Flüssigkeiten oft zur Messung von T_2 und T_1 benutzt werden. Da dieser Spektrometertyp sowie das Verhalten des Kernspinsystems bei nichtstationärer HF-Einstrahlung in dem Buch von Lösche [1] ausführlich behandelt werden und da der Anwendung von Impulsmethoden bei der Bestimmung der Relaxationszeiten im Festkörper einige Schwierigkeiten entgegenstehen, soll hier auf diese Geräte nicht weiter eingegangen werden. Ein speziell für Festkörperuntersuchungen geeignetes Impulsspektrometer wurde z. B. von Mansfield und Powles [167] beschrieben.

Tabellen der untersuchten Substanzen

Magnetische Legierungen können je nach der Art der Untersuchung in den Tabellen 5, 9a oder 9b aufgeführt sein.

Erklärung der sowjetischen Zeitschriftentitel siehe Literaturverzeichnis, S. 393.

Tabelle 1. Untersuchungen von Bindungen, Strukturen und Strukturänderungen

Verbindung	Isotop	Literaturzitat
H_2 (fest)	^{1}H	J. Hatton, B. V. Rollin: Proc. phys. Soc. (London) **A 199** (1949) 222.
	^{1}H	F. Reif, E. M. Purcell: Phys. Rev. **91** (1953) 631.
	^{1}H	T. Sugawara, Y. Masuda, T. Kanda, E. Kanda: Sci. Rep. Res. Instrum. Tohoku Univ. (A) **7** (1955) 67.
	^{1}H	G. W. Smith, C. F. Squire: Phys. Rev. **111** (1958) 188.
	^{1}H	G. W. Smith, R. M. Housley: Phys. Rev. **117** (1960) 732.
D_2 (fest)	^{2}D	T. Sugawara, Y. Masuda, T. Kanda, E. Kanda: Sci. Rep. Res. Instrum. Tohoku Univ. (A) **7** (1955) 67.
	^{2}D	G. W. Smith, R. M. Housley: Phys. Rev. **117** (1960) 732.
N_2 (fest)	^{14}N, ^{15}N	P. J. Haigh, T. A. Scott: J. chem. Phys. **38** (1963) 117.
NH_3, ND_3	^{14}N	C. T. O'Konski, T. J. Flautt: J. chem. Phys. **27** (1957) 815.
B (krist.)	^{11}B	O. T. Maljučkov, V. A. Povizkij: FMM **13** (1962) 933.
Diamant		J. S. Waugh, E. I. Fedin: FTT **4** (1962) 2233.
P (weiß)	^{31}P	H. A. Resing: J. chem. Phys. **37** (1962) 2575.
S	^{33}S	H. G. Dehmelt: Phys. Rev. **91** (1953) 313.
Br_2	^{79}Br, ^{81}Br	S. Kojima, K. Tsukada, A. Shimauchi, Y. Hinaga: J. phys. Soc. Japan **9** (1954) 795.
J_2	^{127}J	H. G. Dehmelt: Naturwiss. **37** (1950) 398.
	^{127}J	H. G. Dehmelt: Z. Phys. **130** (1951) 356.
	^{127}J	S. Kojima, K. Tsukada: J. phys. Soc. Japan **10** (1955) 591.
	^{127}J	K. Tsukada: J. phys. Soc. Japan **11** (1956) 956.
	^{127}J	A. Shimauchi: Science of Light **6** (1957) 58.
	^{127}J	T. Itoh, K. Kambe: J. phys. Soc. Japan **12** (1957) 763.
	^{127}J	K. Shimomura, N. Inoue: J. phys. Soc. Japan **14** (1959) 85.
BrCl		K. L. Narayana, C. Santhamma: Indian J. Phys. **37** (1963) 261.

JCl	^{127}J	H. G. Dehmelt: Naturwiss. **37** (1950) 398.
	^{127}J	H. G. Dehmelt: Z. Phys. **130** (1951) 356.
	^{127}J	S. Kojima, K. Tsukada, S. Ogawa, A. Shimauchi: J. chem. Phys. **23** (1955) 1963.
Eis	^{1}H	G. E. Pake, H. S. Gutowsky: Phys. Rev. **74** (1948) 979.
	^{1}H	K. Kume: J. phys. Soc. Japan **15** (1960) 1493.
	^{1}H	K. Kume, R. Hoshino: J. phys. Soc. Japan **16** (1961) 290.
LiF	^{7}Li, ^{19}F	E. R. Andrew, K. M. Swanson, B. R. Williams: Proc. phys. Soc. **77** (1961) 36.
NaF	^{23}Na	V. S. Grečiškin, M. L. Zlatogorskij, A. N. Osipenko: FTT **4** (1962) 2987.
		M. J. Weber: Phys. Rev. **130** (1963) 1.
KF	^{39}K	A. Abragam, J.-M. Winter: C. R. hebd. Séances Acad. Sci. **249** (1959) 1633.
	^{39}K	Y. Yamagata: J. phys. Soc. Japan **19** (1964) 10.
RbF	^{87}Rb	H. S. Gutowsky, B. R. McGarvey: J. chem. Phys. **21** (1953) 1423.
CsF	^{133}Cs	dito
HCl	^{35}Cl, ^{37}Cl	H. C. Meal, H. C. Allen: Phys. Rev. **90** (1953) 348.
DCl	^{35}Cl, ^{37}Cl	dito
LiCl	^{35}Cl	Y. Yamagata: J. phys. Soc. Japan **19** (1964) 10.
NaCl	^{23}Na	W. G. Proctor, W. A. Robinson: Phys. Rev. **104** (1956) 1344.
	^{23}Na, ^{35}Cl	E. F. Taylor, N. Bloembergen: Phys. Rev. **113** (1959) 431.
	^{23}Na, ^{35}Cl	E. G. Wikner, W. E. Blumberg, E. L. Hahn: Phys. Rev. **118** (1960) 631.
	^{23}Na, ^{35}Cl	E. R. Andrew, K. M. Swanson, B. R. Williams: Proc. phys. Soc. **77** (1961) 36.
	^{23}Na	V. S. Grečiškin, M. L. Zlatogorskij, A. N. Osipenko: FTT **4** (1962) 2987.
	^{35}Cl	Y. Yamagata: J. phys. Soc. Japan **19** (1964) 10.

Tabelle 1 (Fortsetzung)

Verbindung	Isotop	Literaturzitat
KCl	^{35}Cl	E. G. Wikner, W. E. Blumberg, E. L. Hahn: Phys. Rev. **118** (1960) 631.
	^{35}Cl	Y. Yamagata: J. phys. Soc. Japan **19** (1964) 10.
RbCl	^{87}Rb	H. S. Gutowsky, B. R. McGarvey: J. chem. Phys. **21** (1953) 1423.
	^{87}Rb, ^{35}Cl	E. G. Wikner, W. E. Blumberg, E. L. Hahn: Phys. Rev. **118** (1960) 631.
	^{87}Rb, ^{35}Cl	R. Baron: J. chem. Phys. **38** (1963) 173.
	^{87}Rb, ^{35}Cl	Y. Yamagata: J. phys. Soc. Japan **19** (1964) 10.
CsCl	^{133}Cs	H. S. Gutowsky, B. R. McGarvey: J. chem. Phys. **21** (1953) 1423.
	^{133}Cs	N. Bloembergen, P. P. Sorokin: Phys. Rev. **110** (1958) 865.
		Y. Yamagata: J. phys. Soc. Japan **19** (1964) 10.
LiBr		M. J. Weber: Phys. Rev. **130** (1963) 1.
	^{79}Br, ^{81}Br	Y. Yamagata: J. phys. Soc. Japan **19** (1964) 10.
NaBr	^{23}Na, ^{79}Br, ^{81}Br	E. G. Wikner, W. E. Blumberg, E. L. Hahn: Phys. Rev. **118** (1960) 631.
	^{23}Na	V. S. Grečiškin, M. L. Zlatogorskij, A. N. Osipenko: FTT **4** (1962) 2987.
	^{23}Na, ^{79}Br, ^{81}Br	Y. Yamagata: J. phys. Soc. Japan **19** (1964) 10.
KBr	^{81}Br	D. J. Bolef, M. Menes: Phys. Rev. **114** (1959) 1441.
	^{79}Br, ^{81}Br	E. G. Wikner, W. E. Blumberg, E. L. Hahn: Phys. Rev. **118** (1960) 631.
	^{79}Br, ^{81}Br	E. R. Andrew, K. M. Swanson, B. R. Williams: Proc. phys. Soc. **77** (1961) 36.
		M. J. Weber: Phys. Rev. **130** (1963) 1.
	^{79}Br, ^{81}Br	Y. Yamagata: J. phys. Soc. Japan **19** (1964) 10.

RbBr	^{87}Rb	H. S. GUTOWSKY, B. R. McGARVEY: J. chem. Phys. **21** (1953) 1423.
	^{87}Rb, ^{81}Br	J. ITOH, Y. YAMAGATA: J. phys. Soc. Japan **14** (1959) 225.
	^{87}Rb, ^{79}Br, ^{81}Br	E. G. WIKNER, W. E. BLUMBERG, E. L. HAHN: Phys. Rev. **118** (1960) 631.
	^{87}Rb, ^{81}Br	R. BARON: J. chem. Phys. **38** (1963) 173.
	^{87}Rb, ^{79}Br, ^{81}Br	Y. YAMAGATA: J. phys. Soc. Japan **19** (1964) 10.
CsBr	^{133}Cs	H. S. GUTOWSKY, B. R. McGARVEY: J. chem. Phys. **21** (1953) 1423.
	^{79}Br, ^{81}Br	E. G. WIKNER, W. E. BLUMBERG, E. L. HAHN: Phys. Rev. **118** (1960) 631.
	^{133}Cs, ^{79}Br	N. BLOEMBERGEN, P. P. SOROKIN: Phys. Rev. **110** (1958) 865.
	^{133}Br, ^{81}Br	R. BARON: J. chem. Phys. **38** (1963) 173.
	^{79}Br, ^{81}Br	Y. YAMAGATA: J. phys. Soc. Japan **19** (1964) 10.
LiJ	^{127}J	dito
NaJ	^{23}Na, ^{127}J	E. G. WIKNER, W. E. BLUMBERG, E. L. HAHN: Phys. Rev. **118** (1960) 631.
	^{127}J	M. MENES, D. I. BOLEF: J. Phys. Chem. Solids **19** (1961) 79.
	^{23}Na	V. S. GREČEŠKIN, M. L. ZLATOGORSKIJ, A. N. OSIPENKO: FTT **4** (1962) 2987.
		M. J. WEBER: Phys. Rev. **130** (1963) 1.
	^{23}Na, ^{127}J	Y. YAMAGATA: J. phys. Soc. Japan **19** (1964) 10.
KJ	^{127}J	R. V. POUND: Phys. Rev. **79** (1950) 685.
	^{127}J	J. ITOH, Y. YAMAGATA: J. phys. Soc. Japan **13** (1958) 1232.
	^{127}J	D. I. BOLEF, M. MENES: Phys. Rev. **114** (1959) 1441.
	^{127}J	E. G. WIKNER, W. E. BLUMBERG, E. L. HAHN: Phys. Rev. **118** (1960) 631.
	^{127}J	M. MENES, D. I. BOLEF: J. Phys. Chem. Solids **19** (1961) 79.
	^{127}J	A. H. SILVER: J. Phys. Chem. Solids **23** (1962) 273.
	^{127}J	E. OTSUKA, M. DAY: J. phys. Soc. Japan **17** (1962) 885.
		M. J. WEBER: Phys. Rev. **130** (1963) 1.
	^{127}J	Y. YAMAGATA: J. phys. Soc. Japan **19** (1964) 10.

Tabelle 1 (Fortsetzung)

Verbindung	Isotop	Literaturzitat
RbJ	^{87}Rb	H. S. Gutowsky, B. R. McGarvey: J. chem. Phys. **21** (1953) 1423.
	^{127}J	M. Menes, D. I. Bolef: J. Phys. Chem. Solids **19** (1961) 79.
	^{87}Rb, ^{127}J	R. Baron: J. chem. Phys. **38** (1963) 173.
CsJ	^{133}Cc	H. S. Gutowsky, B. R. McGarvey: J. chem. Phys. **21** (1953) 1423.
	^{133}Cs, ^{127}J	N. Bloembergen, P. P. Sorokin: Phys. Rev. **110** (1958) 865.
	^{127}J	E. G. Wikner, W. E. Blumberg, E. L. Hahn: Phys. Rev. **118** (1960) 631.
	^{127}J	M. Menes, D. I. Bolef: J. Phys. Chem. Solids **19** (1961) 79.
CsJ	^{133}Cs, ^{127}J	R. Baron: J. chem. Phys. **38** (1963) 173.
NH_4-Halogenide	^{1}H	H. S. Gutowsky, G. E. Pake: J. chem. Phys. **16** (1948) 1164.
	^{1}H	A. M. Sachs, E. H. Turner, E. M. Purcell: Phys. Rev. **76** (1949) (1954) 466.
	^{1}H	H. S. Gutowsky, G. R. Kistiakowsky, G. E. Pake, E. M. Purcell: J. chem. Phys. **17** (1949) 972.
	^{1}H	A. H. Cooke, L. E. Drain: Proc. phys. Soc. **A 65** (1950) 894.
	^{1}H	R. Carpenter, D. Williams: Phys. Rev. **93** (1954) 360.
	^{1}H	H. S. Gutowsky, G. E. Pake, R. Bersohn: J. chem. Phys. **22** (1954) 643.
	^{81}Br	J. Itoh, Y. Yamagata: J. chem. Phys. **24** (1956) 621.
	^{1}H, ^{19}F	J. B. Leane, R. E. Richards: Spektrochim. Acta **10** (1957) 154.
	^{1}H	J. A. Ibers, D. P. Stevenson: Acta crystallogr. **10** (1957) 853.
	^{1}H	J. A. Ibers, D. P. Stevenson: J. chem. Phys. **28** (1958) 929.
	^{79}Br, ^{81}Br, ^{35}Cl, ^{127}J	J. Itoh, Y. Yamagata: J. phys. Soc. Japan **17** (1962) 481
		J. S. Waugh, E. I. Fedin: FTT **4** (1962) 2233.
NH_4J_3	^{127}J	S. Kojima, K. Tsukada, S. Ogawa, A. Shimauchi: J. chem. Phys. **23** (1955) 1963.

$N_2H_6F_2$	^{1}H	J. A. IBERS, D. P. STEVENSON: Acta crystallogr. **10** (1957) 853. J. A. IBERS, D. P. STEVENSON: J. chem. Phys. **28** (1958) 929.
NH_4HF_2	^{1}H	T. SIDEI, S. YANO: J. chem. Phys. **30** (1959) 1109.
NH_4J, $NH_4J + KJ$, $CsJCl_2$, $RbJCl_2$, $KJCl_2$, $KJCl_2 \cdot H_2O$, $CsJCl_4$, $RbJCl_4$, $KJCl_4$, $KJCl_4 \cdot H_2O$, $NaJCl_4 \cdot H_2O$	^{1}H	R. E. RICHARDS, T. SCHAEFER: Trans. Faraday Soc. **57** (1961) 210.
	^{35}Cl, ^{37}Cl	C. D. CORNWELL, R. S. YAMASAKI: J. chem. Phys. **27** (1957) 1060.
	^{127}J	R. S. YAMASAKI, C. D. CORNWELL: J. chem. Phys. **30** (1959) 1265.
AgF	^{109}Ag	A. ABRAGAM, J.-M. WINTER: C. R. hebd. Seances Acad. Sci. **249** (1959) 1633.
TlF	^{203}Tl, ^{205}Tl	R. FREEMAN, R. P. H. GASSER, R. E. RICHARDS: Molec. Phys. **2** (1959) 301.
TlBr	^{205}Tl ^{203}Tl, ^{205}Tl	T. J. ROWLAND, J. P. BROMBERG: J. chem. Phys. **29** (1958) 626. R. FREEMAN, R. P. H. GASSER, R. E. RICHARDS: Molec. Phys. **2** (1959) 301.
TlJ	^{205}Tl	T. J. ROWLAND, J. P. BROMBERG: J. chem. Phys. **29** (1958) 626.
$CuCl_2 \cdot 2H_2O$	^{1}H	G. E. PAKE: J. Chim. phys. **50** (1953) C 104, siehe auch Tab. 9b
$K_2CuCl_4 \cdot 2H_2O$	^{1}H	J. W. MCGRATH, A. A. SILVIDI: J. chem. Phys. **34** (1961) 322.
$(NH_4)_2CuCl_4 \cdot 2H_2O$	^{1}H	dito
$K_2MgCl_4 \cdot H_2O$	^{1}H	G. E. PAKE: J. Chim. phys. **50** (1953) C 104.
$Mg(H_2O)_6Cl_2$	^{1}H ^{1}H	T. SIDEI, S. YANO: J. phys. Chem. **23** (1955) 1554. S. YANO: J. phys. Soc. Japan **14** (1959) 942.
$Mg(H_2O)_6Br_2$	^{1}H ^{1}H	T. SIDEI, S. YANO: J. phys. Chem. **23** (1955) 1554. S. YANO: J. phys. Soc. Japan **14** (1959) 942.
$MgJ_2 \cdot 8H_2O$	^{1}H	dito

Tabelle 1 (Fortsetzung)

Verbindung	Isotop	Literaturzitat
CaF_2	^{19}F	C. R. Bruce: Phys. Rev. **107** (1957) 43.
	^{19}F	A. G. Achmedov, R. A. Dautov: FTT **6** (1964) 529.
	^{19}F	R. L. Peterson: Phys. Letters **8** (1964) 158.
$CaCl_2 \cdot 6H_2O$	^{1}H	S. Yano: J. phys. Soc. Japan **14** (1959) 942.
$CaBr_2 \cdot 6H_2O$	^{1}H	dito
$CaJ_2 \cdot 6H_2O$	^{1}H	S. Yano: J. phys. Soc. Japan **14** (1959) 942.
$SrCl_2 \cdot 6H_2O$	^{1}H	dito
$SrBr_2 \cdot 6H_2O$	^{1}H	dito
$SrJ_2 \cdot 6H_2O$	^{1}H	dito
$BaCl_2 \cdot H_2O$	^{1}H	J. W. McGrath, A. A. Silvidi: J. chem. Phys. **34** (1961) 322.
$BaBr_2 \cdot H_2O$	^{1}H	A. A. Silvidi, J. W. McGrath: J. chem. Phys. **32** (1960) 924.
	^{1}H	J. W. McGrath, A. A. Silvidi: J. chem. Phys. **33** (1960) 644.
	^{1}H	J. W. McGrath, A. A. Silvidi: J. chem. Phys. **34** (1961) 322.
ZnJ_2	^{127}J	S. Kojima, K. Tsukada, S. Ogawa, A. Shimauchi: J. chem. Phys. **23** (1955) 1963.
$CdBr_2$	^{81}Br	R. G. Barnes, S. L. Segel, W. H. Jones jr.: J. aqql. Phys. Suppl. zu **33** (1962) 296.
CdJ_2	^{127}J	dito
$HgCl_2$	^{201}Hg, ^{35}Cl	H. G. Dehmelt, H. G. Robinson, W. Gordy: Phys. Rev. **93** (1954) 480.
$K_2HgCl_4 \cdot H_2O$	^{1}H	J. W. McGrath, A. A. Silvidi: J. chem. Phys. **34** (1961) 322.
$HgBr_2$	^{79}Br, ^{81}Br	D. Nakamura, Y. Uehara, Y. Kurita, M. Kubo: J. chem. Phys. **31** (1959) 1433.

HgJ_2	^{127}J	S. Kojima, K. Tsukada, S. Ogawa, A. Shimauchi: J. chem. Phys. **23** (1955) 1963.
K_2HgJ_4	^{127}J	D. Nakamura, Y. Uehara, Y. Kurita, M. Kubo: J. chem. Phys. **31** (1959) 1433.
$TiCl_2$	^{35}Cl	R. G. Barnes, S. L. Segel, W. H. Jones jr.: J. appl. Phys., Suppl. zu **33** (1962) 296.
$K_2SnCl_4 \cdot H_2O$	^{1}H	J. W. McGrath, A. A. Silvidi: J. chem. Phys. **34** (1961) 322.
$PbCl_2$	^{207}Pb	L. H. Piette, H. E. Weaver: J. chem. Phys. **28** (1958) 735.
	^{207}Pb	Roccard, M. Bloom, L. B. Robinson: Canad. J. Phys. **37** (1959) 522.
$CrCl_2$	^{35}Cl	R. G. Barnes, S. L. Segel, W. H. Jones jr.: J. appl. Phys., Suppl. zu **33** (1962) 296.
$CoCl_2 \cdot 2\,H_2O$	^{1}H	P. van Tiggelen, J.-M. Dereppe, M. van Meerssche: J. Chim. phys. **59** (1962) 1042.
K_2ReCl_6	^{35}Cl	R. Ikeda, D. Nakamura, M. Kubo: Bull. chem. Soc. Japan **36** (1963) 1056.
K_2ReBr_6	^{79}Br	dito
K_2PdBr_4	^{79}Br	K. A. Ito, D. Nakamura, Y. Kurita, Ko. Ito, M. Kubo: J. Amer. chem. Soc. **83** (1961) 4526.
K_2PtBr_4	^{79}Br	dito
K_2ReJ_6	^{127}J	R. Ikeda, D. Nakamura, M. Kubo: Bull. chem. Soc. Japan **36** (1963) 1056.
$(NH_4)_2BeF_4$	^{1}H, ^{19}F	J. B. Leane, R. E. Richards: Spectrochim. Acta **10** (1957) 154.
$(NH_4)BeF_4$	^{1}H	I. Levstek: Advanc. molec. Spectr. **3** (1962) 1231.
H_3NBF_3	^{1}H, ^{19}F	J. B. Leane, R. E. Richards: Spectrochim. Acta **10** (1957) 154.
NH_4BF_4	^{1}H, ^{19}F	dito
$NaBF_4$	^{11}B	A. H. Silver, P. J. Bray: J. chem. Phys. **32** (1960) 288.
KBF_4	^{11}B	dito

Tabelle 1 (Fortsetzung)

Verbindung	Isotop	Literaturzitat
NH_4BF_4	^{11}B	A. H. Silver, P. J. Bray: J. chem. Phys. **32** (1960) 288.
BF_3	^{19}F	J. Bacon, R. J. Gillespie, J. W. Quail: Canad. J. Chem. **41** (1963) 3063.
BCl_3	^{35}Cl, ^{37}Cl	T. Chiba: J. phys. Soc. Japan **13** (1958) 860.
BBr_3	^{79}Br, ^{81}Br	dito
BJ_3	^{127}J	W. G. Laurita, W. S. Koski: J. Amer. chem. Soc. **81** (1959) 3179.
$AlCl_3$	^{27}Al	P. A. Casabella, N. C. Miller: J. chem. Phys. **40** (1964) 1363.
$AlBr_3$	^{79}Br, ^{81}Br	S. L. Segel, R. G. Barnes: Bull. Amer. phys. Soc. Ser. II **1** (1956) 282.
	^{79}Br, ^{81}Br	R. G. Barnes, S. L. Segel: J. chem. Phys. **25** (1956) 180.
	^{27}Al	P. A. Casabella, O. J. Bray, R. G. Barnes: J. chem. Phys. **30** (1959) 1393.
AlJ_3	^{127}J	S. L. Segel, R. G. Barnes: Bull. Amer. phys. Soc. Ser. II **1** (1956) 282.
	^{127}J	S. L. Segel, R. G. Barnes: J. chem. Phys. **25** (1956) 578.
La-Trichlorid	^{139}La	D. T. Edmonds: Phys. Rev. Letters **10** (1963) 129.
$GaBr_3$	^{79}Br, ^{81}Br	S. L. Segel, R. G. Barnes: Bull. Amer. Soc. Ser. II **1** (1956) 282.
GaJ_3	^{127}J	S. L. Segel, R. G. Barnes: J. chem. Phys. **25** (1956) 578.
	^{127}J	S. L. Segel, R. G. Barnes: Bull. Amer. Phys. Soc. Ser. II **1** (1956) 282.
$InBr_3$	^{79}Br, ^{81}Br	S. L. Segel, R. G. Barnes: Bull. Amer. Phys. Soc. Ser. II **1** (1956) 282.
InJ_3	^{127}J	dito
	^{127}J	S. L. Segel, R. G. Barnes: J. chem. Phys. **25** (1956) 578.
Tl_2Cl_3		
$TlCl_3 \cdot 4\,H_2O$		

$K_3(TlCl_6)\cdot H_2O$ $(NH_4)_3(TlCl_6)\cdot H_2O$		R. Freeman, R. P. H. Gasser, R. E. Richards: Molec. Phys. **2** (1959) 301.
$Zn(TlCl_4)_2\cdot H_2O$	^{203}Tl, ^{205}Tl	
$TiCl_3$	^{35}Cl	R. G. Barnes, S. L. Segel, W. H. Jones jr.: J. appl. Phys., Suppl. zu **33**, 296 (1962)
$(NH_4)_2PbCl_6$ K_2SnCl_6	^{35}Cl	
$(NH_4)_2SnCl_6$		D. Nakamura: Bull. chem. Soc. Japan **36** (1963) 1662.
Rb_2SnCl_6 Rb_2SnBr_6 Rb_2SnJ_6	 ^{79}Br ^{127}J	
VCl_3	^{35}Cl	R. G. Barnes, S. L. Segel, W. H. Jones jr.: J. appl. Phys., Suppl. zu **33** (1962) 296.
$CrCl_3$	^{35}Cl	dito
$CrBr_3$	^{81}Br	dito
PBr_3	^{79}Br, ^{81}Br	S. Kojima, K. Tsukada, S. Ogawa, A. Shimauchi: J. chem. Phys. **21** (1953) 1415.
	^{79}Br, ^{81}Br	H. Robinson, H. G. Dehmelt, W. Gordy: J. chem. Phys. **22** (1954) 511.
$AsCl_3$	^{75}As	R. G. Barnes, P. J. Bray: J. chem. Phys. **23** (1955) 407, 1178.
	^{75}As, ^{35}Cl	S. Ogawa: J. phys. Soc. Japan **13** (1958) 618.
$AsBr_3$	^{75}As, ^{81}Br	R. G. Barnes, P. J. Bray: J. chem. Phys. **23** (1955) 407, 1178.
$AsJ_3\cdot 3S_8$	^{127}J	H. Robinson, H. G. Dehmelt, W. Gordy: J. chem. Phys. **22** (1954) 511.
AsJ_3	^{75}As	R. G. Barnes, P. J. Bray: J. chem. Phys. **23** (1955) 407, 1178.
	^{75}As, ^{127}J	S. Ogawa: J. Phys. Soc. Japan **13** (1958) 618.
$AsJ_3\cdot 3S_8$	^{75}As, ^{127}J	dito

Tabelle 1 (Fortsetzung)

Verbindung	Isotop	Literaturzitat
SbF_3	^{121}Sb, ^{123}Sb	I. A. Safin: Ž. Strukt. Chimii **4** (1962) 267.
$SbCl_3$	^{121}Sb, ^{123}Sb	R. G. Barnes, P. J. Bray: J. chem. Phys. **23** (1955) 1177.
	^{121}Sb, ^{123}Sb	S. Ogawa: J. phys. Soc. Japan **12** (1957) 1105.
	^{35}Cl, ^{121}Sb, ^{123}Sb	S. Ogawa: J. phys. Soc. Japan **13** (1958) 618.
	^{121}Sb, ^{123}Sb	V. S. Grečiškin, I. A. Kjunzel': Ž. Strukt. Chimii **4** (1962) 269.
$SbCl_3 \cdot C_6H_6$	^{121}Sb, ^{123}Sb	dito
$SbCl_3 \cdot C_7H_8$	^{121}Sb, ^{123}Sb	dito
$SbCl_3$	^{121}Sb	V. S. Grečiškin, I. A. Kjunzel': ŽETF **43** (1962) 1712.
$SbCl_3$	^{35}Cl, ^{121}Sp, ^{123}Sb	V. S. Grečiškin, I. A. Kjunzel': Ž. Strukt. Chimii **5** (1964) 53.
$SbBr_3$	^{79}Br, ^{81}Br	H. Robinson, H. G. Dehmelt, W. Gordy: J. chem. Phys. **22** (1954) 511.
	^{79}Br, ^{81}Br	A. L. Schawlow: J. chem. Phys. **22** (1954) 1211.
	^{121}Sb, ^{123}Sb, ^{79}Br, ^{81}Br	S. Ogawa: J. phys. Soc. Japan **13** (1958) 618.
$SbBr_3$	^{121}Sb, ^{123}Sb, ^{79}Br	V. S. Grečiškin, I. A. Kjunzel': Ž. Strukt. Chimii **5** (1964) 53.
$SbJ_3 \cdot 3S_8$	^{127}J	H. Robinson, H. G. Dehmelt, W. Gordy: J. chem. Phys. **22** (1954) 511.
SbJ_3	^{127}J	A. L. Schawlow: J. chem. Phys. **22** (1954) 1211.
	^{127}J	R. G. Barnes, P. J. Bray: J. chem. Phys. **23** (1955) 1177.
	^{121}Sb, ^{127}J	S. Ogawa: J. phys. Soc. Japan **13** (1958) 618.
$SbJ_3 \cdot 3S_8$	^{121}Sb, ^{127}J	dito
SbJ_3	^{121}Sb, ^{123}Sb	I. A. Safin: Ž. Strukt. Chimii **4** (1962) 267.
$BiCl_3$	^{209}Bi, ^{35}Cl, ^{37}Cl	H. G. Robinson: Phys. Rev. **100** (1955) 1731.
BiJ_3	^{127}J	R. G. Barnes, P. J. Bray: J. chem. Phys. **23** (1955) 1177.
K_2TiF_6	^{19}F	J. A. Ibers, C. H. Holm: Acta crystallogr. **10** (1957) 139.

$(NH_4)_2TiF_6$	^1H, ^{19}F	J. B. Leane, R. E. Richards: Spectrochim. Acta **10** (1955) 154.
$TiCl_4$	^{35}Cl	R. P. Hamlen, W. S. Koski: J. chem. Phys. **25** (1956) 360.
$TiBr_4$	^{79}Br	R. G. Barnes, R. D. Engardt: J. chem. Phys. **29** (1958) 248.
$ZrF_4 \cdot xHF \cdot yH_2O$	^1H, ^{19}F	S. Maričič, P. Strohal, Z. Veksli: J. inorg. nucl. Chem. **25** (1963) 789.
CF_4	^{19}F	J. G. Arton, Q. P. Stottlemyer, G. R. Murray: J. Amer. chem. Soc. **82** (1960) 1281.
CF_4	^{19}F	N. M. Aleksandrov, F. I. Skripov: Fizičeskie Problemy Spektroskopii (1963) 146.
CBr_4	^{79}Br, ^{81}Br	A. L. Schawlow: J. chem. Phys. **22** (1954) 1211.
CJ_4	^{127}J	H. Robinson, H. G. Dehmelt, W. Gordy: J. chem. Phys. **22** (1954) 511.
CF_3J	^{127}J	dito
$(NH_4)_2SiF_6$	^1H, ^{19}F	J. B. Leane, R. E. Richards: Spectrochim. Acta **10** (1957) 154.
K_2SiF_6		J. S. Waugh, E. J. Fedin: FTT **4** (1962) 2233.
Cs_2SiF_6		dito
$SiBr_4$	^{79}Br, ^{81}Br	A. L. Schawlow: J. chem. Phys. **22** (1954) 1211.
SiJ_4	^{127}J	H. Robinson, H. G. Dehmelt, W. Gordy: J. chem. Phys. **22** (1954) 511.
$(NH_4)_2GeF_6$	^1H, ^{19}F	J. B. Leane, R. E. Richards: Spectrochim. Acta **10** (1957) 154.
$GeBr_4$	^{79}Br, ^{81}Br	A. L. Schawlow: J. chem. Phys. **22** (1954) 1211.
GeJ_4	^{127}J	H. Robinson, H. G. Dehmelt, W. Gordy: J. chem. Phys. **22** (1954) 511.
	^{127}J	A. L. Schawlow: J. chem. Phys. **22** (1954) 1211.
$SnBr_4$	^{79}Br, ^{81}Br	S. Kojima, K. Tsukada, S. Ogawa, S. Shimauchi: J. chem. Phys. **21** (1953) 1415.
	^{79}Br, ^{81}Br	H. Robinson, H. G. Dehmelt, W. Gordy: J. chem. Phys. **22** (1954) 511.
	^{79}Br, ^{81}Br	A. L. Schawlow: J. chem. Phys. **22** (1954) 1211.

Tabelle 1 (Fortsetzung)

Verbindung	Isotop	Literaturzitat
$(NH_4)_2SnBr_6$	^{1}H	R. E. Richards, T. Schaefer: Trans. Faraday Soc. **57** (1961) 210.
SnJ_4	^{127}J	H. G. Dehmelt: Naturwiss. **37** (1950) 398.
	^{127}J	H. Robinson, H. G. Dehmelt, W. Gordy: J. chem. Phys. **22** (1954) 511.
	^{127}J	A. L. Schawlow: J. chem. Phys. **22** (1954) 1211.
	^{127}J	S. Ogawa: J. phys. Soc. Japan **13** (1958) 618.
$SnJ_4 \cdot 2\,S_8$	^{127}J	dito
$SnJ_4 \cdot 4\,S_8$	^{127}J	dito
SnJ_4	^{127}J	T. Fuke: J. phys. Soc. Japan **16** (1961) 266.
K_2PF_6		J. S. Waugh, E. I. Fedin: FTT **4** (1962) 2233.
$NaPF_6$		
KPF_6		
$RbPF_6$		
$CsPF_6$	^{19}F	G. R. Miller, H. S. Gutowsky: J. chem. Phys. **39** (1963) 1983.
SF_4	^{19}F	F. A. Cotton, J. W. George, J. S. Waugh: J. chem. Phys. **28** (1958) 994.
$TcCl_4$		A. Schmitt, W. Zeil: Ber. Buns. Ges. Phys. Chem. **67** (1963) 847.
$TcCl_4$	^{35}Cl	A. Schmitt, W. Zeil: Z. Naturforsch. **18a** (1963) 428.
K_2PtCl_4	^{35}Cl	E. P. Marram, E. J. McNiff, J. L. Ragle: J. phys. Chem. **67** (1963) 1719.
K_2PtCl_6	^{35}Cl	D. Nakamura, Y. Kurita, K. Ito, M. Kubo: J. Amer. chem. Soc. **82** (1960) 5783.
K_2PtBr_6	^{79}Br	dito
K_2PtJ_6	^{127}J	dito

K_2PdCl_6	^{35}Cl	Ka. Ito, D. Nakamura, Y. Kurita, Ko. Ito, M. Kubo: J. Amer. chem. Soc. **83** (1961) 4526.
K_2PdBr_6		
K_2PdBr_4	^{79}Br	dito
PCl_5	^{31}P	E. R. Andrew, A. Bradbury, R. G. Eades, V. T. Wynn: Phys. Letters **4** (1963) 99.
WCl_6	^{35}Cl	R. P. Hamlen, W. S. Koski: J. chem. Phys. **25** (1956) 360.
UF_6	^{19}F	R. Blinc, V. Marinković, E. Pirkmajer, I. Zupančič: J. chem. Phys. **38** (1963) 2474.
$Na_2B(OH)_4Cl$ (Teepleit)	^{11}B	V. Ross, J. O. Edwards: Amer. Mineralogist **44** (1959) 875.
$CuB(OH)_4Cl$ (Baudylit)	^{11}B	dito
$[Co(NH_3)_6]Cl_3$	^{59}Co	T. Sugawara: J. phys. Soc. Japan **14** (1955) 858.
$Co(NH_3)_6X_3$ mit $X = Cl, Br, J, NO_3, BF_4, PF_6$	^{1}H, ^{19}F	G. R. Murray jr., J. S. Waugh: J. chem. Phys. **29** (1958) 207.
$[Co(NH_3)_6]Cl_3$ $[Co(NH_3)_5Cl]Cl_2$ $[Co(NH_3)_5NO_2]Cl_2$ $[Co(NH_3)_5CO_3]NO_3$ $[Co(NH_3)_4CO_3]NO_3$ $Na_3Co(NO_2)_6$ $Co(NH_3)_3(NO_2)_3$ $Co(NH_3)_3(H_2O)_3$		
cis-, trans-$Co(NH_3)_4(NO_2)_2JNO_3$	^{59}Co	S. S. Dharmatti, C. R. Kanekar: J. chem. Phys. **31** (1959) 1436.
$Ni(NH_3)_6Cl_2$ $Ni(NH_3)_6(ClO_4)_2$ $Co(NH_3)_6Cl_3$ $Co(NH_3)_6(NO_3)_2$		

Tabelle 1 (Fortsetzung)

Verbindung	Isotop	Literaturzitat
trans-$Co(NH_3)_4(NO_2)_3(NO_3)$ $Ni(NH_3)_6(ClO_4)_2$ $Co(NH_3)_6Cl_2$ $Mn(NH_3)_6Cl_2$		
$Fe(NH_3)_6Cl_2$	^{1}H	P. H. Kim: J. phys. Soc. Japan **15** (1960) 445.
$NaBH_4$	^{11}B	A. H. Silver, P. J. Bray: J. chem. Phys. **32** (1960) 288.
$TiH_x (x = 0{,}20 \cdots 1{,}98)$	^{1}H	O. T. Maljučkov i. B. N. Finkel'stejn: DAN SSR **127** (1959) 822.
ZrH_2	^{1}H	dito
NaSH	^{1}H, ^{23}Na	C. K. Coogan, G. G. Belford, H. S. Gutowsky: J. chem. Phys. **39** (1963) 3061.
LiOH	^{7}Li	J. E. Hon, P. J. Bray: Phys. Rev. **110** (1958) 624.
$LiOH \cdot H_2O$	^{7}Li	dito
Cu_2O	^{63}Cu, ^{65}Cu	H. Krüger, U. Meyer-Berkhout: Z. Phys. **132** (1952) 171.
	^{63}Cu, ^{65}Cu	G. B. Benedek, N. Bloembergen, T. Kushida: Bull. Amer. phys. Soc. Ser. II **1** (1956) 11.
Cu_2O (Cuprit)	^{63}Cu, ^{65}Cu	H. L. Cox jr., D. Williams: J. chem. Phys. **32** (1960) 633.
MgO	^{17}O	J. A. Jackson: J. Phys. Chem. Sol. **24** (1963) 551.
$Mg(OH)_2$	^{1}H	T. Saito, Y. Kotera: Bull. chem. Soc. Japan **36** (1963) 474.
$Ca(OH)_2$	^{1}H	D. M. Henderson, H. S. Gutowsky: Amer. Mineralogist **47** (1962) 1231.
	^{1}H	V. I. Kvlividze, L. N. Paškovič: DAN SSR **146** (1962) 1322.
B_2O_3	^{11}B	A. H. Silver, P. J. Bray: J. chem. Phys. **29** (1958) 984.
$B_2O_3 \cdot 3\,H_2O$	^{11}B	F. Holuj, H. E. Petch: Canad. J. Phys. **38** (1960) 515.

Al_2O_3	^{27}Al	R. V. Pound: Phys. Rev. **79** (1950) 685.
α-Al_2O_3, γ-Al_2O_3	^{27}Al	D. E. O'Reilly: J. chem. Phys. **28** (1958) 1262
Al_2O_3	^{27}Al	A. H. Silver, T. Kushida, J. Lambe: Phys. Rev. **125** (1962) 1147.
Rubin	^{27}Al	W. H. Veigele, A. W. Bevan jr., W. H. Tanttila: J. chem. Phys. **38** (1963) 1596.
Al_2O_3	^{27}Al	T. Kushida, A. H. Silver: Phys. Rev. **130** (1963) 1692.
α-AlOOH(Böhmit)	^{1}H	C. H. Holm, C. R. Adams, J. A. Ibers: J. phys. Chem. **62** (1958) 992.
γ-$Al(OH)_2$	^{1}H	D. J. Kroon, C. v. d. Stolpe: Nature **183** (1959) 944.
γ-AlOOH	^{1}H	dito
α-$Al(OH)_3$	^{1}H	dito
AlO(OH)(Diaspor)	^{1}H	N. M. Aleksandrov: Vestnik Leningrad. Univ. **22** (1959) 24.
$[Al(OH)_3]_2$	^{1}H	T. Saito: Bull. chem. Soc. Japan **33** (1960) 1626.
$HAlO_2$	^{1}H	N. M. Aleksandrov, F. I. Skripov: Paramagnitnyj Rezonans (Izdat. Kazanskogo Universiteta) (1960) 176.
	^{1}H	N. M. Aleksandrov, F. I. Skripov: Fizičeskie Problemy Spektroskopii (1963) 146.
$LiAl_5O_8$	^{7}Li, ^{27}Al	G. H. Stauss: J. chem. Phys. **40** (1964) 1988.
$BeAl_2O_4$(Chrysoberyll)	^{27}Al	J. H. Hockenberry jr., L. C. Brown, D. Williams: J. chem. Phys. **28** (1958) 367.
$LaAlO_3$	^{139}La, ^{27}Al	K. A. Müller, E. Brun, B. Derighetti, J. E. Drumheller, F. Waldner: Phys. Letters **9** (1964) 223.
$UO_4 \cdot 2\,H_2O$	^{1}H	A. L. Porte, H. S. Gutowsky, J. E. Bogep: J. chem. Phys. **37** (1962) 2318.
$UO_4 \cdot 4\,H_2O$	^{1}H	S. P. Gabuda, Ju. V. Gagarinskij, S. A. Durasova, A. G. Lundin: Ž. Strukt. Chimii **5** (1964) 303.
α-Ga_2O_3	^{71}Ga	Wm. J. Veigele: J. chem. Phys. **39** (1963) 2389.
Tl_2O_3	^{203}Tl, ^{205}Tl	N. Bloembergen, T. J. Rowland: Phys. Rev. **97** (1955) 1679.

Tabelle 1 (Fortsetzung)

Verbindung	Isotop	Literaturzitat
TlOOH	^{203}Tl, ^{205}Tl	R. Freeman, R. P. H. Gasser, R. E. Richards: Molec. Phys. **2** (1959) 301.
PbO(gelb)	^{207}Pb	L. H. Piette, H. E. Weaver: J. chem. Phys. **28** (1958) 735.
PbO(rot)	^{207}Pb	dito
PbO_2	^{207}Pb	dito
PbO_2	^{207}Pb	J. M. Roccard, M. Bloom, L. B. Robinson: Canad. J. Phys. **37** (1959) 522.
As_4O_6(Arsenolit)	^{75}As	H. Krüger, U. Meyer-Berkhout: Z. Phys. **132** (1952) 221.
	^{75}As	P. J. Bray, G. O'Keefe, R. G. Barnes: J. chem. Phys. **25** (1956) 792.
	^{75}As	T. Fuke: J. phys. Soc. Japan **16** (1961) 26.
As_2O_3(Claudetit)	^{75}As	P. J. Bray, G. O'Keefe, R. G. Barnes: J. chem. Phys. **25** (1956) 792.
	^{75}As	P. J. Bray, G. O'Keefe: Bull. Amer. phys. Soc., Ser. II **1** (1956) 11.
Sb_2O_3	^{121}Sb, ^{123}Sb	R. G. Barnes, P. J. Bray: J. chem. Phys. **23** (1955) 1177.
	^{121}Sb, ^{123}Sb	S. Ogawa: J. phys. Soc. Japan **12** (1957) 1105.
	^{121}Sb, ^{123}Sb	I. A. Safin: Ž. Strukt. Chimii **4** (1962) 267.
α-Bi_2O_3	^{209}Bi	dito
γ-Bi_2O_3	^{209}Bi	dito
$MoO_3 \cdot 2H_2O$	^{1}H	S. Maričič, J. A. S. Smith: Acta crystallogr. **10** (1957) 853.
$2MoO_3 \cdot P_2O_5 \cdot 3H_2O$	^{1}H	O. Glemser, H. K. Hofmeister, E. Schwarzmann: Z. anorg. allgem. Chem. **312** (1962) 50.
	^{1}H	O. Glemser, E. Schwarzmann: Naturwiss. **50** (1963) 300.
$WO_3 \cdot 2H_2O$	^{1}H	E. Schwarzmann, O. Glemser: Z. angew. allgem. Chem. **312** (1962) 45.

$WO_3 \cdot H_2O$	^{1}H	dito
As_2S_3	^{75}As	I. A. Safin: Ž. Strukt. Chimii **4** (1962) 267.
As—S	^{75}As	I. N. Peńkow, I. A. Safin: DAN SSR **153** (1963) 692.
Sb_2S_3 (Stibnit)	^{121}Sb, ^{123}Sb	I. A. Safin, I. N. Peńkow: DAN SSR **147** (1962) 410.
LaB_6	^{11}B	O. T. Maljučkov, V. A. Povizkij: FMM **13** (1962) 933.
TiB_2	^{11}B	A. H. Silver, P. J. Bray: J. chem. Phys. **32** (1960) 288.
	^{11}B	O. T. Maljučkov, V. A. Povizkij: FMM **13** (1962) 676.
ZrB_2	^{11}B	A. H. Silver, P. J. Bray: J. chem. Phys. **32** (1960) 288.
	^{11}B	O. T. Maljučkov, V. A. Povizkij: FMM **13** (1962) 676.
CB	^{11}B	A. H. Silver, P. J. Bray: J. chem. Phys. **31** (1959) 247.
NbB_2	^{11}B	O. T. Maljučkov, V. A. Povizkij: FMM **13** (1962) 676.
TaB_2	^{11}B	dito
NB	^{11}B	A. H. Silver, P. J. Bray: J. chem. Phys. **32** (1960) 288.
CrB	^{11}B	O. T. Maljučkov, V. A. Povizkij: FMM **13** (1962) 933.
CrB_2	^{11}B	O. T. Maljučkov, V. A. Povizkij: FMM **13** (1962) 676.
Mo_2B_5	^{11}B	dito
$NaClO_2$	^{35}Cl, ^{37}Cl	J. L. Ragle: J. chem. Phys. **32** (1960) 403.
$AgClO_2$	^{35}Cl, ^{37}Cl	dito
$NaClO_3$	^{35}Cl	J. Itoh, R. Kusaka: J. phys. Soc. Japan **9** (1954) 434.
	^{35}Cl	G. B. Benedek, N. Bloembergen, T. Kushida: Bull. Amer. phys. Soc., Ser. II **1** (1956) 11.
	^{23}Na	H. S. Gutowsky, G. A. Williams: Phys. Rev. **105** (1957) 464.
	^{35}Cl, ^{37}Cl	K. Kano: J. phys. Soc. Japan **13** (1958) 975.
	^{35}Cl	V. S. Grečiškin, F. I. Skripov: DAN SSR **126** (1959) 1229.
		P. A. Bender, D. A. Jennings, W. H. Tanttila: J. chem. Phys. **32** (1960) 499.
	^{35}Cl	M. J. Webb: J. Phys. Chem. Sol. **17** (1961) 267.
	^{35}Cl	W. D. Partlow, W. G. Moulton: J. chem. Phys. **39** (1963) 2381.
	^{35}Cl	A. Kawamori, J. Itoh: J. phys. Soc. Japan **18** (1963) 1614.

Tabelle 1 (Fortsetzung)

Verbindung	Isotop	Literaturzitat
$KClO_3$	^{39}K, ^{41}K	P. Kaplan, E. L. Hahn: Bull. Amer. phys. Soc. **2** (1957) 384.
	^{35}Cl	V. S. Grečiškin, F. I. Skripov: DAN SSR **126** (1959) 1229.
	^{35}Cl, ^{37}Cl	J. Vanier: Canad. J. Phys. **38** (1960) 1397.
	^{35}Cl	M. J. Weber, E. L. Hahn: Phys. Rev. **120** (1960) 266.
	^{35}Cl	M. J. Weber: J. Phys. Chem. Sol. **17** (1961) 267.
	^{35}Cl	J. Armstrong, N. Bloembergen, D. Gill: Phys. Rev. Letters **7** (1961) 11.
NH_4ClO_4	^{1}H	I. Levstek: Advanc. molec. Spectr. **3** (1962) 1231.
$NaBrO_3$	^{79}Br, ^{81}Br	J. Itoh, R. Kusaka: J. phys. Soc. Japan **9** (1954) 434.
	^{79}Br, ^{81}Br	A. L. Schawlow: J. chem. Phys. **22** (1954) 1211.
	^{23}Na	H. S. Gutowsky, G. A. Williams: Phys. Rev. **105** (1957) 464.
	^{79}Br, ^{81}Br	K. Kano: J. phys. Soc. Japan **13** (1958) 975.
	^{23}Na	R. A. Bernheim, H. S. Gutowsky: J. chem. Phys. **32** (1960) 1072.
	^{79}Br, ^{81}Br	R. F. Tysswārd, W. G. Moulton: J. chem. Phys. **39** (1963) 2730.
$KBrO_3$	^{79}Br, ^{81}Br	A. L. Schawlow: J. chem. Phys. **22** (1954) 1211.
	^{81}Br	T. Fuke: J. Phys. Soc. Japan **16** (1961) 267.
$CsBrO_3$	^{79}Br, ^{81}Br	A. L. Schawlow: J. chem. Phys. **22** (1954) 1211.
$LiJO_3$	^{7}Li	J. E. Hon, P. J. Bray: Phys. Rev. **110** (1958) 624.
NH_4JO_3	^{1}H	H. S. Gutowsky, G. E. Pake: J. chem. Phys. **16** (1948) 1164.
	^{1}H	R. E. Richards, T. Schaefer: Trans. Faraday Soc. **57** (1961) 210.
$AgClO_4 \cdot 3\,C_4H_8O_6$	^{1}H	A. Kawamori, M. Sakiyama: J. phys. Soc. Japan **18** (1963) 1218.
$Mg(ClO_3)_2$	^{35}Cl	V. S. Grečiškin, F. I. Skripov: DAN SSR **126** (1959) 1229.
$Ca(ClO_3)_2$	^{35}Cl	dito
$Ba(ClO_3)_2$	^{35}Cl	dito

$Ba(ClO_3)_2 \cdot H_2O$	^{1}H	A. A. Silvidi, J. W. McGrath: J. chem. Phys. **33** (1960) 1789.
	^{1}H	J. W. McGrath, A. A. Silvidi: J. chem. Phys. **34** (1961) 322.
	^{1}H	J. W. McGrath, A. A. Silvidi: J. chem. Phys. **39** (1963) 3017.
$Ba(ClO_3)_2 \cdot D_2O$	^{2}D	T. Chiba: J. chem. Phys. **39** (1963) 947.
$Ba(BrO_3)_2 \cdot H_2O$	^{1}H	J. W. McGrath, A. A. Silvidi: J. chem. Phys. **34** (1961) 322.
NH_4ClO_4	^{1}H	J. A. Ibers: J. chem. Phys. **32** (1960) 1448.
	^{1}H	R. E. Richards, T. Schaefer: Trans. Faraday Soc. **57** (1961) 210.
$TlClO_4$	^{203}Tl, ^{205}Tl	R. Freeman, R. P. H. Gasser, R. E. Richards: Molec. Phys. **2** (1959) 301.
$NaNO_2$	^{23}Na	A. Weiss: Z. Naturforsch. **15a** (1960) 536.
	^{23}Na	A. Weiss, D. Biedenkapp: Z. Naturforsch. **17a** (1962) 794.
$LiNO_3$	^{7}Li	J. H. Hon, P. J. Bray: Phys. Rev. **110** (1958) 624.
$LiNO_3 \cdot 3H_2O$	^{7}Li	dito
$NaNO_3$	^{23}Na	R. V. Pound: Phys. Rev. **79** (1950) 685.
	^{23}Na	R. G. Eades, D. G. Hughes, E. R. Andrew: Proc. phys. Soc. **71** (1958) 1019.
	^{23}Na	R. A. Bernheim, H. S. Gutowsky: J. chem. Phys. **32** (1960) 1072.
	^{23}Na	V. V. Lemanov: ŽÈTF **39** (1960) 260.
	^{23}Na	E. R. Andrew, R. G. Eades, J. W. Hennel, D. G. Hughes: Proc. phys. Soc. **79** (1962) 954.
NH_4NO_3	^{1}H	R. Carpenter, D. Williams: Phys. Rev. **93** (1954) 360.
	^{1}H	R. E. Richards, T. Schaefer: Trans. Faraday Soc. **57** (1961) 210.
	^{1}H	R. N. Brown, A. C. McLaren: Proc. Roy. Soc. **A 266** (1962) 329.
$NH_4NO_3 + RbNO_3$	^{1}H	R. E. Richards, T. Schaefer: Trans. Faraday Soc. **57** (1961) 210.
$TlNO_3$	^{205}Tl	T. J. Rowland, J. P. Bromberg: J. chem. Phys. **29** (1958) 626.
	^{203}Tl, ^{205}Tl	R. Freeman, R. P. H. Gasser, R. E. Richards: Molec. Phys. **2** (1959) 301.

Tabelle 1 (Fortsetzung)

Verbindung	Isotop	Literaturzitat
$Pb(NO_3)_2$	^{207}Pb	J. R. v. Wazer, C. F. Callis, J. N. Shoolery: J. Amer. chem. Soc. **77** (1955) 4945.
	^{207}Pb	J. M. Roccard, M. Bloom, L. B. Robinson: Canad. J. Phys. **37** (1959) 522.
$Pb(NO_3)_2 \cdot H_2O$	^{207}Pb	dito
La-Mg-Nitrat	La	D. T. Edmonds: Phys. Rev. Letters **10** (1963) 129.
Li_2CO_3	^{7}Li	R. V. Pound: Phys. Rev. **79** (1950) 685.
Tl_2CO_3	^{203}Tl, ^{205}Tl	R. Freeman, R. P. H. Gasser, R. E. Richards: Molec. Phys. **2** (1959) 301.
$PbCO_3$	^{207}Pb	J. M. Roccard, M. Bloom, L. B. Robinson: Canad. J. Phys. **37** (1959) 522.
$Li_2SO_4 \cdot H_2O$	^{7}Li	R. V. Pound: Phys. Rev. **79** (1950) 685.
	^{1}H	G. E. Pake: J. Chim. phys. **50** (1953) C 104.
	^{1}H	E. Hirahara, M. Murakami: J. phys. Soc. Japan **11** (1956) 239.
	^{1}H	M. Murakami, E. Hirahara: J. phys. Soc. Japan **11** (1956) 607.
$Li_2SO_4 \cdot D_2O$	^{2}D	S. Ketudat, R. V. Pound: J. chem. Phys. **26** (1957) 708.
$Li_2SO_4 \cdot H_2O$	^{1}H	J. W. McGrath, A. A. Silvidi, J. C. Caroll: J. chem. Phys. **31** (1959) 1444.
	^{1}H	J. W. Grath, A. A. Silvidi: J. chem. Phys. **34** (1961) 322.
	^{1}H, ^{7}Li	D. F. Holcomb, B. Pedersen: J. chem. Phys. **36** (1964) 3270.
$(NH_4)_2SO_4$	^{1}H	R. Carpenter, D. Williams: Phys. Rev. **93** (1954) 360.
	^{1}H	R. E. Richards, T. Schaefer: Trans. Faraday Soc. **57** (1961) 210.
	^{1}H	I. Levstek: Advanc. molec. Spectr. **3** (1962) 1231.
NH_4HSO_4	^{1}H	dito
Tl_2SO_4	^{203}Tl, ^{205}Tl	R. Freeman, R. P. H. Gasser, R. E. Richards: Molec. Phys. **2** (1959) 301.

$CuSO_4 \cdot 5H_2O$		s. Tabelle 9b
$MgSO_4 \cdot 7H_2O$	^1H	M. v. MEERSSCHE, J.-M. DEREPPE, P. W. LOBO: Bull. Soc. Chim. France **5** (1962) 1035.
	^1H	N. M. ALEKSANDROV, F. I. SKRIPOV: Fizičeskie Problemy Spektroskopii (1963) 146.
$CaSO_4 \cdot 2H_2O$	^1H	G. E. PAKE: J. Chim. phys. **50** (1953) C 104.
	^1H	J. W. MCGRATH, A. A. SILVIDI: J. chem. Phys. **34** (1961) 322.
	^1H	D. F. HOLCOMB, B. PEDERSEN: J. chem. Phys. **36** (1962) 3270.
$ZnSO_4 \cdot 7H_2O$	^1H	M. v. MEERSSCHE, J.-M. DEREPPE, P. W. LOBO: Bull. Soc. Chim. France **5** (1962) 1035.
$ZnSO_4 \cdot H_2O$	^1H	E. SCHWARZMANN, O. GLEMSER: Naturwiss. **50** (1963) 330.
$PbSO_4$	^{207}Pb	L. H. PIETTE, H. E. WEAVER: J. chem. Phys. **28** (1958) 735.
	^{207}Pb	J. M. ROCCARD, M. BLOOM, L. B. ROBINSON: Canad. J. Phys. **37** (1959) 522.
$MgK_2(SO_4)_2 \cdot 6H_2O$ + $CuK_2(SO_4)_2 \cdot 6H_2O$	^1H	J. F. DARBY, B. V. ROLLIN: Nature **164** (1949) 66.
$MgK_2(SO_4)_2 \cdot 6H_2O$ + $FeK_2(SO_4)_2 \cdot 6H_2O$	^1H	dito
$Rb_2Mg(SO_4)_2 \cdot 6H_2O$	^{87}Rb	R. F. KIDDLE, W. G. PROCTOR: Phys. Rev. **104** (1956) 932.
$Cs_2Mg(SO_4)_2 \cdot 6H_2O$	^{133}Cs	dito
$K_2Mg(SO_4)_2 \cdot 6H_2O$	^1H	R. CHIDAMBARAM, C. RAGHAVENDRA RAO: J. chem. Phys. **38** (1963) 210.
$K_3Zn(SO_4)_2 \cdot 6H_2O$	^1H	dito
$Na_2Zn(SO_4)_2 \cdot 4H_2O$	^1H	C. RAGHAVENDRA RAO, K. R. K. Easwaran: Physica **30** (1964) 206.
$KAl(SO_4)_2 \cdot 12H_2O$ + $KCr(SO_4)_2 \cdot 12H_2O$	^1H	J. F. DARBY, B. V. ROLLIN: Nature **164** (1949) 66.
$KAl(SO_4)_2 \cdot 12H_2O$ $CsAl(SO_4)_2 \cdot 12H_2O$	^{27}Al	W. G. SEGELKEN: Publication Nr. 14, 057, Dissertation Abstracts **15** (1955) 1875.

Tabelle 1 (Fortsetzung)

Verbindung	Isotop	Literaturzitat
$NH_4Al(SO_4)_2 \cdot 12\,H_2O$	^{27}Al	W. G. Segelken: Publication Nr. 14, 057, Dissertation Abstracts **15** (1955) 1875.
$KAl(SO_4)_2 \cdot 12\,H_2O$		
$NH_4Al(SO_4)_2 \cdot 12\,H_2O$	^{27}Al	W. G. Segelken, H. C. Torrey: Phys. Rev. **98** (1955) 1537.
$KAl(SO_4)_2 \cdot 12\,H_2O$	^{27}Al	G. Burns: J. chem. Phys. **32** (1960) 1585.
$NH_4Al(SO_4)_2 \cdot 12\,H_2O$	^{27}Al	dito
$RbAl(SO_4)_2 \cdot 12\,H_2O$	^{27}Al	dito
$TlAl(SO_4)_2 \cdot 12\,H_2O$	^{27}Al	dito
$(NH_4)_2Ni(SO_4)_2 \cdot 6\,H_2O$	^{1}H	N. W. Grimes, H. F. Kay, M. W. Webb: Acta crystallogr. **16** (1963) 823.
$Na_2S_2O_3 \cdot 5\,H_2O$	^{23}Na	J. Itoh, R. Kusaka, Y. Yamagata: J. phys. Soc. Japan **9** (1954) 209.
	^{1}H	C. R. K. Murty, Z. M. El Saffar: Acta crystallogr. **15** (1962) 536.
	^{23}Na	N. E. Ajnbinder, V. S. Grečiškin: Izvest. Vyss. Učebn. Zaveden **5** (1962) 1123.
$Na_2S_2O_6 \cdot 2\,H_2O$	^{1}H	M. v. Meerssche, J.-M. Dereppe, P. W. Lobo: Acta crystallogr. **16** (1963) 95.
	^{1}H	I. Berthold, A. Weiss: Z. phys. Chem. (Frankf.) **38** (1963) 140.
$(NH_4)_2S_2O_8$	^{1}H	R. E. Richards, T. Schaefer: Trans. Faraday Soc. **57** (1961) 210.
$MgS_2O_3 \cdot 6\,H_2O$	^{1}H	S. Visweswaramurthy: Acta crystallogr. **16** (1963) 933.
$(NH_4)_2SeO_4$	^{1}H	R. E. Richards, T. Schaefer: Trans. Faraday Soc. **57** (1961) 210.
$(NH_4)_2TeO_4$	^{1}H	dito
Li_2PO_3	^{7}Li	J. E. Hon, P. J. Bray: Phys. Rev. **110** (1958) 624.

$(NH_4)_2PO_4$	^1H	I. Levstek: Advanc. molec. Spectr. **3** (1962) 1231.
$NaH_2PO_4 \cdot 2\,H_2O$	^{23}Na	F. Holuj, H. E. Petch: Canad. J. Phys. **34** (1956) 1169.
$CaHPO_4 \cdot 2\,H_2O$	^1H	D. W. Jones, J. A. S. Smith: Trans. Faraday Soc. **56** (1960) 638.
$CaHPO_4$	^1H	D. W. Jones, D. W. J. Cruikshank: Z. Kristallogr., Mineralog.,
$Ca(HPO_4)_2 \cdot H_2O$		Petrogr., Abt. A **116** (1961) 101.
$LiAl(SiO_3)_2$ (Spodumen)	^{27}Al	G. M. Volkhoff, H. E. Petch, D. W. L. Smellie: Canad. J. Phys. **30** (1952) 270.
	^{27}Al	H. E. Petch, N. G. Cranna, G. M. Volkoff: Canad. J. Phys. **31** (1953) 837.
	^{27}Al	L. B. Robinson: Canad. J. Phys. **35** (1957) 1344.
	^{27}Al	L. B. Robinson: Canad. J. Phys. **36** (1958) 1295.
$NaAlSi_3O_6$ (Albit)	^{27}Al, ^{23}Na	E. Brun, St. Hafner, P. Hartmann: Helv. phys. Acta **33** (1960) 495.
$Na_2Al_2Si_3O_{10} \cdot 2\,H_2O$	^1H	S. P. Gabuda, A. G. Lundin, G. M. Michajlov, K. S. Aleksandrov: Kristallografija **8** (1963) 388.
$K[Si_3AlO_8]$ (Orthoklas)	^{27}Al	St. Hafner, F. Laves: Schweiz. miner. petrogr. Mitt. **43** (1963) 65.
$HBeAlSiO_5$ (Euklas)	^{27}Al	R. G. Eades: Canad. J. Phys. **33** (1955) 286.
	^{27}Al	R. G. Eades: Phys. Rev. **99** (1955) 1652.
$Al_2Be_3[Si_6O_{18}]$ (Beryll)	^9Be, ^{27}Al	L. C. Brown, D. Williams: J. chem. Phys. **24** (1956) 751.
$(Na, K)_4Al_4Si_{12}O_{32}$ (Feldspat)	^{27}Al, ^{23}Na	St. Hafner, P. Hartmann: C. R. du 11e Colloque Ampère (1962) 674.
$CaB_2Si_2O_3$ (Danburit)	^{11}B	K. C. Lal, H. E. Petch: J. chem. Phys. **40** (1964) 2741.
$Na_2B_4O_7 \cdot 4\,H_2O$ (Kernit)	^{11}B	H. L. Blood, W. G. Proctor: Phys. Rev. **96** (1954) 861.
	^{11}B	H. H. Waterman, G. M. Volkoff: Canad. J. Phys. **33** (1955) 156.
	^{11}B, ^{23}Na	R. R. Haering, G. M. Volkoff: Canad. J. Phys. **34** (1956) 577.
$Na_2B_4O_7 \cdot 10\,H_2O$ (Borax)	^1H, ^{23}Na, ^{11}B	S. S. Dharmatti, S. A. Iyer, R. Vijayaraghavan: J. phys. Soc. Japan **17** (1962) 1736.

Tabelle 1 (Fortsetzung)

Verbindung	Isotop	Literaturzitat
$Na_2B_4O_7 \cdot 10\,H_2O$ (Borax)	^{11}B	J. D. Cuthbert, H. E. Petch: J. chem. Phys. **38** (1963) 1912.
	^{23}Na	J. D. Cuthbert, H. E. Petch: J. chem. Phys. **39** (1963) 1247.
$Na_2B_4O_7 \cdot 5\,H_2O$ (Tinkalkonit)	^{11}B	J. D. Cuthbert, H. E. Petch: J. chem. Phys. **38** (1963) 1912.
	^{23}Na	J. D. Cuthbert, H. E. Petch: J. chem. Phys. **39** (1963) 1247.
$Na_3B_3O_6$	^{11}B	A. H. Silver, P. J. Bray: J. chem. Phys. **32** (1960) 288.
$K_3B_3O_6$	^{11}B	A. H. Silver, P. J. Bray: J. chem. Phys. **32** (1960) 288.
$K(H_4B_5O_{10}) \cdot H_2O$	^{1}H	J. W. McGrath, A. A. Silvidi: J. chem. Phys. **34** (1961) 322.
$Mg_2B_6O_{11} \cdot 15\,H_2O$	^{11}B	K. S. Pennington, H. E. Petch: J. chem. Phys. **33** (1960) 329.
CaB_2O_4	^{11}B	A. H. Silver, P. J. Bray: J. chem. Phys. **32** (1960) 288.
$K[Cu(CN)_2]$	^{63}Cu, ^{65}Cu	H. Krüger, U. Meyer-Berkhout: Z. Phys. **132** (1952) 171.
$K_3[Co(CN)_6]$	^{59}Co	T. Sugawara: J. phys. Soc. Japan **14** (1955) 858.
NH_4CNS	^{1}H	H. S. Gutowsky, G. E. Pake: J. chem. Phys. **16** (1948) 1164.
	^{1}H	R. E. Richards, T. Schaefer: Trans. Faraday Soc. **57** (1961) 210.
$Pb(C_2H_3O_2)_2 \cdot 3\,H_2O$	^{207}Pb	J. M. Roccard, M. Bloom, L. B. Robinson: Canad. J. Phys. **37** (1959) 522.
$(NH_4)_2(C_2O_4) \cdot H_2O$	^{1}H	R. Chidambaram: Acta crystallogr. **15** (1962) 619.
$Pb(C_2O_4)_2$	^{207}Pb	L. H. Piette, H. E. Weaver: J. chem. Phys. **28** (1958) 735.
$(NH_4)_2CrO_4$	^{1}H	R. E. Richards, T. Schaefer: Trans. Faraday Soc. **57** (1961) 210.
$(NH_4)_2CrO_7$	^{1}H	dito
$(NH_4)_2Cr_2O_7$	^{1}H	dito
Li_2ZnO_3	^{7}Li	J. E. Hon, P. J. Bray: Phys. Rev. **10** (1958) 624.
Li_2TiO_3	^{7}Li	dito

Pb-Zirkonat	^{207}Pb	L. H. Piette, H. E. Weaver: J. chem. Phys. **28** (1958) 735.
NH_4VO_3	^{1}H	R. E. Richards, T. Schaefer: Trans. Faraday Soc. **57** (1961) 210.
BH_3CO	^{11}B	A. Basompierre: C. R. hebd. Séances Acad. Sci. **237** (1953) 39.
	^{11}B	T. P. Das: J. chem. Phys. **27** (1957) 1.
$H_2Fe(CO)_4$	^{1}H	E. O. Bishop, J. L. Down, P. R. Emtage, R. E. Richards, G. Wilkinson: J. chem. Soc. London **7/8** (1959) 2484.
$[CrMo(CO)_3]_2$		J. S. Waugh, E. I. Fedin: FTT **4** (1962) 2233.
$PNCl_2$	^{35}Cl	E. A. Lucken: C. R. du 11e Colloque Ampère (1962) 678.
$(PNCL_2)_3$ $(PNCl_2)_4$	^{35}Cl, ^{37}Cl	K. Torizuka: J. phys. Soc. Japan **11** (1956) 84.
BrCN	^{14}N	G. D. Watkins, R. V. Pound: Phys. Rev. **85** (1952) 1062.
CLCN	^{79}Br, ^{81}Br	A. L. Schawlow: J. chem. Phys. **22** (1954) 1211.
BrCN	^{14}N	P. A. Casabella, P. J. Bray: J. chem. Phys. **28** (1958) 1182.
ClO_3F	^{19}F	J. Bacon, R. J. Gillespie, J. W. Quail: Canad. J. Phys. **41** (1963) 3063.
J_2O_5	^{127}J	S. Kojima, K. Tsukada, S. Ogawa, A. Shimauchi: J. chem. Phys. **23** (1955) 1963.
JCN	^{127}J	H. G. Dehmelt: Naturwiss. **37** (1950) 398.
	^{14}N	G. D. Watkins, R. V. Pound: Phys. Rev. **85** (1952) 1062.
trans-CHJ : CHJ	^{127}J	H. G. Dehmelt: Naturwiss. **37** (1950) 398.
JCH_3	^{127}J	dito
$N(CH_3)_4J_3$	^{127}J	S. Kojima, K. Tsukada, S. Ogawa, A. Shimauchi: J. chem. Phys. **23** (1955) 1963.
$N(CH_3)_4J_5$	^{127}J	dito
Borsilikatgläser	^{11}B	A. H. Silver, P. J. Bray: J. chem. Phys. **29** (1958) 984.
NaF und CaF_2 in Phosphat- und Silikatgläsern	^{1}H	D. Elwell, D. Kumar, D. Williams: Nature **188** (1960) 1103.

Tabelle 1 (Fortsetzung)

Verbindung	Isotop	Literaturzitat
K-Borat-Gläser	^{11}B	S.-E. Swanson, E. Forslind, J. Krogh-Moe: J. phys. Chem. **66** (1962) 174.
$Na_2O—B_2O_3$ $K_2O—B_2O_3$ $Li_2O—B_2O_3$ $Rb_2O—B_2O_3$ $Cs_2O—B_2O_3$	^{11}B	P. J. Bray, J. G. O'Keefe: Phys. Chem. Glasses **4** (1963) 37.
$PbO—B_2O_3$	^{207}Pb	P. J. Bray, M. Leventhal, H. O. Hooper: Phys. Chem. Glasses **4** (1963) 47.

Tabelle 1 (Fortsetzung). Ergänzungen während der Korrektur

Verbindung	Isotop	Literaturzitat
H_2	^{1}H	S. A. Dickson, H. Meyer: Phys. Rev. **138** (1965) A 1293.
D_2	^{2}D	J. R. Gaines, E. M. de Castro, D. White: Phys. Rev. Letters **13** (1964) 425. S. A. Dickson, H. Meyer: Phys. Rev. **138** (1965) A 1293.
Eis	^{1}H	N. N. Korst, W. A. Saveljev, N. D. Sokolov: FTT **6** (1964) 1242.
D_2O (fest)	^{2}D	P. Waldstein, S. W. Rabideau, J. A. Jackson: J. chem. Phys. **41** (1964) 3407. J. A. Jackson, S. W. Rabideau: J. chem. Phys. **41** (1964) 4008.
RbBr	Br	D. Ihenberry, T. P. Das: Phys. Rev. **138** (1965) A 822.
$NaBr \cdot 2H_2O$	^{1}H	M. v. Meerssche, J.-M. Dereppe, P. W. Lobo: Bull. Soc. franç. Miner. **85** (1962) 290.

MgF_2	^{19}F	S. K. Sinha, S. K. Ghosh, J. L. Lahiri, A. Roychoudhury: Indian J. Phys. **36** (1962) 513.
BF_3	^{11}B, ^{19}F	P. A. Casabella: J. chem. Phys. **41** (1964) 3793.
NF_3	^{14}N, ^{19}F	G. A. Matzkanin, T. A. Scott, P. J. Haigh: J. chem. Phys. **42** (1965) 1646.
LaF_3	^{139}La	L. O. Andersson, W. G. Proctor: Helv. phys. Acta **38** (1965) 360.
	^{19}F	K. Lee, A. Sher: Phys. Rev. Letters **14** (1965) 1027.
$PrCl_3$	^{35}Cl, ^{37}Cl	W. E. Hughes, Ch. G. Montgomery, W. G. Moulton, E. H. Carlson: J. chem. Phys. **41** (1964) 3470.
InJ_3	^{115}In	H. R. Brooker, T. A. Scott: J. Chem. Phys. **41** (1964) 475.
$BiBr_3$	^{209}Bi	E. D. Swiger, P. J. Green, G. L. McKown, J. D. Graybeal: J. chem. Phys. **69** (1965) 949.
CeF_4	^{19}F	M. Pintar: Phys. Letters **10** (1964) 265.
ThF_4 UF_4	^{19}F	S. P. Gabuda, Ju. W. Gagarinskij, A. G. Lundin, G. M. Michajlow: Ž. Strukt. Chimii **5** (1964) 789.
SnJ_4	^{127}J	A. C. Daniel, W. G. Moulton: J. chem. Phys. **41** (1964) 1833.
XeF_4	^{19}F	R. Blinc, I. Zupančič, S. Maričič, Z. Veksli: J. chem. Phys. **40** (1964) 3739 (Erratum zu: J. chem. Phys. **39** (1963) 2109). S. Maričič, Z. Veksli: Croat. chem. Acta **34** (1962) 189.
PCl_4F PCl_3F_2 PCl_2F_3	^{19}F	R. R. Holmes, R. P. Carter jr., G. E. Peterson: Inorg. Chem. **3** (1964) 1748.
$Ni(H_2O)_6 \cdot SiF_6$	^{1}H, ^{19}F	K. Kume, T. Sugawara: J. phys. Soc. Japan **19** (1964) 688.
$SrO \cdot 3\,B_2O_3 \cdot 4\,H_2O$ (Tunelit)	^{11}B	J. D. Cuthbert, W. T. McFarlane, H. E. Petch: J. chem. Phys. **43** (1965) 173.

Tabelle 1 (Fortsetzung). Ergänzungen während der Korrektur

Verbindung	Isotop	Literaturzitat
$KB_5O_6(OH)_4 \cdot 2H_2O$ $NaCaB_5O_6(OH)_6 \cdot 5H_2O$	^{11}B	K. C. Lal, H. E. Petch: J. chem. Phys. **43** (1965) 178.
Al_2O_3	^{27}Al	R. W. Dixon, N. Bloembergen: Phys. Rev. **135** (1964) A 1669.
Al-Hydroxid	^{1}H	T. Saito: Bull. chem. Soc. Japan **34** (1961) 757.
$BeAl_2O_4$	^{9}Be	H. L. Reaves, T. E. Gilmer jr.: J. chem. Phys. **42** (1965) 4138.
$Al_2O_3 \cdot 3CaO \cdot 6H_2O$	^{1}H	C. Cohen-Addad, P. Dueros, A. Durif, E. F. Bertraut, A. Delapalme: J. Phys. **25** (1964) 478.
$LaAlO_3$	^{139}La, ^{27}Al	E. Brun, B. Derighetti: Helv. phys. Acta **37** (1964) 209.
Ag_3AsS_3 Ag_3SbS_3	^{75}As ^{121}Sb, ^{123}Sb	I. N. Penkov, I. A. Safin: FTT **6** (1964) 2467.
$PbCuSbS_3$ (Burnsnit)	^{121}Sb, ^{123}Sb	I. N. Penkov, I. A. Safin: DAN SSR **161** (1965) 1404.
$NaClO_3$	^{23}Na	M. Luukkala: Phys. Letters **10** (1964) 20. V. Hovi, M. Luukkala, M. Punkkinen: Phys. Letters **10** (1964) 21.
	^{35}Cl	F. A. Collins, N. Bloembergen: J. chem. Phys. **40** (1964) 3479.
$KClO_3$ $Mg(ClO_3)_2$ $Ca(ClO_3)_2$ $Sr(ClO_3)_2$ $Ba(ClO_3)_2$	^{35}Cl	V. S. Grečiškin: Opt. i Spektrosk. **18** (1965) 727.
$Ba(ClO_3)_2 \cdot H_2O$	^{1}H	A. A. Silvidi, J. W. McGrath, D. F. Holcomb: J. chem. Phys. **41** (1964) 105.
$Ba(BrO_3) \cdot H_2O$	^{1}H	J. W. McGrath: J. chem. Phys. **42** (1965) 4111.

NH_4NO_3	^1H	R. N. Brown, A. C. McLaren: Proc. roy. Soc. **A 266** (1962) 326.
$3\,CdSO_4 \cdot 8\,H_2O$	^1H	M. Hanabusa, Y. Imaeda: J. Sci. Hiroshima Univ., Ser. **A 24** (1960) 13.
$MnSO_4 \cdot 4\,H_2O$	^1H	C. R. Rao: Indian J. pure appl. Phys. **2** (1964) 172.
$Na_2S_2O_6 \cdot 2\,H_2O$	^1H	I. Berthold, A. Weiss: Z. phys. Chemie **38** (1964) 140.
$Na_2S_2O_6 \cdot 2\,H_2O$	^{23}Na	I. Berthold, A. Weiss: Ber. Bunsenges. phys. Chem. **68** (1964) 640.
$Ca_5F(PO_4)_3$ (Apatit)	^{19}F, ^{31}P	W. v. d. Lugt, W. J. Caspers: Physica **30** (1964) 1658.
$K(Si_3AlO_8)$ (Adular)	^{27}Al	St. Hafner, P. Hartmann, F. Laves: Schweiz. miner. petrogr. Mitt. **42** (1962) 277.
$(Na_2, Ca)Al_2Si_{17}O_{18} \cdot 7\,H_2O$ (Desmin)	^1H	S. P. Gabuda, A. G. Lundin, G. M. Michajlov: Geochimija **4** (1963) 436.
Feldspäte (Albit, Mikroklin, Sanidin)	^{27}Al, ^{23}Na	E. Brun, P. Hartmann, H. H. Staub, St. Hafner, F. Laves: Z. Kristallogr. **113** (1960) 65.
$(Fe, Mg)_3Al_2(SiO_4)_3$ (Almandin-Granat)	^{27}Al	S. Ghose: Solid State Commun. **2** (1964) 361.
$CaB_2Si_2O_8$	^{11}B	E. Brun, S. Ghose: J. chem. Phys. **40** (1964) 3031.
NaCN	^{23}Na	C. K. Coogan, H. S. Gutowsky: J. chem. Phys. **40** (1964) 3419.
$PbMoO_4$	^{207}Pb	P. C. Lauterbur, J. J. Burke: J. chem. Phys. **42** (1965) 439.
SiO_2- und B_2O_3-Gläser	^1H, ^{29}Si	W. Müller-Warmuth, G. W. Schulz, N. Neuroth, F. Meyer, E. Deeg: Z. Naturf. **20a** (1965) 902.
Alkalihalogenide, Silberhalogenide, Thalliumhalogenide	Halogenide	T. Kanda: J. phys. Soc. Japan **10** (1955) 85.

Tabelle 2. Die untersuchten ferroelektrischen und antiferroelektrischen Verbindungen

Verbindung	Isotop	Literaturzitat
KH_2PO_4		
KH_2AsO_4		
$NH_4H_2PO_4$		
$NH_4H_2AsO_4$	^1H	R. NEWMAN: J. chem. Phys. **18** (1950) 669.
KD_2PO_4	^2D	J. L. BJORKSTAM, E. A. UEHLING: Phys. Rev. **114** (1959) 961. V. H. SCHMIDT, E. A. UEHLING: Phys. Rev. **126** (1962) 447.
KH_2PO_4	^1H	J. L. BJORKSTAM, E. D. JONES, H. B. SILSBEE, E. A. UEHLING: J. chem. Phys. **37** (1962) 469.
KH_2-Arsenat		
KH_2-Phosphat		
NH_4H_2-Phosphat		
NH_4H_2-Arsenat		
NaH_2-Phosphat		
CaH-Phosphat		
BaH-Phosphat		
AgH_3-Perjodat		
NH_4H_3-Perjodat		
NH_4H-Phtalat		
KH-Phtalat		
KH-Bis-p-Nitrobenzoat		
Ni-Dimethylglyoxim		
KH-Bisphenylazetat		
KH-Dibenzoat		
Na-Sesquicarbonat		
KH-Maleat	^1H	R. BLINC, D. HADŽI: Spectrochim. Acta **16** (1960) 852.
$NaH_3(SeO_3)_2$		

$LiH_3(SeO_3)_2$	^1H, ^7Li	R. Blinc, M. Pintar: J. chem. Phys. **35** (1961) 1140.
Rochelle-Salz	^1H	R. Blinc, A. Prelesnik: J. chem. Phys. **32** (1960) 387.
	^{23}Na	R. Blinc, M. Mali, I. Zupančič: Phys. Letters **8** (1963) 309.
Seignette-Salz	^1H	A. Lösche: Wiss. Z. d. Karl-Marx-Univ. Leipzig, math.-nat. Reihe **151** (1959/60).
Seignette-Salz Triglycinsulfat		
$K_4Fe(CN)_6 \cdot 3H_2O$	^1H	A. G. Lundin, K. S. Aleksandrov, G. M. Michajlov, S. P. Gabuda: IAN SSR **24** (1960) 1195.
$K_4Fe(CN)_6 \cdot 3H_2O$	^1H	R. Blinc, M. Brenman, J. S. Waugh: J. chem. Phys. **35** (1961) 1770.
$(Glycin)_3BeF_4$	^{19}F	R. Blinc, I. Zupančič: J. Phys. Chem. Solids **24** (1963) 1379.
Guanidin-Aluminium-Sulfat-Hexahydrat	^1H	D. W. McCall: J. chem. Phys. **26** (1957) 706.
	^1H	A. D. Spence, J. Müller: J. chem. Phys. **26** (1957) 706. K. S. Aleksandrov, A. G. Lundin, G. M. Michajlov: Paramagnitnyj Rezonans (Izdat. Kazanskogo Universiteta) (1960) 179.
dasselbe mit Ga statt Al		
dasselbe mit SeO_2 statt SO_2 und deuteriert	^{27}Al, ^{69}Ga, ^{71}Ga	G. Burns: Phys. Rev. **123** (1961) 1634.
$KAl(SO_4)_2 \cdot 12\,H_2O$	^{27}Al	G. Burns: J. chem. Phys. **32** (1960) 1585.
$KAl(SO_4)_2 \cdot 12\,H_2O$ $NH_4Al(SO_4)_2 \cdot 12\,H_2O$ $NH_4Ga(SO_4)_2 \cdot 12\,H_2O$ $NH_3CH_3Al(SO_4)_2 \cdot 12\,H_2O$ $N_2H_5Al(SO_4)_2 \cdot 12\,H_2O$ $NH_2OHAl(SO_4)_2 \cdot 12\,H_2O$	^1H	

Tabelle 2 (Fortsetzung)

Verbindung	Isotop	Literaturzitat
$(NH_4)_2(BeF_4)_x(SO_4)_{1-x}$	^1H, ^{19}F	
$(ND_4)_2BeF_4$		
$(NH_4)_2Cd_2(SO_4)_3$		
NH_4HSO_4		G. Burns: Phys. Rev. **123** (1961) 64.
$(CH_3NH_3)AlSO_4 \cdot 12\ H_2O$	^1H	R. Hoshino: J. phys. Soc. Japan **16** (1961) 835.
$(NH_4)_2SO_4$		
$(NH_4)_2BeF_4$	^1H	R. Blinc, J. Levstek: J. Phys. Chem. Solids **12** (1960) 295.
$(NH_4)_2BeF_4$	^{19}F	G. M. Michajlov, G. A. Lundin, S. P. Gabuda: ŽÈTF **41** (1961) 1371.
$(NH_4)_2SO_4$		
$(NH_4)_2BeF_4$		
NH_4HSO_4		
$(NH_4)_2H_3JO_6$		
$(NH_4)BeF_4$ in $(NH_4)_2SO_4$	^1H, ^{19}F	S. R. Miller, R. Blinc, M. Brenman, J. S. Waugh: Phys. Rev. **126** (1962) 528.
NH_4HPO_4		
$(NH_4)_2BeF_4$		
$(NH_4)_2SO_4$	^1H	I. Levstek: Advanc. molec. Spectr. **3** (1962) 1231.
$(NH_4)_2SO_4$		
$(NH_4)_2BeF_4$		
NH_4HSO_4	^1H, ^{19}F	R. Blinc, S. R. Miller, M. Brenman, J. S. Waugh: C. du 11e Colloque Ampère (1962) 199.
$(NH_4)_2H_3JO_6$		
$Ag_2H_3JO_6$	^1H	R. Blinc: J. chem. Phys. **31** (1959) 849.
$LiJO_3$		
KJO_3		
$NaJO_3$		

$RbJO_3$ $CsJO_3$ $(NH_4)JO_3$	^{127}J	F. Herlach: Helv. phys. Acta **34** (1961) 305.
$SrTiO_3$	^{87}Sr, ^{47}Ti, ^{49}Ti	M. J. Weber, R. R. Allen: J. chem. Phys. **38** (1963) 726.
$LiNH_4C_4H_4O_6 \cdot H_2O$ $LiTlC_4H_4O_6 \cdot H_2O$ $LiTaO_3$ $LiNbO_3$ $LiN_2H_5SO_4$	^{7}Li	G. Burns: Phys. Rev. **127** (1962) 1193.
$Li(N_2H_5)SO_4$	^{7}Li, ^{1}H	J. D. Cuthbert, H. E. Petch: Canad. J. Phys. **41** (1963) 1629.
$KNbO_3$	^{93}Nb	R. M. Cotts, W. D. Knight: Phys. Rev. **96** (1954) 1285. W. D. Knight, R. R. Hewitt: Bull. Amer. phys. Soc. Ser. II **1** (1956) 283. R. R. Hewitt: Phys. Rev. **121** (1961) 45.
$Pb(Zr_{0,68}Ti_{0,07}Sn_{0,25})O_3$ $PbTiO_3$ $PbZrO_3$ $PbHfO_3 + 1\%\ Nb_2O_5$ $PbNb_2O_6$		
$PbTa_2O_6$	^{207}Pb	D. H. Anderson: J. chem. Phys. **40** (1964) 1168.
Colemanit	^{11}B	H. E. Petch, F. Holuj: Acta crystallogr. **10** (1957) 855. R. Blinc, M. Brenman, S. R. Miller, J. S. Waugh: J. Phys. Chem. Solids **23** (1962) 156.
$NaNO_2$	^{23}Na	A. G. Lundin, S. P. Gabuda: FTT **5** (1963) 2009.
$CaB_3O_4(OH)_3 \cdot H_2O$ (Colemanit) $CaB_3O_3(OH)_5 \cdot 4\ H_2O$ (Inyoit)	^{1}H	R. Blinc, S. Maričič, M. Pintar: Croat. chem. Acta **32** (1960) 67.

22*

Tabelle 2 (Fortsetzung)

Verbindung	Isotop	Literaturzitat
Thio-Harnstoff	^1H	J. W. EMSLEY, J. A. S. SMITH: Proc. chem. Soc. **2** (1958) 53. J. W. EMSLEY, J. A. S. SMITH: Arch. des Sci. **12** (1959) 122. J. W. EMSLEY, J. A. S. SMITH: Trans. Faraday Soc. **57** (1961) 893. J. W. EMSLEY, J. A. S. SMITH: Trans. Faraday Soc. **57** (1961) 1233.

Tabelle 2 (Fortsetzung). Ergänzungen während der Korrektur

Verbindung	Isotop	Literaturzitat
$ND_4D_2PO_4$	^2D, ^{14}N	T. CHIBA: Bull. chem. Soc. Japan **38** (1965) 490.
Rochelle-Salz	^{23}Na	N. C. MILLER, P. A. CASABELLA: Phys. Letters **13** (1964) 280. R. BLINC, J. PETKOVŠEK, I. ZUPANČIČ: Phys. Rev. **136** (1964) A. 1684.
$K_4Fe(CN)_6 \cdot 3H_2O$ $K_4Ru(CN)_6 \cdot 3H_2O$	^1H	R. KIRIYAMA, H. KIRIYAMA, T. WADA, N. NIIZEKI, H. HIRABAYASHI: J. phys. Soc. Japan **19** (1964) 540.
$A_4Me(CN)_6 \cdot 3H_2O$ A = K, (K, NH_4), (K, Rb), (K, Tl) Me = Fe, Mn, Ru, Os	^1H	A. G. LUNDIN, E. P. SEER: IAN **29** (1965) 910.

$CH_3NH_3Al(SO_4)_2 \cdot 12\,H_2O$ $(CH_3NH_3)_{0,36} \cdot (NH_4)_{0,64}$ $\cdot Al(SO_4) \cdot 12\,H_2O$ $NH_4Al(SO_4)_2 \cdot 12\,H_2O$	^{1}H	M. P. Saizeva, L. I. Sherebzova, I. S. Vinogradova: IAN **29** (1965) 914.
$(ND_4)_2SO_4$ ND_4Cl	^{2}D	S. W. Rabideaux, P. Waldstein: J. chem. Phys. **42** (1965) 3822.
Thioharnstoff	^{14}N	D. H. Smith, R. M. Cotts: J. chem. Phys. **41** (1964) 2403.
$Ca_2Sr(CH_3CH_2COO)_6$	^{1}H	K. S. Aleksandrov, S. P. Gabuda, A. G. Lundin: IAN **29** (1965) 907.

Tabelle 3. Die nichtleitenden nichtmagnetischen Verbindungen, an denen Gitterfehler untersucht wurden.
(B = Bestrahlungseinflüsse; D = Diffusion; F = gittereigene Fehlstellen, Fremdatome; V = Druckeinflüsse, Verspannungen, Versetzungen, Mosaikstruktur u. ä.)

Verbindung	Isotop	Art d. Gitterfehler	Literaturzitat
H_2 (fest)	^{1}H	D	G. W. Smith, C. F. Squire: Phys. Rev. **111** (1958) 188.
He (α und β)	^{3}He	D	H. A. Reich: Phys. Rev. **129** (1963) 630. H. A. Reich: Proc. 7th internat. Conf. low Temperature Phys. Toronto 1960, Toronto Univ. Press, Amsterdam, North Holland Publ. Co. (1961) 623. S. R. Hartmann: Phys. Rev. **133** (1964) A 17.
Xe	^{129}Xe	D	W. M. Yen, R. E. Norberg: Phys. Rev. **131** (1963) 269.
J_2	^{127}J	D	G. D. Watkins, R. M. Walker: Bull. Amer. phys. Soc., Ser. II **1** (1956) 11.
Eis	^{1}H	F	K. Kume: J. phys. Soc. Japan **15** (1960) 1493. H. Gränicher: Phys. kondens. Materie **1** (1963) 1.
Eis mit AgJ und CuO	^{1}H	V	G. T. Barnes, R. Sänger: J. angew. Math. u. Phys. **12** (1961) 159.
H_2O—HF	^{1}H	F	H. Gränicher: Phys. kondens. Materie **1** (1963) 1.
LiH		B	M. Gueron, C. Ryter: Phys. Rev. Letters **3** (1959) 338. R. T. Schumacher, J. L. Hall: Phys. Rev. **125** (1962) 428.
LiF	^{19}F	B	P. J. Ring, J. G. O'Keefe, P. J. Bray: Phys. Rev. Letters **1** (1958) 453.
		D	B. Josephson jr., M. W. P. Strandberg: J. Phys. Chem. Solids **23** (1962) 67.
	^{7}Li, ^{19}F	F	N. Bloembergen: Physica **15** (1949) 386.

			N. W. Lord: Phys. Rev. Letters **1** (1958) 170.
			W. C. Holton, H. Blum, C. P. Slichter: Phys. Rev. Letters (**5** 1960) 197.
			W. C. Holton: Diss. Urbana, Ill. (1960).
		D	M. Eisenstadt: Phys. Rev. **132** (1963) 630.
LiF mit Mn	^{7}Li	F	T. T. Chang, W. H. Tanttila, J. S. Wells: J. chem. Phys. **39** (1963) 2453.
LiF		F	R. Gazzindli, R. Miehers: Phys. Rev. Letters **12** (1964) 644.
NaF	^{23}Na, ^{19}F	F	N. Bloembergen: Physica **15** (1949) 386. W. C. Holton: Diss. Urbana, Ill. (1960).
LiCl			dito
NaCl + $CdCl_2$	^{23}Na	D	F. Reif: Phys. Rev. **100** (1955) 1597.
NaCl		V	W. G. Proctor, W. A. Robinson: Phys. Rev. **104** (1956) 1344.
NaCl	^{23}Na	F	E. Otsuka, Y. Oshio, T. Kobayashi, H. Kawamura: J. phys. Soc. Japan **14** (1959) 1454.
		V	M. I. Kornfeld, V. V. Lemanov: ŽĖTF **39** (1960) 263. W. C. Holton: Diss. Urbana, Ill. (1960).
NaCl + Ca	^{23}Na	D	J. Itoh, M. Satoh: J. phys. Soc. Japan **16** (1960) 343.
NaCl		F	H. Seidel: Z; Phys. **165** (1961) 218, 239.
NaCl + Br		F	L. O. Anderson, E. Forslind: J. chem. Phys. **38** (1963) 2303.
NaCl	^{23}Na	B	M. Weiner, M. Rotaru: Studii Cercetări Fizică **14** (1963) 529.
NaCl mit Li, K, Rb, F, Br	^{23}Na	F, V	Y. Fukai: J. phys. Soc. Japan **18** (1963) 1580.

Tabelle 3 (Fortsetzung)

Verbindung	Isotop	Art d. Gitterfehler	Literaturzitat
NaCl	^{23}Na	V	O. Kanert, E. Kappler: Phys. status sol. **3** (1963) K 326.
	^{23}Na, ^{35}Cl	D	M. Eisenstadt: Phys. Rev. **133** (1964) A 191.
NaCl mit K und Br		F	R. E. Slusher, E. L. Hahn: Phys. Rev. Letters **12** (1964) 246.
KCl		F	H. Seidel, H. C. Wolf: Naturwiss. **21** (1959) 597. W. C. Holton: Diss. Urbana, Ill. (1960). W. E. Blumberg, G. Feher: Bull. Amer. phys. Soc. **5** (1960) 183. H. Seidel: Z. Phys. **165** (1961) 218, 239.
KCl mit Li, Na		F	R. Mieher: C. R. du 11e Colloque Ampère (1962) 699.
KCl mit Ag	^{107}Ag, ^{109}Ag		
	^{35}Cl, ^{39}K	F	H. Seidel: Phys. Letters **6** (1963) 150.
RbCl		F	H. Seidel, H. C. Wolf: Z. Phys. **173** (1963) 455.
LiBr + $MgBr_2$	^{7}Li, ^{81}Br	D	F. Reif: Phys. Rev. **100** (1955) 1597.
LiBr	^{7}Li, ^{79}Br, ^{81}Br	D	R. R. Allen, M. J. Weber: J. chem. Phys. **38** (1963) 2970.
NaBr mit Cl		F	L. O. Anderson, E. Forslind: J. chem. Phys. **38** (1963) 2303.
KBr	^{79}Br, ^{81}Br	V	G. D. Watkins, R. V. Pound: Phys. Rev. **89** (1953) 658.
KBr, KBr + NaBr		F, V	E. Otsuka, H. Kawamura: J. phys. Soc. Japan **12** (1957) 1071.
KBr	^{81}Br	B	J. F. Hon, P. J. Bray: J. Phys. Chem. Solids **11** (1959) 149.
		F	H. Seidel: Z. Phys. **165** (1961) 218, 239.
KBr mit Li		F	R. Mieher: C. R. du 11e Colloque Ampère (1962) 699.

KBr mit Na, Cl, J		F	L. O. ANDERSON, E. FORSLIND: J. chem. Phys. **38** (1963) 2303.
RbBr		F	H. SEIDEL, H. C. WOLF: Z. Phys. **173** (1963) 455.
LiJ	^{7}Li, ^{127}J	B	J. F. HON, P. J. BRAY: J. Phys. Chem. Solids **11** (1959) 149.
NaJ	^{127}J	V	J. F. HON, P. J. BRAY: J. appl. Phys. **30** (1959) 1425.
	^{23}Na, ^{127}J	B	J. F. HON, P. J. BRAY: J. Phys. Chem. Solids **11** (1959) 149.
	^{127}J	V	W. J. VEIGELE, A. W. BEVAN jr.: Rev. sci. Instrum. **34** (1963) 21.
KJ	^{127}J	V	G. D. WATKINS, R. V. POUND: Phys. Rev. **89** (1953) 658. E. OTSUKA: J. phys. Soc. Japan **13** (1958) 1155. D. A. JENNINGS, W. H. TANTTILA: J. chem. Phys. **28** (1958) 976. J. F. HON, P. J. BRAY: J. appl. Phys. **30** (1959) 1425.
	^{127}J	B	J. F. HON, P. J. BRAY: J. Phys. Chem. Solids **11** (1959) 149.
		F	H. SEIDEL: Z. Phys. **165** (1961) 218, 239.
KJ mit Cu	^{127}J	V	D. A. JENNINGS, W. H. TANTTILA: Physica **24** Suppl. (1960) 158.
KJ	^{127}J	V	A. H. SILVER: J. Phys. Chem. Solids **23** (1962) 273.
KJ mit Na, Rb, Cl, Br	^{127}J	F	L. O. ANDERSON, E. FORSLIND: J. chem. Phys. **38** (1963) 2303.
AgBr + $CdBr_2$	^{79}Br, ^{81}Br	D	F. REIF: Phys. Rev. **100** (1955) 1597. M. H. COHEN, F. REIF: Rep. Conf. Defects crystalline Solids (1955) 44, 424.
AgBr mit Cd, Pb, Ca, Na, Li, Cu, S, Se	^{79}Br, ^{81}Br	V, D	G. SEIFERT: Z. Phys. **161** (1961) 132.

Tabelle 3 (Fortsetzung)

Verbindung	Isotop	Art d. Gitterfehler	Literaturzitat
AgBr mit S, O			J. Kluge: Phys. Status sol. **2** (1962) K 133.
CaF_2	^{19}F	F	N. Bloembergen: Physica **15** (1949) 386. S. M. Day, E. Otsuka: Proc. 7th internat. Conf. low Temperature Phys. Toronto 1960, Toronto Univ. Press, Amsterdam, North Holland Publ. Co. (1961) 141.
CaF_2 mit Eu		F	J. M. Baker, F. I. B. Williams: Proc. roy. Soc. **A 267** (1962) 283.
CaF_2 mit Sm	^{19}F	D	Wm. J. Veigele, A. W. Bevan jr.: Phys. Rev. **131** (1963) 1585.
CaF_2 mit Eu	^{19}F, ^{151}Eu, ^{153}Eu	F	J. M. Baker, J. P. Hurrell: Proc. phys. Soc. **82** (1963) 742.
$LaCl_3$ mit Nd		F	D. Halford, C. A. Hutchison jr., P. M. Llewellyn: Phys. Rev. **110** (1958) 284. D. Halford: Phys. Rev. **127** (1962) 1940.
$SbCl_3$ $SbCl_3 + KCl$ $SbCl_3 + C_6H_6$	^{35}Cl	F	V. S. Grečiškin: ŽFCh **35** (1961) 1803.
HgJ_2	^{127}J	V	T. Fuke: J. phys. Soc. Japan **18** (1963) 1154.
NaSH	^{1}H, ^{23}Na	D	C. K. Coogan, G. G. Belford, H. S. Gutowsky: J. chem. Phys. **39** (1963) 3061.
$NaNO_2$	^{23}Na	V	A. Weiss: Z. Naturforsch. **15a** (1960) 536.
$NaNO_3$—$AgNO_3$	^{23}Na	F	M. I. Kornfel'd, V. V. Lemanov: ŽÈTF **39** (1960) 53.
$NaClO_3$	^{35}Cl	B	J. Depireux: Arch. des Sci. **11** Sonderh. (1958) 315.

$NaClO_3$		B	J. Depireux, J. Duchesne, A. v. d. Vorst: Bull. Cl. Sci. **44** (1958) 693.
		B, V	J. L. Randall, W. G. Moulton, W. B. Ard jr.: J. chem. Phys. **31** (1959) 730.
		B, F	V. S. Grečiškin, G. B. Sojfer: Izvest. Vyss. Ucebn. Zaveden. **5** (1962) 508.
$NaClO_4$	^{35}Cl	F	A. Douillet, B. Dreyfus: C. R. hebd. Séances Acad. Sci. **248** (1959) 2087.
$KClO_3$	^{35}Cl	B, V	J. L. Randall, W. G. Moulton, W. B. Ard jr.: J. chem. Phys. **31** (1959) 730.
		B, F	V. S. Grečiškin, G. B. Sojfer: Izvest. Vyss. Ucebn. Zaveden. **5** (1962) 508.
$NaBrO_3$	^{81}Br	V	T. Kushida, K. Saiki: Phys. Rev. Letters **7** (1961) 9.
$KBrO_3$	^{79}Br, ^{81}Br	V	Y. Kôi, A. Tsujimura, Y. Imaeda: J. chem. Phys. **27** (1957) 603.
$Mg(ClO_3)_2$	^{35}Cl	B, F	V. S. Grečiškin, G. B. Sojfer: Izvest. Vyss. Ucebn. Zaveden. **5** (1962) 508.
$Ca(ClO_3)_2$	^{35}Cl	B	V. S. Grečiškin: Priroda **8** (1959) 85.
		B, F	V. S. Grečiškin, G. B. Sojfer: Izvest. Vyss. Ucebn. Zaveden. **5** (1962) 508.
$Sr(ClO_3)_2$	^{35}Cl	B, F	dito
HJO_3	^{127}J	V	T. Fuke: J. phys. Soc. Japan **18** (1963) 1154.
$ZnSO_4 \cdot 7\,H_2O$	^{1}H	F	N. Bloembergen: Physica **15** (1949) 386.
$CuSO_4 \cdot 5\,H_2O$	^{1}H	F	dito
$KAl(SO_4)_2 \cdot 12\,H_2O$	^{1}H	F	dito
$CsAl(SO_4)_2 \cdot 12\,H_2O$	^{1}H	F	dito
$La_2Zn_3(NO_3)_{12} \cdot 24\,H_2O$ mit Co		F	W. P. Unruh, J. W. Culvahouse: Phys. Rev. **129** (1963) 2441.

Tabelle 3 (Fortsetzung)

Verbindung	Isotop	Art d. Gitterfehler	Literaturzitat
P (weiß)	^{31}P	D	H. A. Resing: J. chem. Phys. **37** (1962) 2575.
Cu_2O	^{63}Cu	V	H. S. Gutowsky, R. A. Bernheim, H. Tarkow: J. Polymer Sci. **44** (1960) 143.
BeO	Be	V	G. J. Troup: Phys. Letters **2** (1962) 9.
MgO mit Co^{2+}		F	D. J. I. Fry, P. M. Llewellyn: Proc. roy. Soc. **A 266**, (1962) 84.
Rubin		F	R. W. Terhune, J. Lambe, G. Makhov, L. G. Cross: Phys. Rev. Letters **4** (1960) 234. J. Lambe, N. Laurence, E. C. McIrvine, R. W. Terhune: Phys. Rev. **122** (1961) 1161. R. W. Terhune, J. Lambe, C. Kikuchi, J. Baker: Phys. Rev. **123** (1961) 1265. N. Laurence, E. C. McIrvine, J. Lambe: J. Phys. Chem. Solids **23** (1962) 515. C. M. Verber, H. P. Mahon, W. H. Tanttila: Phys. Rev. **125** (1962) 1149.
Al_2O_3 mit Ni	^{61}Ni	F	P. R. Locher, S. Geschwind: Phys. Rev. Letters **11** (1963) 333.
Al_2O_3 mit V^{2+} und Mn^{4+}	^{51}V, ^{55}Mn	F	N. Laurence, J. Lambe: Phys. Rev. **132** (1963) 1029.
$UO_4 \cdot 2\,H_2O$	^{1}H	D	A. L. Porte, H. S. Gutowsky, J. E. Boggs: J. chem. Phys. **37** (1962) 2318.

Tabelle 3 (Fortsetzung). Ergänzungen während der Korrektur

Verbindung	Isotop	Art d. Gitterfehler	Literaturzitat
Eis	^{1}H	F	L. Onsager, L. K. Runnels: Proc. nat. Acad. Sci. USA **50** (1963) 208.
Eis mit AgJ, CuO		F	G. T. Barnes: Z. angew. Math. Phys. **14** (1963) 510.
LiF		B	Ch. D. Knutson: Doct. Diss. Brown Univ. 178 (1962).
LiF/Mn	^{7}Li	F	T. G. Stoebe, T. O. Ogurtani, R. A. Huggins: Phys. Rev. **138** (1965) A 239.
NaF/Li	^{19}F, Li, ^{23}Na	F	I. L. Bass, R. Mieher: Phys. Rev. Letters **15** (1965) 25.
NaF	^{19}F, ^{23}Na	V	O. Kanert: Phys. status solidi **7** (1964) 791.
NaF/Co	^{19}F	F	A. B. Lovins: J. chem. Phys. **42** (1965) 1558.
NaCl/Ca NaCl/Cd NaCl/Mn	^{23}Na	F	J. Itoh, M. Satoh, A. Hiraki: J. phys. Soc. Japan **18** Suppl. II (1963) 57.
NaCl/Br NaCl/J NaCl/K NaCl/CN	^{23}Na	V	B. J. Grunzweig, D. Zamir, J. Zak: Physica **29** (1963) 50.
NaCl/Br	^{23}Na	F	V. S. Grečiškin, M. L. Zlatogorskij: FTT **6** (1964) 1238.
NaCl	^{23}Na	V	O. Kanert: Phys. status solidi **7** (1964) 791.
NaCl	^{23}Na, ^{35}Cl	V	O. Kanert: Z. Phys. **184** (1965) 92.
NaCl/Ca NaCl/Cd NaCl/Mn NaCl/Sr	^{23}Na	F	M. Satoh: J. phys. Soc. Japan **20** (1965) 1008.
NaCl	^{23}Na	V	A. M. Flett, J. C. Richards: Proc. phys. Soc. **86** (1965) 171.

Tabelle 3 (Fortsetzung). Ergänzungen während der Korrektur

Verbindung	Isotop	Art d. Gitterfehler	Literaturzitat
KCl		F	P. R. Moran: Phys. Rev. **135** (1964) A 247.
KBr	^{79}Br, ^{81}Br		
KJ	^{127}J	V	O. Kanert: Phys. status solidi **7** (1964) 791.
KJ	^{127}J	V	O. Kanert: Z. Phys. **184** (1965) 92.
Alkalihalogenide		F	T. E. Feuchtwang: Proc. 1st int. Conf., Jerusalem 1962 (W. Low: Paramagn. Resonance **2** (1963) 740, 749).
AgBr	Br	V	M. Höhne: Phys. status solidi **7** (1964) 869. M. Höhne: Mber. DAW: **7** (1965) 233.
AgBr/Fe			
AgBr/Co			
AgBr/Ni	Br	F	M. Höhne: Phys. status solidi **7** (1965) K 167.
CaF_2/Eu		F	J. M. Baker, J. P. Hurrell, F. I. B. Williams: Proc. 1st int. Conf., Jerusalem 1962 (W. Low: Paramagn. Resonance **1** (1963) 202).
CaF_2/H		F	J. L. Hall, R. T. Schuhmacher: Proc. 1st int. Conf., Jerusalem 1962 (W. Low: Paramagn. Resonance **1** (1963 206).
CaF_2	^{19}F	F	B. T. Beal, J. Hatton: Phys. Letters **15** (1965) 210.
CaF_2/Mn			
CaF_2/Eu	^{19}F	F	A. G. Achmedov, R. A. Dautov: FTT **7** (1965) 915.
MgO/Fe	^{57}Fe	F	P. R. Locher, S. Geschwind: Phys. Rev. **139** (1965) A 991.
Al_2O_3/V (Korund)		F	S. A. Altschuler, W. N. Jastrebov: ŽĖTF **47** (1964) 382.
Al_2O_3/Cr (Rubin)		F	H. Yoshioka: J. phys. Soc. Japan **20** (1965) 623.
ThO_2/Tb			
ThO_2/Gd		F	J. P. Hurrell: Proc. 12. Coll. Ampère, Bordeaux 1963, S. 322.

Tabelle 4. Die untersuchten Metalle

Metall	Isotop	Literaturzitat
Li	^{7}Li	N. J. Poulis: Physica **16** (1950) 373.
		W. Kohn, N. Bloembergen: Phys. Rev. **80** (1950) 913.
		Erratum: Phys. Rev. **82** (1951) 283.
		H. S. Gutowsky, B. R. McGarvey: J. chem. Phys. **20** (1952) 1472.
		H. S. Gutowsky, B. R. McGarvey: Phys. Rev. **87** (1952) 226.
		B. R. McGarvey, H. S. Gutowsky: J. chem. Phys. **21** (1953) 2114.
		B. R. McGarvey, H. S. Gutowsky: Phys. Rev. **93** (1954) 940.
		H. Jones, B. Schiff: Proc. phys. Soc. **A 67** (1954) 217.
		C. P. Slichter: Rep. Conf. Defects crystalline Solids (1955) 52, 424.
		N. A. Bekeško, E. I. Kondorskij: ŽĖTF **32** (1957) 611.
		G. B. Benedek, T. Kushida: J. Phys. Chem. Solids **5** (1958) 241.
		R. G. Barnes, R. D. Engardt, R. A. Hultsch: Phys. Rev. Letters **2** (1959) 202.
		R. A. Oriani: J. chem. Phys. **31** (1959) 557.
		A. C. Anderson, A. G. Redfield: Phys. Rev. **116** (1959) 583.
		C. Ryter: Phys. Rev. Letters **5** (1960) 10.
		T. Muto, S. Kobayashi, M. Watanabe, H. Kozima: J. Phys. Chem. Solids **23** (1962) 1303.
		A. C. Anderson: Phys. Rev. **125** (1962) 1517.
	^{6}Li, ^{7}Li	T. Muto, S. Kobayashi: J. phys. Soc. Japan **18** (1963) 1350.
		R. Hecht, A. G. Redfield: Phys. Rev. **132** (1963) 972.
		L. P. Kadanoff: Phys. Rev. **132** (1963) 2073.
	^{7}Li	D. Zamir, R. C. Wayne, R. M. Cotts: Phys. Rev. Letters **12** (1964) 327.
		C. Ryter: J. strukt. Chem. **5** (1964) 303.
	^{6}Li, ^{7}Li	M. P. Klein, D. F. Abell: Bull. Amer. phys. Soc., Ser. II **5** (1960) 74.
Na	^{23}Na	R. E. Norberg, C. P. Slichter: Phys. Rev. **83** (1951) 1074.
		H. S. Gutowsky: Phys. Rev. **83** (1951) 1073.
		H. S. Gutowsky, B. R. McGarvey: J. chem. Phys. **20** (1952) 1472.

Tabelle 4 (Fortsetzung)

Metall	Isotop	Literaturzitat
Na	^{23}Na	H. S. Gutowsky, B. R. McGarvey: Phys. Rev. **87** (1952) 226. B. R. McGarvey, H. S. Gutowsky: J. chem. Phys. **21** (1953) 2114. H. Jones, B. Schiff: Proc. phys. Soc. **A 67** (1954) 217. B. R. McGarvey, H. S. Gutowsky: Phys. Rev. **93** (1954) 940. T. Kjeldaas, jr.: Phys. Rev. **99** (1955) 622. C. P. Slichter: Rep. Conf. Defects crystalline Solids (1955) 52, 424. T. Kjeldaas, W. Kohn: Phys. Rev. **101** (1956) 66. G. B. Benedek, T. Kushida: J. Phys. Chem. Solids **5** (1958) 241. R. A. Oriani: J. chem. Phys. **31** (1959) 557. A. C. Anderson, A. G. Redfield: Phys. Rev. **116** (1959) 583. C. Froidevaux, E. L. Hahn, R. Walstedt: Proc. 7th internat. Conf. low Temperature Phys. Toronto 1960, Toronto Univ. Press. Amsterdam, North Holland Publ. Co. (1961) 118. T. Muto, S. Kobayashi, M. Watanabe, H. Kozima: J. Phys. Chem. Solids **23** (1962) 1303. R. Hecht, A. G. Redfield: Phys. Rev. **132** (1963) 972. L. P. Kadanoff: Phys. Rev. **132** (1963) 2073. C. Ryter: Phys. Letters **4** (1963) 69.
K	^{39}K	W. H. Jones jr., T. P. Graham, R. G. Barnes: Acta metallurg. **8** (1960) 663. M. P. Klein, W. D. Knight: J. Phys. Chem. Solids **15** (1960) 335. F. J. Milford, W. B. Gager: Phys. Rev. **121** (1961) 716. T. Muto, S. Kobayashi, M. Watanabe, H. Kozima: J. Phys. Chem. Solids **23** (1962) 1303.
Rb	^{85}Rb, ^{87}Rb	D. F. Abell, W. D. Knight: Phys. Rev. **85** (1952) 762. H. S. Gutowsky, B. R. McGarvey: J. chem. Phys. **20** (1952) 1472.

Rb	^{85}Rb, ^{87}Rb	H. S. GUTOWSKY, B. R. McGARVEY: Phys. Rev. **87** (1952) 226. B. R. McGARVEY, H. S. GUTOWSKY: J. chem. Phys. **21** (1953) 2114. B. R. McGARVEY, H. S. GUTOWSKY: Phys. Rev. **93** (1954) 940. C. P. SLICHTER: Rep. Conf. Defects crystalline Solids (1955) 52, 424. G. B. BENEDEK, T. KUSHIDA: J. Phys. Chem. Solids **5** (1958) 241. R. A. ORIANI: J. chem. Phys. **31** (1959) 557. T. MUTO, S. KOBAYASHI, M. WATANABE, H. KOZIMA: J. Phys. Chem. Solids **23** (1962) 1303.
Cs	^{133}Cs	D. F. ABELL, W. D. KNIGHT: Phys. Rev. **85** (1952) 762. H. S. GUTOWSKY, B. R. McGARVEY: J. chem. Phys. **20** (1952) 1472. H. S. GUTOWSKY, B. R. McGARVEY: Phys. Rev. **87** (1952) 226. B. R. McGARVEY, H. S. GUTOWSKY: J. chem. Phys. **21** (1953) 2114. B. R. McGARVEY, H. S. GUTOWSKY: Phys. Rev. **93** (1954) 940. G. B. BENEDEK, T. KUSHIDA: J. Phys. Chem. Solids **5** (1958) 241. R. A. ORIANI: J. chem. Phys. **31** (1959) 557. T. MUTO, S. KOBAYASHI, M. WATANABE, H. KOZIMA: J. Phys. Chem. Solids **23** (1962) 1303.
Cu	^{63}Cu, ^{65}Cu	N. BLOEMBERGEN: Physica **15** (1949) 588. H. S. GUTOWSKY: Phys. Rev. **83** (1951) 1973. H. S. GUTOWSKY, B. R. McGARVEY: J. chem. Phys. **20** (1952) 1472. H. S. GUTOWSKY, B. R. McGARVEY: Phys. Rev. **87** (1952) 226. G. B. BENEDEK, T. KUSHIDA: J. Phys. Chem. Solids **5** (1958) 241. E. A. FAULKNER: Nature **183** (1959) 1043. E. A. FAULKNER: Nature **184** (1959) 442. A. C. ANDERSON, A. G. REDFIELD: Phys. Rev. **116** (1959) 583. P. AVERBUCH, F. DE BERGEWIN, W. MÜLLER-WARMUTH: C. R. hebd. Séances Acad. Sci. **249** (1959) 2315. P. AVERBUCH, W. MÜLLER-WARMUTH: Tagungsber. Verb. Dt. Phys. Ges. Berlin, Angew. Chem. **72** (1960) 80. E. A. FAULKNER: Philos. Mag. **5** (1960) 843. B. CARCENAC DE TORNÉ: C. R. hebd. Séances Acad. Sci. **250** (1960) 512.

Tabelle 4 (Fortsetzung)

Metall	Isotop	Literaturzitat
Cu	^{63}Cu, ^{65}Cu	C. P. Flynn, E. F. W. Seymour: Proc. phys. Soc. **77** (1961) 922. V. S. Pavlovskaja, Ju. S. Stark: FTT **4** (1962) 285. P. S. Sagalyn, J. A. Hofmann: Phys. Rev. **127** (1962) 68. A. C. Anderson: Phys. Rev. **125** (1962) 1517. A. G. Redfield: Phys. Rev. **130** (1963) 589. L. P. Kadanoff: Phys. Rev. **132** (1963) 2073. K. Tompa, F. Toth: Phys. Status sol. **3** (1963) 2051.
Ag	^{107}Ag, ^{109}Ag	J. Poitrenaud, J. M. Winter: J. Phys. Chem. Solids **25** (1964) 123.
Be	^{9}Be	W. D. Knight: Phys. Rev. **92** (1953) 539. T. P. Das, M. Pomerantz: Phys. Rev. **123** (1961) 2070. J. E. Hebborn: Proc. phys. Soc. **80** (1962) 1237. V. E. Wood, F. J. Milford: J. Phys. Chem. Solids **23** (1962) 160. W. Schneider, L. Jansen, L. Etienne-Amberg: Physica **30** (1964) 84.
Ba	^{135}Ba, ^{137}Ba	T. J. Rowland: Phys. Rev. **103** (1956) 1670.
Cd	^{111}Cd, ^{113}Cd	dito Y. Masuda: J. phys. Soc. Japan **12** (1957) 523. T. P. Das, M. Pomerantz: Phys. Rev. **123** (1961) 2070.
Al	^{27}Al	N. J. Poulis: Physica **16** (1950) 373. H. S. Gutowsky, B. R. McGarvey: J. chem. Phys. **20** (1952) 1472. H. S. Gutowsky, B. R. McGarvey: Phys. Rev. **87** (1952) 226. E. F. W. Seymour: Proc. phys. Soc. **A 66** (1953) 85. G. B. Benedek, T. Kushida: J. Phys. Chem. Solids **5** (1958) 241. J. J. Spokas, C. P. Slichter: Phys. Rev. **113** (1959) 1462. A. C. Anderson, A. G. Redfield: Phys. Rev. **116** (1959) 583.

Al	^{27}Al	P. S. Sagalyn, J. A. Hofmann: Phys. Rev. **127** (1962) 68. L. C. Hebel jr.: Phys. Rev. **128** (1962) 21. E. A. Faulkner, R. K. Ham: Philos. Mag. **7** (1962) 279. N. A. Bezuglyj, A. A. Galkin, A. I. Puškin, A. I. Chomčenko: ŽÈTF **42** (1962) 84. L. P. Kadanoff: Phys. Rev. **132** (1963) 2073.
Sc	^{45}Sc	W. E. Blumberg, J. Eisinger, V. Jaccarino, B. T. Matthias: Phys. Rev. Letters **5** (1960) 52. T. P. Das, M. Pomerantz: Phys. Rev. **123** (1961) 2070.
Y	^{89}Y	W. H. Jones jr., T. P. Graham, R. G. Barnes: Acta metallurg. **8** (1960) 663.
La	^{139}La	W. E. Blumberg, J. Eisinger, V. Jaccarino, B. T. Matthias: Phys. Rev. Letters **5** (1960) 52. T. P. Das, M. Pomerantz: Phys. Rev. **123** (1961) 2070.
Yb	^{171}Yb	A. C. Gossard, V. Jaccarino, J. H. Wernick: Phys. Rev. **133** (1964) A 881.
Ga	^{69}Ga, ^{71}Ga	H. S. Gutowsky, B. R. McGarvey: J. chem. Phys. **20** (1952) 1472. H. S. Gutowsky, B. R. McGarvey: Phys. Rev. **87** (1952) 226. B. R. McGarvey, H. S. Gutowsky: J. chem. Phys. **21** (1953) 2114. B. R. McGarvey, H. S. Gutowsky: Phys. Rev. **93** (1954) 940. W. D. Knight, A. G. Berger, V. Heine: Ann. Physics **8** (1959) 173.
In	^{113}In, ^{115}In	W. H. Jones jr., T. P. Graham, R. G. Barnes: Acta metallurg. **8** (1960) 663. W. W. Simmons, C. P. Slichter: Phys. Rev. **121** (1961) 1580. T. P. Das, M. Pomerantz: Phys. Rev. **123** (1961) 2070. D. R. Torgeson, R. G. Barnes: Phys. Rev. Letters **9** (1962) 225. R. R. Hewitt, T. T. Taylor: Phys. Rev. **125** (1962) 524.
Tl	^{203}Tl, ^{205}Tl	N. Bloembergen, T. J. Rowland: Acta metallurg. **1** (1953) 731.

Tabelle 4 (Fortsetzung)

Metall	Isotop	Literaturzitat
Sn	^{117}Sn, ^{119}Sn	B. R. McGarvey, H. S. Gutowsky: J. chem. Phys. **21** (1953) 2114. N. Bloembergen, T. J. Rowland: Acta metallurg. **1** (1953) 731. Ju. S. Karimov, I. F. Ščegolev: ŽÈTF **40** (1961) 1289. E. P. Jones, D. L. Williams: Phys. Letters **1** (1962) 109.
Pb	^{207}Pb	N. Bloembergen, T. J. Rowland: Acta metallurg. **1** (1953) 731. L. P. Kadanoff: Phys. Rev. **132** (1963) 2073. R. J. Charles, W. A. Harrison: Phys. Rev. Letters **11** (1963) 75.
V	^{51}V	W. D. Knight: Phys. Rev. **85** (1952) 762. J. Butterworth: Phys. Rev. Letters **5** (1960) 305. J. Butterworth: Arch. des Sci. **13** Fasz. Spez. (1960) 416, 9e. Collogue Ampère. M. Shimizu, T. Takahashi, A. Katsuki: J. phys. Soc. Japan **18** (1963) 1192. Y. Yafet, V. Jaccarino: Phys. Rev. **133** (1964) A 1630.
Nb	^{93}Nb	W. D. Knight: Phys. Rev. **85** (1952) 762. K. Asayama, J. Itoh: J. phys. Soc. Japan **17** (1962) 1065. Y. Yafet, V. Jaccarino: Phys. Rev. **133** (1964) A 1630.
Ta	^{181}Ta	J. I. Budnick, L. H. Bennett: J. Phys. Chem. Solids **16** (1960) 37.
Sb	^{121}Sb, ^{123}Sb	R. R. Hewitt, B. F. Williams: Phys. Rev. **129** (1963) 1188.
Bi	^{209}Bi	W. D. Knight, A. G. Berger, V. Heine: Ann. Phys. **8** (1959) 173. R. R. Hewitt, B. F. Williams: Phys. Rev. Letters **12** (1964) 216.
Cr	^{53}Cr	R. G. Barnes, T. P. Graham: Phys. Rev. Letters **8** (1962) 248.
Mo	^{95}Mo, ^{97}Mo	S. I. Aksenov: ŽÈTF **35** (1958) 300.
W	^{183}W	A. Narath, D. C. Wallace: Phys. Rev. **127** (1962) 724.

Mn	^{55}Mn	V. Jaccarino, M. Peter, J. H. Wernick: Phys. Rev. Letters **5** (1960) 53.
Tc	^{99}Tc	W. H. Jones jr., F. J. Milford: Phys. Rev. **125** (1962) 1259. D. O. v. Ostenburg, H. Trapp, D. J. Lam: Phys. Rev. **126** (1962) 938.
Pt	^{195}Pt	T. J. Rowland: J. Phys. Chem. Solids **7** (1958) 95. R. E. Walstedt, M. W. Dowley, E. L. Hahn, C. Froidevaux: Phys. Rev. Letters **8** (1962) 406. J. Butterworth: Phys. Rev. Letters **8** (1962) 423. C. Froidevaux, E. L. Hahn, R. E. Walstedt: C. R. du 11e Colloque Ampère (1962) 606. L. E. Drain: J. Phys. Chem. Solids **24** (1963) 379. Y. Yafet, V. Jaccarino: Phys. Rev. **133** (1964) A 1630. A. M. Clogston, V. Jaccarino, Y. Yafet: Phys. Rev. **134** (1964) A 650.

Tabelle 4 (Fortsetzung). Ergänzungen während der Korrektur

Metall	Isotop	Literaturzitat
Li		D. C. Ailion, C. P. Slichter: Phys. Rev. **137** (1965) A 235.
Na	^{23}Na	J. F. Reichert, J. Townsend: Phys. Rev. **137** (1965) A 476.
Cu	^{63}Cu	K. Tompa, F. Tóth: Phys. status solidi **7** (1964) 547. T. O. Ogurtani, R. A. Huggins: Phys. Rev. **137** (1965) A 1736.
Cd	^{113}Cd	E. F. W. Seymour, G. A. Styles: Phys. Letters **10** (1964) 269. H. E. Schone: Phys. Rev. Letters **13** (1964) 12.
Al	^{27}Al	E. P. Jones, D. L. Williams: Canad. J. Phys. **42** (1964) 1499.
Sc	^{45}Sc	Y. Masuda: J. phys. Soc. Japan **19** (1964) 239.
Sc	^{45}Sc	

Tabelle 4 (Fortsetzung). Ergänzungen während der Korrektur

Metall	Isotop	Literaturzitat
Y	^{89}Y	R. G. Barnes, F. Borsa, S. L. Segel, D. R. Torgeson: Phys. Rev. **137** (1965) A 1828.
La	^{139}La	Y. Masuda: J. phys. Soc. Japan **19** (1964) 239.
La(fcc)	^{139}La	D. Zamir, D. S. Schreiber: Phys. Rev. **136** (1964) A 1087.
In	^{115}In	W. J. O'Sullivan, J. E. Schirber: Phys. Rev. **135** (1964) A 1261.
Sn	^{119}Sn	E. P. Jones, D. L. Williams: Canad. J. Phys. **42** (1964) 1499. H. E. Schone, P. W. Olson: Rev. sci. Instrum. **36** (1965) 843.
V	^{51}V	L. E. Drain: Proc. phys. Soc. **83** (1964) 755.
Nb	^{93}Nb	J. Butterworth: Proc. phys. Soc. **85** (1965) 735.
Sb	^{121}Sb	W. J. O'Sullivan, J. E. Schirber: J. chem. Phys. **41** (1964) 2212.
W	^{183}W	A. Narath, A. T. Fromhold jr.: Phys. Rev. **139** (1965) A 794.
α-Mn		
β-Mn	^{55}Mn	Y. Masuda, K. Asayama, S. Kobayashi, J. Itoh: J. phys. Soc. Japan **19** (1964) 460.
β-Mn	^{55}Mn	J. Butterworth, L. E. Drain, J. Penfold: Phys. Letters **15** (1965) 215.
Rh	^{103}Rh	J. A. Seitchik, V. Jaccarino, J. H. Wernick: Phys. Rev. **138** (1965) A 148.
Pd	^{105}Pd	J. A. Seitchik, A. C. Gossard, V. Jaccarino: Phys. Rev. **136** (1964) A 1119.
Pt	^{195}Pt	M. Shimizu, A. Katsuki: J. phys. Soc. Japan **19** (1964) 614. R. E. Walstedt, E. Geissler: Phys. Letters **13** (1964) 24. R. E. Walstedt: Phys. Rev. **138** (1965) A 1096.
Ga	^{69}Ga, ^{71}Ga	W. D. Knight, R. R. Hewitt, M. Pomerantz: Phys. Rev. **104** (1957) 271.

Tabelle 5. Die untersuchten Legierungen und intermetallischen Verbindungen

Legierung	Isotop	Literaturzitat
Li—Mg	^{7}Li	D. L. Weinberg: J. Phys. Chem. Solids **15** (1960) 249.
Li mit Mg	^{7}Li	D. G. Hughes: Philos. Mag. **5** (1960) 467.
Li mit Mg	^{7}Li	A. C. Anderson: Phys. Rev. **125** (1962) 1517.
LiAl, LiGa, LiIn	^{7}Li, ^{71}Ga, ^{27}Al, ^{115}In	H. E. Schone, W. D. Knight: Acta metallurg. **11** (1963) 179.
Na—K, Na—Cs, Na—Hg	^{23}Na	N. S. Garifjanov, A. V. Iljasov: FMM **9** (1960) 503.
$Na_{15}Pb_4$	^{207}Pb, ^{23}Na	S. S. Dharmatti, D. L. R. Setty, U. R. Rao: Proc. Indian Acad. Sci. **A 56** (1962) 312.
Na—Tl	^{23}Na, ^{203}Tl, ^{205}Tl	H. E. Schone, W. D. Knight: Acta metallurg. **11** (1963) 179.
Cu—Zn, Cu—Ag	^{63}Cu	N. Bloembergen, T. J. Rowland: Acta metallurg. **1** (1953) 731.
Cu—Al	^{63}Cu, ^{27}Al	D. R. Teeters, W. D. Knight: Phys. Rev. **96** (1954) 861.
Cu—Mn	^{63}Cu	J. Owen, M. Browne, W. D. Knight, C. Kittel: Phys. Rev. **102** (1956) 1501.
Cu mit Mn, Fe, Ni	^{63}Cu	T. Sugawara: J. phys. Soc. Japan **12** (1957) 309.
Cu—Mn	^{63}Cu	R. F. Behringer: J. Phys. Chem. Solids **2** (1957) 209.
Cu—Ni, Cu—Mn	^{63}Cu	A. C. Chapman, E. F. W. Seymour: Proc. phys. Soc. **72** (1958) 797.
Cu—Mn	^{63}Cu	W. v. d. Lugt, N. J. Poulis: Physica **24** Suppl. (1958) 158.
Cu—Mn	^{63}Cu	W. v. d. Lugt, N. J. Poulis, W. P. A. Hass: Physica **25** (1959) 97.
Cu—Mn		A. W. Overhauser: Phys. Rev. Letters **3** (1959) 414.
Cu mit Mg, Al, Si, P, Zn, Ga, Ge, As, Cd, In, Sn, Sb, Ag, Ni, Au	^{63}Cu	T. J. Rowland: Phys. Rev. **119** (1960) 900.

Tabelle 5 (Fortsetzung)

Legierung	Isotop	Literaturzitat
Cu mit Ag, Au, Mg, In, Cd, Al, Ga, Zn, Si, Ge, Sn, P, As, Sb	^{63}Cu	W. Kohn, S. H. Vosko: Phys. Rev. **119** (1960) 912.
Cu—Ni, Cu—Au	^{63}Cu	D. L. Weinberg: J. Phys. Chem. Solids **15** (1960) 249.
Cu mit Zn, Ga, Ge		A. Blandin, J. Friedel: J. Phys. Radium **21** (1960) 689.
Cu—Ni	^{63}Cu	D. L. Weinberg, N. Bloembergen: J. Phys. Chem. Solids **15** (1960) 240.
$MgCu_2$	^{63}Cu	R. G. Barnes, W. H. Jones jr., T. P. Graham: Phys. Rev. Letters **6** (1961) 221.
Cu mit Ag, Zn	^{63}Cu	A. G. Redfield: Phys. Rev. **130** (1963) 589.
Cu mit Al, P, Ga, Cd, Sn	^{63}Cu, ^{27}Al, ^{31}P, ^{69}Ga, ^{71}Ga, ^{111}Cd, ^{113}Cd, ^{119}Sn	T. J. Rowland, F. Borsa: Phys. Rev. **134** (1964) A 743.
Messing	^{63}Cu	N. Bloembergen, T. J. Rowland: Acta metallurg. **1** (1953) 731.
		G. W. West: Nature **182** (1958) 1436.
		G. W. West: Philos. Mag. **5** (1960) 899.
		C. P. Flynn, E. F. W. Seymour: Proc. phys. Soc. **76** (1960) 526.
	^{63}Cu, ^{65}Cu	S. I. Aksenov: ŽÈFT **42** (1962) 1677.
		S. I. Aksenov: Ukrajnsk. Fizič. Ž. **8** (1963) 273.
Ag—Cd	^{107}Ag, ^{109}Ag, ^{111}Cd, ^{113}Cd	L. E. Drain: Philos. Mag. **4** (1959) 484.
Ag mit Cd, In, Sn, Sb, Pd, Pt		A. Blandin, E. Daniel, J. Friedel: Philos. Mag. **4** (1959) 180.
Ag mit Cu, Zn, Ga, Ge, As, Cd, In, Sn, Sb, Au, Tl	^{109}Ag	T. J. Rowland: Phys. Rev. **125** (1962) 459.
Ag mit Cu, Ga, Cd, Sn	^{109}Ag, ^{69}Ga, ^{71}Ga, ^{111}Cd, ^{113}Cd, ^{119}Sn	T. J. Rowland, F. Borsa: Phys. Rev. **134** (1964) A 743.
InBe	^{9}Be	M. Pomerantz, T. P. Das: Phys. Rev. **119** (1960) 70.

Cd mit Ag, Au, Mg, Zn, Hg	^{111}Cd, ^{113}Cd	R. F. Grant, W. G. Henry: Canad. J. Phys. **39** (1961) 841.
Pb—In	^{207}Pb	R. J. Snodgrass, L. H. Bennett: Phys. Rev. **132** (1963) 1465.
Pb—In	^{207}Pb, ^{115}In	L. H. Bennett, R. J. Snodgrass: Phys. Rev. **134** (1964) A 1290.
Pb mit Cd, In, Sn, Sb, Hg, Tl, Bi	^{207}Pb	R. J. Snodgrass, L. H. Bennett: Phys. Rev. **134** (1964) A 1294.
Al mit Mn, Fe, Ni	^{27}Al	T. Sugawara: J. phys. Soc. Japan **12** (1957) 309.
Al-Legierungen		A. Blandin, J. Friedel: J. Phys. Chem. Solids **17** (1960) 170.
Al—Mg, Al—Zn		A. Blandin, J. Friedel: J. Phys. Radium **21** (1960) 689.
XAl_2(X = La, Ce, Pr, Nd, Sm, Eu, Gd, Tb, Dy, Ho, Er, Tm, Yb, Lu, U)	^{27}Al	V. Jaccarino, B. T. Matthias, M. Peter, H. Suhl, J. H. Wernick: Phys. Rev. Letters **5** (1960) 251.
Al—Zn	^{27}Al	D. L. Weinberg: J. Phys. Chem. Solids **15** (1960) 249.
XAl_2(X = La, Ce, Pr, Nd, Sm, Eu, Gd, Tb, Dy, Ho, Er, Tm, Yb, Lu, U)	^{27}Al	V. Jaccarino: J. appl. Phys., Suppl. zu **32** (1961) 102.
$CaAl_2$, $YbAl_2$	^{27}Al	R. G. Barnes, W. H. Jones jr., T. P. Graham: Phys. Rev. Letters **6** (1961) 221.
$SmAl_2$	^{27}Al	J. A. White, J. H. v. Vleck: Phys. Rev. Letters **6** (1961) 412.
Al mit Zn, Mg	^{27}Al	M. B. Webb: J. Phys. Chem. Solids **20** (1961) 127.
UAl_2	^{27}Al	V. Jaccarino: J. Phys. Radium **23** (1962) 664.
Al—Zn	^{27}Al	V. S. Pavlovskaja, Ju. A. Gelman: FMM **13** (1962) 517.
Al—Ag	^{27}Al	J. M. Titman: J. Phys. Chem. Solids **23** (1962) 318.
$Gd_{0,001}La_{0,999}Al_2$	^{27}Al	A. C. Gossard, V. Jaccarino, J. H. Wernick: J. phys. Soc. Japan **17**, Suppl. B—I (1962) 88.

Tabelle 5 (Fortsetzung)

Legierung	Isotop	Literaturzitat
Al + Zn Al + Ge	^{27}Al	Y. Masuda: J. phys. Soc. Japan **18** (1963) 1090.
NiAl	^{27}Al	J. A. Seitschik, R. H. Walmsley: Phys. Rev. **131** (1963) 1473.
β-Ni—Al	^{27}Al	K. Miyatani, S. Ehara, T. Sato, Y. Tomono: J. phys. Soc. Japan **18** (1963) 1345.
V—Tc—Al	^{27}Al, ^{51}V, ^{99}Tc	D. O. v. Ostenburg, D. J. Lam, H. D. Trapp, D. W. Pracht: Phys. Rev. Letters **11** (1963) 352.
$PrAl_2$	^{27}Al	W. H. Jones jr., T. P. Graham, R. G. Barnes: Phys. Rev. **132** (1963) 1898.
$YbAl_2$	^{171}Yb	A. C. Gossard, V. Jaccarino, J. H. Wernick: Phys. Rev. **133** (1964) A 881.
Tl—Na, Tl—Mg, Tl—In, Tl—Sn, Tl—Hg, Tl—Pb, Tl—Bi	^{205}Tl	N. Bloembergen, T. J. Rowland: Acta metallurg. **1** (1953) 731.
V mit Cr, Mn, Fe, Co, Ni	^{51}V, ^{59}Co	L. E. Drain: Arch. des Sci. **13** Fasz. Spez. (1960) 425, 9e. Colloque Ampère.
V_3X(X = As, Au, Ga, Pt, Sb, Sn)	^{51}V u. a.	A. M. Clogston, V. Jaccarino: Phys. Rev. **121** (1961) 1357.
Cr—V	^{51}V	L. E. Drain: J. Phys. Radium **23** (1962) 745.
Cr—V	^{53}Cr	R. G. Barnes, T. P. Graham: Phys. Rev. Letters **8** (1962) 248.
Tc—V	^{99}Tc, ^{51}V	D. O. v. Ostenburg, H. Trapp, D. J. Lam: Phys. Rev. **126** (1962) 938.
V mit Fe	^{51}V	D. J. Lam, D. O. v. Ostenburg, M. V. Nevitt, H. D. Trapp, D. W. Pracht: Phys. Rev. **131** (1963) 1428.

V—Ti, V—Cr	^{51}V	M. SHIMIZU, T. TAKAHASHI, A. KATSUKI: J. phys. Soc. Japan **18** (1963) 1192.
V—Cr	^{51}V	J. BUTTERWORTH: Proc. phys. Soc. **83** (1964) 71.
$PtSn_2$	^{195}Pt	S. S. DHARMATTI, V. K. S. RAO, R. VIJAYARAGHAVAN: J. phys. Soc. Japan **17** Suppl. B—I (1962) 129.
Ti_xH_y	^1H	B. STALINSKI, C. K. COOGAN, H. S. GUTOWSKY: J. chem. Phys. **33** (1960) 933.
$TiH_{1,61}$—$TiH_{1,97}$	^1H	B. STALINSKI, C. K. COOGAN, H. S. GUTOWSKY: J. chem. Phys. **34** (1961) 1191.
$ZrH_{1,54}$—$ZrH_{1,99}$	^1H	J. F. HON: J. chem. Phys. **36** (1962) 759.
La—xH	^1H, La	D. S. SCHREIBER, R. M. COTTS: phys. Rev. **131** (1963) 1118.
Pd—H	^1H	A. FERT, P. AVERBUCH: J. Phys. **25** (1964) 297.
LaB_6, CeB_6, PrB_6, NbB_6, SmB_6, GdB_6, DyB_6, HoB_6, ScB_6, YB_6	^{11}B	A. GOSSARD, V. JACCARINO: Proc. phys. Soc. London **80** (1962) 877.
TiB_2, VB_2, CrB_2, ZrB_2, NbB_2, MoB_2, TaB_2	^{11}B	A. H. SILVER, T. KUSHIDA: J. chem. Phys. **38** (1963) 865.
LaB_6, CaB_6, EuB_6	^{11}B	E. J. McNIFF jr., S. SHAPIRO: J. Phys. Chem. Solids **24** (1963) 939.

Tabelle 5 (Fortsetzung). Ergänzungen während der Korrektur

Legierung	Isotop	Literaturzitat
Cu—Cd	Cu	S. KOBAYASHI, K. ASAYAMA, J. ITOH: J. phys. Soc. Japan **18** (1963) 1735.
Al—Ag V—Al		V. S. PAVLOVSKAJA, A. F. JEDNERAL: FTT **6** (1964) 2072.
V_5Al_8	^{51}V, ^{27}Al	D. O. VAN OSTENBURG, D. J. LAM, H. D. TRAPP, D. W. PRACHT: Phys. Rev. **135** (1964) A 455.

Tabelle 5 (Fortsetzung). Ergänzungen während der Korrektur

Legierung	Isotop	Literaturzitat
FeAl		
Ni_3Al		
NiAl		
CoAl	^{27}Al, ^{59}Co	J. A. Seitchik, R. H. Walmsley: Phys. Rev. **137** (1965) A 143.
FeSi	^{29}Si	G. K. Wertheim, V. Jaccarino, J. H. Wernick, J. A. Seitchik, H. J. Williams, R. C. Sherwood: Phys. Letters **18** (1965) 89.
Sn_3RE (RE = La, Ce, Pr, Nd, Sm, Eu, Yb)	^{119}Sn	R. G. Barnes, F. Borsa, D. Peterson: J. appl. Phys. **36** (1965) 940.
$RhSn_2$		
$LaRh_2$		
RhSi		
$ThRh_3$		
URh_3	^{103}Rh	J. A. Seitchik, V. Jaccarino, J. H. Wernick: Phys. Rev. **138** (1965) A 148.
$La_{1-x}Th_xRu_2$	^{139}La	D. Shaltiel, A. C. Gossard, J. H. Wernick: Phys. Rev. **137** (1965) A 1027.
Pb—Hg		
Pb—Tl	^{207}Pb	A. Y. Hoff: Phys. Letters **15** (1965) 113.
ScN	^{45}Sc	
VN	^{51}V	K. Kume, H. Yamagishi: J. phys. Soc. Japan **19** (1964) 414.
V—Ti	^{51}V	Y. Masuda, K. Okamura: J. phys. Soc. Japan **19** (1964) 1249. K. Kume, T. Fujita: J. phys. Soc. Japan **19** (1964) 1245. R. J. Noer: Proc. phys. Soc. **84** (1964) 499.
V—Fe	^{51}V	Y. Masuda, K. Okamura: J. phys. Soc. Japan **19** (1964) 1249.

V—Tc	^{51}V, ^{99}Tc	D. O. van Ostenburg, J. J. Spokas, D. J. Lam: Phys. Rev. **139** (1965) A 713.
Nb—Tc Nb—Mo	^{93}Nb, ^{99}Tc	D. O. van Ostenburg, D. J. Lam: J. phys. Soc. Japan **18** (1963) 1744.
Nb—Mo	^{93}Nb	R. J. Noer: Proc. phys. Soc. **86** (1965) 309.
Pt—Au Pt—Ir	^{195}Pt	C. Froidevaux, M. Weger: Phys. Rev. Letters **12** (1964) 123.
ScH_2 Sc—H	^{45}Sc	
YH_2 Y—H	^{89}Y	D. S. Schreiber: Phys. Rev. **137** (1965) A 860.
La—H		D. S. Schreiber: Diss. Abstr. **23** (1963) 3445.
Ti—H—C	^{1}H	H. Bittner: Mh. Che . **95** (1964) 1514.
TiH_2 $(Ti_xV_{1-x})H$ $VH_{0,93}$	^{1}H	O. T. Maljutschkov, Ju. Ja. Ochrimenko, A. A. Tschertkov: FMM **18** (1964) 312.
V—H	^{1}H, ^{51}V	H. Betsuyaku, Y. Takagi, Y. Betsuyaku: J. phys. Soc. Japan **19** (1964) 1089.
NbH_x	^{1}H, ^{93}Nb	D. Zamir, R. M. Cotts: Phys. Rev. **134** (1964) A 666.

Tabelle 6. Verbindungen mit Metallcharakter

Verbindung	Isotop	Literaturzitat
Na_xWO_3	^{23}Na	R. G. Barnes, R. A. Hultsch, W. H. Jones jr.: Bull. Amer. phys. Soc. **4** (1959) 166.
Na_xWO_3	^{23}Na	J. M. Keller: J. chem. Phys. **33** (1960) 232.
Na_xWO_3, WO_3	^{183}W	A. Narath, D. C. Wallace: Phys. Rev. **127** (1962) 724.
M_xWO_3 (M = Li, Na, Tl)	^{7}Li, ^{23}Na, ^{203}Tl, ^{205}Tl	W. H. Jones jr., E. A. Garbaty, R. G. Barnes: J. chem. Phys. **36** (1962) 494.
$Li_xV_2O_5$	^{7}Li	J. Gendell, R. M. Cotts, M. J. Sienko: J. chem. Phys. **37** (1962) 220.
M_xWO_3		A. R. Mackintosh: J. chem. Phys. **38** (1963) 1991.

Tabelle 7. Die untersuchten Halbleiter

Substanz	Isotop	Literaturzitat
Si	^{29}Si	R. G. Shulman, B. J. Wyluda: Phys. Rev. **103** (1956) 1127.
Si mit P		G. Feher: Phys. Rev. **103** (1956) 834.
Si mit P, As, Sb		G. Feher: J. Phys. Radium **19** (1958) 830.
Si mit P, As, Sb, Bi, Fe, Li		G. Feher: Phys. Rev. **114** (1959) 1219.
Si mit P, As, Sb		G. Feher: J. Phys. Chem. Solids **8** (1959) 486.
Si mit P	^{31}P	G. D. Watkins, J. W. Corbett: Rev. Phys. **134** (1964) A 1359.
Ge	^{73}Ge	B. J. Wyluda: J. Phys. Chem. Solids **23** (1962) 63.
Sn (grau)	^{119}Sn	W. E. Blumberg, J. Eisinger: Phys. Rev. **120** (1960) 1965.
InSb	^{115}In, ^{121}Sb	
GaSb	^{69}Ga, ^{71}Ga, ^{121}Sb, ^{123}Sb	R. G. Shulman, J. M. Mays, D. W. McCall: Phys. Rev. **100** (1955) 693.
InSb, GaSb		R. G. Shulman, B. J. Wyluda, P. W. Anderson: Phys. Rev. **107** (1957) 952.
GaAs	^{69}Ga, ^{71}Ga, ^{75}As	
InAs	^{115}In, ^{75}As	R. G. Shulman, B. J. Wyluda, H. J. Hrostowski: Phys. Rev. **109** (1958) 808.
InSb mit Te, Zn, Ga	^{115}In	E. H. Rhoderick: Philos. Mag. **3** (1958) 545.
InSb mit Te, Zn	^{115}In	M. H. Cohen: Philos. Mag. **3** (1958) 564.
InSb mit Te	^{115}In	
GaSb mit Si	^{69}Ga, ^{71}Ga	E. H. Rhoderick: J. Phys. Chem. Solids **8** (1958) 498.
GaSb	^{69}Ga, ^{71}Ga, ^{121}Sb	D. J. Oliver: J. Phys. Chem. Solids **11** (1959) 257.
GaP	^{69}Ga, ^{71}Ga, ^{31}P	M. J. Weber: J. Phys. Chem. Solids **21** (1961) 210.
InSb, InAs, InP, GaSb, GaAs, AlSb, Ge, RbCl, Ge—GaAs	^{31}P, ^{115}In, ^{75}As, ^{96}Ga, ^{71}Ga, ^{27}Al, ^{121}Sb, ^{123}Sb, ^{73}Ge, ^{85}Rb, ^{87}Rb	R. L. Mieher: Phys. Rev. **125** (1962) 1537.

Tabelle 7 (Fortsetzung)

Substanz	Isotop	Literaturzitat
InSb	^{115}In	M. Menes, D. I. Bolef: Phys. Rev. **109** (1958) 218.
InSb	^{115}In, ^{121}Sb, ^{123}Sb	D. I. Bolef: Science **136** (1962) 359.
GaAs	^{75}As	R. J. Mahler, H. P. Mahon, S. C. Miller, W. H. Tanttila: Phys. Rev. Letters **10** (1963) 395.
GaAs	^{69}Ga, ^{71}Ga, ^{75}As	E. Brun, R. J. Mahler, H. Mahon, W. L. Pierce: Phys. Rev. **129** (1963) 1965
InSb	^{115}In, ^{121}Sb, ^{123}Sb	W. G. Clark, G. Feher: Phys. Rev. Letters **10** (1963) 134.
GaAs	^{69}Ga, ^{71}Ga, ^{75}As	D. Gill, N. Bloembergen: Phys. Rev. **129** (1963) 2398.
InSb	^{113}In, ^{115}In, ^{121}Sb, ^{123}Sb	M. Gueron: Phys. Rev. **135** (1964) A 200.
PbO_2	^{207}Pb	L. H. Piette, H. E. Weaver: J. chem. Phys. **28** (1958) 735.
PbTe, PbS, PbSe, $Pb(NO_3)_2$	^{207}Pb	J. Weinberg: J. chem. Phys. **36** (1962) 1112.
PbTe	^{207}Pb	J. Weinberg, J. Callaway: Nuovo Cimento **24** (1962) 190.
PbTe	^{207}Pb	J. Weinberg: J. chem. Phys. **39** (1963) 492.
CdTe	^{111}Cd, ^{113}Cd, ^{125}Te	J. Weinberg: J. chem. Phys. **37** (1962) 1571.
Ag_2F	^{19}F	Q. W. Choi: J. Amer. chem. Soc. **82** (1960) 2686.
Ag_2F	^{19}F	Q. W. Choi, W. G. Clark: J. chem. Phys. **34** (1961) 1584.
SiC	^{29}Si, ^{13}C	G. E. G. Hardeman: J. Phys. Chem. Solids **24** (1963) 1223.

Tabelle 7 (Fortsetzung). Ergänzungen während der Korrektur

Substanz	Isotop	Literaturzitat
Si	^{29}Si, ^{11}B, ^{31}P	R. K. SUNDFORS, D. F. HOLCOMB: Phys. Rev. **136** (1964) A 810.
AlSb	^{121}Sb	
GaP	^{69}Ga, ^{71}Ga, ^{31}P	
GaAs	^{69}Ga, ^{71}Ga, ^{75}As	H. LÜTGEMEIER: Z. Naturf. **19a** (1964) 1297.
GaAs	^{69}Ga, ^{71}Ga	P. AVERBUCH, D. P. TUNSTALL: Phys. Letters **15** (1965) 227.
GaSb	^{69}Ga, ^{71}Ga, ^{121}Sb	
InP	^{115}In, ^{31}P	
InAs	^{115}In, ^{75}As	
InSb	^{115}In, ^{121}Sb	H. LÜTGEMEIER: Z. Naturf. **19a** (1964) 1297.
	^{115}In	J. HOFLAND, A. HONIG: Phys. Rev. Letters **14** (1965) 700.
CdS	^{111}Cd, ^{113}Cd, ^{33}S	T. KUSHIDA, A. H. SILVER: Phys. Rev. **137** (1965) A 1591.
CdTe/Mn	^{111}Cd, ^{113}Cd	I. CHEN, C. KIKUCHI, H. WATANABE: J. chem. Phys. **42** (1965) 189.
V_2O_3	^{51}V	H. NAGASAWA, S. K. TAKESHITA, Y. TOMONO, S. MINOMURA, B. OKAI: J. phys. Soc. Japan **19** (1964) 2232.
VO_2	^{51}V	J. UMEDA, H. KUSUMOTO, K. NARITA, E. YAMADA: J. chem. Phys. **42** (1965) 1458.

Tabelle 8. Die untersuchten Supraleiter

Substanz	Isotop	Literaturzitat
Al	^{27}Al	L. C. Hebel, C. P. Slichter: Phys. Rev. **107** (1957) 901. L. C. Hebel, C. P. Slichter: Phys. Rev. **113** (1959) 1504. Y. Masuda, A. G. Redfield: Proc. 7th internat. Conf. low Temperature Phys. Toronto 1960, Toronto Univ. Press, Amsterdam, North Holland Publ. Co. (1961) 412. Y. Masuda, A. G. Redfield: Phys. Rev. **125** (1962) 159. Y. Masuda, A. G. Redfield: Phys. Rev. **133** (1964) A 944.
Al mit Zn, Ge	^{27}Al	Y. Masuda: Phys. Rev. **126** (1962) 1271.
Hg	^{199}Hg	F. Reif: Phys. Rev. **102** (1956) 1417. F. Reif: Phys. Rev. **106** (1957) 208. W. D. Knight, G. M. Androes, R. H. Hammond: Phys. Rev. **104** (1956) 852.
β-Sn		G. M. Androes, W. D. Knight: Phys. Rev. Letters **2** (1959) 386. G. M. Androes, W. D. Knight: Phys. Rev. **121** (1961) 779.
Ga	^{69}Ga	R. H. Hammond, W. D. Knight: Phys. Rev. **120** (1960) 762.
In		W. W. Simmons, C. P. Slichter: Phys. Rev. **121** (1961) 1580.
V	^{51}V	R. J. Noer, W. D. Knight: Bull. Amer. phys. Soc. **6** (1961) 122.
Cd		Y. Masuda: IBMJ. Research Develop. **6** (1962) 24.
V, V_3Si, V_3Pt, V_3As, V_3Ga, V_3Co, V_3Sb, V_3Ge, V_3Ir, V_3Au	^{51}V Pt, Ga, Co, Sb	W. E. Blumberg, J. Eisinger, V. Jaccarino, B. T. Matthias: Phys. Rev. Letters **5** (1960) 149.
V_3As, V_3Au, V_3Ga, V_3Pt, V_3Sb, V_3Sn, V_3Ge, V_3Si,	V, Si, Sb, Sn, Ga	A. M. Clogston, V. Jaccarino: Phys. Rev. **121** (1961) 1357.
V, V_3Si, V_3Ga	^{51}V, ^{71}Ga	A. M. Clogston, A. C. Gossard, V. Jaccarino, Y. Yafet: Phys. Rev. Letters **9** (1962) 262.

Tabelle 8 (Fortsetzung). Ergänzungen während der Korrektur

Substanz	Isotop	Literaturzitat
Al	^{27}Al	R. H. HAMMOND, G. M. KELLY: Rev. mod. Phys. **36** (1964) 185.
V	^{51}V	R. J. NOER, W. D. KNIGHT: Rev. mod. Phys. **36** (1964) 177. A. M. CLOGSTON, A. C. GOSSARD, V. JACCARINO, Y. YAFET: Rev. mod. Phys. **36** (1964) 170. K. ASAYAMA, Y. MASUDA: J. phys. Soc. Japan **20** (1965) 1290.
Nb	^{93}Nb	A. M. CLOGSTON, A. C. GOSSARD, V. JACCARINO, Y. YAFET: Rev. mod. Phys. **36** (1964) 170. K. ASAYAMA, Y. MASUDA: J. phys. Soc. Japan **20** (1965) 1290.
V_3Ga V_3Si	^{51}V	P. PINCUS, A. C. GOSSARD, V. JACCARINO, J. H. WERNICK: Phys. Letters **13** (1964) 21.
V_3Ga V_3Si	^{51}V, ^{71}Ga	A. M. CLOGSTON, A. C. GOSSARD, V. JACCARINO, Y. YAFET: Rev. mod. Phys. **36** (1964) 170.
V_3Ga V_3Si		M. WEGER: Rev. mod. Phys. **36** (1964) 175.
V_3Al V_3Si V_3Co V_3Ga V_3Ge		L. F. MATTHEISS: Phys. Rev. **138** (1965) A 112.
V—Ti Nb—Zr		K. ASAYAMA, Y. MASUDA: J. phys. Soc. Japan **20** (1965) 1290.
Nb_3Sn $NbSn_2$ Nb_6Sn_5	^{119}Sn	H. LÜTGEMEIER: Z. Naturf. **20a** (1965) 246.

Tabelle 9a. Die untersuchten ferromagnetischen Metalle und Legierungen

Substanz	Isotop	Literaturzitat
Fe	^{57}Fe	C. Robert, J.-M. Winter: C. R. hebd. Séances Acad. Sci. **250** (1960) 3831. C. Robert, J.-M. Winter: Arch. des Sci. **13** (1960) 433, 9ᵉ Colloque Ampère. S. Ogawa, S. Morimoto: J. phys. Soc. Japan **16** (1961) 2065. J. I. Budnick, L. J. Bruner, R. J. Blume, E. L. Boyd: J. appl. Phys. Suppl. zu **32** (1961) 120. G. B. Benedek, J. Armstrong: J. appl. Phys., Suppl. zu **32** (1961) 106. A. C. Gossard, A. M. Portis, W. J. Sandle: J. Phys. Chem. Solids **17** (1961) 341.
Fe		B. Mercier: C. R. hebd. Séances Acad. Sci. **255** (1962) 506. J. D. Litster, G. B. Benedek: J. appl. Phys. **34** (1963) 688.
Fe, Co, Ni	^{57}Fe, ^{59}Co, ^{61}Ni	M. Weger, E. L. Hahn, A. M. Portis: J. appl. Phys. **32** (1961) 1248.
Co	^{59}Co	
Fe	^{57}Fe	C. Robert, J. M. Winter: Proc. int. School phys., Enrico Fermi 17. Course (1960) 308.
Co	^{59}Co	A. C. Gossard, A. M. Portis: Phys. Rev. Letters **3** (1959) 164. A. M. Portis, A. C. Gossard: J. appl. Phys., Suppl. zu **31** (1960) 205. Y. Kôi, A. Tsujimura, T. Kushida: J. phys. Soc. Japan **15** (1960) 2100. Y. Kôi, A. Tsujimura, Y. Yukimoto: J. phys. Soc. Japan **15** (1960) 1342. R. Street, D. S. Rodbell, W. L. Roth: Phys. Rev. **121** (1961) 84. W. A. Hardy: J. appl. Phys. Suppl. zu **32** (1961) 126.

Co	^{59}Co	L. L. Buišvili, N. P. Giorgadze: ŽÈTF **42** (1962) 499.
		J. Hervé, J.-N. Aubrun: C. R. hebd. Séances Acad. Sci. **254** (1962) 2747.
		D. S. Rodbell: J. appl. Phys. **33** (1962) 1126.
		J. Hervé, J.-N. Aubrun: J. Phys. Radium **23** (1962) 570.
Co(fcc)	^{59}Co	A. M. Portis: J. phys. Soc. Japan **17** Suppl. B-I (1962) 81.
Co	^{59}Co	J.-N. Aubrun: C. R. du 11e Colloque Ampère (1962) 633.
Co	^{59}Co	R. C. La Force, L. E. Toth, S. F. Ravitz: J. Phys. Chem. Solids **24** (1963) 729.
Ni	^{61}Ni	L. J. Bruner, J. I. Budnick, R. J. Blume: Phys. Rev. **121** (1961) 83.
		R. L. Streever jr.: Phys. Rev. Letters **11** (1963) 232.
Ni	^{61}Ni	R. L. Streever, L. H. Bennett: Phys. Rev. **131** (1963) 2000.
Ni	^{61}Ni	E. Šimánek: Czechoslov. J. Phys., Ser. B **13** (1963) 732.
Ni, Fe + Ni, Co + Ni, Ni + Co	^{61}Ni, ^{59}Co	R. L. Streever: Phys. Rev. **134** (1964) A 1612.
Fe, Co		O. T. Maljučkov, Ju. S. Stark, B. N. Finkel'stejn: FTT **3** (1961) 3528.
Co, Co—Fe, Co—Ni, Co—Cu, Co—Al, Co—Cr	^{59}Co	Y. Kôi, A. Tsujimura, T. Hihara, T. Kushida: J. phys. Soc. Japan **16** (1961) 574.
Co—Pd	^{59}Co	S. Ehara, Y. Tomono: J. phys. Soc. Japan **17** (1962) 726.
Co—Fe, Co—Ni, Fe—Co, Cr—Fe, Ni—Fe, Co		A. M. Portis, J. Kanamori: J. phys. Soc. Japan **17** (1962) 587.
Co, Co—Fe, Ni, Cu, Mn, Cu; Fe—Co, Ni—Co	^{59}Co	R. C. La Force, S. F. Ravitz, G. F. Day: J. phys. Soc. Japan **17** Suppl. B—I (1962) 99.

Tabelle 9a (Fortsetzung)

Substanz	Isotop	Literaturzitat
Cu—Co, Cu—Fe	^{63}Cu, ^{65}Cu	Y. Kôi, A. Tsujimura, T. Hihara, T. Kushida: J. phys. Soc. Japan **17** Suppl. B—I (1962) 96.
Co mit Fe	^{57}Fe	J. I. Budnick, R. C. La Force, G. F. Day: C. R. du 11e Colloque Ampère (1962) 629.
Fe—Co	^{59}Co	E. Šimánek, Z. Šroubek: Czechoslov. J. Phys. **12** (1962) 202.
Ni—Co	^{61}Ni, ^{59}Co	L. H. Bennett, R. L. Streever jr.: J. appl. Phys. **32** (1962) 1093.
Co—Fe, Co—Ni, Co—Cu, Co—Cr, Co—Mn, Co—Al	^{59}Co ^{57}Fe, ^{63}Cu, ^{65}Cu	T. Kushida, A. H. Silver, Y. Kôi, A. Tsujimura: J. appl. Phys., Suppl. zu **33** (1962) 1079.
Fe—Ni	^{61}Ni	R. L. Streever, L. H. Bennett, R. C. La Force, G. F. Day: J. appl. Phys. **34** (1963) 1050.
Cu—Ni	^{63}Cu, ^{65}Cu, ^{61}Ni	K. Asayama, S. Kobajashi, J. Itoh: J. phys. Soc. Japan **18** (1963) 458.
Ni mit Mn	^{55}Mn	Y. Kôi, A. Tsujimura: J. phys. Soc. Japan **18** (1963) 1347.
Mn_5Ge_3	^{55}Mn	R. F. Jackson, R. G. Scurlock, D. B. Utton, T. H. Wilmshurst: Phys. Letters **6** (1963) 39.
Mn_4N Mn_5Ge_3	^{55}Mn	T. Hihara, Y. Kôi, A. Tsujimura: J. phys. Soc. Japan **18** (1963) 454.
Mn_xSn	^{117}Sn, ^{119}Sn	N. Sato, R. Hoshino, M. Asanuma: J. phys. Soc. Japan **19** (1964) 139.
GdN	^{155}Gd, ^{157}Gd	E. L. Boyd, R. J. Gambino: Phys. Rev. Letters **12** (1964) 20.

MnSb	^{55}Mn, ^{121}Sb, ^{123}Sb	A. Tsujimura, T. Hihara, Y. Kôi: J. phys. Soc. Japan **17** (1962) 1078.
MnAs	^{55}Mn, ^{75}As	
MnBi	^{55}Mn	
MnP	^{55}Mn	
Mn_2Sb	^{55}Mn	T. Hihara, Y. Kôi, A. Tsujimura: J. phys. Soc. Japan **17** (1962) 1320.
$CrBr_3$	^{53}Cr	A. C. Gossard, V. Jaccarino, J. P. Remeika: Phys. Rev. Letters **7** (1961) 122. A. C. Gossard, V. Jaccarino, J. P. Remeika: J. appl. Phys. **33** (1962) 1187
CrO_2	^{53}Cr	H. Yasuoka, H. Abe, A. Hirai, T. Hashi: J. phys. Soc. Japan **18** (1963) 593.

Tabelle 9a (Fortsetzung). Ergänzungen während der Korrektur

Substanz	Isotop	Literaturzitat
Fe	^{57}Fe	D. L. Cowan, L. W. Anderson: Phys. Rev. **135** (1964) A 1046. T. Muto, S. Kobayasi, H. Hayakawa: J. phys. Soc. Japan **20** (1965) 388.
Fe, Co, Ni		T. Moriya: J. phys. Soc. Japan **19** (1964) 681. T. Muto, S. Kobayasi, H. Hayakawa: J. phys. Soc. Japan **20** (1965) 1167.
Co	^{59}Co	L. E. Toth, S. F. Ravitz: J. Phys. Chem. Solids **24** (1963) 1203. L. E. Toth, T. R. Cass, S. F. Ravitz, J. Washburn: Philos. Mag. **9** (1964) 607.

Tabelle 9a (Fortsetzung). Ergänzungen während der Korrektur

Substanz	Isotop	Literaturzitat
Co (hex.)	^{59}Co	L. E. TOTH, G. F. DAY, R. C. LA FORCE, S. F. RAVITZ: Acta metallurg. **12** (1964) 311.
Co (hex.)		D. H. Anderson, G. A. SAMARA: J. appl. Phys. **35** (1964) 3043.
Co	^{59}Co	A. C. GOSSARD, A. M. PORTIS, M. RUBINSTEIN, R. H. LINDQUIST: Phys. Rev. **138** (1965) A 1415.
Ni	^{61}Ni	F. M. GALPERIN, V. F. DEMIN, A. A. SMIRNOV, R. CH. CHESTANOV: IAN **27** (1963) 1458. D. L. COWAN, L.W. ANDERSON: Phys. Rev. **139** (1965) A 424.
Co—Fe	^{59}Co	R. F. JACKSON, R. G. SCURLOCK, D. B. UTTON, T. H. WILMSHURST: Phys. Letters **11** (1964) 197; Erratum in: Phys. Letters **12** (1964) 168.
Fe—Co		
Fe—Ni	^{57}Fe	G. V. H. WILSON: Proc. phys. Soc. **84** (1964) 689.
$Ni_{99,5}$—$Co_{0,5}$	^{59}Co	L. H. BENNETT: J. appl. Phys. **36** (1965) 942.
Ni—Co		
Ni—Fe		J. KANAMORI: J. appl. Phys. **36** (1965) 919.
Ni—Co	^{59}Co, ^{61}Ni	R. L. STREEVER, G. A. URIANO: Phys. Rev. **139** (1965) A 135.
Co-Legierungen		
Fe-Legierungen		G. A. MURRAY, W. MARSHALL: Proc. phys. Soc. **86** (1965) 315.
Fe—Mn	^{55}Mn	
Fe—V	^{51}V	Y. KÔI, A. TSUJIMURA, T. HIHARA: J. phys. soc. Japan **19** (1964) 1493.
Fe—V		
Fe—Nb		
Fe—Al	^{51}V, ^{93}Nb, ^{27}Al	K. ASAYAMA, M. KONTANI: J. phys. Soc. Japan **19** (1964) 1984.

Fe—V Fe—Cr		J. KANAMORI: J. appl. Phys. **36** (1965) 919.
$ZrFe_2$	^{91}Zr	H. BETSUYAKU, S. KOMURA, Y. BETSUYAKU: J. phys. Soc. Japan **19** (1964) 1262.
FeB_2	^{10}B, ^{11}B	H. ABE, H. YASUOKA, M. MATSUURA, A. HIRAI, T. SHINJO: J. phys. Soc. Japan **19** (1964) 1491.
Co—Pd	^{59}Co	S. EHARA: J. phys. Soc. Japan **19** (1964) 1313.
Co—V Co—Nb Co—Al	^{51}V, ^{93}Nb, ^{27}Al	K. ASYAMA, M. KONTANI: J. phys. Soc. Japan **19** (1964) 1984.
Co—Ti Co—V Co—Cr	^{59}Co	S. KOBAYASHI, K. ASAYAMA, J. ITOH: Solid State Commun. **2** (1964) 37.
Co—Nd Co—Eu Co—Gd	^{59}Co	J. M. BRETTELL: Phys. Letters **13** (1964) 100.
Cu—Ni	Cu, Ni	K. ASAYAMA: J. phys. Soc. Japan **18** (1963) 1727.
Ni—V Ni—Nb Ni—Al	^{51}V, ^{93}Nb, ^{27}Al	K. ASAYAMA, M. KONTANI: J. phys. Soc. Japan **19** (1964) 1984.
Ni—Mn Ni—Cr Ni—V Ni—Ti		J. KANAMORI: J. appl. Phys. **36** (1965) 919.
MnNiSb	^{121}Sb, ^{123}Sb	H. SUZUKI, E. HIHAHARA: J. phys. Soc. Japan **19** (1964) 2345; **20** (1965) 294.
Cu_2MnX (X = Al, In, Sn)	^{55}Mn, ^{63}Cu, ^{65}Cu	K. SUGIBUCHI: J. Phys. Chem. Solids **25** (1964) 1217.

Tabelle 9a (Fortsetzung). Ergänzungen während der Korrektur

Substanz	Isotop	Literaturzitat
Mn_5Ge_3	^{55}Mn	R. F. JACKSON, R. G. SCURLOCK, D. B. UTTON, E. M. WRAY: Proc. phys. Soc. **85** (1965) 127.
MnB	^{55}Mn, ^{11}B	T. HIHARA, E. HIHARARA: J. phys. Soc. Japan **20** (1965) 873.
$CrBr_3$	^{79}Br, ^{81}Br	A. C. GOSSARD, V. JACCARINO: Phys. Rev. **135** (1964) A 1051.
$CrCl_3$	^{53}Cr	A. NARATH, H. L. DAVIS: Phys. Rev. **137** (1965) A 163.
EuO	^{153}Eu	G. A. URIANO, R. L. STREEVER: Phys. Letters **17** (1965) 205.
EuS	^{153}Eu	P. HELLER, G. BENEDEK: Phys. Rev. Letters **14** (1964) 71.
Sc_3In	^{45}Sc	B. J. WYLUDA, R. G. SHULMAN, R. T. MATTHIAS, E. CORENZWIT: Phys. Rev. **137** (1965) A 1856.

Tabelle 9b. Die untersuchten ferrimagnetischen, antiferromagnetischen und paramagnetischen Verbindungen

Verbindung	Isotop	Literaturzitat
α-Fe_2O_3	^{57}Fe	M. Matsuura, H. Yasuoka, A. Hirai, T. Hashi: J. phys. Soc. Japan **17** (1962) 1147. Le Dang Khoi, F. Bertaut, L. Néel: C. R. hebd. Séances Acad. Sci. **254** (1962) 1584.
Magnetit	^{57}Fe	E. L. Boyd: Phys. Rev. **129** (1963) 1961.
$Li_{0,5}Fe_{2,5}O_4$	^{57}Fe	S. Ogawa, S. Morimoto, Y. Kimura: J. phys. Soc. Japan **17** (1962) 1671.
$MnFe_2O_4$	^{55}Mn	A. J. Heeger, S. K. Ghosh, T. G. Blocker: J. appl. Phys. **34** (1963) 1034.
	^{55}Mn	A. J. Heeger, T. G. Blocker, III, S. K. Ghosh: J. appl. Phys. **35** (1964) 840.
	^{55}Mn	A. J. Heeger, T. G. Blocker, III, S. K. Ghosh: Phys. Rev. **134** (1964) A 399.
Ni-Ferrite Ni—Zn-Ferrite	^{57}Fe	H. Abe, M. Matsuura, H. Yasuoka, A. Hirai, T. Hashi, T. Fukuyama: J. phys. Soc. Japan **18** (1963) 1400.
Y—Fe-Granat	^{57}Fe	C. Robert: C. R. hebd. Séances Acad. Sci. **252** (1961) 1442.
Y—Fe-Granat		
Lu—Fe-Granat		
Tm—Fe-Granat		
Er—Fe-Granat		
Ho—Fe-Granat		
Dy—Fe-Granat		
Gd—Fe-Granat		

Tabelle 9b (Fortsetzung)

Verbindung	Isotop	Literaturzitat
Eu—Fe-Granat Sm—Fe-Granat Magnetit Hämatit	^{57}Fe	S. Ogawa, S. Morimoto: J. phys. Soc. Japan **17** (1962) 654.
Dy—Fe-Granat Tb—Fe-Granat Gd—Fe-Granat Ho—Fe-Granat Er—Fe-Granat Tm—Fe-Granat Lu—Fe-Granat Yb—Fe-Granat	^{57}Fe	M. Buyle-Bodin, Le Dang Khoi: J. Phys. Radium **23** (1962) 565.
Y—Fe-Granat		C. Robert, F. Hartmann-Boutron: J. Phys. Radium **23** (1962) 574.
Granate		K. P. Sinha, M. K. Sinha: Indian J. Phys. **36** (1962) 439.
X—Fe-Granat (X = Dy, Tb, Gd, Ho, Er, Tm, Yb, Lu)	^{57}Fe	Le Dang Khoi, M. Buyle-Bodin: C. R. du 11e Colloque Ampère (1962) 640.
Y—Fe-Granat	^{57}Fe	C. Robert, J. M. Winter: C. R. du 11e Colloque Ampère (1962) 205.
Y—Fe-Granat Gd—Fe-Granat		E. L. Boyd, V. L. Moruzzi, J. S. Smart: J. appl. Phys. **34** (1963) 3049.
Y—Fe-Granat (Ga-substituiert)	^{69}Ga, ^{71}Ga	R. L. Streever, G. A. Uriano: Phys. Rev. Letters **12** (1964) 614.

α-Mn		
β-Mn	^{55}Mn	V. Jaccarino, M. Peter, J. H. Wernick: Phys. Rev. Letters **5** (1960) 53.
α-Mn	^{55}Mn	J. Itoh, Y. Masuda, K. Asayama, S. Kobayashi: J. phys. Soc. Japan **18** (1963) 455.
Mn_xSn	^{117}Sn, ^{119}Sn	N. Sato, R. Hoshino, M. Asanuma: J. phys. Soc. Japan **19** (1964) 139.
Cr, Cr—V	^{53}Cr	R. G. Barnes, T. P. Graham: Phys. Rev. Letters **8** (1962) 248.
V—Cr	^{51}V	L. E. Drain: J. Phys. Radium **23** (1962) 745.
		J. Butterworth: Proc. phys. Soc. **83** (1964) 71.
Cr_2O_3		Y. M. D'Aubigné, J. H. Winter: C. R. du 11e Colloque Ampère (1962) 648.
MnO		
CoO	^{17}O	D. E. O'Reilly, T. Tsang: J. chem. Phys. **40** (1964) 734.
CoO	^{59}Co	K. Motizuki: J. phys. Soc. Japan **15** (1960) 888.
MnF_2	^{19}F	V. Jaccarino, R. G. Shulman: Phys. Rev. **107**, (1957) 1196.
	^{19}F	R. G. Shulman, V. Jaccarino: Phys. Rev. **108** (1957) 1219.
	^{19}F	T. Moriya: Physica **24** (1958) 157.
	^{19}F	V. Jaccarino, L. R. Walker: J. Phys. Radium **20** (1959) 341.
	^{19}F	J. L. Davis, G. E. Devlin, V. Jaccarino, A. L. Schawlow: J. Phys. Chem. Solids **10** (1959) 106.
	^{19}F	A. M. Clogston, J. P. Gordon, V. Jaccarino, M. Peter, L. R. Walker: Phys. Rev. **117** (1960) 1222.
	^{19}F	G. B. Benedek, T. Kushida: Phys. Rev. **118** (1960) 46.
	^{19}F	P. S. Pershan: Phys. Rev. Letters **7** (1961) 280.
	^{19}F	P. Heller, G. B. Benedek: Phys. Rev. Letters **8** (1962) 428.
FeF_2	^{19}F	J. W. Stout, R. G. Shulman: Phys. Rev. **118** (1960) 1136.
	^{19}F	P. Pincus: J. appl. Phys. **35** (1964) 839.
CoF_2	^{59}Co	V. Jaccarino: Phys. Rev. Letters **2** (1959) 163.
	^{59}Co	V. Jaccarino: J. chem. Phys. **30** (1959) 1627.

Tabelle 9b (Fortsetzung)

Verbindung	Isotop	Literaturzitat
CoF_2	^{59}Co	T. Moriya: J. Phys. Chem. Solids **11** (1959) 175.
Mn/ZnF_2		
Co/ZnF_2	^{19}F	J. M. Baker, J. A. J. Lourens, R. W. H. Stevenson: J. phys. Soc. Japan **17** Suppl. B—I (1962) 478.
NiF_2	^{19}F	R. G. Shulman: J. appl. Phys., Suppl. zu **32** (1961) 126.
	^{19}F	R. G. Shulman: Phys. Rev. **121** (1961) 125.
	^{19}F	T. Moriya: Phys. Rev. **117** (1960) 635.
		D. J. Paul: Phys. Rev. **131** (1963) 178.
UF_6	^{19}F	R. Blinc, E. Pirkmajer, I. Zupančič, S. Maričič: C. R. du 11e Colloque Ampère (1962) 620.
$KMnF_3$	^{19}F	S. Ogawa: J. phys. Soc. Japan **14** (1959) 1115.
	^{19}F	R. G. Shulman, K. Knox: Phys. Rev. **119** (1960) 94.
	^{19}F	A. J. Heeger, A. M. Portis, T. D. Teaney, G. Witt: Phys. Rev. Letters **7** (1961) 307.
	^{55}Mn	A. M. Portis: J. phys. Soc. Japan **17** Suppl. B—I (1962) 517.
	^{55}Mn	A. M. Portis, G. L. Witt, A. J. Heeger: J. appl. Phys. **34** (1963) 1052.
	^{55}Mn	A. Nakamura, V. Minkiewicz, A. M. Portis: J. appl. Phys. **35** (1964) 842.
$CsMnF_3$	^{55}Mn	K. Lee, A. M. Portis, G. L. Witt: Phys. Rev. **132** (1963) 144.
$RbMnF_3$	^{55}Mn	A. J. Heeger, D. T. Teaney: J. appl. Phys. **35** (1964) 846.
$KCoF_3$		
CoO	^{59}Co	R. G. Shulman: Phys. Rev. Letters **2** (1959) 459.
$KCoF_3$	^{19}F	T. Tsang: J. chem. Phys. **40** (1964) 1169.
$KNiF_3$		

K_2NaCrF_6	^{19}F	R. G. Shulman, K. Knox: Phys. Rev. Letters **4** (1960) 603.
$KNiF_3$		S. Sugano, R. G. Shulman: J. phys. Soc. Japan **17** Suppl. B—I (1962) 23.
	^{19}F	R. G. Shulman, S. Sugano: Phys. Rev. **130** (1963) 506.
$CuCl_2 \cdot 2\,H_2O$	^{1}H	G. E. G. Hardeman, N. J. Poulis, W. v. d. Lugt: Physica **22** (1956) 48.
	^{1}H	G. E. G. Hardeman, N. J. Poulis: Arch. Sci. **9** (1956) 173.
	^{1}H	G. E. G. Hardeman, N. J. Poulis, W. v. d. Lugt, W. P. A. Hass: Physica **23** (1957) 907.
	^{1}H	J. van Kranendonk: Nuovo Cimento, Suppl. zu **6** (1957) 1192.
	^{35}Cl, ^{37}Cl	W. J. O'Sullivan, W. W. Simmons, W. A. Robinson: Phys. Rev. Letters **10** (1963) 476.
	^{35}Cl	D. V. G. L. Narasimha Rao, A. Narasimhamurty: Phys. Rev. **132** (1963) 961.
	^{1}H	H. Benoit, J. P. Renard: Phys. Letters **8** (1964) 32.
$CuF_2 \cdot 2\,H_2O$	^{1}H, ^{19}F	R. G. Shulman, B. J. Wyluda: J. chem. Phys. **35** (1961) 1498.
$MnCl_2 \cdot 4\,H_2O$		N. J. Poulis, H. M. Gijsman: Physica **24** (1958) 156.
$MnCl_2 \cdot 4\,H_2O$ $MnBr_2 \cdot 4\,H_2O$	^{1}H	H. M. Gijsman, N. J. Poulis, J. v. d. Handel: Physica **25** (1959) 954.
$CoCl_2 \cdot 6\,H_2O$	^{1}H	Z. M. El Saffar: J. phys. Soc. Japan **17** (1962) 1334.
	^{1}H	E. Sawatzky, M. Bloom: Phys. Letters **2** (1963) 28.
	^{1}H	E. Sawatzky, M. Bloom: J. phys. Soc. Japan **17** Suppl. B—I (1962) 507.
$CoCl_2 \cdot 6\,H_2O$ $CoBr_2 \cdot 6\,H_2O$ $NiCl_2 \cdot 6\,H_2O$ $NiBr_2 \cdot 6\,H_2O$	^{1}H	R. D. Spence, P. Middents, Z. M. El Saffar, R. Kleinberg: J. appl. Phys. **35** (1964) 854.
$NiBr_2 \cdot 6\,H_2O$	^{1}H	R. D. Spence, H. Forstat, G. A. Khan, G. Taylor: J. chem. Phys. **31** (1959) 555.

Tabelle 9b (Fortsetzung)

Verbindung	Isotop	Literaturzitat
$NiCl_2 \cdot 6\ H_2O$		
$Ni(NH_3)_6(ClO_4)_2$		
$Ni(NH_3)_6Cl_2$	^1H	P. H. Kim, T. Sugawara: J. phys. Soc. Japan **13** (1958) 968.
$CrF_3 \cdot 3\ H_2O$		
$CrCl_3 \cdot 6\ H_2O$		
$FeSO_4 \cdot 7\ H_2O$		
$CoCl_2 \cdot 6\ H_2O$		
$CoBr_2 \cdot 6\ H_2O$		
$CoSO_4 \cdot 7\ H_2O$		
$NiSO_4 \cdot 6\ H_2O$	^1H	S. Yano, S. Sasaki, T. Sidei: J. phys. Soc. Japan **2** (1958) 227.
$TiCl_3$, $TiCl_2$, VCl_3, $CrCl_3$,		
$CrBr_3$, $CrCl_2$	^{35}Cl, ^{81}Br	R. G. Barnes, S. L. Segel: Phys. Rev. Letters **3** (1959) 462.
$CrCl_3$	^{53}Cr	A. Narath: Phys. Rev. Letters **7** (1961) 410.
	^{53}Cr	A. Narath: Phys. Rev. **131** (1963) 1929.
	^{53}Cr	A. Narath: J. appl. Phys. **35** (1964) 838.
	^{35}Cl	B. Morosin, A. Narath: J. chem. Phys. **40** (1964) 1958.
$FeCl_3$	^{35}Cl	A. Narath: J. chem. Phys. **40** (1964) 1169.
$LiCuCl_3 \cdot 2\ H_2O$	^1H	R. D. Spence, C. R. K. Murty: J. chem. Phys. **35** (1961) 1912.
	^1H, ^7Li	R. D. Spence, C. R. K. Murty: Physica **27** (1961) 850.
	^1H	R. D. Spence, Z. M. El Saffar: J. phys. Soc. Japan **17** (1962) 244.
	^1H	R. D. Spence, H. Forstat, C. R. K. Murty, D. R. McNeely: J. phys. Soc. Japan **17** Suppl. B—I (1962) 510.
$K_2CuCl_4 \cdot 2\ H_2O$		
$(NH_4)_2CuCl_4 \cdot 2\ H_2O$		

$Cu(HCOO)_2 \cdot 4\,H_2O$	^1H	J. Itoh, Y. Kamiya: J. phys. Soc. Japan **17** Suppl. B—I (1962) 512.
$Cu_3(CO_3)_2(OH)_2$ (Azurit)	^1H	R. D. Spence, R. D. Ewing: Phys. Rev. **112** (1958) 1544.
	^1H	W. v. d. Lugt, N. J. Poulis: Physica **25** (1959) 1313.
	^1H	E. R. Riedel, R. D. Spence: Physica **26** (1960) 1174.
	^1H	W. v. d. Lugt, N. J. Poulis, T. W. J. v. Agt, C. J. Gorter: Physica **28** (1962) 195.
$MnCO_3$		D. Shaltiel, H. J. Fink: J. appl. Phys. **35** (1964) 854.
$Ni(JO_3)_2 \cdot 2\,H_2O$ $Cu(BrO_3)_2 \cdot 6\,H_2O$ $Ni(BrO_3)_2 \cdot 6\,H_2O$ $Co(BrO_3)_2 \cdot 6\,H_2O$ $Zn(BrO_3)_2 \cdot 6\,H_2O$ $Cu(JO_3)_2 \cdot 6\,H_2O$	^{127}J, ^{79}Br, ^{81}Br	J. C. Burgiel, V. Jaccarino, A. L. Schawlow: Phys. Rev. **122** (1961) 426.
$CuSO_4 \cdot 5\,H_2O$	^1H	N. Bloembergen: Phys. Rev. **75** (1949) 1326.
	^1H	N. Bloembergen: Physica **16** (1950) 95.
$NiSO_4 \cdot 7\,H_2O$	^1H	H. Nagasawa, Y. Tomono: J. phys. Soc. Japan **16** (1961) 123.
$Ce_2Mg_3(NO_3)_{12} \cdot 24\,H_2O$	^1H	T. L. Estle, H. R. Hart jr., J. C. Wheatley: Phys. Rev. **112** (1958) 1576.
		B. I. Kočelaev: ŽÈTF **38** (1960) 999.
$Fe_3(PO_4)_2 \cdot 8\,H_2O$ (Vivianit)	^1H, ^{31}P	N. J. Poulis, W. v. d. Lugt: J. phys. Soc. Japan **17** Suppl. B—I (1962) 505.
$LiMnPO_4$	^{31}P, ^7Li	J. M. Mays: Phys. Rev. **131** (1963) 38.
TiB_2, VB_2, CrB_2, ZrB_2, NbB_2, MoB_2, TaB_2	^{11}B, ^{51}V	A. H. Silver, T. Kushida: J. chem. Phys. **38** (1963) 865.
Cu + Ti, Cr, Mn, Fe, Co, Ni, Zn, Sn	^{63}Cu	T. Sugawara: J. phys. Soc. Japan **14** (1959) 643.

Tabelle 9b (Fortsetzung). Ergänzungen während der Korrektur

Verbindung	Isotop	Literaturzitat
Magnetit	^{57}Fe	T. Mizoguchi, T. Tomono: J. appl. Phys. **36** (1965) 1020.
$LiFe_5O_8$	^{57}Fe	M. Rubinstein, G. H. Stauss: Phys. Letters **14** (1965) 277.
$MnFe_2O_4$	^{55}Mn	A. J. Heeger, T. W. Houston: Phys. Rev. **135** (1964) A 661. H. Yasuoka: J. phys. Soc. Japan **19** (1964) 1182.
Ni-Ferrit	^{61}Ni	H. Abe: J. phys. Soc. Japan **20** (1965) 267.
$MnCr_2O_4$	 ^{53}Cr	T. W. Houston, A. J. Heeger: Phys. Letters **10** (1964) 29. H. Nagasawa, T. Tsushima: Phys. Letters **15** (1965) 205.
Gd-Fe-Granat		J. Hervé, Le Dang Khoi: Phys. Letters **13** (1964) 208.
Y—Fe—Granat/Ga	^{57}Fe, ^{69}Ga, ^{71}Ga	R. L. Streever, G. A. Uriano: Phys. Rev. **139** (1965) A 305.
$(Fe, Mg)_3Al_2(SiO_4)_3$ (Almandin-Granat)	^{27}Al	S. Ghose: Solid State Commun. **2** (1964) 361.
α-Mn	^{55}Mn	Y. Masuda, K. Asayama, S. Kobayashi, J. Itoh: J. phys. Soc. Japan **19** (1964) 460.
Mn—Cr	^{55}Mn	Y. Masuda, T. Taki: J. phys. Soc. Japan **20** (1965) 175.
Cr—V	^{51}V, ^{53}Cr	R. G. Barnes, T. P. Graham: J. appl. Phys. **36** (1965) 938.
Fe_4N	^{57}Fe	
Mn_4N	^{55}Mn	K. Ayama, Y. Ajiro, H. Yasuoka, H. Abe, M. Matsuura, A. Hirai: J. phys. Soc. Japan **19** (1964) 413.
V_2O_3	^{51}V	E. D. Jones: Phys. Rev. **137** (1965) A 978. E. D. Jones: J. phys. Soc. Japan **20** (1965) 1292.
Cr_2O_3	^{53}Cr	M. Rubinstein, G. H. Stauss, J. J. Krebs: Phys. Letters **12** (1964) 302.
MnO	^{55}Mn	M. E. Lines, E. D. Jones: Phys. Rev. **139** (1965) A 1313.

MnO	^{55}Mn	E. D. JONES: J. appl. Phys. **36** (1965) 919.
Co_3O_4		
$CoAl_2O_4$	^{59}Co, ^{27}Al	K. MIYATANI, K. KOHN, S. IIDA, H. KAMIMURA: J. phys. Soc. Japan **20** (1965) 471.
α-MnSe	^{55}Mn, ^{77}Se	E. D. JONES: Phys. Letters **18** (1965) 98.
MnF_2		P. HELLER, G. B. BENEDEK: Proc. 1st int. Conf., Jerusalem 1962 (W. LOW: Paramagn. Resonance **2** (1963) 597).
	^{19}F	P. S. PERSHAN, N. BLOEMBERGEN: Proc. 1st int. Conf., Jerusalem 1962 (W. LOW: Paramagn. Resonance **2** (1963) 656).
	^{55}Mn	E. D. JONES, K. B. JEFFERTS: Phys. Rev. **135** (1964) A 1277.
$KMnF_3$		
$CsMnF_3$	^{55}Mn	G. L. WITT, A. M. PORTIS: Phys. Rev. **136** (1964) A 1316.
$RbMnF_3$	^{86}Rb, ^{87}Rb, ^{19}F	R. E. PAYNE, R. A. FORMAN, A. H. KAHN: J. chem. Phys. **42** (1965) 3806.
$TlMnF_3$	^{203}Tl, ^{205}Tl, ^{19}F	M. P. PETROV, G. A. SMOLENSKIJ: FTT **7** (1965) 2156.
$KCoF_3$	^{19}F	K. HIRAHAWA: J. phys. Soc. Japan **19** (1964) 1678. R. G. SHULMAN, K. KNOX: J. chem. Phys. **42** (1965) 813.
KMF_3 (M = Cu, Ni, Co, Fe, Mn)		
$KNiF_3 \cdot H_2O$		
$KCoF_3 \cdot H_2O$		
$KMnF_3 \cdot H_2O$		
Na_2CrF_6		
Na_2MnF_6		
$NaNiF_3 \cdot H_2O$		
$KRuF_6$		
K_2RuF_6		
$KOsF_6$		
K_2OsF_6	^{19}F, ^{63}Cu	D. ELWELL: Proc. phys. Soc. **84** (1964) 409.

Tabelle 9b (Fortsetzung). Ergänzungen während der Korrektur

Verbindung	Isotop	Literaturzitat
$FeCl_2$	^{35}Cl	W. H. JONES jr., S. L. SEGEL: Phys. Rev. Letters **13** (1964) 528.
$FeCl_2 \cdot 4\,H_2O$	^{1}H	R. D. SPENCE, R. AU, P. A. VAN DALEN: Physica **30** (1964) 1612.
$FeCl_2 \cdot 2\,H_2O$	^{1}H	A. NARATH: Phys. Rev. **139** (1965) A 1221.
$CoCl_2 \cdot 2\,H_2O$	^{1}H	A. NARATH: Phys. Rev. **136** (1964) A 766.
$CoCl_2 \cdot 6\,H_2O$	^{1}H	E. SAWATZKY, M. BLOOM: Canad. J. Phys. **42** (1964) 657.
$CrCl_3$	^{53}Cr	A. NARATH, H. L. DAVIS: Phys. Rev. **137** (1965) A 163.
$PrCl_3$	^{35}Cl, ^{37}Cl	W. E. HUGHES, CH. MONTGOMERY, W. D. MOULTON, E. H. CARLSON: J. chem. Phys. **41** (1964) 3470.
$CuSO_4 \cdot 5\,H_2O$	^{1}H	S. WITTEKOEK, N. J. POULIS, G. E. SNIP: Phys. Letters **11** (1964) 282. S. WITTEKOEK, N. J. POULIS, A. R. MIEDEMA: Physica **30** (1964) 1051.
$Ni(H_2O)_6SiF_6$	^{1}H, ^{19}F	K. KUME, T. SUGAWARA: J. phys. Soc. Japan **19** (1964) 688.
$Cu_2(CH_3COO)_4 \cdot 2\,H_2O$	^{1}H	A. KAWAMORI: J. phys. Soc. Japan **20** (1965) 622.
$Mn(HCOO)_2 \cdot 2\,H_2O$	^{1}H	H. ABE, M. MATSUURA: J. phys. Soc. Japan **19** (1964) 1867.

Tabelle 10. Kernmomente**

Isotop	Häufigkeit [%]	$\gamma_N \cdot 10^3/2\pi$ [Hz/Oe]	I	μ_I [μ_K]	Q [$e \cdot 10^{-24}$ cm^2]
^{1}H	99,9844	4,257595	1/2	2,79276	—
^{2}H	$1,56 \cdot 10^{-2}$	0,6536	1	0,857348	$2,82 \cdot 10^{-3}$
^{3}H	—	4,5414	1/2	2,9788	—
^{3}He	$10^{-5} \ldots 10^{-7}$	—3,2434	1/2	—2,12755	—
^{6}Li	7,43	0,6265	1	0,82010	$4,6 \cdot 10^{-4}$
^{7}Li	92,57	1,6547	3/2	3,256289	$—4,2 \cdot 10^{-2}$
^{8}Li	—	0,630	2	1,653	—
^{9}Be	100	—0,5983	3/2	—1,1774	$2 \cdot 10^{-2}$
^{10}B	18,83	0,4575	3	1,8006	0,111
^{11}B	81,17	1,3663	3/2	2,6886	$3,55 \cdot 10^{-2}$
^{13}C	1,108	1,0705	1/2	0,70216	—
^{13}N*	—	| 0,491 |	1/2	| 0,321 |	—
^{14}N	99,635	0,307555	1	0,403562	$1,6 \cdot 10^{-2}$
^{15}N	0,365	—0,431424	1/2	—0,283049	—
^{17}O	$3,7 \cdot 10^{-2}$	—0,5772	5/2	—1,8930	$—2,6 \cdot 10^{-2}$
^{19}F	100	4,009	1/2	2,628353	—
^{20}F*	—	1,12	2	2,094	—
^{21}Ne	0,257	—0,336	3/2	—0,6617	$9,3 \cdot 10^{-2}$
^{22}Na*	—	0,4434	3	1,745	—
^{23}Na	100	1,1267	3/2	2,21751	$9,7 \cdot 10^{-2}$
^{25}Mg	10,05	—0,2606	5/2	—0,85471	0,14
^{26}Al*	—	4,3	5	2,8	—
^{27}Al	100	1,1101	5/2	3,6408	0,149
^{27}Si*	—	1,11	5/2	3,6414	0,155
^{29}Si	4,70	—0,8460	1/2	—0,55477	—
^{31}P	100	1,7235	1/2	1,13166	—
^{33}S	0,74	0,3266	3/2	0,64274	$—6,4 \cdot 10^{-2}$
^{35}S*	—	0,508	3/2	1,00	$4,5 \cdot 10^{-2}$
^{35}Cl	75,4	0,4172	3/2	0,82089	$—7,97 \cdot 10^{-2}$
^{36}Cl*	—	0,4893	2	1,2838	$—1,68 \cdot 10^{-2}$
^{37}Cl	24,6	0,3472	3/2	0,68329	$—6,635 \cdot 10^{-2}$
^{39}K	93,08	0,1987	3/2	0,39094	$\approx 9 \cdot 10^{-2}$
^{40}K*	$1,19 \cdot 10^{-2}$	—0,2473	4	—1,2981	$\approx 9,3 \cdot 10^{-2}$
^{41}K	6,91	0,1092	3/2	0,21453	$\approx$0,11
^{41}Ca*	0,053	—0,347	7/2	—1,5946	—
^{43}Ca	0,13	—0,2865	7/2	—1,3153	—
^{45}Sc	100	1,0343	7/2	4,7491	—0,22

** Bei der Aufstellung der Tabelle wurde die Varian-Tabelle (in LANDOLDT-BÖRNSTEIN: Zahlenwerte und Funktionen, II. Band, 9. Teil, 6. Auflage, 1962, Tab. 2976) und für die Quadrupolmomente die Tabelle von J. MICHIELSON-EFFINGER (J. chim. phys. **58** (1961) 533) zugrunde gelegt und mit Hilfe der Werte in später erschienenen Arbeiten und aus der Tabelle von J. LINDGREN (in „Perturbed Angular Correlations"; Herausgeber: E. KARLSSOHN, E. MATTHIAS und K. SIEGBAHN; North-Holland Publishing Company, Amsterdam 1964, S. 379) abgeändert und ergänzt.

* Radioaktive Isotope

Tabelle 10 (Fortsetzung)

Isotop	Häufigkeit [%]	$\gamma_N \cdot 10^3/2\pi$ [Hz/Oe]	I	μ_I [μ_K]	Q [$e \cdot 10^{-24}$ cm^2]
^{47}Ti	7,75	—0,2400	5/2	—0,78712	—
^{49}Ti	5,51	—0,2401	7/2	—1,1023	—
^{49}V*	—	0,971	7/2	4,46	—
^{50}V	0,24	0,4245	6	3,3413	0,4
^{51}V	≈100	1,1193	7/2	5,1392	0,3
^{53}Cr	9,54	—0,2406	3/2	—0,4735	$-3 \cdot 10^{-2}$
^{54}Mn*	—	0,84	3	3,29	—
^{55}Mn	100	1,0553	5/2	3,4610	0,355
^{57}Fe	2,245	—	3/2 ?	≦0,05 ?	—
			1/2 ?	0,0905 ?	—
^{56}Co*	—	0,725	4	3,803	—
^{57}Co*	—	1,00	7/2	4,5	—
^{58}Co*	—	1,52	2	3,996	—
^{59}Co	100	1,0103	7/2	4,6388	0,5
^{60}Co*	—	5,75	5 ?	3,754	—
^{61}Ni	1,25	0,42	3/2	≈0,7	—
^{63}Cu	69,09	1,1313	3/2	2,2262	—0,15
^{65}Cu	30,91	1,2117	3/2	2,3845	—0,14
^{65}Zn*	—	0,232	5/2	0,7693	—0,027
^{67}Zn	4,12	0,2635	5/2	0,8735	0,18
^{69}Ga	60,2	1,0218	3/2	2,0108	0,2318
^{71}Ga	39,8	1,2984	3/2	2,5549	0,1461
^{71}Ge*	—	0,994	1/2	0,65	—
^{73}Ge	7,61	—0,1485	9/2	—0,8768	—0,2
^{75}As	100	0,7292	3/2	1,4349	0,27
^{77}Se	7,50	0,8131	1/2	0,5333	—
^{79}Se*	—	—0,2210	7/2	—1,015	0,9
^{76}Br*	—	|0,419|	1	|0,55|	|0,27|
^{79}Br	50,57	1,0667	3/2	2,0990	0,33
^{81}Br	49,43	1,1498	3/2	2,2626	0,28
^{82}Br*	—	|0,248|	5	|1,6264|	|0,76|
^{83}Kr	11,55	—0,164	9/2	—0,968	0,26
^{85}Kr	—	—0,17	9/2	—1,004	0,249
^{83}Rb*	—	0,433	5/2	1,42	—
^{85}Rb	72,8	0,4111	5/2	1,35267	0,286
^{86}Rb*	—	—0,647	2	—1,6856	—
^{87}Rb	27,2	1,3976	3/2	2,7501	0,1431
^{87}Sr	7,02	—0,1845	9/2	—1,0893	0,36
^{89}Y	100	—0,2094	1/2	—0,137316	—
^{90}Y*	—	—0,620	2	—1,624	—0,155
^{91}Zr	11,23	—0,40	5/2	—1,30285	—
^{93}Nb	100	1,0444	9/2	6,166	—0,4 ± 0,3
^{95}Mo	15,78	—0,2774	5/2	—0,9133	—
^{97}Mo	9,60	—0,2833	5/2	—0,9325	—
^{99}Tc*	—	0,9583	9/2	5,6806	0,34 ± 0,17

Tabelle 10 (Fortsetzung)

Isotop	Häufigkeit [%]	$\gamma_N \cdot 10^3/2\pi$ [Hz/Oe]	I	μ_I [μ_K]	Q [$e \cdot 10^{-24}$ cm^2]
^{99}Ru	12,81	—0,197	5/2	—0,63	—
^{101}Ru	16,98	0,342	5/2	1,09	—
^{103}Rh	100	—0,1340	1/2	—0,0879	—
^{105}Pd	22,23	—0,195	5/2	—0,639	—
^{105}Ag*	—	|1,542|	1/2	|0,1012|	—
^{107}Ag	51,35	—0,1722	1/2	—0,113548	—
^{109}Ag	48,65	—0,1981	1/2	—0,130538	—
^{111}Ag*	—	—0,222	1/2	—0,146	—
^{109}Cd*	—	—0,252	5/2	—0,8286	0,78
^{111}Cd	12,86	—0,9028	1/2	—0,5922	—
^{113}Cd	12,34	—0,9444	1/2	—0,6195	—
^{111}In*	—	0,93	9/2	5,53	1,18
^{113}In	4,16	0,9310	9/2	5,4960	1,114
^{115}In*	95,84	0,9329	9/2	5,5072	0,834
^{115}Sn	0,35	—1,33	1/2	—0,91781	—
^{117}Sn	7,67	—1,577	1/2	—0,99983	—
^{119}Sn	8,68	—1,587	1/2	—1,0409	—
^{121}Sb	57,25	1,019	5/2	3,3417	—0,5
^{123}Sb	42,75	0,5518	7/2	2,5334	—0,4
^{123}Te*	0,89	—1,159	1/2	—0,7319	—
^{125}Te	7,03	—1,345	1/2	—0,8824	—
^{127}I	100	0,8519	5/2	2,7939	—0,62
^{129}I*	—	0,5669	7/2	2,6030	—0,55
^{129}Xe	26,24	—1,17406	1/2	—0,772472	—
^{131}Xe	21,24	0,349112	3/2	0,686966	—0,12
^{133}Cs	100	0,5613	7/2	2,5771	—$(3{,}3 \mp 3{,}9) \cdot 10^{-3}$
^{134}Cs*	—	0,570	4	2,990	—
^{135}Cs*	—	0,594	7/2	2,7290	$4{,}9 \cdot 10^{-2}$
^{137}Cs*	—	0,619	7/2	2,8382	$5{,}0 \cdot 10^{-2}$
^{135}Ba	6,59	0,4226	3/2	0,8316	0,18
^{137}Ba	11,32	0,4737	3/2	0,9302	0,28
^{138}La*	0,089	0,5617	5	3,6844	|≈2,7|
^{139}La	99,911	0,6014	7/2	2,7615	0,23
^{141}Pr	100	1,52	5/2	4,98	—$5{,}4 \cdot 10^{-2}$
^{143}Nd	12,20	—0,215	7/2	—1,079	2,06
^{145}Nd	8,30	—0,1361	7/2	—0,671	1,05 oder —0,255
^{147}Sm*	15,07	—0,188	7/2	—0,87	—0,208
^{149}Sm	13,84	—0,119	7/2	—0,65	0,060
^{151}Eu	47,77	1,049	5/2	3,441	$1{,}16 \pm 0{,}08$
^{153}Eu	52,23	0,46	5/2	1,5	$2{,}92 \pm 0{,}20$
^{154}Eu*	—	|0,501|	3	|1,972|	3,25
^{155}Gd	14,68	—0,123	3/2	—0,242	1,1
^{157}Gd	15,64	—0,170	3/2	—0,334	1
^{159}Tb	100	1,013	3/2	1,994	1,32
^{161}Dy	18,73	—	7/2?	—0,37	$—1{,}13 \pm 0{,}4$

Tabelle 10 (Fortsetzung)

Isotop	Häufigkeit [%]	$\gamma_N \cdot 10^3/2\pi$ [Hz/Oe]	I	μ_I [μ_K]	Q [$e \cdot 10^{-24}$ cm^2]
^{161}Dy	18,73	—	5/2?	0,455	1,35 ± 0,4
^{163}Dy	24,97	—	7/2? 5/2?	— 0,63	1,35 ± 0,4 1,62 ± 0,4
^{165}Ho	100	0,95	7/2	4,39	2,83
^{167}Er	22,82	—1,22	7/2	—0,564	2,82
^{169}Tm	100	—0,364	1/2	—0,231	—
^{171}Yb*	14,27	0,7553	1/2	0,4926	—
^{173}Yb	16,08	—0,2049	5/2	—0,6725	3,9
^{175}Lu	97,40	0,491	7/2	2,230	5,68
^{176}Lu*	2,60	—	≧ 7	4,2	6 ··· 8
^{177}Hf	18,39	—	1/2 oder 3/2	0,6	≈3
^{179}Hf	13,78	—	1/2 oder 3/2	—	≈3
^{181}Ta	100	0,46	7/2	2,1	3 ··· 6
^{183}W	14,28	0,1786	1/2	0,117224	—
^{185}Re	37,07	0,9586	5/2	3,1437	2,8
^{187}Re*	62,93	0,9684	5/2	3,1760	2,6
^{189}Os	16,1	0,3307	3/2	0,6507	0,6
^{191}Ir	38,5	0,081	3/2	0,16	1,2
^{193}Ir	61,5	0,086	3/2	0,17	1,0
^{195}Pt	33,7	0,9153	1/2	0,6004	—
^{197}Au	100	0,0726	3/2	0,1439	0,56
^{199}Hg	16,86	0,7612	1/2	0,4993	—
^{201}Hg	13,24	—0,308	3/2	—0,607	0,50
^{203}Tl	29,52	2,433	1/2	1,5960	—
^{205}Tl	70,48	2,457	1/2	1,6114	—
^{207}Pb	21,11	0,8899	1/2	0,5837	—
^{209}Bi	100	0,6842	9/2	4,0389	—0,4
^{210}Bi*	—	0,0335	1	0,0442	|0,13|
^{127}Ac	—	0,557	3/2	1,1	—1,7
^{231}Pa*	—	0,993	3/2	1,96	—
^{232}Pa*	—	1,72	3/2	3,4	—3,0
^{233}U*	—	1,9	5/2	0,63	3,3 oder 3,5
^{235}U*	0,71	—	7/2?	0,35?	3,9 oder 4,1
^{237}Np*	—	2,0	5/2	6 ± 2,5	≈15
^{239}Pu*	—	0,305	1/2	0,200	—
^{241}Pu*	—	0,43	5/2	0,73	—
^{241}Am*	—	0,43	5/2	1,4	4,9
^{241}Am*	—	0,43	5/2	1,4	4,9

Literaturverzeichnis

Erklärung der sowjetischen Zeitschriftentitel:

DAN SSR	Doklady Akademii Nauk SSR. Vorträge der Akad. Wiss. d. UdSSR
ŽĖTF	Žurnal Ėksperimental'noj i Teoretičeskoj Fiziki. Zeitschrift für experimentelle und theoretische Physik
ŽFCH	Žurnal Fizičeskoj Chimii. Zeitschrift für physikalische Chemie
IAN	Izvestija Akademii Nauk SSR. Nachrichten der Akad. Wiss. d. USSR
FZ	Fizičeskij Žurnal. Physikalische Zeitschrift
FMM	Fizika Metallov i Metallovedenie. Physik der Metalle und Metallkunde
FTT	Fizika Tvërdogo Tela. Festkörperphysik

[1] Lösche, A.: Kerninduktion, VEB Dt. Verlag d. Wiss., Berlin 1957.
[2] Andrew, E. R.: Nuclear Magnetic Resonance, Cambridge Univ. Press 1956.
[3] Laukien, G: Kernmagnetische Hochfrequenzspektroskopie, in Flügge u. Marshall: Handbuch der Physik, Bd. 38, Springer-Verl. 1958.
[4] Pake, G. E.: Amer. J. Phys. **18** (1950) 438, 473.
[5] Bloch, F.: Phys. Rev. **70** (1946) 460.
[6] Pake, G. E.: Nuclear Magnetic Resonance, in F. Seitz and D. Turnbull: Solid State Physics, Bd. 2, Acad. Press Inc., New York and London 1956.
[7] Redfield, A. G.: Phys. Rev. **98** (1955) 1787.
[8] Kubo, R., and K. Tomita: J. phys. Soc. Japan **9** (1954) 888.
[9] Pake, G. E.: J. chem. Phys. **16** (1948) 327.
[10] Condon, E. U., and G. H. Shortley: The Theory of Atomic Spectra, Cambridge Univ. Press 1953.
[11] Ramsey, N. F.: Nuclear Moments, John Wiley & Sons, Inc., New York 1953.
[12] Slichter, C. P.: Principles of Magnetic Resonance, Harper & Row, New York, Evanston, London 1963.
[13] Pake, G. E.: Paramagnetic Resonance, W. A. Benjamin, Inc., New York 1962.
[14] Gutowsky, H. S., G. B. Kistiakowsky, G. E. Pake and E. M. Purcell: J. chem. Phys. **17** (1949) 972.
[15] Van Vleck, J. H.: Phys. Rev. **77** (1948) 1168.
[16] Kampe, K., and J. K. Ollom: J. phys. Soc. Japan **11** (1956) 50.
[17] Bloembergen, N., E. M. Purcell and R. V. Pound: Phys. Rev. **73** (1948) 679.
[18] Torrey, H. C.,: Phys. Rev. **92** (1953) 962.
[19] Becker, R.: Theorie der Wärme, Springer-Verl. 1955.
[20] Chandrasekhar, S.: Rev. mod. Phys. **15** (1943) 8.

[21] Wang, M. C., and G. E. Uhlenbeck: Rev. mod. Phys. **17** (1945) 323.
[22] Halbach, K.: Helv. phys. Acta **27** (1954) 259.
[23] Pople, J. A., W. G. Schneider and H. J. Bernstein: High-Resolution Nuclear Magnetic Resonance, McGraw-Hill Book Co., Inc., New York 1959.
[24] Ramsey, N. F.: Phys. Rev. **78** (1950) 699; **86** (1952) 243.
[25] Lamb, W. E.: Phys. Rev. **60** (1941) 817.
[26] Fermi, E.: Z. Physik **60** (1930) 320.
[27] Hargreaves: Proc. roy. Soc. **A 124** (1929) 568; **A 127** (1930) 141, 407.
[28] Pople, J. A.: Molec. Phys. **1** (1958) 216.
[29] Redfield, A. G.: IBM J. Research Develop. **1** (1957) 19.
[30] Wangsness, R. K., and F. Bloch: Phys. Rev. **89** (1953) 728.
[31] Bloch, F.: Phys. Rev. **102** (1956) 104.
[32] Fano, U.: Phys. Rev. **96** (1954) 869.
[33] Solomon, I.: Phys. Rev. **99** (1955) 559.
[34] Pfeifer, H.: Ann. Phys. 7. Folge **13** (1964) 174.
[35] Feher, G.: Phys. Rev. **103** (1956) 834.
[36] Bloembergen, N.: Physica **16** (1950) 95.
[37] Bloembergen, N.: Physica **15** (1949) 386.
[38] Bloch, F., W. W. Hansen and M. Packard: Phys. Rev. **70** (1946) 474.
[39] Feher, G.: Phys. Rev. **114** (1959) 1219.
[40] Feher, G.: Physica, Suppl. **24** (1958) 80.
[41] Seidel, H.: Z. Phys. **165** (1961) 218.
[42] Halford, D., C. A. Hutchinson jr. and P. M. Llewellyn: Phys. Rev. **110** (1958) 284.
[43] Schumacher, R. T., and C. P. Slichter: Phys. Rev. **101** (1956) 58.
[44] Bloembergen, N., and T. J. Rowland: Acta metallurg. **1** (1953) 731.
[45] Korringa, J.: Physica **16** (1950) 601.
[46] Bloembergen, N.: Canad. J. Phys. **34** (1956) 1293.
[47] Das, T. P., and E. H. Sondheimer: Philos. Mag. **5** (1960) 529.
[48] Stephen, M. J.: Phys. Rev. **123** (1961) 126.
[49] Yafet, Y.: J. Phys. Chem. Solids **21** (1961) 99.
[50] Stephen, M. J.: Proc. phys. Soc. **79** (1962) 987.
[51] Hebborn, J. E., and E. H. Sondheimer: J. Phys. Chem. Solids **13** (1960) 105.
[52] Hebborn, J. E.: Proc. phys. Soc. **80** (1962) 1237.
[53] Kaplan, J. I.: J. Phys. Chem. Solids **23** (1962) 826.
[54] Rodriguez, S.: Phys. Letters **4** (1963) 306.
[55] Wilson, A. H.: The Theory of Metals, Cambridge Univ. Press, Cambridge 1955. S. 143.
[56] Pines, D.: Elektron Interaction in Metals, in F. Seitz and D. Turnbull: Solid State Physics, Bd. 1, Acad. Press Inc., New York 1956.
[57] Bloembergen, N., and T. J. Rowland: Phys. Rev. **97** (1955) 1679.
[58] Ruderman, M. A., and C. Kittel: Phys. Rev. **96** (1954) 99.
[59] Friedel, J.: Philos. Mag. **43** (1952) 153.
[60] Friedel, J.: Advances in Physics **3** (1954) 466.
[61] Friedel, J.: J. Phys. Radium **16** (1955) 444.
[62] Blandin, A., E. Daniel and J. Friedel: Philos. Mag. **4** (1959) 180.
[63] Blandin, A., and E. Daniel: J. Phys. Chem. Solids **13** (1959) 257.
[64] Shulman, R. G., and B. J. Wyluda: Phys. Rev. **103** (1956) 1127.

[65] Low, W.: Paramagnetic Resonance in Solids, Suppl. 2 zu F. Seitz and D. Turnbull: Solid State Physics, Acad. Press, New York and London 1960.
[66] Rose, M. E.: Elementary Theory of Angular Momentum, John Wiley & Sons Inc., New York 1957.
[67] Pryce, H. M. L., and A. Abragam: Proc. phys. Soc. **A 63** (1950) 409.
[68] Benedek, G. B., and T. Kushida: Phys. Rev. **118** (1960) 46.
[69] Mukherji, A., and T. P. Das: Phys. Rev. **111** (1958) 1479.
[70] Moriya, T.: Progr. theor. Phys. **16** (1956) 23.
[71] Moriya, T.: Progr. theor. Phys. **16** (1956) 641.
[72] Moriya, T.: Phys. Rev. **101** (1956) 1435.
[73] Moriya, T.: Progr. theor. Phys. **28** (1962) 371.
[74] van Kranendonk, J., and M. Bloom: Physica **22** (1956) 545.
[75] Pincus, P., and J. Winter: Phys. Rev. Letters **7** (1961) 269.
[76] Marshall, W.: Phys. Rev. **110** (1958) 1280.
[77] Winter, J. M.: Phys. Rev. **124** (1961) 452.
[78] Portis, A. M., and A. C. Gossard: J. appl. Phys., Suppl. **5** (1960) 205
[79] Suhl, H.: J. Phys. Radium **20** (1959) 333.
[80] Nakamura, T.: Progr. theor. Phys. **20** (1958) 542.
[81] Kittel, C., and J. K. Galt: Ferromagnetic Domain Theory, in F. Seitz and D. Turnbull: Solid State Physics, Bd. 3, Acad. Press Inc., New York 1956.
[82] Weger, M.: Phys. Rev. **128** (1962) 1505.
[83] Šimánek, E., und Z. Šroubek: Tschech. Phys. J. **B 11** (1961) 764.
[84] Buišvili, L. L., und N. P. Giorgadze: ŽĖTF **42** (1962) 499.
[85] Moriya, T.: Phys. Rev. **117** (1960) 635.
[86] Marshall, W.: J. Phys. Chem. Solids **7** (1958) 159.
[87] Eisele, I. A., and F. Keffer, Phys. Rev. **96** (1954) 929.
[88] Benedek, G. B., and T. Kushida: J. Phys. Chem. Solids **5** (1958) 241.
[89] Pound, R. V.: Phys. Rev. **79** (1950) 685.
[90] Cohen, M. H., and F. Reif: Quadrupole Effects in Nuclear Magnetic Resonance Studies in Solids, in F. Seitz and D. Turnbull: Solid State Physics, Bd. 5, Acad. Press Inc., New York 1957.
[91] Carr, E. F., and C. Kikuchi: Phys. Rev. **78** (1950) 470.
[92] Becher, G.: Z. Phys. **130** (1951) 415.
[93] Volkoff, G. M.: Canad. J. Phys. **31** (1953) 820.
[94] Itoh, J., R. Kusaka and Y. Yamagata: J. phys. Soc. Japan **9** (1954) 209.
[95] Brown, L. C., and D. Williams: J. chem. Physics **24** (1956) 751.
[96] Brown, L. C., and D. Williams: Phys. Rev. **95** (1954) 1110.
[97] Das, T. P., and E. L. Hahn: Nuclear Quadrupole Resonance Spectroscopy, in F. Seitz and D. Turnbull: Solid State Physics, Suppl. 1, Acad. Press Inc., New York, London 1958.
[98] Otsuka, E.: J. phys. Soc. Japan **13** (1958) 1155.
[99] Das, T. P., and R. Bersohn: Phys. Rev. **102** (1956) 733.
[100] Sternheimer, R. M.: Phys. Rev. **80** (1950) 102.
[101] Sternheiner, R. M.: Phys. Rev. **84** (1951) 244.
[102] Foley, H. M., R. M. Sternheimer and D. Tycko: Phys. Rev. **93** (1954) 734.
[103] Sternheimer, R. M., and H. M. Foley: Phys. Rev. **92** (1953) 1460.
[104] Sternheimer, R. M., and H. M. Foley: Phys. Rev. **102** (1956) 731.
[105] Shulman, R. G., B. J. Wyluda and P. W. Anderson: Phys. Rev. **107** (1957) 953.

[106] Otsuka, E.: J. phys. Soc. Japan **13** (1958) 1155.
[107] Bloembergen, N.: Rept. Conf. Defects in Crystalline Solids, Bristol 1954, S. 1, The Physical Society London 1955.
[108] van Kranendonk, J.: Physica **20** (1954) 781.
[109] Yosida, K., and T. Moriya: J. phys. Soc. Japan **11** (1956) 33.
[110] Proctor, W. G., and W. A. Robinson: Phys. Rev. **102** (1956) 1183.
[111] Proctor, W. G., and W. A. Robinson: Phys. Rev. **104** (1956) 1344.
[112] Reif, F.: Phys. Rev. **100** (1955) 1597.
[113] Cohen, M.: Phys. Rev. **96** (1954) 1278.
[114] Bersohn, M.: J. chem. Phys. **20** (1952) 1505.
[115] Livingston, R., and H. Zeldes: Tables of Eigenvalues for Pure Quadrupole Spectra, Spin 5/2, Oak Ridge, National Laboratory, Report ORNL-1913 (1955).
[116] Townes, C. H., and A. L. Schawlow: Microwave Spectroscopy, McGraw-Hill, New York 1955, Kapitel 4.
[117] Krüger, H.: Z. Phys. **130** (1951) 371.
[118] Dehmelt, H. G., und H. Krüger: Z. Phys. **130** (1951) 385.
[119] Dean, C.: Phys. Rev. **96** (1954) 1053.
[120] Parker, P. M.: J. chem. Phys. **24** (1956) 1096.
[121] Lamarche, G., and G. M. Volkoff: Canad. J. Phys. **31** (1950) 1010.
[122] Bayer, H.: Z. Phys. **130** (1951) 227.
[123] Kushida, T., G. B. Benedek and N. Bloembergen: Phys. Rev. **104** (1956) 1365.
[124] Wang, T. C.: Phys. Rev. **99** (1955) 566.
[125] Benedek, G. B., and T. Kushida: Rev. sci. Instrum. **28** (1957) 92.
[126] Livingston, R., and H. Zeldes: J. chem. Phys. **26** (1957) 351.
[127] Torizuka, K.: J. phys. Soc. Japan **9** (1954) 645.
[128] Kojima, S., K. Tsukada, S. Ogawa, A. Shimauchi and Y. Abe: J. phys. Soc. Japan **9** (1954) 805.
[129] Charles, R. J., and W. A. Harrison: Phys. Rev. Letters **11** (1963) 75.
[130] Kondo, J., and J. Yamashida: J. Phys. Chem. Solids **10** (1959) 245.
[131] Bloembergen, N.: Physica **20** (1954) 1130.
[132] Fukai, Y.: J. phys. Soc. Japan **18** (1963) 1413.
[133] Lemanov, V. V.: ŽETF **40** (1961) 775.
[134] Dick, G. B., and T. P. Das: J. appl. Phys. **33** (1962) 1053, 2815.
[135] Eisenstadt, M., and A. G. Redfield: Phys. Rev. **132** (1963) 635.
[136] Tomita, K.: Progr. theor. Phys. (Kyoto) **19** (1958) 541.
[137] Knight, W. D.: Phys. Rev. **79** (1949) 1259.
[138] Knight, W. D., in F. Seitz and Turnbull: Solid State Physics, Bd. 2, Acad. Press Inc., New York 1956.
[139] Pines, D., Phys. Rev. **95** (1954) 1090.
[140] Myers, W. R.: Rev. mod. Phys. **24** (1952) 178.
[141] Wigner, E. P., and F. Seitz: Modern Theory of Solids. McGraw-Hill Book Co., Inc., New York 1940.
[142] Kjeldaas, T., and W. Kohn: Phys. Rev. **101** (1956) 66.
[143] Kohn, W.: Phys. Rev. **86** (1954) 590.
[144] Brooks, H., and F. S. Ham: Phys. Rev. **112** (1958) 344.
[145] Callaway, J., in Seitz and Turnbull: Solid State Physics, Bd. 7, Acad. Press Inc., New York 1958.
[146] Cohen, M. H., D. A. Goodings and V. Heine: Proc. phys. Soc. **73** (1959) 811.

[147] GOODINGS, D. A.: Phys. Rev. **123** (1961) 1706.
[148] FAULKNER, E. A.: Philos. Mag. **5** (1960) 843.
[149] HOLCOMB, D. F., and R. E. NORBERG: Phys. Rev. **98** (1955) 1074.
[150] HEBEL, L. C., and C. P. SLICHTER: Phys. Rev. **107** (1957) 901.
[151] HEBEL, L. C., and C. P. SLICHTER: Phys. Rev. **113** (1959) 1504.
[151a] HEBEL, L. C.: Phys. Rev. **116** (1959) 79.
[152] ANDERSON, P. W., und P. R. WEISS: Rev. mod. Phys. **25** (1953) 269.
[153] DANIEL, E.: J. Phys. Radium **20** (1959) 769.
[154] BLANDIN, A., and E. DANIEL: J. Phys. Chem. Solids **10** (1959) 126.
[155] KOHN, W., and J. B. LUTTINGER: Phys. Rev. **97** (1955) 1721.
[156] KOHN, W., and J. B. LUTTINGER: Phys. Rev. **98** (1955) 915.
[157] ANDERSON, P. W.: Phys. Rev. **99** (1955) 623.
[158] GUTOWSKY, H. S., D. W. MCCALL and C. P. SLICHTER: J. chem. Phys. **21** (1953) 279.
[159] TINKHAM, M.: Phys. Rev. **110** (1958) 26.
[160] HOUSKA, C. R., B. L. AVERBACH und M. COHEN: Acta metallurg. **8** (1960) 81.
[161] YOSIDA, K.: Phys. Rev. **110** (1958) 769.
[162] SCHRIEFFER, J. R.: Phys. Rev. Letters **3** (1959) 323.
[163] ANDERSON, P. W.: Phys. Rev. Letters **3** (1959) 325.
[164] APRIKOSOV, A. A., und L. P. GORKOV: ŽĖTF **39** (1960) 481.
[165] GABUDA, S. P., in: Paramagnitnyj Rezonans (Izdat. Kazanskogo Universiteta) (1960) 183.
[166] ROBINSON, F. N. H.: J. sci. Instrum. **36** (1959) 481.
[167] MANSFIELD, P., and J. G. POWLES: J. sci. Instrum. **40** (1963) 232.
[168] PAULI, W.: Naturwiss. **12** (1924) 74.
[169] GERLACH, W., und O. STERN: Ann. Phys. **74** (1924) 673.
[170] FRISCH, R., und O. STERN: Z. Phys. **85** (1933) 4.
[171] ESTERMANN, J., und O. STERN: Z. Phys. **85** (1933) 17.
[172] LAZAREV, B. G., und L. V. ŠUBNIKOV: FŽ **11** (1937) 445.
[173] RABI, I. I., S. MILLMAN, P. KUSCH und J. R. ZACHARIAS: Phys. Rev. **55** (1939) 526.
[174] GORTER, C. J.: Physica **3** (1936) 995.
[175] GORTER, C. J., und L. F. J. BROER: Physica **9** (1942) 591.
[176] PURCELL, E. M., H. C. TORREY and R. V. POUND: Phys. Rev. **69** (1946) 37.
[177] DEHMELT, H. G., und H. KRÜGER: Naturwiss. **37** (1950) 111.
[178] NIERENBERG, W. A., und N. F. RAMSEY: Phys. Rev. **72** (1947) 1075.
[179] OVERHAUSER, A. W.: Phys. Rev. **91** (1953) 476; **92** (1953) 411.
[180] CARVER, T. R., and C. P. SLICHTER: Phys. Rev. **92** (1953) 212.

Namenregister

Sachregister

FSC
www.fsc.org
MIX
Papier | Fördert
gute Waldnutzung
FSC® C083411

Kolibri 360 GmbH
Ferdinand-Jühlke-Straße 7
99095 Erfurt, Deutschland
produktsicherheit@kolibri360.de